개정판

생 물 공 학

Biotechnology and Biochemical Engineering

고정삼 · 고영환 · 김진현
오남순 · 인만진 · 채희정

yh 유한문화사

머리말

1953년 Watson과 Crick에 의해 DNA 구조가 밝혀지면서부터 생물공학(Biotechnology)이 발전하기 시작하였다. 1960년대에 분자생물학의 기초적인 여러 가지의 발견과 더불어 1970년대에 기본적인 기술이 확립되었다. 1980년대에 생물공학이 혁신적인 발전을 거듭함에 따라 생물산업으로의 발전을 가속화시켰다. 1990년대에는 동・식물 생물공학에서의 산업기술적 진보와 함께 2000년대 초에는 Human genome의 지도가 완성되었다. 21세기를 주도할 첨단분야 중에서 생물산업은 빠른 기간에 경쟁력을 갖출 수 있어서 더욱 관심의 대상이 되고 있다.

생명현상의 해명을 통하여 생물자원인 미생물・동식물세포를 육종하거나 조작함으로써 그 기능의 일부를 개량하고, 이를 산업적으로 이용하기 위한 연구분야를 생물공학이라고 할 수 있다. 수많은 연구자들의 노력에 의해 이루어진 연구결과는 단순히 지금까지의 고전적인 발효공학의 개념을 넘어서서 새로운 기술의 도입이 요구되며, 특히 미생물을 이용한 다양한 분야의 응용을 필요로 하고 있다.

이러한 여건을 고려하여 생물산업 중에서 공학적인 부분을 중심으로 하여 오랫동안 강의해온 내용을 새로이 정리하였다. 생물공학과 생물산업의 전체적인 흐름을 먼저 설명하고, 이에 따른 미생물의 특성과 유용미생물의 선발, 유전자조작 및 유전공학의 응용, 효소반응 등 생물산업의 기초적인 내용을 다루었다. 그리고 미생물 및 동식물세포의 배양공학, 생물반응기, 생물공정공학, 생성물의 회수와 정제, 생물환경공학에 이르기까지 모든 공정과 더불어 대표적인 생물산업 등에 대하여 다루었다.

특히 대학이나 대학원에서 생물공학 또는 생물화학공학을 강의하기에 알맞도록 중요한 내용을 알기 쉽게 설명하였다. 모든 내용을 정리하는데 다소 미진한 부분은 앞으로 계속하여 보완함으로써 생물공학을 이해하는 데 도움을 줄 수 있도록 노력할 생각이다.

저자 씀

차 례

제 1 장 생물공학의 이해 / 17

제 2 장 미생물의 특성 / 55

제3장 효소 및 효소반응 / 81

제 4 장 유용 미생물의 선발과 육종 / 115

제 5 장 유전자 재조합 / 131

제 6 장 유전공학의 응용 / 171

제 7 장 미생물 배양공학 / 201

제 8 장 동식물세포 배양공학 / 243

제 9 장 생물반응기 / 267

제 10 장 살균공정 / 299

제 11 장 생물공정공학 / 315

제 12 장 생성물의 회수와 정제 / 353

제 13 장 생물환경공학 / 393

제 14 장 생물산업 / 417

제 1 장

생물공학의 이해

1. 생물공학과 생물산업

1.1 생물공학의 발전

인류는 옛날부터 자연계에 존재하는 각종 생물의 다양한 기능을 이용하여 우리에게 필요한 유용물질을 생산하고 활용하여 왔다. 농경생활의 정착과 더불어 농업, 축산업, 수산업의 육성으로 식량자원을 얻었다. 그리고 1차산업에서 얻어진 농축수산물을 원료로 미생물을 이용한 빵・술・치즈・된장・간장・김치・젓갈 등의 발효식품을 제조하고, 그 기술을 축적하게 되었다.

이후 각종 항생물질, 효소, 생리활성물질, 의약품, 염료, 향료 등의 제품을 생산하여 이용함으로써 오늘날의 발효공업을 이루었다. 이들 물질의 생산은 식물・동물・미생물 등 생물이 가지고 있는 특수한 기능을 유용하게 활용하는 것이다. 인류의 번영은 이들 생물이 가지고 있는 높은 생산성을 바탕으로 이루어졌다.

20세기에 접어들면서 개발도상국을 중심으로 인구증가가 가속화되었고, 혁신적인 기술개발을 통한 산업화로 소득 수준의 향상과 더불어 많은 사회변화를 가져왔다. 자원과 에너지 소비의 급증은 제한된 지하자원과 생물자원의 생산 공간인 농지(農地)의 활용만으로는 인류가 필요로 하는 자원공급을 위협하고 있다. 따라서 생산성의 향상을 위하여 생물자원의 고도이용기술(高度利用技術)을 요구하게 되었다.

1950년대 이후 미생물학, 생화학, 분자생물학 등의 발전으로 분자수준의 세포구조와 유전자의 정체가 조금씩 밝혀지면서 생물기능의 발현기구가 차례차례로 해명되고 있다. 따라서 여기에서 얻어진 결과를 '어떻게 산업적으로 이용할 것인가'에 관심을 갖기 시작하였다. 생물기능과 구성성분을 최대한 활용하고, 이를 산업화하기 위한 생물산업(bioindustry)이 발전하였다. 그리고 예전까지 이용되어 왔던 전통적인 발효기술은 'old technology'로, 이에 대비하여 생물자원의 고도이용기술은 생물공학 또는 생명공학(biotechnology, BT)으로 부르게 되었다.

생물자원의 이용은 점차 세포 수준으로 전환되었다. 그리고 생산성 면에서 식물세포나 동물세포보다 세대시간(generation time)이 훨씬 짧은 미생물세포에 많은 관심을 가져왔다. 즉, 생물공학에서는 지금까지 주로 미생물세포의 기능을 활용하는 기술개발에 힘을 기울여 왔다는 것이다. 이러한 생물기능을 이용하는 범위는 발효법에 의한 아미노산, 유기산, 알코올, 유기용매, 식품소재의 생산뿐만 아니라 미생물에 의한 환경오염물질의 처리 등 매우 광범위하고 다양하다(그림 1-1).

종래의 화학합성법 이외에는 생각할 수 없었던 유용물질의 합성도 생물이 갖는 특이적 반응성을 이용하여 효율이 높은 제조공정을 실현시키고 있다. 미생물세포를 이용한 여러 가지 유용물질 생산이 산업화되면서 여기에서 축적된 기술은 식물세포 또는 동물세포의 이용에 대한 관심을 높여 주는 계기가 되었다. 식물세포를 이용한 생리활성물질의 생산이나 석유성분 물질의 생산, 동물세포에 의한 면역관련 물질의 생산 등은 그 예라고 할 수 있다.

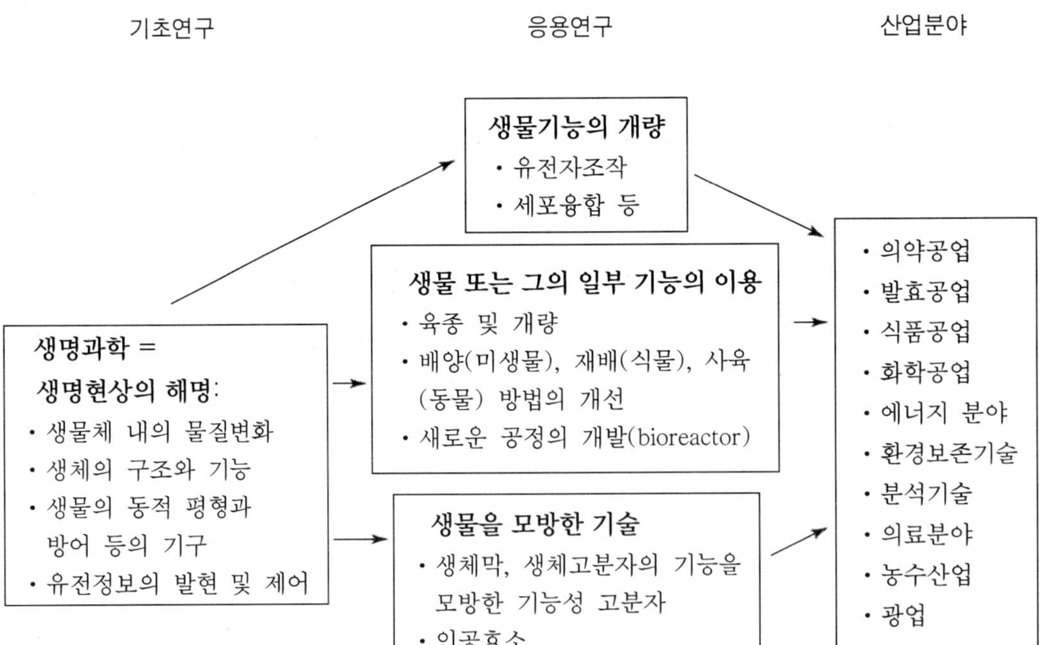

그림 1-1. 생물공학의 기본적인 개념

1.2 생물공학의 정의

생물기능의 발현과정인 생물화학적 공정(biochemical process)은 매우 복잡하다. 그러나 이의 기본은 세포가 가지고 있는 '에너지와 물질의 변환과정'과 '정보전달과 그의 발현과정'이라고 할 수 있다. 생명현상이 하나씩 해명되면서 이를 활용하는 생물공학적 공정은 종래의 화학공학적 기술 또는 물리공학적 기술과 마찬가지로 하나의 기술분야로 자리잡게 되었다.

생물공학 기술을 간단히 요약하면 그림 1-1에서 보는 바와 같이 '생체의 물질변환 기능, 정보변환 기능, 에너지변환 기능 등의 다양한 기능을 화학제품이나 의약품 등과 같은 유용물질의 생산, 품종 개량, 생명현상의 해명 등에 합리적으로 응용하는 기술'이라고 할 수 있다.

따라서 생물공학의 응용은 전통적인 발효식품뿐만 아니라 화학공업, 의약공업, 발효공업, 식품공업, 농업, 축산업, 수산업, 에너지관련 산업, 환경관련 산업 등을 비롯하여 생물자원, 생물전자공학 등 광범위한 분야에까지 보급되었고 '생물산업'이라는 새로운 산업을 형성하기에 이르렀다.

이와 같이 생물공학의 분야는 매우 광범위하며, 연구자에 따라 견해가 다를 수 있지만 넓은 의미에서 '생물체를 지배하는 생명현상의 원리를 응용하는 학문의 한 분야'라고 할 수 있다. 반면, 좁은 의미로는 '동물·식물·미생물이 생산하는 유용물질'을 효율적으로 얻기 위하여 이들 세포나 조직을 분리하여 육종하거나 배양하고, 이들로부터 각종 대사산물(metabolites)을 분리·정제하여 산업화에 필요한 지식과 정보를 제공하거나 생물체의 기능을 이용하여 문제를 해결하는 학문의 영역'이라고 할 수 있다.

2. 생물공학의 영역

생물공학에서는 어떤 내용을 다루어야 할까? 여기에 대한 대답은 그리 간단하지 않다. 예를 들어 일본의 오오구라(大倉) 교수가 제안한 바에 따르면 생물공학을 전공으로 하는 생물공학과(Department of Biotechnology and Biochemical Engineering)가 지향하는 분야를 그림 1-2와 같이 나타낼 수 있다. 이는 생물공학에서 다루어야 할 분야와 범위를 나타내고 있다.

생물공학은 유전자공학, 세포공학, 분자생물공정, 생물기능공정, 생물전자공학, 생물화학공학 분야로 크게 구분하여 종합적인 학문의 영역으로 볼 수 있다. 이 책에서 주로 다루게 될 생물화학공학 분야에서는 생물반응기의 운용과 생화학공정의 계측 및 제어, 유용물질의 분리 및 정제기술 등을 설명하였다.

일반적으로 생물공학공정은 배양 또는 발효(fermentation)를 중심으로 크게 두 단계로 나눌 수 있다. 먼저, 자연계에서 분리한 유용균주 또는 동식물세포를 전통적인 방법에 의하여 개량하거나, 유전자조작 또는 세포융합 등을 통하여 세포의 기능을 혁신적으로 향상시키는 분야 등을 'upstream process'라고 한다. 이에 비하여 upstream process에서 얻어진 유용한 세포를 소재(素材)로 하여 경제적인 유용물질 생산을 위한 대량 배양조건의 최적화(optimization), 생물반응기(bioreactor)에서 이루어지는 세포의 동력학적 관계(kinetics), 계측 및 제어, 유용물질의 분리 및 정제 등의 산업적인 응용분야를 'downstream process'라고 한다.

생물자원(biological resource)은 크게 동물・식물・미생물로 구분할 수 있으며, 이들의 특성은 다음과 같다. 우선 동물세포를 이용하여 사람에게 부작용이 적은 유용한

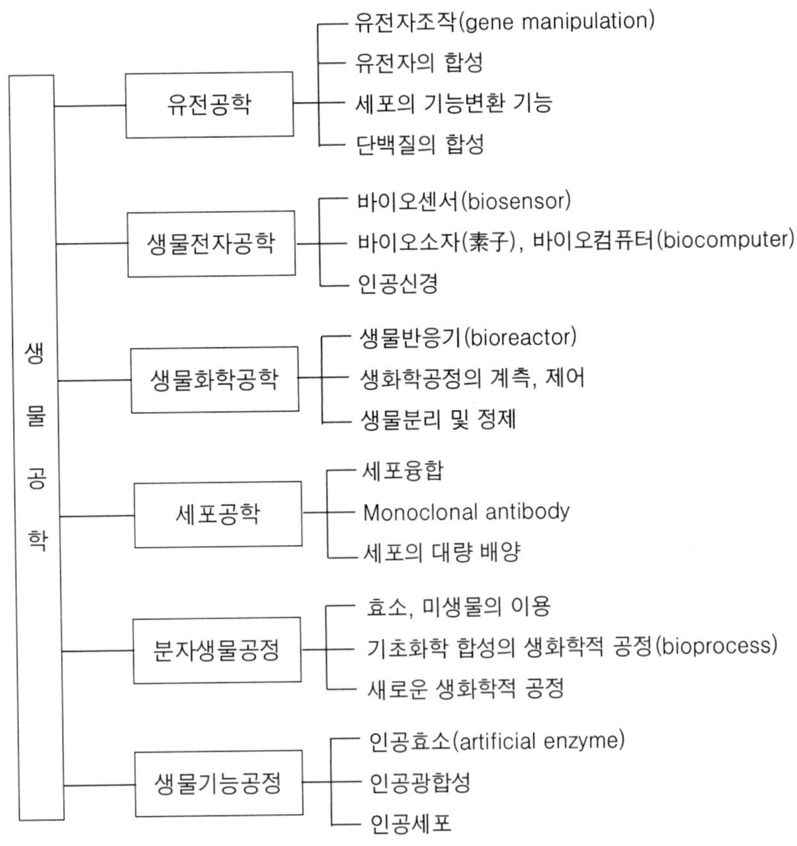

그림 1-2. 생물공학의 영역

물질을 생산할 수 있다. 그러나 이 방법은 값비싼 배지를 사용하고 고도의 배양기술이 요구되므로 산업화를 하기에는 매우 까다롭고 비경제적이라고 할 수 있다.

또한 식물세포는 세대시간이 길어서 미생물에 의한 오염이 쉬울 뿐만 아니라 비교적 순수한 탄소원을 배지로 이용하기 때문에 일부 의약품 등 부가가치가 높은 물질의 생산을 제외하고는 아직까지 경제성이 부족하다. 따라서 우수품종의 종자생산을 제외하고는 산업적 이용보다는 기초연구에 치중되고 있는 실정이다.

이와 같은 이유로 인류는 옛날부터 유용한 미생물을 자연에서 분리 이용하여 왔으며, 대부분의 생화학제품은 미생물세포에서 유래되었다고 하여도 지나친 말은 아니다.

이 책에서는 우선 생물공학의 내용을 알기 쉽게 정리하여 이해가 쉽도록 하였다. 또한 생물공학의 역사를 핵심적인 기술개발 중심으로 살펴보고, 어떤 분야가 현재 또는 가까운 장래에 필요할 것인가 알아 볼 것이다.

3. 생물공학의 흐름

3.1 생물공학의 역사

생물공학의 모체가 되는 발효공업의 발달은 인류의 역사와 함께 발전되어 왔다. 특히 식품산업에서의 응용과 관련된 여러 분야에서 학문적 업적의 축적과 더불어 기술개발이 이루어졌다. 이러한 발효공업의 발전에 새로운 기술이 추가로 도입됨으로써 생물공학이 이루어졌다. 이러한 역사를 시대적으로 구분하여 주요 생산물 중심으로 살펴보면 다음과 같이 나눌 수 있다.

1) 1900년대까지

1900년대까지는 과실주(wine)·맥주·청주·식초·장류(醬類)·빵 등 주로 식품공업을 중심으로 한 전통적인 '발효식품'의 산업적 생산이 이루어져 기초적인 발효공학 기술이 확립되었다. 지금도 발효공학 또는 양조학에서는 산업화되어 있는 이 분야를 주로 다루고 있다.

2) 1920년대

1923년에 화이자(Pfizer)회사에서 *Aspergillus niger*를 이용하여 구연산을 발효생산하기 시작하였다. 그 후 butanol, acetic acid, oxalic acid 등의 발효생산이 부수적으로 발달하였으며, 미생물에 의하여 유기산을 산업적으로 생산할 수 있는 계기가 마련되었다. 1928년에 플레밍(Alexander Fleming)이 항생물질 중의 하나인 페니실린(penicillin)을 발견하였다. 이를 계기로 하여 Merck, Pfizer, Squibb회사에서 항생물질의 대량 생산 기틀을 마련하였다.

3) 1940년대

*Streptomyces griseus*균에 의한 streptomycin 생산과 더불어 penicillin G, bacitracin, chlorotetracycline, gramicidin, polymyxin, neomycin 등 많은 항생제의 개발이 시작되었다. 또한 itaconic acid, 2-keto-D-gluconic acid와 같은 유기산 발효와 더불어 cellulase, pectinase 등의 효소제 개발이 이루어졌다.

4) 1950년대

① Cyclohexamide, chloramphenicol, erythromycin, tetracycline, kanamycin, 반합성 페니실린[1] 등 광범위 항생제의 개발과 이용
② Kojic acid, 글루탐산(glutamic acid), 라이신(lysine)의 발효생산으로 아미노산 발효공업의 발달
③ Dextran 등의 다당류(polysaccharide) 생산
④ 사료용 단세포단백질(SCP)[2]의 생산
⑤ 농업용 gibberellin 등 생리활성물질의 생산
⑥ 미생물을 이용한 생물화학적 반응(biotransformation)에 의한 비타민, 아미노산, 스테로이드(steroids)의 생합성

5) 1960년대

① 고정화 효소(immobilized enzyme)
담체(carrier)를 사용한 효소의 고정화 또는 고정화 균체(whole cell) 형태로 이용하기 시작함
② 액상 과당(high fructose corn syrup)
녹말의 가수분해 생산물인 포도당을 원료로 하여 여기에 포도당 이성화효소

1) 6-Aminopenicillanic acid에 결합된 acyl기를 화학적 또는 효소적으로 처리하여 생리작용을 갖는 다양한 페니실린 유도체를 제조할 수 있으며, 이를 총칭하여 반합성 페니실린이라고 한다.
2) 미생물 단백질(microbial protein)은 단세포단백질(single cell protein)이라고도 불리며, 식량자원을 해결하기 위하여 성장속도가 빠른 미생물의 균체를 이용하려는 목적에서 1970년대까지 연구가 활발히 진행되었다.

(glucose isomerase)를 작용시켜 고농도의 액상과당 생산을 시작하면서 설탕의 대체품으로 이용되어 식품공업의 발달에 크게 기여함

③ *Bacillus*속에 의한 미생물농약(microbial insecticide)의 생산

④ 핵산계 조미료(inosine monophosphate, IMP ; guanosine monophosphate, GMP)의 발효생산

⑤ Amphomycin, cephalosporin, gentamycine, sisomycin 등 다양한 항생제의 개발

6) 1970년대

① 치즈제조용 미생물 응유효소(凝乳酵素, renin), dextranase 등 효소제의 생산

② Adriamycin, candidin, sisomycin 등 다양한 항생제의 개발

③ 당뇨병 치료제인 인슐린(insulin), 성장호르몬(growth hormone), 항암제인 인터페론(interferon) 등 의약품 생산

7) 1980년대 이후

1980년대 이후 유전자를 조작할 수 있는 기술이 정립되면서 생물공학기술의 발전에 획기적인 변화를 가져왔다. 1990년대에는 동물복제를 위시한 동물생물공학과 유전자변형 생물체(GMO)의 출현 등 식물생물공학에서의 발전도 있었다. 2000년도를 전후한 시기에는 인간 유전자(Human genome) 구조가 완전히 해독(2002년)되었다. 이러한 생물공학기술에서의 발전을 바탕으로 다음과 같은 분야에 관심을 가지고 있으며, 앞으로 이 분야에 대한 연구가 진행되어 실용화될 것으로 보인다.

① 노화현상의 해명과 노화조절제의 개발

② 항암제 및 각종 백신(vaccine)의 개발

③ 후천성 면역결핍증(AIDS) 치료약 등 면역질환 치료제의 개발

④ 임상진단용 시약의 개발

⑤ 인공장기의 설계 및 제작(bioelectonics)

⑥ 인공종묘, 인공종자, 유전자변형 생물체(GMO) 등 내병해충성 작물의 실용화

⑦ 생물학적 식물 병해충 방지(biological control) 및 무독성 미생물농약의 생산

⑧ 기능성 식품

⑨ 농약, 난분해성 물질의 생화학적 처리기술

위에서 보는 바와 같이 1900년대까지는 주로 발효식품이 생산되었다. 이후 유기산 등 미생물에 의해 쉽게 균체외(extracellular)로 분비되는 분자량이 작은 화합물이 생

산되었다.

생물공학에 있어서 Fleming에 의한 페니실린의 발견(1928년)은 획기적인 전환점을 마련하였다. 이후 오늘날까지 많은 연구자들에 의해 수많은 항생물질 또는 생리활성물질의 생산에 관한 연구가 진행되었다. 이 때부터 발효생산물은 저분자화합물에서 분자량이 큰 고분자물질(polymer)로 전환되었다. 각종 아미노산의 생산, 생물화학적 반응(biotransformation)에 의한 화학공정의 대체, 고정화 효소와 바이오센서(biosensor)의 개발, 미생물농약 등 다양한 생산물로 확대되었다.

3.2 생물공학의 현황

현재는 과거를 바탕으로 이루어지며, 또 미래는 현재 추진되고 진행되는 결과에서부터 예측할 수 있다. 물론 현재 관심을 가지고 연구되고 있는 분야도 과거에 진행되어 왔던 일의 연속이라고 생각할 수 있다. 따라서 여기에서는 앞에서 제시한 1980년대 이후 관심을 가지고 있는 생물공학 분야 중에서 몇 가지의 예를 들어 그 내용을 살펴보자.

1) 의약 분야

생물공학의 기술개발에서 가장 활발히 진행되고 있는 분야는 제품의 부가가치가 높은 의약품 생산분야라고 할 수 있다. 여기에는 인간 성장호르몬(human growth hormone), 항암치료제인 인터페론(interferon)을 비롯하여 TPA(tissue plasminogen activator)[3], IL(interleukin)[4], EPO(erythropoietin)[5], 각종 의약용 효소, 백신(vaccine) 등의 대량 생산을 들 수 있다. 그리고 가축 바이러스성 질병에 대한 백신의 대량 생산, 새로운 항생물질, 기타 새로운 의약품 생산균주의 육종과 이용에 관한 연구, 기존의 항생물질, 비타민, 스테로이드, 호르몬 등의 생산성 향상, 고성능 분석용 또는 진단용 시약개발 등에 주력하고 있다. 특히 항생물질의 생산 분야에서는 일반적인 질병의 치료제보다는 항암제, 백신, AIDS 치료제 등의 개발에 역점을 두고 있으며, 면역관련 물질의 생산에도 많은 관심을 가지고 있다.

일반적으로 항생물질의 개발은 우리의 건강과 밀접한 관계를 가지고 있으며, 대부분 값이 비싸기 때문에 생물산업이 추구하는 방향과 일치하는 경우가 많다.

---

3) 단백질 분해효소이며, 혈전용해제로 이용된다.
4) 면역반응에 관여하는 세포 간의 신호를 전달하는 일종의 당단백질을 말하며, 여러 종류가 알려져 있다.
5) 주로 신장(kidney)에서 분비되는 당단백질로 적혈구 생산을 조절하는 호르몬이며, 빈혈치료제로 쓰인다.

2) 발효공업 및 식품공업 분야

아미노산, 유기산, 핵산관련 물질, 여러 가지 효소 등과 곤충호르몬, 식물호르몬 등 생리활성물질의 생산연구 등을 들 수 있다.

종래의 발효공업에서는 주로 에탄올, 아세톤(acetone), 구연산(citric acid), 글루콘산(gluconic acid) 등 비교적 분자량이 작은 화합물 생산이 대부분이었다. 그러나 점차 생리활성을 갖는 고분자물질(complex molecules)의 생산으로 전환되고 있다. 즉, 아미노산, 비타민, 효소, 스테로이드(steroids), 항생물질(antibiotics) 등의 생산을 중심으로 발효공업이 발전하였다. 특히 항암제, 면역관련 물질, 생리활성물질, 식품첨가물용 고분자물질 등의 대량 생산에 관심을 기울이고 있다.

지금까지 생산되고 있는 대표적인 중요한 항생물질은 표 1-1에서, 그리고 효소의 종류는 표 1-2에서 보는 바와 같다. 지금까지 개발된 수많은 물질 이외에 신물질을 찾아내려는 노력은 계속되고 있다. 이 분야는 현재 뿐만 아니라 가까운 장래에도 생물공학의 핵심적인 역할을 담당할 것으로 보인다.

표 1-1. 발효에 의해 생산되는 중요한 항생물질

Amphotericin	Gramidicin	Paromomycin	Tylosin
Bacitracin	Griseofulvin	Penicillins	Tyrocidin
Cephalosporins	Kanamycin	Polymyxin	Tyrothricin
Chloramphenicol	Neomycin	Rifamycins	Vancomycin
Cycloheximide	Novobiocin	Streptomycin	Viomycin
Erythromycin	Nystatin	Tetracyclines	
Gentamycin	Oleandomycin	Trichomycin	

표 1-2. 산업적으로 중요한 효소

Amino acid acylase	Dextranase	Lysozyme
Amino acid transaminase	Glucose isomerase	Pectinases
Amylases	Glucoamylase	Penicillin acylase
Asparaginase	Glucose oxidase	Proteases
Bacterial renin	Glutamic acid decarboxylase	Streptokinase-streptodornase
Catalase	Hemicellulase	
Cellulase	Invertase	
Collagenase	Lipases	
Dehydrogenases		

예를 들어 식품산업에서 획기적인 효소 이용에는 포도당 이성화효소(glucose isomerase)를 들 수 있다. 녹말로부터 포도당의 제조는 오래 전부터 일반화되었으나 포도당을 이성화시킴으로써 과당시럽을 제조하게 되었다. 과당시럽은 설탕을 대체할 수 있었을 뿐만 아니라 액당(液糖)의 기능성을 이용하여 가공제품의 품질을 향상시키는 역할을 하고 있다.

동물 기원인 rennet을 대체할 미생물 기원의 응유효소인 renin의 개발은 값싸게 치즈를 제조할 수 있는 길을 열어 놓았다. 이 외에도 식품 및 주정공업에서 당화용으로 이용되는 amylase, 소화제에 이용하는 amylase, protease 및 lipase, 세제공업에 이용하는 protease, lipase 등이 산업화되어 있다.

3) 화학공업 분야

화학공정에서도 기존의 공정을 환경친화공정으로 대체하고 에너지를 절감하기 위한 방법으로 생물반응기(bioreactor)의 도입을 추진하고 있다. 예를 들어 생물반응기에 의한 특수한 지방산의 생산이나 생물학적 살충제 또는 제초제 등 유용물질의 생산, 그리고 반합성법의 개발로 화학합성 반응에 비하여 수율과 에너지 효율을 개선하려는 노력이 이루어지고 있다. 그 동안 발효조를 비롯하여 다양한 생물반응기의 개발로 다양한 생물화학공정이 산업화되었다.

1960년대부터 시작된 고정화 효소에 관한 연구에 수반되는 생화학의 발달로 다양한 종류의 바이오센서(biosensor) 개발은 많은 관심을 끌고 있다. 더욱이 신소재 개발, 효소고정화 기술의 발전, 검출기(detector)의 개발 등을 통하여 일부는 어느 정도 실용화되었으나 효소활성의 안정화 문제가 걸림돌이 되고 있다.

최근 발효조 내에서 일어나는 온도, pH, 용존산소, 기질(substrate)의 소모량, 생성물의 검출, 미량성분의 검출뿐만 아니라 배출가스 농도를 측정할 수 있는 바이오센서의 개발이 이루어지고 있다. 또한 임상 진단용 효소제의 개발과 이용도 중요한 관심사가 되고 있다.

앞으로도 대량 배양에 알맞은 발효조의 설계와 최적조건에서 발효가 이루어질 수 있도록 배양에 관여하는 여러 가지 요인들을 즉시 확인할 수 있는 센서의 개발이 필요하다.

4) 에너지 분야

에너지 분야에 있어서는 석유자원의 고갈에 대비하여 다음과 같은 바이오매스(biomass)의 이용을 들 수 있다.

① 사고(sago)야자 · 고구마 · 감자 · 카사바(타피오카) 등의 녹말을 원료로 한 연료용 알코올의 대량 생산
② 에너지 식물의 이용으로서 광합성 효율이 높은 사탕수수(sugar cane), 단수수(sweet sorghum), 팜유(palm oil) 등의 대량 생산과 이용, 또는 석유성분과 유사한 유칼리(*Eucalyptus*)속 식물 등의 이용
③ 광합성 능력이 있는 클로렐라 등의 조류(algae)의 이용이나 광합성 세균에 의한 수소의 대량 생산
④ 산림자원, 농산 및 축산폐기물, 도시폐기물로부터의 에너지 변환기술

5) 농업분야

농업분야에서는 척박한 땅에서 잘 자라는 공중질소 고정형의 새로운 작물품종, 사막이나 한랭지대에서 자라는 작물품종, 내병성이 강한 고품질 다수확 품종 등의 육종과 이용에 관심을 가지고 있다. 특히 식물조직의 배양기술, 유전자조작을 비롯한 유전공학기술의 도입으로 작물품종의 개량 또는 육종을 통하여 제초제에 내성을 갖는 유전자변형 생물체(genetically modified organism, GMO)의 생산에 많은 관심을 기울이고 있다.

이에 대한 과거의 예를 들어보자. 단세포단백질(single cell protein, SCP)의 생산을 통하여 단백질 자원을 해결하려는 노력이 1950년대부터 값싼 석유화학공업의 부산물을 탄소원으로 하여 이루어졌다. 그러나 세대시간이 빠른 미생물세포 중에 다량 함유되어 있는 핵산(nucleic acid) 함량으로 안전성 문제가 제기되었다. 그리고 소비자의 거부반응, 국가에 따른 상대적인 빈부 차이로 개발도상국은 식량 구매력이 없음에 따라 세계적인 식량수급의 불균형에 따른 식량자원의 가격안정 등 여러 가지 요인에 의해 일부 국가에서 사료화를 제외하고는 실용화가 중단된 실정이다.

여기에서 얻은 점은 소비자는 식품에 관하여 매우 보수적이며, 가능한 전통적인 농업방식에 의해 얻어지는 식량만이 소비자의 심리적 구매력을 갖는다는 사실이다. 그러나 일부 소비자들에 거부반응이 있으나, GMO 농산물의 소비가 점차 일반화되고 있다. 따라서 재배관리가 쉽고 생산성이 높은 작물품종을 육종하는 일은 매우 중요한 일로 여겨지고 있다.

내병성, 다수확성으로서 지금보다도 재배기간이 짧은 품종을 육종해 낸다면 가장 확실한 방법일 수 있다. 육종된 품종의 종자를 발아시킨 상태이거나 발아를 빨리 시킬 수 있고, 초기 생장에 필요한 영양분을 함유하도록 하여 캡슐화(encapsulation)시킨다면 작물의 세대단축에 실용성이 있을 것이다.

6) 조직배양에 의한 유용물질의 생산

발효공학 기술의 이용분야로서 미생물이 생산하는 대사산물(metabolites) 중에서 많은 종류의 유용물질을 이용하여 왔다. 그러나 미생물에서 얻을 수 없거나 또는 생산량이 적어 경제성이 떨어지는 고분자 유용물질을 생산하기 위하여 식물세포 또는 동물세포의 대량 배양을 시도하고 있다(제8장 참조).

일반적으로 진화된 세포일수록 복잡한 고분자물질을 생산할 수 있으며, 환경적응이 잘 된 자연상태의 세포보다는 인위적으로 육종된 세포를 이용한다면 더 많은 종류의 유용물질을 생산할 수 있다.

토양보존, 시비기술(施肥技術)의 개선, 병충해의 방제 등 농업기술의 개발을 통하여 생산성의 향상을 도모하고 있다. 그러나 전통적인 농업방식에 의한 자원의 확보는 그 한계성을 갖는다. 이를 극복하기 위한 적극적인 방법으로 환경조절에 의한 양액재배(養液栽培), 가공식품의 원료 또는 자원생산을 위하여 공장 내에서 생물반응기에 의한 식물세포의 대량 배양법의 확립이 필요하다.

예를 들어 태양에너지를 변환하여 얻어진 유기물인 사료를 가축에 먹여 육류를 얻는다면 사료 중에 함유하는 영양원을 12% 밖에 회수할 수 없다. 이와 같은 우회 생산 방식보다는 콩단백질에서부터 직접 인조육(人造肉, artificial meat 또는 meat analog)을 만드는 방법을 이용한다면 효율을 3배 정도 높일 수 있다. 또한, 농업방식에 의해 몇 년이 걸리는 인삼 재배를 세포배양조 내에서 생산한다면 생산기간을 단축함으로써 그의 생산성은 전통적인 방법에 비해 매우 높아질 것이다.

식물조직배양에서 생산비 중 주요 문제가 되는 탄소원인 포도당을 얻는 방법을 생각해 보자. 버려지고 있는 농업 부산물 중에 다량 함유되어 있는 섬유질을 효율적으로 분해시킬 수 있는 균주의 육종이나 효소의 개발을 통하여 이루어질 수도 있으며, 광합성 세균이나 독립영양세균을 이용하여 바이오매스를 생산할 수도 있다. 이와 같은 방법이 실용화된다면 장래의 식량문제를 어느 정도 해결할 수 있는 방법이 될 것이다.

7) 유전자조작 또는 세포융합에 의한 세포의 육종과 대량 배양법

생물세포의 기능을 향상시키는 방법으로는 종래 자연에서 미생물을 분리하고 검색과정(screening)을 거쳐 우수균주를 선발하는 방법, 자외선이나 X-ray 등을 이용한 물리적 방법, 변이물질을 사용한 화학적 방법 등에 의해 변이주(mutant)를 선발하는 방법이 있다.

학문의 발달에 따라 생물의 유전정보가 하나씩 밝혀지고 있다. 세포융합(cell

fusion) 또는 유전자조작(genetic manipulation)에 의해 종이 다른 세포 사이에서도 각각의 세포가 가지고 있는 기능을 접합시키므로 예전보다 기능이 훨씬 뛰어난 세포를 육종하기에 이르렀다(제5장 참조).

그러나 세포기능을 향상시키기 위하여 유전자조작 등에 의해 육종된 세포 또는 개체는 일반적으로 지금까지 이용되고 있는 세포에 비해 환경 적응능력이 약하다. 이에 따라 유용물질 생산에 있어서 생산성이 높고 환경 적응력이 뛰어난 세포의 육종이 계속 진행되고 있다. 동시에 유용세포의 대량 배양을 위한 발효조(fermenter) 등의 특수 설비뿐만 아니라 배양방법을 개선할 필요가 있다.

8) 환경오염과 폐수처리

공업의 발달과 생활수준의 향상에 따라 환경오염이 심해짐에 따라 이에 대한 관심이 커지고 있다. 환경오염을 줄이기 위한 생분해성 포장재 및 피복재료의 개발이나 산업화와 도시화가 가속화됨에 따른 각종 폐유(廢油), 산업폐수, 생활하수 등에 대한 폐수처리 공정의 개선, 난분해성 유해물질을 분해 정화하는 미생물의 육종과 이용에 대한 연구가 진행되고 있다.

3.3 생물공학의 연구개발 전망

생물공학은 매우 광범위한 분야이며, 그 기술은 아직도 꾸준히 발전하고 있다. 유전자를 클론(cloning)하는 유전자조작 또는 유전자 재조합 기술, 생물제어(biocontrol)와 생물복원(bioremediation) 기술도 등장하였다.

유전자 재조합 기술에 의해 이로운 유전자를 생물에 도입하여 아직까지 없었던 새로운 기능을 나타내는 새로운 생물을 창조할 수 있게 되었다. 생물제어는 생물과 생물 사이의 상호관계를 이용하여 주로 농작물의 질병과 해충을 조절하는 방법으로 이용한다. 생물복원은 환경문제와 연관하여 생태계를 회복하거나 복원하기 위하여 미생물을 이용하는 방법이다. 오염된 토양과 지하수, 해양오염을 방제하기 위한 기술이 개발되고 있으며, 유전자 재조합 미생물이 이용되기도 한다.

이러한 생명과학 지식을 바탕으로 생물공학기술을 적용한 생물산업은 의학, 약학, 식품, 보건, 환경, 농업, 수산업, 유기화학공업 등 다양한 분야에 응용되고 있다(표 1-3).

생물공학은 다음과 같은 이유에서 21세기 인류의 생존을 위하여 발전시켜야 할 산업이 될 것이다.

(1) 인류의 건강을 위하여 생명공학은 질병의 원인을 해명하고, 진단이나 치료에

표 1-3. 생물산업의 응용분야

분 야	응용기술 또는 제품
생물의약	호르몬, 혈액관련 제제, 항암제, 성장인자, 면역제, 신경전달물질, 백신, 진단시약, 유전자 치료법, 인공장기
생물화학	생분해성 고분자물질, 아미노산, 유기산, 기능성 다당류, 공업용 효소, 향료, 색소, 계면활성제, 범용 화학물질, 생체재료
생물환경	환경정화용 미생물제제, 대기탈황, 탈취제, 응집제, 생물학적 환경오염 처리, 환경시설 및 복원산업
바이오식품	저칼로리형 대체 감미료, 기능성 지질, 식품첨가물, 천연식품 소재, 기능성 식품소재, 발효식품, 식품용 효소
바이오에너지	연료용 에탄올, 메탄발효, 이산화탄소 고정화, 광합성, 바이오매스, 미생물 정련(leaching)
농업 및 해양 분야	인공종자, 우량 묘목, 동물백신 및 진단제, 미생물농약, 해양생물 자원, 식물공장, 사료제, 유전자변형 동식물(GMO)
생물공정	발효공정, 동물세포배양, 식물세포배양, 생물반응기, 생물 전환기술, 분리정제공정, 제제화기술
생물학적 검정	안전성 및 효능 평가기술, 바이오센서, 바이오칩, 진단기술, 생체기능 이용물질 전환기술, 측정기기 생산기술

이용되고 있다. 생물의약품(bio-pharmaceuticals) 생산이 크게 증가하여 유전병의 진단과 치료, 암의 조기 진단과 유전자 치료에 응용되고 있다. 특히 사람의 모든 유전자와 염기서열을 파악하려는 인간 게놈(genome) 연구가 진행되고 있다. 이를 응용한 유전자치료법, DNA chip, 형질전환 동물을 이용한 생리활성물질의 생산 등의 산업화 기술이 발전될 것이다.

(2) 2050년에 90억 명에 이를 것으로 추정되는 세계 인구에 비하여 기상 변화, 지구의 사막화, 산성비, 수질오염, 대기오염, 토양오염 등으로 농업의 생산성이 떨어져 식량부족 사태는 매우 심각할 것으로 예상되고 있다. 이에 따른 식량문제 해결을 위하여 유전자변형 생물체(GMO) 등에 기대할 수 있다.

(3) 석유화학물질을 대체하는 대안으로 생물공학기술이 제시되고 있다. 점차 석유자원의 고갈로 석탄을 이용하기 편한 형태로 바꾸는 재이용 기술이 발전할 것이다. 그리고 태양에너지의 이용기술과 더불어 생물자원(biomass)을 이용하는 기술의 개발로 석유화학공업을 대체할 것이다. 유전자 재조합 미생물을 이용한

폐기물 처리와 메탄, 알코올의 생산은 환경과 에너지 문제를 해결할 수 있는 방법이다. 석유성분과 유사한 성분을 함유한 작물을 재배하고 생물학적 전환공정을 거쳐 대체원료(바이오디젤 등)를 확보하는 일도 생물산업에서의 중요한 분야가 될 것이다.

(4) 소규모의 폐기물 또는 폐수 처리에는 물리적·화학적 방법을 이용할 수 있다. 그러나 대규모의 환경오염을 제거하거나 회복하기 위해서는 경제적인 측면에서 유리한 생물학적 처리에 기대하고 있다.

4. 생물공학적 생산물의 특성

지금까지 생산되고 있는 공업적인 바이오생산물(bioproduct)을 크게 구분하면 알코올, 유기용매(organic solvent), 유기산, 아미노산, 비타민, 항생물질, 알칼로이드(alkaloids), 핵산관련 물질(nucleosides와 nucleotides), 효소, 면역관련 물질(monoclonal antibodies), 의약용 단백질, 다당류(polysaccharides) 등으로 나눌 수 있다.

미생물에 의해 많은 종류의 대사산물(metabolites)을 얻을 수 있다. 그 예로 각종 세균에 의해 피루브산(pyruvic acid)으로부터 생산되는 대표적인 대사산물의 종류는 그림 1-3과 같이 다양하다. Pyruvic acid는 포도당의 해당과정(glycolysis)에서 얻어지며, 미생물이 가지고 있는 특이반응을 이용한 것이다. 미생물에서 얻을 수 있는 대표적인 각종 유용물질에 대한 특성은 다음과 같다.

4.1 알코올과 유기용매

그림 1-3에서 보는 바와 같이 pyruvic acid의 glycolysis로부터 특정 미생물 균주에 의해 에탄올, isopropanol, *n*-butanol 등과 같은 많은 종류의 알코올, 글리세롤, 아세톤, butylaldehyde 등의 유기용매(organic solvent)를 발효법에 의해 생산할 수 있다(그림 1-4).

에탄올은 세계 각국에서 미생물에 의해 공업적으로 대량 생산되고 있으며, 대부분의 유기용매는 소규모로 생산되거나 연구단계에 있다. 아세톤-부탄올 발효는 2차대전 중 독일에서 유기용매로 사용하기 위하여 미생물에 의한 생산이 시도되었다. 오늘날에는 일본을 비롯한 일부 국가에서는 산업적으로 많은 종류의 미생물에 의한 발효제품을 생산하여 이용하고 있다.

유기용매와 같은 발효생산물은 대부분 발효 중에 균체 외로 분비된다. 몇 가지의 경우는 발효조건에 따라 한 종류의 생성물을 우선적으로 생산할 수 있다.

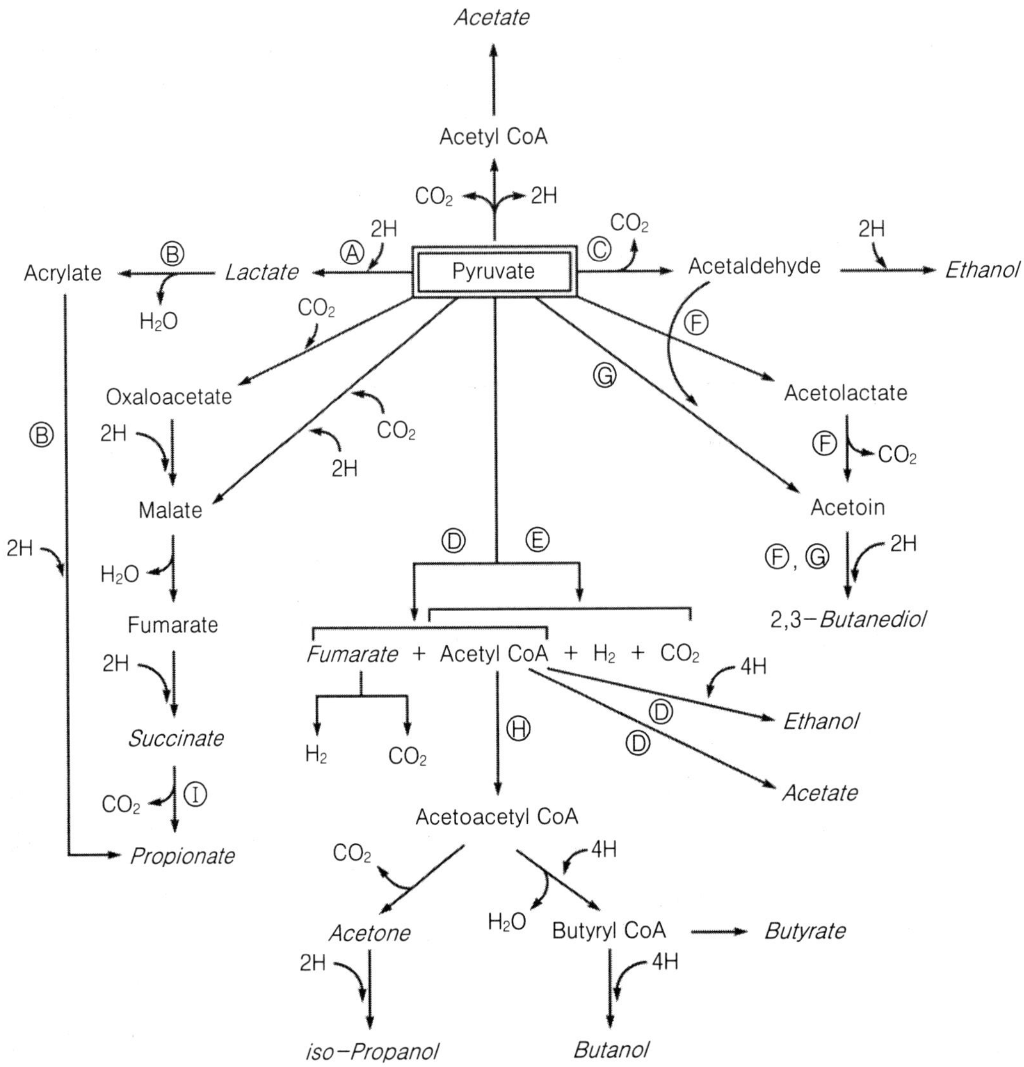

그림 1-3. 세균에 의한 pyruvic acid로부터의 발효생성물

Ⓐ 젖산균(*Streptococcus, Lactobacillus*)
Ⓑ *Clostridium propionicum*
Ⓒ 효모, *Acetobacter, Zymomonas, Sarcina ventriculi*
Ⓓ Enterobacteriaceae(coli-aerogenes)
Ⓔ Clostridia
Ⓕ *Klebsiella*
Ⓖ 효모
Ⓗ Clostridia(butyric, butylic 균주)
Ⓘ 프로피온산 세균

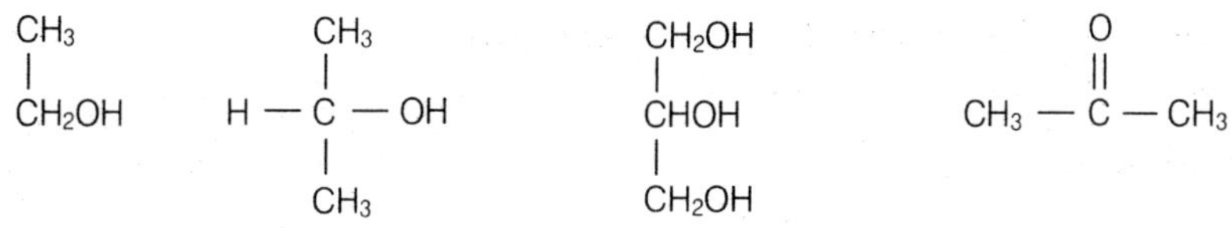

Ethanol Isopropanol Glycerol Acetone

그림 1-4. 알코올과 유기용매

예를 들어 에탄올 발효에 있어서는 에탄올이 다량 생산되며, 소량의 아세톤, 글리세롤과 이외의 대사산물이 생성된다. 또한 아세톤-부탄올 발효에 있어서는 이 두 가지 물질이 다량 생산되고, 이 외로 소량의 에탄올, 초산 등이 생산된다. 이들 화합물의 분리 및 정제특성으로는 이들 물질이 휘발성이고 수용성이며, 분자량이 작아서 회수하기가 비교적 쉬운 장점을 가지고 있다.

4.2 유기산

식품 또는 사료에 이용되는 유기산(organic acid)은 발효 또는 화학적인 공정에 의해 제조된다. 유기산은 금속이온, pH, 온도에 따라 다소 차이가 있지만 수용성이며, 분자량이 작은 것이 특징이다. 미생물에 의해 생산되는 주요 유기산의 종류(그림 1-5)와 용도는 표 1-4에서 보는 바와 같다.

초산발효는 에탄올 발효와 더불어 오래 전부터 산업화되었다. 주로 청주, 과실주 제조할 때에 생기는 주박(酒粕)을 착즙하여 얻어진 여과액을 기질로 하여 호기적 발효에 의해 생산한다. 그러나 천연무공해식품 또는 자연식품을 선호하는 경향으로 구연산 함량이 높고 향기성분이 많은 레몬, 라임(lime) 등의 감귤과즙을 직접 이용함으

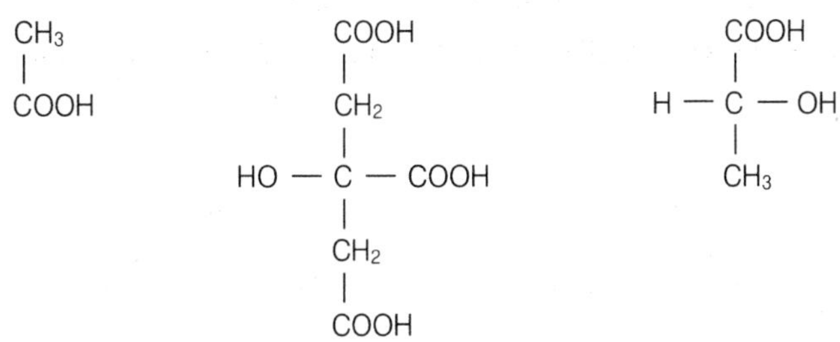

Acetic acid Citric acid Lactic acid

그림 1-5. 유기산의 종류

표 1-4. 미생물에 의해 생산되는 유기산의 종류와 용도

유기산	용 도
초 산	식초
젖 산	음료용 식품, 가죽가공, 섬유공업, 수지(樹脂) 제조용
구연산	식품첨가물
Itaconic acid	세척제(detergent), copolymer, 연마제
Gluconic acid	식품, 금속가공, 가죽가공, 의약용, 세제(洗劑)
δ-D-Gluconic acid	제빵용 파우더 첨가용

로써 양조식초 사용량은 크게 증가하지 않고 있다.

구연산의 경우 예전에는 감귤에서 분리하여 이용하였으나, *Aspergillus niger*균에 의한 구연산 발효가 실용화되면서 천연물에서 분리·정제하는 것에 비하여 저렴한 미생물에 의한 발효법으로 주로 생산하고 있다. 주스를 비롯한 각종 음료, 제과공업 등 가공식품의 첨가물로 광범위하게 이용된다.

젖산(lactic acid) 발효는 최근 생분해성 고분자인 polylactic acid의 원료로서 관심이 높아지고 있으며, 이러한 젖산 생산을 목적으로 하는 경우 이 외에도 김치, 요구르트의 경우처럼 발효식품의 저장목적 또는 기호성을 높이기 위하여 이용하는 경우가 많다.

4.3 아미노산

아미노산(amino acid)은 단백질을 구성하는 기본단위이다. 그 구조는 그림 1-6에서 보는 바와 같이 L-형과 D-형으로 구분된다. 생물체 중에는 보통 L-형으로 존재한다.

중앙에 탄소원자를 중심으로 비대칭형이며, 광학활성을 갖는다. Zwitterion(dipolar ion)으로 작용할 수 있는 이온화기를 가지고 있다. 전체적인 하전(net charge)이 zero

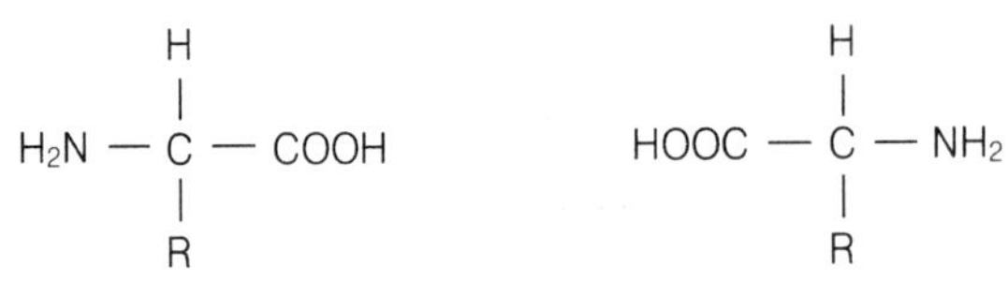

L-형 D-형

그림 1-6. 아미노산의 구조

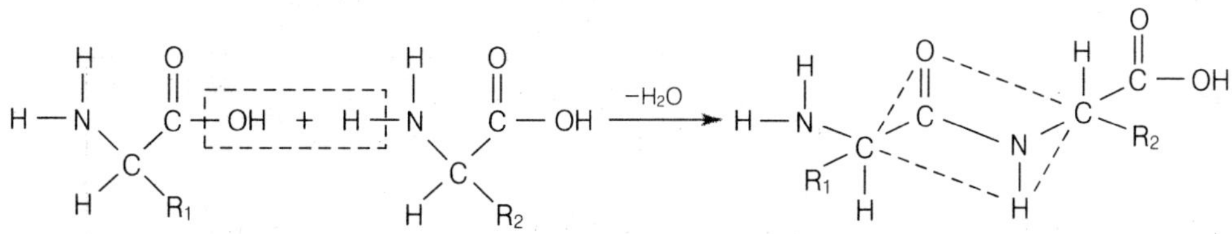

그림 1-7. 아미노산의 펩티드 결합

일 때의 pH를 등전점(isoelectric point, pI)라고 하며, 이 때 용해도가 최소가 된다. 유기용매에 녹으며, 용해도는 R-group에 의해 차이가 난다. 아미노산 중에 카르보닐(carbonyl)기와 아미노(amino)기가 서로 반응하여 그림 1-7에서 보는 바와 같이 점선 안 부분이 떨어져 나가 펩티드 결합(peptide bond)을 형성한다.

이 결합은 매우 단단하고 평면적인 구조를 형성한다. 이와 같이 결합된 아미노산이 모여서 단백질을 만드는 역할을 한다.

아미노산 중에 들어 있는 R-group에 따라 물리적 특성이 달라진다. 천연단백질 중에는 20여 종류의 아미노산이 알려져 있다. 일반적으로 아미노산의 분류는 그림 1-8에서 보는 바와 같이 친수성(hydrophilic) 아미노산과 소수성(hydrophobic) 아미노산, 산성(acidic) 아미노산과 염기성(basic) 아미노산, 황함유 아미노산 또는 R-group의 탄소 수 등에 의해 구분된다. 발효법에 의해 lysine, glutamic acid 등 많은 종류의 아미노산이 생산되고 있으며 의약용, 식품첨가물용, 사료첨가용 등으로 이용된다.

4.4 단백질

단백질은 고분자물질로서 생리적으로 매우 중요하다. 단백질 분자 내에 아미노산만으로 구성된 단순단백질(simple protein), 아미노산 이외에 당(糖)·지질·무기질·색소 등이 들어 있는 복합단백질(complex protein), 그리고 천연단백질이 분해되거나 변성되어 이루어진 유도단백질(derived protein)로 분류된다.

단순단백질에는 알부민·글로불린·프로라민(prolamine)·경단백질(硬蛋白質)·히스톤(histone)·프로타민(protamine) 등이 있고, 복합단백질에는 핵단백질·인단백질·리포단백질(lipoprotein, 지질단백질)·색소단백질·당단백질이 있다. 그리고 유도단백질에는 1차유도체인 프로테인·메타포로우틴·변성단백질이 있고, 2차유도체인 프로테오스(proteose)·펩톤(peptone)·펩티드(peptide) 등이 있다. 단백질 중에 생리활성을 가지고 있는 물질로는 효소·호르몬(hormone)·인터페론(interferon)·

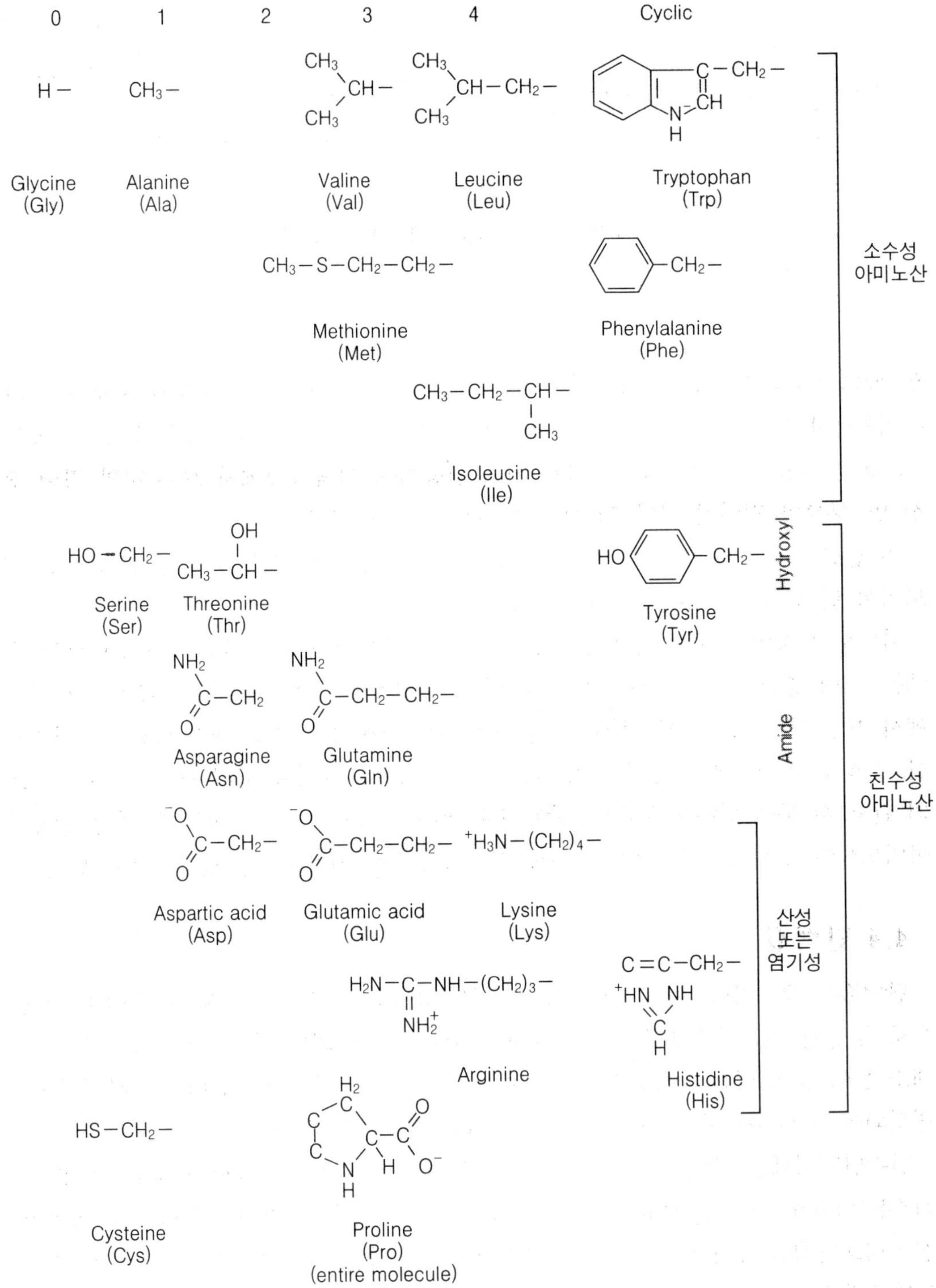

그림 1-8. 아미노산의 종류

* 위쪽 숫자는 R-group의 탄소수

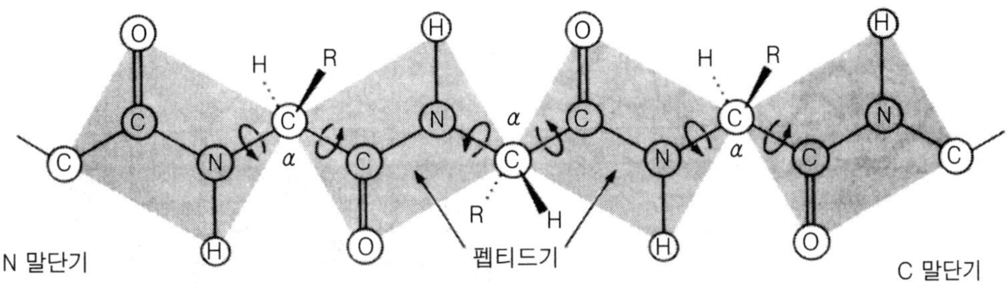

그림 1-9. 단백질의 1차구조

항체(antibody) 등이 포함된다.

단백질의 구조(protein structure)를 말할 때는 1차구조(primary structure), 2차구조(secondary structure), 3차구조(tertiary structure)와 4차구조(quaternary structure) 등 4분야로 구분한다.

단백질의 1차구조는 그림 1-9에서 보는 바와 같이 펩티드 결합의 아미노산 배열로 되어 있는 직선구조이다. 구성하고 있는 아미노산의 종류, 이온화량, 극성 또는 비극성기의 존재 등이 단백질의 물리적 성질을 결정짓는다.

단백질의 2차구조는 그림 1-10에서 보는 바와 같이 평면구조를 이룬다. 펩티드 사슬 내에 C-N 결합은 부분적으로 이중결합의 성질을 가짐으로써 회전운동이 자유로이 되지 않아 단백질의 구조형성이 가능한 형태로 만들어 준다. 2차구조의 기본적인 형태는 펩티드 중 carboxyl기와 amine기 사이의 수소결합으로 이루어져 오른쪽으로 회전된 형태인 α-helix 결합과 평형인 펩티드 사슬 사이에 수소결합에 의해 안정된 형태를 이루는 병풍형(pleated) β-sheet로 되어 있다.

단백질의 3차구조는 그림 1-11에서처럼 단백질 분자의 입체구조를 나타낸다. 알킬기(R-group) 사이의 상호작용에 의해 펩티드 사슬이 어떻게 휘어지거나 감기는지를 결정짓는다. 펩티드 결합(peptide bond)은 다시 이온결합, 수소결합, 소수결합(hydrophobic interaction) 등 여러 가지 결합에 의해 치밀한 구조로 포개져 안정된다. 또한 cysteine 잔기(殘基) 사이의 S-S 결합(disulfide bond)은 단백질 구조를 안정화시키는 데 도움을 준다. 소수성인 R-group은 단백질 구조의 내부로 들어가려는 경향으로 인하여 외부는 친수성 R-group으로 구성됨으로써 용해성을 갖게 된다.

단백질 구조 사이의 결합에너지는 3～7 kcal/mol로 약하기 때문에 열, pH, 이온강도, 용액의 극성 등 환경의 변화에 따라 상호작용으로 단백질의 변화가 쉽게 일어날 수 있다.

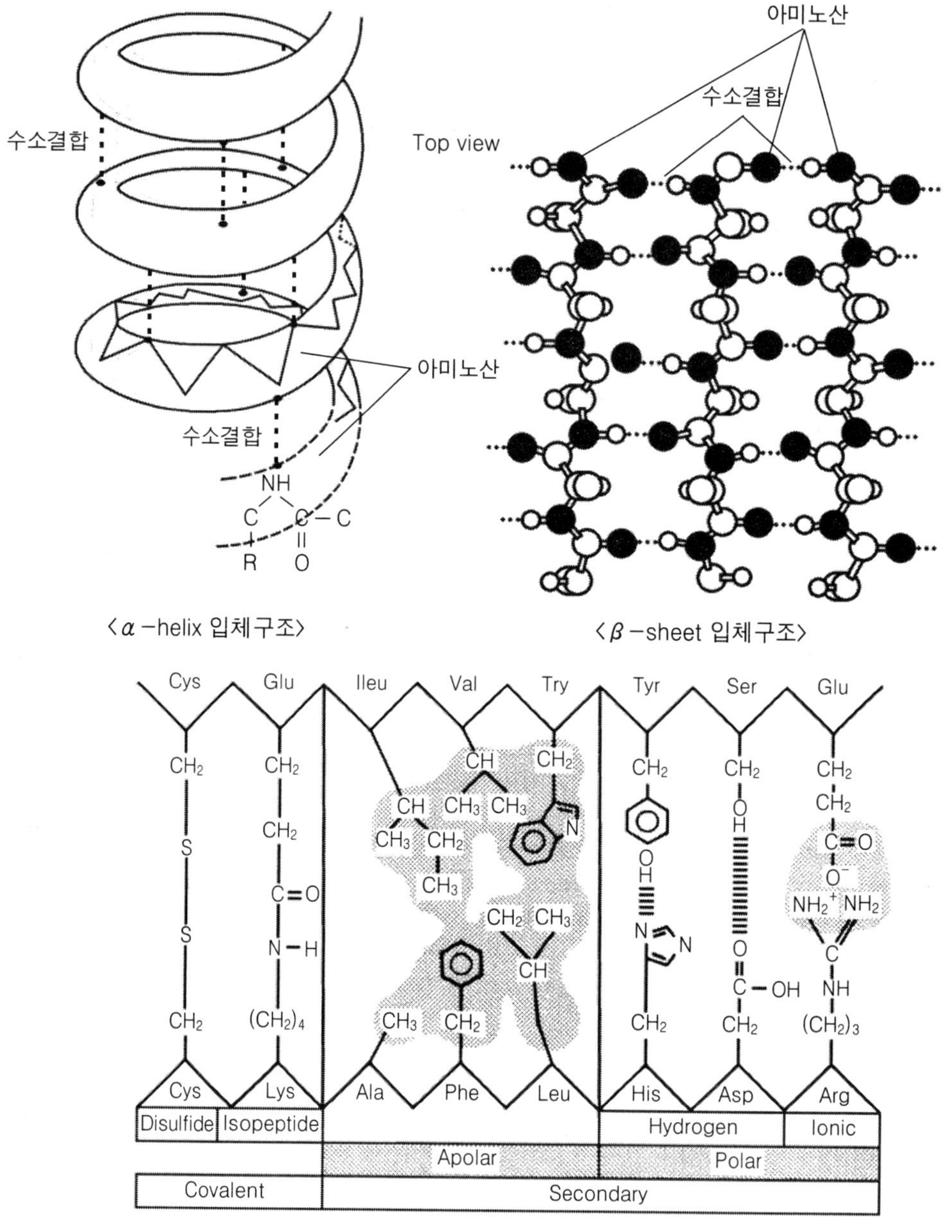

그림 1-10. 단백질의 2차구조

그림 1-12에서 보는 바와 같이 각각의 펩티드가 모여 4차구조를 형성한다. 생리적인 활성을 가진 단백질은 많은 경우 4차구조에 기인되는 것으로 알려져 있다. 또한 탄수화물, 지질성분을 함유하고 있는 경우도 있으며, 이들은 정전기적 인력 또는 약한 상호결합으로 이루어져 있다.

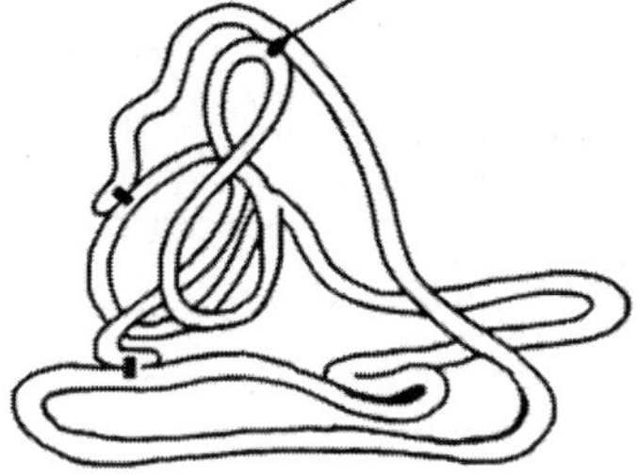

그림 1-11. 단백질의 3차구조

그림 1-12. 단백질의 4차구조

탄수화물을 함유하는 당단백질(glycoprotein)에는 항체(antibody)와 많은 종류의 효소 등이 있다. 지질단백질(lipoprotein)은 혈액 중에 지질을 전달하는 plasma에서 발견할 수 있다. 단백질은 여러 가지의 기능을 가지고 있다. 예를 들어 생물체의 구조적 성분인 힘줄(tendon), 체온을 유지하는 머리카락, 대사활성을 조절하는 호르몬, 운동력을 갖는 근육, 반응의 촉매역할을 하는 효소 등이 있다. 이들 중에서 생물학적으로 활성이 있는 중요한 단백질 종류는 다음과 같다.

1) 효 소

효소는 수많은 생화학 반응에 촉매로 작용하는 비교적 분자량이 큰 단백질로서 2,000종 이상이 알려져 있으며, 산업적으로 이용되는 것은 이의 약 10% 정도이다.

많은 종류의 효소는 여러 개의 subunit polypeptide로 구성되어 있으며, 4차구조를 이룬다. 효소활성에 관여하는 아미노산의 종류로는 aspartic acid, cysteine, glutamic acid, histidine, lysine, methionine, serine, threonine 등이다. 금속으로는 Zn^{2+}, Mg^{2+}, Mn^{2+}, Fe^{2+}, Fe^{3+}, Cu^{2+}, K^{+}, Na^{+} 등이다.

효소의 독특한 특성은 기질 특이성(substrate specificity)과 상온에서 반응한다는 점이다. 무기반응(inorganic reaction)이 주로 고온에서 이루어지는데 비하여 생물반응은 대부분 실온에서 일어난다. 생물체 내에서 이루어지는 반응은 매우 복잡하다. 이는 대부분 효소촉매 반응으로서, 예를 들어 이를 간단히 나타내면 그림 1-13에서 보는 바와 같다.

효소반응 부위는 두 개의 subunit로 구성되어 한쪽은 조절부위(regulatory site), 그리고 반대쪽은 기질(substrate)과 작용하는 활성 반응부위(active site)로 구성되어 있

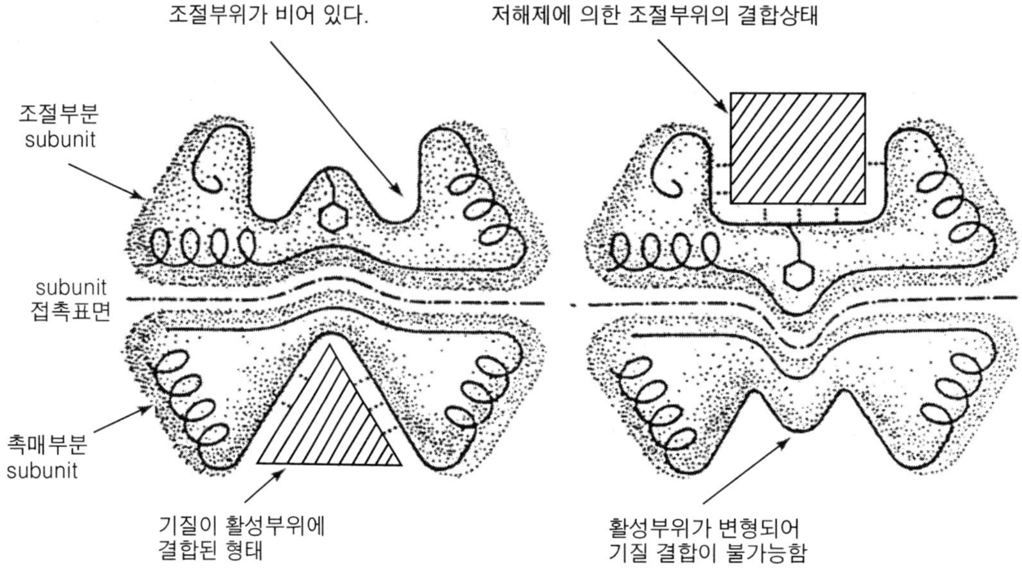

그림 1-13. 효소의 조절부위와 저해물질의 결합으로 인한 구조변화

다. 따라서 효소반응은 특정한 형태를 이루고 있는 조절부위에 의해 조절된다. 만일 이 부위가 효소의 구조와 유사한 저해물질(inhibitor) 등에 의해 먼저 결합해 버리면 기질과 작용하게 될 활성 반응부위는 그림 1-13의 오른쪽 그림에서 보는 바와 같이 형태의 변화가 발생한다. 이로 인하여 기질은 효소의 반응부위에 결합할 수 없게 됨으로써 반응에 저해를 받게 된다. 이와 같은 저해현상은 효소의 활성을 변화시킨다(제3장 참조).

2) 의약용 단백질

의약용으로 이용되는 단백질은 일반적으로 분자량이 10,000 이하인 단백질 또는 polypeptide로 되어 있다. 여기에는 인터페론(interferon)을 비롯하여 인슐린(insulin), 인터루킨(interleukin), 인체 성장호르몬(human growth hormone) 등이 있다. 인체에 중요한 생리활성을 가지고 있어서 생물공학에서 많은 관심을 갖는 분야이기도 하다.

3) 항원 및 항체

항원(antigen)은 매우 소량으로 생체의 면역반응을 유발하는 이질적 화합물인데, 일반적으로 분자량이 10만 이상의 고분자 단백질과 다당류를 예로 들 수 있다. 항체

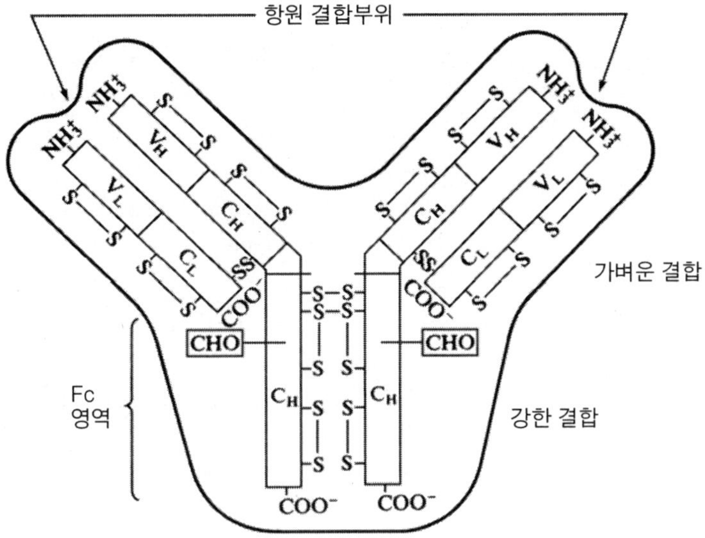

그림 1-14. 면역글로블린(Immunoglobulin : Ig)의 구조 모식도

(antibody)는 항원과 결합하는 물질로 고등동물이 만들어 내는 당단백질인 immunoglobulin 등이 여기에 해당한다. 항체의 한 종류인 면역글로블린의 구조는 그림 1-14와 같다. 가지 모양의 양쪽에 항원이 결합하여 불용성의 복합물을 형성함으로써 침전된다.

체내의 임파구(lymphocyte, 백혈구)에서 항체를 만들어 내며, 임파구는 림프절(lymph node)·비장(spleen)·흉선(thymus)·편도선(tonsil)·골수(bone marrow) 등에서 만들어진다. 진단시약 또는 의약용으로 항체를 대량 생산할 필요가 있으나 분리된 임파구에는 항체 함량이 적다. 척수암 세포와 임파구 사이에 원형질체 융합(protoplast fusion)으로 생겨난 잡종세포를 배양함으로써 순수한 항체생산이 가능하다.

4.5 비타민

비타민(vitamin)은 정상세포의 기능에 필요한 미량 요소로서 지용성(fat-soluble) 비타민과 수용성(water-soluble) 비타민으로 크게 구분된다. 수용성 비타민에는 비타민 B군(群)을 비롯하여 비타민 C, folic acid, biotin 등이 있다. 일반적으로 표 1-5에서 보는 바와 같이 비타민은 보조효소(coenzyme)의 전구물질로 작용하는 경우가 많다.

표 1-5. 수용성 비타민의 종류와 역할

비타민 종류	역할(전구물질로 작용)
Thiamine(vitamin B_1)	Thiamine pyrophosphate
Riboflavin(vitamin B_2)	Flavin coenzymes(FAD, FMN)
Niotinic acid	Nicotinamide coenzymes(NAD, NADP)
Pantothenic acid(vitamin B_6)	Pyridoxal phosphate
Biotin	Biocytin
Folic acid	Tetrahydrofolate coenzymes
Cobalamin(vitamin B_{12})	Cobamide coenzymes
Lipoic acid	Lipoic reductase-transacetylase의 prosthetic group
Myo-inositol	필수지방산(phosphatidyl inositol)
Ascorbic acid(vitamin C)	가수분해에 있어서 coenzyme, tyrosine 산화
Carnitine	지방산전이 보조효소

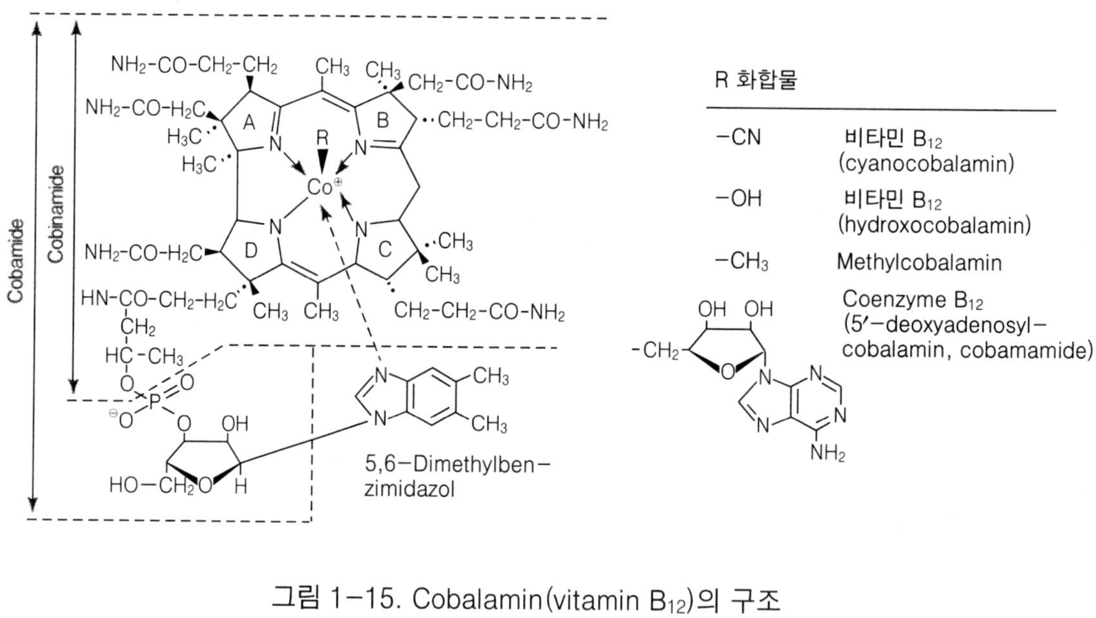

그림 1-15. Cobalamin(vitamin B_{12})의 구조

많은 종류의 수용성 비타민은 질소를 함유하는 복합화합물이다. 예를 들어 비타민 B_{12}는 그림 1-15에서 보는 바와 같은 구조를 가지며, 여러 가지 생물자원에서부터 전구물질을 분리할 수 있다.

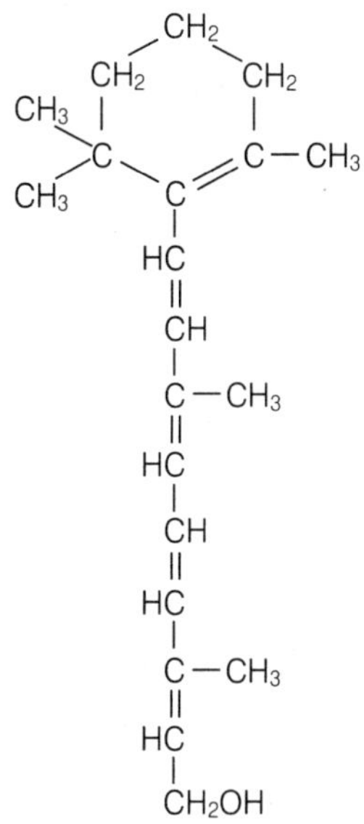

그림 1-16. 비타민 A_1의 구조

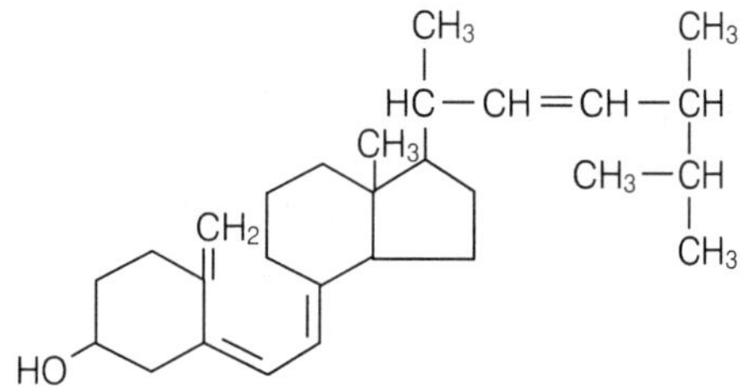

그림 1-17. 비타민 D_2의 구조

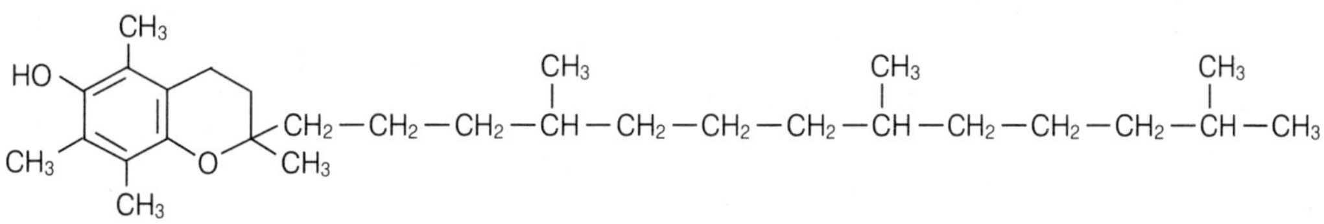

그림 1-18. 비타민 E(α-tocopherol)

지용성 비타민에는 비타민 A · D · E · K가 있으며, 이는 isoprene에서 유도된 화합물이다. 지용성 비타민 중에 비타민 A(그림 1-16)는 mucopolysaccharide의 생합성에 관여하며, 식물 또는 미생물에 의해서는 생산되지 않고 그의 전구물질인 β-carotene은 화학합성에 의해 생산된다. 비타민 D는 체내 칼슘의 흡수를 촉진시켜 주며, 인산대사(phosphate metabolism)에 중요한 물질로 작용한다. 그리고 비타민 D_2(그림 1-17)는 ergosterol로부터 제조된다.

비타민 E(그림 1-18)는 생체내 역할에 대해서 확실히 규명되지는 않았으나, 고도불포화 지질에 대한 항산화 작용이 있는 것으로 알려져 있다. 각종 가공식품 및 건강보조식품에 많이 사용되고 있다. 그리고 비타민 K(그림 1-19)는 혈액응고 단백질인 prothrombin의 합성에 필요한 것으로 알려져 있으며, 감귤의 껍질에 많이 들어 있다.

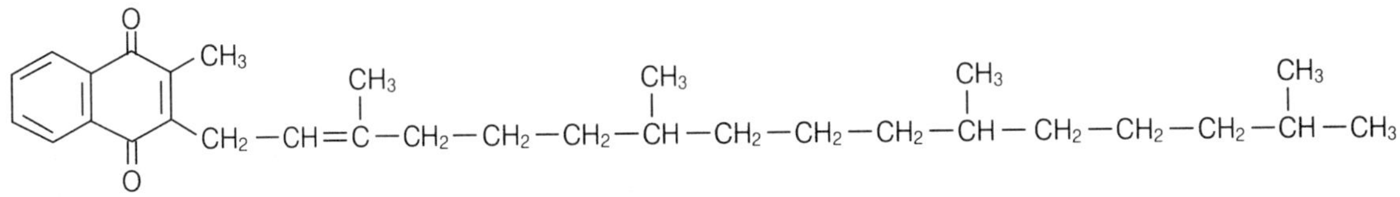

그림 1-19. 비타민 K_1의 구조

4.6 항생물질

항생물질은 다른 종류의 생물의 생육을 억제하는 미생물의 2차대사산물(secondary metabolite)로서 현재 약 10,000여 종이 알려져 있으며, 이 중에서 90여 종이 발효생

표 1-6. 항생물질의 분류

1. 탄수화물함유 항생제	
Pure sugars	(Nojirimycin)
Aminoglucosides	(Streptomycin)
Orthosomycins	(Everninomycin)
N-glycosides	(Streptothricin)
C-glycosides	(Vancomycin)
Glycolipids	(Moenomycin)
2. Macrocyclic lactones	
Macrolide 항생제	(Erythromycin)
Polyene 항생제	(Candicidin)
Ansamycins	(Rifamycin)
Macrotetrolides	(Tetranactin)
3. 퀴논 관련 항생제	
Tetracyclines	(Tetracycline)
Antracyclines	(Adriamycin)
Naphtoquinones	(Actinorhodin)
Benzoquinones	(Mitomycin)
4. 아미노산, 펩티드 항생제	
아미노산 유도체	(Cycloserines)
β-lactam 항생제	(Penicillin)
펩티드 항생제	(Bacitracin)
Chromopeptides	(Actinomycins)
Depsipeptides	(Valinomycin)
킬레이트형	(Bleomycins)
5. 질소함유 heterocyclic 항생제	
Nucleoside 항생제	(Polyoxins)
6. 산소함유 heterocyclic 항생제	
Polyether 항생제	(Monensin)
7. Alicyclic 유도체	
Cycloalkane 유도체	(Cyclohexamide)
Steroid 항생제	(Fusidic acid)
8. Aromatic 항생제	
Benzene 유도체	(Chloramphenicol)
Codensed aromatic 항생제	(Griseofulvin)
Aromatic ether	(Novobiocin)
9. Aliphatic 항생제	
인함유 화합물	(Fosfomycins)

산되고 있다. 항생물질은 세균·방선균·사상균에 의해 생산되며, 화학구조에 따른 분류는 표 1-6과 같다.

β-Lactam 계열에는 페니실린(penicillin), cephalosporin, cephamycin 등이 효과가 큰 항생제로 알려져 있으며, β-lactam 고리를 갖는다. Penicillin의 기본구조는 6-aminopenicillanic acid(6-APA)로서 acyl기가 6번째의 탄소 위치에 붙어 있다. 화학적 또는 효소반응에 의해 acyl기를 제거할 수 있으며, 여기에 다른 작용기(作用基)를 첨가하여 반합성 제품(semisynthetic penicillin)을 제조할 수 있다. 따라서 발효법에 의한 penicillin의 제조 외에 합성법에 의해 많은 종류의 penicillin 유도체가 개발되어 의약품으로 이용되고 있다.

항생제 penicillin과 cephalosporin의 기본구조는 그림 1-20에서 보는 바와 같으며, 발효 또는 반합성에 의해 산업적으로 제조된다. β-lactam 계열의 항생제는 이온화가 가능하며 유기용매에 녹고, Na^+ · K^+ 이온과 결합하여 불용성의 염을 형성한다.

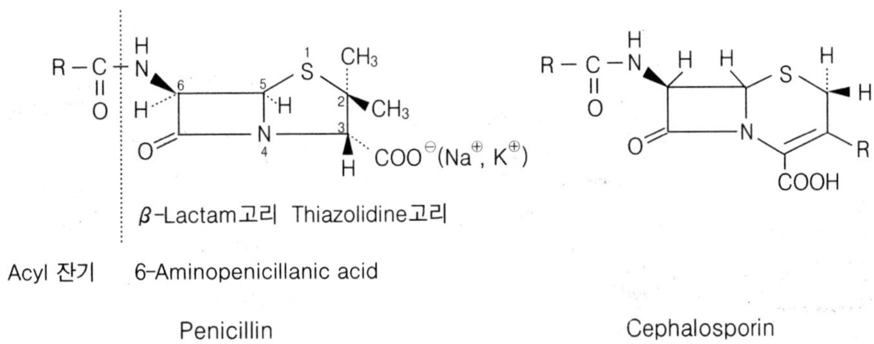

그림 1-20. Penicillin과 cephalosporin의 기본구조

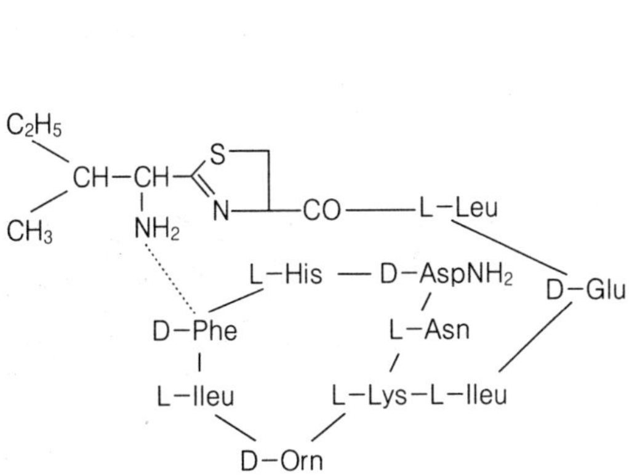

그림 1-21. Bacitracin A의 구조

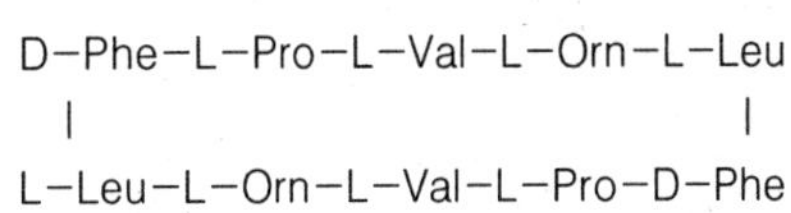

그림 1-22. Gramicidin S의 구조

아미노산 또는 펩티드 항생제에는 결핵치료제로 이용하는 D-cycloserine, 가금류 · 돼지 · 송아지 등의 성장 촉진제로 사용하는 virginiamycin, 그람 음성균의 치료제로 사용하는 tyrocidin, bacitracin(그림 1-21), gramicidin(그림 1-22), polymixin 등이 있다. Actinomycin은 독성이 강하며 암치료제로 사용한다. 유기용매에 녹고, 이온화되며 분자량은 중간 정도이다.

탄수화물을 함유하는 항생제에는 streptomycin(그림 1-23), neomycin(그림 1-24), gentamycin 등의 aminoglycoside 항생제가 있다. 그람 음성균에 유효하고, 분자량은 작은 편이며, 이온화되는 특성이 있다.

Macrocyclic lactone antibiotics에는 erythromycin(그림 1-25) · amphotericin(그림 1-26) 등이 있으며, 그람 양성균에 효과가 있다. 이 종류의 항생제는 특히 페니실린(penicillin) 내성균에 유효하다. 유기용매에는 용해되나 물에는 불용성이다.

퀴논(quinone) 계통의 항생제 중의 대표적인 물질인 tetracycline은 광범위 항생제로서 세균, rickettsia, mycoplasma, leptospira, spirochete, chlamydia균에 효과가 있

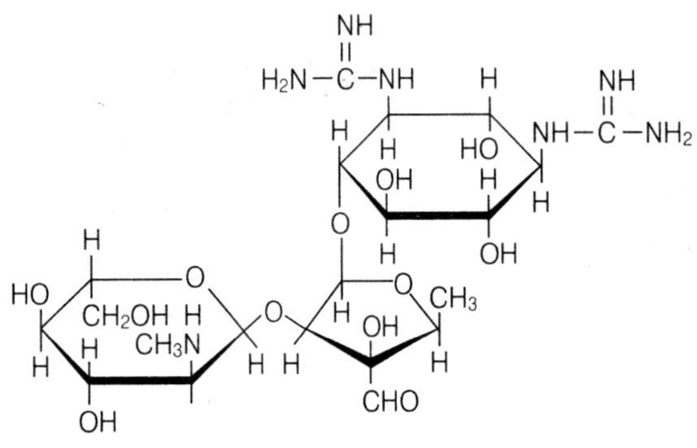

그림 1-23. Streptomycin의 구조

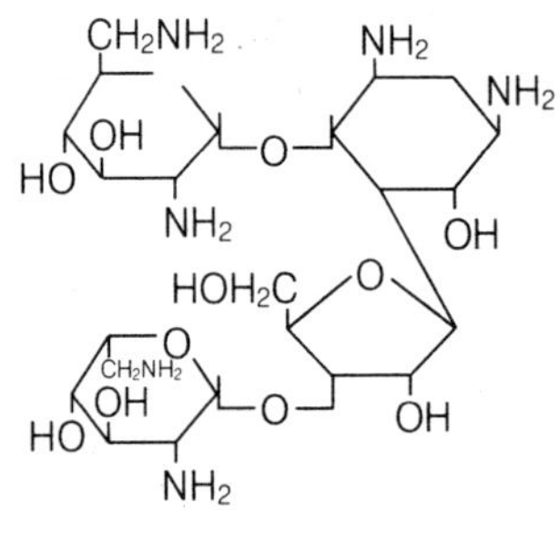

그림 1-24. Neomycin B의 구조

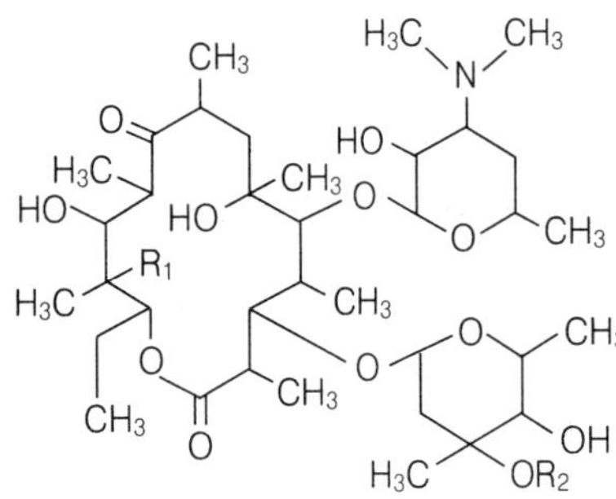

그림 1-25. Erythromycin D의 구조

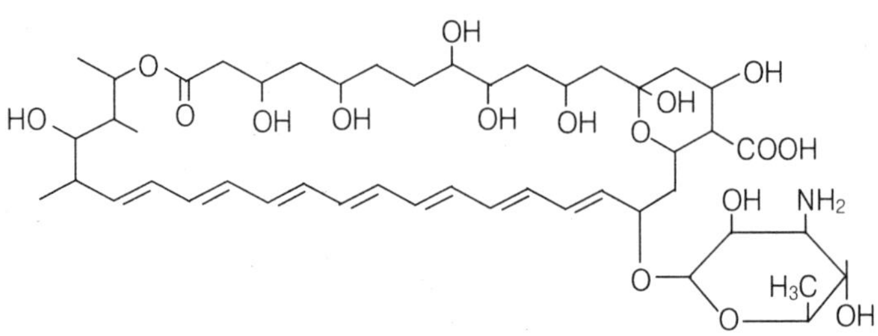

그림 1-26. Amphotericin B의 구조

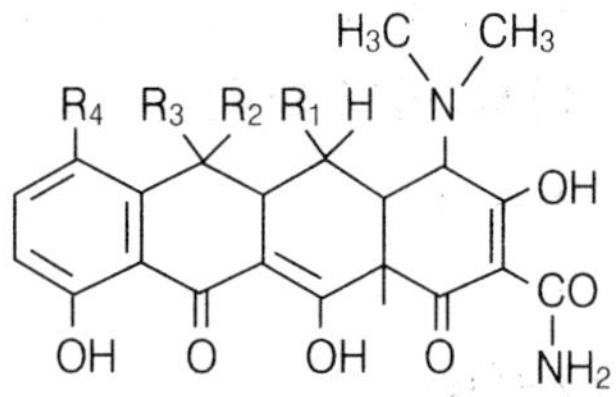

그림 1-27. Naphthacene ring

다. Anthracycline은 독성이 강하나 암치료제로 이용된다. 이 계열에 속하는 항생제의 기본구조는 naphthacene ring(그림 1-27)으로 되어 있다.

4.7 Ergot alkaloids

곰팡이에서 생산되며, 두통 치료제로 사용된다. D-Lysergic acid alkaloid는 반합성 화합물로 아미노결합에 의해 이루어진 tricyclic peptide 또는 amino alcohol이 연결

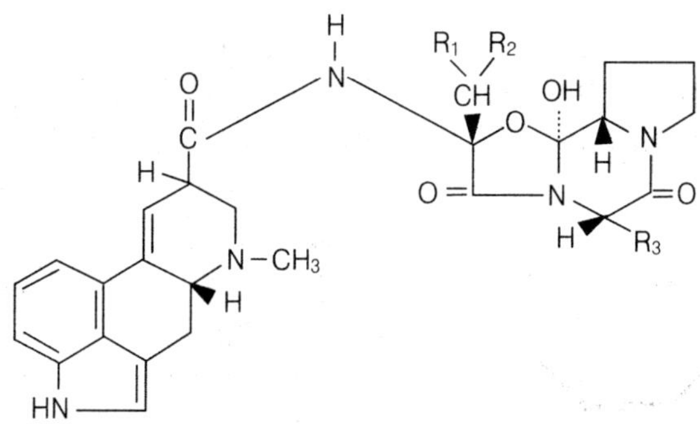

화합물	R_1	R_2	R_3
Ergotamine	H	H	CH_2- 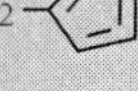
Ergosine	H	H	$CH_2CH(CH_3)_2$
Ergocristine	CH_3	CH_3	CH_2- 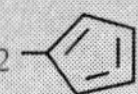
α-Ergocryptine	CH_3	CH_3	$CH_2CH(CH_3)_2$
β-Ergocryptine	CH_3	CH_3	$CH(CH_3)CH_2CH_3$
Ergocornine	CH_3	CH_3	$CH(CH_3)_2$
Ergostine	H	CH_3	CH_2- 

그림 1-28. Ergoline ring

된 ergoline ring(그림 1-28)으로 되어 있다. Ergot alkaloid는 맥류(麥類)에 기생하는 곰팡이를 배양하여 얻는다. 다른 알칼로이드는 발효에 의해 생산된 lysergic acid를 원료로 화학합성에 의해 제조된다.

4.8 Nucleotide와 nucleoside

Purine nucleotide는 식품의 향미 증진제로 사용된다. 이 외의 관련 화합물은 암치료제 또는 바이러스 감염에 대한 치료제로 사용하기도 한다. Nucleotide의 화학구조는 그림 1-29에서 보는 바와 같다.

핵산의 효소분해 또는 직접 발효에 의해 nucleotide를 제조한다. 시판되고 있는 조미료는 예전에는 다시마 맛의 주성분인 Na-glutamate(monosodium glutamate, MSG)였으나, 맛성분의 상승효과가 있는 5′-GMP(guanosine monophosphate) 또는 5′-IMP(inosine monophosphate)를 0.5%를 첨가하여 사용하고 있다. Nucleoside는 인산기가 없는 상응하는 nucleotide로 구성되어 있다.

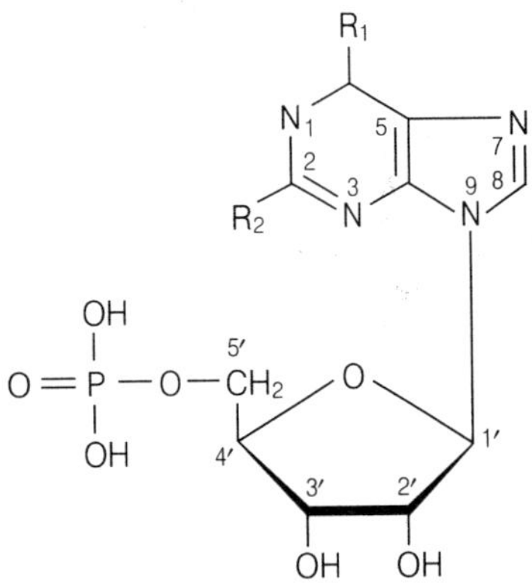

Nucleotide	R_1	R_2
5′ − AMP	$-NH_2$	−H
5′ − GMP	−OH	$-NH_2$
5′ − IMP	−OH	−H
5′ − XMP	−OH	−OH

그림 1-29. Nucleotide의 구조

4.9 다당류

미생물성 다당류(polysaccharides)는 식품 또는 의약품에 안정제로 사용되며, xanthan gum · dextran · curdlan · pullulan 등이 있다. 분자량이 크고, 알코올 용액에 불용성이며, 이온화기를 가지고 있다.

Xanthan gum은 그림 1-30에서 보는 바와 같이 포도당, mannose, glucuronic acid

로 구성되어 있는 다당류로서 *Xanthomonas campestris*가 생산하는 미생물성 다당류로 산업화되어 있는 대표적인 물질이다.

Dextran은 α-1,6-glucose로 되어 있으며(그림 1-31), 밀가루와 같은 당질을 첨가하여 깍두기를 담갔을 때 끈적끈적한 점질성 물질이 생기는데, 이는 *Leuconostoc mesenteroides*에 의해 dextran이 생성되기 때문이다. 이 외로 *Lactobacillus, Streptococcus*속 등에 의해서도 생산된다.

Pullulan은 *Aureobasidium*속에 의해 생산되는 포도당이 α-1,4와 α-1,6 결합된

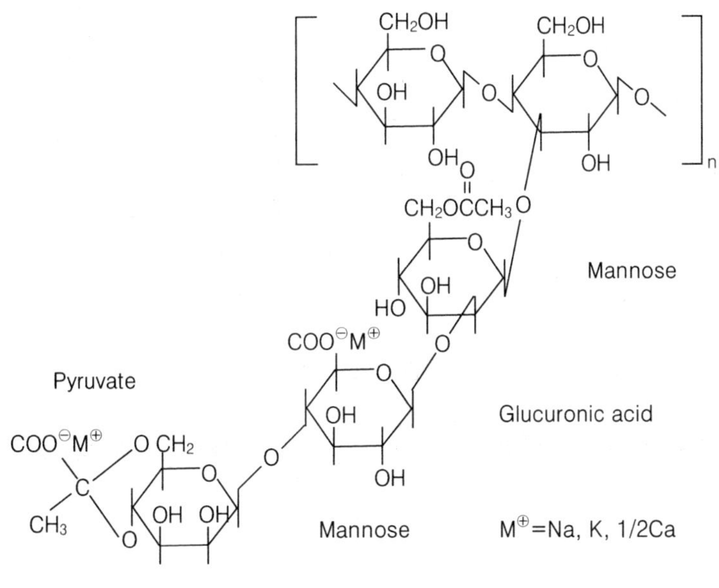

그림 1-30. Xanthan gum의 구조

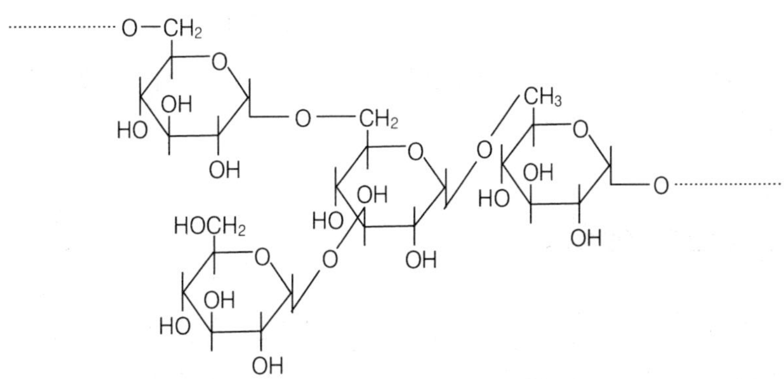

그림 1-31. Dextran의 구조

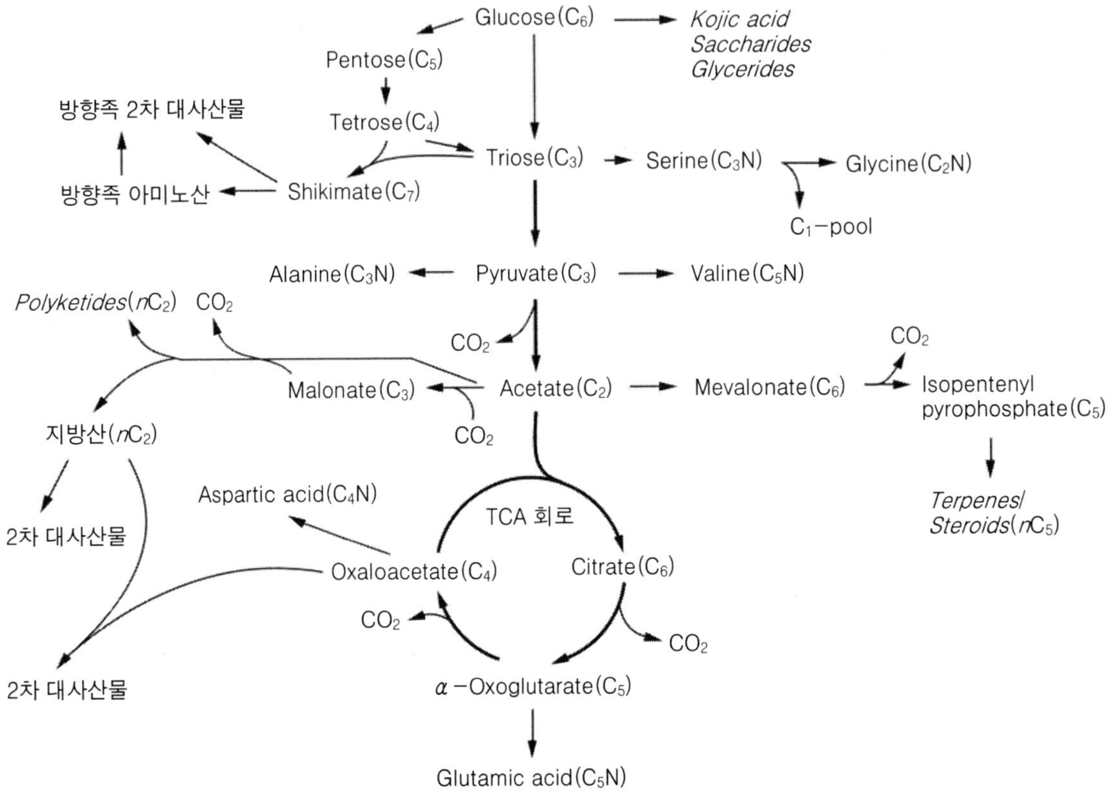

그림 1-32. 미생물에 의한 1차 및 2차 대사산물의 생성경로

다당류이다. 그리고 *Alcaligenes*속이나 *Agrobacterium*속에 의해 생산하는 curdlan은 포도당이 직선상의 α-1,3 결합으로 되어 있는 다당류이다. Cyclodextrin glucanotransferase 효소반응에 의해 얻어지는 cyclodextrin은 환상 α-1,4 결합으로 되어 있다.

앞서 살펴보았던 여러 가지 미생물에 의한 1차 및 2차 대사산물의 생성경로를 요약하면 그림 1-32에서 보는 바와 같다.

5. 생물화학공학의 역할

앞에서 생물공학의 역사, 현황과 미래, 발효생성물의 특성 등을 통하여 기초적인 내용을 이해하였을 것이다. 그러면 생물화학공학에서는 구체적으로 '어떤 분야에 대한 역할을 담당하고 있으며, 어떻게 대처해야 할 것인가'를 알아보자.

예를 들어 유용물질을 생산하기 위한 발효공정을 생각해 보자. 그림 1-33에서 보는 바와 같이 몇 단계에 의해 이루어진다는 것을 알 수 있다. 이 과정에서 생물공학적으로 요구되는 역할은 다음 몇 가지로 나눌 수 있으며, 이를 유효하게 응용하는 일이 중요하다.

5.1 배양설비와 배양방법의 개선

일반적으로 여러 가지 방법에 의하여 균주를 개량하거나 육종하는 일은 유전공학 또는 세포공학 분야에서 다룬다. 유용균주를 이용한 파일롯트 규모(pilot scale) 또는 공장 규모(plant scale)의 생산에 관련된 분야는 크게 ① 미생물, 식물 및 동물세포의 산업적 배양기술, ② 유용물질의 분리 및 정제과정으로 나눌 수 있다. 세포배양에 있어서는 기초적인 학문분야의 지식을 바탕으로 하여 배지의 조성, 살균공정, 배양설비, 배양의 최적화를 위한 제어 및 계측 등이 고려된다.

우선 배양에 필요한 발효조의 설비를 이해하고, 발효조의 구조에 문제점은 없는지 검토할 필요가 있다. 즉, 발효조에 연결된 각종 파이프, gasket(seal 또는 packing 부분), 밸브의 설계(valve design), 임펠라(impeller), 장애판(baffle), 모터(motor), 펌프(pump), 제어장치 등에 대한 이해와 더불어 효율적인 생산을 위해 발효조 및 주변기기들을 꾸준히 개선해 나갈 필요가 있다(제9장 참조).

발효공정에서 생산성을 높이기 위하여 회분공정(batch process)에서부터 점차 연속공정(continuous process)으로 전환하려는 시도를 하고 있다. 연속배양에 실용화되어

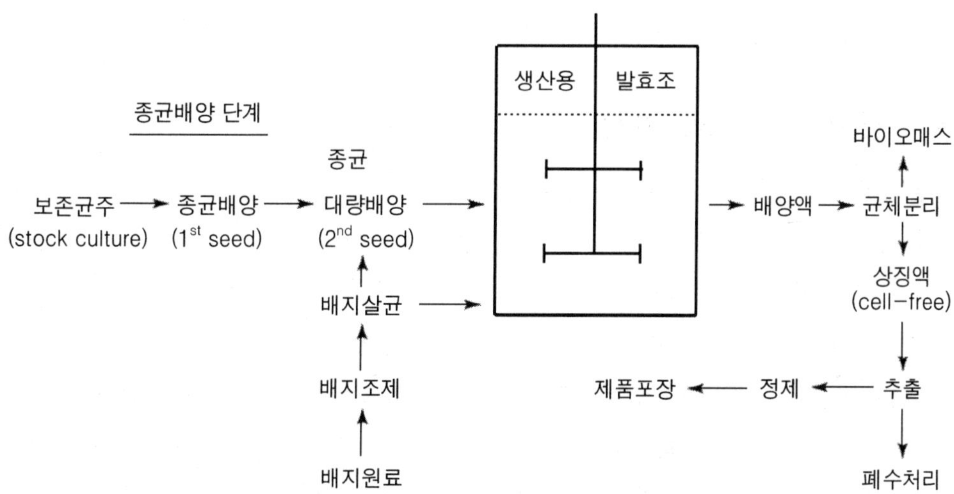

그림 1-33. 대표적인 발효공정

있는 분야는 SCP, 또는 빵효모의 생산공정, 폐수처리를 위한 활성오니법(activated sludge process) 등이 대표적인 예라고 할 수 있다.

5.2 무균조작

발효조에 의한 세포배양에 요구되는 중요한 일은 무균조작이다. 발효조의 내부뿐만 아니라 각종 연결부위를 스팀을 통한 살균(sterilization) 조작과 제균 또는 살균공기의 주입을 통한 통기(通氣, aeration), 교반(agitation) 장치와 연결된 부위의 sealing 등 발효공정 전체의 무균조작이 이루어져야 하며, 이를 위한 세심한 주의가 요구된다(제10장 참조).

5.3 공정제어

발효생성물의 경제적 생산을 위하여 자동화공정 도입이 점차 이루어지고 있다. 실험실 또는 파이롯트(pilot) 규모에서 얻어진 데이터를 스케일업(scale-up) 하는 데는 보다 많은 문제에 부딪치게 된다.

예를 들어 기하학적인 스케일업(scale-up)에서의 문제점은 세포의 생리적 특성으로 인하여 실험실 규모와 다른 결과를 초래하기 쉽다. 그리고 배양 중에 일어나는 여러 가지 요인을 빠르고 쉽게 알 수 있는 센서(sensor) 개발이 아직까지는 충분하지 않다. 특히 발효공정은 생화학적 반응이기 때문에 일반적인 화학반응에 비해 공정의 최적화를 위하여 여러 가지 요인들을 조절할 필요가 생긴다.

따라서 배양 중 발효공정을 제어하기 위한 각종 센서의 개발, 각종 실험 데이터의 축적과 해석을 통하여 최적조건을 찾아내고, 이 결과를 이용한 컴퓨터 제어기술의 개발이 필요하다(제11장 참조).

5.4 생성물의 회수와 정제

발효공정이 끝나면 유용물질을 회수하고, 정제하여 상품화시켜야 한다. 일반적인 화학공정과 달리 생물공정은 여러 가지 특성으로 인하여 유용물질의 분리 및 정제가 그리 간단하지 않다. 그의 원리는 대부분 단위조작 및 단위공정의 이론이 도입된다.

① 생산물 회수를 위한 배양액으로부터의 세포의 파괴·추출·여과·농축 등의 공정은 물질 및 열전달에 대한 단위조작(unit operation)에 해당된다.

② 경제적인 공정 설계(process design)를 위한 산화반응·환원반응·기질전환(substrate conversion)·전이(transformation)·가수분해 등은 단위공정(unit process)에 해당된다.

따라서 생성물의 특성에 따른 알맞은 회수 및 정제공정의 도입에 따른 방법을 꾸준히 개선하여야 한다. 일반적으로 생성물의 회수와 정제공정에 소요되는 비용이 전체 생산비의 50% 이상을 차지하는 경우가 많기 때문에 이에 대한 보다 많은 연구가 필요하다. 막분리기술(membrane technology)의 활용도 이에 대한 한 가지 예라고 할 수 있다(제12장 참조).

6. 생물산업의 과제

앞에서 설명한 바와 같이 생물산업은 무한한 가능성을 가지고 있다. 21세기에 선도적인 산업의 하나로 받아들여지고 있으나, 국내에서 이를 산업화하는 데 가장 큰 문제점은 유전자원의 확보가 미약하다는 데 있다. 특히 생물산업의 핵심적인 분야를 미생물에 의한 유용물질 생산이라고 한다면, 상업적인 가치가 있는 미생물 균주의 확보가 선진국 수준에 이르지 못하고 있다. 따라서 1980년대 이후 많은 연구투자에도 불구하고 1990년대 들어서면서 관련기업이 산업화에 대한 한계를 실감하고 있다.

그 동안 많은 연구에 힘입어 유전자조작기술이 보편화되기에 이르렀다. 발효기술 면에서도 많은 발전을 거듭하여 왔다. 그러나 국제 경쟁력을 확보하기 위하여 자체적으로 분리, 육종한 균주의 확보가 중요한 과제로 등장하였다. 이에 따라 유전자원 확보에 대한 경쟁은 더욱 치열해질 전망이며, 개방화 추세에 따라 국내 생물산업의 존폐에까지 영향을 줄 것으로 보인다.

유전공학에 의해 유전자원 문제를 해결할 수 있으리라는 기대에서부터 대부분의 대학에 이에 관련된 학과가 생겨 많은 인력을 배출하기에 이르렀다. 그러나 아직까지는 제한된 분야를 제외하고는 '생물산업의 발전을 위하여 보다 많은 투자와 시간이 필요하다'는 인식에서 관련기업의 투자가 정체됨으로써 일부는 식품공업, 발효공업, 발효에 의한 의약품 생산 등 기존의 생물산업으로 회귀하는 경향을 보이고 있다.

아직까지는 전통적인 방법에 의해 발효제품을 생산할 수밖에 없다는 인식에서 미생물 균주를 중심으로 새로운 유전자원를 확보하기 위한 유일한 방법은 자연계에서 미생물을 분리·검색하고 우수균주를 육종하는 방향으로 진행할 것으로 여겨진다(제4장 참조).

그러나 장래 유전공학적인 기술에 의한 새로운 유전자원의 확보(제5장 참조)와 더불어 아직까지 발표되지 않은 신물질을 찾아내는 데는 많은 인력과 연구투자가 필요할 것으로 여겨진다. 이에 따라 현재 이루어지고 있는 생물산업을 중심으로 하여 이에 관여하는 미생물학적 기초에서부터 발효생산, 유용물질의 분리 및 정제, 생물환경공학에 이르기까지 하나씩 살펴보기로 하자.

참고문헌

1. 고정삼, 식품산업의 이해, 유한문화사(2002)
2. 류기찬, 생물산업, 5(1), 38, 한국산업미생물학회(1992)
3. 大倉一郎, 食品工業(日本), 33(4), 55(1990)
4. 柴田和雄, 木谷收 編, バイオマス生産と變換, 學會出版センタ(1981)
5. Aiba, S. et al., Biochemical Engineering, 2nd ed., The Univ. of Tokyo (1975)
6. Crueger, W. and A. Crueger, Biotechnologie-Lehrbuch der angewandten Mikrobiologie, Oldenbourg Verlag(1989)
7. Harlander, S.K. and T.P. Labuza, Biotechnology in Food Processing, Noyes Pub.(1986)
8. Lehninger Principles of Biochemistry, D.L.Nelson and M.M.Cox, 3rd ed., Worth Pub.(2000)
9. Stanbury, P.E., A. Whitaker and S.J. Hall, Principles of Fermentation Technology(2nd ed.), Pergamon Press(1995)

제 2 장

미생물의 특성

1. 미생물의 분류와 명명법

1.1 미생물의 분류법

미생물은 '사람의 육안으로 직접 인식되지 않을 정도로 작으나 생명을 유지하며 증식하는 생물'이라고 할 수 있다. 미생물은 크게 원생동물과 같은 동물계(動物界)의 미생물과 식물계(植物界)의 미생물로 나눌 수 있다. 일반적으로 미생물 반응공정에 이용되는 유용한 미생물은 식물계에 속한다.

미생물 분류의 기본단위는 종(種, species ; sp.)이며, 유사한 종이 모여 속(屬, genus)을 이룬다. 또한 속보다 큰 단위로서 과(科, family)·목(目, order)·강(綱, class)·문(門, phylum 또는 division)·계(界, kingdom)로 구분된다.

이와 같은 7단계 사이에 아문(亞門)·아강(亞綱)·아목(亞目)·아과(亞科)·아속(亞屬)을 사용하여 작게 구분하기도 하며, 종(種) 이하에서는 아종(亞種) 이외로 변종(變種, variety ; var.)·품종(品種)·형(型) 등으로 나누기도 한다. 또한 형태학적인 차이에 따라 일반적으로 세균·방선균·곰팡이(사상균)·효모·조류(藻類)로 구분된다.

1.2 미생물의 명명법

미생물의 명명(命名)은 일반적으로 Linne의 이명법(二名法, binominal nomenclature)에 따른다. 대문자로 시작되는 속명(屬名)과 소문자로 시작되는 종명(種名)으로 구성되어 있으며, 이탤릭체로 표기한다.

변종(變種) 또는 아종(亞種)은 삼명법(三名法, trinominal nomenclature)을 사용한다. 균주가 미생물 보존기관에 보존되어 있는 표준 균주(type culture)인 경우는 균주명 다음에 기관의 약자와 등록번호를 붙인다. 예를 들어 다음과 같이 표시한다.

속 명	종 명	기관의 등록번호
Saccharomyces	*cerevisiae*	IFO 2347 (Institute for Fermentation, Osaka)
Escherichia	*coli*	ATCC 14948 (American Type Culture Collection)

많이 이용되는 균종에 대해서는 학명 외에 상용명 또는 속명(俗名)이 이용되기도 한다. 예를 들면 *Aspergillus oryzae*을 '코오지균'으로, *Saccharomyces cerevisiae*을 '빵효모'로, *Penicillium*속의 곰팡이를 '푸른곰팡이'로, *Escherichia coli*을 '대장균'으로, *Bacillus subtilis*를 '고초균'으로, *Lactobacillus*속의 세균을 '유산균'으로, *Acetobacter* 속의 세균을 '초산균' 등으로도 각각 부른다.

1.3 미생물 보존기관

미생물의 산업적인 이용이 활발해짐에 따라서 오래 전부터 세계적으로 많은 미생물 보존기관이 설립되었다. 이 중에서 세계의 대표적인 미생물 균주의 보존기관은 표 2-1에서 보는 바와 같다. 이 중에서 가장 널리 알려진 균주 보존기관으로는 미국의 NRRL, ATCC, 네덜란드의 CBS, 일본의 JFCC[6] 등이 있다.

우리나라에서도 유용균주의 보존을 위하여 1967년에 종균협회(KFCC, KCCM)[7]가 설립되어 미생물 균주를 보존하여 이용하고 있다. 이후 1985년에 한국생명공학연구원(KRIBB)에 유전자은행(Gene Bank ; KCTC)[8]을 설치하여 운영하고 있다. 이 외에도 기타 대학 및 연구소 등에서 각각 이용목적에 따라 유용균주들이 보존 관리되고 있다.

한국종균협회 부설 한국미생물 보존센터(KCCM)에 4,300여 균주(2004년)가 보존되어 있다. 그리고 한국생명공학연구원 유전자은행(KCTC)에는 11,700여 균주(2004년)가 보존되어 있다. 세계적으로 유전자 보존에 대한 관심이 점점 많아지고 있으며, 우리나라에서도 유전자원의 확보와 보존을 위하여 더욱 많은 연구투자가 있어야 할 것이다.

---

6) Japan Federation for Culture Collections, 일본의 25개 보존균주기관의 연맹으로서 1986년을 기준하여 합계 123,335균주를 보존하고 있다.
7) Korean Culture Center of Microoganisms, http://www.kccm.or.kr
8) Korean Collection for Type Cultures, http://kctc.kribb.re.kr

표 2-1. 세계의 주요 미생물 보존기관

약 자	기 관 명	국 가
ACM	Australian Collection of Microorganisms, St. Lucia, Queensland	호주
ATCC	American Type Culture Collection, Rockville, MD.	미국
CCM	Czech Collection of Microorganisms, Masaryk University, Brno	체코
CDA	Canadian Department of Agriculture, Ottawa	캐나다
CGMCC	Center for General Microbiological Culture Collection, Institute of Microbiology, Beijing	중국
CIP	Collection of the Institut Pasteur, Paris	프랑스
DSM	Deutsche Sammlung von Mikroorganismen, Gottingen	독일
ICMP	International Collection of Microorganisms from Plants, Plant Disease Division, DSIR, Auckland	뉴질랜드
IFO	Institute for Fermentation, Osaka	일본
INMI	Institute for Microbiology, Russ. Academy of Sciences, Moscow	러시아
ITCC	Indian Type Culture Collection, New Delhi	인도
JFCC	The Japanese Federation of Culture Collections of Microorganisms, University of Tokyo, Tokyo	일본
KCCM	Korean Culture Center of Microorganisms, Seoul	한국
KCTC	Korean Collection for Type Cultures, KRIBB, Taejon	한국
LMG	Universiteit Gent, Laboratorium voor Mokrobiologie, Gent	벨기에
MAO	Mircen Afrique Ouest, ISRA-CNRA, Bambey	세네갈
NCIB	National Collection of Industrial Bacteria, Aberdeen	영국
NCTC	National Collection of Type Cultures, London	영국
NRRL	ARS Culture Collection, Northern Regional Research Laboratory, US Department of Agriculture, Peoria, IL	미국
TISTR	Thailand Institute of Scientific and Technological Research, Bangkok	태국
VTT	VTT Biotechnology Culture Collection, Espoo	핀란드

1.4 미생물의 분류

생물산업에서 주로 이용되는 미생물은 분류학상 식물계에 속한다. 식물계(plant kingdom)는 다시 엽상식물(thallophyta) · 선태식물(bryophyta) · 양치식물(pteridophyta)과 종자식물(spermatophyta)로 나눈다. 그리고 엽상식물은 균류(fungi) · 조류

(algae)·지의류(lichens)로 구분된다.

이 중에서 생물산업에서 이용되는 대표적인 미생물에 대한 분류방식은 주로 형태

표 2-2. 미생물의 분류

- 엽상식물 (thallophyta)
  - 균 류 (fungi)
    - 분열균(Schizomycetes)
      - 세균(bacteria)
      - 방선균 (actinomycetales)
    - 변형균(Myxomycetes)
    - 진 균 (Eumycetes)
      - 조균류 (Phycomycetes)
        - 사상균(mold)
      - 자낭균 (Ascomycetes)
        - 사상균(mold)
        - 효모(yeast)
      - 담자균(Basidiomycetes)
      - 불완전균류 (Deuteromycetes)
        - 사상균(mold)
        - 효모(yeast)
  - 조 류 (algae)
    - 남조(blue-green algae)
    - 녹조(green algae)
    - 홍조(red algae)
    - 갈조(brown algae)
    - 규조(硅藻, diatom)
  - 지의류(lichens)

표 2-3. 미생물의 분류방식

- 생물
  - 동물
  - 식물
  - 원생생물 (Protista)
    - 진핵생물 (eucaryotes)
      - 균류(fungi)
        - 사상균(mold)
        - 효모(yeast)
      - 조류(algae)
      - 원생동물(protozoa)
    - 진정세균 (eubacteria)
      - 세균(bacteria)
      - 남조류(blue-green algae)
    - 고세균 (archaebacteria)
      - 메탄세균 등

(세균(bacteria), 남조류(blue-green algae), 메탄세균 등 → 원핵생물 (procaryotes))

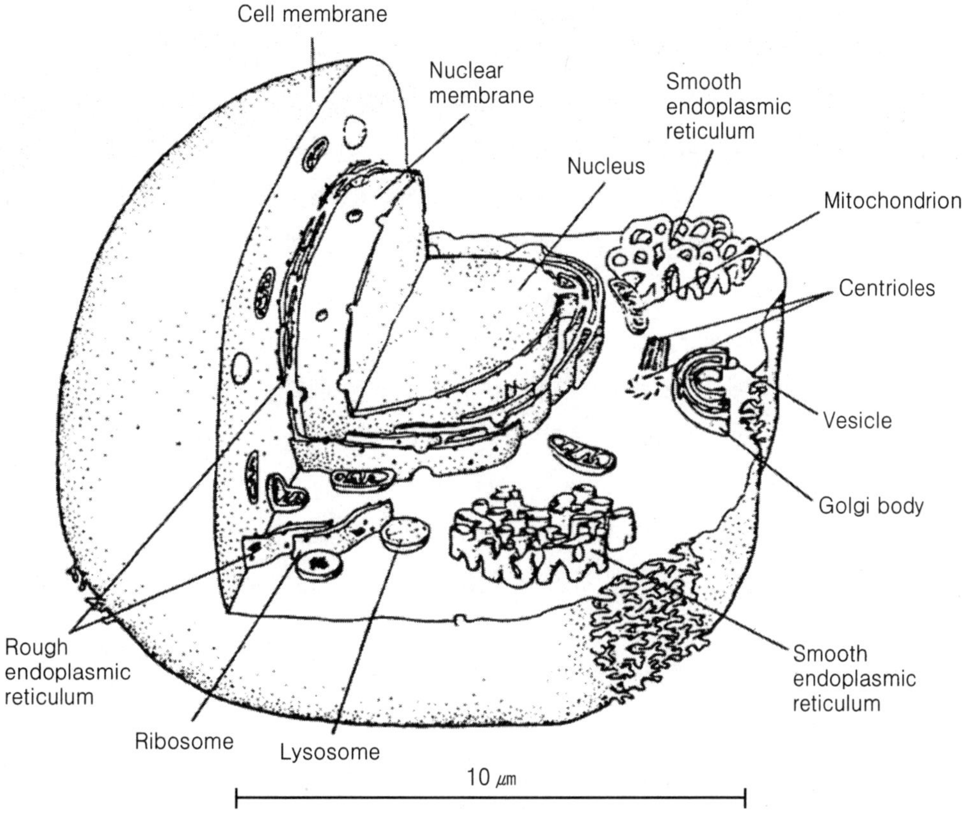

그림 2-1. 진핵세포의 구조

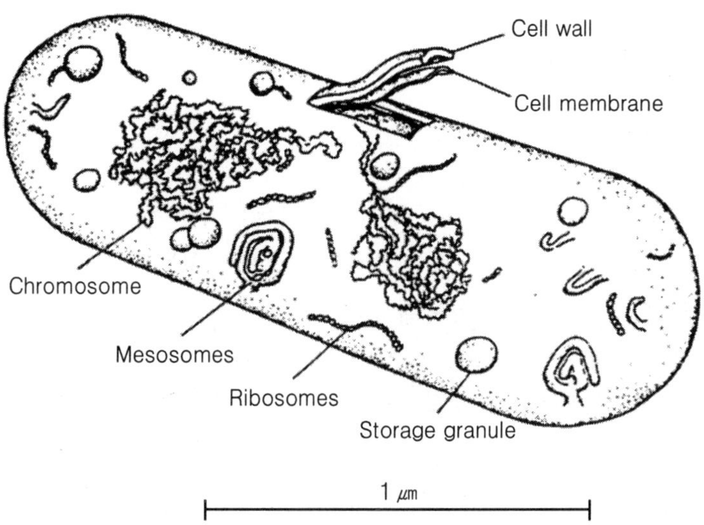

그림 2-2. 원핵세포의 구조

에 따라 표 2-2와 같이 크게 균류(fungi)와 조류(algae)로 구분된다.

이외에 세포와 조직의 분화 정도에 따라 표 2-3과 같이 구분하기도 한다. 즉, 생물계를 동물·식물·원생생물로 나누고, 미생물은 원생생물에 포함시킬 수 있다. 미생물은 다시 동물이나 식물과 같이 분화된 핵을 갖는 진핵생물(眞核生物, eucaryote ; true nucleus)과 원시상태의 핵을 갖는 원핵생물(原核生物, procaryote ; before nucleus)로 나누어진다. 원핵생물은 진정세균(eubacteria)과 고세균(古細菌, archae-bacteria)으로 세분된다.

대표적인 진핵세포(eucaryotic cell)와 원핵세포(procaryotic cell)의 구조는 각각 그림 2-1과 그림 2-2에서 보는 바와 같다. 고세균에는 메탄균·호염균(halophiles)·호열호산성균(thermoacidophiles) 등이 알려져 있으며, 이들은 일반적인 세균과 다르다는 사실이 최근에 밝혀졌다.

원핵세포는 막(membrane)이 제대로 발달되지 않아 세포 내부가 소기관(organelle)이 뚜렷이 구분되지 않는 특징을 가지고 있다. 세포의 기능 분화 면에서는 진핵세포와 원핵세포가 매우 다르다.

유전정보 발현기구는 기본적으로 같은 공통의 유전암호(genetic code)를 가지고 있으나, 진핵생물에 널리 분포하는 것으로 알려진 인트론(intron)[9]은 원핵생물 유전자에는 발견되지 않는다. 생명공학에서 주로 다루는 미생물은 세균, 방선균(放線菌), 효모 및 곰팡이다.

이와 같은 미생물의 분류학적인 위치, 이들의 성상(性狀)에 대한 일반적인 특징 중에서 알아두어야 할 필요한 내용만을 간단히 정리하면 다음과 같다.

2. 미생물의 종류

2.1 세 균

세균(細菌, bacteria)은 일반적으로 크기가 2.0～1.5 ㎛ × 1.0～0.5 ㎛이며, 한 개의 세포는 10^{-12} g 정도의 무게를 갖는다. 세균을 사람 정도로 확대시키면 사람은 같은 비율로 확대하였을 경우 지구 정도의 크기가 되며, 약 10억 개의 세균세포가 모여서 그의 중량이 약 1 mg이 되므로 세균의 크기를 짐작할 수 있다.

세균은 단세포로 되어 있으며, 그림 2-3에서 보는 바와 같이 보통 분열에 의해 증

9) 진핵생물 유전자의 DNA에서는 단백질의 아미노산 배열을 지정하는 유전정보가 DNA에 띄엄띄엄 나누어져 존재하는 경우가 많다. 유전정보를 지정하는 부분(exon)에 대하여 그 사이에 유전정보를 갖지 않는 부분을 인트론(intron)이라고 한다.

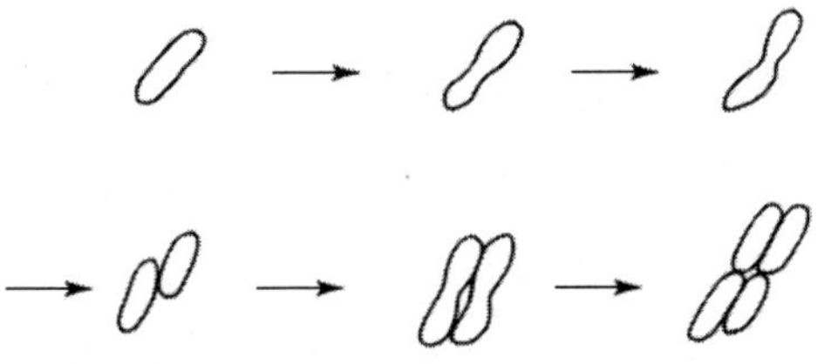

그림 2-3. 세균이 분열하는 모양

식한다. 세균의 외형적인 형태에 따라 구분하면 구형의 구균(球菌, coccus)과 원통형의 간균(桿菌, bacillus), 비브리오(vibrio), 나선균(螺旋菌, spirillum) 등으로 나눈다.

세균의 생육특성에 따라 생육에 산소를 필요로 하는 호기성균과 산소가 있을 경우 생육저해를 받는 혐기성균으로 나누며, 호기성의 *Bacillus*속과 혐기성의 *Clostridium* 속의 세균은 생육환경이 나빠질 경우 생식세포인 포자(胞子, endospore)를 형성한다. 이 포자는 휴면상태에 있어 열, 방사선, 화학약품에 대한 저항성이 강하여 살균하기가 어려운 문제가 생길 수 있다.

포자에 대하여 생육단계에 있는 일반세포를 영양세포(vegetative cell)라고 한다. 포자를 형성하지 않는 대표적인 세균 종류로는 유산균(*Lactobacillus*, *Streptococcus*, *Leuconostoc*), *Pseudomonas*, *Rhizobium*, 초산세균(*Acetobacter*, *Gluconobacter*), enteric세균 또는 coliform세균(*Rhodospirillium*, *Corynebacterium*) 등이 있다.

세균은 세포벽 구조의 차이에 따라 구분하는 방법으로서 그람 염색법(Gram staining)에 의해 염색되는 그람 양성균(Gram positive)과 염색되지 않은 그람 음성균(Gram negative)으로 구분된다. 대표적인 그람 양성 세포는 고초균(*Bacillus subtilis*)이다.

그람 양성 세균의 세포는 단백질 · 지질 · 탄수화물로 구성된 지질 2중층의 내막인 세포질막(cytoplasmic membrane)과 teichoic acid와 공유결합으로 연결된 여러 층의 펩티도글리칸(peptidoglycan) 층으로 두껍고 단단한 세포벽을 지니고 있다. 펩티도글리칸 층은 여러 개의 펩티도글리칸 사슬로 구성되어 있으며, 펩티도글리칸 사슬은 N-acetylglucosamine과 N-acetylmuramic acid가 교호결합을 하고 있다.

N-acetylmuramic acid에 결합된 tetrapeptide와 인접하는 펩티도글리칸 사슬의 N-acetylmuramic acid에 결합된 tetrapeptide 사이에 pentapeptide를 매개로 결합되고 있어 아미노산을 함유하는 복잡한 다당류로 교차결합된 망상구조를 하고 있다.

그람양성 세포는 내막인 세포질막만을 가지고 있어서 단백질의 세포외 분비가 쉽다.

한편, 대장균(*E. coli*) 등의 그람음성 세균의 세포는 내막과 얇은 펩티도글리칸 층에 의해 지지되는 외막(outer membrane)을 가지고 있다. 외막은 lipopolysaccharide, lipoprotein, lipid 등으로 구성되어 있다.

세균에는 운동성이 있는 것(motile)과 운동성이 없는 것(non-motile)이 있다. 세균의 운동성은 편모(flagellum)에 의한다. 그의 수와 위치에 따라서 단극모(單極毛), 양극모(兩極毛), 극속모(極束毛), 주편모(周鞭毛)로 구분한다. 각각의 세균에 대한 형태적 및 생리적 여러 가지의 성질은 세균을 동정할 때 많이 활용되는 'Bergey's Manual of Systematic Bacteriology' 등을 참조하면 알 수 있다.

방선균은 분류학상 분열균강(綱)의 방선균목(放線菌目, Actinomycetales)에 속하며, Actinomycetaceae과(科)와 Streptomycetaceae과 등으로 나눈다. 형태적으로 세균과 곰팡이의 중간적인 모양으로 세포가 긴 실모양(vegetative mycelium)으로 분기(分岐, branching)하는 점과 분생포자(分生胞子, conidia)를 만드는 점에서 곰팡이와 비슷하다. 그러나 크기가 곰팡이에 비해 매우 작고, 균사(菌絲, hyphae)의 폭이 1 ㎛ 이하이다.

2.2 효 모

효모(酵母, yeast)는 단세포이지만, 때로는 사상(絲狀) 또는 위균사(僞菌絲, pseudomycelium)를 나타내는 것도 있다. 보통 크기는 1～5 ㎛, 길이가 5～30 ㎛이나 환경조건에 의해 변동이 심하고, 계란형・구형(球形)・서양배형・사상형(絲狀形)・소시지형 등 균주에 따라 각각 다르다.

효모의 증식은 그림 2-4에서와 같이 대부분 출아(budding)에 의해 이루어지며, 일부는 분열에 의해 이루어지는 종류도 있다. 모세포(母細胞, mother cell)에서 출아한 것을 낭세포(娘細胞, daughter cell)라고 한다. 출아한 다음에는 출아가 이루어진 부위에 출아흔(出芽痕, bud scar)이 남게 된다.

환경조건이 열악한 경우에는 세포 중에 자낭(ascus)을 형성하며, 그의 내부에는 1～6개의 자낭포자(ascospore)를 만든다. 그러나 균주에 따라서는 포자를 형성하지 않는 종류도 있다.

효모의 포자는 알맞은 영양과 온도에서 발아(germination)하며, 대부분 출아에 의해 번식하게 된다. 효모는 세균보다 산에 강하므로 낮은 pH에서 배양하여 오염의 기회를 줄인다. 배양온도는 균종에 따라 차이가 있으나, 대부분의 경우 20～28℃에서 잘 자란다.

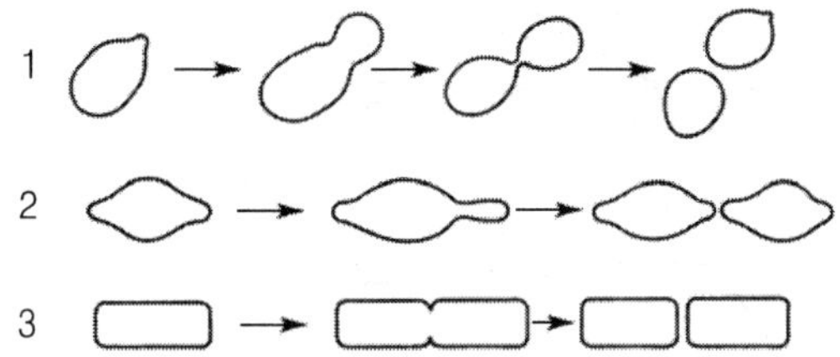

그림 2-4. 효모의 증식형태

1. 출아법 : 대부분의 효모
2. 극출아법 : *Nadsonia*속, *Kloeckera*속 등
3. 분열법 : *Shizosaccharomyces*속, *Trichosporon*속 등

효모를 배양할 때 세균의 생육억제 등의 필요에 따라 항생제를 첨가하기도 하는데, 이 경우 chloramphenicol이 산과 열에 안정성이 높아 주로 사용된다. Streptomycin이나 oxytetracyclin 등은 몇몇 효모의 성장을 억제하므로 피하는 것이 좋다. 곰팡이의 생육을 억제시키기 위하여 0.1% 정도의 propionic acid를 첨가하여 배양하는 것이 좋다.

각각의 효모에 대한 형태적 및 생리적인 특성에 대해서는 효모의 동정(identification)에 많이 활용되는 Lodder의 'The Yeast, A Taxonomic Study' 또는 Barnett 등의 'Yeasts, Characteristics and Identification' 등을 참고하기 바란다.

2.3 사상균

사상균(絲狀菌, mold)은 일반적으로 폭 10~30 ㎛의 실 모양의 가지로 된 균사(菌絲, hyphae)로 이루어진다. 광합성을 하지 않고 포자를 만들어 증식하는 미생물을 총칭하며, 미생물 중에 가장 진화한 부류이다. 균사가 모인 균사체(菌絲體, mycelium)를 형성하며 곰팡이라고도 한다. 영양세포(vegetative cell)인 균사체에 대하여 생식세포는 자실체(fruiting body)가 있으며, 여기에서 포자가 형성된다.

많은 종류의 곰팡이는 유성(有性, sexual) 또는 무성포자(無性胞子, asexual)를 형성하는 생활 사이클(life cycle)을 가지고 있다. 증식의 형태는 심부배양(深部培養, 액침배양, submerged culture), 표면배양(surface culture) 등 배양조건에 따라 다르다. 액체배양에 있어서 증식형태는 그림 2-5와 같이 균사가 분기되면서 증식이 이루어진다. 배양액의 교반상태의 강약에 따라 섬유상(filamentous), 플록(floc)상, 펠릿(pellet)상 등의 다른 형태를 나타낸다.

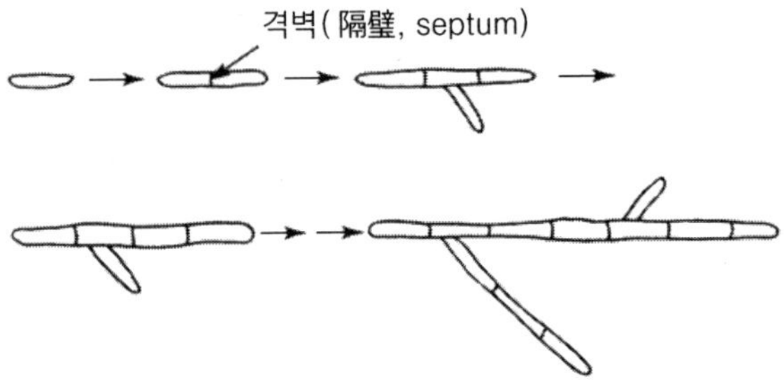

그림 2-5. 사상균의 증식형태

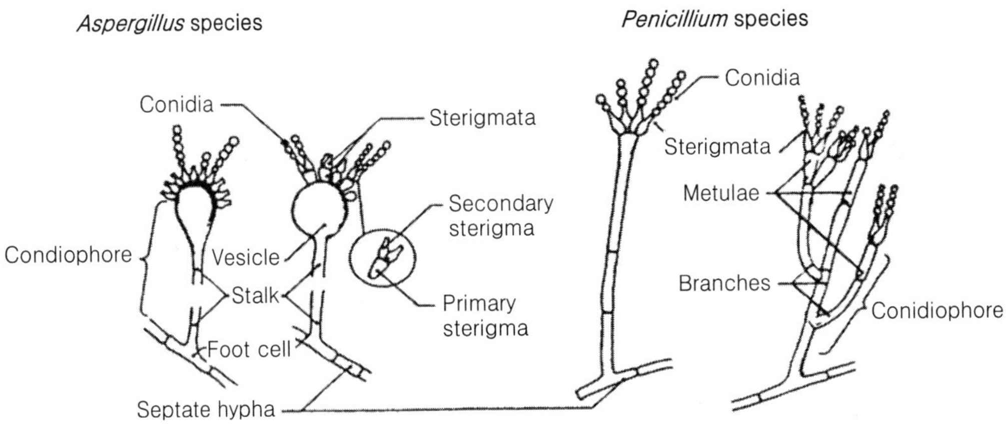

그림 2-6. *Aspergillus* 속과 *Penicillium* 속의 형태

표면배양에서는 균주에 따라 외형적인 특징을 구분할 수 있으나, 액체배양에서는 보통 pellet를 형성하며 배양액의 점성이 커진다. 생명공학에서 많이 이용되는 곰팡이는 산업적으로 유용한 2차 대사산물을 체외로 많이 분비하는 이점이 있어 장류·주류 등의 발효식품의 제조나 식품공업용 효소생산, 유기산의 생산, 그리고 항생제나 효소제제 등의 의약품 생산에 중요한 위치를 차지하고 있다.

특히 곰팡이는 분해효소를 중심으로 많은 종류의 효소가 균체 외로 분비되기 때문에 공업용 효소 생산에 중요하게 이용되고 있다. 이들 중 산업적으로 유용한 곰팡이로 잘 알려진 *Aspergillus*속과 *Penicillium*속의 형태는 그림 2-6에서 보는 것과 같다.

2.4 조 류

조류(藻類, algae)는 단세포에서 다세포까지 여러 가지가 있으며, 일부는 복잡한 생활 사이클을 갖는다. 엽록소를 가지고 있어 광합성 능력이 있으며, 증식을 위하여 빛을 필요로 한다.

조류에는 남조(藍藻, blue-green algae)·녹조(綠藻, green algae)·홍조(紅藻, red algae)·갈조(褐藻, brown algae)·규조(硅藻, diatom) 등이 있다. 조류 중에는 식량자원으로 주목되고 있는 클로렐라(*Chlorella*)와 스피룰리나(*Spirulina*)는 각각 녹조와 남조에 속한다. 이 중에서 남조류는 세균으로 분류되기도 한다.

이와 같은 미생물의 분류는 주로 형태학적인 차이에 의해 구분된다. 미생물의 형태학적 연구에 있어서 주로 광학현미경이 이용된다. 세포의 외부구조는 주사전자현미경(scanning electron microscope, SEM)에 의하여, 그리고 내부구조는 투과전자현미경(transmission electron microscope, TEM) 이용기술의 발달에 따라 상세히 밝혀지고 있다. 세포 내부에는 미세한 소기관(organelle)이 있어 생명체로서 그 기능을 분담하고 있다.

3. 균체의 구성성분과 물리적 성질

3.1 균체성분

미생물의 균체는 화학적으로 볼 때 약 80%의 수분을 함유하고 있다. 이외로 단백질, 탄수화물, 지질, 핵산, 비타민 및 무기물로 구성되어 있다. 균체의 화학성분은 미생물의 종류에 따라 다르다. 같은 균주라고 할지라도 배지조성, 배양시간, 증식속도 등에 의해 변동된다. 미생물 종류에 따른 균체성분의 범위는 표 2-4에서 보는 바와 같다.

1) 수 분

미생물을 액체배양한 다음 여과하거나 원심분리시켜 얻어진 습윤균체(wet cell mass)를 건조기에서 항량이 되도록 건조하면 건조균체(dry cell mass)가 된다. 습윤균체에 있어서 수분은 세포와 세포의 공극 사이에도 존재한다. 따라서 미생물의 수분함량은 습윤균체를 얻을 때 배양액을 원심분리하거나 여과를 하여 얻게 되므로 이러한 조작과정에 따라서도 다소 차이가 있다. 일반적으로 대부분의 세균은 80%, 효모는 75%, 곰팡이는 85% 정도의 수분을 갖는다.

2) 단백질

건조균체는 단백질, 탄수화물, 지질, 핵산 및 회분 등으로 구성되어 있다. 일반적으

표 2-4. 미생물 종류에 따른 균체성분

미생물	화학적 조성(건물 %)			균체수 (No/ml)	건조 균체량 (g/100ml)
	단백질	핵 산	지 질		
바이러스	50~90	5~50	< 1	10^8~10^9	0.0005
세 균	40~70	13~34	10~15	2 × 10^8~2 × 10^{11}	0.02~2.9
사상균	10~25	1~3	2~7	1~4 × 10^8	3~5
효 모	40~50	4~10	1~6	〃	1~5
조 류	10~60	1~5	4~80	4~8 × 10^7	0.4~0.9

로 세균, 효모, 단세포로 된 조류(藻類)의 단백질 함량은 건물량의 약 50%로 비슷하며, 단백질은 대부분 효소 성분으로 알려져 있다.

예를 들어 대장균의 경우 약 2,000개의 다른 효소를 가지고 있어서 환경조건에 적응할 수 있는 유전적인 잠재력을 가지고 있는 것으로 알려져 있다. 세균이나 효모는 증식속도가 빠르고 단백질 함량이 높아 미생물 단백질(single cell protein, SCP) 생산을 위한 균주로서 많은 연구가 이루어졌다. 그러나 표 2-4에서 보는 바와 같이 핵산 함량이 높아 실용화에 걸림돌이 되었으며, 생리적인 성질이 비교적 잘 알려진 *Saccharomyces cerevisiae*와 같은 효모와 *Chlorella*와 같은 조류가 일부 이용되고 있다. 이 중 효모를 자가분해(autolysis) 또는 효소적 분해에 의해 제조하여 식품용, 사료용, 미생물 배지용으로 사용되는 효모 엑기스(yeast extract)는 미생물이 생산하는 단백질 자원을 이용하는 대표적인 예이다.

3) 탄수화물

다당류는 건조 균체량의 약 5%를 차지하고 있으며, 저분자 단당류는 약 2%를 함유한다. 다당류는 단백질 및 지질과 결합한 복합체로 세포벽의 주성분으로 존재한다. 구조적으로 복잡한 사상균이나 해조류(海藻類)는 대사과정에 관여하는 생리활성을 갖는 단백질이나 핵산(nucleic acid) 함량이 적은데 비하여, 세포벽을 구성하는 다당류 성분이 건물량의 대부분을 차지하고 있다. 세포벽을 이루는 다당류 성분은 미생물의 종류에 따라 다르다. 효모는 chitin, mannan 등으로 구성되어 있으며, 곰팡이는 β-glucan, chitin 등의 다당류로 구성되어 있다. 세균은 murein(poly-N-acetyl-glucosamine-N-acetyl muramic acid), teichoic acid, 또는 lipopolysaccharide로 되어 있다.

4) 지 질

세균 중에는 예외적으로 지질을 많이 함유하는 균주도 있다. *Mycobacterium*균은 30%의 mycolic acid를 함유하며, *Rhodospirillum rubrum*은 초산을 기질로 하였을 때 건물량의 20% 정도가 β-hydroxybutyric acid의 중합물을 합성한다.

어떤 종류의 *Aspergillus*, *Penicillium*, *Rhodotorula*, *Candida*균은 특별한 조건에서는 건물량의 약 50%의 지질을 합성함으로써 미생물 유지(single cell oil, SCO) 생산에 이용하기도 한다. 대부분의 미생물은 지질 성분으로서 C_{16}과 C_{18} 지방산인 팔미트산(palmitic acid), 올레산(oleic acid), 스테아린산(stearic acid)을 많이 함유하고 있다. 세계적으로 식용유지로서 이용하는 데 있어서 유량작물(油糧作物) 생산량이 많아 최근 들어 석유디젤을 대체하는 청정연료로서 바이오디젤(biodiesel)에 대한 관심이 높아졌다. 이에 따라 세균, 조류 등의 미생물이 생산하는 SCO 또는 식물이 생산하는 유지를 활용하는 연구가 진행되고 있다. 바이오디젤은 식물성 또는 동물성 지방 등을 메탄올과 산・염기촉매를 사용하여 에스테르화한 후 생성된 지방산 메틸에스테르(바이오디젤)를 그대로 또는 경유와 혼합하여 사용한다. 석유디젤을 연료로 사용하는 버스나 기타 자동차들은 도시의 대기와 스모그의 주요 오염원으로 평가되고 있다.

바이오디젤은 재생 특성을 갖는 바이오매스로부터 생산되므로 에너지 자원의 고갈 문제가 없으며, 디젤 차량 연료로 사용할 때 지구 온난화의 주범으로 지목되는 CO_2의 배출량을 경유에 비해 78%까지 줄일 수 있다. 또한 SO_X는 전혀 배출되지 않으며, 발암물질로 논란을 빚고 있는 미세분진을 70% 가량 감소시킨다. 미생물을 이용한 유지의 생산은 아직까지는 실용화되고 있지는 않다. 그러나 자연계에 널리 분포하지 않는 특수 지방산의 생산을 위한 SCO은 커다란 잠재력을 가지고 있다.

5) 구성원소와 무기물

균체성분은 미생물의 종류, 배지조성, 생육조건 등에 따라 차이가 있다. 미생물 실험에서 많이 이용되는 대표적인 미생물인 대장균의 건조균체 성분을 원소분석한 결과는 표 2-5와 같다. 탄소가 건물량의 50%를 차지하며, 질소가 14%, 무기질이 16%이다.

표 2-6에서 보는 바와 같이 미생물 종류에 따른 무기물 성분 중에는 P・K가 가장 많고, Ca・Mg・S・Na・Cl・Fe・Zn・Si 순으로 구성되어 있다. 이외의 미량원소로는 Al・Cu・Mn・Co 등이 있다.

철세균(鐵細菌)은 Fe・Mn을 다량 함유하고 있으며, 유황세균은 S를, 해양미생물은 Na・Cl・I를 다량 함유한다. 이와 같은 균주의 성분조성은 생육환경 조건에 따라

표 2-5. 미생물 세포의 원소분석(*E. coli*)

원 소	건조 균체량의 백분율(%)	원 소	건조 균체량의 백분율(%)
C	50	Na	1
O	20	Ca	0.5
N	14	Mg	0.5
H	8	Cl	0.5
P	3	Fe	0.2
S	1	기타	< 0.3
K	1		

표 2-6. 미생물 종류에 따른 무기물 함량(g/100 g 건조균체)

원 소	세 균	곰 팡 이	효 모
P	2.0～3.0	0.4～4.5	0.8～2.6
S	0.2～1.0	0.1～0.5	0.01～0.24
K	1.0～4.5	0.2～2.5	1.0～4.0
Mg	0.1～0.5	0.1～0.3	0.1～0.5
Na	0.5～1.0	0.02～0.5	0.01～0.1
Ca	0.01～1.1	0.1～1.4	0.01～0.5
Fe	0.02～0.2	0.1～0.2	0.01～0.5
Cu	0.01～0.02		0.002～0.01
Mn	0.001～0.01		0.0005～0.007
Mo			0.0001～0.0002
회 분	7～12	2～8	5～10

차이가 나며, 사용균주를 배양한 다음 원소분석(C・H・N・S・O) 및 무기물 분석을 통하여 구할 수 있다. 배양하고자 하는 미생물의 균체성분을 분석하여 그 결과에 따라서 최소배지 및 최적 배지조성을 구하는 자료로 활용되며, 배양 중에 일어나는 물질수지(material balance)를 계산하는 데도 이용한다.

3.2 물리적 성질

미생물의 크기에 대해서는 앞에서 설명하였지만 이는 평균값에 불과하며, 각각의 세포도 성장단계에 따라 크기가 달라진다. 세균의 체적분포에 대한 실측치의 예는 그림 2-7과 같으며, 균주에 따라서 차이가 있음을 알 수 있다.

많은 종류의 미생물은 단세포의 형태로 존재하지만, 경우에 따라서는 세균과 효모는 단일 세포보다 매우 큰 형태인 플록(floc) 상태의 집단을 형성한다. 그러나 사상균의 액체배양에서는 구형의 펠릿(pellet)을 형성하여 크기가 수 cm에 이르기도 한다. 그리고 미생물 세포의 형태는 세포 자체가 가지고 있는 유전적 성질, 배지조성에 따른 영양상태, 배양일수 또는 균령(cell age) 등의 생물학적 요인뿐만 아니라 배양온도, 배양액의 유체역학적인 성질과 물리적인 요인에 의존한다.

미생물이 나타내는 각각의 활성, 또는 어떤 균주에 대한 미생물 반응기에서의 연속조작은 플록 또는 펠릿 크기에 의해 제약을 받게 되므로 균체의 크기를 제어하는 일이 중요한 것으로 알려져 있다.

배양조건에 따라 다소 차이가 있으나 습윤균체의 밀도는 표 2-7에서 보는 바와 같이 효모・세균・방선균 순으로 밀도가 크다. 미생물 균체의 밀도가 용액의 밀도와 매우 비슷하므로 배양 중에 현탁 상태를 기계적인 교반, 생화학적 생성물인 가스의 발생, 발효조에 주입하는 공기에 의해 쉽게 유지할 수 있다.

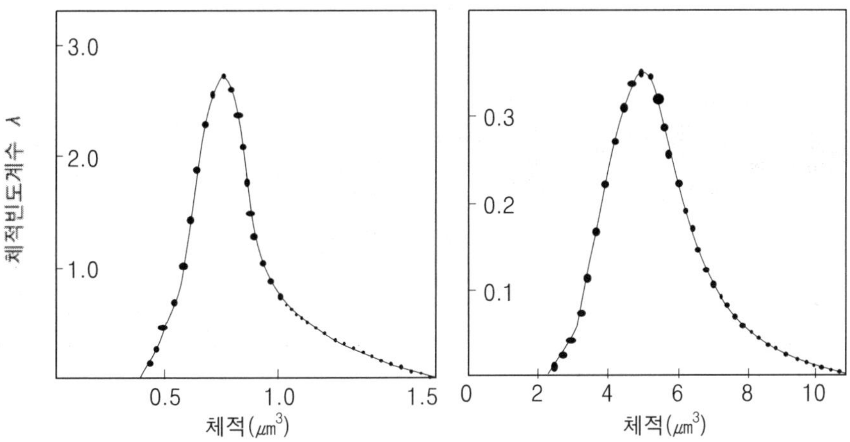

(a) *E. coli* (b) *Azotobacter agilis*

그림 2-7. 세균의 체적분포

표 2-7. 미생물 습윤균체의 밀도(g/cm³)

효모(*Saccharomyces cerevisiae*)	1.09 ± 0.008
세균(*Serratia marcescens*)	1.03 ± 0.008
방선균(*Streptomyces griseus*)	1.003 ± 0.0003

4. 미생물과 환경

미생물의 생육, 증식(growth) 및 대사(metabolism) 등의 생리적인 성질은 여러 가지 환경요인에 의해 크게 촉진되거나 저해된다. 미생물 배양공학에서 중요한 문제는 미생물반응이 최대가 되도록 환경요인을 제어하는 일이라고 할 수 있다.

미생물 증식에 영향을 주는 환경요인으로는 각종 영양원(nutrients), 배양온도, 배양 pH, 용존산소 농도, 습도(수분함량), 염류 농도 또는 당류 농도(삼투압), 압력, 빛(광선) 등이다. 따라서 이들 요인에 따른 미생물의 특성에 대하여 알아보자.

4.1 영양원의 영향

미생물이 증식하기 위해서는 세포물질의 합성과 에너지의 획득을 위하여 필요한 물질을 그의 환경에서 얻지 않으면 안 된다. 이러한 물질을 영양원 또는 영양분(nutrients)이라고 한다.

1) 영양요구에 의한 미생물의 분류

미생물의 생육에 필요한 영양원을 크게 나누면 에너지원, 탄소원, 질소원, 무기염류, 미량원소 또는 비타민류 등의 생육인자(growth factor)로 구분된다. 미생물의 종류에 따라 에너지원, 질소원 등으로 이용되는 물질의 종류는 다르다. 일반적으로 미생물의 영양요구성(nutritional requirement)과 에너지원(energy source)의 차이에 따라 미생물을 분류하면 표 2-8과 같다. 이는 모든 생물의 분류기준과 같다.

미생물을 구분할 때 에너지원으로서 광을 이용하는 광합성 미생물(phototroph)과 화학적 에너지원에 의존하는 화학합성 미생물(chemotroph)로 크게 나눈다.

주요 탄소원으로 CO_2를 이용할 수 있는 미생물을 독립영양균(autotroph)이라고 하며, 유기탄소원에 의존하는 종속영양균(heterotroph)으로 구분한다. 또한 둘 다 이용할 수 있는 미생물을 혼합영양균(mixotroph)이라고 한다.

이와 같은 분류는 엄밀한 것은 아니며, 영양적인 다양성의 유무에 따라 편성(編性, obligate) 또는 통성(通性, facultative)의 용어를 사용한다. 즉, 에너지원으로서 광을 이용하며, 주요 탄소원으로서 CO_2에 의존하는 미생물은 편성광합성 독립영양생물(obligate photoautotroph)이라고 한다. 통성광합성 독립영양생물(facultative photoautotroph)의 영양 요구성은 이와 같이 엄밀한 것은 아니다.

주요 탄소원·질소원·무기염류 등 기본적인 영양분만으로 생육이 충분할 경우는 원영양균(prototroph)이라고 하며, 기본적인 영양분 이외에 한 가지 이상의 유기영양분을 생육에 필요로 하는 생물을 영양요구균(auxotroph)이라고 한다. 영양요구균은

표 2-8. 영양요구에 의한 미생물의 분류

1. 광합성 독립영양미생물(photoautotroph)

에너지원으로 광(光)을 이용하며, 특히 탄소원으로 CO_2를 이용하는 미생물로서 조류(藻類), 홍색 유황세균, 녹색 유황세균, 광합성세균 등이 여기에 속한다.

2. 광합성 종속영양미생물(photoheterotroph)

에너지원으로 광을 이용하며, 탄소원으로 유기화합물을 이용하는 미생물로서 녹색 비유황미생물, 홍색 비유황미생물 등이 여기에 속한다.

3. 화학합성 독립영양미생물(chemoautotroph)

에너지원으로 화학물질을 이용하며, CO_2를 주요 탄소원으로 이용하는 미생물로서 환원형 무기화합물인 NH_3, NO_2^-, H_2, H_2S, S, $S_2O_3^{2-}$, Fe^{2+}의 산화에 의해 에너지를 얻는다. 이러한 특성으로 암소(暗所)에서 완전한 무기배지에서도 증식이 가능하다. 질산화세균, 유황산화세균, 철산화세균, 수소세균, 일산화탄소세균 등이 여기에 속한다.

4. 화학합성 종속영양미생물(chemoheterotroph)

화학물질을 에너지원으로 이용하며, 유기화합물을 주요 탄소원으로 하는 미생물로서 보통 한 가지 유기화합물의 대사에 의해 탄소와 에너지를 얻는다. 대부분의 효모, 곰팡이, 세균 등이 여기에 속한다.

특정 성분을 합성할 수 있는 능력이 결여되었기 때문에 이를 외부에서 공급해 주지 않으면 생육할 수가 없다.

2) 배지의 종류

미생물을 배양하기 위하여 필요한 영양원을 함유한 수용액을 배지(培地, medium), 또는 배양기(培養基, culture medium)라고 한다. 화학적 조성과 성질을 알 수 있는 영양원만을 함유한 배지를 합성배지(synthetic medium)라고 한다. 이에 비하여 화학적 조성이 불명확한 성분이 함유된 배지를 복합배지(complex medium)라고 한다.

합성배지 중에 단일 탄소원과 무기물만으로 구성된 배지를 최소배지(minimal medium)라고 한다. 최소배지에 미생물의 성장을 촉진시키는 비타민류, 아미노산류, 미량원소 등을 첨가한 배지를 완전배지(complete medium)라고 한다.

복합배지 중에서 당밀, 맥아즙, yeast extract, peptone, meat extract, 옥수수 침지 농축액(corn steep liquor, CSL) 등 천연물로만 되어 있는 배지를 천연배지(natural medium)라고 한다. 그리고 천연배지와 합성배지를 조합하여 만든 배지를 반합성배지

(semisynthetic medium)로 분류한다.

4.2 온도의 영향

미생물의 증식은 온도에 매우 민감하며, 균주에 따라서 증식이 인정되는 최고온도와 최저온도 사이의 온도범위를 기본적 온도(cardinal temperature)라고 한다. 또한 미생물의 종류에 따라 각각 다르지만 증식이 이루어지는 최저온도(minimum temperature), 비증식속도(specific growth rate)가 최고에 달하는 최적온도(optimum temperature), 증식이 가능한 최고온도(maximum temperature) 등으로 구분한다.

미생물 증식이 고온에서 급속히 떨어지는 것은 단백질의 변성에 따른 세포구조의 열변성에 기인한다. 보통 최고온도는 최적온도보다 3～5℃ 정도가 높다. 지금까지 알려져 있는 고온미생물 중에는 생육이 가능한 온도가 95℃ 정도이며, 최저온도는 -5℃ 정도이다. 일반적으로 미생물 증식의 온도 의존성에 따라 표 2-9와 같이 저온균, 중온균, 고온균으로 분류한다.

해양미생물은 대부분 저온균에 속하며, 식품을 저온에서 저장할 때 문제가 되는 부패세균에는 저온균이 많다. 고온균은 대부분 내열성 포자를 형성하는 균으로서, 예를 들어 *Bacillus stearothermophilus*는 통조림식품을 살균할 경우 통조림의 살균정도를 결정하는 데 지표가 되는 미생물로 이용된다. 일반적으로 발효공업 등에 산업적으로 사용되는 균주는 대부분 중온균이며, 생육적온에 해당되는 20～40℃ 범위에서 발효를 시킨다.

표 2-9. 미생물 증식의 온도 의존성

종 류	최저온도	최적온도	최고온도	예
저온균(psychrophile)	0～10℃	5～10℃	25～30℃	발광세균
중온균(mesophile)	0～7℃	23～40℃	40～45℃	곰팡이, 효모, 방선균, 일반세균
고온균(thermophile)	25～45℃	55～70℃	70～80℃	고초균, *L. delbrueckii*, 온천세균, *B. stearothermophilus*

4.3 pH의 영향

미생물의 증식은 pH에 의해 크게 영향을 받으며, 미생물의 종류에 따라 각각의 최적 pH(optimum pH)가 있다. 대표적인 미생물 증식에 대한 pH 의존성은 그림 2-8

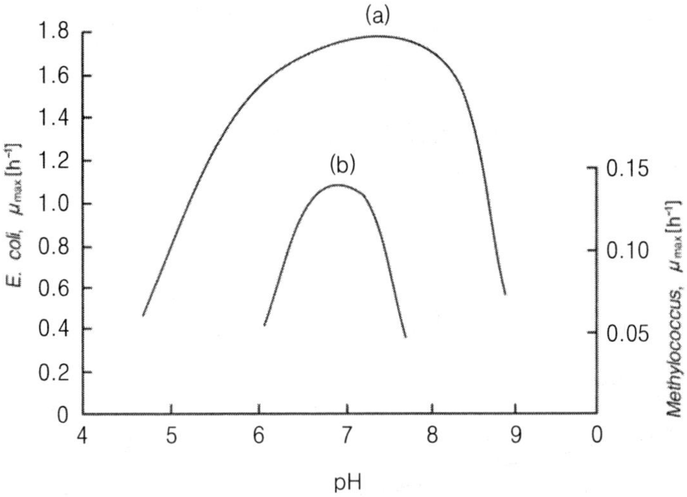

그림 2-8. 미생물의 증식에 미치는 pH 영향

(a) *Escherichia coli*(혐기배양)

(b) *Methylococcus capsulatus*(메탄자화성균)

에서 보는 바와 같다. 미생물 증식속도는 최적 pH를 중심으로 하여 종(bell) 모양으로서 좌우 대칭형을 이룬다. 최대 증식속도를 나타내는 범위는 1~2 pH 단위로 좁은 구간이며, 좌우로 2~5 pH 단위에서 증식이 가능하다.

일반적으로 세균은 pH 6.5~8.0 범위인 중성 또는 약알칼리에서 잘 자라고, 효모와 곰팡이는 pH 4.0~6.0 범위인 약산성에서 잘 자란다.

그러나 미생물의 종류 및 균주에 따라서 최적 pH는 각각 다르다. 예를 들어 젖산균이나 초산균과 같이 유기산을 생산하는 내산성(耐酸性) 세균은 낮은 pH 범위에서도 산에 대한 저항성을 가지고 있어서 증식이 이루어진다. 또한 미생물 정련(bacteria leaching)에 이용되는 세균은 pH 1.0~4.0 범위에서 잘 자라지만, 중성 pH에서는 증식하지 않는다.

4.4 산소의 영향

보통 미생물 증식에 필요한 산소 요구성의 유무와 강약에 따라 표 2-10과 같이 분류한다. 미생물이 산소를 이용하는 형태는 대부분 물에 용해되어 있는 상태인 용존산소(dissolved oxygen, DO)를 이용한다.

시험관에 고체배양하였을 경우 미생물 증식상태를 보면 그림 2-9에서 보는 바와 같다. 산소의 존재 여부에 따라 증식이 이루어지는 배양기 중의 위치가 미생물의 종류에 따라 차이가 있음을 알 수 있다.

표 2-10. 미생물과 산소와의 관계

편성 혐기성균(obligate anaerobe)

절대 혐기성균이라고도 하며, 산소를 이용하지 못할 뿐만 아니라 산소는 균체에 유독하다. *Clostridium*속, *Methanobacterium*속 등이 여기에 속한다.

내성 혐기성균(aerotolerant anaerobe)

산소가 존재하는 환경에서 생육할 수 없지만 생존이 가능하거나 혹은 호기적인 환경하에서 약간 생육할 수 있다.

통성 혐기성균(facultative anaerobe)

산소를 이용하기도 하며, 산소가 없어도 증식한다. 산소가 있는 쪽이 생육이 좋다. 대장균, 효모 등이 있다.

미호기성균(microaerobe)

대기(大氣) 산소 농도보다 낮은 농도(2～10%)의 산소를 필요로 하며, 이보다 높은 산소농도에서는 증식하지 않는다. 수소산화균 등이 있다.

편성 호기성균(obligate aerobe)

증식에 산소를 필요로 하는 미생물로 곰팡이 등이 여기에 속한다.

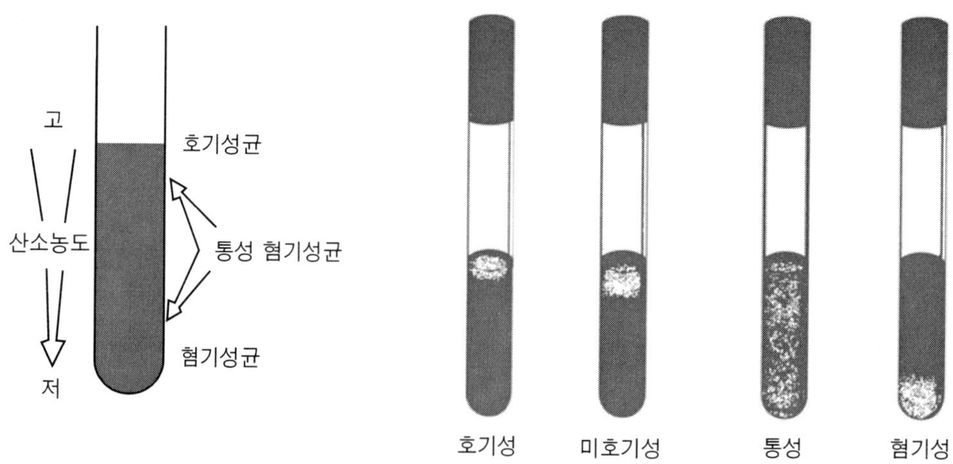

그림 2-9. 산소 농도에 따른 미생물의 생육상태

4.5 기 타

미생물이 증식하는 데는 앞에서 설명한 각종 영양원, 배양온도, 배양 pH, 산소 외에도 수분, 삼투압, 광선 등 환경적인 요인에 의해 영향을 받는다. 미생물은 물이 있어야 생육이 가능하며, 배지 중에 들어 있는 수분함량의 경우 대부분의 세균은 평형상대습도(equilibrium relative humidity, ERH)가 95% 이상, 곰팡이는 75~95% 이상에서만 생육이 가능하다.

보통 식품의 수분함량을 나타낼 때는 수분활성도(water activity, A_w)로 표시하며, 이는 식품 중의 수증기압(P)을 같은 온도에서의 순수한 물의 증기압(P_0)으로 나눈 값(P/P_0)이다. 내염성 또는 호삼투압성 미생물을 제외한 일반적인 미생물의 생육에 필요한 최저 수분활성도는 세균이 0.90, 효모가 0.88, 곰팡이가 0.80로서 이보다 많은 수분이 있어야만 미생물은 증식할 수 있다. 삼투압(osmotic pressure)도 미생물의 생육에 영향을 준다. 균주에 따라서는 30% 이상의 식염농도에도 자라는 곰팡이와 70%의 설탕농도에 자라는 효모가 존재한다.

그러나 고농도의 당(糖) 또는 염류가 존재하는 환경에서 잘 자라는 호삼투압성균(osmophiles), 호염균(halophiles), 호당성균(saccharophiles)이 있으나, 일반적인 미생물은 생육저해를 받는다. 이는 배지에 함유되어 있는 염류 또는 당류가 수분활성도를 떨어뜨려 미생물의 증식을 억제하는 것으로 알려져 있다.

적색 또는 녹색세균 및 녹조류의 증식에는 광합성을 위하여 광선이 필요하나, 일반적인 미생물은 밝은 곳보다는 어두운 곳에서 생육이 잘 이루어지고, 햇빛은 유해하다.

4.6 최적 생육조건과 최적 생산조건

앞에서 설명한 미생물의 생육 및 증식에 미치는 환경인자 외에도 미생물 반응계에 대한 환경인자의 영향으로서 생산물의 생성속도에 미치는 환경인자를 고려해야 한다. 배양의 목적은 생성물을 최대로 하는 조건을 설정하는 것이며, 미생물 증식의 최적 환경조건이 반드시 미생물반응에 대한 최적조건이라고 할 수는 없다.

예를 들어 *Aspergillus niger*를 사용한 구연산 생산에 있어서는 질소원, 인산, 미량금속원소를 적게 하여 반기아(半飢餓) 상태를 유지하고, 당류는 과잉으로 첨가함으로써 수율을 높이는 방법을 이용한다. 특히 배지 중에 들어 있는 미량금속 원소인 Cu, Zn, Fe 이온 양을 조절하지 않을 경우는 생산수율이 떨어짐을 알 수 있다.

배양온도 및 pH에 있어서도 생육 최적조건과 대사산물의 최적 생산조건과는 반드시 일치하는 것은 아니다. 예를 들어 *Clostridium acetobutylicum*에 의한 acetone, butanol 발효에 있어서 증식에는 pH 7에서 가장 잘 자라지만, 생성물인 아세톤 및 부탄올의 생산수율은 매우 떨어진다.

보통 통성 혐기성균은 혐기적 조건보다는 호기적 조건에서 균체수율이 훨씬 크다. 통성 혐기성균을 사용하여 회분배양을 할 경우, 대부분 발효 초기에는 호기적 조건에서 균체를 대량 배양한 다음에 혐기적인 조건을 조성함으로써 처음부터 혐기적 조건에서 배양하는 것보다 많은 생성물을 얻을 수 있어서 유리하다. 따라서 생성물을 최대로 하기 위해서는 미생물의 종류에 따라 배양 중에 환경조건을 변화시키는 방법을 이용하기도 한다.

5. 미생물 반응의 특징

미생물 반응은 공업화의 소재로서 다음과 같은 이점을 가지고 있다.

① 미생물은 경우에 따라 유익한 생화학적 물질을 분비하거나 분비를 유도할 수 있으며, 변이주를 얻는 일이 비교적 쉽다.
② 미생물의 증식속도는 고등생물에 비해 매우 빠르다.
③ 미생물의 생산성은 전통적인 농업에 비해 매우 높다.

이는 표 2-11에서 보는 바와 같이 각종 생물의 배가시간을 비교해 보면 쉽게 알 수 있다. 예를 들어 세균의 배가시간은 약 30분으로 최적 생육조건에서 증식이 이루어진다고 가정하면 세포 한 개가 24시간 동안에 2.8×10^{14}개로 불어나며, 그 생산성이 다른 어떤 생물보다도 비교할 수 없을 정도로 크다는 사실을 알 수 있다. 이는 전통적인 농업에 비하여 미생물의 산업적 이용에 관심을 가지는 이유이다.

표 2-11. 각종 생물의 배가시간

생 물	배가시간
세균 및 효모	20～120분
조류(藻類)	2～48시간
목초류(牧草類)	1～2주
닭	2～4주
돼지	4～6주
소(송아지)	1～2개월
사람(유아)	3～6개월

5.1 미생물 반응의 장점

(1) 미생물 반응은 생화학적 반응으로서 보통 상압에서 이루어지므로 물리화학적 반응에 비하여 폭발 등의 위험성이 없다.

(2) 발효원료는 보통 당밀·녹말 등 농산물에서 얻어질 수 있는 탄수화물이 주로 이용되며, 이외로 여러 가지의 유기물 및 무기물을 소량 첨가하여 배양이 이루어진다. 광합성 작용에 의하여 얻어지는 유기물을 소재로 하기 때문에 원료 고갈이 문제되지 않는다. 또한 탄소원으로서 탄화수소, 메탄올, 에탄올 등도 이용할 수 있다.

(3) 반응은 생체의 자동제어 방식에 의해 진행되므로 여러 단계의 반응이라고 할지라도 단일 반응과 같은 방식에 의해 진행된다. 따라서 화학합성에 비하여 반응공정을 단순화시킬 수 있다.

(4) 복잡한 고분자 화합물이나 광학 활성체도 쉽게 생산할 수 있다. 또한 생체 특유의 반응기구에 의해 복잡한 화합물이 있는 특정의 부위에 산화, 환원, 관능기의 도입 등 고도의 선택반응이 가능하다.

(5) 반응 생산물을 만들기 위해 이용되는 균주의 종류가 다양하고, 그 대사산물로서 비타민·단백질·효소 등 매우 다양한 유용물질이 생산된다.

(6) 미생물의 육종에 의해 같은 생산설비를 가지고 비약적인 생산성의 향상을 이룰 수 있어서 그 잠재력이 매우 크다.

5.2 미생물 반응의 단점

미생물 반응은 앞에서의 여러 가지 장점과 더불어 높은 산업적 활용 전망에도 불구하고 다음과 같은 단점이 있다.

(1) 미생물은 내적 요인인 균주에 따른 생리적인 특성과 외적 요인인 배양조건에 따라 생리적 또는 형태적으로 매우 복잡하게 변한다. 따라서 목적하는 대사산물을 다량 얻기 위해서는 미생물에 대한 제어인자를 이해하고, 그 요인을 제어하는 데 필요한 최적조건을 설정하여야 한다.

(2) 배양 중에 변이가 발생하는 등 균주의 활성을 장기간 유지하기 어렵고, 새로운 균주를 개발하는 데 비용이 많이 든다.

(3) 목적하는 생산물의 합성에 이용되어야 할 기질의 상당 부분이 미생물 균체의 증식에 이용되므로 원료에 대한 수율이 떨어진다. 더욱이 균체를 이용할 수 없는 경우는 폐기물 처리를 해야 하는 부수적인 문제가 발생한다.

(4) 배지로 사용하는 원료가 대부분 농산물에서 유래되므로 원료에 따라서는 가격과 품질의 변동 폭이 크다.

(5) 많은 공업적 미생물 반응은 호기적 반응이므로 통기와 교반을 위한 운전비용이 많이 든다.

(6) 산업적 생산단계 전에 종균배양(seed culture) 단계가 필요하며, 순수배양을 전제로 하는 경우 잡균 오염방지를 위한 생물반응기의 제작과 조작에 많은 자본과 운전비가 요구된다.

(7) 미생물 배양액에는 잔존하는 영양성분과 목적 생성물 이외의 대사부산물이 존재한다. 따라서 목적 생성물을 분리하고 정제하는 데 비용이 많이 소요될 뿐만 아니라 대부분의 부산물은 이용가치가 없는 경우가 많다.

(8) 미생물 반응의 용매는 거의 물이며, 원료 성분의 농도는 보통 화학반응에 비해 매우 묽다. 반응기는 용량이 크나 생산물은 비교적 적어 분리능률이 떨어지고 분리비용이 많이 소요된다.

(9) 발효 후에 발생하는 폐수는 일반적으로 높은 BOD를 가지고 있을 뿐만 아니라 폐수량이 많아 처리비용이 많이 든다.

참고문헌

1. Stanier, R.Y., J.L. Ingraham, M.L. Wheelis and P.R. Painter, The Microbial World, 5th ed., p.73, Prentice-Hall Stanier(1986)
2. Krieg, N.R. and J.G. Holt ed., Bergey's Mannual of Systematic Bacteriology, Williams & Wilkins(1984)
3. Lodder, J. ed., The yeast, a Taxonomic Study, North-Holland Pub.(1971)
4. Barnett, J.A., R.W. Payne and D. Yarrow, Yeasts : Characteristics and Identification, Cambridge Univ. Press(1983)
5. Aiba, S., A.E. Humphrey and N.F. Millis, Biochemical Engineering, The University of Tokyo(1973)
6. Bailey, J.E. and D.F. Ollis, Biochemical Engineering Fundamentals, McGraw-Hill(1977)
7. Crueger, W. and A. Crueger, Biotechnologie-Lehrbuch der angewandten Mikrobiologie, Oldenbourg Verlag(1989)
8. Stanbury, P.E., A. Whitaker and S.J. Hall, Principles of Fermentation

Technology(2nd ed.), Pergamon Press(1995)

9. 山根恒夫, 生物反應工學, 產業圖書(1980)
10. 미생물과 산업, 15(1), 한국미생물학회(1989)

제 3 장

효소 및 효소반응

1. 효 소

효소는 '생물학적 반응에 촉매로 작용하는 고분자 단백질'이다. 효소의 분자량은 대략 15,000에서 수백 만 달톤(dalton)에 이른다. 이미 알려진 2,000개 이상의 효소들은 모두 구형단백질(globular protein)로서 1차구조(아미노산의 서열), 2차구조(α-helix, β-sheet)와 전체적인 입체구조를 갖추는 3차구조, 그리고 소단위(subunit)의 상호결합에 의한 4차구조를 형성한다.

생체 내에서 단백질은 세포질에 들어 있으며, 이들 중 대부분은 효소이다. 효소는 기질과 결합하여 효소-기질 복합체(ES complex)를 형성하며, 반응의 활성화 에너지를 낮추는 촉매 역할을 한다. 대부분의 효소들은 단백질 부분 이외에 비단백질 부분이 존재하므로 활성을 나타내며, 작은 비단백질 부분은 무기이온 또는 유기분자로 되어 있다.

효 소	=	단백질 부분	+	비단백질 부분
(holoenzyme)		(apoenzyme)		(prosthetic group)

비단백질 부분이 Mg^{2+} · Ni^{2+} · Zn^{2+} · Fe^{2+} · Mn^{2+} 등 무기이온인 경우를 보조인자(cofactor)라 하고, NAD · FAD · CoA · thiamine pyrophosphate 등과 같이 비타민과의 유기결합체인 경우를 보조효소(coenzyme)라고 한다(표 3-1). 효소의 단백질 부분을 apoenzyme이라 하며, apoenzyme과 비단백질 부분을 함께 가지고 있는 효소를 holoenzyme이라고 한다. Apoenzyme이나 보조인자(cofactor 또는 coenzyme) 만으로는 생물학적 활성을 가질 수 없다. 따라서 모든 생물체의 대사와 알맞은 성장을 위하여 미량의 다양한 무기이온과 유기분자들이 반드시 공급되어야 한다.

표 3-1. 보조효소의 기능

보조효소	전이 원자단	효 소
Nicotinamide adenine dinucleotide(NAD)	수소원자(H)	Alcohol dehydrogenase
Flavin adenine dinucleotide(FAD)	수소원자(H)	Xanthine oxidase
Lipoic acid	수소원자(H)	Pyruvate dehydrogenase
Ascorbic acid	수소원자(H)	Dopamine hydroxylase
Pyridoxal phosphate	Amino(NH_2–)	Transaminase
Tetrahydrofolic acid	Formyl(–CHO)	Transformylase
Biotin	Carboxyl(COO–)	Acetyl CoA carboxylase
Coenzyme A(CoA)	Acyl(RCO–)	Acyltransferase
Thiamine pyrophosphate	Aldehyde, Ketone	Transketolase
S-adenosylmethionine	methyl($-CH_3$)	Methyl transferase
Adenosine triphosphate(ATP)	인산기($-PO_3H_2$)	Phosphotransferase(kinase)
5′-Deoxyadenosylcobalamin(Vit. B_{12})	수소원자(H),alkyl(R–)	Mutase, Reductase

1.1 효소의 명명법

현재까지 많은 종류의 효소가 보고되었으며, 1955년부터 국제생화학연합(International Union of Biochemistry) 산하 효소위원회(Enzyme Commission)에서 계통적인 효소의 분류와 명명법 등에 관한 규약이 제정되었고, ‘Enzyme Nomenclature’로서 출판되었다.

다음과 같은 원칙에 의해 명명된다.

① 단일효소의 이름은 그 어미에 ase를 붙인다.

예 Protease, amylase, lipase

- 기질명을 쓰는 경우: Maltase, tyrosinase
- 반응명을 쓰는 경우: Oxidase
- 기질명과 반응명을 쓰는 경우: Polyphenol oxidase, succinate dehydrogenase

② 복합효소 시스템에는 system이라는 말을 사용한다.

예 Succinate oxidase system

③ 촉매반응에 따라서 분류, 명명한다.

④ 효소의 촉매반응 형식에 따라서 더욱 세밀하게 분류한다.

국제효소위원회의 권고에 의하면 가장 보편적으로 사용되고 있는 효소명을 추장명

(recommended name)으로 표시하게 하고 있다. 보통은 상용명(trivial name)을 추장명으로 사용한다. 상용명은 관용명으로서 pepsin, trypsin과 같이 예로부터 불러온 전통적인 이름이다. 계통명(systematic name)은 일정한 규칙에 따라서 효소의 작용을 나타내는 명칭이다. 계통명은 이름만 보아도 작용하는 기질과 화학반응의 성격을 이해할 수 있다. 정확한 표시를 위하여 효소명 다음에 EC 코드(code) 번호를 기재하는 것이 바람직하다.

예를 들어 phosphorylase EC 2.4.1.1이라는 효소의 추장명은 phosphorylase이며, 계통명은 1,4-α-D-Glucan : orthophosphate α-D-glucosyltransferase이다.

1.2 효소의 분류

효소는 촉매하는 반응의 종류에 따라 산화환원효소(oxidoreductase), 전이효소(transferase), 가수분해효소(hydrolase), 분해효소(lyase), 이성화효소(isomerase), 연결효소(ligase) 등 6종류로 크게 나눌 수 있다. 수행하는 반응에 따라 EC(Enzyme Commission) 4자리 번호가 각 효소마다 부여된다.

EC 코드번호의 첫 번째 숫자는 효소의 다음 대분류 중 해당되는 번호를 의미한다. 두 번째 숫자는 효소의 반응특이성, 세 번째 숫자는 다시 세분화시켜 놓은 효소의 반응특이성과 관련되어 있고, 나머지 숫자는 앞 subgroup 내에서의 일련번호이다.

첫 번째 숫자 = 1. 산화환원효소
2. 전이효소
3. 가수분해효소
4. 분해효소
5. 이성화효소
6. 연결효소

예를 들어 알코올 산화효소(alcohol dehydrogenase)는 다음과 같이 표기하고, 분류 코드 번호는 다음과 같은 사항을 의미하고 있다.

예 Alcohol dehydrogenase EC 1.1.1.1

EC 1. → 효소의 대분류 (1-6) 중의 하나(oxidoreductase)
1.1. → 반응특이성 1 : CH-OH를 전자 공여체로 하는 효소
1.1.1. → 반응특이성 2 : NAD^+ 혹은 $NADP^+$를 전자 수용체로 하는 효소
1.1.1.1. → 고유번호(serial number)

2. 효소의 촉매작용

모든 화학반응이 이루어지기 위해서는 반응물이 가지고 있는 에너지가 활성화에너지 이상으로 되어야 한다. 촉매(catalyst)는 활성화에너지(activation energy)를 낮추어 반응속도를 촉진하는 작용을 한다. 촉매작용을 갖는 효소는 무기촉매와는 달리 높은 촉매기능을 가지고 있는 단백질이며, 효소반응에서의 활성화에너지는 무기촉매에 비하여 그 값이 작다. 즉, 효소라는 생체촉매는 다른 무기촉매와 달리 활성화에너지를 크게 떨어뜨리게 된다. 그림 3-1에서 촉매・비촉매 반응에서의 활성화에너지에 미치는 영향을 나타내었다.

예로서 그림 3-1과 같이 과산화수소(H_2O_2)가 물과 산소로 분해될 때 분해작용에 필요한 활성화에너지는 촉매에 따라 달라진다. 촉매가 없을 경우 소요되는 활성화에

$$2H_2O_2 \xrightarrow{\text{Catalase}} 2H_2O + O_2$$

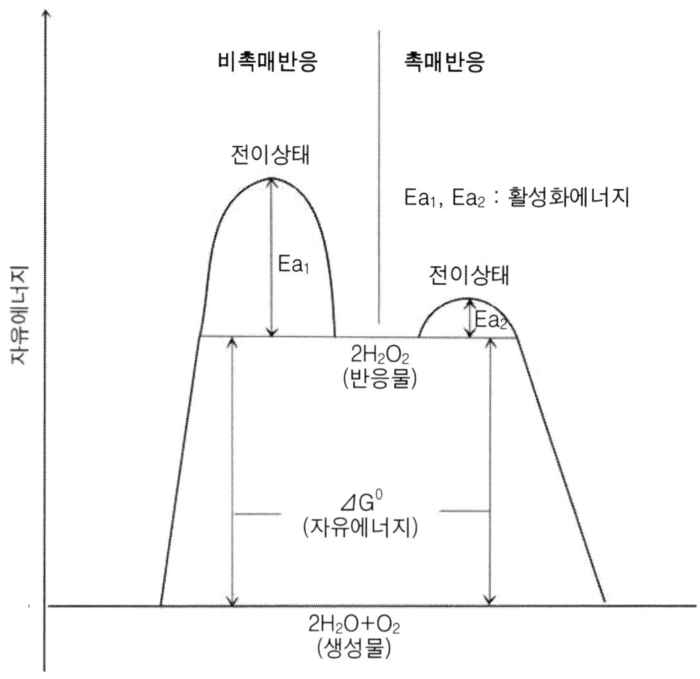

그림 3-1. 촉매반응에서의 활성화에너지 준위의 비교

너지는 18 kcal/mol이지만, 무기촉매인 백금(Pt)을 사용하는 경우는 12 kcal/mol로 낮아진다. 효소인 catalase를 촉매로 사용할 경우에는 활성화에너지 감소가 더 커서 소요되는 활성화에너지의 양은 2 kcal/mol이 된다.

과산화수소의 분해반응에서 요구되는 활성화에너지의 차이 때문에 효소를 촉매로 사용한 경우 비촉매반응에 비해 약 7×10^{11}배 정도 빠른 반응속도를 나타낸다. 이와 같은 활성화에너지의 작은 변화에 따른 반응속도에서의 큰 차이는 효소의 반응속도의 온도상관식인 Arrhenius식에 따라 지수적인 관계를 보이기 때문이다(본장 제 5.2절 참조).

효소반응은 금속 촉매반응에 비교하여 다음과 같은 장점을 갖고 있다.

① 비교적 온화한 반응조건(상온·상압 등)에서 반응한다.
② 생물체의 다양성과 정교성만큼 반응스펙트럼이 넓다.
③ 촉매로서의 성능이 우수하다.
④ 에너지의 소비와 독성 오염물질의 배출이 적어 환경친화적인 공정이 가능하다.

3. 효소기능에 영향을 주는 구조의 특성

효소단백질과 효소-기질 복합체의 형태와 구조의 안정성뿐만 아니라 효소와 기질의 상호작용에는 하나 이상의 힘에 의해 그들의 작용과 균형을 유지하게 된다. 예를 들어 Van der Waals의 힘은 매우 약하지만, 여러 부위에서 발생되는 힘의 총합에 의해 안정성과 상호작용을 유도하므로 작은 결합력일지라도 중요한 의미를 갖는다.

1) 정전기적 인력

효소단백질은 양성(amphoteric)으로 아미노기($-NH_2$)와 카르복실기(-COOH) 말단을 가지고 있어서 pH에 따라 음전하 또는 양전하를 갖게 되며, 용액 중의 이온들과 전기적 상호작용을 하게 된다. 작용하는 두 전하(q_1, q_2) 사이의 정전기적 인력은 다음과 같은 Coulomb의 법칙으로 표현된다.

$$F = \frac{q_1 \times q_2}{Dr^2}$$

여기에서 D: 유전상수(dielectric constant)
r: 전하 사이의 거리

효소반응은 효소분자의 내부와 외부에 분포하는 하전된 아미노산 잔기(residue)들과의 반응을 통하여 이루어진다. 기질에 반응하는 아미노산 잔기들의 전하(charge) 변화는 효소-기질 복합체의 안정성에 영향을 미치고, 결국 특정 기질에 대한 활성 변화를 일으킨다.

2) 수소결합

분자 사이에서 일어나는 결합형태로 전기음성도가 큰 산소(O), 질소(N), 불소(F) 등과 결합해 있는 수소원자와 다른 분자의 산소, 질소 등의 원자의 비공유 전자쌍 사이에서 일어나는 dipole-dipole attraction을 수소결합(hydrogen bond)이라고 한다. 효소반응에서 수소결합의 형성은 물분자의 dipole에 의하여 또는 아미노산의 아미노기와 카르복실기 사이에서 dipole이 형성되는데 따른다. 수소결합의 세기는 대략 2～10 kcal/mol이며, 이 값은 보통의 공유결합 세기의 1/10에 해당한다.

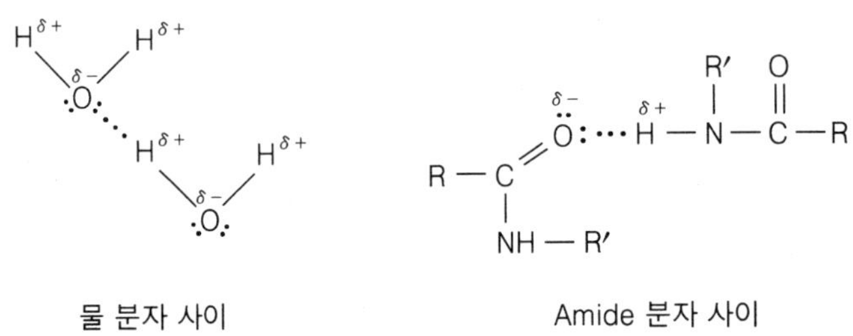

그림 3-2. 수소결합의 양식

3) Van der Waals 힘

메탄(CH_4)과 같은 쌍극자 모멘트(moment)가 없는 비극성 분자에서의 주된 분자간 힘은 원자핵 주위의 전자들이 진동하여 분자에서 순간적인 편극 유발에 의한 Van der Waals 힘에 의존한다. 전자배열에서의 불균형에 의해 생성되는 전기적 모멘트에 의해 이웃하는 분자 사이에서 약한 인력이 생긴다. 이러한 Van der Waals 힘은 다음과 같이 표현된다.

$$\mu = \frac{-A}{r^6} + \frac{B}{r^{12}}$$

여기에서 μ : Potential energy
A, B : 상수
r : 원자 중심 간의 거리

4) 소수성 결합

단백질을 구성하는 소수성 아미노산 잔기들은 대부분 물을 기피하는 성질 때문에 수용액에 노출되어 있지 않고 단백질 구조의 내부에 위치하고 있다. 소수성 결합은 효소의 형태적 안정성에 매우 중요한 인자로 단백질이 포함하는 비극성 아미노산들의 친화력과 물을 기피하는 성질에 의해 생기는 힘이다. 단백질의 소수성 잔기들은 다른 소수성 잔기들과 연계하여 물에 대한 용해성을 최소화시킨다. 소수성 잔기들이 단백질 내부에 모여 있을 때 물분자의 침투가 어려워 효소의 열안정성을 증가시키는 이유가 되기도 한다.

표 3-2. 결합양식 및 결합력의 크기

결합양식	결합력(kcal/mol)	결합형태
공유결합	36～125	이온쌍의 공유
정전기적 인력	1～3	전하간 인력
수소결합	2～10	Dipole-dipole attraction
소수성 결합	4～8	Hydrophobic interaction
Van der Waals	< 1	Transient dipole 형성

4. 효소의 반응속도

생물계에서 효소 촉매반응의 대부분은 다기질-다효소 반응과 같은 복잡한 효소-기질 반응이 일어난다. 여기에서는 한 가지 효소-기질의 촉매반응에서 단순 효소반응속도에 대하여 알아보자. 효소의 반응속도에 대한 정확한 분석은 효소반응 공정의 효율성을 증대시키는 데 도움이 된다. 특히 반응시간, 수율 등에 대한 자료는 공장설계, 생산규모, 소요경비 등에 관한 정보를 제공할 수 있다.

효소반응속도를 결정하는 주요 인자로는 효소농도, 기질농도, 활성 또는 저해제(inhibitor)의 존재, pH, 온도 등을 들 수 있다. 여러 가지 방법에 의해 측정되는 효소반응속도는 보통 초기속도로 나타내며 효소량에 비례한다. 기질의 농도에 따른 반응속도는 낮은 농도에서는 1차반응의 형태를 띠며, 어느 정도 이상에서는 0차반응에 접근하는 형태(hyperbolic)를 나타낸다.

효소반응속도를 나타내는 데 이용되는 두 가지 방법을 알아보자. 기질이 효소촉매에 의하여 생성물로 되는 반응은 다음과 같다.

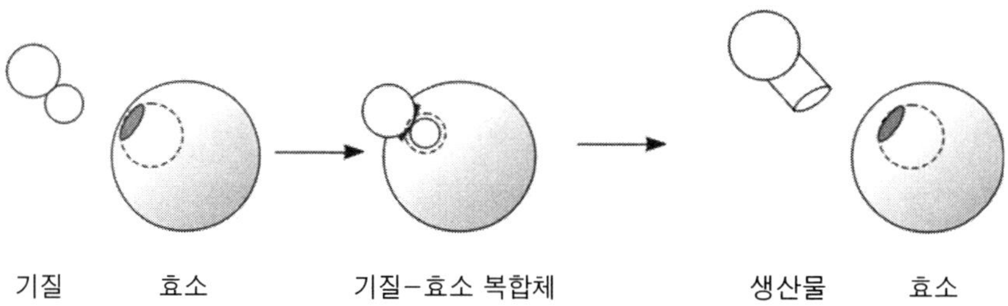

$$E + S \underset{k_{-1}}{\overset{k_1}{\rightleftarrows}} ES \xrightarrow{k_2} E + P \qquad (3\text{-}1)$$

여기에서 E : 효소(enzyme)
S : 기질(substrate)
P : 생산물(product)
ES : 효소-기질 복합체(ES complex)
k_1, k_{-1}, k_2 : 속도상수

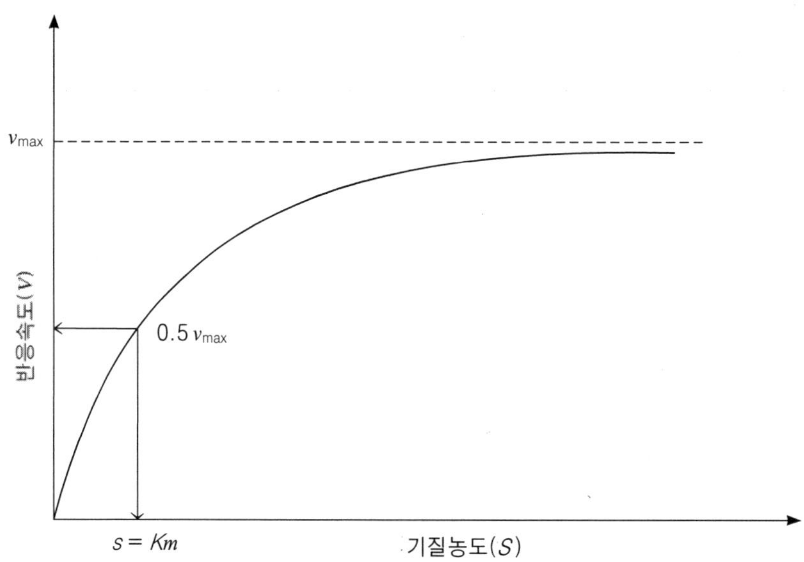

그림 3-3. 기질의 농도와 반응속도의 관계(Michaelis-Menten식)

효소에 의한 반응속도의 표현은 다음과 같은 가정에서 이루어진다.

① $[E_0] = [E] + [ES]$로 반응 중 전체 효소의 농도는 일정하다.

② $[E_0] \ll [S]$로 효소의 농도에 비해 기질의 농도는 충분히 높아서 ES 복합체를 형성하더라도 기질의 농도변화가 없다.

③ $[P]$가 매우 낮아 생성물에 의한 효소반응 저해는 무시된다.

1) Michaelis-Menten식(빠른 평형 가정)

ES 복합체의 형성은 빠르게 이루어지며, 반응식 (3-1)의 첫 번째 반응은 가역적으로 평형상태에 있다. 전체 반응의 속도는 두 번째 반응에 의해 좌우된다. 반응속도는 다음과 같이 나타낼 수 있다.

$$v = \frac{d[P]}{dt} = \frac{d[S]}{dt} = k_2[ES] \tag{3-2}$$

$$k_1[E][S] = k_{-1}[ES] \tag{3-3}$$

가정 ①에서부터 전체 효소농도 $[E_0]$는 유리(free) 상태의 효소 $[E]$와 ES 복합체 형성에 사용된 효소농도의 합이다.

$$[E_0] = [E] + [ES] \tag{3-4}$$

식 (3-4)를 식 (3-3)에 대입하여 풀면

$$[ES] = \frac{[E_0][S]}{\dfrac{k_{-1}}{k_1} + [S]} \tag{3-5}$$

다시 식 (3-5)를 식 (3-2)에 대입하여 풀면

$$v = \frac{k_2[E_0][S]}{\dfrac{k_{-1}}{k_1} + [S]} \tag{3-6}$$

최대 반응속도(v_{max})는 $k_2[E_0]$로서 초기 효소농도에 비례하고, 기질농도의 증가에 무관하다. 식 (3-1)의 첫번째 반응에서 $[ES]$의 해리상수 $K_m = [E][S]/[ES] = k_{-1}/k_1$

이므로 식 (3-6)을 정리하면 다음과 같다.

$$v = \frac{v_{\max}[S]}{K_m + [S]}$$

이 식을 Michaelis-Menten식이라 하고, K_m을 Michaelis-Menten 상수라 한다. Michaelis-Menten 상수 K_m이 작다는 것은 k_1이 k_{-1}보다 크다는 것으로, 기질에 대한 효소의 친화력이 크다는 뜻이다.

2) Briggs-Haldane식(유사 정상상태 가정)

Briggs-Haldane식에서 효소반응은 정상상태(steady state)로 식 (3-1)의 중간체인 ES 복합체의 생성과 분해속도가 동일하여 경시적인 변화량을 무시한다. 따라서 $d[ES]/dt = 0$이라는 가정을 한다.

$$\frac{d[ES]}{dt} = k_1[E][S] - k_{-1}[ES] - k_2[ES] \tag{3-7}$$

앞에서의 가정에서 $d[ES]/dt = 0$이므로

$$k_1[E][S] = k_{-1}[ES] + k_2[ES] = (k_{-1} + k_2)[ES]$$

$$[ES] = \frac{k_1[E][S]}{(k_{-1} + k_2)} \tag{3-8}$$

식 (3-4)를 식 (3-8)에 대입하면

$$[ES] = \frac{k_1([E_0] - [ES])[S]}{k_{-1} + k_2} \tag{3-9}$$

식 (3-9)를 풀어서 정리하면

$$[ES] = \frac{[E_0][S]}{\frac{(k_{-1} + k_2)}{k_1} + [S]} \tag{3-10}$$

식 (3-10)을 식 (3-2)에 대입하면

$$v = \frac{k_2[E_0][S]}{\dfrac{(k_{-1} + k_2)}{k_1} + [S]} \tag{3-11}$$

식 (3-11)을 Briggs-Haldane식이라고 하며, 이 식을 정리하면 다음과 같다.

$$v = \frac{v_{\max}[S]}{K'_m + [S]} \tag{3-12}$$

여기서 $v_{\max} = k_2[E_0]$

$$K'_m = (k_{-1} + k_2)/k_1 \text{이다.}$$

식 (3-12)는 Michaelis-Menten식과 같으며, 단지 K'_m이 다르다. k_2가 k_{-1}에 비해 작다면 즉, ES 복합체의 해리속도가 생성물의 생성속도에 비해 크다면 $K_m = K'_m$이 된다. $v_{\max}$는 효소의 고유 속도상수 k_2와 초기 효소농도(E_0)에 비례하며, K'_m은 기질에 대한 효소의 친화력에 대하여 역의 상관관계를 갖되 효소와 기질의 종류에 의해 결정되는 고유 상수값이다.

3) $v_{\max}$와 K_m의 결정

Michaelis-Menten식에서 미지의 변수인 $v_{\max}$와 K_m을 결정하는 방법은 여러 가지가 있다. 일반적으로 사용되는 방법은 Lineweaver-Burk plotting법으로서 hyperbolic한 형태의 속도식인 Michaelis-Menten식을 linear한 형태로 바꾸어 결정한다.

(1) Lineweaver-Burk plot(1934)

$$v = \frac{v_{\max}[S]}{K_m + [S]} \text{로부터 역수를 취하면}$$

$$\frac{1}{v} = \frac{K_m}{v_{\max}} \times \frac{1}{[S]} + \frac{1}{v_{\max}}$$

$1/v$와 $1/[S]$를 plot하면 $1/[S] = 0$일 때 y 절편 $= 1/v = 1/v_{\max}$, $1/v = 0$일 때 x 절편 $= -1/K_m$이며, 기울기가 $K_m/v_{\max}$인 직선의 식이 된다.

Lineweaver-Burk의 방법은 비교적 정확한 $v_{\max}$를 구할 수 있는 반면 K_m값은 역수간의 오차로 정확성이 떨어진다. 기질농도가 매우 낮아서 측정치가 부정확한 data가 크게 다루어진다는 단점이 있으나 전통적으로 가장 많이 이용하는 방법이다.

(2) Eadie-Hofstee plot(1942)

$v = \dfrac{v_{max}[S]}{K_m + [S]}$를 다시 정리하면

$v \times K_m + v \times [S] = v_{max} \times [S]$이며

$\dfrac{v}{[S]} = \dfrac{-1}{K_m} \times v + \dfrac{v_{max}}{K_m}$으로 표현할 수 있다.

$v/[S]$와 v를 plot하면

$v = 0$일 때 y절편 $= \dfrac{v}{[S]} = \dfrac{v_{max}}{K_m}$이고, $\dfrac{v}{[S]} = 0$일 때 x절편 $= v_{max}$이며, 기울기가 $\dfrac{-1}{K_m}$인 직선의 식이 된다.

Lineweaver-Burk의 방법에 비해 data의 가중점이 개선되었으나 기질농도의 측정치에 의존하여 계산하는 변수 v가 두 좌표에 모두 나타난다는 단점이 있다.

(3) Hanes-Woolf plot(1932)

$v = \dfrac{v_{max}[S]}{K_m + [S]}$를 다시 정리하면

$\dfrac{[S]}{v} = \dfrac{1}{v_{max}} \times [S] + \dfrac{K_m}{v_{max}}$가 된다.

$[S]/v$와 $[S]$를 도식화하면 기울기가 $\dfrac{1}{v_{max}}$이며, y축 절편 $\left(\dfrac{[S]}{v}\text{축 절편}\right)$이 $\dfrac{K_m}{v_{max}}$, x축 절편 ($[S]$축 절편)이 $-K_m$인 직선을 얻을 수 있다. Hanes-Woolf plot에서는 data 간격이 일정하다. 효소반응속도의 변수를 구하는 세 가지 방법 이외에 기질농도에 따른 초기 반응속도로부터 직접 그래프에 작도(non-linear regression)를 하여 간편하게 변수를 예측하는 방법도 사용할 수 있다(제11장 제3.6절 참조).

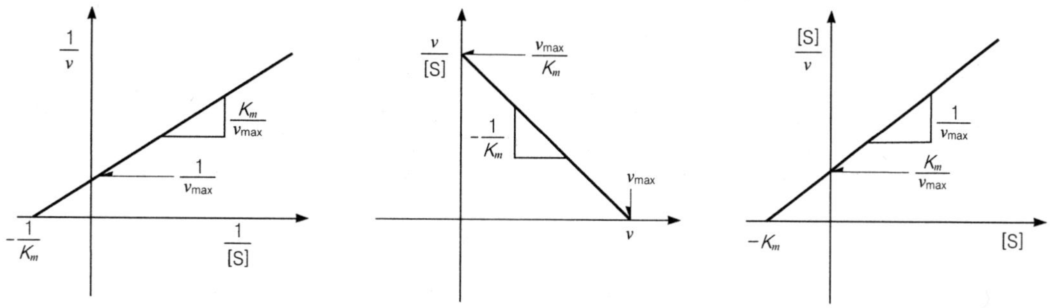

(a) Lineweaver-Burk plot (b) Eadie-Hofstee plot (c) Hanes-Woolf plot

그림 3-4. K_m, v_{max}를 결정하는 여러 가지 plotting method

5. 효소반응의 영향인자

5.1 pH와 이온강도

효소 단백질은 아미노산이 peptide 결합으로 연결된 고분자 화합물이다. 단백질의 구성단위인 아미노산은 아미노기와 카르복실기를 적어도 한 개씩을 가지고 있으며, 쌍극성 이온구조를 하고 있다. 아미노산의 카르복실기의 수소는 양자로 떨어지기 쉽고, 아미노기의 질소는 양자를 받아들이기 쉽다.

아미노기는 양성자화되어 암모늄 이온으로 존재하고, 카르복실기는 양성자가 이탈되어 carboxylate ion으로 존재한다. 이러한 아미노산의 성질은 용액의 pH에 따라 변한다. 예로서 alanine의 적정곡선은 그림 3-6과 같이 pH에 따른 각기 다른 이온형태를 갖게 된다.

효소들은 활성 부위에 있는 아미노산 잔기가 특정 전하를 가질 때 촉매활성을 보인다. pH는 효소를 구성하는 아미노산, 특히 활성 중심 또는 그 주변의 아미노산의

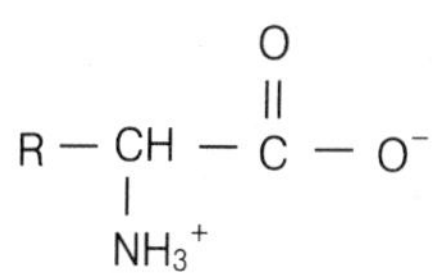

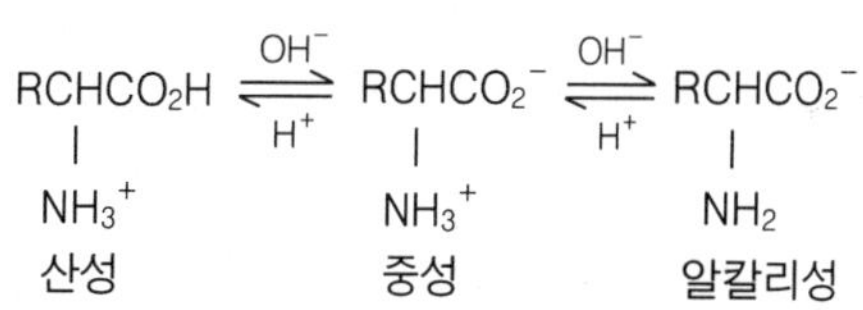

그림 3-5. 아미노산의 쌍극성 이온구조 그림 3-6. pH에 따른 아미노산의 평형 관계

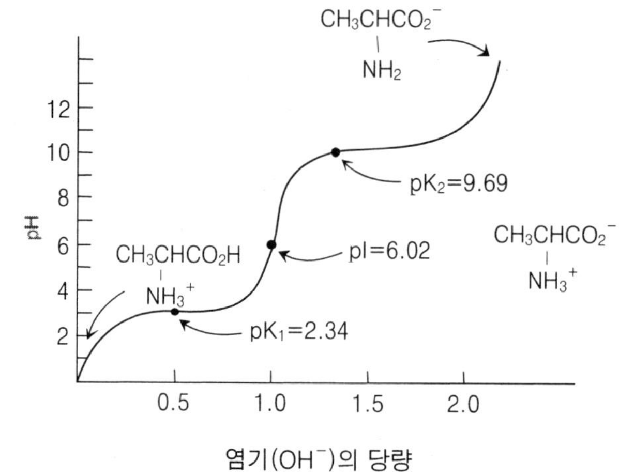

그림 3-7. pH에 따른 alanine 구조의 변화

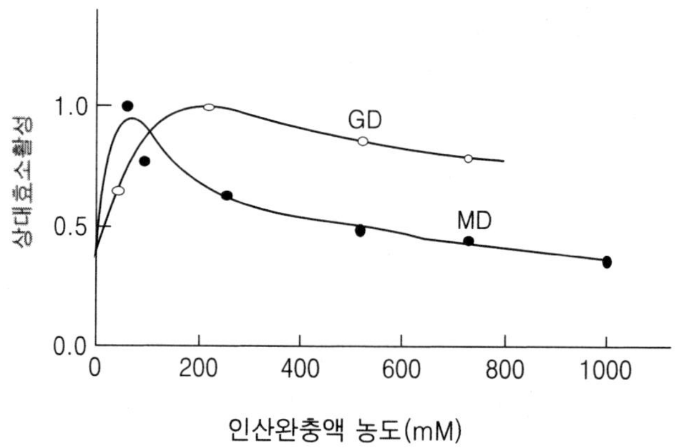

그림 3-8. 이온강도에 따른 효소활성도 비교

(GD : Glucose dehydrogenase, MD : Manitol dehydrogenase)

전하상태에 영향을 미쳐 효소의 활성도를 변화시키고, 반응속도에 영향을 준다. 또한 기질의 전하에도 영향을 미쳐 효소의 기질 친화력(K_m)에도 변화를 준다.

효소 반응액의 이온강도(ionic strength)는 효소의 종류에 따라 그 영향이 다르고, 보통 실험을 통하여 결정된다. 이온강도(μ)는 다음과 같이 표현된다.

$$\mu = 1/2([A]Z_A^2 + [B]Z_B^2 + [C]Z_C^2 + \cdots\cdots)$$

여기에서 $[A]$, $[B]$, $[C]$: 이온종들인 A, B, C의 molar 농도

Z_A, Z_B, Z_C : 이온종들의 전하를 나타낸다.

5.2 온 도

화학반응과 같이 효소반응에서도 온도가 상승함에 따라 반응속도가 증가한다. 그러나 생물촉매인 효소는 특정 온도 이상에서 단백질의 비가역적 불활성화로 생리적 활성을 잃게 된다. 이와 같이 효소반응에서는 효소활성이 제일 큰 최적온도가 있으며, 활성을 잃게 되는 한계온도가 있다.

보통 효소의 한계온도는 70～80℃이다. 대부분의 효소반응은 20～50℃에서 잘 일어나며, 이 온도 범위에서는 온도 증가에 따라 반응속도가 증가한다. 무기촉매의 경우는 온도가 높아지면 반응물들 간의 접촉 빈도수가 높아져 반응속도가 빠르게 된다. 효소에 의해 촉매되는 반응에 대한 온도의 영향은 비촉매계에서 종종 이용되는 Arrhenius(1859～1927, 스웨덴)식으로 비교적 간단히 설명된다.

간단한 효소반응식을 생각해 보자.

$$E + S \underset{k_{-1}}{\overset{k_1}{\rightleftarrows}} ES \xrightarrow{k_2} E + P$$

위의 효소반응에서 전체 효소반응속도를 두 번째 단계에서 결정한다면 반응속도는 속도상수인 k_2와의 관계식으로 다음과 같이 표현될 수 있다.

$$v = k_2 \times [E_0]$$

k_2의 온도 의존성은 다음과 같은 Arrhenius식으로 표현된다.

$$k_2 = A \times \text{Exp}(-E_a/RT) \qquad (3\text{-}13)$$

여기에서

E_a : 활성화에너지(kcal/mol)
R : 기체상수(1.987 cal/mol · K)
T : 절대온도(K)
A : Arrhenius 상수

식 (3-13)을 linear plotting 하기 위하여 고쳐 쓰면 다음과 같이 나타낼 수 있다.

$$\ln k_2 = -E_a/R \times 1/T + \ln A$$

즉, 속도상수 k_2는 특정온도 내에서 온도가 증가할수록 지수적인 증가를 한다는 것이다(그림 3-9와 그림 3-10).

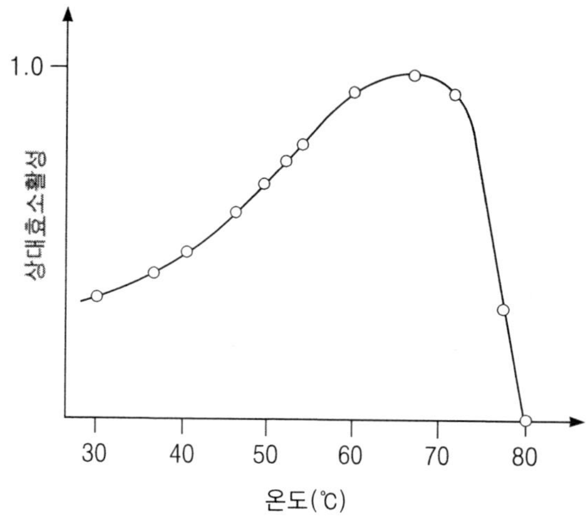

그림 3-9. 효소활성도의 온도 의존성

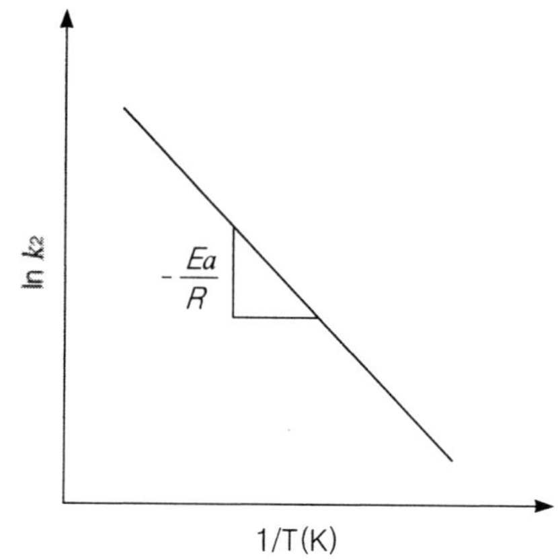

그림 3-10. 효소활성도의 온도 의존성 (Arrhenius plot)

5.3 저해제

효소 반응액 중에 존재하는 물질들은 효소의 기질 특이성, 활성 부위의 성질, 효소 분자의 주요 기능 부위에 영향을 미쳐 효소의 활성도를 감소시킨다. 이러한 저해제들의 반응은 가역적(reversible)으로 혹은 비가역적(irreversible)으로 효소 저해반응을 일으킨다. 비가역적 저해반응은 납·수은 등 중금속 이온인 저해제(inhibitor)들이 효소 활성 부위의 아미노산 잔기들과 강력하게 공유결합된 결합물을 형성하여 제거하기가 힘들지만 EDTA, 구연산과 같은 chelating agent들의 도움으로 가역화시킬 수 있다. 가역적 저해반응에서 저해제는 쉽게 효소에서 해리될 수 있다.

효소 저해반응은 경쟁적(competitive)·비경쟁적(noncompetitive)·반경쟁적(un-competitive) 등 세 가지 형태로 나눈다.

1) 경쟁적 저해

경쟁적 저해(competitive inhibition) 작용은 저해제가 효소 활성 부위의 특정 잔기와 결합하여 효소-저해제 복합체를 형성한다. 저해제는 대개 기질과 구조적 유사성을 가지고 있어서 효소의 활성 부위에서 기질과 경쟁하게 된다. 효소의 기질 친화력을 떨어뜨려 K_m을 증가시키나 최대 반응속도(v_{max})에는 영향을 미치지 않는다. 경쟁적 저해작용은 기질의 농도를 증가시켜 극복될 수 있다.

2) 비경쟁적 저해

비경쟁적 저해(noncompetitive inhibition) 작용은 저해제가 기질과의 유사성이 없어서 활성 부위에 결합하지는 않고 효소의 다른 부위에 결합하여 효소의 분자구조를 변화시킴으로써 활성을 감소시킨다. 기질의 농도를 증가시켜도 극복되지 않으며 v_{max}를 감소시킨다. 납·수은 등 중금속 이온들이 저해제로 작용한다.

3) 무경쟁적 저해

무경쟁적 저해(uncompetitive inhibition) 작용은 저해제가 효소에 결합하지 않고 효소-기질 복합체에 결합하여 효소-기질-저해제 복합체를 형성함으로써 v_{max}와 K_m을 감소시킨다.

공급된 기질의 양이 많은 경우 효소반응이 영향을 받으며, 과잉 기질에 의해 반응속도가 감소된다. 이를 기질저해(substrate inhibition)라고 한다. 효소반응속도에 영향을 주는 저해제의 효과는 그림 3-11에서 보는 바와 같다.

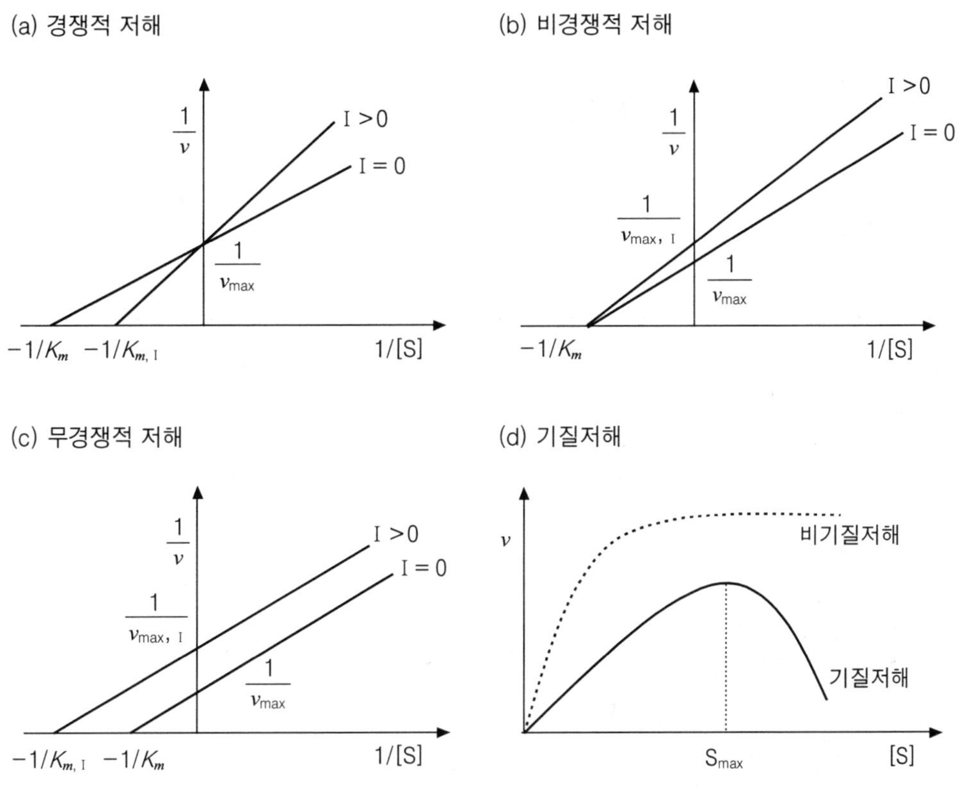

그림 3-11. 효소반응속도에 영향을 미치는 저해제의 효과

6. 생물전환

넓은 의미에서의 생물전환(bioconversion 또는 biotransformation)은 '동물・식물・미생물 세포의 생명현상을 유지하기 위한 세포의 생리와 대사기능을 세포 수준에서 직접 활용하거나 세포의 생리 및 대사기능을 수행하는 효소의 촉매기능을 이용하는 것'을 포함한다. 그러나 일반적으로 생물체가 가지고 있는 효소의 촉매기능을 이용한 물질의 전환을 의미하며, 기질 또는 전구물질로부터 원하는 생산물(product)을 제조하는 기술을 생물전환기술이라 한다.

발효(fermentation)가 미생물 세포의 대사(metabolism)라는 생명현상을 이용하여 탄소원과 기타 성분을 영양원으로 세포를 배양한 후 원하는 대사산물을 얻는 반면 생물전환은 세포나 효소를 촉매로 분명하게 정의된 생화학 반응에 의하여 원료물질을 원하는 물질로 변화시킨다는 점에서 차이가 있다.

한국의 전통음료인 식혜는 원료인 증숙미(steamed rice)에 엿기름(맥아, amylase 함유)을 반응시켜 제조되는 생물전환의 예라 할 수 있다. 식혜 제조의 예처럼 생물전

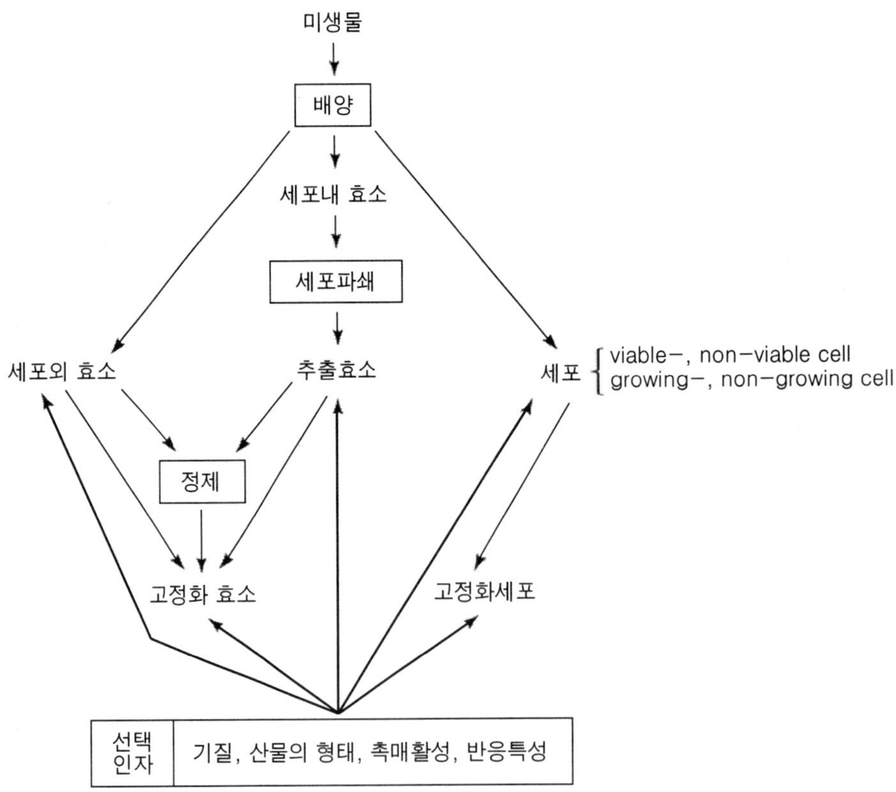

그림 3−12. 생물촉매의 활용 형태

환기술은 고분자 물질인 녹말(starch)을 촉매기능을 하는 엿기름(amylase)에 의하여 저분자 물질인 맥아당(maltose)으로 전환시키는 반응뿐만 아니라 저분자 물질의 고분자화, 작용기의 첨가, 제거, 결합양식의 변경에 의한 분자구조의 전환 등 효소의 작용특성을 이용하여 유용물질의 획득 수단으로 활용된다.

6.1 생물촉매의 활용 형태

생물전환에 사용되는 생물촉매(biocatalyst, biocatalyzer)는 세대시간이 짧고, 배양이 쉬운 세균·곰팡이·효모 등의 미생물 또는 그 기원의 효소가 보편적으로 이용된다. 따라서 생물촉매의 특징은 미생물 또는 효소가 갖는 생리적·생화학적 특성과 같다. 그림 3-12에 활용 가능한 생물촉매의 형태를 나타내었으며, 어떤 형태의 생물촉매를 사용할 것인가는 기질과 생성물의 형태, 촉매의 활성, 반응특성 및 반응기 형태, 경제성 등을 고려하여 결정된다.

6.2 생물전환기술의 특징

효소반응의 기질 특이성(substrate specificity)은 그림 3-13과 같이 자물쇠-열쇠 가설(Lock and key hypothesis)로 설명되며, 생물전환반응이 갖는 가장 큰 장점이다.

생물전환기술의 특징은 반응의 특이성·선택성·다양성에 있으며, 스테로이드처럼 구조가 복잡한 물질의 특정 부위를 인식할 수 있는 구조 특이성(regio-specificity), 특정 작용기를 구분하는 입체 특이성(stereo-specificity), 광학 이성질체의 선별능력인 광학 특이성(enantio-specificity) 등의 반응특성은 기존의 화학합성공정에서는 얻을 수 없는 가장 큰 장점이다. 생물전환공정, 발효공정, 화학합성공정의 차이점을 표 3-3에 비교하여 나타냈다.

생물전환에 관여하는 효소 또는 미생물 반응은 약 3,000여 가지 이상이 알려져 있으나 산업적으로 응용되고 있는 예는 그리 많지 않다. 항생물질 및 스테로이드제의 생산, 아미노산, 유기산, 또는 화학물질에 미생물 세포 또는 효소를 이용한 전환기술에 응용되고 있다. 정밀화학 제품의 생산에 효소를 이용한 전환기술을 접목하려는 주

그림 3-13. 효소의 특이성을 설명하는 “Lock & key 모델”

표 3-3. 생물전환공정, 발효공정, 화학합성공정의 차이점

구 분	생물전환공정	발효공정	화학합성공정
사용촉매	세포 · 효소	세포대사	무기촉매
사용기질	천연 · 비천연물	천연물	비천연물
반 응	생화학반응	생명현상	화학반응
반응 특이성 · 기질 특이성 · 위치 특이성 · 입체 특이성	높 음	높 음	낮 음
반응단계	1～2	>2	1～다단계
생성물의 종류	천연 · 비천연물	천연물	비천연물
장치의 규모	소규모	대규모 장치산업	대규모 장치산업
공정제어	쉬 움	중간～어려움	쉬 움
에너지 소모형태	에너지 절약형	절약형 · 소요형	다량 소요형
환경 오염문제	환경 적합형	환경 적합형 · 환경 부적합형	환경 부적합형

된 이유는 효소반응이 기질 및 광학활성에 대한 특이성이 있어서 고순도의 의약품 생산이 가능하기 때문이다.

지금까지 의약물질의 생산은 여러 단계의 제조과정을 거치는 화학합성공정에 크게 의존하여 왔다. 그러나 제조과정 중에 사용되는 독성이 강한 약품이 제품 중에 잔류하는 문제와 더불어 폐수처리 등에 있어서의 안전성과 과격한 반응조건 등의 단점으로 미생물 발효를 통하거나 생물전환공정을 선호하는 추세에 있다.

6.3 생물전환기술에 의한 유용물질의 생산

생물촉매를 사용한 전환기술은 식품공업과 세제용으로 출발하여 정밀화학공업, 의약품 산업, 환경산업, 측정기기 산업 등으로 응용범위가 확장되어 미래 지향적 첨단 산업으로 평가되고 있다. 생물전환공정을 이용한 식품, 의약품, 범용성 화학제품 등 유용물질의 생산 예를 표 3-4에 나타내었다.

국내의 식품공업에 있어서는 녹말을 출발물질로 한 단당류 또는 소당류의 생산에 효소적 전환공정이 산업화된 지는 오래 되었다. 그리고 핵산계 물질인 5′-guanylate의 생산에 미생물적 전환공정이 산업적으로 확립되었다. 특히, 생물전환공정은 스테로이드(steroid), 알카로이드(alkaloid)류의 유도체, 항생제의 측쇄 작용기 변경에 의한 약리활성의 증가 등 화학공정으로 불가능하거나 난해한 반응을 해결하는 데 크게 기여하였다.

표 3-4. 생물전환공정에 의한 유용물질의 생산

생성물	출발물질	생물촉매	용 도
Cyclodextrin	녹말	CD Glucanotransferase	식품안정성/물성 개선 의약품 운반체/용해제
5′-Guanylic acid	5′-Xanthylic acid	*B. ammoniagenes*	식품 조미료
2-keto-L-Gluconic acid	D-Glucose	*Erwinia* sp.와 *Corynebacterium* sp.	비타민 C 전구물질
γ-Aminobutyric acid	L-Glutamic acid	Decarboxylase	혈압 강하제 뇌신경전달물질
D-Amino acid	(D,L)-아미노산아미드, L-아미노산	D-Aminopeptidase D-Amidase Racemase	항생제 합성원료 감미료
11-Hydroxypro-gesterone	Progesterone	*Rhizopus arrhizus* *Aspergillus ochraceus*	항염증 치료제
Prednisolone	Hydrocortisone	*Arthrobacter simplex*	항염증 항알레르기 치료제
6-Aminopenicillanic acid	Penicillin	Penicillin acylase	항생제 전구물질
D-Glucosamine	Chitin	Chitinase	관절염, 궤양 치료제
N-acetylglucosamine	Chitosan	Chitosanase	
Acrylamide	Acrylonitrile	Nitrile hydratase	Polyacrylamide 원료

코티손(cortisone)・에스트로겐(estrogen)・프로게스테론(progesterone) 등의 스테로이드는 부신피질호르몬으로 항종양제・진정제・항염증 치료제로 사용되며, 분자구조의 변경을 통하여 이러한 약리작용을 크게 개선시킬 수 있다. D-체 아미노산은 세포벽 구성하는 D-alanine, D-glutamic acid와 같은 예를 제외하고는 천연에 존재하지 않는다. D-아미노산은 항생제의 합성원료, 감미료, 조미료, 식품첨가물, 공업용 원료 등 용도가 다양하다. D-아미노산의 생산을 출발물질로는 아미노산아미드(amino acid amide)・히단토인(hydantoin)・α-케토산・L-아미노산이 사용되며, 사용되는 생물촉매는 각 기질에 따라 다른 효소를 사용한다.

7. 효소의 고정화

효소를 화학적인 방법이나 물리적인 방법에 의해 인위적으로 그 이동성을 제한할 때를 효소의 고정화(enzyme immobilization)라고 한다. 실제로 세포 내에서는 수천 가지의 효소들이 세포막, 세포내 소기관, 또는 거대분자들에 의해 일종의 고정화된 상태로 존재하지만, 여기에서 설명하는 고정화 효소와는 기술적 방법에서 차이가 있다. 여러 가지 방법에 의하여 고정화 효소를 효율적으로 사용하려는 시도들이 이루어지고 있으며, 그 특성은 다음과 같다.

① 반응 후 생산물과의 분리가 쉽고 효소를 재사용할 수 있다.

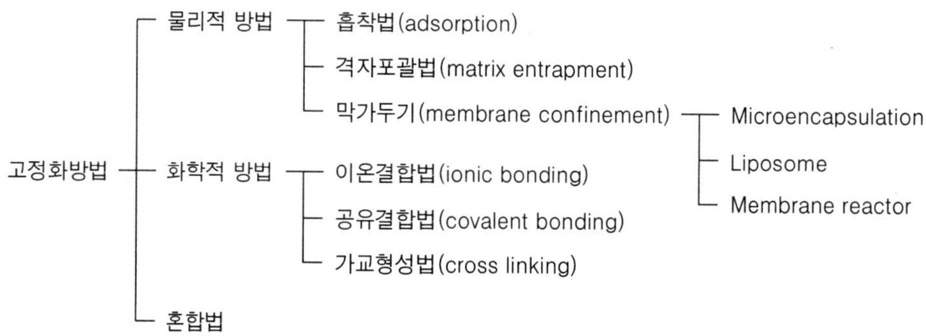

그림 3-14. 효소고정화 방법의 분류

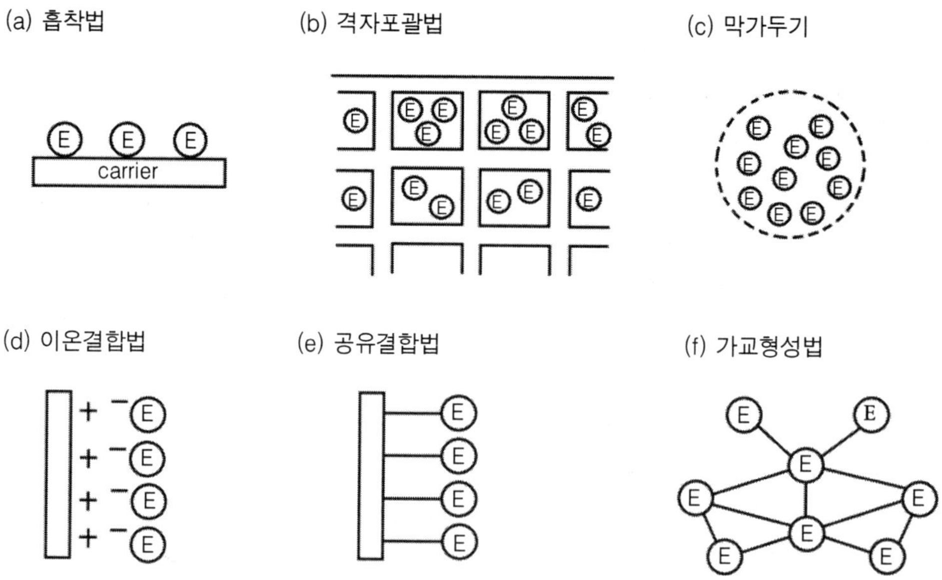

그림 3-15. 효소고정화 방법의 모형도

② 연속공정이 가능하여 반응기의 생산성을 향상시켜 경비를 절감시킨다.
③ 반응액의 단위 체적당 효소의 고농도 집적으로 생산성을 높일 수 있다.
④ 효소 단백질의 입체구조 유지에 의하여 외부 환경에 대한 활성의 안정화를 기할 수 있다.
⑤ 고가의 효소인 경우 경제적으로 사용할 수 있다.
⑥ 효소 형태가 변화될 수 있다.
⑦ 고정화에 따른 물질의 확산 저항이 존재한다는 단점도 있다.

효소를 고정화시키는 방법은 그림 3-14와 같이 나눌 수 있으며, 효소를 고정화시키는 방법의 모형도는 그림 3-15에서 보는 바와 같다.

7.1 물리적 방법

물리적으로 효소를 고정화시키는 방법에는 흡착법(adsorption), 격자포괄법(matrix entrapment), 막가두기(membrane confinement) 등으로 나눌 수 있다.

1) 흡착법

흡착은 가장 간단한 방법으로서, Van der Waals 힘과 같은 물리적 힘에 의해 불용성 지지체의 표면에 효소를 흡착시키는 방법이다. 지지체로는 alumina, activated carbon, silica gel, clay, polyaminomethyl styrene, polyester, alkylamino agarose, phenoxyacetyl cellulose 등 불용성의 고분자 물질과 유기 또는 무기물질을 사용한다. 수행방법이 간단하고 고정화에 의한 효소 형태가 거의 영향을 받지 않으나, 흡착력이 약하여 쉽게 탈착되는 경향이 있다.

2) 격자포괄법

격자포괄법은 단량체의 중합에 의해 생성된 고분자 물질의 격자 내에 효소가 함유된 형태로 겔상의 구조를 갖는 것이 일반적이다. 중합체의 격자 간격은 기질과 생성물의 출입이 자유롭고, 내부 포괄된 효소는 빠져 나오지 않을 정도로 격자 유발물질을 겔화시켜야 한다. 격자물질로는 cellulose acetate, polystyrene, polyurethane, polyacrylamide 등을 들 수 있다.

3) 막가두기법

막가두기는 microencapsulation법, liposome법과 membrane reactor를 이용하여 이루어지며, 세 가지 방법 모두가 선택적 투과막을 사이에 두고 효소를 제한시키는 방법이다.

① Microencapsulation법은 고분자 중합체로 된 막에 의하여 효소가 둘러싸인 형태로서 막의 직경은 1～100 ㎛가 된다. 막을 제조하는 원리는 친수성 물질과 소수성 물질의 중합에 의해 생성되는 미세한 캡슐 내에 함입시키는 계면중합(boundary layer polymerization)을 이용한 것이다. Hexamethylene diamine(친수성)과 sebacic acid dichloride(소수성)를 중합시킴으로써 polyamide 미세캡슐을 만들 수 있다.

② Liposome법은 액체막 형성법으로 친수성기와 소수성기에 의해 형성된 이중막 내부에 효소를 함유시키는 방법으로, 실용적 공정에서는 막 구조의 불안정성으로 알맞지 않은 면이 있다.

③ Membranc rcactor를 이용한 방법은 효소가 직접 어떤 지지체에 포괄되어 있거나 고정화되어 있는 것이 아니라 반응기 내부에 갇혀 있도록 한다. 생성물만 반응기막 외부로 빠져 나오게 하는 방법으로서 hollow-fiber membrane을 이용한 예를 들 수 있다.

반응기의 알맞은 설계 및 운영이 가장 중요하며, 실용적 측면에서 유망한 방법이라 할 수 있다. 물리적 방법에 의한 막가두기 방법들은 '효소 고정화의 불안정성, 확산저항, 환경조건을 조절하기가 곤란하다'는 문제점을 갖고 있다.

7.2 화학적 방법

화학적으로 지지체와 효소의 결합에 의해 고정화하는 방법에는 이온결합(ionic binding)에 의한 방법, 공유결합(covalent binding)에 의한 방법, 가교형성(cross linking)에 의한 방법으로 나눌 수 있다.

1) 이온결합법

이온결합에 의한 방법은 지지체와 효소의 반대 전하 사이에서 발생하는 정전기적 인력에 의한 것이다. 이온교환수지가 널리 쓰이며, 음전하 또는 양전하를 갖는 이온교환수지는 양성을 띠는 단백질의 양이온 또는 음이온과 이온결합을 형성하게 된다.

지지체로는 carboxylmethyl cellulose(CM-cellulose), Dowex 50, DEAE-cellulose, DEAE-Sephadex, Amberlite, octylamino-Sephadex 등이 사용된다. 흡착법처럼 비교적 간단하게 수행할 수 있으나 공유결합에 비해 결합력이 약하다. 공존하는 이온들의 영향을 받기 쉽기 때문에 pH와 이온강도를 잘 유지시켜 탈착을 방지해야 한다.

2) 공유결합법

공유결합은 효소와 지지체의 원자 간 전자쌍의 공유에 의해 형성되는 고정화로 효소끼리 또는 효소와 지지체 간에서 이루어지고, 결합시킬 때 연결자(linker)를 이용하기도 한다. 공유결합에 의한 고정화는 비교적 강하지만, 공유결합에서 발생되는 효소의 구조와 형태의 변화를 유발시켜 활성이 떨어지는 단점이 있다. 지지체로는 전처리된 다공성 유리, dextran, cellulose, polyacrylamide, nylon acrylate copolymer 등이 사용된다. 연결자로서는 glutaraldehyde, cyanuric chloride, hexamethylene diisocyanate 등이 사용된다.

3) 가교형성법

가교형성에 의한 고정화 방법은 가교형성 물질을 이용하여 효소들을 결합시키거나, 지지체를 사이에 두고 가교결합(cross linking)이 일어나도록 하는 방법이다. 가교제 또는 연결자로는 앞에서 설명한 바와 같이 공유결합에 연결자로 응용되는 glutaraldehyde, cyanuric chloride, hexamethylene diisocyanate 등이 사용된다.

7.3 혼합법

물리적인 방법에 의하거나 화학적인 방법에 의한 고정화법에 있어서 고정화에 의해 일어날 수 있는 효소의 활성도와 안정성의 저하를 최대한 배제시키는 것이 고정화의 최종적인 목표가 된다. 따라서 각 방법들의 장점들을 이용한 복합적인 방법(combined method)을 들 수가 있다.

흡착과 가교형성 병용법처럼 흡착법에 의해 지지체에 효소를 흡착시킨 후 흡착된 효소들 사이에 가교를 형성시킴으로써 흡착법에서 발생되는 효소의 탈착현상을 줄일 수 있게 된다. 흡착법, 공유결합법과 가교형성법을 병용하여 고정화의 효율성을 높이며, 물리적인 방법과 화학적인 방법을 병용하는 복합방법이 많이 시도된다.

효소의 고정화뿐만 아니라 coenzyme의 고정화 역시 유사한 방법에 의하여 apoenzyme과 coupling되어 반응이 일어나도록 고정화시킬 수 있으며, coenzyme이 관여하는 효소반응에서 실용적 의미가 크다.

8. 효소반응기의 종류

생물반응기(bioreactor)는 '동물・식물・미생물 또는 생물체에서 특정 기능을 수행하는 소기관, 고분자 물질들이 생체 내에서 수행되는 생화학적 기작(mechanism)을

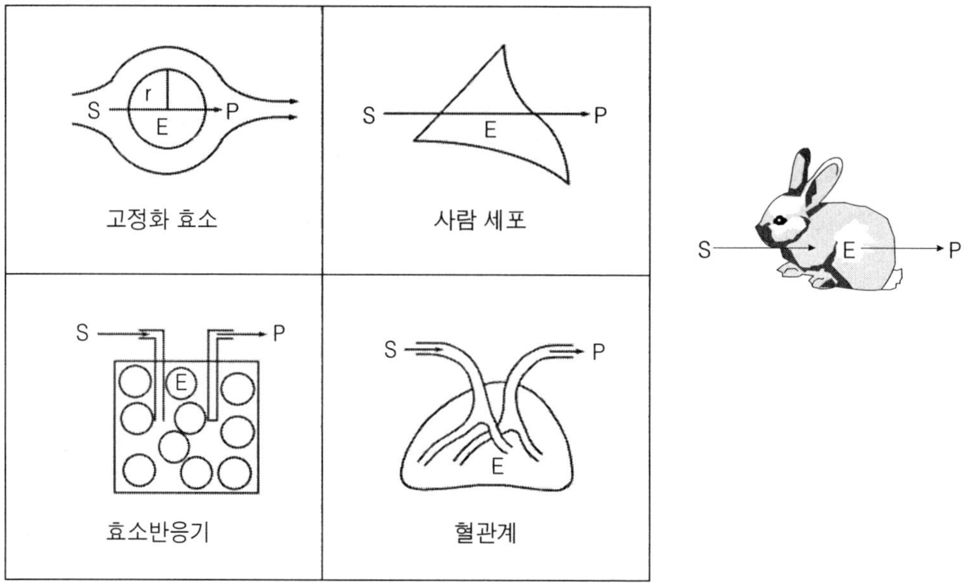

그림 3-16. 생물반응기의 기본 개념(Sernetz 등, 1985)

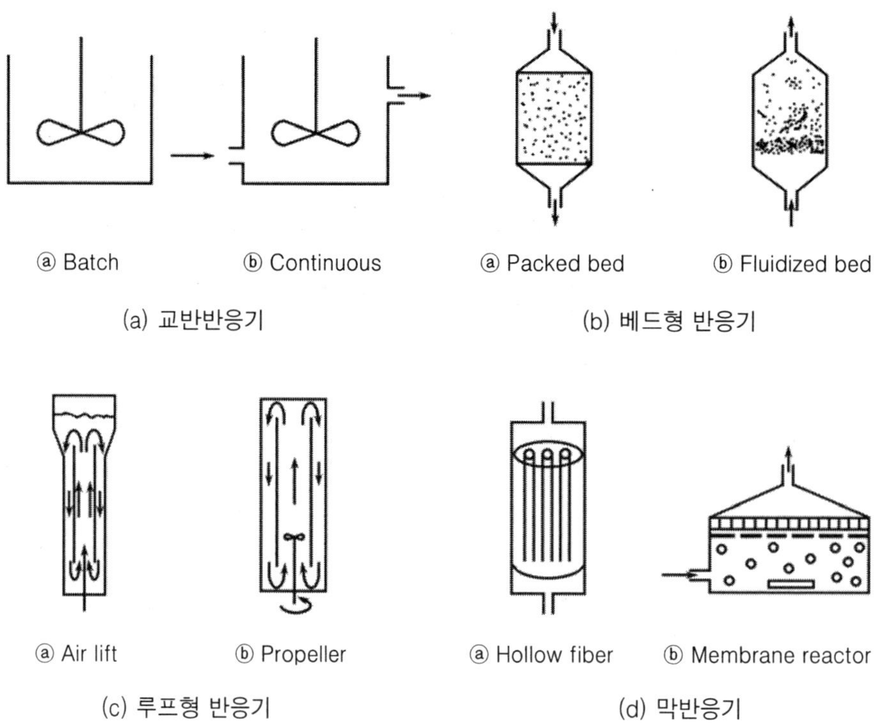

그림 3-17. 여러 가지 효소반응기

인위적으로 설계된 시스템에서 발휘할 수 있도록 고안된 장치'이다. 특히 촉매로 효소를 사용하여 반응을 일으키는 장치를 효소반응기 또는 효소반응용 생물반응기(enzyme reactor 또는 enzyme bioreactor)라고 한다(그림 3-16, 그림 3-17).

일반적으로 생물반응기는 화학반응기와는 달리 상온·상압·중성의 pH에서 이루어지며, 에너지의 소모와 발생이 많지 않은 온화한 조건에서 운전된다. 생물반응기를 이용하는 경우 생물촉매의 종류와 반응특성에 따라 선정되며, 반응용기·촉매·측정장치·제어장치 등 주변기기를 포함한다. 효소반응기는 생물반응기의 일종으로 미생물 배양기인 발효조(fermenter)와는 구분되고 있으나, 생물촉매를 이용하는 반응장치란 점에서는 큰 차이가 있는 것은 아니다.

효소반응기의 선정에는 반응특성, 효소의 고정화 여부, 효소의 안정성에 대한 고려가 전제되어야 한다. 반응기의 목적은 촉매와 반응물질 사이에서 효율적인 반응이 일어나도록 물질의 전달과 확산에 대한 저항을 최소화하는 것이다. 반응기에서는 교반방식에 따라 혼합 강도가 다르며, 계면에서 발생되는 확산저항에 대한 대책과 유체의 흐름특성(flow type)을 설정하는 것이 중요하다. 효소의 특성과 기질, 생성물의 특징에 맞도록 여러 가지 형식의 반응기들이 고안되었다.

8.1 교반반응기(stirred tank reactor)

교반반응기는 미생물을 이용한 발효공정에서도 보편적으로 사용되는 반응기이다. 산소공급을 원활히 하기 위하여 난류(turbulent flow) 형성을 유도시키기 때문에 교반이 격렬하여 전단응력(shear stress)을 많이 받는다. 교반반응기는 비교적 간단하여 많은 연구가 이루어졌으나, 고정화 효소 반응기로는 전단력(shear force) 때문에 알맞지 않다.

반응기의 구성은 용기(vessel)·교반기(stirrer)·장애판(baffle)으로 되어 있으며, 용액상태에 있는 유리효소의 반응이나 고점도 기질인 경우 많이 사용된다. 반응액의 공급과 생성물의 회수방식에 따라 batch식, fed-batch식, CSTR(continuous-flow, stirred tank reactor)식으로 분류할 수 있다(그림 3-18).

8.2 베드형 반응기(bed reactor)

촉매의 충진상태, 반응액의 흐름특성에 따라 충진형 반응기(고정층 반응기, fixed bed reactor)와 유동층 반응기(fluidized bed reactor)가 이용된다. 충진형 반응기(packed bed reactor)에서는 단위 용적당 촉매의 충진량을 높일 수 있으며, 생산성을 향상시킬 수 있기 때문에 고정화 효소 반응기로 널리 이용되고 있다.

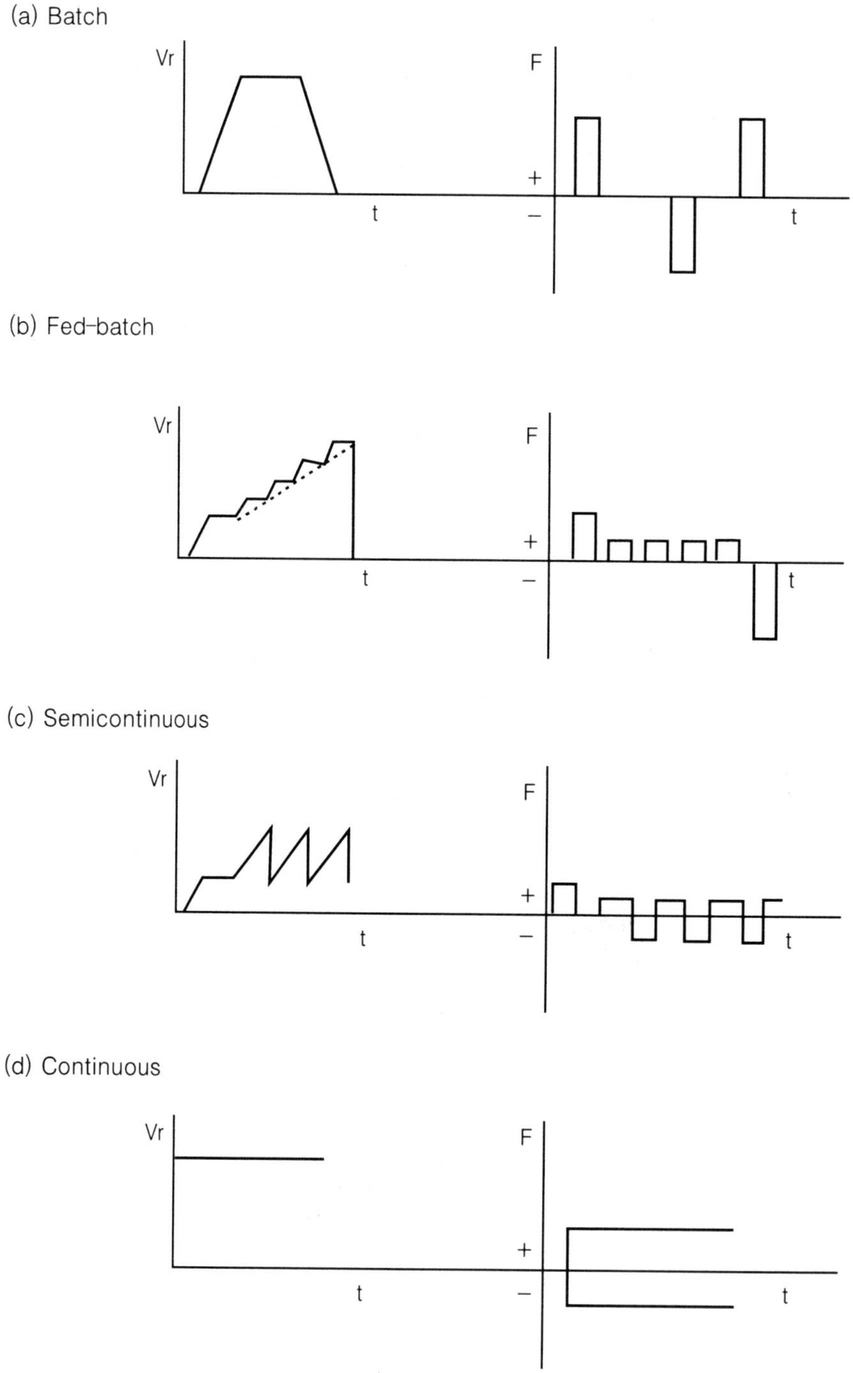

Vr : 반응기의 부피
F(+, −) : 배지의 공급 또는 배출
t : 반응(또는 배양)시간

그림 3−18. 반응기 운용방식에 따른 유형

반응물의 변화는 반응기의 길이에 따라 변화되지만, 반응시간에 따른 변화는 없다. 간단하며 작동이 쉽고, 운전비용이 절감된다. 그러나 pH와 반응온도 등의 환경조건을 균일하도록 공정 구성을 유지하기가 어렵고, 기질과 생성물의 신속한 분배도 어렵다. 그리고 확산저항의 유발, 고점도 기질을 사용할 수 없다는 단점을 가지고 있다. 또한 산소를 필요로 하는 반응에서는 산소전달이 매우 어렵다.

그러나 유동층 반응기(fluidized bed reactor)는 충진형 반응기에서처럼 촉매입자가 완전히 충진되어 있지 않아 입자의 유동성이 있다. 즉, 촉매입자들이 반응기 용액 중에 현탁되어 있는 형태를 띤다. 유동층 반응기는 촉매 충진력은 떨어지나 pH와 온도 조절이 쉽고 산소공급이 가능하며, 불용성 기질인 경우에도 사용이 가능하다.

8.3 막 반응기(membrane reactor)

생성물 배출부위는 특정 pore size를 갖는 membrane filter에 의해 촉매와 반응액 부위의 경계를 이루고 있다. 생성물의 분자량이 기질과 효소에 비해 충분히 작을 때 사용된다. 반응과 생산물의 분리가 동시에 이루어진다는 특징이 있으며, 보통 수용성 효소반응에 사용된다.

앞에서 설명한 막반응기는 일종의 효소 고정화의 한 수단이 되며, 고정화된 효소를 적용시킬 수도 있다. 반응물의 크기, 반응 특성에 따라 교반 여부, membrane의 재질과 pore size 등을 결정해야 한다. 이에 따라 ultrafiltration reactor와 hollow-fiber reactor system 등이 개발되었다. Membrane의 재질로는 polysulphone, cellulose acetate, polyvinyl chloride 등이 사용된다.

8.4 기 타

루프형 반응기(loop reactor)는 반응액의 흐름을 주입공기, 반응액, stirrer를 이용한 순환식으로 이루어진다. 특별한 장치가 필요 없으며, 간단하고 장치 비용이 저렴하다. 오염에 대한 위험이 적고 전단응력을 적게 받는다. 유체의 흐름특성에 따라 air lift, propeller, jet stream, ring, circulation type 등으로 나누어진다. 이 외에도 전지반응 및 분석에 이용될 수 있는 전기화학 반응기(electrochemical reactor)를 들 수 있으며, 산화환원 반응을 수행하는 효소의 고정화로 음전극 또는 양전극과 짝을 이루어 기전력을 발생시키는 장치이다.

9. 고정화 효소의 산업적 이용

고정화 효소는 유용물질의 생산, 환경 자원의 재활용뿐만 아니라 분석용, 의료용, 생화학적 기초연구용으로 활용될 수 있다. 고정화 효소공정은 효소를 반복적으로 사용할 수 있으며, 연속공정에 대한 가능성을 가지고 있다.

산업적인 측면에서 볼 때 단순 효소반응인 경우라 할지라도 분리된 효소 또는 이 효소의 고정화에 의한 공정보다는 관련 효소를 생성하는 미생물을 이용하는 공정을 채택하기도 한다. 이는 이용 주체인 각 산업체가 보유하는 기술적 배경에서도 비롯되지만, 새로운 공정도입에 따르는 다른 공정과의 경쟁력 및 경제성, 공정의 호환 가능성 등이 고려되기 때문이다. 어떠한 공정에서도 그 공정을 선택하는 데 고려사항이 반드시 있으나, 고정화 효소공정의 선택에 대한 주요 인자들은 다음과 같다.

① 반응기작(reaction mechanism)에서의 적합성
② 기질의 분자량
③ 기질용액의 점도
④ 반응에서 coenzyme의 요구성
⑤ 효소의 가격

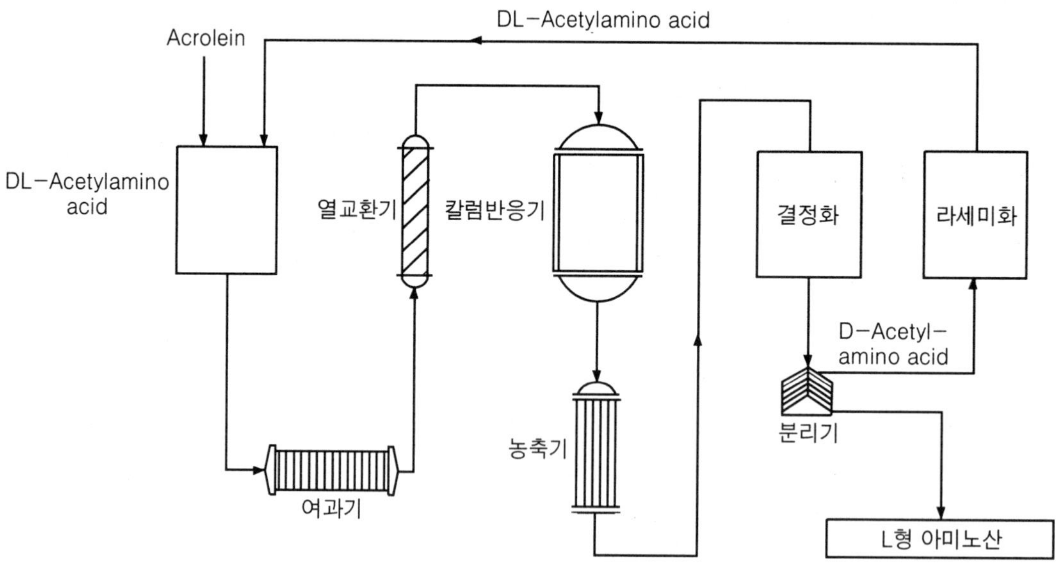

그림 3-19. 고정화 효소반응기를 이용한 DL-라세미체 아미노산으로부터 L-아미노산의 제조공정(Leuchtenberger, 1988)

⑥ 생산물의 순도

⑦ 생산물의 시장가격과 시장규모

⑧ 다른 공정과의 경쟁성

고정화 효소의 응용 예들을 보면 다음과 같다.

9.1 L-Amino acid의 생산

D, L형 라세미체 아미노산은 acrolein(2-propenal)을 출발물질로 화학합성을 통하여 비교적 쉽게 합성되며, L형으로의 전환을 위하여 분할공정(racemate resolution)을 거치게 된다. Aminoacylase는 라세미체 아미노산을 분할하는데 이용되며, DEAE-Sephadex에 이온결합시킴으로써 고정화된다.

산업적으로는 일본 다나베사에 의하여 1969년 최초로 이 공정을 채용하였다. 1970년부터 독일 Degussa에서 상용화된 고정화 효소를 이용한 packed bed 반응기에서의 연속공정의 예를 보면 그림 3-19와 같다. 이 외에 membrane 반응기를 이용한 공정도 개발되어 있다.

9.2 고과당 시럽(HFCS)의 생산

포도당은 이성화효소인 glucose isomerase에 의해 과당으로 전환되는데, 고정화 효소법에 의한 과당 생산공정은 이미 산업적으로 보편화되어 있다. 고정화 효소법에 의해 생산된 고과당 시럽(high fructose corn syrup, HFCS)은 감미도 및 청량감이 포

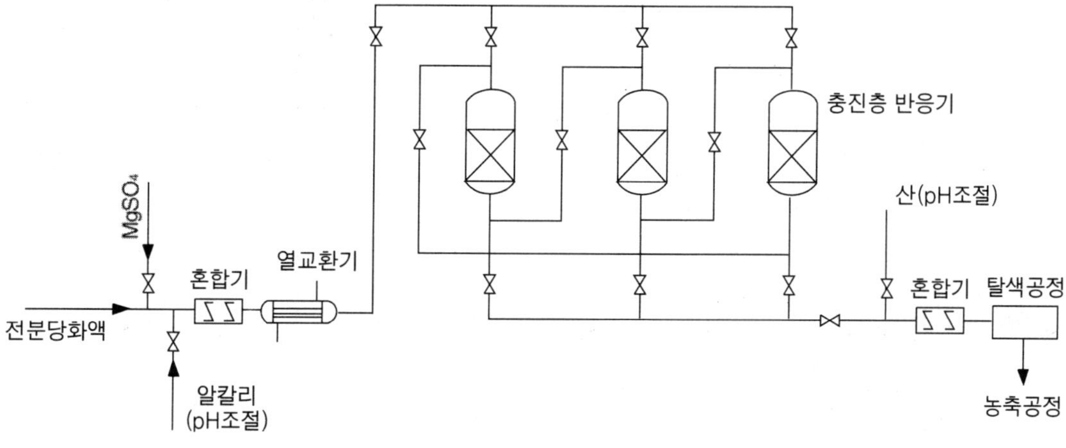

그림 3-20. 고과당 시럽의 제조공정

도당에 비해 우수하며, 이 제품은 국내에서도 생산되어 판매되고 있다.

고정화방법은 다양하여 glucose isomerase를 DEAE-cellulose와 이온결합시키는 방법, silanized ceramic에 공유결합을 시키는 방법, 또는 사멸세포에 가교형성법에 의해 상업적인 고정화 효소가 생산된다. 고정화된 효소에 의한 제조공정은 보통 packed bed, 또는 fluidized bed reactor(유동층 반응기)에서 연속반응 공정으로 이루어지고 있다.

9.3 올리고당의 생산

올리고당(oligosaccharide)은 '장내 유익한 균총인 비피더스균의 증식인자로서의 기능성을 갖는 새로운 형태의 감미료'이다. 이소말토올리고당, 대두올리고당, 프락토올리고당, 갈락토올리고당과 같이 식품 첨가물로서 용도가 다양하게 이용되고 있다.

프락토올리고당(Glu-Fru-Fru····-Fru)은 sucrose를 기질로 하여 fructosyltransferase의 촉매로 생산된다. 고정화는 alginate, ion exchange resin이 이용되며, fed batch reactor 또는 packed bed reactor에서 수행된다(그림 3-21).

유당(lactose) 가수분해 반응에 관여하는 β-galactosidase의 고정화법에 의하여 유

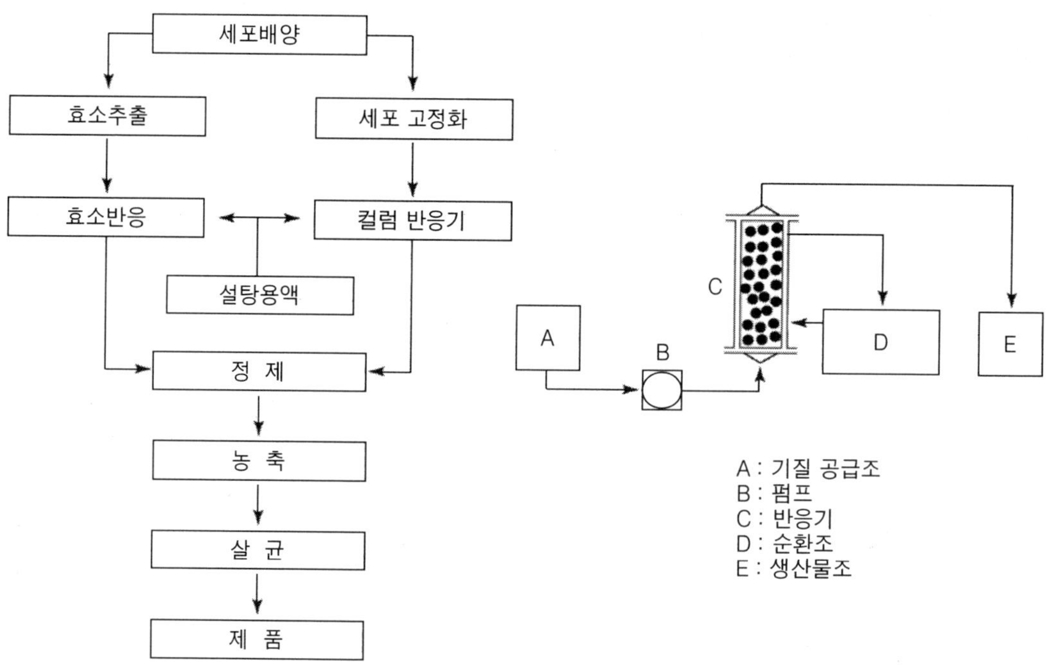

그림 3-21. Fructosyltransferase를 이용한 프락토올리고당의 제조공정(윤 등, 1996)

당으로부터 갈락토오스(galactose)가 1～5분자가 결합된 갈락토올리고당(Glu-Gal-Gal·····Gal)이 생산된다. β-Galactosidase의 고정화 지지체로 porous glass bead, 이온교환수지, polyacrylamide gel, controlled pore silica gel, phenolformaldehyde resin 등을 이용한 이온결합, 또는 가교제를 이용한 공유결합법에 의해 이루어진다. 생산공정은 프락토올리고당의 경우와 동일한 방법으로 packed bed 반응기에서 연속적으로 진행된다.

9.4 기 타

식품첨가물로 많이 사용되는 L-aspartic acid는 fumaric acid로부터 polyacrylamide gel에 포괄시키는 방법으로 고정화된 aspartase의 작용에 의해 생산된다(그림 3-22). 그리고 의약용 항생제인 penicillin계 물질(ampicillin 등)의 원료물질로 중요한 6-

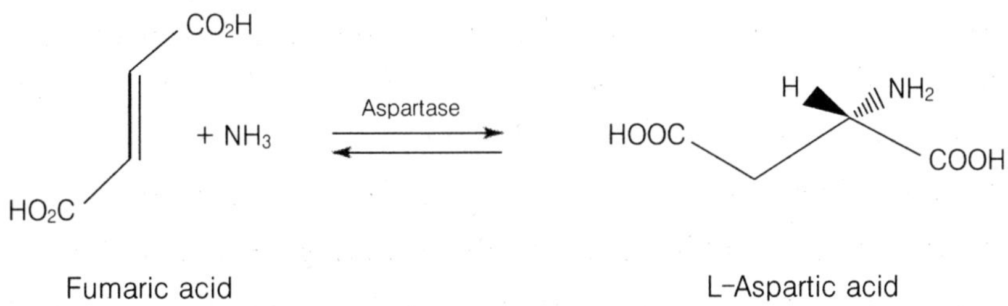

그림 3-22. L-Aspartic acid의 제조

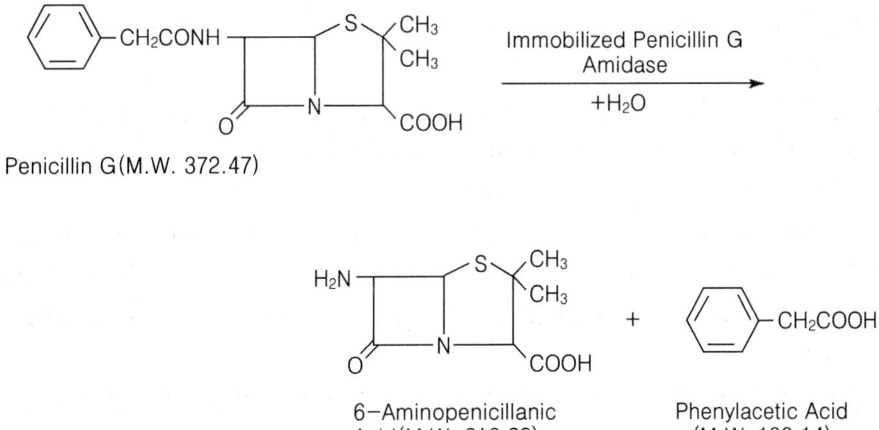

그림 3-23. 6-Aminopenicillanic acid의 제조

aminopenicillanic acid(6-APA)는 penicillin amidase의 작용으로 penicillin G에서 phenylacetic acid를 유리시킴으로써 얻어진다(그림 3-23). 고정화는 DEAE-cellulose에 공유결합에 의해 이루어진다. 반응할 때에 생성되는 phenylacetic acid에 의한 pH 조절 문제로 인하여 충진형 반응기를 단독으로 사용하는 것보다는 교반형 반응기와의 절충형의 반응기가 알맞다.

참고문헌

1. Royer, G.P., Fundamentals of Enzymology, A Wiley-Interscience Publication(1982)
2. Lee, B.H., Fundamentals of Food Biotechnology, VCH(1996)
3. Sernetz, M., B. Gelleri, and J. Hofmann, The Organism as Bioreactor, Interpretation of the reduction law of metabolism in terms of heterogeneous catalysis and fractal structure, *J. Theor. Biol.*, 117, 209～230(1985)
4. Dellweg, H., Biotechnologie, VCH(1987)
5. Chmiel, H.,Bioprozesstechnik, Gustav Fischer Verlag(1991)
6. Hartmeier, W., Immobilized Biocatalysts, Springer-Verlag(1986)
7. Schler, M.L. and F. Kargi, Bioprocess Engineering, Prentice Hall PTR (1992)
8. Wiseman, A., Handbook of enzyme biotechnology(3rd ed.), Ellis Horwood (1995)
9. Wong, D.W.S., Food Enzymes, Chapman & Hall(1995)
10. Yun, J.W., Fructooligosaccharides-Occurrence, Preparation and Application, *Enz. Microb. Tech.*, 19, 107～117(1996)
11. Yun, J.W., K.H. Jung, Y.J. Jeon and J.H. Lee, Continuous production of fructo-oligo-saccharides by immobilized cells of *Aureobasidium pullulans*, *J. Microb. Biotech.*, 2, 98～101(1992)
12. Leuchtenberger, W. and Plöcker, U., Herstellung von Aminosäuren mit Hilfe biotechnologischer methoden, *Chem. Ing. Tech.*, 60, 16～23(1988)
13. Charles L. Cooney, Bioreactors : Design and operation, *Science* 219, 728～733(1983)
14. 성문희, 이승구, 유용, 의약용 D-아미노산 생산 생물전환기술, 생물산업, 11(1), 23～29(1998)

제 4 장

유용 미생물의 선발과 육종

1. 미생물의 선발방법

미생물이 생산하는 새롭고 유용한 대사산물(metabolites)을 얻기 위하여 지금까지 계속하여 자연계에서 새로운 미생물을 분리하고, 이를 검정(검색, screening)하여 우수 균주를 선발하고 있다. 이를 위하여 첫 단계로서 자연계에서 분리한 균주의 최적 배양조건을 찾아내거나 생산성을 향상시키기 위하여 각종 물리적 또는 화학적 방법에 의하여 변이주를 얻는다.

경우에 따라서는 세포융합 또는 유전자조작에 의한 우수 균주를 육종하고, 이를 이용하여 우리가 필요로 하는 대사산물을 얻게 된다. 분리균주가 산업적으로 이용되는 데까지는 여러 단계의 평가와 검정과정을 거치게 된다. 분리균주는 선발 및 육종과정을 거쳐 유용물질의 생산에 사용될 수 있으며, 유용물질 생산을 위한 전략으로 크게 다음 5가지 방법을 활용한다.

1) 자연계에서 미생물을 검정(screening)함으로써 새로운 미생물을 분리하거나, 또는 새로운 검정방법을 이용하여 유용한 물질을 찾아내는 방법이다. 이는 지금까지 알려지지 않은 새로운 물질의 생산에 있어서 가장 유력한 방법으로 이용하고 있다.
2) 기존에 분리된 미생물에 의해 생산된 물질을 전구물질(precursor)로 사용하여, 이를 화학적으로 변형(chemical modification)시켜 필요로 하는 유용물질을 생산한다.
3) 기존에 생산되고 있는 여러 가지 화학물질을 기질로 하여 효소반응 등 생화학적 반응을 통하여 화학물질의 구조를 변화(biotransformation)시킴으로써 유용물질을 생산한다.

4) 유전정보를 알고 있는 유사한 종간(種間)의 세포융합(protoplast fusion)에 의하여 새로운 균주를 얻는 방법으로서 주로 항생제 생산공업에 많이 이용된다.
5) 서로 다른 종간에 유전자조작(gene manipulation)에 의하여 생산성이 높거나 새로운 물질생산을 위한 균주를 얻는 방법이다.

여기에서는 우선 유용한 미생물을 분리 선발하는 과정과 더불어 분리균주의 생리적 기능을 향상시키기 위한 돌연변이 유발물질(mutagen)의 처리에 의한 균주 육종에 대하여 알아보기로 하자. 유전자조작에 의한 균주 육종에 대해서는 제5장에서 설명한다.

2. 미생물의 분리선발

2.1 유용균주의 조건

미생물을 산업적으로 이용하기 위한 첫 단계는 자연계에서 미생물을 분리하는 일이며, 분리 선발된 균주가 산업적으로 이용되려면 가능한 다음과 같은 요건들을 충족시킬 수 있어야 한다.

1) 미생물이 가지고 있는 영양적 특성(nutritional characteristics)으로서 값싼 원료, 또는 미리 조성을 정할 수 있는 배지(defined medium) 조성에서 생육이 잘 되어야 한다.
2) 고온성 또는 내열성 미생물로서 생육적온이 40℃ 이상인 미생물은 대규모 발효에 있어서 발효열의 제거가 쉬워 냉각비용이 적게 들고, 다른 미생물로부터의 오염에 대한 위험성이 적어야 한다.
3) 분리하고자 하는 균주는 현재 사용하고 있는 공정(process) 또는 설비에 알맞은 미생물이어야 한다.
4) 생리적 및 유전적으로 안정성이 있어서 장기간 배양 중에도 변이주의 발생이나 활성의 저하가 일어나지 않아야 한다.
5) 사용하는 원료에 대한 제품으로의 전환율이 높고, 단위 시간당 수율인 생산성이 높아야 한다.
6) 배양 후에 배양액으로부터 제품의 회수가 쉬워야 한다.

위와 같은 목적에 알맞고 상업성이 있는 미생물 균주를 외국기업 등에서 기술료(royalty)를 지불하여 분양을 받아 사용하기도 한다. 그러나 대부분은 해당 기업에서 필요로 하는 균주를 자연계에서 분리한 다음 이를 육종하여 사용한다.

일반적으로 연구용으로 사용하는 균주는 보통 보존기관(표 2-1)으로부터 입수가 가능하지만, 경제성이 있어서 산업화가 가능한 미생물은 특허권을 인정하고 있다. 따라서 이를 사용하고자 할 때는 비싼 기술료를 지불해야 하기 때문에 자연계로부터 유용균주를 분리하는 작업이나, 분리균주를 개량하려는 노력은 꾸준히 계속되고 있다. 이는 생물산업에 있어서 기업의 경쟁력은 생산성이 우수한 유전자원의 확보에 가장 큰 영향을 받기 때문이다.

미생물을 분리할 때는 목적하는 미생물의 종류나 특성에 따라 분리원(分離源)인 시료・분리방법・배양조건 등이 다르며, 분리선발의 성패가 이들에 의해 결정되는 경우가 많다. 최근에는 극한환경에서 서식하는 미생물(extremophiles)을 분리하려는 연구가 많이 이루어지고 있다.

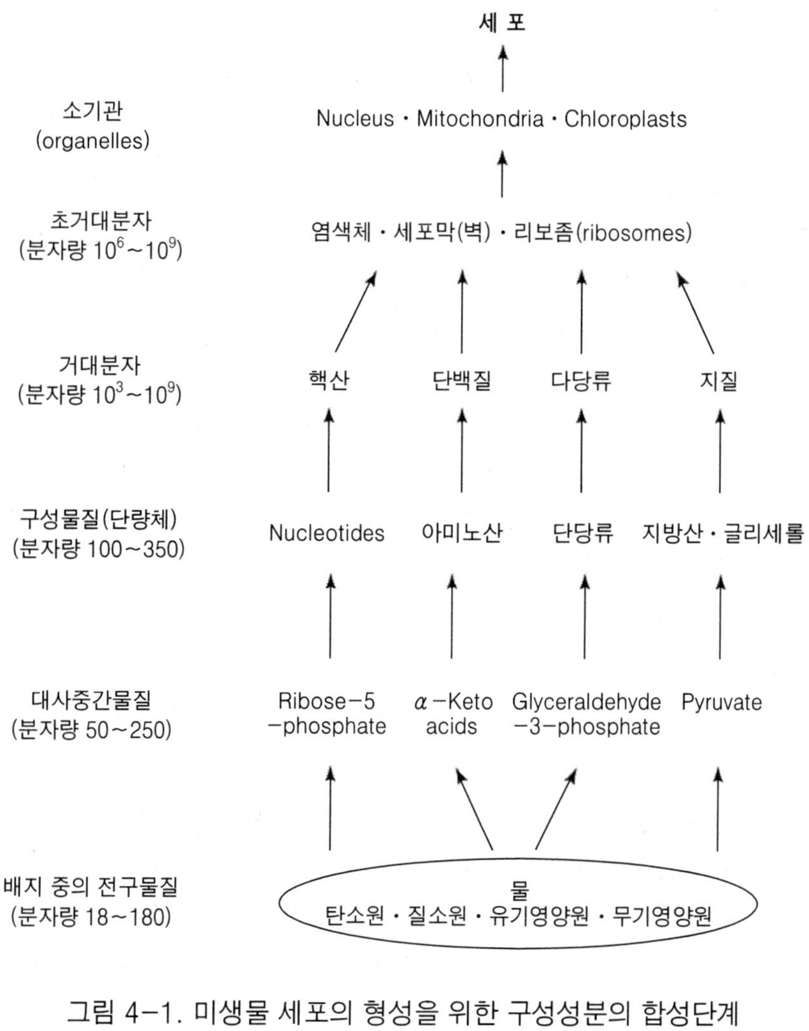

그림 4-1. 미생물 세포의 형성을 위한 구성성분의 합성단계

일반적으로 토양, 동식물체, 바닷물, 온천수, 하수 등 자연계의 시료를 사용하여 선택배지(selective medium)에서 다음과 같은 방법으로 배양한 후 요구하는 특정한 미생물을 순수 분리한다.

① 집적배양(enrichment culture), 건조 등 시료의 전처리
② 온도, pH, 압력 등의 물리적인 조건을 조절
③ 항생제 또는 생육저해제 등의 화학물질을 배지에 첨가하여 배양

미생물 균체의 구성은 그림 4-1에서 보는 바와 같이 간단한 화합물에서부터 점차 복잡한 고분자물질로 이루어진다. 따라서 분리하고자 하는 미생물의 생리적 및 유전적인 특성을 고려하여 분리배지를 선택하여야 한다. 이를 위하여 미생물의 생리적인 현상을 이해할 필요가 있다.

2.2 분리배지의 선택

미생물을 분리하는 데 이용되는 배지의 선택은 무엇보다도 중요하며, 이를 위한 guideline을 요약하면 다음과 같다.

1) 배지의 구성성분 중에서 특히 C, N, P 등의 영양원을 검토하여 분리하고자 하는 균주 이외의 미생물에 대해서는 생육제한(growth-limiting)을 시킬 수 있는 영양원으로 이루어진 배지를 준비한다.
2) 영양결핍의 각 형태에 대해서는 대체할 수 있는 다른 종류의 충분한 영양원을 사용함으로써 분리하고자 하는 미생물의 생육에 영향을 주지 않도록 한다.
3) 생육제한 영양원으로서는 가능한 쉽게 이용이 안 되는 고분자 형태의 물질(complex 또는 polymeric form)을 사용하는 것이 좋다. 대부분의 미생물에 의해 쉽게 이용할 수 있는 포도당과 같은 탄소원, 그리고 암모니움(NH_4^+)염과 같은 질소원의 사용을 가급적 피한다.
4) 배지 중에 Co^{3+}, Mg^{2+}, Mn^{2+}, Fe^{2+} 등 미생물 생육에 영향을 주는 cofactor가 들어 있는지를 확인한다.
5) 배양 도중에 pH의 변화가 심하게 일어나지 않도록 완충작용이 이루어질 수 있는 배지조성을 갖춘다.

위와 같은 배지조성은 분리하고자 하는 특정 미생물만을 선택적으로 증식시킬 수 있는 화학적 환경을 조성함으로써 불필요한 미생물의 생육을 억제할 수 있다. 필요에 따라서는 이온강도, pH, 온도, 삼투압 등과 같은 물리적인 환경을 조절하거나, 또는 항생물질의 첨가 등을 통하여 요구하는 미생물의 분리를 쉽게 할 수 있다.

예를 들어 특정한 미생물의 분리 및 선발에 있어서는 그의 목적에 알맞은 검정(screening) 방법을 사용하여 선발한다. 일반적으로 유용물질의 생산 여부를 확인하기 위한 항생물질 생산균주의 경우는 시험균(test strain)에 대한 생육저해 정도를 측정하며(bioassay), 효소생산 균주의 선발에는 배양여액(culture filtrate)을 사용하여 그의 효소활성을 측정함으로써 이루어진다.

보통 분리하고자 하는 미생물은 대부분 2차 대사산물(secondary metabolites)을 유용물질로 생산하는 균주일 경우가 많다. 이는 각종 영양원의 조절(regulation)에 의해 생산량이 크게 차이가 생길 수 있으므로 배지의 선택 및 검정방법의 선택에 유의해야 한다.

2.3 새로운 물질의 검정

미생물에 의한 새로운 물질을 검정하는 과정의 예를 요약하면 그림 4-2와 같다. 앞

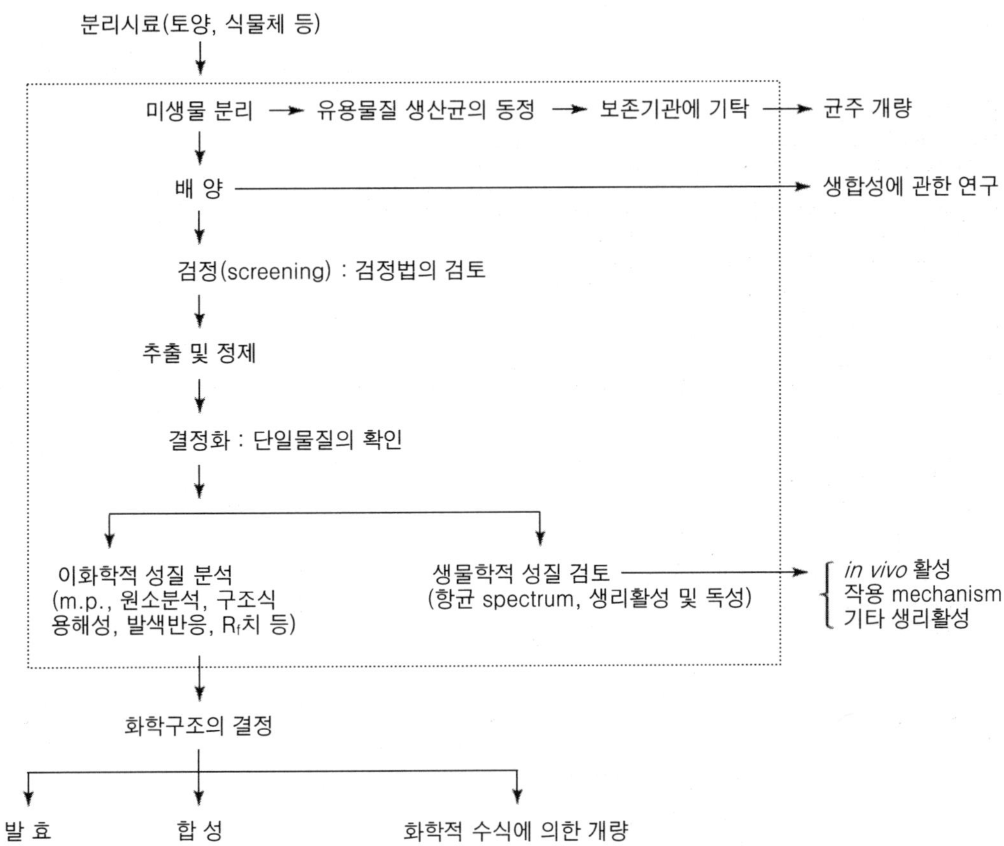

그림 4-2. 미생물에 의한 신물질 검정과정

에서 설명한 방법에 의해 분리한 균주는 알맞은 배양조건을 설정하여 배양한 다음 배양여액에 대하여 여러 가지 검정법에 의한 유용물질 생성 여부를 확인한다.

필요로 하는 대사산물이 생성되는 것이 확인이 되면 이 물질을 배양여액으로부터 추출하여 정제한다. 그리고 그의 이화학적 성질을 분석하기 위한 시료를 조제하기 위하여 필요에 따라 결정화시킨다. 검정과정에서의 정제 정도는 물질에 따라 다르나, 일반적으로 단일 물질임을 확인할 수 있어야 한다.

분리하여 정제한 물질에 대하여 우선 융점, 용해성 등 여러 가지의 물리적 성질을

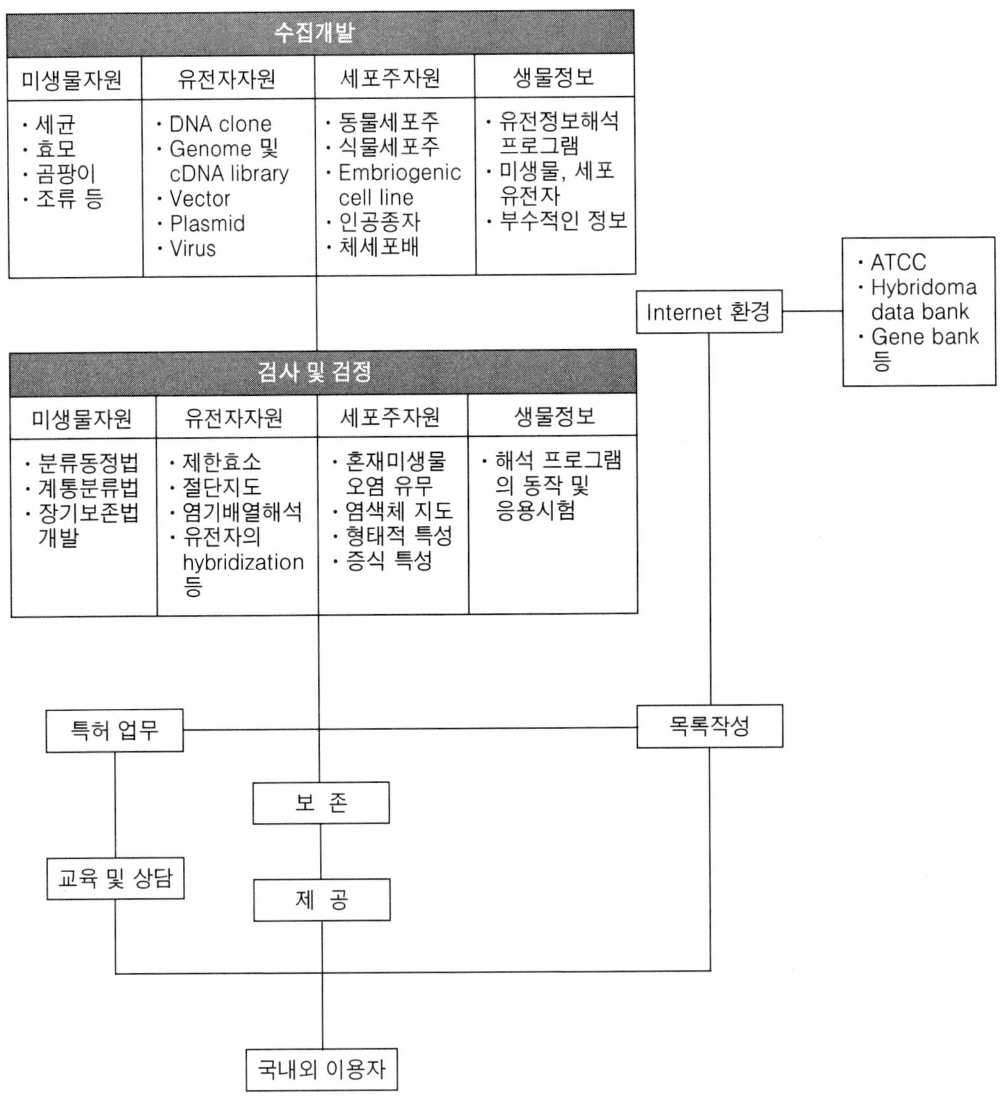

그림 4-3. 유전자 자원의 유통구조

측정하고, 원소분석에 의한 구성원소와 분자식을 결정한 다음 UV, IR, NMR, mass spectroscopy 등의 기기분석을 통하여 물질구조를 결정한 후 기존에 발표된 물질과 비교한다. 또한 필요에 따라 생물학적 성질을 검토함으로써 개발 가능성을 검토한다.

일반적으로 신물질로 밝혀지는 경우는 매우 드물며, 수많은 반복과정을 거쳐 신물질의 생산 여부를 확인하게 된다. 만일 새로이 분리된 균주가 생물학적 활성이 있는 신물질을 생산한다는 사실이 밝혀지는 경우에는 직접 발효법에 의해 생산할 것인지, 화학적 합성에 의해 생산할 것인지, 또는 기존의 전구물질로부터 수식(modification)에 의해 개량할 것인지에 대한 경제성 여부를 결정하게 된다. 그리고 산업화 가능성이 판단될 때는 필요한 자료를 첨부하여 특허를 출원하며, 균주의 개량 및 공업적 생산을 위한 여러 가지 최적조건을 설정하게 된다.

위와 같은 과정을 거쳐 얻어진 유용한 균주의 유전자 자원을 보존하게 되며, 이에 관한 정보의 유통구조는 그림 4-3과 같다. 상업적 가치가 있는 균주는 물론 분리한 균주 중에서 생리적·유전적 성질 등에 관한 연구결과를 토대로 유용한 균주로 판단되는 미생물은 유전자 자원으로서 보존기관에 기탁되어 필요로 하는 연구자들에게 제공된다.

3. 돌연변이법에 의한 미생물 육종

일반적으로 자연계에서 분리 선발한 야생균주(wild type strain)가 생산하는 대사산물의 양은 매우 소량으로 경제성이 없는 경우가 많다. 보통 분리된 균주는 배양조건을 달리하여 배양함으로써 유용물질의 최적 생산조건을 구한다. 즉 탄소원·질소원·무기물·제한인자 등의 종류와 양을 결정함으로써 최적 배지조성을 구하게 되며, 이외로 배양온도·pH·용존산소량 등 물리적 조건을 설정하여 최적 배양조건에서의 생산량을 결정한다.

최적 배양조건의 검토 등을 통하여 어느 정도 생산성을 높일 수는 있으나, 이를 산업적으로 이용하려면 균주를 육종할 필요가 있다. 균주의 육종에 의해 수십 배 또는 수백 배로 생산성을 높이는 경우가 많았으며, 이를 위해 각종 처리에 의한 변이주의 획득 또는 유전자조작에 의해 이루어지게 된다.

예를 들어 penicillin 생산에 있어서 1940년대 초기단계에서는 0.1 g/L 이하의 수준이었으나, 1990년대에는 60 g/L 정도로 생산량이 증가하였다. 대표적인 항생제 생산에 있어서 생산성을 향상시킨 예를 보면 그림 4-4와 같다.

이는 배지의 최적화, 배양조건의 최적화, 새로운 균주의 선발 등을 통하여 끊임없이 생산성 증가에 노력해 온 결과라고 할 수 있다.

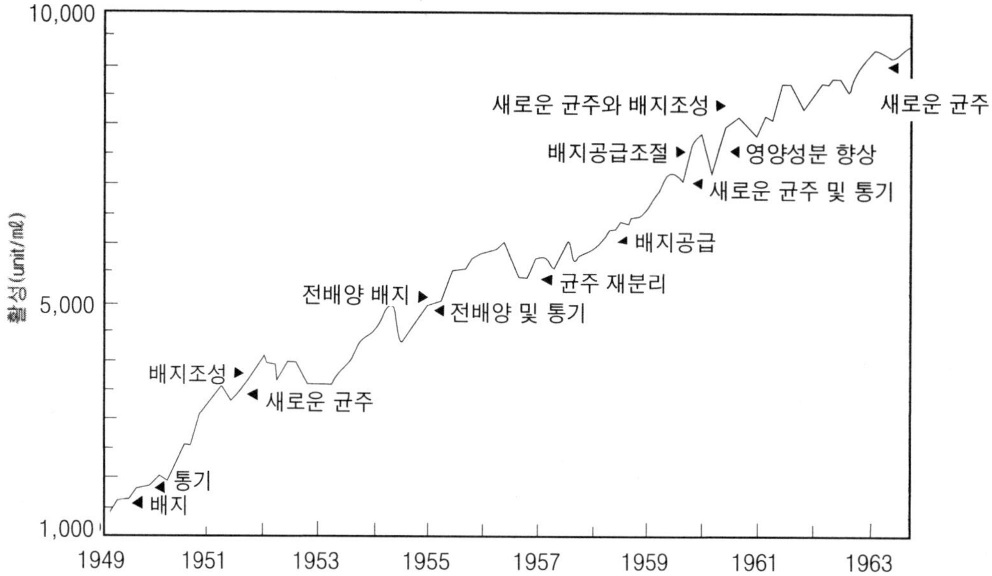

그림 4-4. 항생제 생산에 있어서의 전형적인 생산성 향상방법

자연계에서 분리한 야생균주는 일반적으로 구조가 비슷한 여러 가지 화합물을 생성하는 것이 보통이다. 유용물질의 생산성을 향상시키는 기본적인 방법으로서 변이주를 얻게 된다. 이는 야생균주에 비하여 한 가지의 성분을 주생산물(main product)로 생산함으로써 생산성의 향상과 더불어 제품의 회수가 쉬운 장점을 가지고 있다.

야생균주의 육종방법 중에서 지금까지 주로 이용하여 왔던 방법은 물리적·화학적인 처리에 의하여 변이주(變異株, mutant)를 얻는 것으로 다음과 같은 방법들을 들 수 있다.

3.1 돌연변이

돌연변이(mutation)에 의한 변이주는 다음과 같은 이유에서 얻어지는 것으로 보인다.

① 생합성 과정 중에 관여하는 효소들 중에서 어떤 효소들이 결핍되었을 경우, 이로 인하여 중간 대사산물(intermediate metabolite)의 축적

② 최종 생성물에 의한 물질대사 조절기구(control mechanism)의 결손

③ 세포막(cell membrane)의 구조변화로 대사산물의 세포외 분비

④ 색소와 같은 불필요한 부산물의 발생 감소

⑤ Penicillin생산에서 phenyl acetate처럼 전구물질(precursor)에 대한 독성의 감소

일반적으로 미생물의 genotype의 변화는 자연적으로(spontaneous) 또는 인위적으로(induced) 이루어진다. 미생물의 생육조건에 따라 다르나, 자연적인 조건에서의 변이 발생빈도는 10^{-10}~10^{-5}/generation/gene 정도이지만 변이물질의 첨가에 의해 이를 10^{-5}~10^{-3}수준으로 높일 수 있다.

변이의 발생은 genome의 구조변화에 기인하는 것으로 보인다. Genome이란 기능적으로 조화를 이루어 완전한 생활을 하기 위하여 필요한 최소한의 유전자군을 포함하는 염색체(chromosome) 한 개의 조(pair)를 말한다. 세균 또는 phage 등의 1배체 생물의 염색체는 한 개의 거대한 DNA(또는 RNA) 분자로 구성되어 있으므로 그의 거대 핵산분자를 genome이라고 한다.

따라서 chromosome 수의 변화에서 오는 genome mutation과 chromosome 내의 유전자 변화(deletion, inversion, duplication, translocation)에서 오는 chromosome mutation으로 나눌 수 있다. 그러나 미생물 육종에 이용되는 변이방법은 주로 유전자를 구성하는 염기의 배열순서나 조성의 변화에 의한다.

3.2 돌연변이 유발물질

대표적인 유전자(DNA)의 변화를 유도하는 물질은 표 4-1에서 보는 바와 같다. 이들 물질은 DNA의 특정한 부위가 아닌 어떤 유전자이든지 무작위로 변화를 일으킬 수 있지만, 과량으로 처리할 경우는 세포의 사멸을 일으킨다.

돌연변이 유발물질(mutagen)의 처리농도 및 처리시간은 세포의 성상과 밀접한 관련이 있을 뿐만 아니라 돌연변이 발생빈도와도 밀접한 관계가 있다. 처리농도가 높을수록 그리고 처리시간이 길수록 세포의 생존율은 낮아진다. 이는 이들 물질이 DNA에 무작위로 변화를 일으켜 생육에 필요한 유전자가 모든 기능을 수행할 수 없기 때문일 수도 있으며, 이 외로 독성효과에 기인할 수도 있다. 그러나 돌연변이 발생빈도는 생존율이 1% 이하일 때 가장 높게 나타난다.

이 방법은 비교적 손쉽게 다양한 변이주를 얻을 수 있는 장점이 있어서 자주 이용된다. 그러나 특정한 유전형질이 변화된 변이주를 얻었다 하더라도 '이 변이주의 DNA에 변화가 어떻게 이루어졌는지, 얼마만큼 많은 부위에 변화가 있었는지, 그리고 변화된 부위가 어디인지'를 찾아내는 데 어려운 결점을 가지고 있다.

표 4-1에서 보는 물질들은 흔히 사용되는 돌연변이 유발원이다. DNA 구성염기의 유사체인 경우 염기와 염기 간에 수소결합을 형성하여 정상적인 염기쌍 결합을 방해함으로써 DNA 구성염기의 변화를 일으킨다.

예를 들어 5-bromouracil인 경우 guanine과 수소결합을 이룰 수 있으며, thymine

표 4-1. DNA에 대한 몇 가지 변이물질과 그의 효과

돌연변이 유발원(mutagen)	작용형태	DNA에 대한 효과
5-Bromouracil	Thymine analogue	A-T → G-C 또는 G-C → A-T
Aminopurine	Adenine analogue	A-T → G-C 또는 G-C → A-T
Nitrous acid(HNO_2)	Deamination (a) Adenine (b) Guanine 또는 cytosine	 (a) A-T → G-C (b) G-C → A-T
Nitrogen Mustard 2,2′-Dichloro-N-methyldiethylamine	Alkylation	DNA depurination
Ethylmethanesulfonate (EMS) N-Methyl-N′-nitro-N-nitrosoguanidine(MNNG)	Alkylation	G-C → A-T Alkylated base 이탈과 random base의 삽입
Acridines	DNA helix의 base 사이에 삽입	Reading frame shift
X-선	인산에스터 결합의 파괴	DNA 파손과 base의 변화
자외선(UV)	(a) Pyrimidine(특히 cytosine)의 수화 (b) Thymine dimers 형성	(a) G-C → A-T 또는 base의 추가 또는 삭제 (b) DNA strands 방해

* A=adenine, C=cytosine, G=guanine, T=thymine

의 유사체로 adenine과도 수소결합을 이룰 수 있다. 따라서 A-T(adenine-thymine) 염기쌍이 G-C(guanine-cytosine) 염기쌍으로 바뀔 수 있다. 염기 유사체 이외에도 염기쌍에 변화를 주는 경우는 아민기를 제거(deamination)하거나 alkyl기를 붙여 주는(alkylation) 물질과 기타 독특한 에너지 준위를 갖는 방사선(radiation)이 돌연변이 유발원으로 쓰인다.

자외선에 의한 변이는 DNA 중에 인접하는 pyrimidine base 사이에서 T-T (thymine-thymine), T-C(thymine-cytosine), C-C(cytosine-cytosine)의 2량체가 형성되어 전위, 역위, 결손 등에 의해 구조적 변화가 일어나 모균(parent strain)과는 생리적 특성이 다른 변이주가 만들어진다.

3.3 돌연변이주의 선발방법

대사산물의 생산성을 높이기 위하여 이용하는 돌연변이주 중 대표적인 것이 영양요구성 변이주(auxotroph)이다. 그림 4-5와 같이 미생물 대사경로 중 생산물 C를 대량 생산하기 위하여 C 이후의 대사경로의 한 단계를 결손시킨 변이주를 얻는다. 대사경로의 최종 생산물 E를 생성하지 못하는 이러한 변이주는 배양과정에 최종 생산물 E를 배지에 첨가해 주지 않으면 생육이 불가능하다. 따라서 되먹임(feedback) 조절이 되지 않을 수준으로 소량씩 E를 첨가하면서 C를 대량 축적시킬 수 있다. Glutamate, lysine, threonine 등의 발효생산에 이 방법으로 개발된 영양요구성 변이주를 이용한다.

비록 효과적인 돌연변이 균주가 생겼다 하더라도 여러 종류의 변이주와 야생균주가 서로 섞여 있는 혼합물로부터 원하는 균주만을 분리 선발하여야 한다. 그러나 하

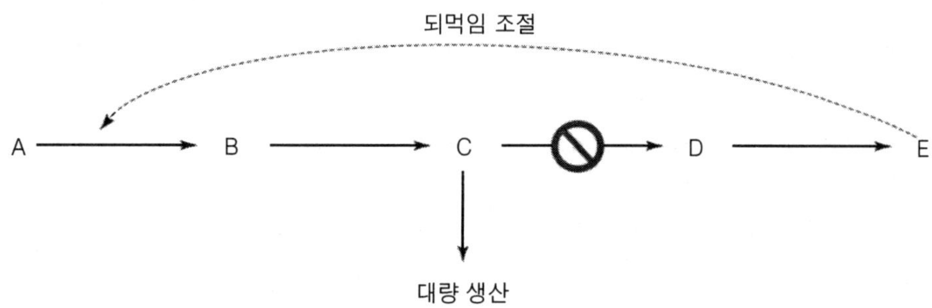

그림 4-5. 영양요구성 변이주

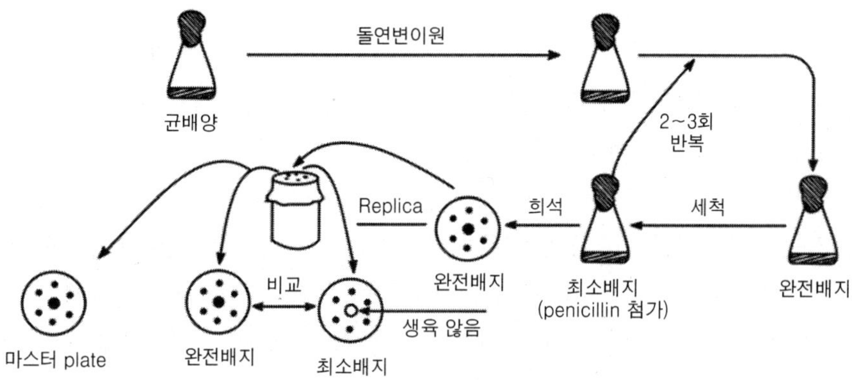

그림 4-6. 영양요구성 변이주의 선별

나하나의 세포를 차례대로 검정하는 일은 대단히 비능률적이다. 따라서 효과적으로 원하는 변이주를 분리하기 위하여 많이 이용하는 방법으로는 penicillin 농축법과 replica plating법이 쓰인다(그림 4-6).

1) Penicillin 농축법

Penicillin 농축법은 증식하는 세포에만 작용하는(증식하는 세포의 세포벽 합성을 저해하는) 것을 이용한 방법이다. 영양요구성 변이주 또는 특정 대사과정이 결손되어 특정 영양분에서 증식하지 않는 변이주는 생육이 정지된 상태로 남아 있고, 야생형 균주는 생육이 일어나는 조건을 유도하여 야생형 균주만을 선택적으로 사멸시킬 수 있다. 궁극적으로 변이주의 상대적 농도를 높이는 방법이다.

돌연변이 처리된 배양액을 먼저 완전배지에서 증식시킨다. 이 단계에서는 영양요구성을 갖는 변이주와 야생형 균주 중 사멸되지 않은 균들이 충분히 증식된다. 배양된 세포들을 세척한 후 최소배지에 현탁배양을 하는 중에 penicillin을 첨가하면 영양요구성 변이주는 생육이 정지된 상태에서 penicillin에 의해 사멸되지 않으나, 영양요구성을 갖지 않는 균주들은 penicillin에 의해 사멸된다. 이렇게 하여 영양요구성 변이주는 상대적으로 증가한다. 변이주가 농축된 배양액을 다시 완전배지에 옮겨 처음 과정부터 이 과정을 2~3회 반복함으로써 산업적으로 원하는 영양요구성 변이주를 고농도로 농축시키게 된다.

2) Replica-plating법

이 방법은 영양요구성 변이주들 중 원하는 특성을 갖고 있는 변이주를 선별할 때 자주 사용하는 방법이다. 먼저 미생물 배양액을 희석한 후 한천배지가 있는 페트리 디쉬(petri dish)에 도말한다. 충분한 성장이 일어난 후 한천배지 표면에 눈에 보이는 균 군락이 형성되면 각각의 petri dish를 뒤집고 원형의 멸균된 벨벳(velvet)으로 누른다. 그러면 각각의 균 군락에서 세포가 벨벳에 묻어 있을 것이다. 세포가 묻어 있는 velvet를 각각 완전배지 평판과 최소배지 평판에 도장을 찍듯이 누름으로써 두 개의 복제 플레이트(replica plate)를 만들 수 있다.

각각의 군락 중 완전배지 평판에서는 군락을 형성하되 최소배지 평판에서 군락을 형성하지 않는 것이 영양요구성 변이주이다. 경우에 따라서는 서로 다른 항생제 또는 analogue를 함유하고 있는 평판에서 replica plate를 만들어서 항생제 내성 또는 analogue 내성의 차이를 이용하여 원하는 변이주를 선별해 낼 수 있다. 이 방법은 유전자조작 후 원하는 recombinant를 선별할 때도 이용되는 방법이다.

4. 균주의 보존

미생물은 앞에서 설명한 대로 자연적으로 스스로 돌연변이가 일어날 수 있는 가변적인 생명체이다. 주변에 존재하는 각종 미생물에 오염될 수 있을 뿐만 아니라 지속적으로 성장하도록 방치해 두면 대사산물 등의 축적으로 사멸될 수도 있다. 따라서 필요한 균주는 목적에 따라 일정 기간 알맞은 방법으로 안전하게 보관해야 한다.

분리 선발한 미생물은 그의 활성을 유지하며 이용할 수 있도록 알맞은 보존방법을 선택하게 된다. 여기에는 다음과 같은 방법이 이용되고 있다.

4.1 동결건조 보존법

동결건조시킨 미생물 포자는 장기간 보존하더라도 직접 발아하는 일이 없다. 균주의 형태적·생리적인 성질이 변화가 없고, 잡균의 오염이 없으며, 저장이 간편한 장점이 있어 미생물의 장기 보존에 가장 보편적이고 널리 이용되는 방법이다.

동결건조 보존법(lyophilization preservation)은 감압에서 배양한 균체를 액체질소 등에 의해 급속 동결건조시킨 다음 밀봉함으로써 장기간 보존하는 방법이다. 반영구적으로 보존할 수 있어서 균주 보존기관에서는 대부분 이 방법을 이용한다. Vial에 동결건조된 균주는 보관이나 분양이 편한 대신 제작할 때 전처리 시간이 길고, 번거로운 단점이 있다.

4.2 냉동보존법

미생물 중에는 건조한 조건에서 생존율이 현저히 떨어지는 것이 있는데, 이러한 것들은 냉동 보존하면 장기 보존이 가능하다. 냉동보존법(freezing storage)은 -20~-196℃(액체질소)의 온도 범위에서 동결시켜 보존하는 방법으로 동해(凍害) 방지제로 10~20%의 glycerine 또는 dimethylsulfoxide(DMSO) 등을 혼합하여 사용한다. 미생물의 대사활동을 정지시킴으로써 그의 활성을 유지시킬 수 있다.

4.3 저온보존법

저온보존법은 계대보존법이라고도 한다. 미생물 균주를 한천배지에 충분히 자라도록 고체배양한 다음 2~4℃에서 저온저장하는 방법이다. 호기성균은 사면배양(slant culture), 혐기성균은 천자배양(stab culture)을 이용한다.

이 방법으로 보존할 경우 균주의 생리적 활성을 유지하기 위하여 효모는 3~6개월, 곰팡이와 세균은 6개월에 한 번씩 새로운 배지에 계대배양 해야 한다. 계속해서 실험을 하거나 생산이 이루어질 경우에 사용하는 방법으로서 단기간 보존할 때에 이용된다. 그러나 이 방법은 오염될 우려가 많고, 계대배양 하는데 일손이 많이 드는 결점이 있다.

4.4 유동중층 보존법

유동중층 보존법(paraffin sealing)은 저온보존법과 같이 살균한 사면배지(slant culture)에서 충분히 자란 미생물 위에 살균한 파라핀 오일(paraffin oil)을 중층한 후 냉장하여 장기 보존하는 것이다. 배지보다 1 cm 정도 높게 덮어 씌워 산소 공급을 차단함으로써 보존균주의 대사작용 및 수분증발을 억제하여 보존하는 방법이다. 3～4년 간 보존이 가능하며, 기름이 마르지 않는지를 보존기간 중에 확인할 필요가 있다.

4.5 토양보존법

장기 보존방법으로 세균・효모・곰팡이 등의 보존에 이용되며, 실온에서 보존이 가능하다. 수분을 20% 정도 함유한 풍건토양을 시험관에 넣고 120℃에서 3시간 동안 살균한 후 여기에 미생물 포자 또는 균사 현탁액 1 ml를 가하여 잘 혼합한 다음 저장한다. 주로 곰팡이, 방선균의 포자를 이용하여 보존하는 데 이용된다.

이외에도 acetone-butanol 균이나 곰팡이 보존에 이용되는 토양보존법과 비슷한 모래배양법이 있다. Streptomyces 등을 20% glycerin 용액에 포자를 현탁시킨 다음 -20～-70℃에서 보관하는 방법 등 여러 가지 방법이 있다. 균주에 따라 알맞은 보존방법을 선택할 필요가 있으며, 자세한 내용은 manual 등을 참조하기 바란다.

참고문헌

1. Aiba, S., A.E. Humphrey and N.F. Millis, Biochemical Engineering, The University of Tokyo(1973)
2. Bailey, J.E. and D.F. Ollis, Biochemical Engineering Fundamentals, McGraw-Hill(1977)
3. Crueger, W. and A. Crueger, Biotechnologie-Lehrbuch der angewandten Mikrobiologie, Oldenbourg Verlag(1989)
4. Kirsop, B.E. and J.J.S. Snell ed., Maintenance of Microorganisms, A Manual ofLaboratory Methods, Academic Press(1984)
5. Stanbury, P.E., A. Whitaker and S.J. Hall, Principles of Fermentation

Technology(2nd ed.), Pergamon Press(1995)

6. 미생물과 산업, 15(1), 한국미생물학회(1989)
7. 生化學辭典, 東京化學同人(1984)

제 5 장

유전자 재조합

1. 유전자 재조합 기술의 발전

1.1 유전공학의 역사

분자생물학은 20세기에 비약적인 발전을 이루었다. 1910년에 미국의 유전학자인 모건(Thomas Hunt Morgan)이 '유전자가 염색체에 들어 있다'고 주장하였으며, 1928년에는 영국의 그리피스(Fred Griffith)가 형질전환인자(transforming principle)인 유전물질의 존재를 입증하였다. 이어서 1944년에 에이버리(Oswald Avery)가 그리피스가 입증한 유전물질은 DNA임을 증명하였다.

1941년에는 비들(George Beadle)과 타툼(Edward Tatum)이 한 개의 유전자(gene)가 한 개의 효소(enzyme)에 해당된다고 주장하였으나, 나중에 한 개의 유전자가 한 개의 폴리펩티드(polypeptide)를 지정함이 증명되었다. 1953년에는 왓슨(James Watson)과 크릭(Francis Crick)이 DNA의 입체구조를 제안하였고, 1966년에는 코라나(Khorana)와 니런버그(Nirenberg)가 유전암호를 해독하였다.

또한 '지구상의 모든 생물체는 핵산을 유전물질로 가지고 있으며, 같은 유전암호에 의해서 단백질이 핵산으로부터 합성된다'는 사실을 알게 되었다. 그 이후 유전자 절단용 제한효소의 분리, 유전자 재조합 기술(recombinant DNA technology)의 확립, 유전자 재조합 기술에 의한 사람 인슐린의 생산, 인간 성장호르몬을 생산하는 돼지의 탄생, 유전자 변형 토마토의 생산, 그리고 인체 유전자 지도를 완성시키는 human genome project의 성공 등은 오늘날 genomics, proteomics, bioinformatics의 탄생으로 이어졌다.

이와 같은 생명공학 기술의 발달과 지식의 확산은 생물 종간의 장벽을 초월하여 한 생물체에서 다른 생물체로 유전자를 옮기고, 서로 다른 유전자를 합쳐서 하나로 만들고, 유전자의 발현까지 인위적으로 조절할 수 있는 단계에 이르렀다. 그리고 인류에게 유익한 방향으로 특정 생물의 유전자 또는 유전적 특성을 변화시킬 수 있게 되었다.

생물체를 이용하여 유용한 물질을 생산하는 생물공정은 '생물체 자체의 특성을 개선하여 공정의 효율성이나 생산성을 높일 수 있다'는 장점이 있다. 생물체의 특성을 개선하거나, 또는 균주를 개량하는 일은 지속적으로 이루어져 왔다. 앞으로도 지속적으로 발전이 가능하며, 그 속도는 가속화될 것이다. 여기에는 분자생물학과 유전학의 연구 진전에 힘입은 바 크다. 오늘날에는 '어떠한 유전자이든 인위적으로 조작이 가능하다'고 보는 것이다.

1.2 유전자의 기능과 특성

1940년대 중반에 이르러 핵산인 DNA와 RNA의 기본적인 화학구조를 알게 되었다. DNA와 RNA는 염기・인산・당으로 구성되었으며, 이 중에서 당이 디옥시리보스(2-deoxyribose)와 리보스(ribose)일 때 각각 DNA와 RNA라 명명한다. DNA를 구성하는 네 개의 염기는 아데닌(A, adenine)・구아닌(G, guanine)・시토신(C, cytosine)・티민(T, thymine)이다. RNA에서는 티민 대신 우라실(U, uracil)이 발견된다. 이들 당과 염기의 구조는 그림 5-1과 그림 5-2에서 보는 바와 같다.

핵산의 구성단위인 염기・인산・당을 뉴클레오티드(nucleotide)라고 하며, 인산이 없고 염기와 당으로만 구성된 것을 뉴클레오시드(nucleoside)라고 한다. 각각의 뉴클레오티드는 당의 3번 탄소위치에 hydroxyl(-OH)기를 가지며, 5번 탄소위치에는 인산기(phosphate)를 가지고 있다. 5번 탄소에 붙은 인산기가 인접하는 뉴클레오티드의 3번 탄소에 있는 hydroxyl기를 연결하여 폴리뉴클레오티드 사슬을 형성하며, 이 결합을 이인산에스테르결합(phosphodiester bond)이라고 한다.

DNA는 Watson과 Crick이 밝힌 바와 같이 이중나선구조를 가진다(그림 5-3). 각각의 단일가닥(single strand) DNA는 그림 5-4와 같은 DNA의 두 염기쌍 간의 수소

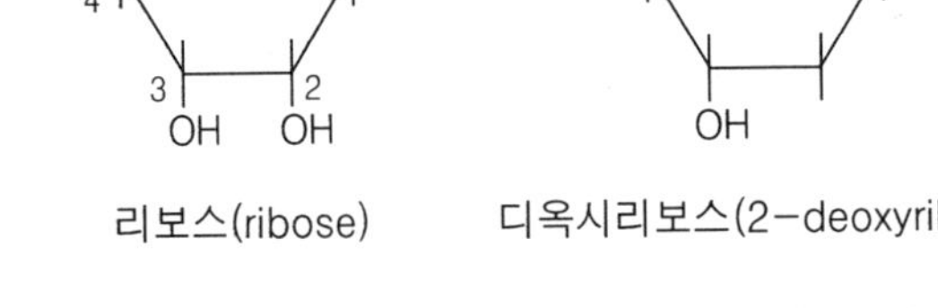

리보스(ribose) 디옥시리보스(2-deoxyribose)

그림 5-1. 핵산(RNA와 DNA)의 당

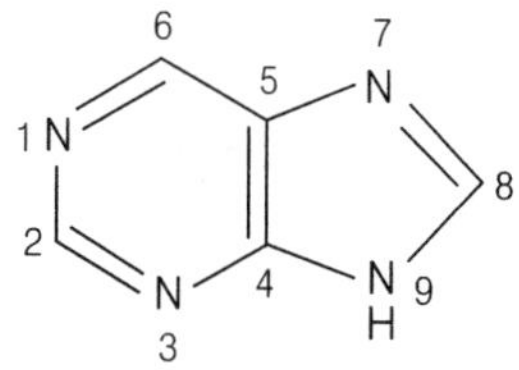

퓨린(purine)

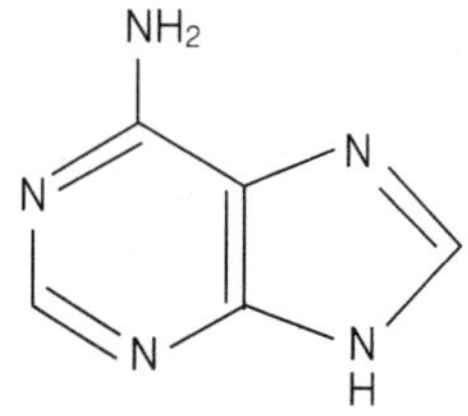

아데닌(adenine)

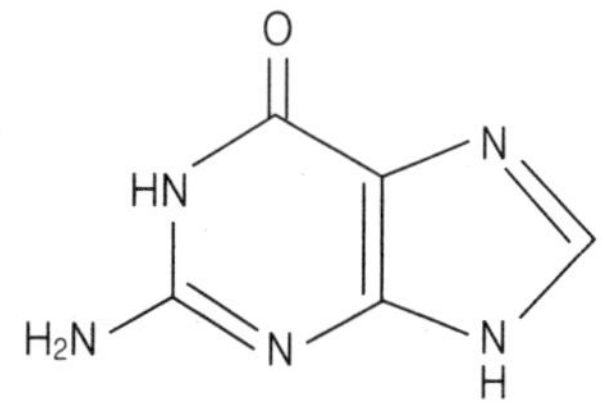

구아닌(guanine)

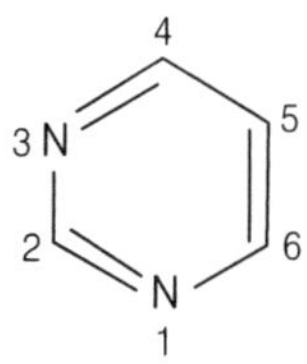

피리미딘(pyrimidine)

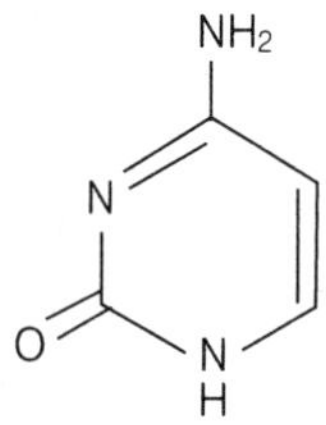

시토신(cytosine)

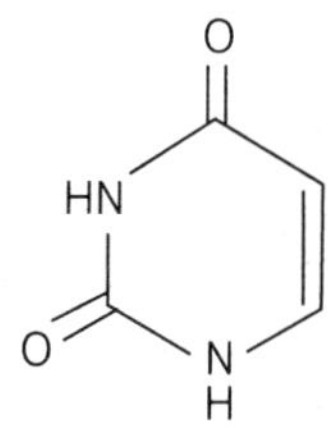

우라실(uracil)

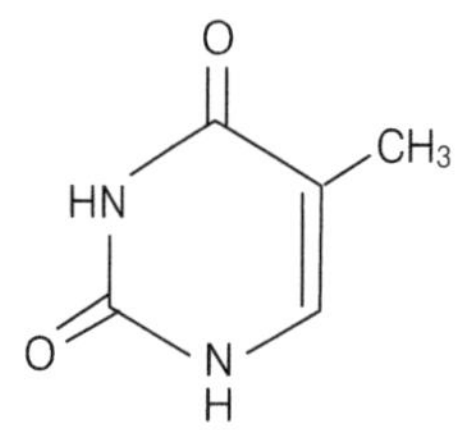

티민(thymine)

그림 5-2. 핵산의 염기들

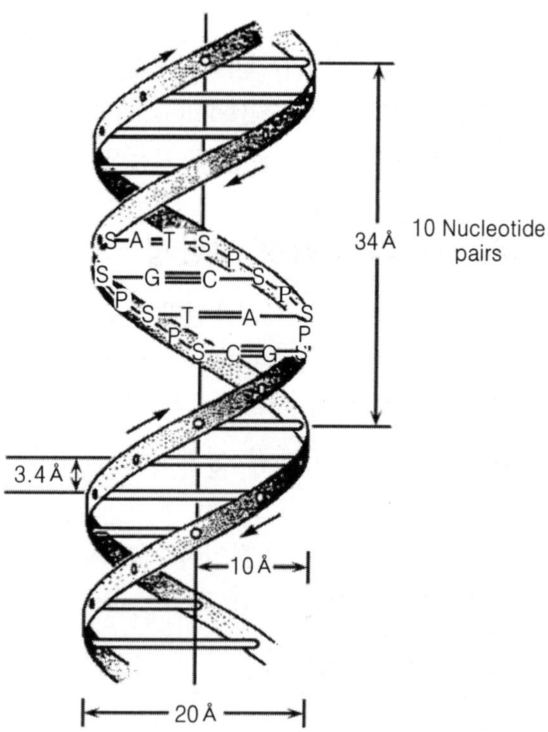

그림 5-3. DNA의 이중나선 구조

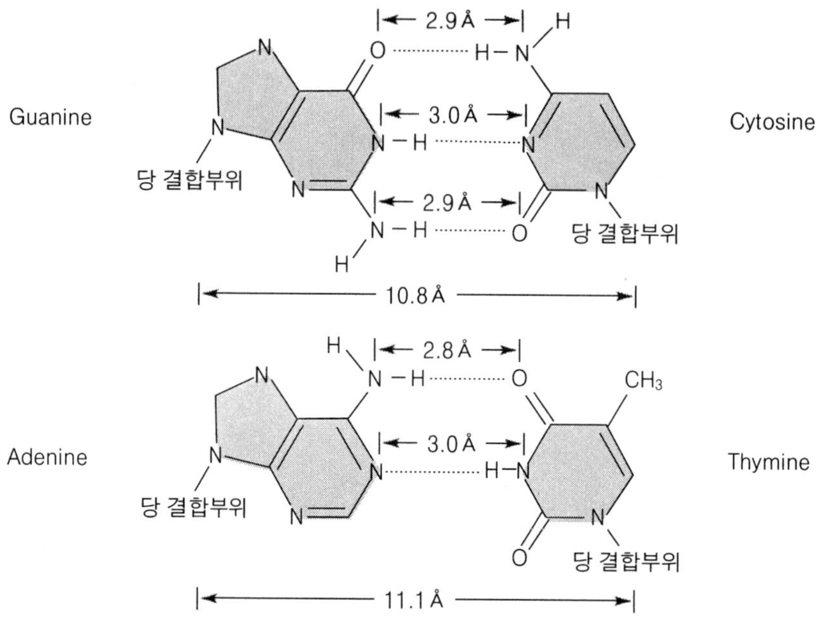

그림 5-4. DNA의 염기쌍

결합에 의해 이중가닥(double strand) DNA를 형성한다. G는 C와, A는 T와 특이적으로 결합하는데, 이들을 상보적 염기쌍(complementary base pair)이라고 한다. 이러한 상보적 결합관계는 유전자공학과 관련된 기술에서 매우 중요한 기초를 제공한다.

1.3 유전정보의 전달과 단백질 생합성

유전자는 유전정보의 저장고이다. 즉, 유전자의 구성단위인 뉴클레오티드의 염기서열에 의해 단백질의 합성에 소요되는 아미노산의 배열순서를 결정한다. 3개의 뉴클레오티드의 염기서열은 한 개의 아미노산을 지정한다. 따라서 DNA의 염기서열에 보존되어 있는 유전정보가 전달되어 단백질 생합성에 이르기까지 일련의 복잡한 과정이 필요하다(그림 5-5).

첫 번째는 전사(transcription)의 과정이다. DNA의 유전정보가 RNA 중합효소(RNA polymerase)에 의해 전령 RNA(mRNA, messenger RNA)를 생성하는 과정이다. 이 과정에서는 DNA의 이중가닥이 열리고, 두 가닥 중 주형 DNA(template DNA)의 염기서열에 대하여 상보적인 염기서열을 갖는 mRNA을 생합성함으로써 유전정보가 DNA로부터 mRNA로 옮겨진다.

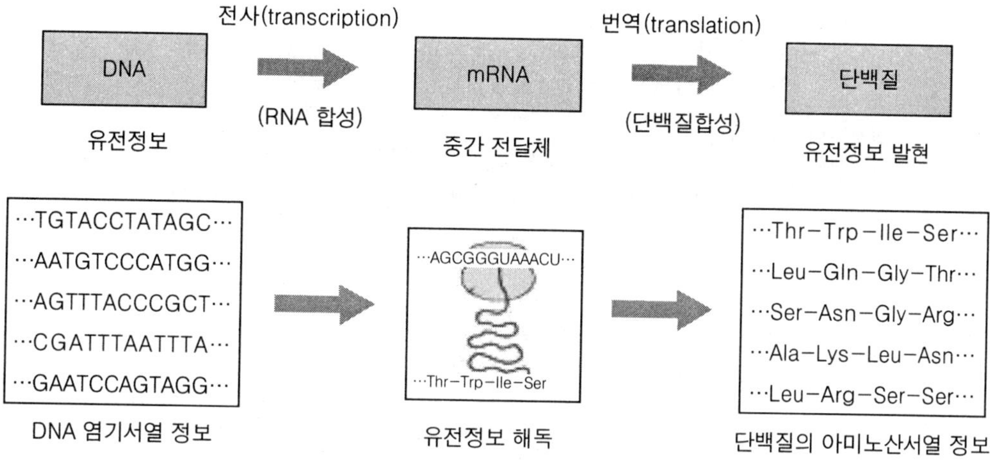

그림 5-5. 전사와 번역을 통한 유전정보의 전달과정

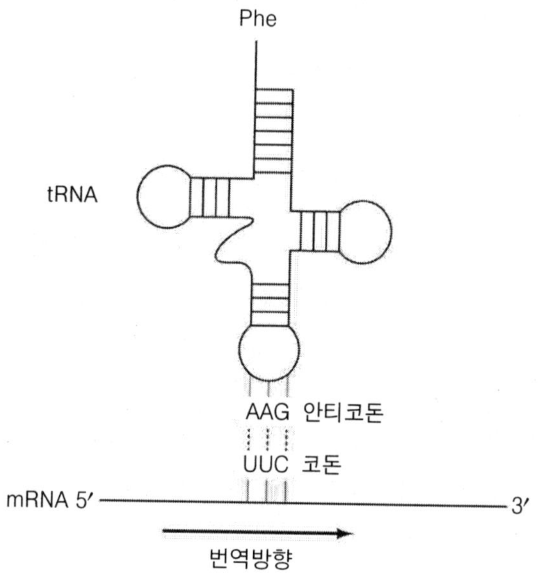

그림 5-6. 번역과정에서의 mRNA와 tRNA의 역할

이어서 mRNA는 세포질내의 단백질 생합성 기구인 리보솜으로 옮겨져서 전달 RNA(tRNA, transfer RNA)에 의해 옮겨지는 아미노산을 이용하여 단백질을 합성하기 위한 유전암호로 이용된다. 이 과정을 통하여 다수의 아미노산을 구성단위로 하는 단백질이 생합성된다. 이 과정을 번역(translation)이라고 한다. 이때 mRNA상의 특

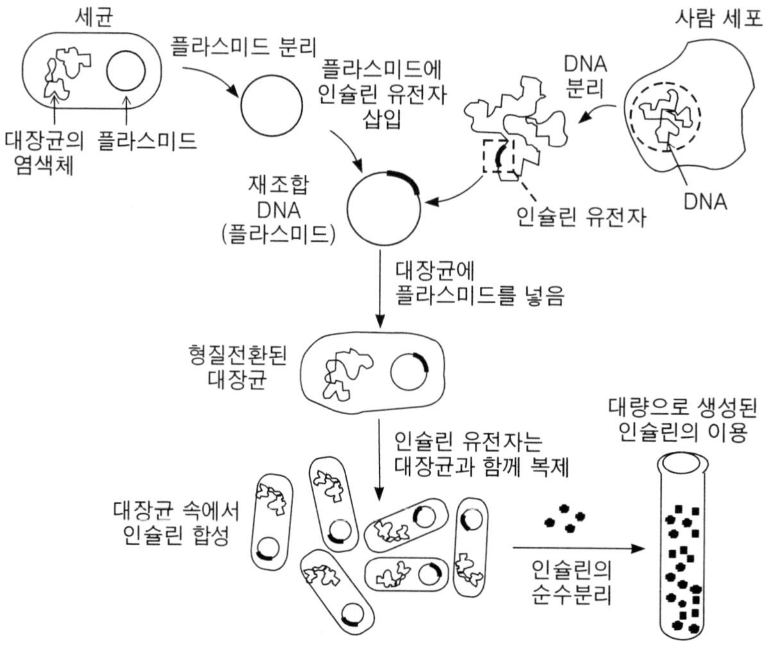

그림 5-7. 인슐린 유전자의 재조합 과정

정의 아미노산을 지정하는 염기서열을 코돈(codon)이라고 한다(그림 5-6). 세 개의 염기는 한 개의 코돈을 형성하고, 이것은 한 개의 아미노산을 지정한다.

다시 말해 DNA를 구성하는 염기의 종류와 배열순서에 따라서 이로부터 합성되는 단백질의 종류가 결정된다. 좁은 의미의 유전자 재조합은 DNA를 구성하고 있는 뉴클레오티드를 연결시켜 주는 이인산에스테르결합을 분해하여 DNA를 자르거나, 이인산에스테르결합을 새로이 형성하여 DNA를 연결함으로써 구성염기의 종류와 배열순서를 인위적으로 변화시키는 일이다.

그림 5-7은 *E. coli*에 진핵세포의 DNA를 cloning 하는 방법을 보여 주고 있다. 여기에서는 기본적이면서 광범위하게 이용되는 유전자 재조합 방법에 대하여 설명하였다.

2. 유전자 재조합에 관련된 주요 용어

유전자 재조합의 내용을 이해하는 데 도움이 되는 관련 용어를 먼저 살펴보자.

1) Alkaline phosphatase

DNA 또는 RNA 분자의 5′ 말단에 있는 인산기를 가수분해해서 제거해 주는 탈인산(dephosphorylation) 효소이다.

2) Bacteriophage

세균을 숙주로 기생하는 일종의 바이러스(virus)이다. 때로는 세균세포를 용해시킨다. 간단히 줄여서 파아지(phage)라고도 불린다. 대표적인 것으로서 대장균을 숙주로 하는 lambda(λ) phage가 있다.

3) Base pair

일반적으로 DNA 구조에 아데닌(adenine)과 티민(thymine), 또는 시토신(cytosine)과 구아닌(guanine) 염기 사이에 서로 상보적인(complementary) 수소결합을 이루는데, 이와 같은 염기 간의 짝(염기쌍)을 나타낸다. bp는 염기쌍(base pair)의 약자로서 DNA 분자의 크기를 나타낼 때 기본단위로 흔히 사용되며, 특수한 경우에는 RNA에도 적용된다. 1 base pair(bp)란 mononucleotide 2개에 해당된다. 1 kb는 1,000 bp에 해당된다.

4) cDNA

mRNA를 주형(template)으로 사용하여 생체 밖인 시험관에서 인위적으로 합성된 DNA로서 complementary DNA의 약자이다. cDNA의 합성반응에는 역전사효소(reverse transcriptase)를 촉매로 사용한다. cDNA의 합성은 DNA를 주형으로 RNA가 합성되는 전사(transcription) 반응의 역반응에 해당된다.

5) cDNA clone

mRNA로부터 역전사되어 합성된 여러 종류의 cDNA 조각들이 클로닝 벡터(cloning vector)에 공유결합된 상태로 모여서 하나의 집단을 이루고 있는 것을 말한다. 즉, 유전자 DNA 대신에 cDNA를 cloning에 사용하여 생겨난 재조합체 유전자의 집합체이다.

6) Chromosome

지놈(genome)을 구성하는 하나의 독립된 단위로서, 그 안에는 여러 종류의 유전인자(gene)가 들어 있다. 하나하나의 염색체(chromosome)는 길다란 이중나선 구조의

DNA와 여기에 부수된 여러 종류의 단백질로 구성되어 있다.

7) Cloning

유전형질이 같은 한 가지 종류의 세포나 분자가 여러 개 모여서 이루어진 것을 클론(clone)이라 하고, 이러한 clone을 만드는 과정을 클로닝(cloning)이라 한다(그림 5-7 참조). 개체, 조직, 세포, 또는 분자 단위로 clone을 만들 수 있으나, 유전자 재조합에서는 주로 DNA 또는 cDNA의 clone을 만든다.

8) Cloning vector

유용한 물질 또는 단백질을 생산하는 외래(foreign) DNA를 클로닝(cloning)할 때 DNA 운반체로 사용되는 일종의 DNA를 말한다. 일반적으로 플라스미드(plasmid) 또는 파아지(phage)를 포함한 바이러스가 cloning vector로 사용된다. 자연계에 존재하는 천연의 plasmid나 virus를 사용하고자 하는 용도에 알맞게 개량함으로써 좋은 cloning vector를 만들 수 있다.

9) Denaturation

변성이라고 하며, 보통 단백질이나 핵산의 특성을 나타내는 용어로 사용된다. 단백질의 변성은 주로 3차원 또는 4차원 입체구조의 변화에 의한다. 그러나 핵산의 변성은 이중가닥(double strand)으로 되어 있는 이중나선 구조의 DNA 사슬이 분리되어 단일가닥(single strand) 상태로 전환되는 것이다. 이러한 DNA 사슬의 분리는 가열 또는 알칼리 처리에 의해서 쉽게 이루어진다. 변성된 DNA는 어느 정도 원래의 변성되기 전 상태에 가깝게 재생(renaturation)이 가능하다.

10) DNA ligase

DNA연결효소(DNA ligase)는 DNA의 5′ 인산기와 3′ OH기 사이에 이인산에스테르(phosphodiester) 공유결합을 만들어 준다. 즉, DNA 조각을 연결시키는 반응을 촉매한다. 대장균도 이런 효소를 생산하나, 기능이나 사용의 편리함 등을 고려하여 T4 bacteriophage가 생산하는 DNA ligase를 주로 사용한다.

11) DNA polymerase

DNA 중합효소(DNA polymerase)는 DNA를 복제(replication)하는 효소이다. 주형(template) DNA의 염기배열 순서에 맞추어서 이에 서로 보완적인 염기를 지닌 하나하나의 deoxynucleotide를 이인산에스테르(phosphodiester) 결합으로 연결함으로써 새로운 DNA사슬을 합성해 낸다. 예를 들면 DNA polymerase I은 DNA polymerase의 일종으로 DNA사슬을 5′ 방향에서 3′ 방향으로 신장시켜 준다.

12) DNase

DNA를 가수분해하는 효소이다. 예를 들면 DNase I은 단일가닥(single strand) 또는 이중가닥(double strand) DNA에 작용하여 뉴클레오티드와 뉴클레오티드 사이를 연결하고 있는 이인산에스테르(phosphodiester) 결합을 가수분해한다.

13) Exon과 intron

진핵생물의 DNA는 엑손(exon) 부분과 인트론(intron) 부분으로 구성되어 있다. DNA가 전사되어 일차적으로 pre-mRNA가 합성되고, 이 pre-mRNA는 성숙·변형과정을 거쳐서 완전한 mRNA가 된다. pre-mRNA 성숙 과정중에 RNA 분자의 일부가 절단되어 제거된다. 이 때에 제거되는 RNA에 상당하는 DNA 부분을 intron이라 하고, 제거되지 않고 남아 있는 RNA에 상당하는 DNA 부분을 exon이라고 한다. 따라서 exon 부분만이 최종적으로 단백질합성에 필요한 유전정보를 제공한다.

14) Gene

하나의 polypeptide를 합성하는 데 필요한 DNA 조각에 해당된다. 한 개의 gene이 한 개의 polypeptide에 해당된다. 하나의 gene에는 exon과 intron, 그리고 leader와 trailer까지 모두 포함된다.

15) Genome

세포의 반수체(haploid) 상태를 구성하고 있는 모든 종류의 염색체(chromosome)들의 집합체이다. 즉, 반수체 상태의 모든 염색체가 모여서 하나의 지놈(genome)을 구성한다.

16) Library

클로닝(cloning)된 여러 종류의 유전자들이 모여서 이루어진 하나의 집합체로서, 여기에는 특정 세포의 전체 지놈(genome)을 대표하는 각종 유전자들이 모두 들어 있다. 흔히 genomic library 또는 gene bank라고 한다.

17) Ligation

핵산 조각의 3′-OH 말단과 5′-phosphate 말단 사이에 이인산에스테르(phosphodiester) 공유결합을 형성함으로써 인접한 뉴클레오티드를 연결해 주는 반응을 ligation이라 하며, 이런 반응을 촉매하는 효소를 연결효소(ligase)라 한다. 연결효소에는 DNA를 연결해 주는 DNA ligase와 RNA를 연결해 주는 RNA ligase가 있다.

18) Lysogen

잠재성 상태의 bacteriophage(prophage) 유전자를 자기 자신의 지놈 내에 갖고 있는 세균을 뜻한다.

19) Operon

세균에 있어서 특정 유전자의 발현과 조절에 관계된 하나의 유전자 단위로서, 단백질의 아미노산 조성 및 서열에 대한 암호를 담고 있는 구조유전자와 유전자 발현을 조절하는 조절인자에 상당하는 DNA 부분을 합쳐서 일컫는다.

20) Palindromic sequences

5′ 또는 3′ 어느 한쪽 방향으로 보면 염기배열 순서가 같은 두 개의 사슬로 이루어진 DNA 조각이다.

예 5′-AACGTT-3′
3′-TTGCAA-5′

21) Polymerase chain reaction(PCR)

DNA 중합효소의 연쇄반응을 이용하여 생체 밖에서 DNA를 복제하거나 합성하는 방법으로, DNA 분자의 수를 단시간 내에 대량으로 증폭하는 데 주로 사용된다. 이 방법을 응용하면 여러 종류의 유전자 DNA가 혼합되어 있는 혼합물 중에 극미량으로 존재하는 특정의 DNA를 단시간에 증폭시켜 검출해 낼 수 있다. PCR이라 불리는 연쇄반응 자동화 기계장치가 많이 보급되어 있다.

DNA 중합효소의 연쇄반응은 증폭시키고자 하는 이중나선 구조의 DNA 사슬을 변성시켜 단일가닥 사슬로 만들고, 이 단일가닥 사슬이 주형(template)으로 사용되어 새로운 사슬이 합성되면서 이중가닥의 사슬이 만들어진다. 새로이 합성된 이중나선 구조의 DNA를 다시 변성시켜 단일가닥 사슬을 만들어 주형으로 사용하고, 이로부터 이중가닥의 DNA가 합성되면 다시 변성시키고 하는 과정을 수없이 반복해야 한다.

DNA를 변성시키려면 반응액을 고온에서 가열처리 해야 하는데, 이 때 반응액 속에 들어 있는 DNA 중합효소가 고온에서도 활성을 잃지 않고 안전하게 존재할 수 있어야 한다. *Thermus aquaticus* 세균에서 분리된 일종의 DNA 합성효소인 Taq DNA polymerase는 고온에서도 활성을 잃지 않아 polymerase chain reaction에 유용하게 쓰인다.

22) Promoter

유전자 DNA로부터 RNA가 합성되는 전사반응 초기단계에 RNA 중합효소(RNA polymerase)가 인식하고 결합하여 전사를 시작하는 DNA의 특정 부위이다. 이는 유전자의 발현을 조절하는 부위에 해당되며, 구조유전자의 앞쪽에 위치한다. 프로모터(promoter)와 RNA 중합효소의 친화도 또는 결합력에 따라 RNA의 합성인 전사개시 여부가 결정되고, 유전자 DNA의 전사 정도는 궁극적으로 유전자의 발현에 직접적으로 영향을 미친다.

23) Recombinant

모세포와 다른 유전형질을 갖고 있는 딸세포를 말한다. 보통 재조합체라고 하며, 인위적인 유전자의 변형이나 세포(핵) 융합 등을 거쳐서 생겨난다.

예 Recombinant DNA(재조합 DNA)

24) Reverse transcription

전사(transcription)반응의 역반응으로 생각할 수 있다. RNA를 주형으로 사용하여 RNA로부터 DNA를 합성하는 반응(RNA-dependent DNA synthesis)으로, 이런 반응을 촉매하는 효소를 역전사효소(reverse transcriptase)라고 한다. 흔치 않은 경우이나, 특히 RNA virus는 이러한 효소를 가지고 있다. 역전사효소를 RNA-dependent DNA polymerase라고 하기도 한다.

25) RNase

RNA를 분해하는 효소로, RNA를 구성하는 nucleotide와 nucleotide 사이를 연결하고 있는 이인산에스테르(phosphodiester) 결합을 가수분해한다. 흔한 예로 RNase A가 있다.

26) Transcription

전사라고 하며, 유전형질 발현의 과정 중에 일어나는 현상이다. DNA를 주형으로 하여 RNA가 합성되는 반응(DNA-dependent RNA synthesis)이다. DNA의 염기배열 순서에 따라 뉴클레오티드를 연결하여 이에 알맞은 RNA 사슬을 합성한다. 이런 반응을 촉매하는 효소를 RNA 중합효소(RNA polymerase)라고 한다.

27) Translation

번역이라고 하며, 유전형질의 발현 과정중 전사 반응의 뒤를 이어서 일어난다. mRNA의 염기서열에 담겨 있는 유전암호가 아미노산의 서열로 번역되면서 아미노산이 중합되어 단백질(또는 polypeptide)이 합성되는 반응이다. 번역은 리보솜(ribosome)의 주요 기능이다.

3. 제한효소

Restriction endonuclease라고 하기도 한다. 일반적으로 제한효소라고 하면 DNA 분자를 구성하는 뉴클레오티드의 특정 염기서열을 인식하여 DNA 분자를 자르는 효소를 통틀어 말하는 용어이다. 이들 효소는 뉴클레오티드 간의 이인산에스테르(phosphodiester) 결합을 가수분해시킨다. 하나하나의 제한효소의 명칭은 생산 균주인 미생물의 이름을 기준으로 정해진다.

각 효소의 특성에 따라 다음과 같이 세 종류로 분류될 수 있으며, 몇 가지 제한효소의 인식부위와 절단부위는 표 5-1과 같다.

1) Type I 제한효소

DNA의 특정 염기서열을 인식하여 인식 부위의 염기서열로부터 500～2,500 bp 떨어진 곳에 있는 뉴클레오티드 간의 이인산에스테르 결합을 가수분해하는 효소들이다. 5～6개의 소단위체(subunit)로 구성되어 있으며, 효소의 활성에는 Mg^{2+}, ATP, S-adenosylmethionine이 요구된다.

예 *Eco*B

2) Type II 제한효소

DNA의 특정 염기서열을 인식하여 그 인식 부위에 해당되는 뉴클레오티드 사이의 이인산에스테르 결합을 가수분해하는 효소들을 말하며, Mg^{2+}의 존재에서 활성이 나

표 5-1. 여러 가지 제한효소의 인식부위와 절단위치

효소	인식부위		절단 후
*Eco*R I	5′-G↓AATTC-3′ 3′-CTTAA↑G-5′	⟶	5′-G AATTC-3′ 3′-CTTAA G-5′
Hae II	5′-PuGCGC↓Py-3′ 3′-Py↑CGCGPu-5′	⟶	5′-PuGCGC Py-3′ 3′-Py CGCGPu-5′
Pst I	5′-CTGCA↓G-3′ 3′-G↑ACGTC-5′	⟶	5′-CTGCA G-3′ 3′-G ACGTC-5′
Hind III	5′-A↓AGCTT-3′ 3′-TTCGA↑A-5′	⟶	5′-A AGCTT-3′ 3′-TTCGA A-5′
*Bam*H I	5′-G↓GATCC-3′ 3′-CCTAG↑G-5′	⟶	5′-G GATCC-3′ 3′-CCTAG G-5′
Hae III	5′-GG↓CC-3′ 3′-CC↑GG-5′	⟶	5′-GG CC-3′ 3′-CC GG-5′
Alu I	5′-AG↓CT-3′ 3′-TC↑GA-5′	⟶	5′-AG CT-3′ 3′-TC GA-5′
Sma I	5′-CCC↓GGG-3′ 3′-GGG↑CCC-5′	⟶	5′-CCC GGG-3′ 3′-GGG CCC-5′
Bal I	5′-TGG↓CCA-3′ 3′-ACC↑GGT-5′	⟶	5′-TGG CCA-3′ 3′-ACC GGT-5′
Hpa I	5′-GTT↓AAC-3′ 3′-CAA↑TTG-5′	⟶	5′-GTT AAC-3′ 3′-CAA TTG-5′

타난다. 이 효소는 산업적으로 대량 생산되고 있으며, 유전자 재조합에 자주 사용되는 필수품이다. 500여 종류 이상의 효소가 알려져 있다.

이러한 종류의 효소들 중에는 그림 5-8과 같이 DNA를 가수분해시켜 접착성 말단(cohesive end 또는 sticky end)을 만드는 효소와 평활성 말단(blunt end 또는 flush end)을 만드는 효소의 2개 부류가 있다. 전자의 예로는 *EcoR* I, *Bam*H I, *Hind* III 등이 있고, 후자의 예로는 *Sma* I이 있다.

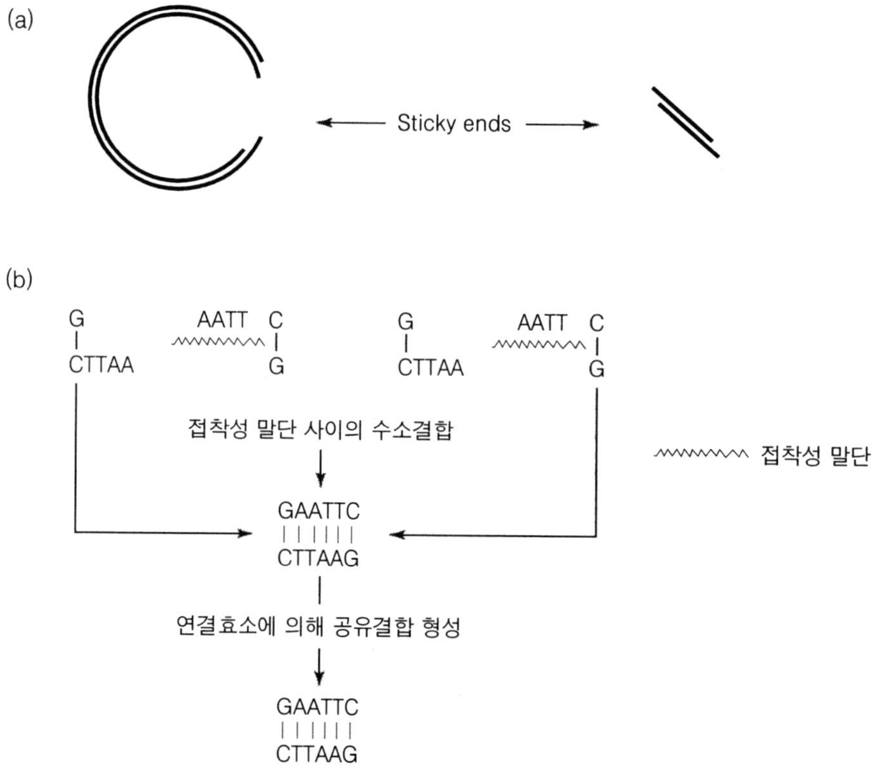

그림 5-8. *Eco*R Ⅰ 제한효소와 연결효소의 작용

평활성 말단이란 DNA 분자가 가수분해되어 생긴 사슬(가닥) 끝의 모양이 밋밋하게 생긴 것이다. DNA 분자의 이중나선 구조를 형성하는 두 가닥의 사슬길이가 똑같은 경우이고, 접착성 말단이란 그 반대로 가수분해 후 생겨난 사슬 끝의 모양이 마치 서로 겹쳐지기 좋은 형태의 것이다. DNA 분자를 구성하는 두 가닥의 사슬 중에 어느 한쪽 가닥의 사슬이 다른 한쪽보다 길거나 짧은 경우이다.

3) Type III 제한효소

특정 염기서열을 인식하여 그 인식 부위에서 24～27 bp 떨어진 nucleotide 간의 이인산에스테르 결합을 가수분해시키는 효소들이다. 활성에는 Mg^{2+}, ATP, S-adenosylmethionine이 요구된다. 두 개의 subunit로 구성되어 있다.

4. 유전자 운반체

유전자 운반체를 흔히 vector라고 하며, 특정의 유전자 DNA를 원하는 숙주세포 속에 가지고 들어가서 증폭시킬 수 있는 기능을 보유한 DNA 분자이다. 특정의 유전자 DNA는 vector와 공유결합을 형성함으로써 vector와 같이 행동한다. Vector로 사용되기 위해서는 다음과 같은 조건을 갖춘 DNA 분자가 좋다.

① 스스로 복제 증식하면서 숙주세포 내에서 안정하게 존재할 수 있어야 한다.
② 분해, 절단, 재결합 등 다루기 편리하도록 분자의 크기가 가능하면 작을수록 좋다.
③ 다른 DNA 조각들과 구별될 수 있는 독특한 표식(marker)으로 사용될 수 있는 유전자를 가지고 있어야 한다.
④ 제한효소에 의하여 절단될지라도 유전자 운반체로서의 본질적인 기능이 상실되지 않는 부위에 외래유전자 DNA를 삽입시킬 수 있어야 한다.

숙주세포를 세균으로 한정할 때 이와 같은 운반체의 특성을 갖춘 DNA로는 그 형태에 따라 plasmid, 바이러스(bacteiophage), cosmid 등으로 나눌 수 있다. 이들은 서로 독특한 생리적 특성과 장·단점을 보유하고 있어서 사용목적에 따라 선택된다.

4.1 Plasmid

Plasmid는 자가복제 능력을 보유하고 있으며, 염색체 DNA와는 별개로 분리되어 세포질 내에 존재하는 두 가닥의 원형 DNA이다(extrachromosomal covalently closed circular DNA). 그 크기는 통상 1 kb 내지 500 kb로 다양하나, 실제로 유전자 재조합에 쓰이는 plasmid는 대부분 10 kb 이내에 상당하는 소형의 DNA들이다. 자연계에는 다양한 종류의 plasmid들이 존재하며, 이들 plasmid들은 종류에 따라서 다음과 같은 독특한 유전형질을 나타내는 것들도 있다.

① 접합을 통하여 유전물질을 전달할 수 있는 fertility가 있다(예; F plasmid).
② 항생물질에 대한 저항성(내성, resistance)을 나타낸다(예; R-plasmid). 따라서 이런 종류의 plasmid를 보유한 세균들은 항생제를 처리해도 죽지 않는다.
③ Cd^{2+}, Hg^{2+} 등의 유해 중금속에 대한 저항성 또는 내성이 있다.
④ 다른 미생물의 생육을 저해하는 bacteriocin, methylenemycin, chloramphenicol 등의 항생물질을 생산한다.
⑤ *Pseudomonas*의 경우처럼 camphor, octane, octanol 등의 난분해성 유기화합물을 분해 이용할 수 있는 성질이 있다.

⑥ Enterotoxin과 hemolysin과 같은 독소와 항원을 형성한다.
⑦ *Agrobacterium*속 세균이 보유하고 있는 Ti plasmid는 식물체에 crown gall tumor를 생성할 수 있는 능력이 있다.
⑧ 근류균인 rhizobia에서 처럼 plasmid가 식물체의 뿌리혹 생성을 유도하는 경우도 있다.
⑨ *Streptomyces*에 있어서는 포자형성 능력을 증진시킨다.

자연 생태계에는 수많은 종류의 plasmid가 존재한다. 그러나 유전자 재조합에 이용되는 plasmid는 자연상태의 것이 아니다. 자연상태의 plasmid를 인위적으로 변형시켜 vector로서 불필요한 부분은 제거하고, 모자란 부분은 보충하여 vector로서의 기본적인 조건을 갖추도록 만든 다음에 사용된다.

유전자 cloning 초창기에 많이 쓰였던 plasmid의 한 예는 pBR322로 그 구조는 그림 5-9와 같다. 자가복제에 필요한 부위인 *ori*(origin of replication), 선택 marker인 *amp*^{R}(항생제 ampicillin에 대한 내성유전자)와 *tet*^{R}(항생제 tetracycline에 대한 내성유전자), 그리고 각종 제한효소에 의해서 가수분해되는 절단부위들을 가지고 있다. 그 크기는 약 4.3 kb로 소형이다.

Plasmid를 vector로 사용할 경우에 plasmid에 결합시켜서 운반할 수 있는 외래유전자(foreign DNA 또는 target DNA)의 크기는 약 10 kb 이내로 제한되어 있다. 이

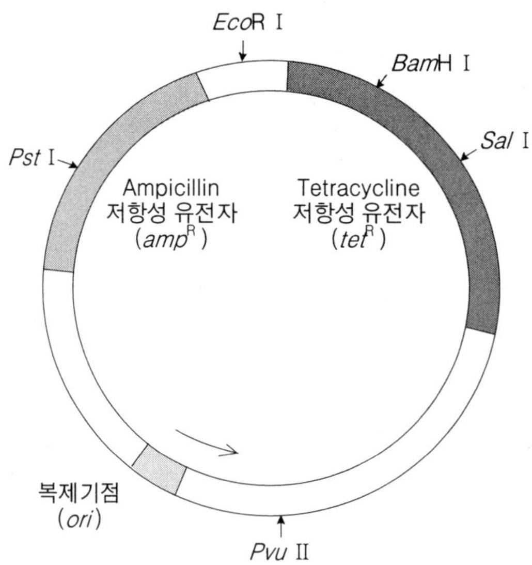

그림 5-9. Plasmid pBR322의 구조

는 외래유전자나 전체 유전자의 크기가 너무 크면 재결합반응 등 취급하기가 어렵기 때문이다. 이와 같이 cloning 할 수 있는 DNA의 크기가 작게 한정되어 있는 것이 plasmid vector의 결점이나, 취급 및 보관이 쉬운 장점도 있다.

4.2 Phage

Phage는 일종의 바이러스로서 세균을 숙주로 이용하여 생활하며, bacteriophage라고도 한다. 그 형태는 여러 가지이나 기본적으로 유전자인 핵산을 안에 두고, 그 밖으로 단백질(protein coat)이 둘러싸고 있는 모습을 나타낸다.

여러 종류의 phage 중에서도 *E. coli*의 바이러스에 해당하는 bacteriophage lambda (λ)는 plasmid에 비해서 비교적 커다란 크기의 외래유전자를 cloning 하는 데 알맞다. Lambda phage는 약 50 kb에 해당하는 이중가닥 DNA를 유전자로 가지고 있으

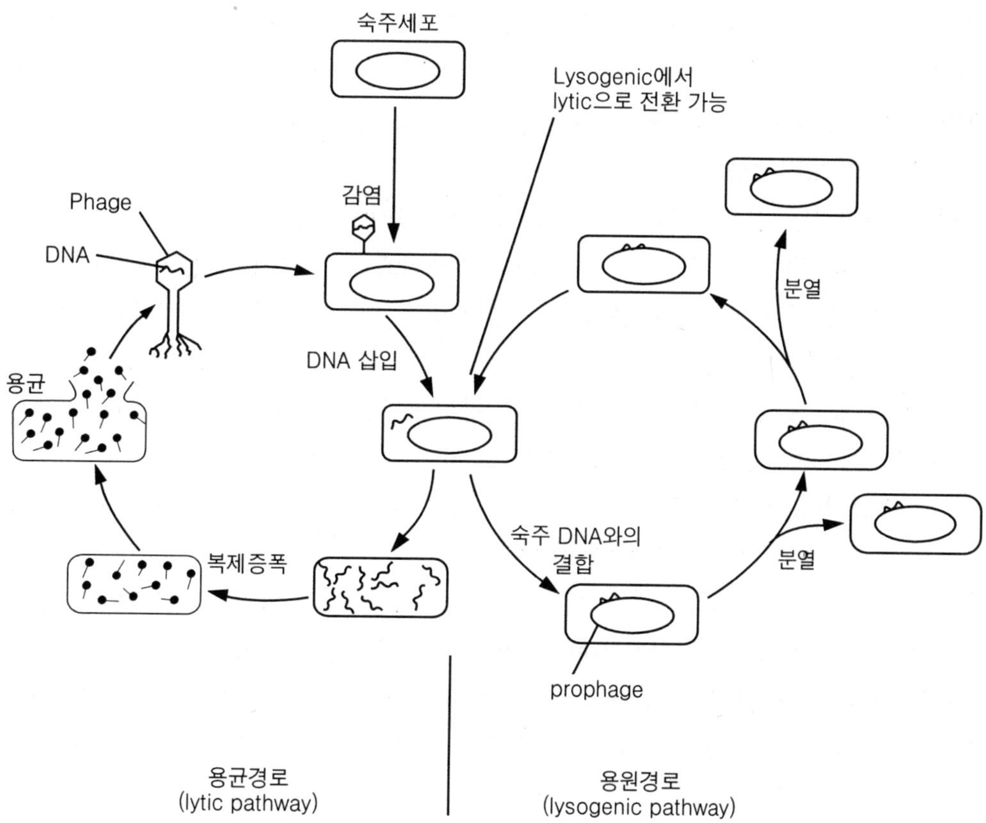

그림 5-10. λ Phage의 생활사

며, DNA 분자의 양 끝에 단일가닥 형태의 12개의 nucleotide에 해당하는 cohesive end(*cos* site)를 가지고 있다. 이 phage가 숙주인 대장균 세포를 감염할 때는 phage DNA가 세포 내로 들어가 *cos* site 간의 수소결합으로 원형화되고, 감염 초기에는 이 상태에서 phage 유전자가 전사된다. 이후 phage의 운명은 phage DNA의 복제방법에 따라 용균경로(lytic pathway)와 용원경로(lysogenic pathway) 두 가지 중 하나를 선택하게 된다(그림 5-10).

λ Phage의 생활사 중에서 lytic pathway를 선택하게 되면 원형 phage DNA가 독립적으로 복제되어 수많은 phage 입자들이 만들어지며, 결과적으로 숙주세포가 파괴되는 용균현상이 일어난다. 이에 비하여 lysogenic pathway를 선택하게 되면 원형의 phage DNA는 숙주의 염색체 DNA와 합쳐져서 같이 복제되고 유전된다.

Phage 유전자의 복제와 더불어 phage가 증식할 때에 복제된 유전자가 phage의 껍질에 해당되는 머리와 꼬리 부분으로 둘러싸이게 된다. 이때 약 50 kb에 상당하는 유전자가 phage 머리 속으로 들어가고 나서 꼬리부분이 연결되어 phage는 완성된다. 이를 headful packaging이라고 한다.

이러한 λ phage의 특성을 이용하여 vector로 이용하는 방법을 찾아내었다. 야생형의 온전한 phage DNA를 vector로 사용하는 것이 아니라 이 중에서 lytic growth에 필요하지 않은 DNA 등 불필요한 부분을 잘라내고 변형시켜 vector로서 유용한 유도체를 만들었다(그림 5-11).

그림 5-11에서는 진핵생물의 유전자를 cloning 하여 genomic library를 만드는 방법을 보여 준다. 좌상부에서처럼 λ vector를 제한효소로 완전히 절단하고, 우상부에서처럼 진핵생물의 DNA를 부분적으로 절단하여 ligation 시키면 커다란 재조합체 DNA가 만들어진다.

이들 거대 DNA 분자와 phage 입자의 형성에 필요한 각종 단백질 등을 섞으면 DNA 분자가 phage 껍질에 둘러싸이면서(headful packaging) 활성이 있는 bacteriophage가 생성된다. 보통 대장균(*E. coli*)을 숙주로 하여 bacteriophage를 감염, 증폭시킴으로써 genomic library가 만들어진다.

λ Phage 유전자의 왼쪽 부분(left arm)은 주로 머리와 꼬리를 만드는 데 필요한 유전정보를, 그리고 오른쪽 부분(right arm)은 DNA 복제와 용균(cell lysis)에 필요한 유전정보를 각각 담고 있다. 중간 부위(middle region)는 phage 유전자가 숙주세포의 염색체 DNA와 결합(integration)하거나 떨어져 나오는 데(excision) 필요한 유전정보를 담고 있다.

중간 부위에 해당하는 유전자의 길이는 약 20 kb에 상당한다. 이 20 kb에 해당하는 중간 부위의 유전자는 vector로서 불필요한 기능을 발휘하므로 잘라 내어도 무방

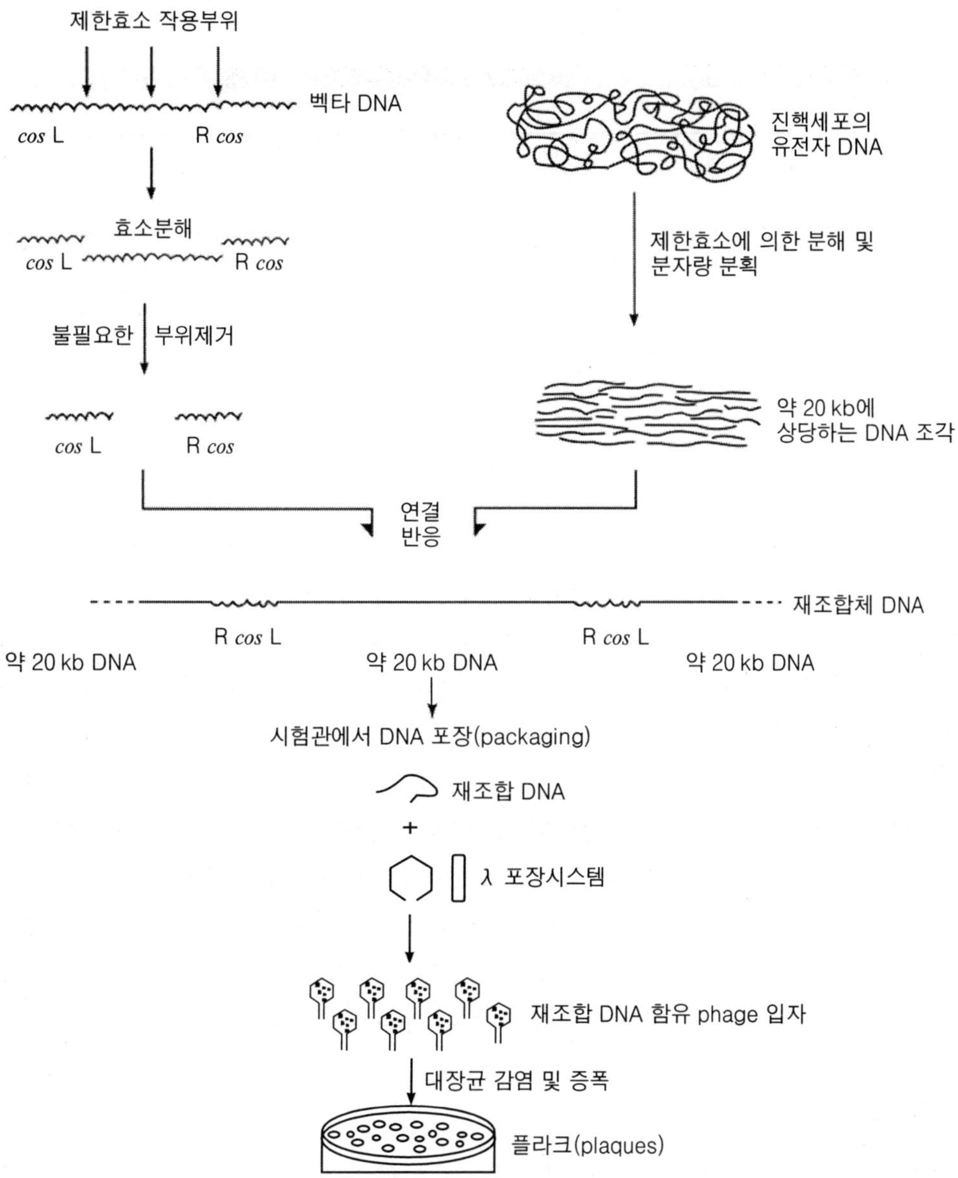

그림 5-11. λ vector를 이용한 cloning

하며, 대신에 그 자리에 외래유전자를 삽입하여도 phage로서 살아가는데 별 불편함이 없다. 즉, λ phage는 본래 유전자(약 50 kb)의 약 60%만 유지하고 있으면 vector로서 사용될 수 있다.

일반적으로 야생형 유전자의 78～100%(38.5～52.0 kb)에 상당하는 길이의 DNA를 phage 유전자로서 headful packaging에 이용할 수 있으므로 약 9～23 kb에 상당

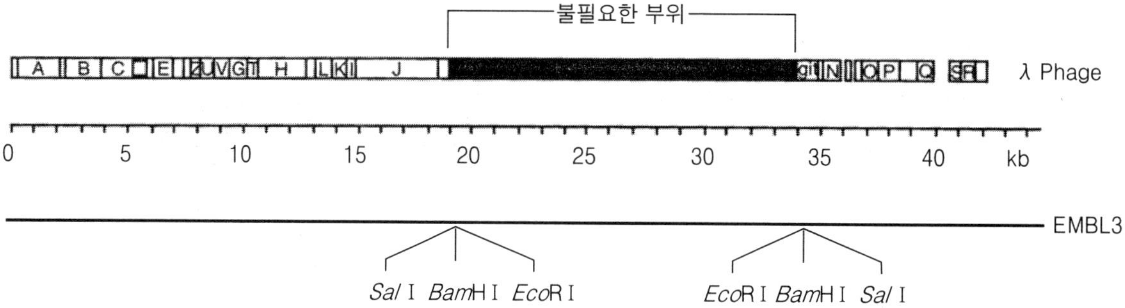

그림 5-12. λ Phage vector의 예(EMBL3)

하는 외래 DNA를 λ vector에 cloning 할 수 있다는 계산이 나온다. 이와 같이 λ phage vector는 plasmid vector에 비해서 비교적 거대 분자량의 외래 DNA를 cloning 하는 데 사용될 수 있는 장점이 있으나, phage vector는 plasmid vector에 비해서 취급・보관・관리 등에 어려움과 번거로움이 따른다. 이러한 문제점을 해결하기 위해서 개량된 것이 다음에 설명하는 cosmid vector이다.

λ Phage를 개량한 vector는 매우 다양하다. 그림 5-12에 나타낸 EMBL3은 이 중에서도 자주 이용되는 phage vector이다. 그림에서 검게 칠한 부위는 phage의 생존에 필수적인 유전자가 아니기 때문에 그 부분을 제거하고 다른 외래 DNA를 삽입하더라도 무방하다. 이러한 특성으로 10～20 kb에 상당하는 외래 DNA를 colning 하는 데 사용할 수 있다. 더욱이 이용에 편리를 도모하기 위하여 제한효소 *Sal* I, *Bam*H I, *Eco*R I에 의하여 절단될 수 있도록 인위적으로 linker를 붙여 두었다.

4.3 Cosmid

Cosmid는 plasmid로서의 일부 기능과 phage로서의 일부 기능을 보유한 거대 DNA 분자 cloning용 vector로, cosmid의 크기 자체가 plasmid vector처럼 5 kb 내외로 매우 작아서 약 40～45 kb에 상당하는 DNA 분자를 cloning 하는 데 사용된다(그림 5-13).

Cosmid는 plasmid에서처럼 자가복제에 필요한 유전자(*ori* gene)를 가지고 있어서 세균세포 내에서 독립적으로 존재할 수 있으며, phage에 비해 취급 및 보존이 쉽다. 또한 항생제 내성 유전자 marker를 가지고 있어서 선별 및 추적이 쉽다. 그리고 λ phage 유래의 *cos* 유전자(site)를 가지고 있어서 생체 밖인 시험관에서 재조합체 유전자를 사용하여 headful packaging으로 phage 입자를 만드는 데 이용될 수 있다.

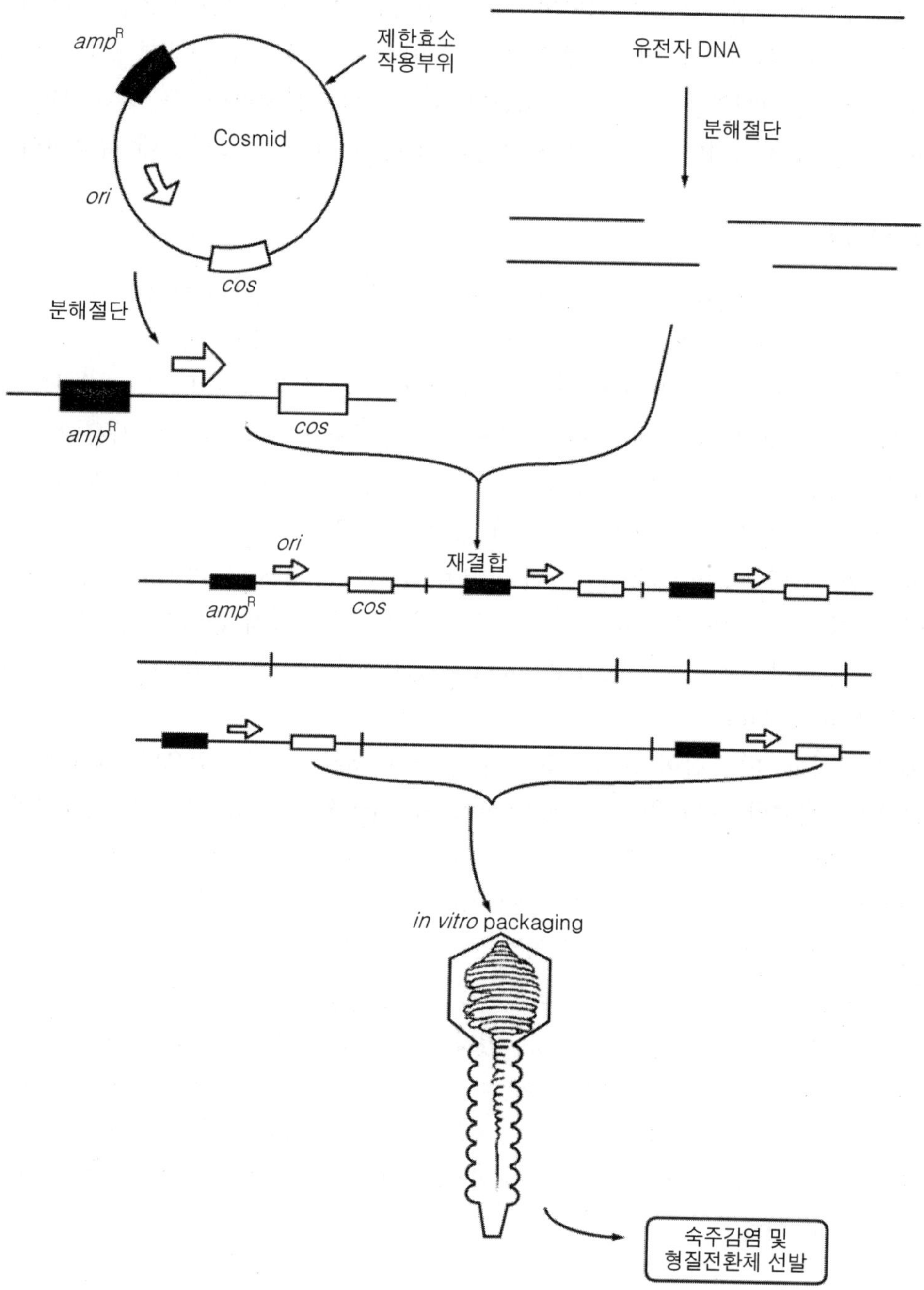

그림 5-13. Cosmid를 이용한 유전자의 cloning

거대분자를 숙주세포에 도입하는 방법으로는 transformation보다는 transduction이 효과적이다. 시험관에서 headful packaging으로 재조합체 DNA를 phage 입자로 만들고, 숙주세포인 대장균을 감염시키면 phage 입자 안에 들어 있던 재조합체 DNA는 숙주세포 안으로 들어가게 된다. 세포 안에 들어간 DNA는 이 때부터 plasmid처럼 원형 DNA로 염색체와는 별도로 존재한다. Cosmid는 분자량이 큰 외래 DNA를 cloning 하는 데 적당하여 λ phage처럼 genomic library를 만드는 데 유용하다.

4.4 기 타

대장균 이외에 고초균 등 그람 양성 세균, 효모 등 진핵미생물, 그리고 동식물세포의 유전형질 전환에 쓰이는 여러 가지 vector들이 개발되어 목적하는 유전자를 cloning 하거나 도입하는 데 광범위하게 사용되고 있다. 숙주세포의 종류, 외래유전자의 종류, cloning의 목적 등에 따라서 이에 알맞은 vector를 선택하여 사용할 수 있다. 다양한 종류의 vector들이 유통되고 있으며, 이에 대한 자세한 내용은 분자생물공학, 유전공학 또는 유전자 재조합 실험서 등에서 취급한다.

예를 들면, M13 bacteriophage는 단일가닥 DNA를 유전자로 가지고 있는 대장균 바이러스이다. 유전자의 특정부위에 있는 염기서열을 정확하게 골라서 원하는 서열로 바꾸기 위한 목적으로, site directed mutagenesis 및 protein engineering용 cloning vector로 널리 쓰인다.

앞에서 설명한 바와 같이 vector를 형태에 따라 분류할 수도 있으나, 용도에 따라 다음과 같이 분류할 수도 있다. 즉, promoter를 선별적으로 cloning 하는 데 쓰이는 promoter fishing vector, 유전자 발현용으로 만들어진 gene expression vector, 그리고 일반적으로 유전자 cloning이나 genomic library 작성용으로 이용되는 general cloning vector 등으로 구분할 수도 있다.

Promoter를 선별적으로 cloning 하는 데 쓰이는 vector는 일반적으로 자체 내에 promoter가 없는 구조유전자를 가지고 있다. 이 구조유전자는 promoter가 연결되어 발현되었을 때 육안으로 선별되기 쉬운 특성을 가지고 있다. Gene expression용 vector는 자체 내에 강력한 promoter, ribosome binding site(RBS), terminator 등 유전자 발현 조절부위를 가지고 있어서, 여기에 연결된 구조유전자는 쉽게 대량 발현되도록 설계되어 있다.

5. 숙주세포

목적하는 유전자를 이용하여 원하는 물질을 생산하고자 할 때 숙주세포의 생리화학적 특성을 이용한다. 특히 원핵생물과 진핵생물 사이에는 유전자의 복제, 전사, 암호해독 등 일련의 단백질합성 및 이후의 변형과정에서 많은 차이가 있을 뿐만 아니라 미생물의 종(species)에 따라서도 유전자의 발현과정이 서로 다르다. 따라서 어떠한 세포를 숙주로 선택할 것인가는 vector의 종류, 외래유전자(target DNA)의 원천과 성질, cloning의 목적 등에 따라서 결정된다.

미생물에서 일반적으로 쓰이는 숙주는 대장균(*E. coli*)이다. 대장균은 그의 유전적 특성 및 생리적 특성이 자세히 연구되어 있을 뿐만 아니라 다양한 변이주들이 알려져 있어서 알맞은 균주를 구입하기가 쉽다. 대장균은 그람 음성이기 때문에 경우에 따라 그람 양성의 세균을 숙주로 필요한 경우가 있다. 그람 음성균과 양성균 사이에는 세포벽과 세포막의 구조상 차이가 커서 합성된 단백질이 그람 양성균에서는 체외로 분비된다고 하여도 그람 음성균에서는 체외로 분비되지 않을 수도 있다.

대장균이나 고초균(*Bacillus subtilis*)은 모두 원핵생물(prokaryotes)이나, 고초균은 대표적인 그람 양성 세균으로서 그 효용가치가 크게 늘어나고 있다. 진핵미생물로서는 효모(*Saccharomyces cerevisiae*)가 염색체의 단순함과 세대변이(life cycle)의 특성, 그리고 다른 동식물에 비해서 배양 및 관리가 쉬워 이 효모를 숙주로 하는 vector가 개발되어 활발한 연구가 진행되고 있다.

이 외의 숙주 미생물로서는 *Agrobacterium*과 *Lactobacillus*속의 세균 등이 중요하게 여겨지고 있다. 동식물 세포도 세포배양, 조직배양의 형태로 또는 성숙한 개체가 직접 숙주로서 이용될 수 있다.

6. 재조합체 DNA 구성법

재조합체(recombinant) DNA를 만드는 기술을 recombinant DNA technology라고 하며, 좁은 의미의 genetic engineering이라고도 볼 수 있다(그림 5-7).

유전자의 재조합 현상은 자연계에서 흔히 발견되는 현상이다. 예를 들면 서로 같은 염색체 사이의 crossing over, 난자와 정자 사이의 수정 등이 이에 해당한다. 그러나 좁은 의미에서 통상 재조합체 DNA란 '운반체인 vector DNA에 원하는 외래(foreign) DNA를 공유결합시켜 만든 것'을 말한다. 이는 유전자를 다루는 기초기술이다. 유전자 재조합 기술을 이용함으로써 하나의 생물체에서 다른 생물체로 유전정보를 전달할 수 있다. 재조합체 DNA를 만드는 방법은 매우 다양하여 한 마디로 정의할 수는 없다. 그러나 일반적으로 다음과 같은 과정을 따른다.

1) 유전자(외래 DNA, target DNA) 공여 생물체로부터 핵산이 분리·정제되어 제한효소로 가수분해되고, 이어서 운반체 DNA(vector DNA)에 연결된다. 이에

따라 새로운 형태(조성)의 DNA인 재조합(recombinant) DNA가 생긴다.

2) 재조합 DNA가 숙주세포 내로 도입(운반, 전달)되어 그 안에서 복제, 유지된다.
3) 숙주세포들 중에서 재조합 DNA가 들어 있는 세포(clone)를 골라내서 순수 분리한다.
4) 재조합 DNA에 cloning된 유전자가 발현되어 단백질이 합성되도록 유전자를 재차 조합한다.

유전자 재조합 방법은 매우 다양해지고 정확해졌으며, 구체적인 목적에 따라 알맞은 방법들이 지속적으로 발전되고 있다. 그러나 여기서는 매우 기초적인 재조합 DNA 구성법에 대해서만 설명하였다. 기초적인 방법을 이해함으로써 다른 다양한 방법을 알 수 있고, 새로운 유전자 조작법을 찾아내고 응용하는 데 도움을 줄 수 있기 때문이다.

6.1 접착성 말단 연결법

그림 5-14에서와 같이 먼저 vector DNA와 target인 외래 DNA를 접착성 말단(cohesive 또는 sticky end)을 만들어 주는 같은 종류의 제한효소로 절단시킨다. 여기서 생겨난 각각의 DNA 말단은 단일가닥으로 서로 상보적인 염기쌍(complementary base pairing)을 이룰 수 있다. 따라서 분해된 두 종류의 DNA를 섞고, 여기에 DNA ligase를 처리하면 5′ 말단의 인산기(-H_2PO_3)와 3′ 말단의 수산기(-OH) 사이에 공유결합이 이루어져 한 분자로 연결된다.

6.2 Homopolymer tail 이용법

DNA를 제한효소로 분해했을 때 평활성 말단(flush 또는 blunt end)이 생기거나, 또는 vector와 외래 DNA를 같은 제한효소로 절단할 수 없는 경우에는 homopolymer tail이나 linker를 이용하는 것이 효과적일 수 있다. 평활성 말단을 가진 vector와 외래 DNA를 섞고, 여기에 DNA ligase를 처리하여 공유결합으로 직접 연결시킬 수도 있으나, 그림 5-15와 같이 분자 자체의 원형화 등으로 효율이 좋지 않다.

이 경우에는 그림 5-16에서 보는 것처럼 각각의 DNA 말단에 같은 종류의 nucleotide를 반복적으로 여러 개 연결하여 homopolymer tail을 만들고, 이들 염기쌍이 스스로 서로 상보적인 수소결합(complementary base pairing)이 이루어지도록 한 다음, DNA ligase를 처리하여 하나의 DNA 분자로 공유결합 되도록 하는 방법을 쓸 수 있다.

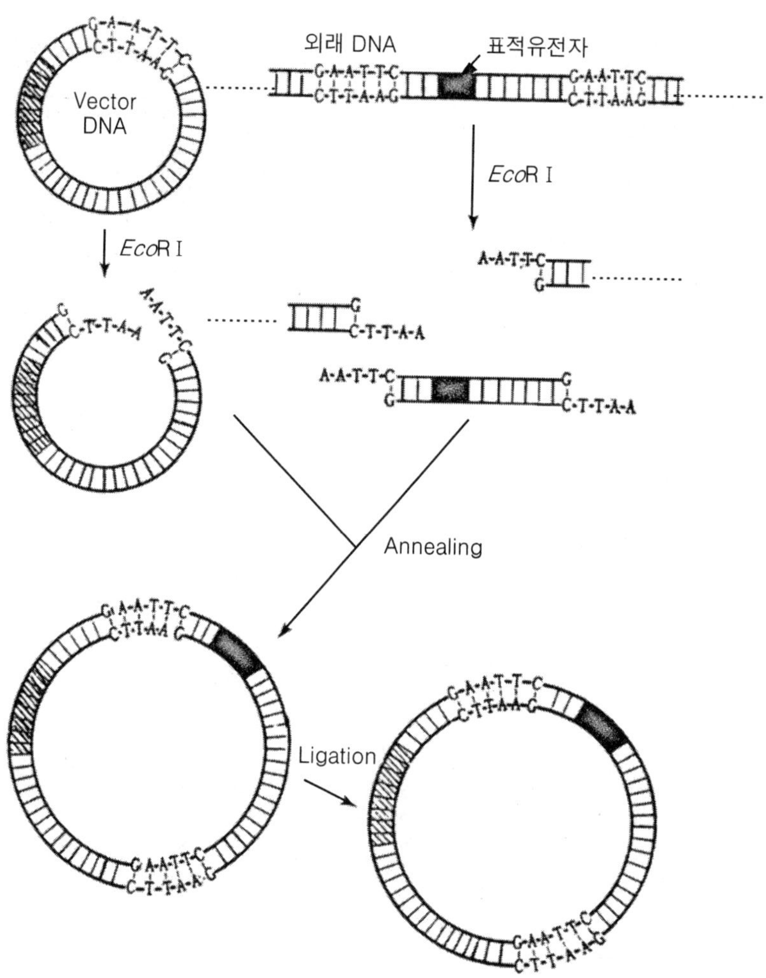

그림 5-14. 접착성 말단 연결법

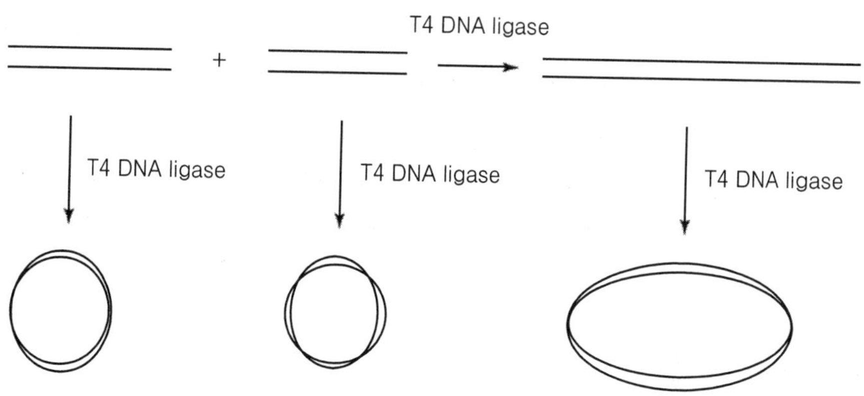

그림 5-15. 평활성 말단 연결에 따른 부반응

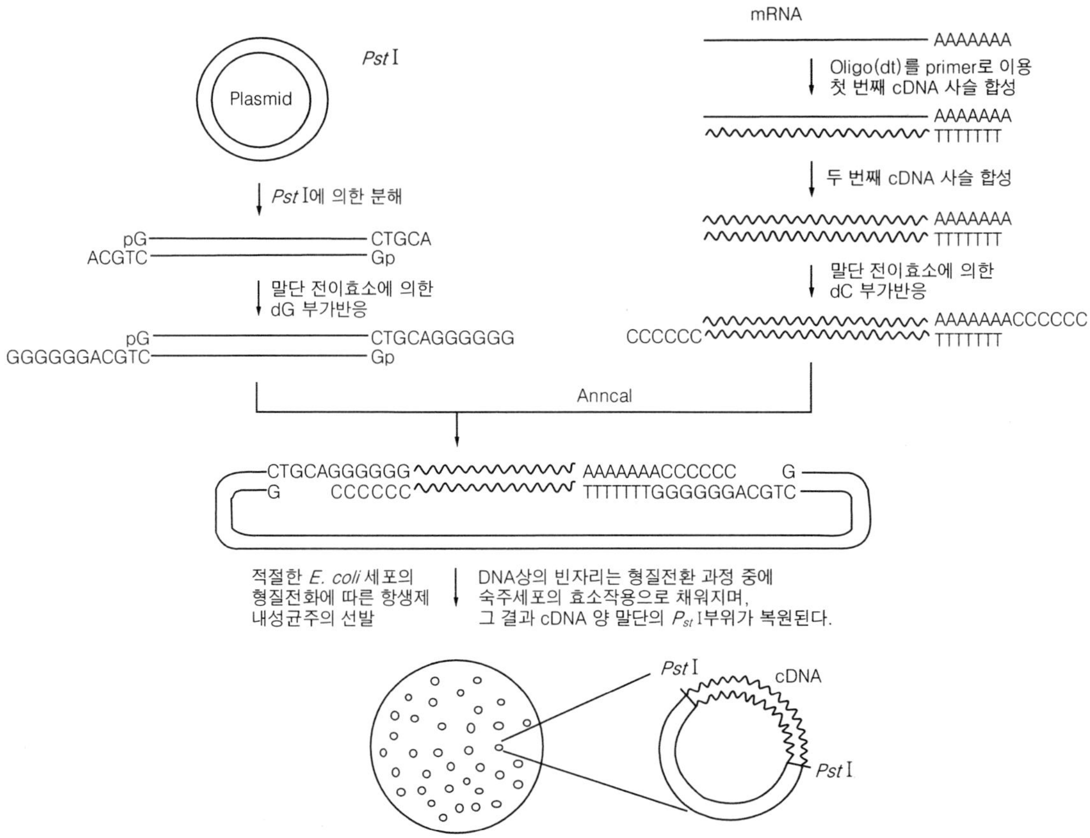

그림 5-16. Homopolymer tail 이용법

6.3 Linker 이용법

Linker(연결자)란 nucleotide가 10개 내외로 연결된 DNA 조각으로 그 자체 내에 특정 제한효소에 의하여 인식, 절단되어 접착성 말단을 형성할 수 있도록 인위적으로 합성한 것이다. 따라서 vector나 외래 DNA의 말단에 우선 linker를 연결한 다음에 제한효소로 linker 내부를 절단한다. 이 때에 생겨난 접착성 말단에 있는 염기쌍 사이에 서로 수소결합(complementary base pairing)이 이루어지도록 한 다음, DNA ligase를 처리하여 vector와 외래 DNA를 이인산에스테르 공유결합으로 연결하는 방법이다(그림 5-17).

6.4 cDNA 합성법

진핵세포(eukaryotic cell)로부터 유전자를 분리 cloning 하기 위하여 자주 이용되

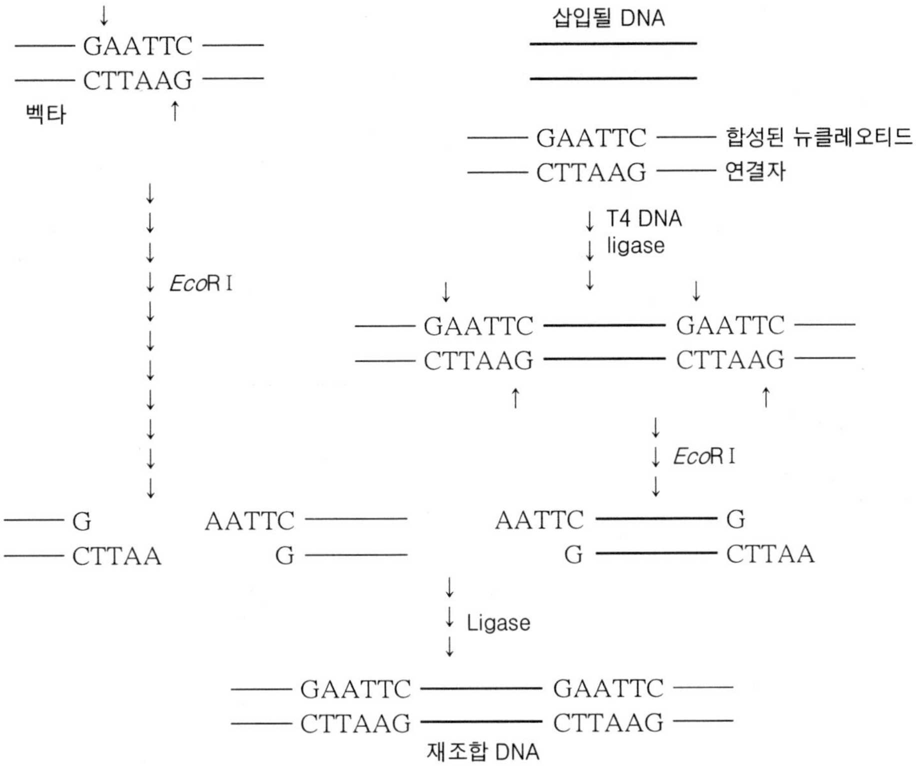

그림 5-17. Linker 이용법

는 중요한 방법이다. 진핵세포의 유전자 DNA는 intron과 exon 부분으로 되어 있다. 이 방법을 사용함으로써 유전 형질의 발현 또는 단백질합성과 직접적인 관련이 없는 intron에 해당되는 DNA 부분을 제거하고, exon에 해당되는 DNA 부분만 선별적으로 합성해서 분리해 낼 수 있다.

이는 진핵세포로부터 DNA를 직접 분리해 내는 것이 아니다. DNA의 전사에 의해서 합성된 mRNA만을 먼저 분리해 내고, 이 mRNA를 주형(template)으로 사용하여 역전사효소(reverse transcriptase)로 complementary DNA(cDNA)를 합성한다. 일반적인 예는 그림 5-18과 같다.

특정의 원하는 유전자를 분리하기 위해서는 그 유전자의 형질이 왕성하게 발현되는 시기 또는 조직으로부터 mRNA를 분리한다. 예를 들어 꽃의 개화에 관련된 유전자를 분리하고자 한다면 꽃이 피는 시기에 꽃의 조직 내에는 개화와 관련된 각종 mRNA가 상대적으로 다량 들어 있기 때문에 이들 조직으로부터 mRNA를 분리하여 정제하면 된다.

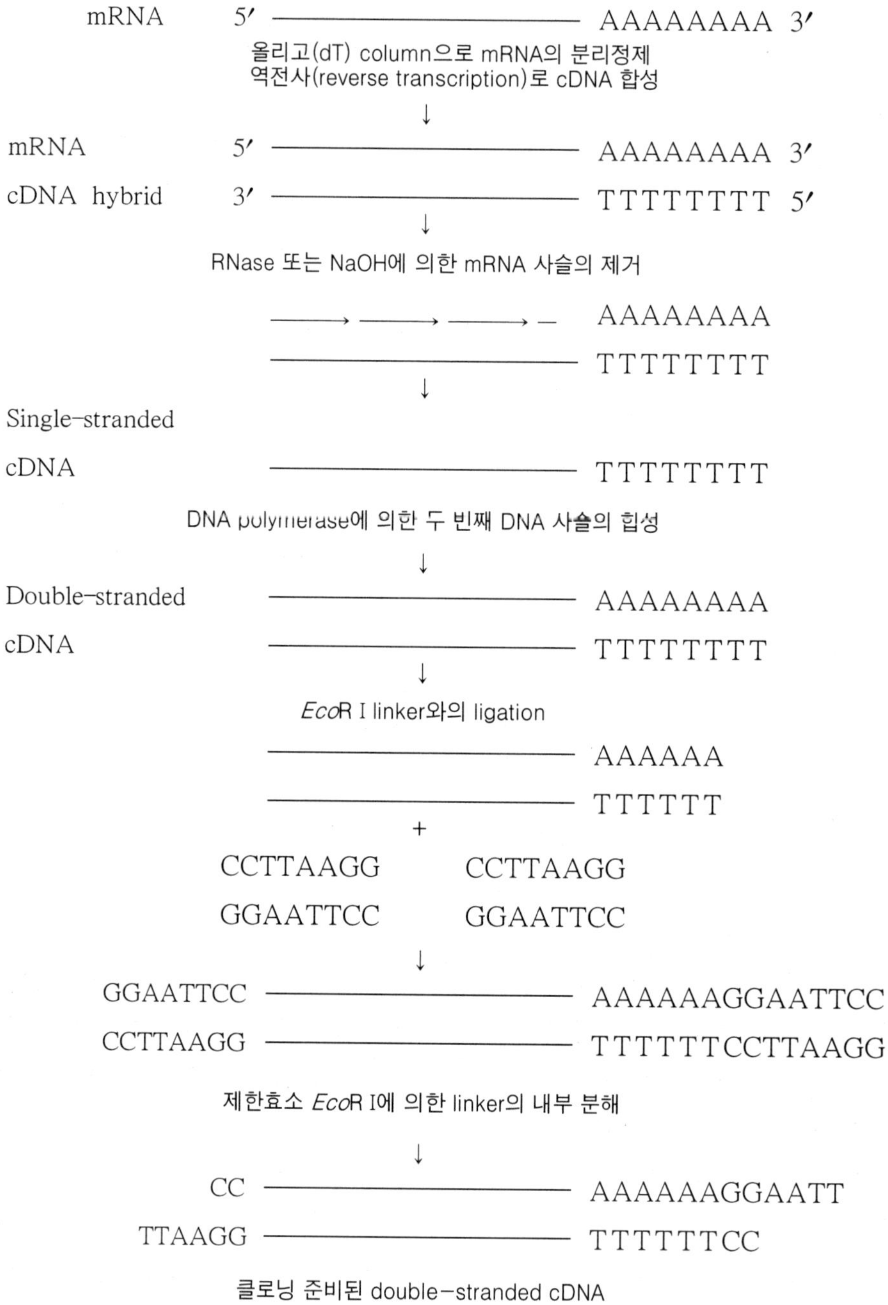

그림 5-18. Complementary DNA(cDNA) 합성법

먼저 세포를 파괴하여 mRNA를 선별적으로 분리한다. mRNA는 그 특성이 poly A 꼬리를 가지고 있으므로 oligo dT column을 사용하면 흡착 분리된다. 이와 같이

분리된 mRNA에 역전사효소를 처리하여 단일가닥의 cDNA를 합성한다. mRNA와 cDNA의 hybrid에 RNase 또는 NaOH를 처리하여 RNA를 분해시켜 제거한다. 남아 있는 단일가닥의 cDNA를 주형으로 DNA polymerase I을 사용하여 새로운 가닥의 DNA 사슬을 합성한다. 이와 같은 과정을 통하여 합성된 이중가닥(ds) cDNA는 적절한 vector DNA에 결합시켜 cloning 될 수 있다.

7. 유전자 도입방법

특정 유전자나 생체 밖인 시험관에서 인위적으로 조작된 유전자를 선별・증폭・보존하기 위하여, 또는 특정 생물체를 개량하기 위해서는 유전자를 생체 내로 도입할 필요가 있다. 유전자를 특정한 세포 내로 도입하는 방법의 예를 그림 5-19에 나타내었다.

7.1 Transformation

원핵세포(prokaryotes)에서 관찰되는 유전형질의 변화를 형질전환이라고 한다. DNA와 세포를 섞어 두면 세포 내로 DNA가 들어가 세포질 내에 독립적으로 존재하든가, 또는 염색체 DNA와 합쳐져서 유전형질이 변하게 된다.

예를 들어 고초균(*B. subtilis*)에서는 인위적인 조작이 없어도 외래 DNA가 세포 내로 도입될 수 있다(natural competence). 경우에 따라서는 세포벽을 제거한 원형질체를 사용하기도 한다.

형질전환 실험에 있어서 수용체 세포로 가장 많이 쓰이는 균주는 대장균(*E. coli*)으로서 외래 DNA를 효율적으로 세포 내에 집어넣는 방법들이 개발되었다. 그리고 plasmid vector에 외래유전자(target DNA)를 연결하여 재조합 DNA를 만들고, 이를 숙주세포 내에 집어넣는 방법이 흔히 쓰인다.

7.2 Electroporation

이는 숙주세포와 DNA의 혼합액에 수백 내지 수천 볼트의 고전압을 순간적으로 걸어 줌으로써 아주 짧은 시간 동안에 세포벽 및 막에 DNA가 통과할 만한 통로가 생기고, 그 순간에 인접해 있던 DNA 분자가 세포 안으로 들어가도록 하는 방법이다. Electroporation에 의해 세균뿐만 아니라 동식물 세포 내로 외래 DNA를 도입하는 방법도 많이 쓰인다.

그러나 electroporation은 대상 숙주세포에 따라 시행착오를 요구하는 경험적인

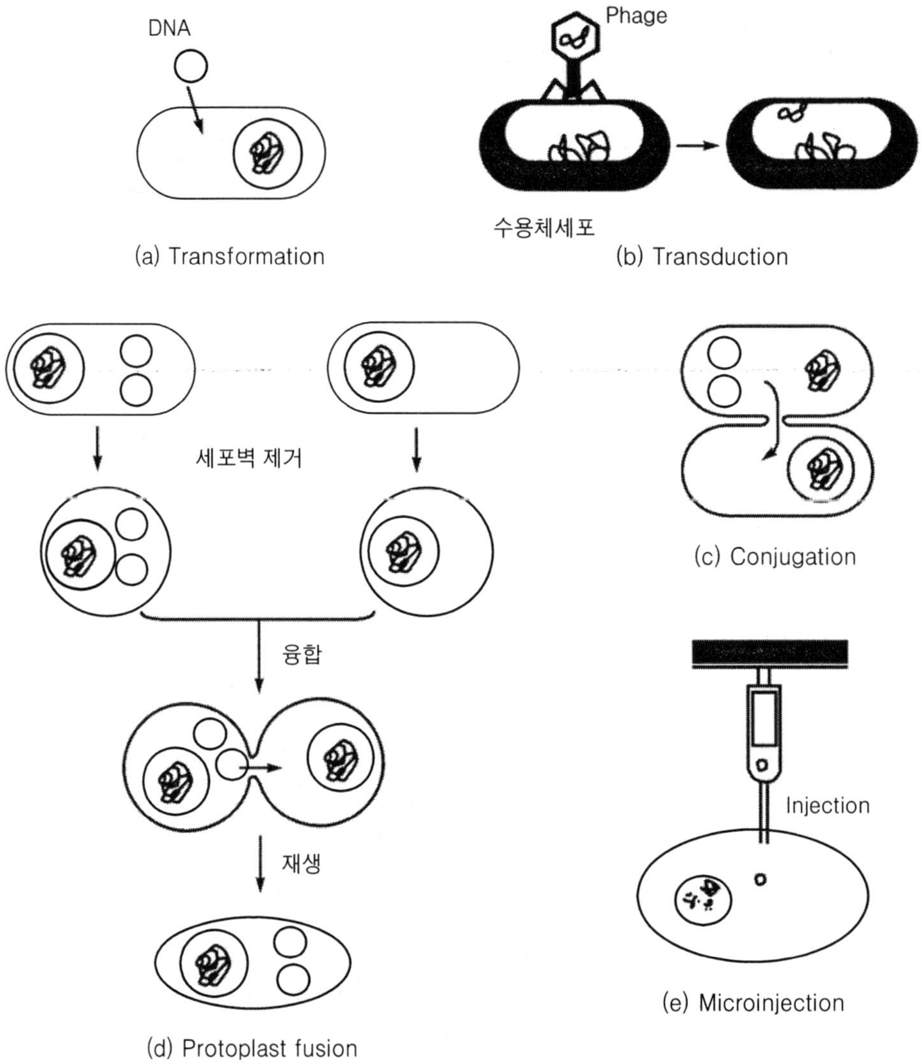

그림 5-19. 유전자 도입방법

DNA 도입방법으로 세포벽이 두터운 세균이나 식물세포에는 적용하는 데 다소 어려움이 있다. 따라서 세포벽을 제거한 원형질체가 사용되며, 이 경우에는 원형질체로부터 세포벽을 재생시켜야 하는 번거로움이 뒤따른다.

7.3 Transfection

바이러스 입자를 vector로 사용하여 외래유전자를 진핵세포(eukaryotic cell) 내로 전달하는 방법이다. Transfection은 transformation과 infection(감염)의 합성어이다. 원핵세포(prokaryotic cell)에 있어서는 겉껍질이 제거된 phage DNA, 즉 naked DNA가 숙주세포 내로 들어가서 새로운 phage 입자를 만들고 증폭하는 현상을 의미한다.

7.4 Transduction

Bacteriophage는 한 세포(donor cell)에서 다른 세포(recipient cell)로 DNA의 전달을 매개하는 특성이 있다. 이와 같이 bacteriophage를 매개체로 하나의 세균에서 다른 세균으로 DNA가 전달되는 현상이다. 이러한 phage의 특성을 이용하면 phage 내에 원하는 외래 DNA(target DNA)를 집어넣고 숙주세포를 감염시키면 phage 내에 들어 있던 DNA가 숙주세포 내로 들어가서 염색체 DNA와 합쳐지게 되고, DNA를 싸고 있던 phage의 껍데기 단백질은 세포 내로 들어가지 못하고 밖에서 분해된다.

7.5 Conjugation

Mating이라고도 한다. 두 개 또는 세 개의 세포가 직접 접촉함으로써 세포와 세포 간에 물리적인 통로가 만들어지고, 그 통로를 통하여 공여체 세포로부터 수용체 세포로 DNA의 전달이 이루어진다. 그러나 두 개의 세포가 합쳐져서 하나로 되는 것은 아니다. 조그만 물리적 충격에 의해서도 연결통로는 끊어지고, 각각의 독립된 세포로 분리된다. 이 방법으로 염색체 DNA 및 plasmid DNA의 전달이 가능하다.

7.6 Fusion

세포와 세포가 합쳐져서 하나의 새로운 세포가 만들어지는 것으로서 염색체 DNA가 합쳐지게 된다. 여기에서 새로이 생겨난 세포는 모세포와 다른 유전형질을 갖는다. 보통 세포융합(cell fusion) 또는 원형질체 융합(protoplast fusion)이라고 한다.

세포의 융합을 위해서는 물리적으로 단단한 장애막인 세포벽을 제거하여 원형질체(protoplast)를 만들어야 한다. 원형질막 또는 세포막이 합쳐져서 하나의 잡종세포가 생성되면 세포벽을 재생시켜 정상적인 세포로 자라도록 한다. 이 방법은 많은 유전정보를 전달할 수 있어서 미생물, 동식물세포에 널리 적용되나, 분류학상 유사성이 부족한 종(species) 간의 세포융합은 현실적으로 어려운 것으로 알려져 있다.

7.7 Microinjection

목적하는 유전자 DNA를 직접 극소형의 주사기를 이용하여 현미경에서 생세포의 핵 내로 주입시키는 방법이다. 주사바늘 직경의 크기가 핵 내에 삽입되어도 괜찮을 정도로 미세하여야 한다. 동식물 세포의 핵 내로 외래 DNA를 도입시킬 때, 그리고 핵의 치환이나 이식에도 아주 유용한 방법이다. 알맞은 유전자 도입방법이 알려져 있지 않거나 운반체 DNA가 없을 때도 사용될 수 있다.

7.8 Particle gun

식물세포 내로 DNA를 전달할 때 사용하는 입자총으로 DNA로 코팅된 입자를 세포나 조직 속으로 총을 쏘듯이 발사(projection)해서 투입함으로써 DNA를 전달한다. Microballistics라고도 한다.

8. 재조합 DNA 함유 clone 선별분리법

재조합 DNA를 수용체세포(clone)인 숙주세포 내로 도입시키고자 했을 때 재조합 DNA가 들어 있는 수용체세포는 전체 수용체세포의 극히 일부분에 지나지 않으며, 대부분의 세포들은 재조합 DNA를 받아들이지 못한 상태에 있다. 따라서 재조합 DNA가 들어 있는 수용체세포(clone)를 그렇지 못한 다른 일반 세포들과의 혼합물로부터 선별하여 분리하는 과정이 필요하다. 이러한 방법의 한 예를 그림 5-20에 나타내었다.

8.1 Plasmid vector의 marker를 이용하여 선별하는 방법

그림 5-20에서처럼 plasmid가 항생제 kanamycin과 tetracycline에 대한 내성을 나타내는 유전자를 marker로 보유하고 있는 경우 marker 유전자를 추적함으로써 재조합 plasmid DNA를 함유한 clone을 분리해 낼 수 있다.

숙주세포와 재조합체 plasmid DNA의 혼합물을 kanamycin이 들어 있는 배지 위에 펼쳐 놓고(spreading) 배양하면 kanamycin 내성 유전자를 함유한 숙주세포만이 자란다. 즉, 원래의 plasmid vector나 재조합 plasmid DNA를 함유한 세포만이 자란다. 이들 kanamycin이 들어 있는 배지에 자라는 군락(colony, clone)들을 kanamycin과 tetracycline을 모두 함유한 배지에 옮겼을 때 자라지 못하는 군락이 재조합 plasmid DNA를 함유한 clone에 해당된다.

이는 재조합 plasmid DNA에는 tetracycline 내성 유전자의 내부에 외래유전자(target DNA)가 삽입되어 본래의 tetracycline 내성 유전자가 파괴되어 있기 때문이다. 따라서 kanamycin을 함유한 배지 중에 자라는 세포 중에서도 tetracycline 감수

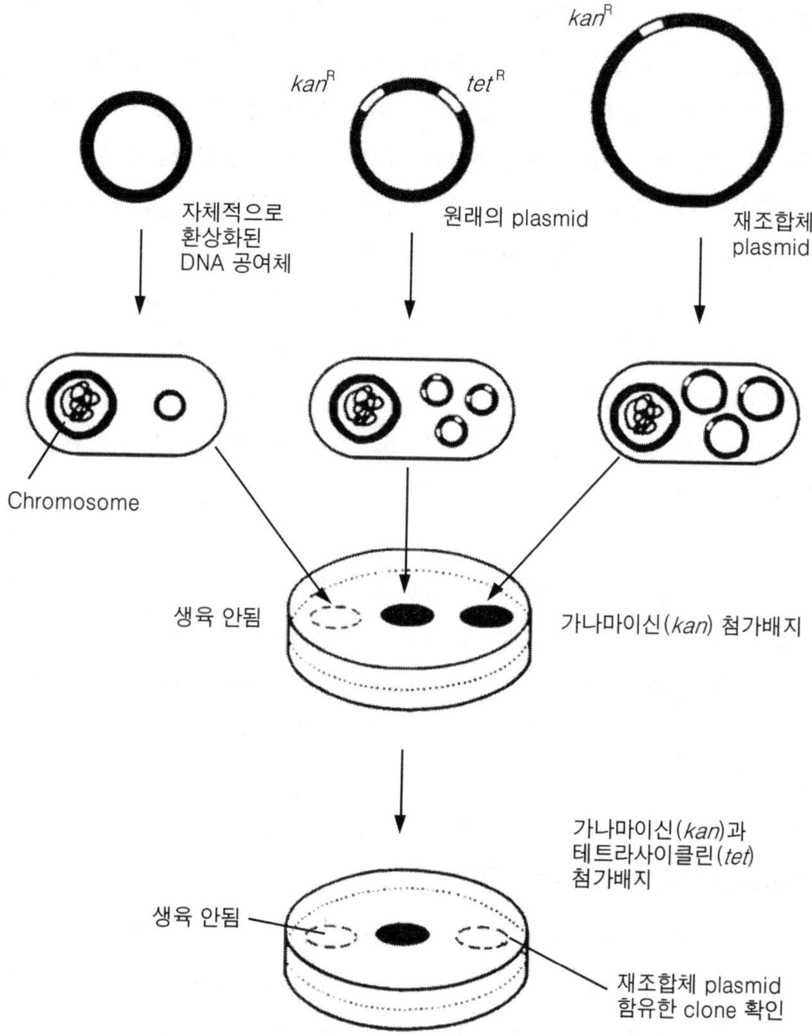

그림 5-20. 재조합 DNA를 함유한 clone의 검출방법

성인 세포만이 외래유전자와 재조합된 plasmid DNA를 가지고 있다.

8.2 DNA 혼성화 반응을 이용한 선별 방법

DNA는 구성염기 사이의 서로 보완적인 수소결합에 의한 이중가닥(double stranded)으로 된 구조를 이루고 있다. DNA를 알칼리 또는 고온에서 가열처리하면 염기쌍 사이에 수소결합의 파괴로 겹사슬 구조는 깨어지고, 단일가닥(single stranded) 구조로 바뀐다. 이를 DNA의 변성이라고 한다.

단일가닥 구조의 DNA는 서로 보완적인 염기쌍을 지닌 다른 단일가닥 DNA로서 실질적으로 서로 같거나 또는 매우 비슷한 DNA를 만나면 염기쌍 사이의 수소결합으로 다시 이중가닥 구조의 DNA로 바뀐다. 이를 DNA의 재생이라고 한다. 이와 같이 같거나 매우 비슷한 DNA끼리 만나서 서로 보완적인 염기쌍 사이에 수소결합을 형성함으로써 이중가닥의 DNA로 바뀌는 현상을 DNA-DNA 혼성화(hybridization)라고 한다. DNA-RNA 혼성화도 비슷한 원리로 가능하다.

이러한 DNA의 특성을 이용하면 여러 종류의 세포들이 섞여 있는 혼합물로부터 target DNA가 들어 있는 clone을 쉽게 선별해 낼 수 있다. 배지에 세포들을 배양한 다음, 자란 군락(colony)들을 nitrocellulose 또는 nylon으로 만든 막에 옮기고, 막에서 군락을 용해시켜 균체 안에 있던 DNA를 막에 변성 및 고정시킨다.

이후 탐침(probe)으로 사용할 재조합 DNA를 만들 때 사용했던 target DNA를 단일가닥으로 변성시키고 막과 섞는다. 막의 DNA와 탐침(probe) DNA가 서로 같거나 매우 유사하면 DNA 분자 사이에 서로 보완적인 수소결합이 이루어진다(DNA-DNA 혼성화). 보통 탐침은 방사성 동위원소나 발색단으로 표식(labelling)하여 사용하기 때문에 막에서 DNA-DNA 혼성화가 일어난 위치를 찾아낼 수 있다. 이로부터 배지에 자란 군락 중에서 재조합 DNA가 들어 있는 군락(clone)을 추적하여 분리해 낼 수 있다.

8.3 Immunological assay법

항원(antigen)과 항체(antibody) 사이의 특이적인 반응을 이용한 방법이다. 재조합 DNA를 만들 때 사용한 외래 target DNA가 숙주세포 내에서 발현되어 합성된 단백질이 항원이 되고, 항원을 찾기 위하여 탐침(probe)으로 사용하는 화합물이 항체가 된다.

DNA 혼성화와 유사한 방법이다. 고체배지에 세포들을 배양한 다음, 자란 군락(colony)들을 막 또는 matrix에 옮기고, 막에서 군락을 용해시켜 균체 안에 있던 단백질을 막에 고정시킨다. 이후 탐침으로 사용할 기본 항체를 membrane에 섞어 주면 target DNA에 의해서 합성된 단백질과 결합하게 된다.

여기에 기본 항체와 특이적으로 결합하는 제 2의 항체를 첨가한다. 제 2의 항체로는 보통 발색기능을 나타내는 효소를 사용한다. 예를 들면 alkaline phosphatase가 있다. Alkaline phosphatase는 무색의 특정 기질을 분해하여 유색 화합물을 형성하며, 유색 화합물은 반응이 일어난 위치에 축적된다. 막의 발색 부위가 항원-항체 반응이 일어난 곳이며, target DNA가 발현되어 합성된 단백질이 존재하는 곳이다. 따라서 막의 발색 부위로부터 배지에서 재조합 DNA가 들어 있는 clone을 추적하여 분리할 수가 있다.

8.4 Protein activity 측정법

재조합 DNA를 만들 때 사용한 외래 target DNA가 숙주세포 내에서 발현되어 단백질을 합성한다면 그 단백질의 활성을 추적함으로써 재조합 DNA가 들어 있는 clone을 선별해 낼 수 있다. 단백질이 만약 효소라면 각 군락들의 효소활성을 측정하면 된다.

더욱이 효소나 기질의 종류에 따라서는 쉽게 배지에서 육안으로 재조합 DNA가 들어 있는 군락과 그렇지 못한 군락을 선별해 낼 수 있다. 특히 합성된 단백질이 숙주세포의 생육에 필수적인 요소라면 최소배지(minimal medium)를 사용함으로써 재조합 DNA를 함유한 clone만이 자랄 수 있도록 조절할 수도 있다.

9. 중합효소 연쇄반응

중합효소 연쇄반응(polymerase chain reaction, PCR)은 특정 DNA 부위를 특이적으로 반복 합성하여 시험관 내에서 원하는 DNA 분자를 증폭시키는 방법으로서, 아주 적은 양의 DNA를 이용하여 많은 양의 DNA 합성이 가능하다. 중합효소 연쇄반응을 통하여 *in vitro* 에서 특정 부위의 DNA를 $10^5 \sim 10^8$배까지 수 시간 내에 증폭시킬 수 있으며, 이렇게 증폭된 DNA를 다음과 같이 여러 가지 실험에 이용할 수 있다.

① Probe로 사용할 목적으로 클로닝된 이중가닥 DNA의 증폭
② 적은 양의 mRNA로부터 특정 cDNA의 클로닝
③ DNA 염기서열 분석(sequencing)
④ 돌연변이 검사
⑤ 병인성 바이러스 및 박테리아 검출
⑥ 유전자의 풋프린팅(footprinting)
⑦ 특정 부위에 돌연변이를 일으킨 유전자의 제조(site directed mutagenesis)

중합효소 연쇄반응은 세포 내에서 진행되는 DNA의 복제과정을 시험관에서 효소와 중합에 필요한 각종 기질을 넣고 인위적인 환경(온도 등)을 조절하여 일으키는 것과 같다.

주형이 되는 이중가닥 DNA의 표적 부분의 양 끝 염기배열 정보로부터 상류와 하

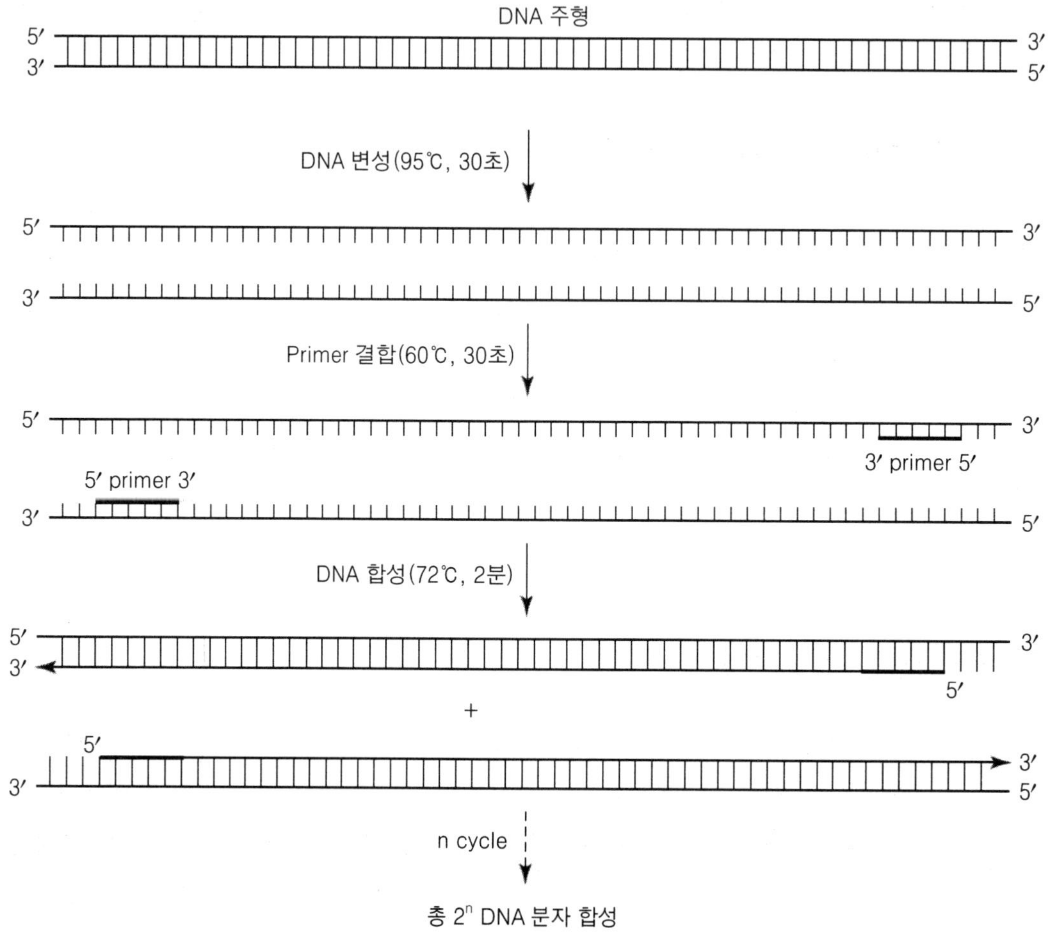

그림 5-21. 중합효소 연쇄반응의 경과

류의 DNA primer를 미리 합성하고, 내열성 DNA polymerase(Taq polymerase)와 온도 프로그램이 가능한 thermocycler라는 장비를 사용하여 수행한다. 이 중합효소 연쇄반응은 다음과 같이 세 단계로 이루어진다(그림 5-21).

1) DNA의 변성(denaturation)

90~96℃로 가열하여 이중가닥 DNA를 단일가닥 DNA로 분리시킨다. 높은 온도일수록 단일가닥 DNA로 잘 이행되지만, Taq DNA polymerase가 온도가 아주 높은 상태에서는 활성도가 낮아질 수 있다.

2) Primer의 결합(annealing)

50~65℃에서 진행되며, 염기 간에 G와 C는 세 군데에서 수소결합이 일어나고, A와 T는 두 군데에서 결합이 일어나므로 G + C 비율에 따라 결합온도에 변화를 주는 것이 바람직하다. 비특이 PCR 산물이 형성되는 경우 결합온도를 올려서 반응시켜 보면 비특이 산물을 줄일 수 있다.

3) DNA의 합성(polymerization)

DNA의 합성반응은 70~74℃에서 이루어지며, 원하는 PCR 산물의 크기가 크거나 반응요소의 농도가 낮을 때에는 시간을 연장시키는 것이 좋다. Taq DNA polymerase는 보통 1분에 2,000~4,000 뉴클레오티드를 합성할 수 있으므로 원하는 PCR 산물의 크기 1 kb마다 1분 정도의 시간을 배당하면 충분히 반응이 일어날 수 있다.

위 과정이 계속 반복하여 진행되면서(보통 25~35회) 원하는 DNA 부분을 증폭시키는 것이 중합효소 연쇄반응의 원리이다.

이러한 중합효소 연쇄반응은 유전자 클로닝에 필요한 DNA를 증폭하는 것 이외에도 다음과 같이 다양한 응용분야를 갖는다.

① 법의학에서 특정인의 유전자 검출
② 유전질환 관련 유전자의 검출 및 질병의 진단
③ 감염성 질병 관련 유전자의 검출 및 질병의 진단

10. 유전자 재조합 기술의 산업적 이용분야

백신, 미생물 살충제, 효소, polysaccharide, polyester, 진단시약, 항생제, 아미노산 등의 생산, 식물육종, 동물육종, 환경정화, 유전자치료 등 광범위한 분야에서 유전자 재조합 기술은 응용된다.

1) 유전자조작에 의하여 천연에서 쉽게 얻을 수 없는 단백질을 다량 생산할 수 있다. 예를 들어 insulin, 생장 호르몬(human growth hormone, bovine growth hormone), interferon, tissue plasminogen activator 등이 있다.
2) Hepatitis B, influenza, smallpox 등에 대한 백신(vaccine) 개발은 유전자조작에 의하여 이루어졌다(그림 5-22).
3) 유전병 환자의 원인규명과 치료제의 개발로 결핍효소 또는 유전자를 주입시키는 방법을 생각할 수 있다.
4) 유전자 재조합에 의해 사용하고 있는 균주에 비하여 그 기능을 크게 향상시킴

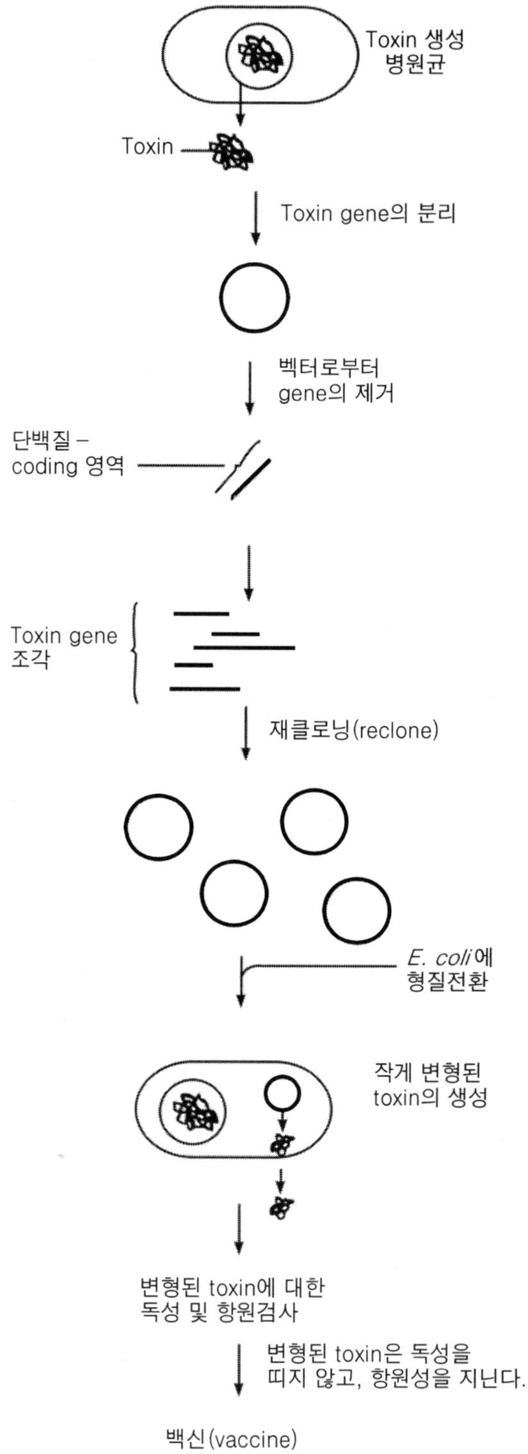

그림 5-22. Vaccine 개발방법

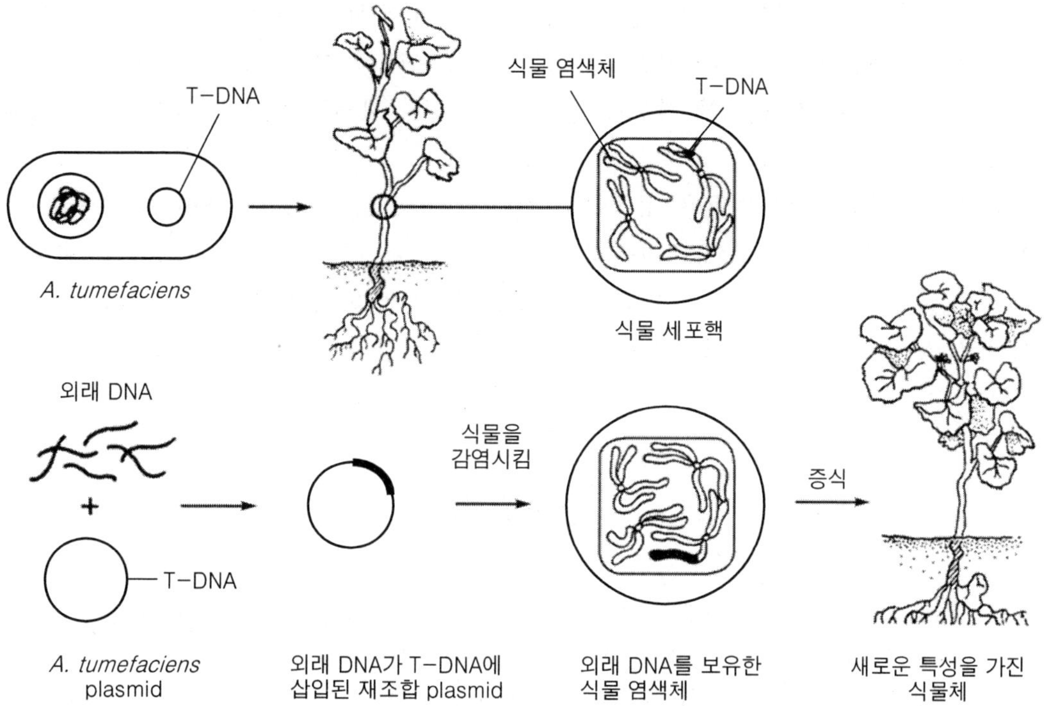

그림 5-23. *Agrobacterium tumefaciens*의 식물육종에 이용

으로써 농산 폐기물로부터 단백질, 연료용 알코올, glycerol, ethylene oxide, ethylene glycol 등과 같은 유용한 유기화합물을 산업적으로 생산할 수 있다.

5) 동물 기원의 효소를 미생물 배양으로 대량 생산할 수 있다. 예를 들어 혈전 용해제로 이용하는 urokinase, 식품공업에 응유효소로 이용하고 있는 calf rennin 등이 있다.
6) Monoclonal antibody(단선항체)를 저렴한 방법으로 생산할 수 있다.
7) 내병성 · 내충성 · 내염성 · 내한성 · 다수확성 작물의 육종이 가능하다. 여기에는 그림 5-23에서 보는 바와 같이 *Agrobacterium tumefaciens* 및 Ti plasmid를 이용한 품종 육종이 활발히 이루어지고 있다.
8) 난분해성 물질을 분해시킬 수 있는 미생물을 육종하여 환경정화에 사용할 수 있다.
9) 미생물의 생합성 경로를 변경시켜 새로운 항생물질을 고농도로 생산할 수 있다.
10) 미생물 균주에 새로운 물질대사 관련 효소의 유전자를 도입하여 발효시간의 단축, 수율의 향상 등 발효공정을 개선할 수 있다.

그리고 유전자 재조합 방법으로 균주를 육종하기 위하여 특정 peptide의 아미노산 서열 분석, 핵산의 구성 염기서열 분석, DNA의 화학적 합성, genomic library의 제작 등에 대한 이해가 필요한 경우가 많다. 이에 대한 자세한 내용은 관련 전문서적을 참조하기 바란다.

유전자 재조합은 이와 같은 장점에도 불구하고 새로운 종류의 생명체를 만들거나 종양(tumor) 바이러스, AIDS 바이러스 등의 DNA를 다루는 일은 잠재적인 위험이 따르는 것으로 여겨지고 있다. 따라서 각국에서는 유전자 재조합에 관한 연구에 있어서 별도의 가이드라인을 설정하여 취급 균주 및 시설 등을 규제하고 있다.

참고문헌

1. Sambrook, J., E. F. Fritsch and T. Maniatis, Molecular Cloning, a laboratory manual, Cold Spring Harbor Laboratory Press, USA(1989)
2. Ausubel, F. M., R. Brent, R E. Kingston, D. D. Moore, J. G. Seidman, J. A. Smith and K. Struhl, Current Protocols in Molecular Biology, Greene Publishing Associates and Wiley-Interscience, USA(1987)
3. Lewin, B., Genes III, John Wiley & Sons, Inc., USA(1987)
4. Birge, E. A., Bacterial and Bacteriophage Genetics, Springer-Verlag, USA (1981)

제 6 장

유전공학의 응용

20세기에 비약적으로 발전한 분자생물학을 기반으로, 유전공학은 유전자 재조합 기술을 이용하여 인류에게 유익한 방향으로 생물체의 개량 및 유용물질의 생산 등을 추구하는 생물산업을 발전시켰다. 생물산업은 유전공학기술 뿐만 아니라 발효공학기술, 단백질공학기술, 동식물 세포배양기술 등이 핵심 기술이나 생명체의 유전적인 특성을 개선하는 유전공학기술이 가장 기본적인 핵심 기술이라 할 수 있다. 유전공학기술을 이용한 분야에서 기술의 발전과정을 요약하면 표 6-1과 같다.

표 6-1. 유전공학 응용분야의 발전

년도	유전공학 분야의 주요 발전내용
1953	Watson과 Crick에 의하여 DNA 구조 구명
1956	최초로 DNA와 RNA 시험관내 합성
1973	Cohen과 Boyer에 의하여 유전자 재조합 기술 소개
1977	빠르게 DNA 염기서열을 밝히는 방법을 보고
1982	최초로 Eli Lilly사 인슐린을 유전공학적 방법으로 생산하여 상품화
1985	중합효소 연쇄반응을 소개(PCR의 원리)
1988	미국 국립보건원 내에 human genome project 기구 설치
1989	최초로 adenosine deaminase(ADA) 결핍환자에 유전자 치료법을 도입
1990	Human genome project를 시작
1994	최초로 Calgene사 유전자변형 토마토의 상품화
1996	최초로 Affymetrix사 DNA chip의 상품화
1997	영국에서 최초로 체세포 복제기술에 의한 복제양 'Dolly' 탄생
2002	Human genome project 완료(인간 게놈지도 완성)

여기에서는 유전자조작을 응용하는 분야 중 새롭게 부각되고 있는 유전자변형 생물체, 동물복제, 유전자 치료, 바이오칩 분야 등에 대하여 설명하였다.

1. 유전자변형 생물체

유전자변형 생물체는 주로 유전자조작 기술을 이용하여 품종을 개량한 농작물을 말한다. 그리고 유전자 재조합 식품은 '유전자 재조합 기술을 이용하여 만든 새로운 유전자변형 농수축산물 중 식품 또는 식품첨가물로 이용되고 있는 식품'을 말한다. 이러한 유전자변형 농산물은 1994년 미국 Calgene사가 잘 물러지지 않는 토마토(상품명 : Flavr Savr)를 상품화한 것을 시작으로 70여 종 이상의 작물이 상품화되었다. 유전자변형 생문체와 관련된 몇 가지 용어를 정의하면 다음과 같다.

- GMO(Genetically Modified Organism) : 일반적으로 생산량 증대, 또는 가공과 유통의 편의를 위하여 유전공학기술을 이용하여 기존의 번식방법으로는 나타날 수 없는 형질이나 유전자를 지니도록 개발된 생물체를 말한다. WTO, OECD 등에서 일반적으로 사용하는 용어이다. GMO는 LMO를 포괄하는 개념이다.
- LMO(Living Modified Organism) : 유전물질이 생명공학기술에 의하여 인위적으로 변형된 살아 있는 생물체를 말하는 용어로서, 1992년 UNEP의 Rio회의 생물다양성 협약에서 사용되었다.
- GEO(Genetically Engineered Organism) : GMO와 같은 개념의 용어이다.
- GM/GEO(Genetically Modified 또는 Genetically Engineered Organism) : GMO와 같은 뜻의 용어로서, 국제식품규격위원회(CODEX)에서 사용한다.

1.1 기존의 품종개량 방법과의 차이

세계의 식량문제를 해결하기 위하여 유전자 재조합 기술을 이용하여 식량자원의 품종을 개량한 것이 GMO이다. 기존의 품종개량과 유전자 재조합에 의한 품종개량은 유용한 유전자를 서로 재조합시켜 원하는 성질을 갖는 품종을 만든다는 점에서는 같다.

그러나 기존의 품종개량 기술은 각각 원하는 특성을 갖는 유사 종을 교배하여 생성된 잡종 중에서 원하는 형질을 갖는 개체만을 찾아내는 것으로, 한 종류의 품종을 개발하기 위해서는 많은 시간과 노력이 소요되는 것이 일반적이다. 그러나 유전자 재조합 기술은 원하는 특성을 나타내는 유전자를 생물체에 직접 삽입함으로써 목적하는 새로운 품종을 직접 얻을 수 있음으로 개발에 소요되는 시간이 짧다. 또한, 필요한 유전자를 같은 생물 종에서 뿐만 아니라 서로 다른 생물 종에서도 얻을 수 있어서 품종개량의 폭이 넓은 장점이 있다.

1.2 유전자변형 생물체의 개발방법

생물로부터 원하는 유용한 유전자를 분리하여 이를 개량하고자 하는 작물의 세포에 삽입하는 방법은 아그로박테리움(*Agrobacterium*)법, 원형질세포법, 입자총(particle-gun)법, 미세주입(microinjection)법 등이 있다.

1) 아그로박테리움법

*Agrobacterium*속의 미생물이 Ti plasmid로 식물세포에 자신의 유전자를 삽입시키는 성질을 이용한 것이다. *Agrobacterium*의 Ti plasmid에 목적하는 유용한 유전자를 삽입시킨 후 이 미생물을 식물체에 감염시키면 유전자가 식물세포의 핵 염색체에 전

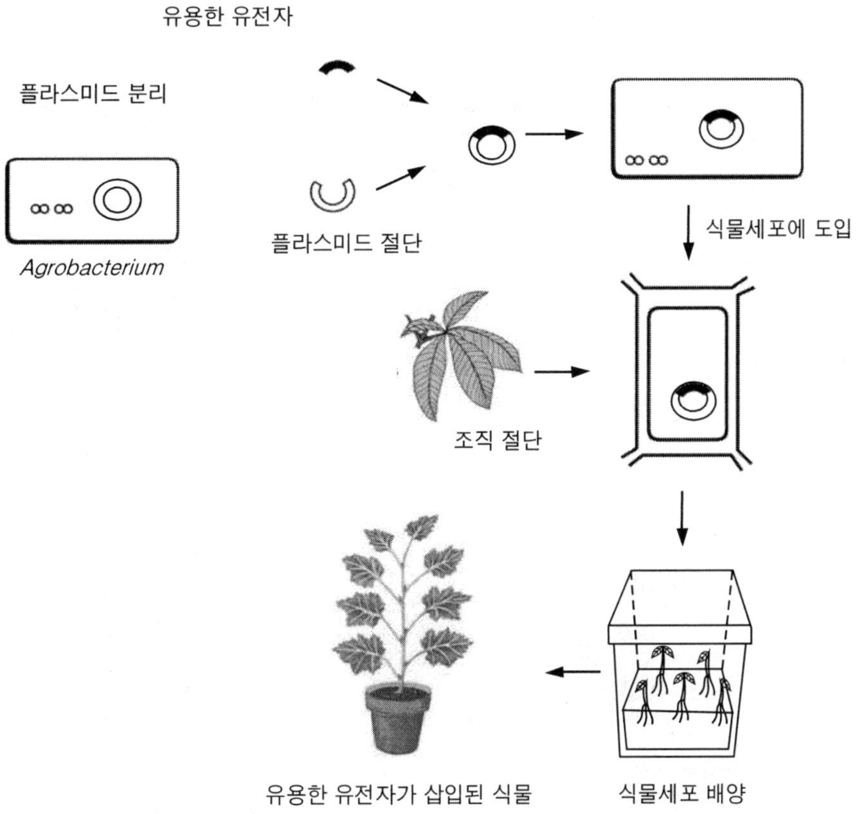

그림 6-1. 아그로박테리움법에 의한 유전자변형 생물체의 제조법

이되어 식물체 내에 원하는 유전자가 들어가도록 하는 방법이다. 쌍자엽 식물에 대하여 효과적이다. 이를 도식화하면 그림 6-1과 같다.

2) 원형질세포법

DNA가 들어가기 쉽도록 식물세포의 세포벽을 효소나 화학물질로 용해시켜 세포벽이 없는 원형질체로 만든다. 그리고 미생물에서 유전자 삽입과 동일한 전기충격(electroporation)에 의한 방법으로, 목적하는 유용한 유전자를 식물세포에 삽입하는 방법이다. 이를 도식화하면 그림 6-2와 같다.

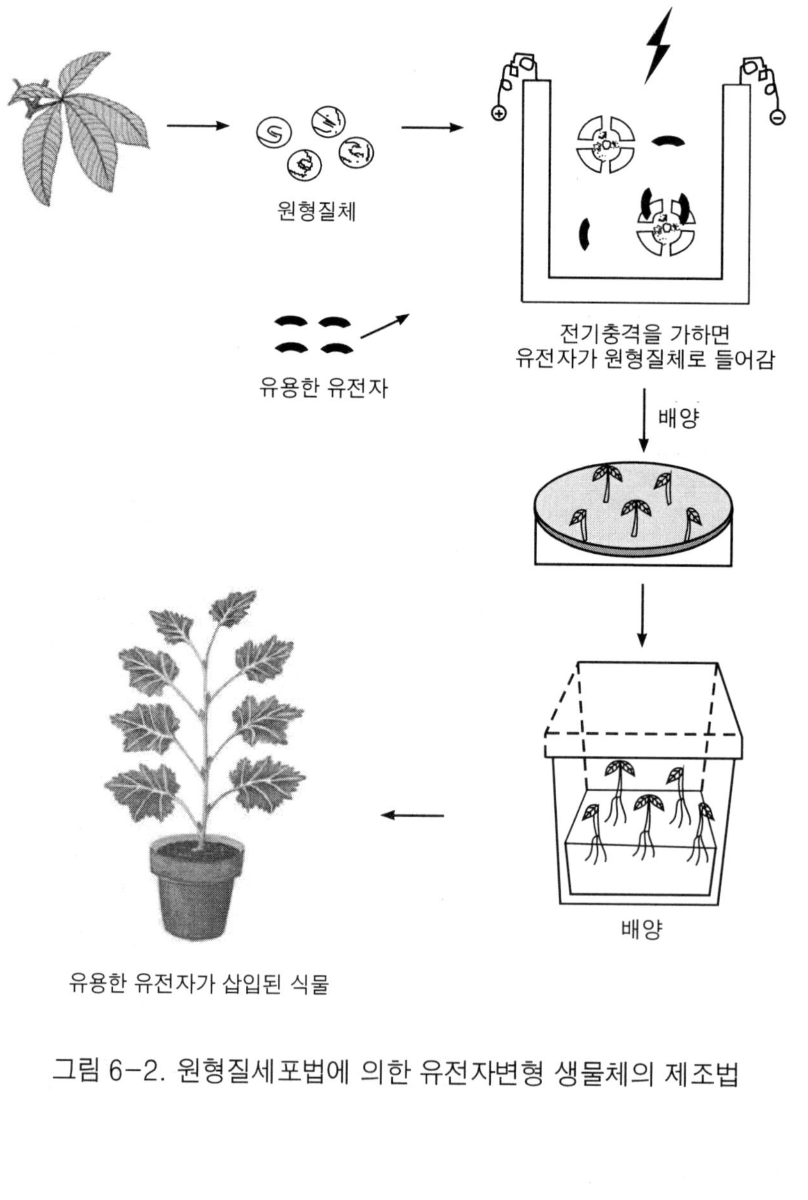

그림 6-2. 원형질세포법에 의한 유전자변형 생물체의 제조법

3) 입자총(particle-gun)법

금속 미립자(텅스텐이나 금 분말을 이용)에 목적하는 유용한 유전자를 결합시키고, 고압 He 가스의 힘으로 미립자를 식물세포에 밀어 넣어 유전자가 들어가도록 하는 방법이다. 사용재료는 배양세포, 배, 어린 식물체 등을 이용하며, 이를 도식화하면 그림 6-3과 같다.

1.3 유전자변형 농산물의 분석법

유전자변형 농산물(식품)의 분석법은 유전자 재조합 기술에 의해 삽입된 특정 유전자 서열을 확인하는 DNA 검출법, 그리고 특정 유전자에서 합성되는 단백질을 검사하는 단백질 분석법이 있다.

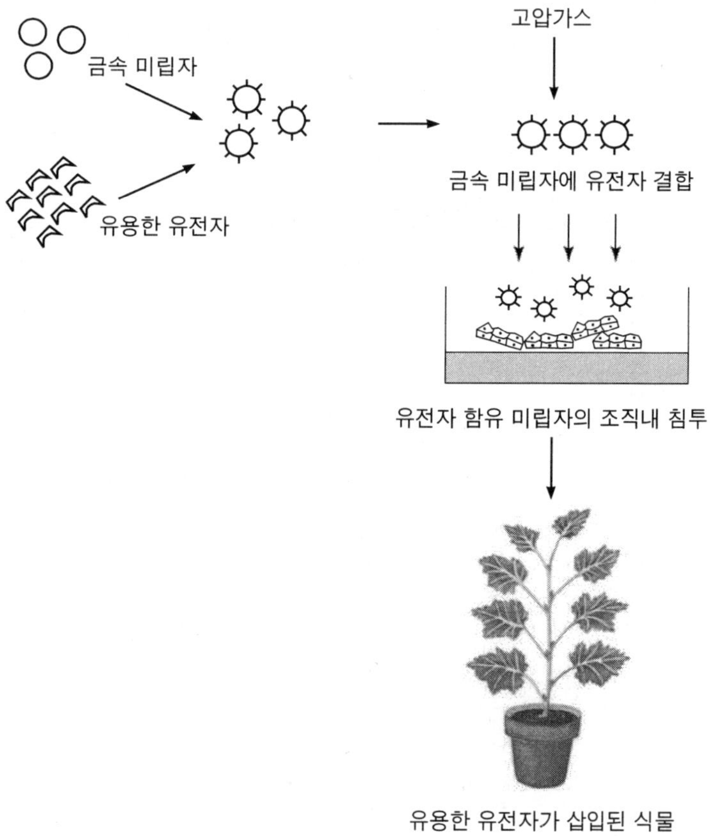

그림 6-3. 입자총법에 의한 유전자변형 생물체의 제조법

1) DNA 분석법

눈으로 확인이 불가능한 유전자를 유전자 증폭장치인 PCR(polymerase chain reaction)을 이용하여 그 양을 증폭시킨 후, 유전자변형 농산물의 개발에 사용된 특정한 유전자를 확인하는 방법이다. 상업화된 유전자변형 농산물은 매우 다양한 유전자를 함유하고 있다. 어떤 유전자가 도입된 농산물인지 모르는 상태에서 모든 유전자를 확인하는 것은 거의 불가능하다. 그러나 농산물에 도입된 유전자는 달라도 유전자 재조합 과정에서 이용되는 promotor, terminator, vector system 등은 한정되어 있으므로 이들을 분석하여 유전자변형 여부를 확인하는 것은 가능하다.

지금까지 개발된 대부분의 유전자변형 농산물의 promotor로는 cauliflower mosaic virus(CaMV) 유래의 35S promotor와 terminator로는 *Agrobacterium* 유래의 NOS-terminator가 사용되고 있다.

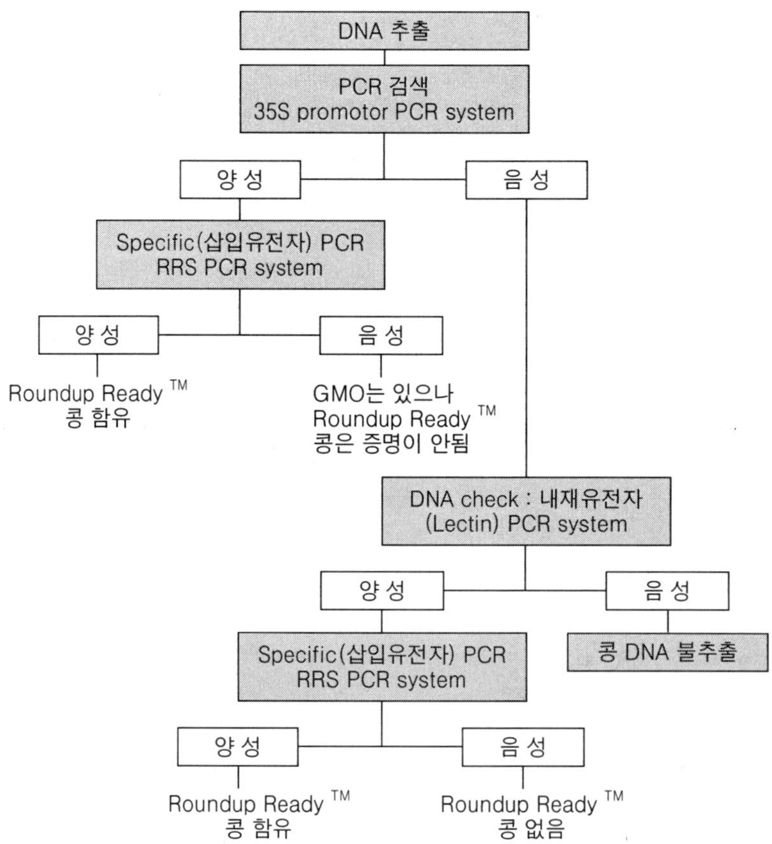

그림 6-4. AOAC법에 의한 제초제내성 대두(Roundup Ready Soybean, RRS)의 판정법

따라서 유전자변형 여부를 확인하기 위하여 35S나 NOS를 확인하면 된다. 예로서 제초제 내성 콩(Roundup Ready^{TM})의 확인을 위한 AOAC법을 도식화하면 그림 6-4와 같다. 원료 농산물을 분석할 수 있는 PCR용 시약(주로 35S promotor와 NOS terminator 분석용)들은 시판되고 있다.

2) 단백질 분석법

단백질 분석법은 도입된 유전자에 의하여 만들어지는 특정 단백질에 특이적인 항체를 만들어 항원-항체반응에 의하여 분석하는 방법으로서 면역학적 분석법이라고도 한다. 이 방법으로 원료 농산물, 가공과정에서 심한 열처리를 받지 않은 가공 재료나 식품 등을 분석할 수 있다.

분석에 이용되는 주된 기법은 Western blot법 · ELISA법 · Dipsticks법이 있다. 분석결과의 신뢰도는 단백질 추출조건, 분석절차, 항체선택 등에 의하여 결정된다. Western blot법은 추출률이 좋으며, 시료의 특성에 따른 영향이 적은 장점이 있다. 그러나 과정이 복잡하고 정량성이 떨어지는 단점이 있다.

ELISA법은 작업 처리량이 많고, 분석이 쉽고, 정량적이라는 장점이 있으나 시료 특성의 영향을 크게 받는 단점이 있다. Dipsticks법은 항체 단백질을 검사용 strip에 결합시켜 종류에 현장에서 즉시 적용할 수 있도록 한 간편하고 신속한 방법이나, 정성분석용 방법이다.

1.4 유전자변형 동물

유전자변형 동물은 '유전자 재조합 기술로 원하는 유전자를 주입시킨 동물로서 목적하는 유전자를 수정란 또는 배세포에 주입하고, 이로부터 생성된 변이체 동물'을 말한다. 유전자변형 동물은 성장속도, 사료효율, 육질개선, 병에 대한 저항성 향상 등 가축의 품종개량이나 각종 질환 모델동물 또는 생리활성물질의 생산 등에 이용된다.

생리활성물질의 생산을 위한 유전자변형 동물로는 1991년 네덜란드에서 개발된 사람의 락토페린 유전자를 함유하는 젖소를 시작으로 성장호르몬, hemoglobin, interlukin-2, collagen, urokinase 등의 유전자를 함유하는 돼지 · 토끼 · 생쥐 · 양 등이 개발되었다.

2. 동물복제

유전형질이 완전히 같거나, 다른 개체를 만들어 내는 것이다. 생명체의 복제, 특히 포유동물의 복제는 생명공학의 발전에서 중요한 이정표의 하나가 되었다. 복제기술이 개발되기 전까지는 암수 생식세포 사이의 수정에 의해서만 정상적인 개체 발생이 가능한 것으로 알려져 있었다. 그러나 최근 세포융합 혹은 세포 직접주입에 의한 체세포 핵이식 기술이 발전되면서 생명체의 복제가 본격적으로 이루어지고 있다.

동물복제 기술의 효율을 향상시켜 부가가치가 높은 동물의 대량생산 체계가 구축되면 동물의 생산성이 향상된다. 그리고 유전자변형 동물의 개발기술과 병행하면 유전자변형 동물의 번식성이 낮은 단점을 극복할 수 있어 상승효과가 기대된다.

2.1 동물복제 방법

동물복제 방법은 그림 6-5, 그림 6-6과 같이 생식세포 복제법과 체세포 복제법으로 구분할 수 있다.

1) 생식세포 복제법

암컷의 난자와 수컷의 정자가 결합된 수정란의 분할과정에 있는 난세포(할구)를 분할하거나 분리하는 수정란 분할법, 그리고 수정란에서 핵을 분리한 후 미리 핵을 제거한 난자에 이식시키는 핵이식법이 있다. 이 방법은 현존하는 생명체를 복제하는 것이 아니라 향후 태어날 생명체를 복제하는 방법으로 일란성 쌍둥이 또는 일란성 다

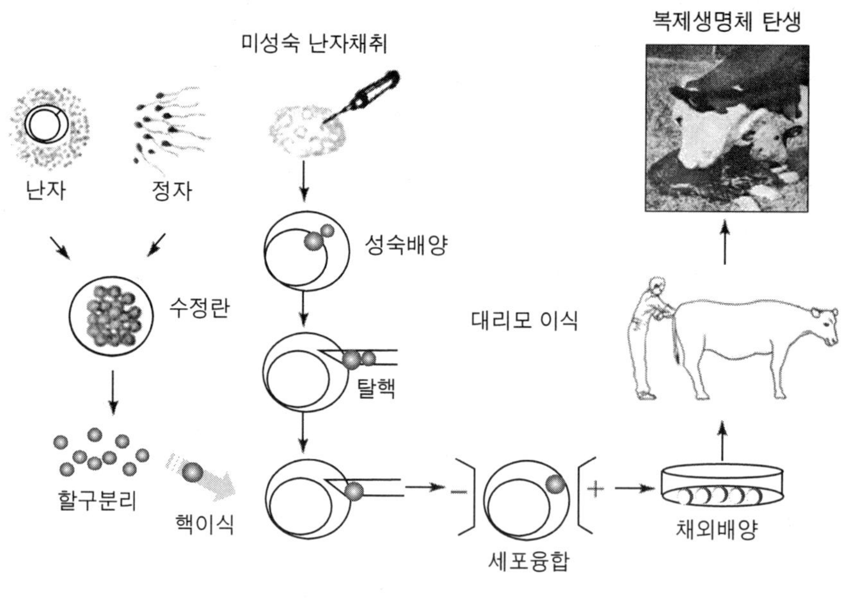

그림 6-5. 생식세포 복제법

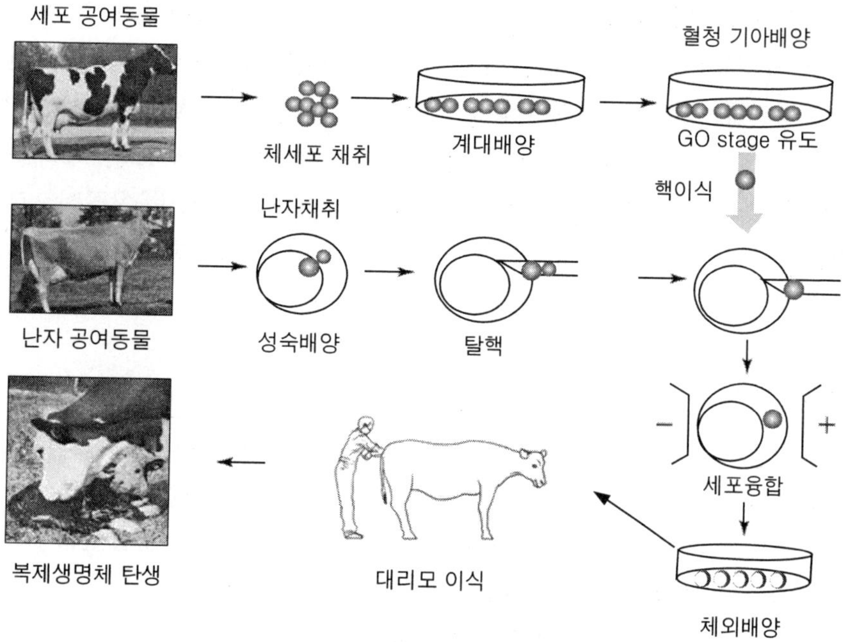

그림 6-6. 체세포 복제법

둥이 생산과 같은 개념이다. 이 방법을 이용한 포유동물의 복제는 1983년 McGrath와 Solter의 생쥐복제를 시작으로 각종 동물의 복제가 이루어졌다.

(1) 수정란 분할법

수정란이 4세포기 또는 8세포기 등으로 발육되었을 때 현미경에서 예리한 도구로 2등분 혹은 4등분한다. 또한 수정란 속의 할구들을 효소를 이용하거나 물리적으로 각각 분리하여, 이를 체외 배양시켜 정상적으로 발육되었을 때 대리모에 이식하여 임신시키면 동일한 유전형질을 지닌 몇 마리의 동물이 태어나게 된다.

(2) 생식세포 핵이식법

핵이식에 의한 복제과정은 ① 수핵세포질(난자)의 준비, ② 공여핵세포의 준비와 핵이식, ③ 난자 활성화와 reprogramming, ④ 복제 수정란의 배양, 대리모 이식 등의 단계로 구성되어 있다. 생식세포 핵이식법에서는 공여핵세포로 수정란을 이용한다. 수정란을 16세포기 또는 32세포기 등의 단계에서 체외로 채취하여(채란) 단백질 분해효소를 이용하여 외막을 제거하고, 각 할구의 결합을 이완시켜 동일한 유전정보를 지닌 16개 또는 32개의 할구 핵을 분리한다.

별도의 암컷에서 채취한 난자에서 핵을 빼내고(탈핵), 세포활성화 과정을 거쳐 M II(metaphase II)기의 수핵난자를 만들고, 미리 준비된 할구 핵을 넣어 주면 핵이식 수정란이 생성된다. 핵이식 수정란에 전기자극 등의 처리로 세포융합시킨 후 incubator에서 7~8일 간 배양하면 16~32세포기의 수정란이 16개 또는 32개가 만들어진다. 이를 핵이식 복제수정란이라 한다. 이러한 과정을 반복하면 이론적으로는 하나의 수정란으로부터 수백, 수천 개의 수정란을 만들 수 있다. 복제수정란을 대리모에 이식하면 유전형질이 같은 복제동물을 생산할 수 있다.

2) 체세포 복제법

현존하는 생명체의 몸을 구성하는 체세포를 떼어 내어 이를 공여핵세포로 이용하는 방법이다. 이와 같은 체세포 복제는 정자와 난자가 결합하는 수정과정이 없이도 생명체를 탄생시킬 수도 있다. 이 방법에 의하여 1997년 영국의 Wilmut가 양의 유방세포에서 분리한 핵을 이용하여 복제양 'Dolly'를 탄생시켰다.

체세포 복제법의 일반적인 과정은 생식세포 핵 이식방법과 같다. 그러나 공여핵세포를 생식세포가 아닌 체세포로부터 얻은 핵을 이용하는 점이 다르다. 각 단계를 간단히 설명하면 다음과 같다.

(1) 수핵세포질의 준비

수핵난자는 복제대상이 되는 체세포를 받아들여 생명체를 발육시키는 배지와 같은 역할을 하는 것으로, 생체에서 채취한 난자를 이용한다. 미성숙 난자를 배양기에서 배양하여 성숙난자로 만들고, 이로부터 세포질 일부와 함께 핵을 제거하여 핵이식되는 체세포와 융합할 수 있는 상태로 만든다.

일반적으로 M II(metaphase II)기의 난자를 이용하여 cytoskeletal inhibitor인 cytochalasin B를 처리하여 세포막의 파괴를 제어한 상태에서 미세조작으로 제1극체 주위 세포질 중 15~40%를 제거하여 탈핵한다. 난자의 투명대를 절개한 후 곧바로 squeezing하여 세포질 일부와 핵을 제거하는 방법도 사용되고 있다.

(2) 공여핵세포의 준비 및 핵이식

체세포를 공여핵으로 이용할 경우 이미 분화된 세포의 세포시계를 되돌려 미분화 상태로 만들기 위해서는 세포의 분열 혹은 분화가 정지된 상태인 G0기로 조절하여야 한다. 체세포의 배양은 일반적인 세포배양과 같은 방법으로 실시한다. 배양액 중 혈청의 농도를 일반적인 수준의 20배로 희석하여 배양하는 혈청기아배양(serum starvation culture)법으로 세포시계를 일종의 휴지상태인 G0기로 유도한다.

공여핵의 이식, 공여핵원 세포를 수핵난자에 이식하는 방법은 크게 세포융합과 세포질내 직접주입법(intracytoplasmic cell injection, ICCI)으로 나눌 수 있다. 세포융합법에는 핵이식 후 화학물질에 노출, 불활성화 된 Sendai virus 주입, 전기자극 등의 세 가지 방법이 있다. 그러나 간편하고 재현성이 높은 전기자극에 의한 융합이 일반적으로 이용된다. 세포질내 직접주입법은 사람의 불임클리닉에서 이용하는 정자 직접주입법(intracytoplasmic sperm injection, ICSI)을 응용한 것으로, 핵의 크기가 작은 경우에 사용할 수 있다.

(3) 난자 활성화 및 reprogramming

일반적으로 난자와 정자가 결합하여 이루어지는 자연수정에서는 정자로부터 특정 성분이 작용하여 난자를 활성화시켜 생명체의 탄생이 시작된다. 체세포 복제에서도 자연수정에서와 같이 공여핵을 받은 수핵난자의 활성화 과정이 있어야만 정상적인 개체발생이 가능하므로 인위적으로 난자의 활성화를 유도해야 한다. 인위적인 활성화는 세포내 Ca^{2+}이온을 유입시켜 난자의 활성을 유도하는 것으로, 7% 에탄올에 단시간 노출법, 전기자극법, Ca-ionophore와 단백질합성 억제제의 병행처리법 등 몇 가지 방법이 이용되고 있다.

핵 이식과정에서 보편적으로 이용되는 전기자극법에 의한 난자의 활성화는 난자에 전기를 가하면 난자의 세포막에 순간적으로 구멍이 형성되어, 외부의 Ca^{2+}이온이 유입되어 활성화를 유도하는 것으로 알려져 있다. Reprogramming이란 핵이식 후 활성화된 난자가 일반 자연수정란에서와 같이 난분할 및 발육에 적응하는 과정이다. 이를 통하여 핵이식 수정란은 자신의 생물학적 시계를 되돌리게 된다.

(4) 핵이식란의 체외배양 및 대리모 이식

핵이식란을 대리모에 이식하여 착상시키기 위해서는 일정 단계까지 체외에서 배양하여야 한다. 배양 및 이식방법은 채내 혹은 체외수정란의 배양이나 이식과 같은 방법을 사용한다. 체세포 복제기술의 기술적인 한계인 낮은 수태율, 높은 유산율, 조기 태아사망, 거대태아에 의한 난산 등은 체외배양기술과 관련된 것으로 추정되고 있다. 이렇게 체외 incubator에서 후기상태로 발육된 복제수정란은 성주기가 수정란의 발육단계에 일치하는 대리모의 자궁 내에 이식하여 착상시킨다.

2.2 동물 복제기술의 응용

동물 체세포를 이용하는 복제기술은 동물의 여러 조직으로부터 세포주의 확립 및 분화세포의 이용이 가능하고, 세포배양을 통하여 공여세포핵의 무한정한 공급이 가능

표 6-2. 형질전환 젖소의 개발에서 미세주입법과 복제기술의 비교

구 분	복제기술	미세주입법
대상세포	체세포	전핵기 수정란
유전자 도입	형질전환 세포주 이용	임의적 삽입
형질전환 빈도	100%	10% 이하
성 조절	조절가능	임의
연구개발 소요기간	3～5년	5～10년
총 연구기간(대량생산)	5～10년	10～15년

하다. 따라서 기존의 수정란 할구세포의 핵을 이식하는 복제기술에 비하여 효율이 높다.

형질전환 젖소의 개발에 있어서 체세포 복제기술과 생식세포 복제기술 중 미세주입법을 비교하면 표 6-2와 같다. 유전적으로 우수한 가축의 조기 증식을 통한 개량기간의 획기적인 단축, 필요한 성의 가축 생산, 형질전환 동물 개발의 효율 증진, 인체 대체장기 및 인체 질환 모델 동물의 개발, 희귀동물의 대량 번식 등 생물의약이나 생물농업 분야에서 응용되어 축산업 및 의료산업 분야의 발전에 크게 기여할 것이다. 구체적으로 동물 복제기술은 다음과 같은 분야에서 산업적으로 응용되거나 연구되고 있다.

1) 유전적으로 우수한 동물의 증식과 개량

유전적으로 우수한 가축품종의 조기증식 및 개량을 위하여 지금까지는 우량품종의 선발, 육종, 인공수정, 수정란 이식 등의 기술을 이용하여 가축의 생산성을 향상시켰다. 그러나 우수한 동물개체를 선발하고 이를 복제하면 이론적으로는 우수한 개체를 단시간에 대량 생산이 가능하다. 복제기술은 기존의 인공수정, 수정란 이식보다 가축 개량기간이 단축되는 장점이 있다. 산유량이 많은 젖소, 고품질의 육우, 양질의 양모를 생산하는 면양 등의 개량과 같은 예가 있다.

2) 동물 생체반응기(animal bioreactor)의 개발

의약용 단백질은 상당히 비싼 동물의 체액에서 정제하거나 세균이나 효모를 이용하여 대량 생산한다. 그러나 전자의 경우 체액에 유해한 성분(바이러스, 광우병 등)의 오염 가능성이 있으며, 후자는 생성된 단백질의 정제가 쉽지 않은 단점이 있다.

체세포 복제기술로 개발한 형질전환 동물을 단백질 생산용 생체반응기로 이용하면

동물의 젖, 소변, 혈액 등에서 의약용 단백질의 대량 생산이 가능하다. 복제기술은 체세포에 미리 유용한 유전자를 도입하여 유전자가 삽입된 세포만을 핵치환함으로써 100% 형질전환이 가능한 장점이 있다(표 6-2). 또한 체세포의 성을 미리 판별하여 암컷 형질전환 젖소만을 개발할 수 있기 때문에 조기에 유용단백질을 대량 생산할 수 있다.

3) 인체 질환 모델 개발

인간을 대상으로 한 질병관련 실험을 대신할 수 있는 질환 모델 동물로서 생쥐나 토끼와 같은 동물이 이용되고 있다. 그러나 실험동물들은 해부 및 생리학적 측면에서 인체와 구조적으로 다르다. 질환 모델 동물 사이에 다양한 유전형질의 차이로 약물투여나 사양실험에서 예상하지 못하였던 문제가 발생할 수 있다. 그러므로 세포단위에서 유전자조작으로 특정한 유전형질을 보유한 개체를 체세포 복제방식으로 대량 복제하여 질환 모델 실험동물로 사용하면 실험의 질적 향상과 부가가치의 창출이 가능하다.

4) 대체장기 생산용 동물 개발

인체에 장기 이식을 위해서는 면역 거부반응이 없는 장기가 필연적이다. 그러나 이는 장기 기증자에 의존하기 때문에 장기 공급이 절대적으로 부족하다. 이 문제를 해결하기 위한 방법의 하나로 동물의 장기를 이용하는 방법이 있다.

형질전환 동물에 의한 대체장기의 생산을 위해서는 면역학적 거부반응, 종특이성과 같은 해결해야 할 문제가 있다. 그러나 돼지가 인체 장기와 해부학적 유사성, 생리학적 적합성 등의 조건에 맞는 동물로 2000년에 복제된 돼지가 탄생하였다. 돼지의 세포에 인간의 면역체계를 삽입하여 형질전환된 돼지를 복제하면 인간에게 알맞은 장기 제공용 돼지를 대량 생산할 수 있을 것이다.

5) 멸종 또는 희귀동물의 증식

급속히 감소하거나 멸종되고 있는 희귀한 동물의 보존에 체세포 복제기술을 이용할 수 있다. 이는 동물 유전자원의 보존차원에서도 기여할 수 있다.

3. 유전자 치료

유전적인 결함이 있는 유전자를 정상적인 것으로 교환하여 정상적인 생리활성을 갖는 단백질이 생산되도록 하여, 그 결함으로 생기는 질병을 치료하는 방법을 말한다. 유용한 유전자를 세포 내로 도입함으로써 암이나 감염성 질병 등의 치료를 도모하는 수단까지 유전자 치료의 범위가 확대되고 있다.

유전자 치료(gene therapy)는 1989년 미국에서 ADA(adenosine deaminase) 효소 결핍환자의 혈액으로부터 분리한 면역세포에 운반체를 이용하여, ADA 효소를 생성하는 정상 유전자를 삽입한 후 면역세포를 환자에게 다시 이식하여 ADA 결핍증을 치료한 것이 시작이다. 1998년 현재 ADA 결핍증, familial hypercholesterolemia, cystic fibrosis, Gaucher씨 병, 각종 암 등에 대한 250건 이상의 유전자 치료계획이 승인되었다. 우리나라에서는 1995년 말기 피부암 환자에 대한 임상을 시작으로 많은 연구가 진행되고 있다.

3.1 유전자 치료 대상 질환

유전자 치료는 크게 단일유전자 결핍질환(monogenic disease), 암, 감염질환(infectious disease), 기타 질환 등을 대상으로 하고 있다.

1) 단일유전자 결핍질환

유전자의 변이로 인하여 나타나는 증세가 뚜렷하고 다른 치료방법이 없기 때문에 단일유전자 결핍질환(monogenic disease)은 유전자 치료의 가장 기본적인 목표이다. 이 경우 결손되거나 변이된 유전자를 찾아 정상적인 유전자로 교환하여 치료하는 것이다.

유전자 치료로 임상실험을 하고 있는 질환으로는 ADA 결핍증, 호흡기 상피세포에서 염소이온의 수용체인 CFTR(cystic fibrosis transmembrane conductance regulator)의 결손에 의하여 일어나는 질병인 cystic fibrosis으로 폐에 점액이 축적되어 쉽게 세균에 감염될 수 있다. 그리고 LDLR(low density lipoprotein receptor)의 결함으로 LDL/HDL 비율이 높아지고 동맥경화증상을 초래하는 familial hypercholesterolemia, 근육의 생체막에 존재하는 단백질인 dystrophin 유전자의 변이에 의하여 유발되며 근육의 약화와 합병증으로 사망하는 Duchenne-Boulogne muscular dystrophy 등이 있다.

2) 암(종양)

유전자 치료의 초기 개념으로는 유전자 결핍에 의한 질환이 대상이었으나, 종양의 치료와 억제로 확대되고 있다. 미국에서 1998년 현재 승인된 250여 건의 유전자 치료 중 150건 이상이 암의 치료를 위한 계획이다. 종양의 임상에 사용되는 유전자는 몇 가지로 구분할 수 있다.

(1) Cytokine 유전자

항암 면역작용을 상승시키는 cytokine을 생성하는 유전자를 종양세포에 삽입하여 면역반응을 향상시키는 방법으로 interleukin(IL)-1, IL-2, IL-4, IL-7, tumor necrosis factor(TNF)-α, γ-interferon(INF-γ), granulocyte-colony stimulating factor(G-CSF) 등의 cytokine이 종양 소실효과가 있는 것으로 알려져 있다.

(2) 자살 유전자

종양세포가 약제에 민감해지도록 만드는 방법이다. 자살유전자가 삽입된 종양세포는 특정 약제에 매우 민감하게 반응하게 되므로 종양세포만을 선택적으로 파괴할 수 있다. Herpes simplex virus의 thymidine kinase 유전자가 삽입된 종양세포에 gancyclovir나 acyclovir를 처리하면 gancyclovir나 acyclovir가 thymidine kinase에 의하여 phosphorylation 되면서 DNA 합성에 끼어들어 비정상적인 DNA 합성이 유발되므로 세포는 죽게 된다.

(3) 종양억제 유전자

종양세포에서 훼손된 종양억제 유전자를 정상적인 종양억제 유전자로 대치하는 방법으로, p53 유전자를 삽입하는 연구가 활발하다.

(4) 약제저항성 유전자

항암 화학요법에서 항암제의 사용량을 제한하는 가장 중요한 원인이 골수억제에 의한 부작용이다. 종양세포가 항암제에 저항성을 갖게 하는 multi-drug resistance (MDR) 유전자를 정상 조혈간세포(hematopoietic cell)에 삽입, 발현시키면 이 조혈간세포는 투입되는 항암제에 저항성을 갖게 되므로 인체에 더 많은 용량의 항암제를 투여하여 치료효과를 향상시킬 수 있다.

3) 감염성 질환

AIDS가 감염성 질환에서의 유전자 치료 대상이다. HIV의 확산을 방지하기 위하여 바이러스의 증식을 방해할 수 있는 여러 가지 유전자들이 연구되고 있다. Antisense oligonucleotide, ribozyme, decoy RNA 등이 있다.

4) 기타 질환

실험동물에서 tyrosine hydroxylase 유전자의 결손으로 tyrosine으로부터 L-DOPA를 합성하지 못하게 되어 발병하는 질병인 Parkinson씨 병에 정상적인 tyrosine hydroxylase 유전자를 신경세포에 삽입하면 병의 증상을 완화할 수 있다.

3.2 유전자 운반법

유전자 치료법의 확립을 위해서는 삽입할 유전자에 대한 정보뿐만 아니라 그 유전자의 발현을 필요로 하는 세포 내로 안전하고 효과적으로 유전자를 전달할 수 있는 운반방법이 중요하다. 유전자의 전달방법으로는 물리화학적인 방법과 생물학적인 방법이 있다.

1) 물리화학적인 방법

(1) Particle-gun(입자총법)

유전자를 미세한 금 입자에 부착시킨 후 고압으로 조직에 쏘아 전달하는 방법이다. 간세포와 종양세포에서 유전자의 발현이 효율적이나 임상용으로 사용하기 어려움이 있다.

(2) 직접 주사법

별도의 유전자 운반체를 사용하지 않고 유전자를 직접 조직에 주사하는 방법으로, 주사된 부위의 세포에서만 유전자가 발현된다. 이 방법은 종양백신으로 응용되고 있다. 직접 주사법은 대량으로 준비하기가 쉽고 면역반응을 일으킬 유전자나 단백질이 없으므로 안전하다. 유전자 크기의 제한이 없으나 세포 내에서 염색체 내로 integration이 어렵다.

(3) Liposome 이용법

Liposome을 이용한 유전자 전달은 특정한 세포에만 전달될 수 없으며, 유전자의 발현이 바이러스 vector에 비하여 현저히 낮으며, 일시적이라는 단점이 있다. 그러나 직접 주사법에 비하여 발현정도가 높고, 바이러스의 유전물질이 세포 안으로 삽입되지 않는다. 따라서 부작용이 적고, 유전자의 크기에 대한 제한이 없다는 장점이 있는 효과적인 전달방법이다.

2) 생물학적인 방법

바이러스가 증식할 때 복제된 자신의 유전자를 capsid에 포함시키기 위하여 인지하는 염기서열을 packaging signal이라고 한다. 이 signal sequence를 목적하는 유전자에 결합시키면 바이러스의 capsid 안에 원하는 유전자가 효율적으로 포함된다.

이렇게 생성된 virus를 세포에 감염시키면 바이러스 유전자가 아닌 원하는 유전자의 전달이 가능해진다. 가장 많이 사용되고 있는 것은 adenovirus와 retrovirus이다. 유전자 치료에 많이 사용되고 있는 vector들의 장점과 단점을 표 6-3에 정리하였다.

(1) Retrovirus

Retrovirus는 유전자 치료법에서 유전자 전달체로 가장 많이 사용된다. Single-stranded RNA 유전자를 가지고 있는 envelope 바이러스로 크기가 80～120 nm 정도이다. 바이러스 envelope는 감염된 세포의 세포막에서 온 것으로, 바이러스의 당단

표 6-3. 유전자 치료에 사용되는 vector 특성

System	장 점	단 점
Retro-virus	· 효과적인 integration · Biology가 잘 이해됨 · Vector에 viral gene이 없음 · 면역성이 낮음	· 낮은 titer · 삽입할 수 있는 유전자 크기가 제한됨 · 분화되는 세포에만 감염됨 · 발현 정도를 control 하기 힘들고 불안정 · 준비하기가 복잡하고 고가임 · 기존의 유전자 손상을 입을 수 있음
Adeno-virus	· 대부분의 세포에 효과적인 진입 · 발현 정도가 높음 · 미분화 세포에 감염시킬 수 있음 · Integration을 하지 않음	· Vector에 viral gene이 포함 · 면역적, B cell과 T cell 반응을 일으킴 · Stem cell에 적합하지 않음 · 복제가 가능한 바이러스로 변할 수 있음
Adeno-associated virus	· 특정 부위에 삽입됨	· 복제하고 있는 adenovirus가 꼭 필요함 · Helper cell line이 없음 · Viral gene이 없는 경우 specific integration 이 일어나지 않음 · 삽입할 수 있는 유전자 크기가 제한됨
Herpes virus	· 역가가 높음 · Neurotropic	· Vector 제조과정이 복잡 · Packaging cell line이 없음
Liposome	· Naked DNA와 같음 · DNA보다 효과적인 흡수 · Specific cell에 targeting 하지 못하도록 방어되어 있음	· Targeting이 되지 않음 · 지속적인 발현이나 안전성을 설명할 수 없음 · 세포내 진입이 효과적이지 못함

백질이 삽입되어 있다. 이것이 감염되는 세포의 수용체와 결합하여 두 막 사이에 융합이 일어나 바이러스 capsid가 세포질 내로 전달된다. 그 곳에서 바이러스의 RNA genome이 DNA로 바뀌어 핵으로 이동한 후 감염세포의 염색체에 자신의 유전자를 삽입하여 provirus 상태가 된다.

따라서 이 바이러스를 전달체로 이용하면 전달된 유전자가 특정 세포의 염색체에 삽입되어 오랫동안 유전자의 발현을 지속시킬 수 있는 장점이 있다. 가장 많이 사용되는 retrovirus vector는 amphotropic murine retrovirus이다. 이것은 바이러스가 package 되기 위해 필요한 최소한의 바이러스 sequence와 signal sequence만 남기고, 나머지 바이러스의 유전자들을 제거하여 유용한 유전자를 약 8 kb까지 삽입할 수 있게 만들어져 있다. Retrovirus vector에 의하여 세포 내로 전달된 유전자가 염색체 내로 삽입되기 위해서는 감염된 세포의 분화가 필수적이다. 이 vector를 이용한 유전자의 전달은 증식하고 있는 세포에 매우 효과적이다.

Retrovirus vector는 8 kb 이상의 유전자는 전달할 수 없다. 감염된 세포의 염색체에 삽입될 때 non-specific 하므로 세포기능에 필수적인 유전자의 발현에 변화를 유발할 수 있다. 세포내 oncogene들을 활성화시켜 암을 유발할 수 있는 위험성도 있다. 혈청보체(serum complement)가 retrovirus를 불활성화시킬 수 있으며, retrovirus를 감염시켜 배양하면 $10^7 \sim 10^8$ infectious particle/ml 정도의 titer로 바이러스를 얻을 수 있다. 그러나 활성이 낮아 커다란 종양의 치료에는 알맞지 않다는 등의 단점이 있다.

(2) Adenovirus

Adenovirus는 envelope이 없으며, 80～90 nm의 크기로 icosahedral capsid 내부에 linear double-stranded DNA(약 36 kb) 유전자를 함유하고 있다. Adenovirus는 세포의 specific receptor에 결합하여 세포 내로 endocytosis 되어, 세포 내로 들어온 후 핵으로 이동하여 바이러스 단백질을 합성하고 자신의 DNA를 복제하여 104～105 progeny를 방출한다.

DNA 복제가 일어나기 전에 4개의 초기발현 유전자가 먼저 발현된다. 이 중에서 E1과 E3의 유전자가 결손된 adenovirus vector에 유용한 유전자를 삽입하여 유전자 전달에 이용한다. Adenovirus vector는 다양한 세포에 유전자 운반체로 사용할 수 있다. Retrovirus와는 다르게 세포 분화가 유전자의 발현을 위해 필수적이지 않으므로 neuron이나 간세포로의 유전자 전달이 가능하다. Envelope이 없어서 retrovirus에 비해 안정성이 좋으며, 혈청보체에 의한 불활성화도 쉽게 일어나지 않는다. 전달된 유전자가 세포 염색체에 삽입되지 않으므로 유전자의 일시적인 발현을 요구하는 치료법에 좋다. 삽입으로 인한 정상적인 유전자 변이를 초래할 위험이 없으며, 감염된 세포로부터 바이러스가 높은 titer(10^{11} plaque forming unit/ml)로 획득되므로 큰 종양에도 사용할 수 있다는 장점이 있다. 그러나 유전자 발현기간이 제한적이고, virus의 단백질들도 같이 발현되어 항원으로 면역반응을 유발하므로 이미 투여한 환자에게는 다시 투여할 수 없는 단점도 있다.

(3) 기타

Adeno-associated virus(small linear single-stranded DNA 바이러스), herpes simplex virus(large double-stranded DNA 바이러스), vaccinia virus, avipox virus, baculovirus 등의 바이러스 vector들이 유전자 치료에 응용되고 있다.

3.3 유전자 치료의 전망

유전자 치료는 *in vivo*와 *ex vivo*로 효과를 측정하는데, *in vivo* 유전자 치료는 목적하는 유전자를 삽입한 vector를 직접적으로 환자의 몸 속에 주입하는 것이다. *Ex vivo* 유전자 치료는 치료유전자가 도입된 바이러스 vector를 세포에 도입한 후 약물 내성 유전자를 이용하여 치료유전자가 발현되는 세포를 증식시키고, 이를 다시 환자의 몸 속에 주입하는 방법을 말한다.

유전자 치료의 성패를 좌우하는 요인은 효율적인 유전자 전달, 정상적인 기능유전자에 대한 안정성, 알맞은 세포에서의 지속적인 유전자 발현 등이다. 유전자 치료도 상용화되기 위해서는 신약과 같이 전임상연구와 임상연구가 필수적이다. 전임상연구는 실험동물을 안전성과 효과 등을 조사하는 것이며, 임상연구는 환자를 대상으로 하는 것으로 4단계로 구분되어 있다. 제1단계에서는 유전자 치료의 안전성과 약리학을, 제2단계에서는 치료효과를 소규모로 측정한다. 제3단계에서는 대단위로 치료효과를 측정하고, 제4단계에서는 상품화되어 출하된 후 조사하는 것이다. 대부분의 임상실험은 제1~2단계에 있으며, 일부 제3단계의 임상실험이 진행되고 있다.

유전자 재조합에 관한 실험은 미국 NIH(National Institute of Health)에서 제정한 'NIH guideline for research involving recombinant DNA molecules'에 따라 진행된다. 각국에서도 알맞은 guideline이 제정되어 비윤리적이고 무분별한 연구를 통제하고 있다. 유전자 치료는 생식세포와 체세포에 대하여 가능하지만 도덕적·윤리적인 문제로 체세포에 대한 유전자 치료만을 대상으로 하고 있다. 동시에 암, 유전질환, AIDS와 같은 치사성 질환에 유전자 치료를 한정한다. 현재 가능한 치료방법이 없거나, 다른 치료법에 비하여 현저하게 우수하다고 인정되는 경우에만 허용되고 있다. 생식세포, 임산부, 배아에 대한 유전자 치료는 금지하고 있다.

1989년 시작된 유전자 치료는 몇 가지 부작용이 보고되었으나, 생물공학과 세포분자생물학의 발달, 인간 게놈 프로젝트 등의 영향으로 큰 관심이 집중되고 있다. 그러나 명확한 규제 장치에서의 연구만이 질병으로부터 해방되고자 하는 인류의 꿈을 실현시킬 수 있을 것이다.

4. 바이오칩

바이오칩(biochip)이란 '유리, 실리콘, 나일론 등의 재질로 된 작은 기판 위에 DNA, 단백질 등의 생물 고분자를 결합시켜 유전자 발현 양상, 유전자 결함, 단백질 분포, 반응양상 등을 분석해낼 수 있는 생물학적 마이크로칩(biological microchip)'을 말한다.

이러한 바이오칩은 과학기술연구, 신약개발, 임상진단 등의 분야에서 빠르게 보급되고 있다. 특히 임상진단 분야에서는 암, AIDS 등과 관련 있는 유전자 돌연변이를 검출할 수 있는 바이오칩이 개발되어 있다. 앞으로 식품・농업・환경 등의 분야까지 바이오칩의 응용은 가속화될 것이다.

바이오칩은 microarray 칩과 microfluidics 칩으로 구분할 수 있다. Microarray는 수백 혹은 수천 개 이상의 DNA나 단백질을 일정 간격으로 배열하여 붙이고, 분석대상 물질을 처리하여 그 결합 양상을 분석할 수 있는 바이오칩으로 DNA chip, 단백질 칩(protein chip) 등이 있다.

Microfluidics 칩은 미량의 분석대상 물질을 흘려보내면서 칩에 집적되어 있는 각종 생물분자 혹은 센서와 반응하는 양상을 분석할 수 있는 바이오칩으로 'lab-on-a-chip'이라고도 한다. 시판되는 바이오칩의 대부분은 DNA chip이지만, 점차 단백질 칩과 lab-on-a-chip의 비중이 높아지고 있다. 용도 면에서도 진단용보다는 연구개발용이 대부분이지만 점차 진단용이 확대되고 있다.

4.1 DNA chip

1990년대 DNA 염기서열 분석기술의 발달로 많은 동물・식물・미생물・인간의 게놈(genome)에 대한 연구결과들이 알려지고 있다. 이러한 게놈정보는 의약품 개발, 질병진단, 작물육종 등 여러 영역에서 새로운 가능성을 제공하고 있다.

게놈의 염기서열로부터 유전암호를 분석하고, 이로부터 합성되는 단백질의 기능을 부여하는 연구로 발전되고 있다. 그러나 DNA 염기서열에 대한 정보를 신속하고 대량으로 얻을 수 있으므로 지금까지의 유전공학적인 방법으로는 동시에 많은 수의 유전자를 분석하는 것은 한계가 있다. 이와 같은 문제점을 극복하기 위하여 개발된 방법 중의 하나가 DNA chip을 이용하여 유전자를 검색, 분석하는 방법이다.

1) DNA chip의 정의

DNA chip은 기존의 분자생물학적 지식에 기계, 전자공학의 기술을 접목하여 금속이나 유리표면의 수 cm^2 정도의 좁은 면적에 수백 개부터 수십만 개의 DNA를 고밀도로 부착시킨 것이다. 기존의 유전공학적인 기법 중 Southern blot, Northern blot, 돌연변이 검색, DNA sequencing 등은 DNA chip으로 대신할 수 있다. DNA chip을 이용하는 경우 동시에 수백 개 이상의 유전자를 신속하게 검색할 수 있다는 장점이 있다.

2) DNA chip의 종류

DNA chip은 붙이는 유전물질의 크기에 따라 cDNA chip과 oligonucleotide chip으로 구분할 수 있다. cDNA chip에는 최소 500 bp 이상의 유전자가 붙여져 있으며,

표 6-4. 제작방법에 따른 DNA chip의 분류

제작기술	특 징	Chip의 종류	관련기업
Pin	Pin을 이용한 microspotting	cDNA, Oligonucleotide	Beecher Instruments, Biorobotics, Hyseq, Cartesian Technologies, Genomic Solutions, Genetic Microsystem, Incyte Genomics, Molecular Dynamics
Inkjet	Inkjet 원리를 이용한 microdropping	cDNA, Oligonucleotide	Cartesian Technologies, Incyte Genomics, Packard Instruments, Rosetta
Photolithography	Photolithography를 이용한 oligonucleotide 직접 합성	Oligonucleotide	Affymetrix
Electronic array	전기를 이용한 oligonucleotide addressing	Oligonucleotide	Nanogen, Clinical Microsensors

(자료 : 특허청, 2001)

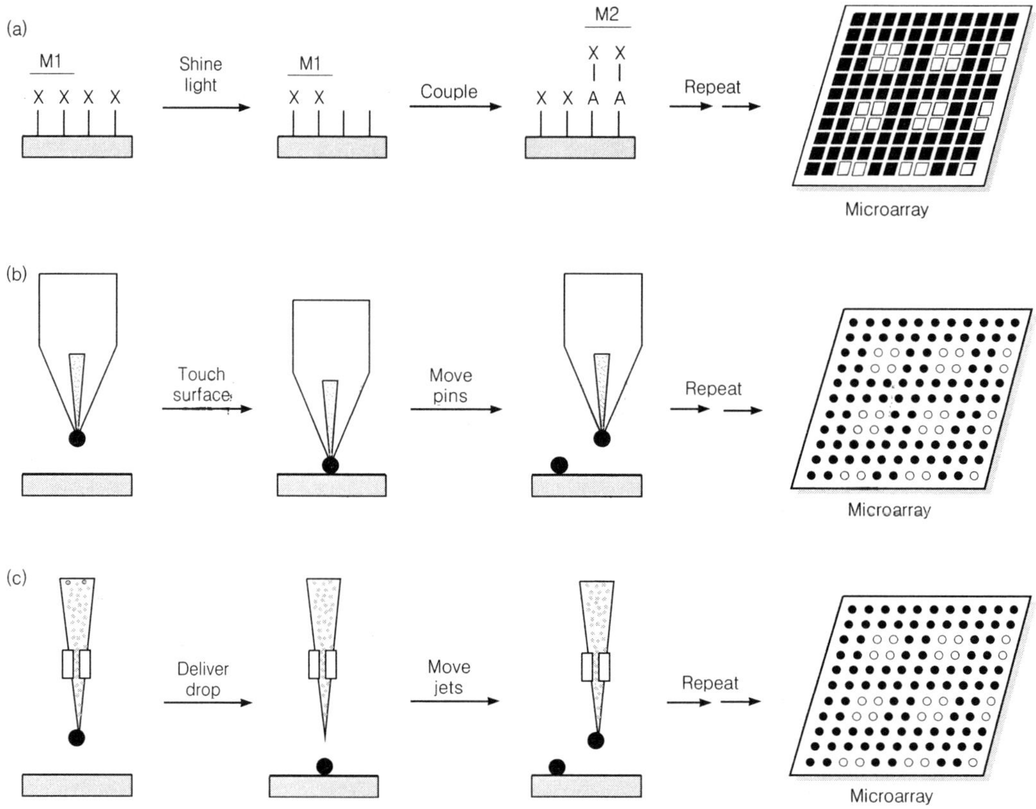

그림 6-7. DNA chip의 제작방법

(a) Photolithography, (b) Pin, (c) Inkjet

oligonucleotide chip에는 15~25개의 염기들로 만들어진 oligonucleotide가 놓여 있다. 또한 chip의 제작방법에 따라 크게 4가지로 구분할 수 있으며, 각각의 특징은 표 6-4에 요약하여 비교하였다. 그림 6-7에 DNA chip의 제작방법을 간단히 도식화하여 나타내었다.

Oligonucleotide chip은 정확한 염기서열을 알고 있기 때문에 하나의 염기 변화에 대한 다양성(single nucleotide polymorphisms, SNPs)에 대한 연구에 사용이 가능하다. cDNA chip은 부착되어 있는 염기가 크기 때문에 유전자의 발현(expression) 연구에 사용된다. 특히 두 가지 다른 환경에서 유전자의 발현 정도를 비교하는 데 효과적이다. 그러나 SNPs을 분석할 수는 없다. Oligonucleotide chip은 미국의 Affymetrix와 Nanogen에서 생산하고 있다.

(1) Photolithography

미국의 Affymetrix사에서 초기에는 1.28 cm^2 안에 15～25개의 염기로 이루어진 oligonucleotide를 65,000개 집적시킨 oligonucleotide 칩을 만들기 시작하여, 지금은 400,000개의 다른 oligonucleotide를 가진 칩을 만들고 있다. 이 때 oligonucleotide를 photolithography와 combinatorial synthesis 방법을 이용하여 유리표면에서 직접 합성하여 칩을 제조한다.

Oligonucleotide가 합성되는 유리의 표면에 염기들이 결합할 수 있게 UV에 민감한 화합물(N-acyl-deoxynucleotide-3′-phosphoramidites)을 결합시키고 빛을 차단시킨다. 여기에 photomask로 덮고 UV를 조사하면 구멍이 있는 곳에서는 UV에 민감한 물질이 분해되어 반응성이 있는 hydroxyl기로 변하게 된다. 다음에 5′ 말단에 빛에 민감한 화합물(methyl-6-aminopiperoxycarbon)이 결합된 nucleotide를 반응시키면 칩의 hydroxyl기와 반응하여 유리표면에 nucleotide가 고정된다. 다르게 설계된 photomask를 이용하여 이를 반복적으로 수행하면 원하는 염기서열을 갖는 oligonucleotide가 유리표면에 합성된다(그림 6-8).

하나의 칩에 여러 종류의 oligonucleotide를 간편하게 제작할 수 있는 방법이 combinatorial synthesis 방법이다. 이것은 oligonucleotide가 4종류의 염기(A, T, G, C)를 갖는 4가지 nucleotide의 조합으로 구성되어 있다는 점을 이용한 것이다. 그림 6-9에서 먼저 유리판의 표면을 세로방향으로 4등분하고 첫 부분에는 T, 두 번째는

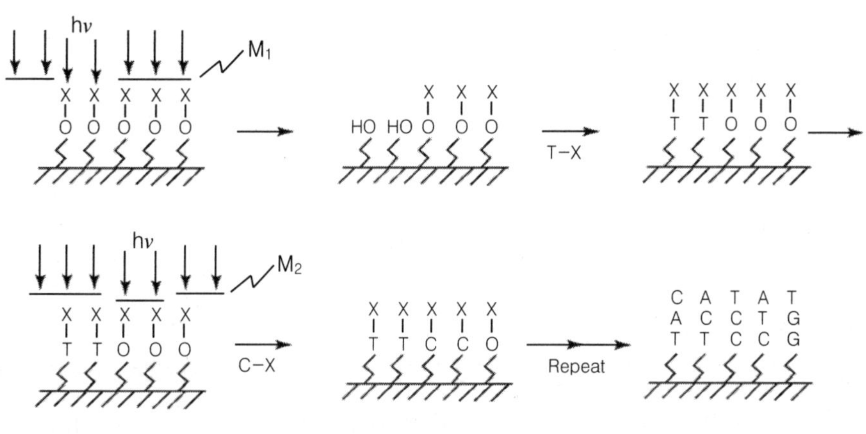

그림 6-8. Photolithography에 의한 oligonucleotide 합성

M : Photomask, O-X : Photolabile 화합물

T-X, C-X : Photolabile 화합물이 결합된 thymine과 cytosine nucleotide

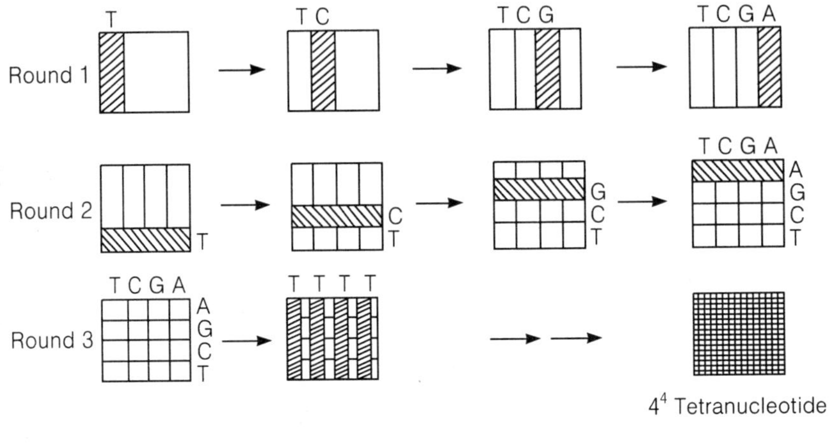

그림 6-9. Combinatorial synthesis 방법을 이용한 다양한 oligonucleotide의 합성

C, 세 번째는 G, 네 번째는 A로 결합시킨다. 다음은 가로방향으로 4등분하고 위쪽부터 차례로 A, G, C, T를 결합시키면 16개의 염기서열이 다른 dimer가 합성된다. 각 부분을 4등분하여 같은 방법으로 nucleotide를 결합시키면 염기서열이 서로 다른 oligonucleotide를 간편하고 신속하게 합성할 수 있다. 최종적으로 하나의 oligonucleotide가 결합되어 있는 부분의 넓이는 24~50 ㎛^{2} 정도이다.

(2) Pin microspotting

1995년 미국 Stanford 대학에서 처음 개발되었으며, 1 cm^2 정도의 면적에 약 2~4천 개의 유전자를 집적시킬 수 있다. 처음에는 유전자 발현을 측정하기 위하여 cDNA를 결합시켜 놓았기 때문에 cDNA chip이라고도 하였다. 이후 돌연변이 검색용으로 oligonucleotide와 같은 방법으로 결합시킨 칩도 개발되었다.

Pin microspotting 방법으로 cDNA chip을 만들기 위하여 먼저 알려진 유전자를 PCR(polymerase chain reaction)으로 증폭시킨다. 증폭된 유전자를 에탄올 침전 등의 방법으로 정제한 후 96-well이나 384-well plate에 옮긴다. Pin을 장착한 자동화된 microarrayer를 이용하여 well plate로부터 미리 poly-L-lysine으로 처리되어 유전자와 결합할 수 있도록 준비한 glass slide 위에 고밀도로 유전자를 spotting 한다.

유전자의 spotting에 사용되는 pin은 모양에 따라 solid pin, split pin, pin and ring, capillary tube 4가지로 구분할 수 있으며, 보통 직경이 100~200 ㎛ 정도의 크기로 DNA를 심을 수 있다. Split pin과 pin and ring 방식이 일반적으로 사용되고 있다.

(3) Inkjet microdropping

Inkjet을 이용하여 DNA chip을 제조하는 방법은 pin spotting 방법과 매우 비슷하다. 단지 pin 대신에 inkjet printer에서 사용하는 카트리지를 사용하여 유전자를 전기적인 힘으로 칩의 표면에 뿌리는 방법을 사용한다. 뿌리는 방법에 따라 열을 이용하여 분사하는 thermal 방식, 압력을 이용하는 solenoid 방식, 압전현상을 이용하는 piezoelectric 방식과 같은 세 종류의 inkjet head가 있다.

이 방법은 유전자를 전기적으로 칩의 표면에 닿지 않고 뿌릴 수 있으므로 nanoliter 수준으로 정량적으로 많은 수의 칩을 제작할 수 있다는 장점이 있다. 그러나 여러 종류의 유전자를 붙이기 위해서는 카트리지 안의 유전자를 교환하여야 하는 단점도 있다.

(4) Electronic addressing

미세 전기공학과 분자생물학을 접목시킨 것이다. DNA가 강한 음전하를 띠기 때문에 전기적으로 양전하를 갖는 위치로 이동한다는 성질을 이용하여 칩을 제작하는 것을 electronic addressing이라 한다.

Microchip의 한 위치나 한 열을 전기적으로 양전하를 띠도록 활성화시키고, DNA 용액을 넣으면 음전하를 띠는 DNA가 빠르게 양전하를 갖는 장소로 이동하여 화학적으로 결합하여 그 위치에 집적된다. 따라서 원하는 위치에 필요한 DNA를 집적시킬 수 있다. 이 방법을 이용하여 미국 Nanogen사에서 칩이 상품화되었으며, 10,000개의 DNA를 이러한 방법으로 붙일 수 있는 칩이 개발되었다. 그림 6-10은 Nanogen사에서 시판하는 DNA chip의 사진이다.

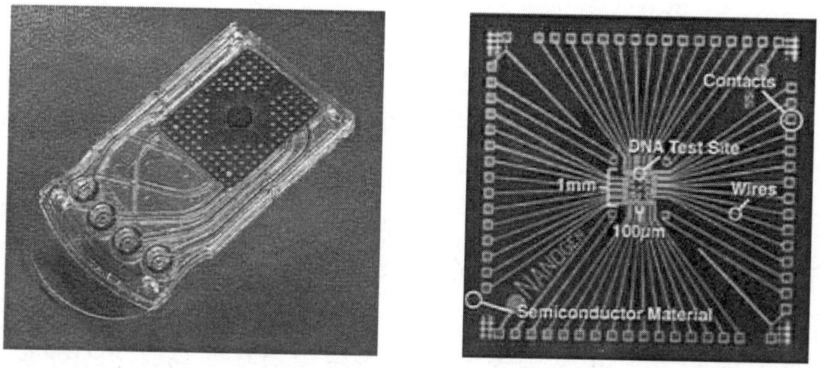

그림 6-10. Nanogen사의 DNA chip

3) DNA chip의 분석원리

DNA chip은 좁은 면적에 고밀도로 여러 유전자가 들어 있으며, 앞으로 그 집적도는 높아질 것이다. 따라서 시료 유전자와 칩에 존재하는 유전자 사이의 반응을 빠르고 정확하게 검출하는 방법이 필요하다. 지금까지의 검출법은 레이저 유발 형광법(laser induced fluorescence)과 전기화학적 방법이 있다.

(1) 레이저 유발 형광법

형광법은 검출한계가 낮기 때문에 가장 많이 사용되는 방법이다. 형광을 낼 수 있는 형광염료를 칩의 유전자 혹은 시료 유전자에 붙여 반응정도에 따라 형광을 측정하여 분석하는 방법이다. 형광염료를 excitation 시키기 위하여 주로 YHeNe(543 nm), RHeNe(633 nm) 레이저를 사용하며, confocal laser scanning system과 같은 scanner를 이용하여 형광을 감지한다.

(2) 전기화학적 방법

전기신호를 감지하여 분석하는 방법이다. 전이금속 착화합물과 같은 산화환원 활성성분을 미리 정한 칩 유전자의 특정 위치에 공유결합시킨다. 여기에 시료 유전자가 hybridization 되었을 때와 그렇지 않았을 경우의 전자전달 속도를 측정하여 hybridization을 검출한다. 칩의 유전자와 시료의 유전자가 완벽한 상보적인 결합을 형성한 것과 그렇지 못한 경우가 있다. 전자전달 속도가 서로 다른 이유는 double-stranded DNA의 경우 base pairs들이 stacking 되어 π-orbitals을 통하여 전자들의 이동이 쉬워 base pairring이 충분하게 되지 못한 경우는 전자전달 속도가 느려지게 된다.

4) DNA chip의 활용

DNA chip은 적은 양의 시료를 이용하여 많은 양의 정보를 신속하게 얻을 수 있다. DNA chip의 응용분야는 유전자 발현의 monitoring과 SNPs(single nucleotide polymorphisms) 두 가지로 나눌 수가 있다.

유전자 발현 monitoring은 여러 genome project를 통해 밝혀진 DNA로 cDNA chip을 만들어 이용하면 세포내 신진대사와 생물리적 현상, 그리고 각 gene들 사이의 상호 연관성을 밝혀내는 데 활용될 수 있다. 이는 환경에 따른 발현 정도를 연구하는 데 유용하게 쓰일 수 있으며, 기능을 알지 못하는 유전자에 대해 해석할 수 있는 실마리를 제공할 수 있을 것이다. 또한 DNA chip으로 수많은 유전자를 신속하고 정확

표 6-5. DNA chip의 활용분야

cDNA chip	Oligonucleotide chip
· 인체 유전자 기능분석 연구 · 유전자 재조합 동식물 및 미생물 연구 · 실험용 동식물 모델 연구 · 암 및 질병관련 유전자 진단 · 유전자 치료 · 임상병리학 · 동식물 검역 · 환경변화에 따른 생태학 연구 · 신약개발	· 암 관련 유전자 돌연변이 검색 · 유전병 관련 유전자 돌연변이 검색 · 약제내성 검색진단 · DNA 염기서열 분석 · 유전자 변이 가계도 작성 · 장기이식 가능 조작검사 · 병원성 미생물 동정 · 법의학(용의자 확인, 친자확인 등) · DNA 고고학

(자료 : 특허청, 2001)

하게 분석하여 유전자 변형 및 돌연변이에 의해 생기는 유전병을 진단하는 데 쓰일 수 있다. DNA chip의 응용이 가능한 분야를 표 6-5에 요약하였다.

4.2 단백질 칩(protein chip)

모든 생명현상의 발생 및 분화는 단백질-단백질, 단백질-리간드, receptor - 리간드, 항원 - 항체, 효소 - 기질, 단백질 - DNA 등 단백질이 관여하는 상호작용에 의하여 조절되므로 단백질은 생명현상을 나타내는 최종 매개체이다. 특정 단백질이나 리간드와 특이적으로 상호 작용하는 생체 분자의 기능과 역할을 구명하면 생명현상과 질병의 원인 구명 및 신호전달 체계의 이해할 수 있으므로 이를 바탕으로 고전적인 방법으로는 불가능하였던 질병에 대한 치료와 예방법을 개발할 수 있게 된다. 이러한 proteomics 연구와 진단분야에서 필수적으로 응용될 수 있는 것이 단백질 칩 기술이다.

1) 단백질 칩의 정의

단백질 칩은 특정 단백질과 반응할 수 있는 수십~수백 종류 이상의 서로 다른 단백질이나 리간드(ligand) 등을 금속·유리·플라스틱 등과 같은 고체의 표면에 미세하게 규칙적으로 배열한 후 이들과 특이적으로 반응하는 생체분자의 존재, 기능, 역할 등을 여러 가지 분석방법을 이용하여 신속하게 분석하는 장치를 말한다. DNA chip과 비슷하게 DNA 대신에 단백질이나 리간드가 집적되어 있는 개념으로 통용되고 있다.

DNA chip은 특정 유전자 검출, 돌연변이 검색, 세포의 유전자 활성을 분석하는 데 사용되고 있다. 또한 세포 내에서 발현되는 mRNA를 분석하여 간접적으로 단백질 발현에 대한 정보를 얻을 수 있다.

단백질 칩은 단백질의 단백질-단백질의 상호작용에 의한 높은 선택성을 바탕으로 세포내 신호전달 기작 및 조절, 효소와 기질의 상호작용, 약물과 리간드의 상호작용 등 단백질의 분리, 정량, 기능해석 등에 대한 정보를 얻을 수 있다. DNA chip과는 다르게 mRNA로부터 단백질이 합성되는 과정에서 일어나는 돌연변이와 post-translational modification에 관한 정보도 얻을 수 있으며, 질병의 원인을 유전자 수준에서 단백질 수준까지 확대하여 규명할 수 있는 장점이 있다.

2) 단백질 칩의 제조

단백질 칩을 제조하기 위해서는 단백질을 미세하게 규칙적으로 배열하는 micro-array 기술이 필요하다. 여기에는 단백질이 집적될 고체의 표면처리 기술, 단백질을 고순도로 정제하는 기술, 펩티드 합성기술, 단백질의 감지 부위인 항체/항원, 리간드/receptor, 효소/기질 등의 선별 및 집적기술이 필요하다.

단백질 칩에는 미지의 시료 중에 존재하는 특정 단백질과 선택적으로 결합할 수 있는 단백질 혹은 리간드가 필요하다. 항원-항체의 특이적 반응을 나타내는 단일 클론항체(monoclonal antibody)가 대표적으로 사용되고 있다. 단일 클론항체는 여러 가지 질병을 진단하고 치료하는 목적으로 사용되는 순도와 감도가 뛰어난 항체이다.

단백질 칩의 표면은 시료 중 특정의 생물학적 물질을 선택적으로 인식하여 감지할 수 있는 신호를 발생시키는 부분이다. 이를 위하여 단백질이나 리간드의 배향성을 분자 수준에서 조절하여 인식 부위가 보존되면서 균일하고 안정하게 단백질 칩 표면에 배열하고, 단백질이나 리간드 사이에 공간적 가림현상(steric hindrance)이 발생하지 않도록 밀도를 조절해야 한다.

또한 단백질 칩의 표면에 비특이적으로 흡착되는 화합물을 칩의 효능과 감도저하의 원인이 되므로 칩 표면의 화학적인 특성을 조절하여 비특이적 흡착이 최소화되도록 해야 한다. 단백질이나 리간드를 칩의 표면에 고정하는 경우 amine 결합, thiol 결합, avidin-biotin 결합 등을 이용한다. 단백질이나 리간드와 칩 표면의 친수성, 소수성, 이온교환 성질을 이용하거나, polylysine과 같은 linker를 이용하여 단백질이나 리간드의 배향성을 조절할 수 있다.

칩의 표면에 단백질이나 리간드를 배열할 때는 보통 DNA chip을 제조할 때와 같이 microarrayer 혹은 inkjet 방법을 사용한다. 단백질 칩용 기판으로는 유리 슬라이드, 다공성 겔을 입힌 슬라이드, 플라스틱 재질을 이용한 microwell 등이 사용되고 있다. 유리 슬라이드를 사용하는 경우 단백질의 amine기와 반응하여 결합할 수 있는 가교제로 슬라이드를 전처리하고, microarrayer를 사용하여 DNA chip의 제작과 같이 단백질 칩을 제작한다. 단백질이 건조되는 것을 방지하고 안정성을 유지하기 위하여 glycerol 용액을 사용한다. 다공성 겔을 입힌 슬라이드의 경우는 다공성 겔 내부에 3차원으로 단백질을 배열하는 기술이다. 슬라이드 글라스 위에 polyacrylamide gel을 만들고, 가교제를 사용하여 겔 내부에 3차원적으로 단백질을 배열하는 방법이다. 단백질의 안정성을 향상시킬 수 있으나, 경제성이 떨어지는 단점이 있다. Microwell을 이용하는 방법은 먼저 플라스틱으로 microwell을 제작한 다음 단백질의 amine기와 공유결합 할 수 있는 가교제로 microwell을 처리하여 단백질을 microwell 안에 고정화시키고, bovine serum albumin과 완충액을 가하여 안정화시켜 칩을 제작하는 방법이다. 이 방법은 유리 슬라이드와 다공성 겔을 입힌 슬라이드를 사용하는 방법의 단점을 극복할 수 있는 경제적인 방법이다.

3) 단백질 칩의 활용

단백질의 기능을 연구하는 proteomics 분야에서는 단백질 칩은 세포내 단백질의 생리상태별 발현 차이와 세포내 상태별 특정 단백질의 정량적 차이 및 변형상태, 상호관계를 규명하는 데 유용하다. 각종 질환의 특이단백질(biomarker)과 치료표적 단백질의 발견, 동식물 성장조절 단백질의 구명, 단백질의 순수분리 등에도 이용될 수 있다. 암, AIDS, 각종 질병의 조기 진단이나 원인 구명에 사용될 수 있다. 질병의 특이단백질의 존재 여부를 분석하여 질병을 조기에 진단할 수 있다. 이를 위하여 여러 종류의 특이단백질과 반응하는 단백질이나 리간드를 단백질 칩으로 제작하면 한 사람의 혈액으로 여러 질환을 동시에 진단할 수 있다.

식품 및 환경 분야에서 특정 세균의 세포벽이나 toxin과 반응하는 단백질이나 리간드로 된 단백질 칩은 특정 병원성 세균이나 toxin의 감염 여부를 효과적으로 파악할 수 있다. 새로운 의약품이나 생리활성 물질을 개발하는 경우 특정 단백질이나 리간드의 단백질 칩을 제작하고, 이와 특이적으로 반응하는 생체분자를 수많은 library로부터 일차적으로 선별하면 새로운 의약품이나 생리활성 물질의 개발을 위한 후보물질을 효율적으로 도출할 수 있다. 따라서 단백질 칩은 이러한 고속탐색기술(high throughput screening ; HTS) 시스템 개발에 효과적으로 이용될 수 있다.

참고문헌

1. 특허청, 신기술동향조사보고서(2001)
2. 식품의약품안전청, 유전자 재조합 식품의 올바른 이해(1998)
3. 식품의약품안전청, 유전자 치료제의 품질평가 가이드(2001)
4. 대한생화학, 분자생물학회, 의학연구의 최신동향(1998)
5. 박선희, 식품세계, 42, 2001년 4월호
6. 황우석, Biochemistry News, 19(1), 12(1999)
7. 한용만, 이경광, Biochemistry News, 19(1), 16(1999)
8. 농촌진흥청, 유전공학실험법(1996)
9. 유욱준 외 18인 공저, 최신 분자생물학, 삼광출판사(1995)

제 7 장

미생물 배양공학

1. 미생물공업의 역사

생물반응공정(biological reaction process)은 증식하는 미생물 또는 고등동물이나 식물의 배양세포에 의해 일어나는 반응을 수행하는 공정을 말한다. 이러한 공정에서는 다양한 생화학반응이 생물의 유전정보에 의해 복잡하게 이루어지며, 시간의 변화에 따른 화학반응의 집합으로도 볼 수 있다. 따라서 생산물은 반응의 중간과정 또는 종점에서의 물질수지에 대한 종합적 계산으로서 파악될 수 있다.

미생물반응공정은 종래의 발효공학에서 다루는 분야뿐만 아니라 고정화미생물의 반응, 미생물 전환반응, 폐수처리, 미생물정련(microbial leaching) 등 미생물의 생물학적 촉매기능을 이용하는 모든 분야를 포함한다. 미생물 반응공학의 기술혁신의 중요한 내용을 역사적으로 살펴보면 표 7-1과 같다.

발효공학에서 다루는 주요 분야는 맥주 · 청주 · 과실주 · 주정공업 등의 알코올 발효가 중심이 되고 있다. 이외로 구연산 · 젖산 · 초산 등의 유기산 발효, 글루탐산(glutamic acid) · 라이신(lysine) 등의 아미노산 발효, inosine · guanosine 등의 핵산 및 핵산관련 물질의 생산, 균체 생산(SCP, SCO), 카로티노이드(carotenoids) · 비타민 B_2 · B_{12} · C 등의 비타민 생산, penicillin · streptomycin 등의 항생물질 생산, 그리고 효소 생산, xanthan gum · pullulan · curdlan 등의 다당류의 발효생산이라고 할 수 있다.

미생물 반응공학의 기술혁신에 대한 역사에서 살펴보았듯이 발효기술의 발전은 경제적 생산을 위한 노력에서 이루어졌다. 따라서 생물공학(생물화학공학)의 목적은 미생물 · 식물세포 · 동물세포 등 생물재료로부터 유용한 대사산물을 경제적으로 얻는데 있다.

표 7-1. 미생물 반응공학의 기술혁신의 역사

17세기 이전	· 자연발효법(개방 tank법)
1876, Tyndall, J.와 F. Cohn	· 배지살균법
1881, Koch, R.	· 순수배양법
1886, Hansen, E.C.	· 효모 배양장치(300～400 *l*)
1893, Winogradsky, S.	· 선택배양법
1894, Beijerinck, M.V.	· 집적배양법
1916～	· 표면배양법(구연산 발효)
1915～1945	· 혐기적 대량 배양법(50～100 k*l*), 아세톤, 부탄올발효
1943～	· 대용량 호기발효조(심부배양법) 무균공기의 공급법(페니실린의 대량 생산)
1950, Monod, J. 등	· 연속배양의 이론 정립
1954, White, J.	· 반회분(半回分) 소삭
1961, Sakaguchi(坂口) 등	· 대사 제어기술
1970년대	· 원료의 다양화(SCP), 각종 계측기술의 진보
1977～	· 고정화 증식 미생물
1980년대	· 유전자공학(인슐린, 호르몬, 인터페론 등의 제조)
1990년대	· 동 · 식물 세포의 대량 배양
1995～	· 대사공학의 발전

여기에는 크게 자연계로부터 유용균주 또는 세포의 분리와 그의 기능 향상을 위한 육종 등의 'upstream process', 그리고 배양 또는 발효공정(fermentation), 회수공정에 해당하는 'downstream process'의 부분으로 나눌 수 있다. 발효공정에서는 미생물에 의한 효소 또는 대사산물의 생산을 위하여 최적조건에서 배양하고 제어하는 기술을 익혀야 한다. 그리고 회수공정(product recovery)에서는 경제적으로 제품을 회수하고 정제하는 공정이 포함된다.

생물공정(生物工程)에서도 화학공정에서와 마찬가지로 분리 · 증류 · 가열 · 냉각 · 건조 등의 각종 단위조작이 필요하다. 특히 생물재료에서는 화학공정에 비해 대사산물의 양이 매우 적을 뿐만 아니라 생물학적 활성이 손상되기 쉽기 때문에 회수공정이 매우 까다롭다. 또한 생물공정에서는 유전자조작, 배지의 최적화, 산소의 공급 및 배양 등 대부분 전체 과정이 무균조건에서 이루어지는 경우가 많다. 그러면 미생물 반응공정의 특성을 이해하기 위하여 우선 미생물의 배지 및 배양특성에 관하여 알아보도록 하자.

2. 미생물 배지의 특성

미생물 배양에 사용하는 배지에는 에너지 획득, 균체물질의 합성과 대사산물의 합성에 필요한 모든 원소를 함유해야 한다. 실험실에서 이루어지는 연구용은 대부분 순수하고 미리 내용을 알 수 있는 화합물로 구성된 배지(defined media)를 이용할 수 있으나, 산업적인 발효공정에서는 경제적인 이유로 성분 구성이 복잡하고, 내용 성분을 확실히 알 수 없는 천연물을 배지(complex media)로 사용하는 경우가 많다. 또한 많은 경우에 있어서 가격문제로 당밀, 탈지 대두박 등과 같은 다른 가공산업의 부산물을 이용하기 때문에 원료에 따라서는 성분조성이 다를 수 있다.

모든 미생물은 생육하는 데 있어서 물·탄소원·질소원·무기물을 필요로 하며, 균주에 따라서는 특정의 아미노산, 핵산 또는 비타민이 요구된다. 그리고 호기성 미생물의 경우는 산소를 필요로 한다.

각종 기본적인 원소의 생리적 기능은 표 7-2에서 보는 바와 같다. 균주에 따라 생장에 필요한 생리적 현상은 다소 차이가 날 수 있으며, 이들 원소의 결핍이 없도록 배지조성에 유의할 필요가 있다. 따라서 일반적으로 배지에 사용할 원료를 결정할 때는 다음과 같은 점을 고려해야 한다.

표 7-2. 각종 원소의 생리적 기능

원 소	생리적 기능
H	· 세포수분, 세포 구성원소
O	· 세포수분, 세포 구성원소, 호기성균의 전자수용체
C	· 세포 구성원소
N	· 단백질, 핵산, 조효소의 구성원소
S	· 단백질 구성원소(함유황 아미노산의 구성원소)
P	· 핵산, 인지질, 조효소의 구성원소
K	· 세포, 몇 가지 효소의 cofactor
Mg	· 세포의 주요 양이온, ATP를 포함한 대부분 효소반응의 무기 cofactor, 클로로필의 구성원소
Ca	· 몇 가지 효소의 무기 cofactor, Mg을 대체할 수 있음
Fe	· Cytochrome, heme, 그 외 단백질 등의 구성원소, 많은 효소의 cofactor
Co	· 비타민 B_{12}, 조효소 등의 구성원소
Cu, Zn, Ni, Mo	· 특별한 효소의 무기원소

① 사용한 원료에 대한 균체 또는 생성물의 수율 및 생성속도를 최대로 높일 수 있도록 해야 한다.
② 불필요한 부산물이 최소가 되도록 한다.
③ 원료의 가격이 싸고, 성분이 균일하고, 안정하게 공급을 받을 수 있어야 한다.
④ 배양 중의 통기 및 교반, 배양 후에 추출, 정제, 폐수처리 등 발효공정 측면에서 문제점이 적어야 한다.
⑤ 배지 조제 및 살균상의 문제점이 최소화되어야 한다.

배지조성을 결정할 때는 동일 균주를 사용하여 얻은 기존의 연구결과가 있다면 그의 배지조성을 이용할 수도 있다. 최적의 배지조성을 구하기 위해서는 일반적으로 순차적인 스케일 업(scale-up) 단계에서 각각의 최적조건에서 미생물을 배양한 다음 발효 원료(배지조성)와 발효 생성물의 원소 분석을 하고, 이들 사이의 물질수지를 분석함으로써 결정할 수 있다. 즉, 발효에 의해 이루어지는 물질수지는 다음과 같이 나타낼 수 있다.

탄소원 + 질소원 + 기타 성분

⟶ 균체 증식 + 대사산물(유용생성물 + CO_2 + H_2O + ……) + 에너지

따라서 부산물(폐기물)을 최소화하여 경제적인 공정설계를 하려면 유용물질 생성에 필요한 최소의 영양원의 양을 계산하여 최적 배지조성을 결정하는 것이 바람직하다. 그러나 실제 발효 중에 일어나는 모든 요인을 정확히 분석하기가 어려워 이를 정량적인 관계로 나타내기가 곤란한 경우가 많다.

표 2-5에서 보는 바와 같이 건조균체에 대한 원소분석으로 주요 성분인 C, H, O, N, S, P, Mg, K 등의 함량을 구하면 배지조성 중에 최소로 필요로 하는 N, S, P, Mg, K의 양을 알 수 있다. 따라서 여기에 필요한 Fe, Co, Cu, Zn, Ni, Mo, Mn, B 등과 같은 미량원소를 추가하면 된다.

일반적으로 진탕배양의 경우에는 미생물이 필요로 하는 최소량보다 P와 K를 많이 첨가해 주는 경우가 많다. 이는 P가 많은 배지조성에서 완충능력(buffer capacity)을 높여 주기 때문이다. 그러나 발효조에 의한 미생물 배양일 경우는 pH 조절이 항상 이루어지기 때문에 문제되지 않는다. 또한 어떤 미생물은 아미노산, 비타민, 핵산물질 등의 합성능력이 없으므로 알맞은 양의 생육인자(growth factor)를 가해 줄 필요가 있다.

위와 같은 방법으로 배양 전후의 물질수지식을 구하고, 수율(yield)을 계산해 보면 대부분의 경우 실제 측정치가 이론적인 값에 비해 낮은 값을 나타낸다. 이는 발효 중

에 일어나는 CO_2 발생량이나 대사산물 양을 정확히 측정할 수 없기 때문이며, 이를 고려하여 배지조성을 구할 때 유의할 필요가 있다.

3. 배지의 종류와 성분

미생물 배지는 배지가 함유하는 성분, 배지의 성상, 사용목적에 따라 분류할 수 있다. 배지에 함유한 모든 성분들을 화학적으로 명확히 규정할 수 있느냐에 따라 합성 또는 천연배지로 나눈다. 배지의 성상에 따라서 액체배지는 미생물의 일반적인 생육과 물질의 생산을 목적으로 사용하며, 고체배지는 액체배지에 한천 또는 gelatin을 첨가하여 굳힌 배지를 말하며, 미생물의 순수분리, 보존, 활성화 목적으로 사용된다.

배양실험에 사용되는 미생물은 보존배지(stock medium), 활성배지(activation medium), 종균배지(seed medium), 발효배지(본 배지, fermentation medium) 또는 생산배지(production medium)의 순으로 특정 배지에 이식하고, 배양하여 미생물을 이용한 산물의 생산공정이 수행된다. 활성배지는 특정의 조건에서 생육을 억제시켜 보관하였던 보존균주를 최적의 생육조건에서 배양하여 활성화시키며, 종균배지는 증식력이 뛰어난 균체를 다량 확보하는 데 그 목적이 있다. 발효배지는 종균을 접종하여 목적 산물을 얻기 위한 배지를 말한다.

자연계의 다양한 미생물로부터 특정 물질을 생산하는 미생물을 검색할 경우 사용되는 검색배지(screening medium), 특정 미생물의 생육이 잘 되는 선택배지(selective medium), bioassay에 사용되는 정량용 배지(assay medium), 기타 여러 종류의 시험이나 및 검정용으로 사용하는 배지가 있다.

3.1 탄소원

생물공학에서 이용하는 미생물은 대부분 화학합성 종속영양미생물로서 탄소원 또는 에너지원으로 탄수화물을 이용한다. 탄소원(炭素源, carbon source)은 미생물 배지에서 가장 중요한 요소로서, 일반적으로 연구목적으로 정확한 발효공정을 조절해야 할 경우는 포도당을 비롯한 단당류를 주로 사용한다. 그러나 공업적인 용도로는 대부분을 경제적인 이유로 포도당 또는 설탕을 사용하지 않고 값싼 녹말 또는 당밀(molasses)을 이용하는 경우가 많다.

예를 들어 바이오매스(biomass) 생산을 위한 미생물 배양에서 탄소원을 살펴보면 예전에는 탄수화물을 주로 이용하여 왔다. 그러나 1960년대에 들어서 미생물 단백질(SCP) 생산을 위한 새로운 탄소원으로서 석유화학 계열의 부산물인 알칸(alkanes)

계열 탄화수소(hydrocarbons), 메탄올, 에탄올 등이 발효공업에 이용되었다.

발효제품의 생산비 중에 차지하는 원료비용을 줄이는 문제와 2차 대사산물의 생산량을 높이기 위한 방법으로서 여러 가지의 탄소원 이용이 검토되고 있다. 탄수화물을 탄소원으로 하였을 때에 비해 탄화수소의 경우는 배양 중에 산소요구도가 2.5～3배로 증가한다. 그리고 단위 중량에 따른 수율이 높으나 생성열이 많아 이를 발효 중에 제거해 주어야 한다. 그리고 용해도가 낮아 탄소원의 이용률을 높이기 위해서는 배지를 균질화시켜 주는 일이 중요하다. 또한 값싼 천연유지인 팜유(palm oil)와 이 외의 식물유(vegetable oil) 등도 탄화수소의 대체자원으로서 가능성을 가지고 있다.

화학합성 종속영양세균에 의한 기질 중 탄소원의 대사경로(metabolic pathway)는 탄소원이 세포물질로 전환되는 양을 결정하는 데 중요하다. 예를 들어 통성혐기성 미생물이 혐기상태에서는 기질 중 탄소의 약 10%가 세포물질로 전환되는데 비하여 충분한 호기상태에서는 50～55%가 이용되는 것으로 알려져 있다.

따라서 표 2-5에서 보는 바와 같이 세포 건물량의 50%가 탄소이므로 균체 증식을 위해 배지에 첨가해야 할 탄소량을 계산하는 일이 가능하다. 예를 들어 40 g의 균체를 호기적 배양에서 얻고자 할 때 첨가해야 할 포도당 양은 탄소를 기준하여 계산하면 $40 \times 180/(12 \times 6) = 100$ g/*l*가 필요함을 알 수 있다.

탄소원으로 많이 이용되는 것으로는 주정공업에서는 옥수수녹말・타피오카녹말・고구마・감자・보리쌀・쌀・밀가루・잡곡류 등 녹말을 원료로 이용하며, 이 외의 발효공업에서는 값싼 원료로서 제당공업의 부산물인 당밀(糖蜜, molasses)을 이용한다. 당밀에는 당분 이외로 질소성분과 비타민, 미량원소를 함유하고 있다. 당밀의 제조원료에 따라 성분함량이 차이가 있으며, 대표적인 성분분석 결과는 표 7-3과 같다. 이 외로 많이 이용되는 탄소원으로는 lactose(milk whey powder), 건조한 malt extract, 덱스트린, 아황산 펄프액(sulfite waste liquor), 농산 폐기물인 섬유질, 식물기름, 메탄올, 에탄올, 탄화수소(C_{12}～C_{15}) 등이 이용된다. Malt extract는 표 7-4에서 보는 바와 같이 90～92%의 당을 함유하고 있으며, 곰팡이・효모・방선균의 배지로서 연구용으로도 많이 이용된다.

대두유(콩기름)・옥수수기름・면실유・팜유 등의 식물유는 탄소원으로서 단독으로 이용하는 것보다는 유지가 분해되면서 생성하는 oleic, linoleic, linolenic, palmitic acid 등의 지방산을 탄소원으로 이용할 수 있는 점과 이들 지방산이 계면활성 작용을 가지고 있어서 거품의 생성을 억제할 수 있어 항생제 생산에 소량 첨가하여 사용한다.

옥수수 침지농축액(corn steep liquor, CSL)은 옥수수녹말 제조의 부산물로서 성분조성은 표 7-5에서 보는 바와 같이 각종 아미노산, 비타민, 무기물을 함유하고 있다.

표 7-3. 사탕수수와 사탕무우 당밀의 성분조성

성 분	사탕무우 당밀	사탕수수 당밀
건물량(%)	78~85	77~84
Sucrose	48.5	33.4
Raffinose	1.0	-
전화당	1.0	21.2
기타 유기물	20.7	19.6
N(질소)	0.2~2.8	0.4~1.5
P_2O_5	0.02~0.07	0.6~2.0
CaO	0.15~0.7	0.1~1.1
MgO	0.01~0.1	0.003~0.1
K_2O	2.2~4.5	2.6~5.0
SiO_2	0.1~0.5	-
Al_2O_3	0.005~0.06	-
FeO_3	0.001~0.02	-
회분	4~8	7~11
Thiamine(μg/100 g)	130	830
Riboflavin	41	250
Pyridoxine	540	650
Niacinamide	5,100	2,100
Pantothenic acid	130	2,140
Folic acid	21	3.8
Biotin	5.3	120

표 7-4. Malt extract의 성분조성

성 분	건물량(%)	성 분	건물량(%)
맥아당	52.2	질소질	4.6
육탄당(포도당, 과당)	19.1	회분	1.5
설탕(sucrose)	1.8	수분	2.0
덱스트린	15.0		
기타 탄수화물	3.8	pH(10% 용액) = 5.5	

따라서 탄소원으로서 보다는 주로 질소원으로 이용되고 있으며, 소규모 배양에서는 생육인자로 첨가하는 경우가 많다. 또한 CSL에는 젖산과 소량의 환원당 및 다당류가 들어 있다.

사용목적에 따라서는 알코올, 유기산, 탄화수소 등은 정제가 안 된 탄수화물에 비해 가격은 비싸지만 발효 후에 회수 및 정제과정이 간단한 장점이 있어서 바이오매스(biomass), 유기산, 아미노산, 비타민, 항생물질, 효소, 단백질 등의 생산에 이용된다.

3.2 질소원

질소원은 단백질 합성의 소재로서 각종 아미노산 합성에 필요하다. 질소가스(N_2)는 질소 고정균에 의해 이용되며, 무기질소원으로서는 암모늄염·질산염·아질산염 등이 이용된다. 그리고 유기질소원으로 요소(urea)·아미노산류·아마이드(amide)·펩톤(peptone)·단백질 등이 이용되며, 그의 이용성은 미생물의 종류에 따라 다르다.

일부 미생물은 아미노산 요구성에 있어서 한 가지 이상의 특정한 아미노산이 없이는 생육하지 않거나 생육속도가 매우 늦어지는 경우가 있다. 이 경우에는 필요로 하는 특정의 아미노산을 첨가하여 주어야 한다. 그러나 실제로 대부분 값싼 대두박, 침지옥수수 농축액, 어분(魚粉, fish meal), 유청(whey), 카제인(casein) 등 천연물을 사용함으로써 문제가 되지 않는다. 또한 경우에 따라서는 이와 같은 미생물의 생리적인 성질을 이용하여 배지조성을 조절함으로써 균주의 분리 또는 육종에 이용하기도 한다.

생물공학에서 이용되는 대부분의 미생물은 유기 및 무기질소원을 이용할 수 있다. 많은 대규모 공정에서는 암모늄염, 요소, 암모니아 가스, CSL을 질소원으로 이용한다. 진탕배양에 있어서 무기질소원으로서 $(NH_4)_2SO_4$를 사용할 경우는 암모니아가 이용되고 난 후에 생기는 유리산이 배양액의 pH를 떨어뜨리며, 반대로 암모니아가스와 질산염의 사용은 배양액이 알칼리성으로 되기 쉽다.

유기질소원으로는 아미노산, 단백질, 요소 등이 이용된다. 미생물의 종류에 따라서는 특정한 아미노산을 필요로 하는 경우가 있다. 이 경우에는 사용균주의 특성에 따라 필요로 하는 아미노산 등을 배지에 첨가해 주어야 한다. 일반적으로 공업적 발효공정에서는 대부분 천연물을 이용하기 때문에 생육인자의 결핍현상은 잘 일어나지 않는다.

아미노산 또는 펩타이드를 함유하여 유기질소원으로 사용하는 것으로는 CSL(표 7-5), yeast extract(표 7-6), peptone(표 7-7), soy meal, peanut meal, cotton seed meal, fish meal 등이 이용된다.

일반적으로 발효 중에 생성하는 대사산물은 주로 유기산 등 산성물질이기 때문에 배양 중에 배양액의 pH가 낮아져 산성이 되기 쉽다. 최적 배양조건을 유지하기 위해서는 배양 중에 pH를 일정하게 조절할 필요가 있으며, 이를 위하여 대규모 배양에

표 7-5. Corn steep liquor(CSL)의 성분조성

총 고형물	51%(w/v)	회 분	1.25%(w/v)
산도(젖산으로서)	15%(w/v)	K	20%
유리환원당	5.6%(w/v)	P	1～5%
가수분해 후 유리환원당	6.8%(w/v)	Na	0.3～1%
총 질소	4%(w/v)	Mg	0.003～0.3%
질소로서 아미노산 %		Fe	0.01～0.3%
Alanine	25	Cu, Ca	0.01～0.03%
Arginine	8	Zn, Pb, Ag, Cr	0.001～0.003%
Glutamic acid	8	비타민	
Leucine	6	Thiamine(B_1)	41～49 μg/g
Proline	5	Biotin	0.34～0.38 μg/g
Isoleucine	3.5	Ca-pantothenate	14.5～21.5 μg/g
Threonine	3.5	Folic acid	0.26～0.6 μg/g
Valine	3.5	Nicotinamide	30～40 μg/g
Phenylalanine	2.0	Riboflavine(B_2)	3.9～4.7 μg/g
Methionine	1.0		
Cystine	1.0		

표 7-6. 제조방법에 따른 yeast extract의 성분조성

성 분	자기소화	NaCl에 의한 plasmolysis	성 분	자기소화	NaCl에 의한 plasmolysis
성분조성(%)			아미노산(%)		
건물량	70	80	Alanine	3.4	2.3
총 질소	8.8	7.4	Arginine	2.1	1.1
단백질(N×6.25)	55	46	Asparagine	3.8	3.1
NaCl	< 1	18	Cystine	0.3	0.2
			Glutamic acid	7.2	5.1
비타민(ppm)			Glycine	1.6	1.6
Thiamine(B_1)	20～30	10～15	Histidine	0.9	0.8
Riboflavin(B_2)	50～70	50～70	Isoleucine	2.0	1.6
Pyridoxine(B_6)	25～35	20～30	Leucine	2.9	2.3
Nicotinamide	600	100	Lysine	3.2	2.9
Pantothenic acid	200	350	Methionine	0.5	0.5
			Phenylalanine	1.6	1.6
			Proline	1.6	1.5
			Serine	1.9	1.5
			Threonine	1.9	1.4
			Tyrosine	0.8	0.5
			Valine	1.9	1.5

표 7-7. 원료 및 제조방법에 따른 펩톤(peptone)의 성분조성

성 분	카제인(효소분해)	카제인(산분해)	대두박(효소분해)
성분 조성(%)			
수 분	4.8	3.5	4.0
회 분	5.8	39.7	14.0
총 질소	12.8	8.3	9.2
아미노태 질소	6.7	6.4	1.8
NaCl	3.0	38.0	5.9
탄수화물	-	-	29.0
유리아미노산(mg/g)			
Alanine	16.8	14.1	3.3
Arginine	30.2	5.0	1.1
Aspartic acid	8.7	33.2	2.4
Cystine	-	0.7	-
Glutamic acid	38.6	79.6	5.6
Glycine	4.4	9.3	2.3
Histidine	13.3	4.6	1.1
Isoleucine	29.9	10.7	2.8
Leucine	71.9	29.7	9.4
Lysine	61.1	12.8	7.9
Methionine	22.7	11.2	3.3
Phenylalanine	33.0	9.7	3.7
Proline	7.4	34.5	0.8
Serine	28.7	19.8	4.8
Threonine	21.5	13.1	1.9
Tryptophan	8.6	0.05	1.6
Tyrosine	14.0	4.9	0.7
Valine	36.4	16.7	3.8

있어서는 pH 조절용으로 암모니아 가스를 사용한다. 암모니아 가스는 배양액 중에 남아 있지 않으나 과다한 질소원의 공급을 유발하여 균체 생산에는 유리하지만, 배지 중의 C/N 비율(carbon/nitrogen ratio)을 낮춤으로써 2차 대사산물의 생성을 저해할 우려가 있다. 일반적으로 C/N 비율이 작을수록 균체증식이 잘 이루어지며, 이 비율이 높을수록 균체증식이 억제되어 2차 대사산물 생성이 촉진되는 것으로 알려져 있다.

따라서 항생물질 등 2차 대사산물의 생산에 있어서는 질소원에 따라 대사조절(代謝調節, control mechanism)에 영향을 주기 때문에 질소원의 선택이 매우 중요할 때

가 많다. 이는 미생물의 대사에 관여하는 특정한 효소작용의 억제 등에 기인하는 것으로 알려져 있다.

질소원의 선택은 발효목적에 따라 달라지기 때문에 이에 알맞은 질소원을 선정해야 한다. 공업적인 질소원의 사용 예를 보면 penicillin 생산에 CSL을, rifamycin 또는 polyenes 생산에 soybean meal을, gibberellin 생산에 암모늄염을 사용하고 있다.

3.3 무기질

미생물의 생육에는 탄소원, 질소원 이외에 무기질(minerals)과 비타민 등이 필요하다. 비교적 다량으로 필요한 무기질로서는 Mg, P, S, Ca, Cl 등이 필수원소로 알려져 있다. 이들은 배양액의 pH 및 삼투압 조절에 중요한 역할을 한다.

이 외로 미량 금속원소(trace element)로서 Co, Cu, Fe, Mn, Mo, Zn 등이 있으며, 대부분 배지조제에 사용하는 지하수 또는 수돗물, 그리고 다른 원료의 미량성분으로 함유되어 있는 것으로 여겨지고 있다. 이러한 미량원소는 일반적으로 생리활성 구성성분인 cofactor로서 중요한 역할을 한다.

예를 들어 합성배지에는 KH_2PO_4, K_2HPO_4, $MgSO_4 \cdot 7H_2O$, $CaCl_2 \cdot 2H_2O$, $FeSO_4 \cdot 7H_2O$ 등의 무기염을 첨가한다. 연구용으로 합성배지(synthetic media)를 이용할 때는 일반적으로 표 7-8에서 보는 바와 같은 범위의 함량이 되도록 첨가해 준다. 그러나 2차 대사산물의 생산에 있어서 P의 농도는 미생물의 대사와 밀접한 관계가 있기 때문에 주의하여 첨가 농도를 정해야 한다.

특히 미량원소 중에 Fe과 Zn은 매우 중요한 것으로 알려져 있다. 실제 공정에 있어서는 사용균주의 특성에 따라 무기물의 함량을 결정하며, 대사조절에 의한 2차 대사산물의 유도(induction)를 위하여 유가식 배양(fed batch culture) 방식을 많이 이용한다.

표 7-8. 일반적인 배지 중 무기질의 농도

성 분	농도 범위(g/l)	성 분	농도 범위(g/l)
KH_2PO_4	1.0～4.0	$ZnSO_4 \cdot 7H_2O$	0.1～1.0
$MgSO_4 \cdot 7H_2O$	0.25～3.0	$MnSO_4 \cdot 4H_2O$	0.01～0.1
KCl	0.5～12.0	$CuSO_4 \cdot 5H_2O$	0.003～0.01
$CaCO_3$	5.0～17.0	$Na_2MoO_4 \cdot 4H_2O$	0.01～0.1
$FeSO_4 \cdot 7H_2O$	0.01～0.1		

3.4 기타 성분

1) 용수

미생물 배지에 사용하는 물은 깨끗해야 하며, 특히 양조공업에 있어서 물 속에 함유하는 무기질은 주질(酒質)에 많은 영향을 주는 것으로 알려져 있다. 예를 들어 $CaSO_4$가 다량 함유되어 있는 경수(硬水, hard water)는 영국에서 생산되는 Burton bitter beer 및 Pilsen type lager beer 등에 영향을 주어 독특한 맥주를 생산하게 되었다.

일반적인 경우 경수는 미생물 배양에 나쁜 영향을 주므로 사용에 유의해야 한다. 보통 공업적으로는 탈이온수(deioninzed water)를 사용함에 따라 예전에 비해 미생물 증식에 큰 영향이 없는 것으로 알려져 있다. 그리고 대규모 SCP 생산공정에 있어서는 배지로 사용했던 물을 회수한 다음에 영양원을 보충하여 재사용함으로써 폐수 배출량을 줄일 수 있어서 폐수처리에 도움을 주기 때문에 배양액을 원심분리한 다음 재순환시키는 방법도 보편화되고 있다.

2) 대사 조절물질

탄소원, 질소원 및 무기질 이외에 일부 미생물은 특정의 아미노산 또는 비타민 등을 첨가하였을 때 생장속도가 빠르거나 대사산물의 생성이 촉진될 경우가 있다. 이와 같은 물질을 생육인자(生育因子, growth factor)라고 한다. 생육인자는 주로 비타민, purine, pyrimidine 염기류이다.

예를 들어 효모의 증식에는 경우에 따라서는 pantothenic acid, inositol, biotin 등이 필요한 경우가 있다. 또한 유산균은 생육에 비타민 B군이 요구된다. 미량 생육인자는 미생물의 증식촉진 효과뿐만 아니라 생리활성의 발현에 큰 영향을 준다. 따라서 대사 제어인자로 작용하는 경우가 있으므로 목적하는 생산물의 수율에 영향을 주는 경우가 많아 첨가하는 농도를 제어해야 한다.

탄소원 또는 질소원으로서 공업적으로 이용되는 천연물 중에는 대부분 미생물 생육에 필요로 하는 비타민이 함유되어 있으나, 경우에 따라서는 별도로 비타민의 첨가가 요구될 때도 있다. 예를 들면 초산발효에 있어서는 calcium pantothenate가 필요하며, glutamic acid 발효에는 biotin을 필요로 한다.

미생물의 대사에 영향을 주는 요소로서, 경우에 따라서는 전구물질(前驅物質, precursor)을 사용하여 생산성을 높이는 방법을 이용하기도 한다. 이에 대한 예로는 표 7-9에서 보는 바와 같다.

균주에 따라서는 대사과정의 일부를 저해함으로써 생성물의 수율을 높이는 데 이

표 7-9. 발효공정에 이용되는 전구물질

전구물질	생성물	생산균주
Phenylacetic acid	Penicillin G	*Penicillium chrysogenum*
	Penicillin V	
Phenoxy acetic acid chloride	Chlortetracycline	*Streptomyces aureofaciens*
	Griseofulvin	*Penicillium griseofulvin*
Propionate	Riboflavin	*Lactobacillus bulgaricus*
Cyanides	Vitamin B_{12}	*Propionobacterium, Streptomyces* sp.
β-ionones	Carotenoides	*Phycomyces blakesleeanus*
α-amino butyric acid	L-isoleucine	*Bacillus subtilis*
D-threonine	〃	*Serratia marcescens*
Anthranilic acid	L-tryptophan	*Hansenula anomala*
Glycine	L-serine	*Corynebacterium glycinophilum*

표 7-10. 발효에 이용되는 대사 저해물질

생성물	저해물질	중요한 효과	생산균주
Gylcerol	Sodium bisulphite	Acetaldehyde 생성억제	*Saccharomyces cerevisiae*
Tetracycline	Bromide	Chlortetracycline 생성억제	*Streptomyces aureofaciens*
Glutamic acid	Penicillin	세포막 투과성	*Micrococcus glutamicus*
Citric acid	알칼리금속(pH 2.0 이하)	Oxalic acid 생성억제	*Aspergillus niger*
Rifamycin B	Diethylbarbiturate	다른 rifamycins 생성저해	*Nocardia mediterranei*

표 7-11. 중요한 효소생산에서의 유도물질

효 소	유도물질	생산균주
α-Amylase	녹말	*Aspergillus* sp.
	맥아당	*Bacillus subtilis*
Pullulanase	맥아당	*Aerobacter aerogenes*
α-Mannosidase	효모 mannan	*Streptomyces griseus*
Penicillin acylase	Phenylacetic acid	*Escherichia coli*
Protease	여러 가지 단백질	*Bacillus* sp., *Streptococcus* sp., *Mucor* sp., *Streptomyces sp., Aspergillus sp.*
Cellulase	Cellulose	*Trichoderma viride*
Pectinase	Pectin	*Aspergillus* sp.

용되는 대사 저해물질(metabolism inhibitor), 그리고 그의 효과는 표 7-10에서 보는 바와 같다.

경우에 따라서는 각종 효소생산에 있어서 대부분 그 기질에 해당하는 유도물질(誘導物質, inducer)을 첨가함으로써 효소의 생산을 높이는 경우가 있다. 이에 대한 생산균주와 유도물질의 예는 표 7-11에서 보는 바와 같다.

3) 거품발생과 소포제

발효가 진행되는 후반기에는 경우에 따라서 많은 거품(foam)이 발생한다. 이로 인하여 산소 전달속도(oxygen transfer rate)가 늦어지고 배양액이 넘치는 등 미생물의 생육저해와 이에 따른 대사산물의 감소 등의 문제가 일어나는 경우가 많다. 이 경우에는 다음과 같은 방법이 이용된다.

① 온도, pH, 통기 및 교반 등 물리적인 요인을 조절한다.
② 배지에 사용하는 원료를 부분적으로 정제한다.
③ 계면활성이 있는 소포제를 첨가해 준다.

실제공정에 있어서는 ①과 ②의 방법은 여러 가지 제한적인 문제로 대부분 소포제(消泡劑, antifoaming agent)를 첨가하는 방법을 쓰고 있다. 이상적으로 표면장력을 감소시켜 거품을 안정시켜 주는 물질은 없지만, 실제 이용되고 있는 소포제로서는 stearyl alcohol 등의 고급 알코올류, 지방산 ester 화합물, 식물성 유지(면실유・대두유・올리브유・피마자유 등), silicones, oxazoline, polypropylene glycol 등이 이용된다. 소포제의 이상적인 조건으로는 다음과 같은 사항을 들 수 있다.

① 거품의 신속한 제거
② 효과의 지속성
③ 저농도로 효과 발휘
④ 산소 등 영양인자의 전달속도에 영향 없음
⑤ 미생물의 생육과 산물의 생성에 영향 없음
⑥ 분리공정에 영향 없음
⑦ 무독성이고 가격이 저렴할 것

보통 발효 중에 거품이 발생하기 시작할 무렵에 소포제를 첨가한다. 그러나 소포제의 사용은 산소 공급속도를 약 50% 감소시키기 때문에 가능한 최소량을 사용하는 것이 바람직하다.

4. 산업용 발효 배지

산업적으로 이용되는 배지조성은 발효목적에 따라 각각 다르며, 이 중에서 대표적인 발효용 배지조성의 몇 가지 예는 표 7-12와 같다. 사용하는 균주, 배양 조건과 방식 등에 따라 최적 생산 배지조성이 달라지므로 실제 공정에서는 많은 실험 자료를 토대로 하여 배지조성을 결정하게 된다.

5. 영양원의 수송기작

배지에 존재하는 각종의 영양원들은 세포의 생장과 대사활성을 유지하기 위하여 세포질 내로 흡수되어야 하고, 세포 내에서 생성된 물질들은 세포 외부로 수송되어야 한다. 미생물의 종류에 따라 세포막의 구조는 다르지만, 이 물질들은 세포질막, 펩티도글리칸층, 세포외막 등의 장벽을 통과해야 한다.

곰팡이, 효모, 세균의 세포벽은 펩티도글리칸층으로 구성되어 있는데, 조직이 치밀하지 않아 물, 무기이온, 유기물 등 분자량이 작은 친수성 물질은 잘 투과시킨다. 그러나 펩티도글리칸층의 안과 밖에 존재하는 내막(cytoplasmic membrane)과 외막(outer membrane)은 인지질과 단백질로 구성되어 있어 산소 · 이산화탄소 · 물 등은 비교적 자유롭게 투과시키지만, 무기 및 유기물은 선택적으로 투과시킨다.

표 7-12. 발효용 배지의 예

Itaconic acid(Nubel과 Ratajak, 1962)		Gibberellic acid(Calm, 1960)	
사탕수수 당밀	150 g/l	포도당	20 g/l
$ZnSO_4 \cdot 7H_2O$	1.0 g/l	$MgSO_4 \cdot 7H_2O$	1 g/l
$MgSO_4 \cdot 7H_2O$	3.0 g/l	NH_4NO_3	1 g/l
$CuSO_4 \cdot 5H_2O$	0.01 g/l	KH_2PO_4	5 g/l
Riboflavin(Harned, 1969)		$FeSO_4 \cdot 7H_2O$	0.01 g/l
		$MnSO_4 \cdot 4H_2O$	0.01 g/l
콩기름	20 ml/l	$ZnSO_4 \cdot 7H_2O$	0.01 g/l
Glycerol	20 ml/l	$CuSO_4 \cdot 5H_2O$	0.01 g/l
포도당	20 g/l	CSL	7.5 g/l
CSL	12 ml/l		
Casein	12 g/l		
KH_2PO_4	1 g/l		

그람 음성 세포에서는 본래 친수성 또는 친유성 물질을 잘 투과시키지 않는 성질을 갖고 있는 인지질 이중층으로 구성된 외막이 존재한다. 그러나 당류, 아미노산, 무기이온, 핵산류 등의 영양원들은 세포 내부로 전달된다. 세포 내·외부로의 물질의 투과와 전달에 몇 가지 기작들이 역할을 한다. 이러한 기작들 중 에너지에 의존하지 않는 수동확산과 촉진확산이 있으며, 에너지 의존 흡수기작은 능동수송과 집단전이가 있다.

수동확산(passive diffusion)은 농도 기울기에 따라 이동하는 비특이적, 무작위적 분자운동의 형태이다. 용질은 막 구성성분과 반응하지 않는다. 확산속도는 용질분자의 크기, 지질용해도, 농도 기울기의 크기에 영향을 받는다. 막을 사이에 두고 양쪽의 농도가 같을 때까지 확산이 이루어지며, 분자량이 작은 물과 용존산소 등의 기체의 흡수는 수동확산에 의한다.

촉진확산(facilitated diffusion)은 농도 기울기에 의한 용질의 이동으로 특이한 운반체 단백질에 의해 매개된다. 세포막을 통한 양분의 흡수는 인지질을 통하지 않고 막에 존재하는 운반체 단백질(carrier protein)과 수송관 단백질(channel protein)을 통하여 이루어진다. 운반체 단백질을 통하여 용질이 확산될 때는 에너지를 소모하지 않지만, 수동확산보다는 확산속도가 훨씬 빠르므로 이를 촉진확산이라 한다. 당이나 분자량이 적은 유기화합물의 촉진확산은 진핵세포에서는 공통적이나 원시핵 세포에서는 거의 일어나지 않는다.

능동수송(active transport)은 촉진확산에서와 같이 운반체 단백질에 의해 이루어지지만, 에너지원으로 ATP가 필요하다. 농도가 낮은 쪽에서 높은 쪽으로 이온을 이동시키므로 이온펌프(ion pump)라고도 한다. 저농도의 영양원 배지에서도 세포 내부에 영양원을 축적시킬 수 있는 능력은 성장하는 세포에서 매우 중요하다. 곰팡이, 효모, 세균은 많은 수의 유기 및 무기 영양원을 흡수하는 데 능동수송 기작을 이용한다.

집단전이(group translocation)는 용질 분자가 세포질막을 통과하면서 화학적 구조 변화를 동반하는 에너지 의존형 양분흡수의 형태이다. 따라서 막을 사이에 두고 생기는 실질적인 용질의 농도 기울기는 없다. 세균에 의한 당(sugar), 염기(nucleotide base), 지방산들의 흡수에 관여하며, 기질과 생물체에 따른 상당한 특이성이 있다.

예로서 대장균에 의한 glucose의 흡수는 PEP-glucose phosphotransferase system의 활성과 연관되어 있다. 전체 반응의 최종단계는 세포질막에서 일어나며, 궁극적으로 세포 내에 인산화된 glucose-6-phosphate가 생성되면서 당의 흡수가 일어난다. 기질이 우선 유도체로 전환되면서 일어나는 수송과정을 전이(translocatoion)라 한다. 혐기성 또는 통성혐기성 세균에서의 양분 수송기작은 대부분 집단전이에 의한다.

6. 미생물의 배양특성

미생물의 배양은 인위적인 환경에서 미생물을 증식시키는 것이다. 많은 종류의 미생물반응에 있어서 기질(substrate)의 소모와 대사산물(metabolite)의 생성은 보통 미생물 증식 정도와 균주에 따른 대사과정(metabolism)에 따라 각각 특유한 패턴을 나타낸다. 기질은 일단 미생물 세포 속으로 들어가, 정도의 차이는 있으나 일부는 새로운 세포를 구성하는 데 이용되어 균체 증식이 이루어진다.

실제 미생물반응에 있어서는 1 cm^3에 1억 개 이상의 수많은 미생물이 존재한다. 하나하나의 미생물세포는 반드시 생리학적・형태학적 또는 유전학적 성질이 같은 것은 아니다.

따라서 우리는 미생물이 나타내는 활성의 평균치를 관찰하는 것이다. 즉, 일반적으로 세균은 분열에 의해, 효모는 출아에 의해, 방선균은 균사의 성장에 의해 각각 증식이 이루어진다. 한 개의 세포가 증식을 위해 분열이나 출아를 끝내는 데까지 걸리는 시간을 세포주기시간(cell cycle time) 또는 세대시간(generation time)라고 하며, 살아 있는 동안의 경과시간을 균령(cell age)이라고 한다.

미생물 배양방법은 분류 기준에 따라 액체배양과 고체배양, 그리고 회분배양과 연속배양으로 나눌 수 있다. 또한 액체배양은 표면배양(surface culture)과 심부배양(submerged culture)으로 세분된다. 고체배양은 주로 액체배양이 어려운 곰팡이 배양에 이용된다. 고체배양은 통기가 쉽고 생성물 회수에 소요되는 용매량이 적은 이점이 있으나 자동제어가 어려운 결점이 있다. 여기에서는 액체배양에서 일어나는 회분배양, 유가배양, 연속배양에 대하여 살펴보자.

6.1 회분배양

미생물의 배양은 일반적으로 회분배양(回分培養, batch culture)에 의한다. 보통 미생물의 회분배양은 폐쇄계(closed system)로 간주되며, 살균된 배지가 들어 있는 발효조 내에 미생물을 접종하여 생리적인 최적조건에서 배양한다.

경우에 따라서 대사산물 생산의 최적화를 위하여 배양 중에 무균적으로 산소를 공급하거나, 소포제의 첨가, pH 조절을 위한 산 또는 알칼리 용액이 주입된다. 회분배양에서는 기질과 대사산물의 양적 변화를 동반하여 그림 7-1에서 보는 바와 같이 배양시간에 따른 전형적인 균체수의 변화가 생긴다.

생물공학에서 관심의 대상이 되는 것은 일반적으로 균체 생산이 아니라 균체에 의해 생산되는 대사산물일 경우가 대부분이다. 균체 증식에 필요한 최적조건과 대사산

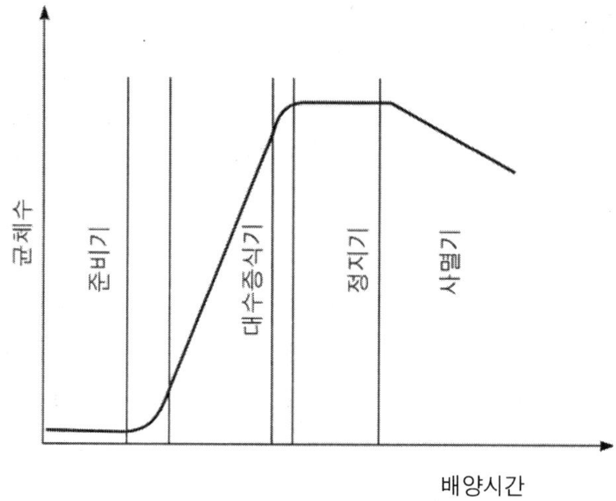

그림 7-1. 배양시간에 따른 균체수의 변화

물 생산을 위한 최적조건과는 반드시 일치하지 않기 때문에 사용균주의 생리적 특성을 파악하여 배양조건을 조절해야 한다.

배양액 중의 세포 농도의 정량은 직접적인 방법과 간접적인 방법으로 나눌 수 있다. 미생물의 종류와 배양액의 점도, 성분조성, 요구되는 정확성에 따라 여러 가지 측정방법을 사용할 수 있다. 균체수나 균체량을 측정하는 직접적인 방법은 가장 정확한 방법이나 배양액 중 고형분과 현탁물 등의 방해 인자가 많으며, 측정하는 데 시간이 많이 소용된다.

가장 일반적으로 쓰이는 직접법은 건조균체량(dry cell weight), 충전세포 부피(packed cell volume)와 분광계를 사용하여 측정된 흡광도에 의한 세포농도 측정법이다. 간접법은 단백질・DNA・RNA・ATP・NADH 등 세포내 성분을 측정하거나, 탄소원・질소원・산소・아미노산・무기원소 등 영양원의 소비량 측정, 이산화탄소 등의 발효생산물의 생성량 측정, 산・염기의 공급 및 소모속도, 발효열, 배양액의 점도변화를 측정함으로써 세포농도를 추정할 수 있다.

회분배양에 있어서 미생물의 증식은 배양시간에 따라 다음과 같은 몇 가지 단계로 나눌 수 있다. 균주에 따라서 정도의 차이는 있으나, 일반적인 균체생육의 형태는 그림 7-1과 같다. 새로운 환경에 대한 적응기를 거쳐 대수적으로 균체량은 증가하다가 정지기와 사멸기를 거친다. 배양기간에 따라 생육기를 각각 분류하여 그 특징을 살펴보면 다음과 같다.

1) 준비기(lag phase)

새로운 배지에 접종된 미생물은 이 기간 동안 증식을 위한 준비단계로 세포의 크기와 무게가 증가한다. 이는 새로운 환경에 적응하는 기간으로서 미생물의 종류, 생육환경, 생리적인 조건에 따라 대수기로 이행하는 데까지의 시간 차이가 생긴다.

보통 이 기간은 종균(seed)의 상태와 배양조건에 따라 결정되므로 이 기간을 줄이기 위하여 종균배양 단계에서부터 주의할 필요가 있다. 이 기간은 다음과 같은 요인에 의해 영향을 받는다.

① 배지 영양성분의 농도변화
② 탄소원과 에너지원의 함량비 차이
③ 세포막을 통하여 이루어지는 확산작용에 의하여 발생되는 접종균체 내부 성분의 희석여부
④ 접종균체의 균령(inoculum age)
⑤ 접종량의 크기(inoculum size)

2) 대수증식기(log phase)

준비기가 지나면 새로운 환경에 적응한 미생물이 가장 빠른 속도로 증식한다. 이 시기를 대수증식기(log phase, exponential growth phase)라고 한다. 배양액 중에는 영양분이 충분할 뿐만 아니라 독성물질은 없거나 매우 적어서 증식에 거의 영향을 주지 않는다. 세포질의 합성속도와 세포수의 증가가 비례하며, 세포의 생리적 활성이 가장 강한 시기이며, 세포에 대한 물리・화학적 처리에 감수성이 높은 시기이다.

이 기간에 있어서 미생물 증식은 대부분 기질농도에 관계없이 대수적으로 이루어

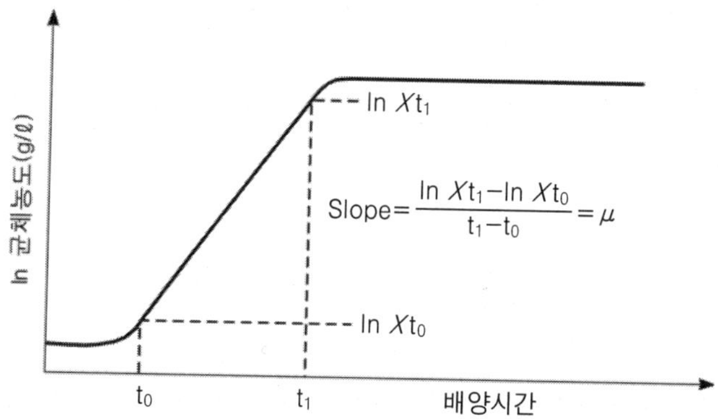

그림 7-2. 회분배양의 반대수그래프

진다. 균체수와 배양시간과의 관계를 반대수그래프(semilog graph)에 작성하면(그림 7-2) 직선관계가 얻어지므로 보통 이 기간을 대수증식기라고 하며, 이를 식으로 나타내면 다음과 같다.

$$\frac{dX}{dt} = \mu X \text{ 또는 } \frac{dN}{dt} = \mu N \tag{7-1}$$

식 (7-1)을 적분하면 다음 식이 된다.

$$\ln(X/X_0) = \mu t \text{ 또는 } X = X_0 E^{\mu t} \tag{7-2}$$

여기에서

X, X_0는 각각 시간 t와 t=0에서의 균체농도(g/l)
N은 균체수(No./l)
μ는 비증식속도(h^{-1})이다.

또한 μ의 표시방법은 다음과 같이 나타낼 수 있다.

$$t_d = \frac{\ln 2}{\mu} \tag{7-3}$$

$$\mu = \frac{0.693}{t_d} \tag{7-4}$$

비증식속도(比增殖速度, specific growth rate) μ는 비례상수로서 미생물 종류에 따른 증식속도의 크기를 나타내며, 대수증식기에서 미생물은 최대 증식속도(μ_{max})를 나타낸다. 1회 분열로 2개의 세포가 생기는 세균, 효모 등 보통 미생물의 t_d(doubling time)는 t_g(세대시간 ; generation time)와 같지만, 녹조류의 *Chlorella*와 같이 4분열하거나 *Clamydomonas*와 같이 8분열하는 경우는 다르다. 따라서 이들 사이의 관계는 다음과 같이 나타낼 수 있다.

$$t_d = t_g \frac{\ln 2}{\ln n} \qquad n : \text{분열수} \tag{7-5}$$

표 7-13에서 보는 바와 같이 세균의 세대시간은 10~60분, 효모는 2~4시간, 조류는 수십 시간에서 수일이 걸린다.

표 7-13. 미생물의 세대시간

미생물 또는 배양세포	온도(℃)	세대시간
Bacillus stearothermophilus	60	8.4분
Pseudomonas nitriegens	30	10분
Escherichia coli	40	21분
Aerobacter aerogenes	37	18~30분
Bacillus subtilis	40	26분
Pseudomonas putida	30	45분
Aspergillus niger	30	2시간
Spirulina platensis	35	2시간
Saccharomyces cerevisiae	30	2~4시간
Rhodopseudomonas spheroides	30	2.2시간
Trichoderma viride	30	5시간
HeLa cell	37	30~50시간

대수증식기에 있어서 미생물의 증식속도에 대하여 여러 연구자에 의해 많은 수학적 모델(model)이 제안되었다. 이를 크게 나누면 경험적 모델과 이론적인 모델로 구분할 수 있다. 공학적 입장에서 본다면 미생물 증식에 관한 모델을 설정하는 데는 다음과 같은 조건을 구비해야 한다.

① 우선 모델의 목적을 명확히 인식할 필요가 있다. 미생물 증식과 같은 복잡한 현상을 보다 통일적으로 이해함으로써 이 모델을 이용하여 미생물 반응기를 설계하거나 최적 조작조건을 예측하며, 반응공정의 합리적 관리에 기여한다.
② 모델을 세우기 위한 가정을 명확히 하며, 적용 범위를 분명히 한다.
③ 모델에 포함되는 여러 가지 인자(parameter)는 실험적으로 각각 구할 수 있는 것이 좋다.
④ 가능한 간단해야 한다.

이와 같은 점에서 미생물 증식에 관한 모델을 설정하는 데는 일반적으로 균일화(unsegregated) 비구조 모델이 이용된다. 즉, 각 세포의 나이나 크기 등에서 서로 다른 성질을 가진 비균일 세포를 평균세포(average cell) 개념의 도입으로 동일한 균일세포로 가정하며, 미생물 내부의 핵, 리보솜, 미토콘드리아 등 대사에 관여하는 소기관들의 기능이 시간에 따라 변하지 않는다는 가정으로 내부의 복잡성(structured)을 단순화시킨다.

이렇게 가정한 대표적인 것이 모노드 모델(Monod model)이다. 이 모델은 균체 성

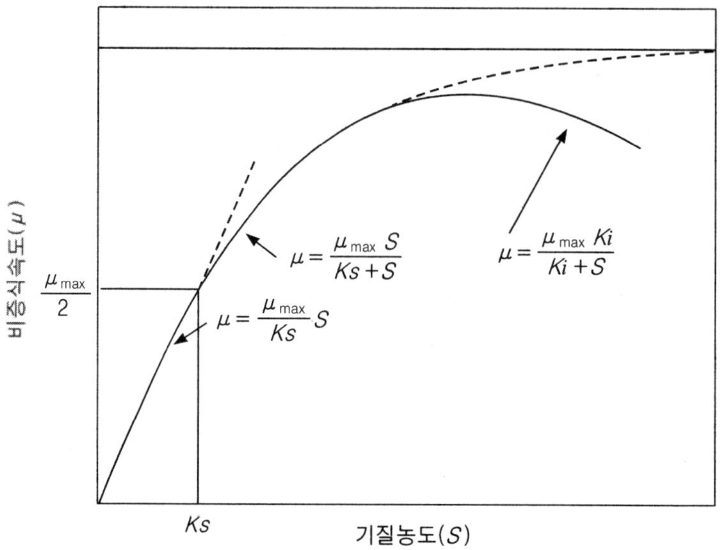

그림 7-3. 비증식속도에 대한 기질농도의 영향

분 중에 균체농도를 사용하며, 배지 성분 중에 한 종류의 성분을 증식 제한기질로 착안하여 다른 성분의 영향은 무시할 수 있는 것으로 간주한다. 또한 증식은 단일반응으로서 균체수율은 일정하다고 본다. 따라서 비증식속도에 대한 기질농도의 영향은 식 (7-6)과 그림 7-3과 같이 나타낼 수 있다.

$$\mu = \frac{\mu_{max}\ S}{K_S + S} \tag{7-6}$$

여기에서

μ_{max} : 최대 비증식속도

S : 기질농도

K_S : 포화상수

식 (7-6)은 효소반응 속도론에서 자주 이용되는 Michaelis-Menten 식과 매우 유사한 형태이다.

미생물의 증식은 세포활동의 종합적인 발현으로 보기 때문에 효소반응에서처럼 K_S가 단일효소로 이루어지는 Michaelis 상수의 의미로 표시하는 것은 곤란하다. 따라서 K_S는 어떤 증식 제한기질의 농도 의존성을 나타내는 상수로서, 이를 기질 자화상수(substrate utilization constant) 또는 포화상수라고 한다.

표 7-14. 각종 기질을 이용하는 미생물 증식의 포화상수(K_S 값)

미생물	기 질	mg/l	K_S($\times 10^{-5}$ M)
Escherichia	Glucose	8.8×10^{-2}	4.8×10^{-2}
〃	Mannitol	2.0	1.1
〃	Lactose	20.0	5.9
〃	Tryptophan	1.1×10^{-3}	5.4×10^{-3}
Aspergillus	Glucose	5.0	2.8
〃	Alginine	5.0×10^{-1}	2.9×10^{-1}
Candida	Glycerine	4.5	4.9
〃	O_2	4.5×10^{-1}	1.4
〃	Glucose	25.0	14.0
Saccharomyces	Methanol	0.7	2.0
Pseudomonas	Methane	0.4	2.6
〃	Mg ion	5.6×10^{-1}	2.3
Klebsiella	Ca ion	3.9×10^{-1}	1.0

표 7-15. 포도당을 기질로 한 곰팡이의 μ_{max} 값

미생물	온도(℃)	μ_{max}(h^{-1})	세대시간(h)
Aspergillus	30	0.20	3.46
A. nidulans	20	0.090	7.72
〃	25	0.148	4.68
〃	30	0.215	3.23
〃	37	0.360	1.96
Penicillium chrygenum	25	0.123	5.65
Mucor hiemalis	25	0.17	4.1
Fusarium avanaceum	25	0.18	3.8
F. graminearum	30	0.28	2.48
Verticillium agaricinum	25	0.24	2.9
Geotrichum candidum	25	0.41	1.7
〃	30	0.61	1.1
Neurospora sitophila	30	0.40	1.73

* Anderson 등(1975)

대표적인 균주의 K_S 값은 표 7-14에서 보는 바와 같다. 그리고 그림 7-3에서 보는 바와 같이 비증식속도는 기질의 농도에 따라 달라지며, K_S 값은 비증식속도가 $\mu_{max}/2$

표 7-16. 30℃에서 *Fusarium graminearum*의 포도당 분자수에 따른 μ_{max}

기 질	포도당 분자수	$\mu_{max}(h^{-1})$	세대시간(h)
Glucose	1	0.28	2.48
Maltose	2	0.22	3.15
Maltotriose	3	0.18	3.85

* Anderson 등, Single cell protein II, p. 314(1975)

인 기질농도일 때 얻어진다.

예를 들어 포도당을 기질로 한 몇 종류 곰팡이에 대한 μ_{max} 값은 표 7-15와 같으며, 포도당 분자의 길이가 길어질수록 μ_{max} 값은 작아진다(표 7-16). 그리고 μ_{max} 값이 클수록 μ 값이 커지므로 증식속도가 빠름을 뜻한다.

대수기에서 정지기에 들어서기 전에 그림 7-1에서 보는 바와 같이 일반적으로 균체증식이 감소하는 시기(deceleration phase)를 거치게 된다. 연구자에 따라서는 이 기간을 균형기(balanced phase)·저장기(storage phase)·유지기(maintenance phase)로 세분하여 나누기도 한다. 보통 2차 대사산물의 생성은 주로 대수증식기의 마지막 단계인 유지기에서부터 정지기(stationary phase)에 생성되는 경우가 많은 것으로 알려져 있다.

3) 정지기(stationary phase)

균체 증식이 많이 이루어지면 배지 중에 들어 있던 기질이 소모되고, 대사산물의 생성과 더불어 독성물질의 생성 등으로 생육속도가 늦어지거나 정지된다. 이 기간 중에 세포의 수는 최대가 되며, 증식되는 세포수와 사멸되는 세포수가 같아져서 전체적으로 생균수가 일정하게 된다.

이 기간 중에는 균체조성의 변화가 일어나며, 균체를 구성하고 있는 탄수화물, 단백질 등이 빠져 나와 새로운 영양원으로 작용하기도 한다. 또한 여러 가지 대사산물이 고농도로 생성되는 경우가 많다. 2차 대사산물을 목적으로 하는 발효에 있어서는 어느 정도 균체증식을 유도한 다음 인위적으로 이런 조건이 되도록 조절하기도 한다.

4) 사멸기(death phase)

이 기간 중에는 배지 중의 영양원뿐만 아니라 균체에 축적된 에너지원의 소모, 2차 대사산물의 축적, 생육 저해물질의 생성 등으로 사멸되는 세포 수가 증식되는 세포수보다 많아서 전체적으로 생균수가 감소한다.

6.2 유가배양

회분배양에 있어서는 대사산물의 생성을 유도하거나 조절하기가 어려운 결점이 있어서, 이를 개선한 방법으로서 회분배양과 연속배양의 중간에 해당하는 유가배양(流加培養, fed-batch culture)이 이용된다. 이 방법은 산업적인 규모의 배양공정에서 많이 사용된다.

Glycerol, butanol, acetone, 유기산, 아미노산, 효소, 항생물질 생산 등 대부분의 발효에 광범위하게 이용된다. 필요한 영양원을 일시에 투입하는 회분식 배양에 비해 발효가 이루어지는 동안에 필요한 물질을 첨가해야 한다.

예를 들어 methanol이나 ethanol을 탄소원으로 하는 경우 초기에 고농도로 하면 미생물은 생육에 저해를 받으며, 반대로 기질농도를 묽게 하였을 경우는 균체 증식은 잘 이루어지나 생성물 농도가 낮아 경제적인 방법이 못된다. 또한 질소원이나 다른 영양원도 마찬가지 결과를 초래한다. 따라서 발효기간 중에 소량씩 기질 또는 필요한 영양원을 공급함으로써 알맞은 균체 증식과 더불어 2차 대사산물의 대량 생성을 유도하는 방법으로서 이용된다. 유가식 배양은 기질저해(catabolite repression)의 극복, 배양액의 점도 감소 등의 장점을 갖고 있으며, 이 밖에도 유가식 배양은 고농도 탄소원의 존재할 때 생성되는 acetate와 같은 발효부산물의 생성을 억제하여 고농도 세포배양의 한 수단으로 이용된다(제11장 참조).

이 배양법에 있어서는 회분배양과 마찬가지로 일반적으로 발효기간 중에 기질의 농도를 직접 측정하기 어려우므로 배양액의 pH 변화, 삼투압, 산소분압(pO_2 값), 배출공기 중의 CO_2 양 등을 측정함으로써 간접적인 방법에 의해 기질의 공급량을 결정

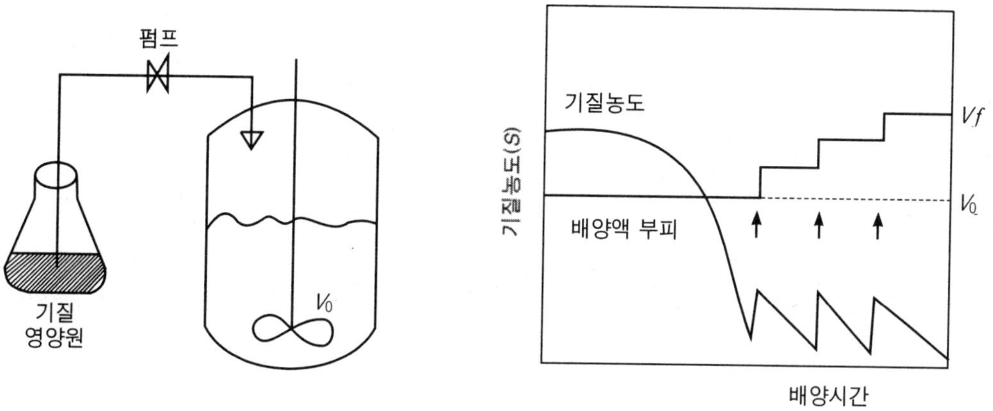

그림 7-4. 유가배양 공정도와 배양그래프

한다. 기질이나 영양분을 공급하는 방법도 다양하며, 일정량씩 소량으로 또는 간헐적으로 공급할 수도 있으며, 시간이 흐를수록 공급량을 많거나 적게 공급할 수도 있다(그림 7-4).

한편, 유가식 배양은 조절장치가 비싸고, 미생물의 생육양상(生育樣相)에 맞춘 기질공급 조절이 어려운 단점도 있다.

6.3 연속배양

연속배양(連續培養, continuous culture)은 회분배양과는 달리 연속적으로 기질의 공급과 배양액의 유출이 이루어지도록 하면서 배양하는 방법이다. 다른 배양법에 비해 생산성이 높은 것이 특징이다.

연속배양의 공정은 개방계(open system)에서 이루어지며, 배양 중에 살균된 배지와 공기를 연속적으로 공급해 준다. 공급량에 비례하여 배양액을 빼내어 일정한 용량을 유지하고, 미생물상 및 증식환경 조건을 일정하게 조절함으로써 정상상태(正常狀態, steady state)를 유지한다. 이와 같은 배양법은 증식속도와 기질 이용속도를 증가시켜 생산성을 높일 수 있다. 연속배양은 기본적으로 다음과 같은 두 가지 형태로 나눌 수 있다.

1) 균질 혼합배양기(homogeneously mixed bioreactor)

연속배양에 있어서 기질의 공급과 배양액의 유출에 대한 조절방법은 영양원의 농도를 일정하게 유지시키면서 배양하는 chemostat법과 균체농도를 일정하게 유지하는 turbidostat법이 있다.

배양조 내의 배지를 살균한 다음 전배양한 배양액을 접종하여 배양하면 일정 시간 후에 정상상태에 이르게 된다. 이후의 조절방식으로서 chemostat의 경우 균체 증식은 공급해 주는 필수영양원 중에서 한 가지를 선택하여 그의 농도를 조절함으로써 이루어진다. 즉, 탄수화물, 질소원, 염류, O_2 중에서 필요로 하는 기질을 제한요소(limiting factor)로 이용한다(그림 7-5a).

이에 비하여 turbidostat에서는 균체에 의한 탁도를 기준하기 때문에 균체농도를 monitor하여 영양원의 공급속도를 조절한다(그림 7-5b). 일반적으로 체류시간 ($1/D = V_R/F$, D : 희석률(h^{-1}))의 약 3～5배에 해당하는 배양시간이 경과 후 균체 농도를 측정하였을 때 탁도가 일정하면 연속배양에서의 정상상태가 이루어진 것으로 간주한다.

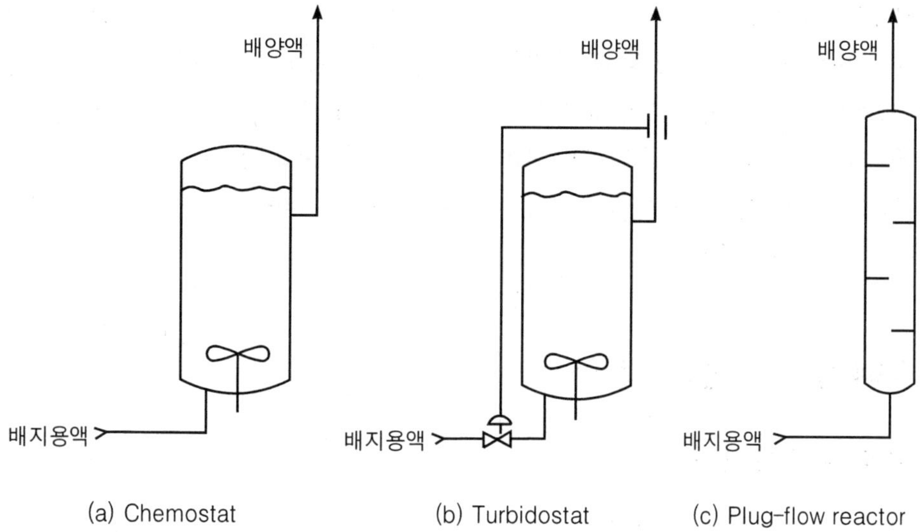

그림 7-5. 연속배양의 형태

2) 플러그 흐름배양기(plug flow reactor)

그림 7-5(c)에서 보는 바와 같이 관형 반응조(tubular reactor)에 교반하지 않고 배지를 주입하기 때문에 배양조의 위치에 따라서 영양원의 농도, 균체농도, 산소농도, 생산성 등이 다르다. 유출(overflow)에 의한 균체 손실로 정상상태에서의 연속공정은 배양조 내의 균체 증식과 균형이 되어야 한다.

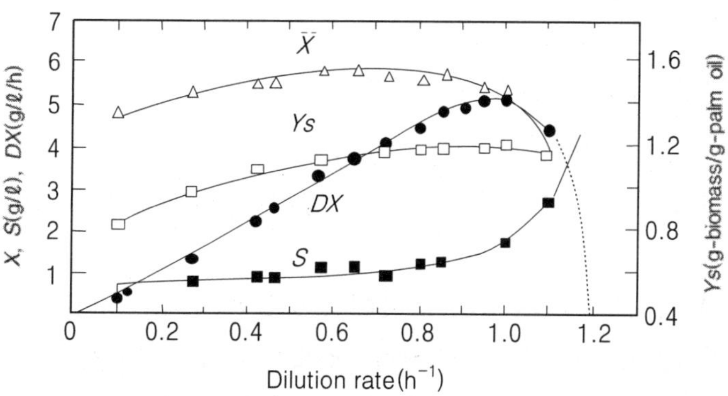

(X, △): 균체량, (*DX*, ●): 생산성, (*Ys*, □): 균체수율, (*S*, ■): 기질농도
배양조건: pH 6.8, 39℃, S_O = 6.0 g/*l* 팜유

그림 7-6. Palm oil을 기질로 한 SCP 생산(Koh 등, 1987)

연속배양에 있어서 Monod model은 희석률이 매우 작거나 클 경우에는 적용되지 않는다. 연속배양은 SCP, 항생제, 유기용매(acetone, ethanol 등)의 생산공정에 많은 연구가 이루어졌다. Koh 등에 의한 palm oil를 기질로 한 SCP 생산에 있어서의 *Acinetobacter calcoaceticus*균의 연속배양 예는 그림 7-6과 같다. 균체 증식이 빨라 높은 희석률에서의 연속배양이 가능함을 알 수 있다. 연속배양의 이론과 실제에 대하여 자세히 살펴보면 다음과 같다.

7. 연속배양의 이론과 실제

7.1 연속배양의 특성

연속배양은 1920년대 초부터 기초적인 연구가 시작되었다. 1950년대부터 항생제 생산을 위한 공장규모의 회분배양에 대한 기술이 축적되기 시작하면서 연속배양에 대한 관심이 높아졌다. 연속배양에 관한 지금까지의 연구는 실험실 규모가 대부분이며, 공장 규모의 예는 매우 드물다. 실제에 있어서는 *Chlorella*, 사료용 및 빵효모용 효모균체의 생산이나 공업폐수 또는 생활하수의 생물학적 처리를 위한 연속배양 정도가 이루어지고 있는 실정이다. 연속배양은 회분식 배양에 비하여 다음과 같은 장점이 있다.

① 노동력이 적게 든다.

② 생산성을 높일 수 있다.

③ 자동제어를 통하여 제품의 균질성을 높일 수 있다.

④ 정상상태(steady state)를 유지하기가 쉬워 미생물의 생리, 대사 및 유전에 관한 연구에 도움을 줄 수 있다.

이와 반대로 연속배양은 다음과 같은 단점이 있다.

① 배양 중에 균주의 변이발생 가능성이 있다.

② 장기간 배양 중에 무균상태를 유지하는 것이 어려워 오염에 대한 위험성이 높다.

③ 배양액 중의 생성물 농도가 낮아 상대적으로 분리회수 비용이 많이 든다.

④ 현재까지 미생물의 동적행동(dynamic behavior)에 대한 지식의 축적이 충분하지 못하여 회분배양의 결과를 연속배양에 그대로 적용시킬 수 없는 실정이다.

예를 들어 그림 7-7은 연속배양에서의 세균의 동적반응(動的反應)을 나타낸 것이다. 그림에서 *Lactobacillus delbruekii*는 배지의 pH를 일정 간격으로 변화시켰을 때 기질 중의 포도당 농도는 일정하지만, 균체농도는 이에 직접적인 영향을 받아 변하는 것을 알 수 있다. 이러한 예는 연속배양을 이해하는 데 도움이 된다. 지금까지 발표된 연속배양에 이용되는 미생물의 예는 표 7-17에서 보는 바와 같고, 그 생산물의 종류는 표 7-18에서 보는 바와 같다.

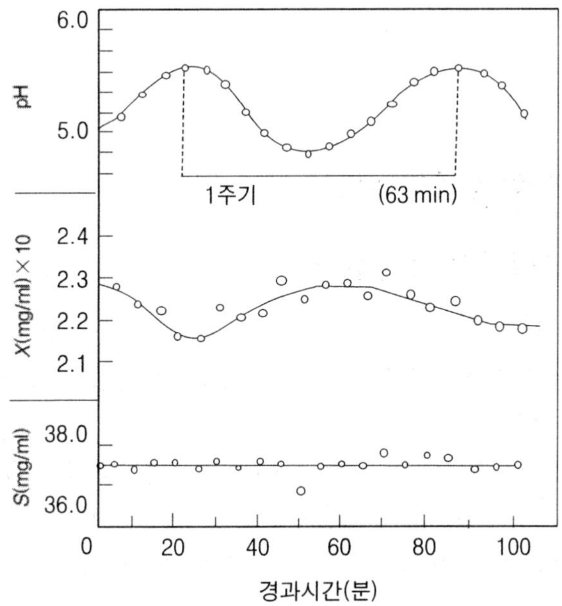

그림 7-7. 배양시간에 따른 변화(*Lactobacillus delbrueckii*)

X : 균체 농도, S : 배양액 중의 포도당 농도

표 7-17. 연속배양에 이용되는 대표적인 미생물

미생물	속(Genera)		
Actinomycetes	*Streptomyces*		
Algae	*Chlorella,*	*Euglena,*	*Scenedesmus*
Bacteria	*Aerobacter,*	*Azotobacter,*	*Bacillus,*
	Clostridium,	*Brucella,*	*Salmonella,*
	Acinetobacter		
Fungi	*Ophiostoma,*	*Penicillium*	
Protozoa	*Tetrahymena*		
Yeast	*Saccharomyces,*	*Torula*	

표 7-18. 연속배양에 의해 생산되는 대표적인 물질

형 태	제 품		
Growth-associated	Acetic acid Ethanol Hydrogen sulfide	Butanediol Gluconic acid Lactic acid	
Non-growth associated	Acetone Chloramphenicol Streptomycin	Butanol Subtilin Vitamin B_{12}	Glycerol Penicillin

7.2 정상상태의 연속배양 이론

1) 다단계 배양조에서의 물질수지

정상상태는 배양조를 중심으로 입량(원료의 유입량)과 출량(배출되는 배양액의 양)이 항상 같은 상태를 말하며, 배양 중에 균체 농도, 생성물 농도, 기타 물리화학적 환경요인이 일정해야 한다.

그림 7-8에서 보는 바와 같이 n개로 되어 있는 배양조에서 배지의 공급속도를 F, 각 배양조의 용량을 V, 균체농도를 X, 생성물을 P, 기질의 농도를 S라고 하면 정상상태(steady state)에 있어서 다음과 같이 나타낼 수 있다.

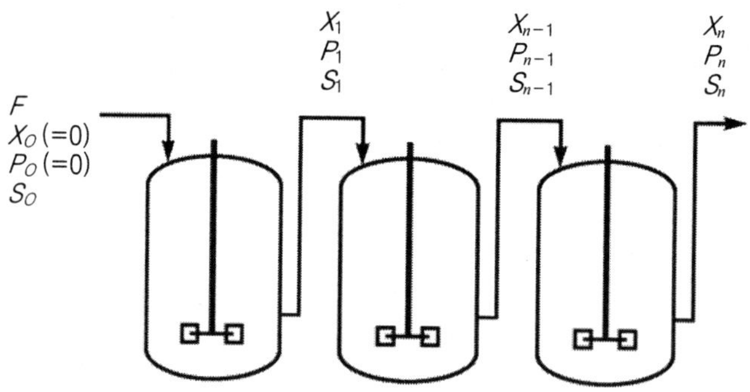

그림 7-8. n개의 배양조로 되어 있는 연속배양장치

우선 균체농도를 기준으로 하여 물질수지를 생각해 보자.

X에 대하여

$$V\frac{dX_n}{dt} = FX_{n-1} - FX_n + V\left(\frac{dX_n}{dt}\right)_{Growth\ in\ n\text{-}th\ vessel}$$

$$= FX_{n-1} - FX_n + V\mu_n X_n \tag{7-7}$$

$$\frac{dX_n}{dt} = D(X_{n-1} - X_n) + \mu_n X_n \tag{7-8}$$

여기에서 D(= F/V)는 희석률(dilution rate, h^{-1})이며,

μ_n는 n번째 배양조에서의 미생물의 비증식속도이다.

마찬가지로 P에 대하여 생각하면

$$\frac{dP_n}{dt} = \frac{F}{V}(P_{n-1} - P_n) + \left(\frac{dP_n}{dt}\right)_{Production\ in\ n\text{-}th\ vessel}$$

$$\frac{dP_n}{dt} = D(P_{n-1} - P_n) + Y_{p/X}\mu_n X_n \tag{7-9}$$

여기에서 $Y_{p/X} = \Delta P/\Delta X$는 생성물의 수율이다.

S에 대해서도 마찬가지로 다음과 같이 나타낼 수 있다.

$$\frac{dS_n}{dt} = \frac{F}{V}(S_{n-1} - S_n) + \left(\frac{dS_n}{dt}\right)_{Consumption\ in\ n\text{-}th\ vessel}$$

$$\frac{dS_n}{dt} = D(S_{n-1} - S_n) - \frac{1}{Y_{X/S}} \times \mu_n X_n \tag{7-10}$$

$$\frac{dS_n}{dt} = D(S_{n-1} - S_n) - \frac{Y_{P/X}}{Y_{P/S}} \times \mu_n X_n \tag{7-11}$$

정상상태에서는 $\frac{dX_n}{dt} = 0$, $\frac{dP_n}{dt} = 0$, $\frac{dS_n}{dt} = 0$이므로 식 (7-8), (7-9), (7-11)

로부터 각각 다음과 같이 나타낼 수 있다.

$$X_n = \frac{DX_{n-1}}{D - \mu_n} \qquad (n \neq 1) \tag{7-12}$$

$$\mu = D = \mu_{max} \frac{S_1}{K_S + S_1} \tag{7-13}$$

$$P_n = \frac{D P_{n-1} + Y_{P/X}\ \mu_n X_n}{D} \tag{7-14}$$

$$S_n = S_{n-1} - \frac{1}{D} \cdot \frac{Y_{P/X}}{Y_{P/S}} \mu_n X_n$$

$$= S_{n-1} - \frac{1}{D} \cdot \frac{1}{Y_{X/S}} \mu_n X_n \tag{7-15}$$

2) 연속배양의 설계

연속배양장치를 설계하는 과정에서 식 (7-13)에서부터 이를 한 개의 배양조를 생각한다면

$$S = \frac{\mu K_S}{\mu_{max} - \mu} \tag{7-16}$$

정상상태(steady state)에서

$D = \mu$로 대체하면 식 (7-17)로 표현할 수 있다.

$$S = \frac{D K_S}{\mu_{max} - D} = \frac{K_S}{(\mu_{max}/D) - 1} \tag{7-17}$$

일반적으로 연속배양에서의 희석률은 μ_{max}보다 매우 낮은 상태($D \ll \mu_{max}$)에서 운용하기 때문에 $(\mu_{max}/D) - 1 \fallingdotseq \mu_{max}/D$가 된다. 따라서 식 (7-17)은 다음과 같이 나타낼 수 있다.

$$S = \frac{D K_S}{\mu_{max}} \tag{7-18}$$

배양조가 한 개인 경우에 있어서 배지 중의 제한기질(limiting substrate)의 농도 S 값은 0에서 $D \ll \mu_{max}$에 이르기까지 희석률(D)에 비례하여 증가한다. D가 μ_{max}에 이르게 되면 S 값은 그림 7-9에서 보는 바와 같이 급속히 증가한다. 연속배양에서는 $D = \mu_{max}$에서 S는 무한대가 되지만, $S < S_O$이기 때문에 그와 같은 일은 실제 일어나지 않는다.

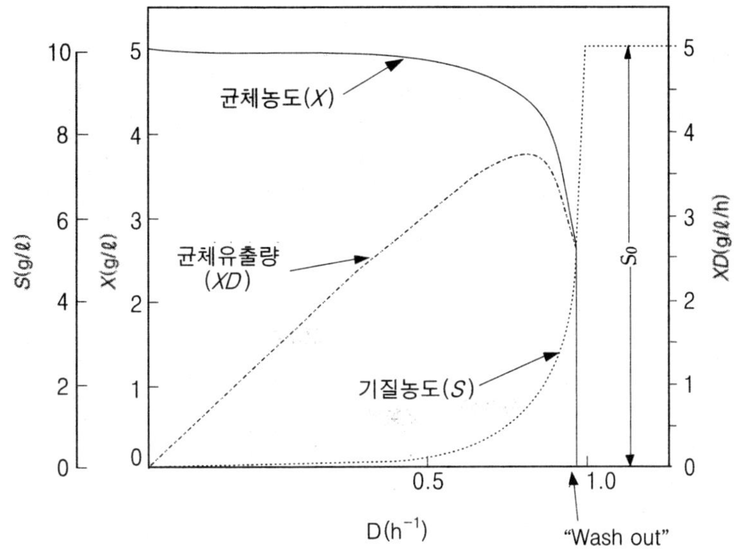

그림 7-9. 연속배양에 있어서 S, X가 D와의 관계

(μ_{max} = 1.0 h^{-1} ; Yx/s = 0.5 ; K_S = 0.2 g/l)

배양조의 균체농도 X는 희석률이 낮았을 때 $Y_{X/S}\ S_O$에 가깝다. 그러나 희석률이 μ_{max}에 근접하면($S \rightarrow S_O$) X는 0에 가까워진다. 이 때는 미생물의 증식속도가 더 이상 희석률을 유지할 수 없기 때문으로 균체농도는 급격히 떨어지게 되는데, 이러한 현상을 'wash out'이라고 한다.

연속배양에서는 wash out을 방지하면서 XD 값이 최대치에 근접시키는 것이 이상적이라고 할 수 있으며, 이는 다음과 같은 식으로부터 희석률을 구할 수 있다.

$$X = Y_{X/S}(S_O - S) \tag{7-19}$$

$$X \cdot \left(\frac{F}{V}\right) = XD = D\ Y_{X/S}(S_O - S) \tag{7-20}$$

7.3 연속배양의 예

연속배양장치는 크게 배지용기(medium reservoir), 배양조(culture vessel)와 배양액 용기(effluent vessel)로 나누어진다. 연속배양에 있어서는 배양조 내에 용량을 일정하게 하기 위해 새로운 배지를 공급하는 양만큼을 연속적으로 밖으로 빼내야 한다. 새로운 배지가 배양조 내에 들어가면 즉시 완전한 혼합이 이루어지도록 하고, 유입량

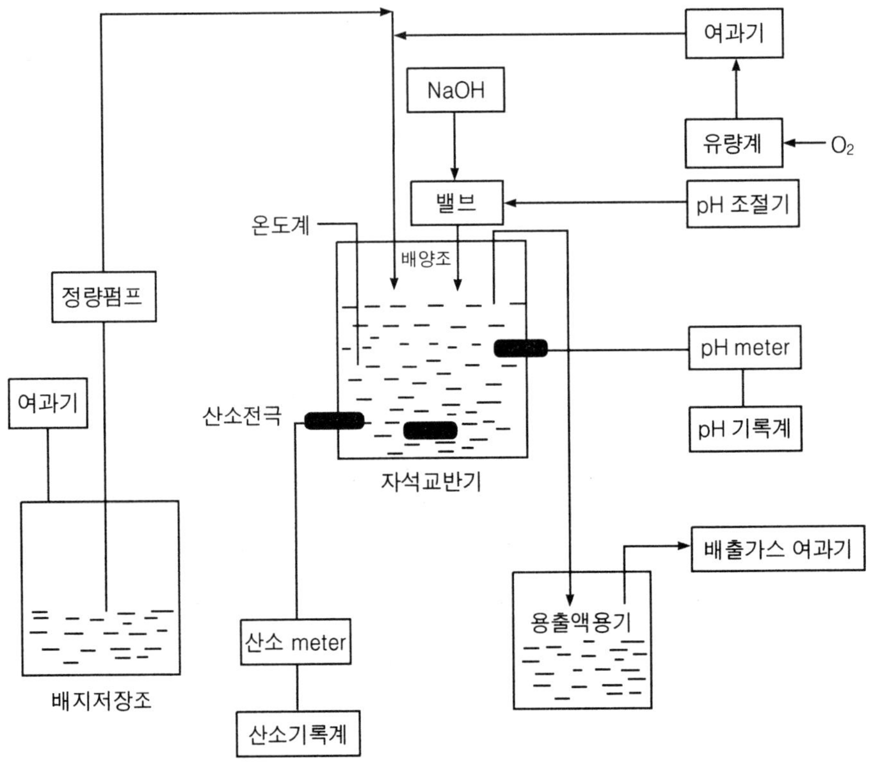

그림 7-10. 실험실 규모의 연속배양장치 예

도 일정하도록 조절해 주어야 한다. 실험실 규모의 연속배양장치를 간단히 나타내면 그림 7-10에서 보는 바와 같다.

앞에서 설명한 대로 연속배양에서 정상상태를 유지할 경우 배양조 내의 작업용량(working volume)을 일정하게 유지하기 위하여 새로운 배지를 공급해 주면서 한편으로 배양액을 유출시켜야 한다. 이 때 배양방법은 크게 두 가지로 나눌 수 있다.

1) 제한배지(limiting nutrient)의 공급속도(F)를 일정하게 함으로써 균체 증식속도를 최대로 하여, 이에 따른 배양액 중의 균체농도를 일정하게 조절하는 방법(chemostat culture)

2) 균체농도를 연속적으로 측정하고, 이에 따른 균체농도를 기준하여 일정하게 조절함으로써 정상상태를 얻는 방법(turbidostat culture)

Chemostat culture는 기질 중의 특정 영양원(보통은 탄소원)을 생육제한인자로 이용하여 배양 중에 이 영양원의 농도를 주기적으로 측정하면서 일정한 농도가 되도록 공급해 주는 방법이다. 이 경우 배양조의 용량(working volume, V)과 배지공급을 일정하게 조절하면 희석률(D = F/V)이 일정하여 미생물의 비증식속도에 따라 정상상태를 얻게 된다.

이 방법은 희석률이 μ_{max}보다 작은 범위에서 정상상태를 얻을 수 있으나, 경우에 따라서는 wash out 현상이 일어날 우려가 있다. 따라서 μ_{max} 가까이에서 연속배양을 하고자 할 때는 균체농도의 변화에 따라 배지공급 속도를 조절하는 turbidostat 방법을 많이 이용한다.

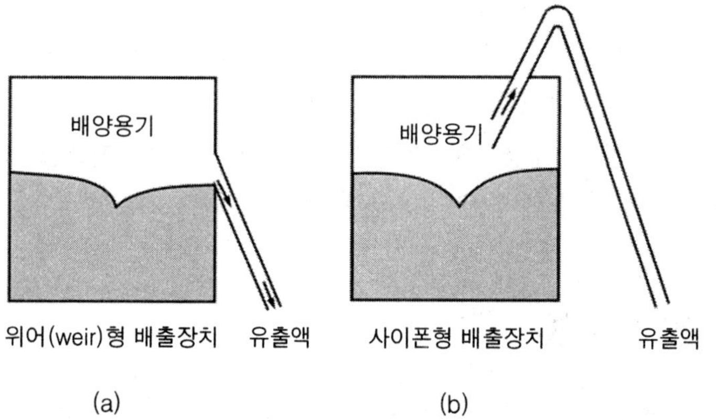

그림 7-11. 배양조의 용량을 조절하는 방법

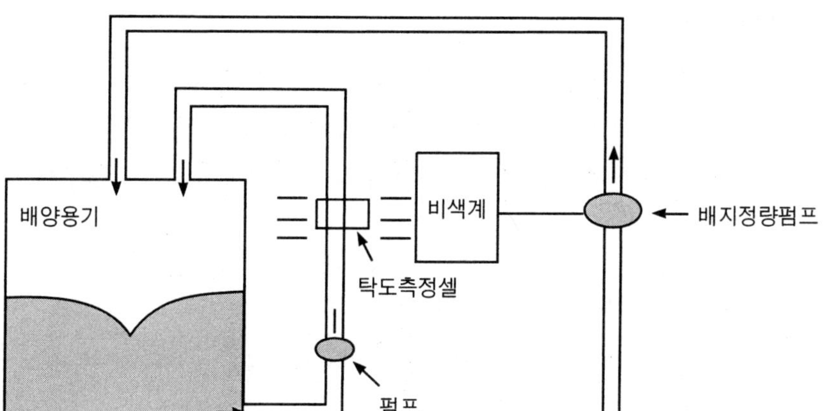

그림 7-12. 균체농도의 연속적인 측정방법(turbidostat)

Turbidostat culture는 모든 필수 영양분을 기질로 공급해 주지만, 배양액 중의 균체농도를 일정하게 유지할 수 있도록 공급속도를 조절해 주는 방법이다. 배양조 내의 용량을 일정하게 조절해 주는 방법은 그림 7-11에서와 같다. 그림 7-11(a)의 방법은 미생물의 생육 중에 계면활성 물질의 분비 등으로 거품이 많이 발생하는 경우는 실제 운용하고자 하는 용량에 비해 많은 양이 유출되므로 정확한 용량을 맞추기 어려운 결점이 있다.

일반적으로 배양조 내의 압력이 외부압력에 비해 높기 때문에 그림 7-11(b)와 같이 실험실 규모에서는 배양조의 일정한 위치에 사이폰형의 배출관을 설치하면 조절이 쉽다. Turbidostat로 연속배양을 하려면 그림 7-12에서 보는 바와 같이 균체농도를 연속적으로 측정하여 배지의 공급속도를 조절함으로써 정상상태를 얻을 수 있다.

실제에 있어서 연속배양은 장기간에 걸쳐 미생물 배양이 이루어짐으로써 외부로부터 잡균오염이 일어날 수 있으며, 배양 중에 거품이 많이 발생하여 미생물의 증식속도를 떨어뜨리거나, 균체가 배양조의 벽면에 부착하여 균체의 집괴를 형성하는 등 여러 가지의 문제점이 발생할 수 있어 세심한 주의가 필요하다.

8. 배양 생성물의 유형

8.1 Gaden의 분류방식

미생물의 배양에 의한 산물의 생성양식은 그의 특징에 따라 몇 가지로 구분할 수 있다. 즉, 회분식 배양장치의 설계에 응용하는 분류방식으로는 Gaden이 제안한 바와 같이 배양 중 생산물의 생성 유형에 따라서 그림 7-13에서 보는 바와 같이 3가지로 분류할 수 있다.

1) 에탄올이나 유산발효에서처럼 탄소원 이용이 직접 생성물로 바꾸어지는 경우를 들 수 있다(그림 7-13a). 즉, 기질로 사용한 포도당이 균체생성에 직접 이용되거나 또는 중간 대사산물을 거쳐 정량적으로 생성물이 되는 경우를 말한다.

$$\text{기질(substrate)} \longrightarrow \text{생성물(product)}$$

또는

$$\text{기질 A} \rightarrow \text{B} \rightarrow \text{C} \rightarrow \text{생성물}$$

2) 구연산 발효에서처럼 탄소원의 이용이 생성물의 형성에 간접적인 영향이 있는 경우이다(그림 7-13b). 이 경우는 기질이 일부는 1차 대사산물(primary meta-

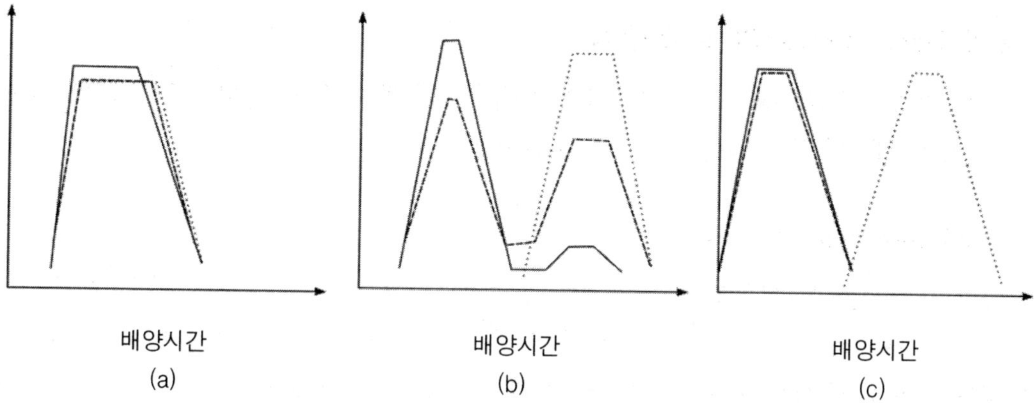

그림 7-13. Gaden(1959)에 의한 산물 생성양식의 분류

비증식속도(—), 비기질 소비속도(- - -), 비생성물 생산속도(·····)

bolite)로 전환되지만, 일부는 생성물로 바뀌면서 기질의 소비와 생성물과는 간접적인 영향을 주는 생성양식이다. 즉, 다음과 같은 관계가 성립된다.

A → B → C → D → 1차 대사산물
↓
E → F → 생성물

3) 균체 등 1차 대사산물과 생성물인 2차 대사산물(secondary metabolites)의 생성과는 기간이 다른 경우를 말한다(그림 7-13c). 1차 대사산물은 미생물의 생육과 직접적으로 관계가 되는 물질을 말한다. 이에 비해 항생물질, 생리활성물질, 색소, 냄새성분 등 균체의 생육과는 직접적으로는 관계가 없는 물질을 2차 대사산물이라고 한다. 2차 대사산물은 균체 증식이 충분히 이루어진 대수증식기 후기 또는 정지기에서 주로 이루어진다. 따라서 균체 증식이 잘 이루어지도록 초기에 영양원을 충분히 공급하여 배양한 다음 후기에 영양결핍을 유도하여 대사산물 생성이 최대가 되도록 조절한다.

이와 같은 생성양식을 취하는 2차 대사산물의 경우에 기질 또는 이외의 영양원을 '언제, 얼마를 주입해야 하는가' 하는 문제가 중요하다. 예를 들어 항생물질의 생산에 있어서 균체 증식을 억제하고 대사산물을 최대로 얻기 위하여 균체 증식이 충분히 이루어지도록 한 다음 질소원 또는 무기질원을 제한인자로 하는 조절기구(control mechanism)를 활용하기도 한다. 이와 같이 균체 증식을 위한 최적조건이 대사산물 생산을 위한 최적조건과 반드시 일치한다고 볼 수 없음에 유의할 필요가 있다.

8.2 Deindoerfer의 분류방식

이에 비하여 Deindoerfer는 연속배양장치의 설계에 응용되는 미생물에 의한 산물의 생성유형을 다음과 같이 4가지로 분류하였다.

1) Simple type

중간 대사산물의 축적 없이 영양원이 정량적으로 생성물을 생산하는 경우이다. 즉, 그림 7-14와 그림 7-15에서 보는 바와 같이 사용한 영양원은 균체생육으로 전부 소모되는 형태로 균체생산 또는 일부의 유기산 발효가 여기에 해당한다.

2) Simultaneous type

단순 발효양식(simple type)의 변형된 형태로 유용한 생산물이 동시에 2가지 이상 생산되는 경우이다. 그림 7-16에서 처럼 *Rhodotolula glutinis*에 의해 당이 소모되면서 균체와 지질이 동시에 생성되는 경우를 들 수 있다.

3) Consecutive type

먼저 중간 대사산물의 축적이 일어나고, 이에 따라 대사산물이 생성되는 형태이다. 그림 7-17에서 보면 포도당을 기질로 하였을 때 *Pseudomonas ovalis*에 의해 포도당이 소모되면서 먼저 글루코노락톤(gluconolactone)이 생성되면서 축적이 일어나고, 글루노코락톤은 다시 글루콘산으로 바뀌어지는 것을 알 수 있다.

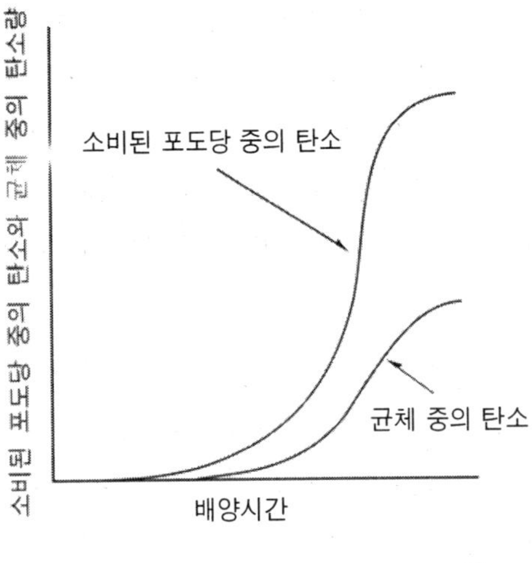

그림 7-14. *Aerobacter cloacae*의 생육곡선(simple reaction)

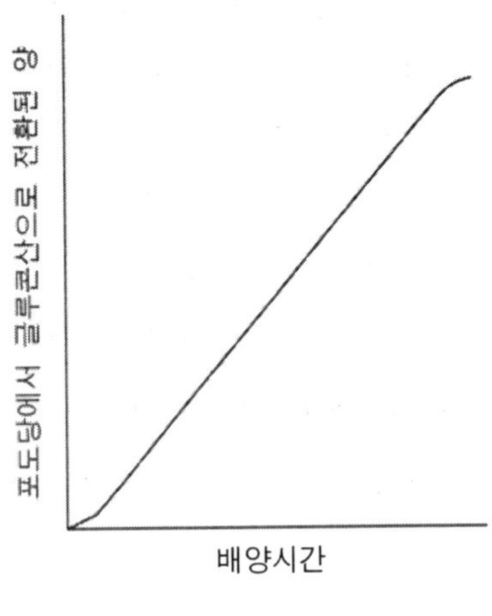

그림 7-15. *Aspergillus niger*에 의한 glucose에서 gluconic acid의 전환(simple reaction)

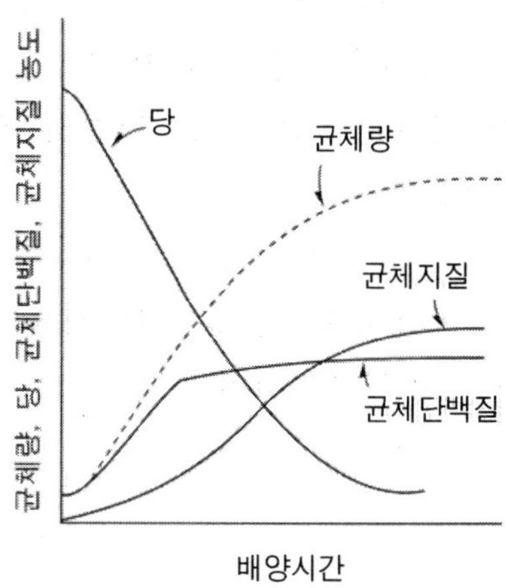

그림 7-16. *Rhodotolula glutinis*에 의한 당에서 균체단백질 및 균체지질의 생산 (simultaneous reaction)

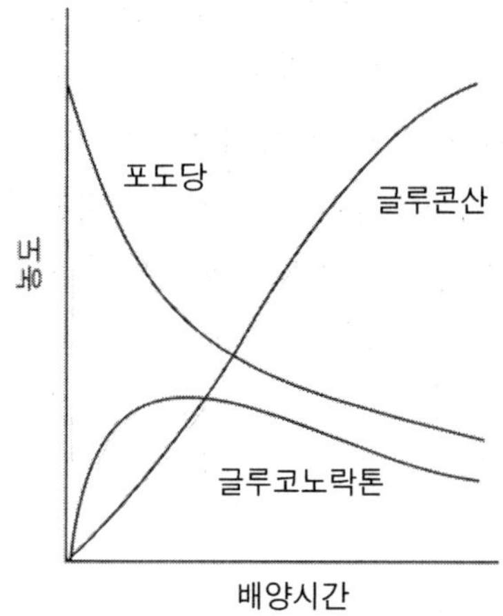

그림 7-17. *Pseudomonas ovalis*에 의한 glucose에서 gluconic acid의 생산 (consecutive reaction)

4) Stepwise type

최종산물이 생산되기 전에 중간 대사산물로 완전히 전환되거나, 또는 균주의 생리

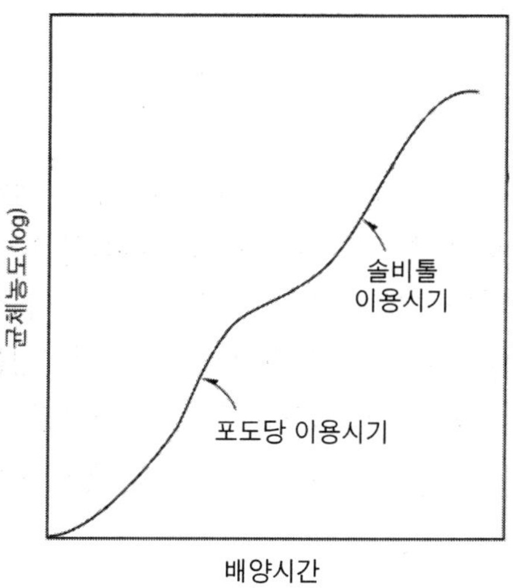

그림 7-18. *E. coli*에 의한 탄수화물 이용(stepwise reaction)

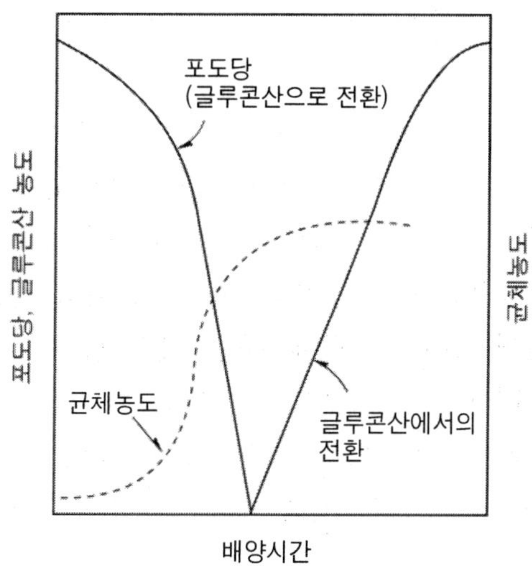

그림 7-19. *Acetobacter suboxydans*에 의한 glucose에서 5-keto-gluconic acid의 생산 (stepwise reaction)

적인 특성에 의해 영양원을 선택적으로 이용하는 형태이다. 예를 들어 그림 7-18에서와 같이 *E. coli*의 경우 6탄당(hexose)과 5탄당(pentose)을 혼합하여 첨가한 다음 배양하였을 때 배양초기에는 우선 hexose를 선택적으로 이용하며, 이를 완전히 이용한 다음에 비로소 pentose를 이용하는 것을 알 수 있다.

*Acetobacter suboxydans*의 경우처럼 5-ketogluconic acid가 생성하기 전에 glucose는 gluconic acid를 생성한다(그림 7-19). 이와 같은 발효형태는 대부분 사용균주의 생리적인 특성에 따라 정해지는 경우가 많기 때문에 이를 조절하기 위하여 균주에 따른 미생물의 생리에 관한 기초적인 자료가 중요하다.

9. 균체수율

배양조를 중심으로 하여 물질수지를 계산하는 일은 공업적 생산공정에서 중요하다. 그러나 미생물 반응은 일반적인 화학반응과 달리 매우 많은 성분이 관여할 뿐만 아니라 반응경로도 복잡하여 수학적으로 계산하는 일이 쉽지 않다.

미생물 증식에 따른 대사산물의 생성반응은 반응성분(배지성분)에서 생성물 성분으로의 변환반응을 정확한 계수를 사용한 반응방정식으로 나타내는 것은 불가능하다. 미생물 반응을 여러 가지의 생성물이 생기는 복합반응이라고 본다면 다음과 같이 개념적으로 밖에 표시할 수 없다.

$$\text{영양원(탄소원·질소원·산소·무기질 등)} \longrightarrow \text{균체} + \text{대사산물(생성물, } CO_2 \text{ 등)}$$

이 식은 양적 관계를 표시한다는 것보다는 물질변환의 형태를 나타내는데 불과하다. 따라서 일반적으로 미생물 반응에서는 중량을 기준으로 하는 수율(yield)을 따지게 되며, 기질이 거의 전부가 균체로 전환되는 바이오매스(biomass 또는 SCP)의 생산에 있어서는 균체수율을 계산하는 데에 이용된다. SCP를 생산하는 경우 경제성을 고려하여 미생물의 선택에 있어서 증식속도뿐만 아니라 균체수율이 높은 균주를 선택하게 된다. 따라서 배양조에 첨가한 기질과 생성된 건조균체의 중량 또는 원소분석을 한 후 다음 식에 의해 균체수율을 결정한다.

$$\text{균체수율}(Y_{X/S}) = \frac{\text{생성된 균체의 건조중량}(\Delta X)}{\text{소비된 기질의 중량}(\Delta S)}$$

표 7-19. 균체수율의 실측치

미생물	기 질	$Y_{X/S}$(g/g)
Saccharomyces cerevisiae	Glucose	0.53
	Glucose(혐기, 최소배지)	0.14
Aerobacter aerogenes	Glucose(호기, 최소배지)	0.40
	Ribose	0.35
	Glycerol	0.45
	Lactic acid	0.18
	Pyruvic acid	0.20
Candida utilis	Glucose	0.51
	Acetic acid	0.36
	Ethanol	0.68
Candida lipolytica	n-alkane	0.90
Methylomonas methanolica	Methanol	0.48
Pseudomonas methanica	Methane	0.56
Acinetobacter calcoaceticus	Palm oil	1.02

$$Y_{X/S} = \frac{X_{st} - X_0}{S_0 - S_{st}} \tag{7-21}$$

여기에서

X_{st} : 정지기(stationary phase)의 균체농도(g/l)

X_O : 접종한 균체량(g dry cell/l)

S_O : 최초의 기질농도(g/l)

S_{st} : 정지기의 기질농도

마찬가지 방법으로 탄소에 대한 균체의 수율(Y_C)은 다음과 같이 나타낼 수 있다.

$$Y_C = \frac{\text{생성된 균체량} \times \text{균체 중의 탄소량}}{\text{소비된 탄소원의 중량} \times \text{탄소원 중의 함량}} \tag{7-22}$$

SCP 생산을 위한 대표적인 각종 미생물의 균체수율은 표 7-19에서 보는 바와 같다. 특히 팜유를 기질로 한 *Acinetobacter calcoaceticus*의 균체수율이 다른 균주에 비하여 매우 높은 것을 알 수 있다.

참고문헌

1. 고정삼, 일본 동경대학 대학원, 박사학위 논문(1985)
2. Aiba, S., A.E. Humphrey and N.F. Millis, Biochemical Engineering, The University of Tokyo(1973)
3. Bailey, J.E. and D.F. Ollis, Biochemical Engineering Fundamentals, McGraw-Hill(1977)
4. Calcott, P.H., Continuous Cultures of Cells, CRC Press(1981)
5. Crueger, W. and A. Crueger, Biotechnologie-Lehrbuch der angewandten Mikrobiologie, Oldenbourg Verlag(1989)
6. Koh, J.S. et al., *J. Ferment. Technol.*, 65(2), 229(1987)
7. Stanbury, P.E., A. Whitaker and S.J. Hall, Principles of Fermentation Technology(2nd ed.), Pergamon Press(1995)
8. Stanier, R.Y., J.L. Ingraham, M.L. Wheelis and P.R. Painter, The Microbial World, 5th ed., Prentice-Hall((1986)
9. 山根恒夫, 生物反應工學, 產業圖書(1980)

제 8 장

동식물세포 배양공학

1. 식물세포 배양

1.1 식물세포 배양의 필요성

식물은 오래 전부터 인류뿐만 아니라 다른 모든 생물들에게 없어서는 안 될 가장 중요한 에너지원으로 사용되었으며, 의약품·식품첨가물·향료·색소·효소·특수 화학제품 등의 원료로 이용되어 왔다. 1900년대 초 독일의 Haberlandt에 의해 처음으로 시도된 식물세포 배양은 1950년대와 1960년대에 원예산업 분야에서 급속히 발전하였고, 이후 식품 및 작물 생산을 위한 농업분야로 확대되었다.

이와 함께 식물세포 배양이 여러 가지 유용한 천연물질을 생산하는 방법으로서의 가능성이 증대되면서 산업적인 측면에서 더욱 관심이 커졌다. 식물에서 알려진 천연 화합물의 수는 미생물의 경우보다 약 4배 이상 많은 것으로 알려져 있다. 1985년 3,500개의 새로이 동정된 화학구조 중에서 2,619개가 식물에서 유래된 것이며, 매년 1,500개 이상의 새로운 화학구조를 가진 신물질들이 식물로부터 발견되고 있다. 전통적으로 이러한 식물유래 유용물질들은 식물체로부터 직접 추출하는 방법으로 기상조건, 환경 등의 외부요인에 많은 영향을 받아 왔다. 산업적인 측면에서 볼 때, 세포배양을 통하여 유용물질을 생산하는 방법은 식물체로부터 직접 추출하는 방법에 비해 다음과 같은 여러 가지 장점이 있다.

① 기상, 병충해, 계절적 제한 등과 같은 환경요인에 제한을 받지 않고 생산이 가능함
② 계획적인 생산으로 수요와 공급이 원활함
③ 제품의 질과 수율을 일정하게 유지할 수 있음
④ 단위 면적당 생산량이 큼

표 8-1. 식물체를 원료로 한 대표적인 의약품

의약품	활 성	식물체
Steroids from Diosgenin	Anti-fertility	*Dioscorea deltoidea*
Codeine	Analgetic	*Papaver somniferum*
Atropine	Anticholinergic	*Atropa belladonna L.*
Reserpine	Antihypertensive	*Rauwolfia serpentina L.*
Hyoscyamine	Anticholinergic	*Hyoscyamus niger L.*
Digoxin	Cardiotonic	*Digitalis lanata L.*
Scopolamine	Anticholinergic	*Datura metel L.*
Digitoxin	Cardiovascular	*Digitalis purpurea L.*
Pilocarpine	Cholinergic	*Pilocarpus jabonandi*
Quinidine	Antimalarial	*Cinchona ledgeriana*

⑤ 지역적 특성 및 정치적 이해관계와 무관하게 생산이 이루어질 수 있음

생리활성 측면에서 식물체로부터 얻을 수 있는 중요한 물질들은 주로 의약품·식품첨가물·화장품·농약 등이며, 이 중에서 특히 의약품은 많은 가능성을 가진 분야이다. 인류가 이용하고 있는 약재의 25% 정도는 식물체로부터 얻고 있다. 지구상의 식물 25만 종 중에서 약학적인 측면에서 규명되어진 것은 약 2,500종에 불과하여 앞으로 이 분야에서의 전망은 매우 밝다.

식물체를 원료로 한 의약품의 미국 시장은 90억 달러 이상이며, 대표적인 의약품의 종류와 효과를 표 8-1에 나타내었다. 그러나 이러한 많은 관심에도 불구하고 식물세포 배양이 유용물질 생산의 최선의 기술로 자리잡지 못하고 있는 데는 먼저 해결해야 할 몇 가지 중요한 문제점들이 있기 때문이다. ① 목적물질의 낮은 생산성, ② 식물세포의 느린 성장속도, ③ 식물세포의 배양기간 중 불안정성, ④ 대량 배양의 어려움, ⑤ 목적물질의 회수 및 정제의 어려움 등으로, 이들은 산업화 과정에서 반드시 극복되어야 할 문제점들이다.

1.2 식물세포 배양방법

전형적인 식물세포 배양방법은 그림 8-1에서와 같다. 먼저 explant라고 하는 조직(tissue)을 식물체로부터 얻은 후, 이를 세척하고 5.25% 정도의 sodium hypochlorite 용액(NaClO)을 이용하여 표면멸균을 한다. 멸균된 explant는 고체배지 위에서 배양하여 callus를 유도시킨다. 이 때 식물체의 잎, 줄기, 뿌리 등 여러 부위를 explant로 사용할 수 있다.

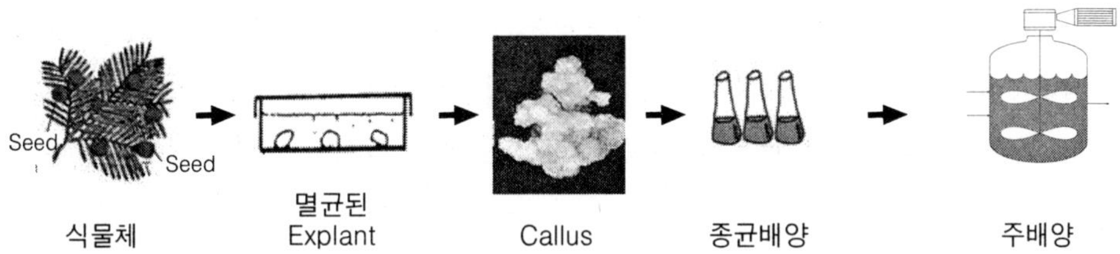

그림 8-1. 식물세포 배양방법

이렇게 유도된 callus는 몇 차례 계대배양을 하면 세포간 결합이 약해져 세포들이 서로 떨어지기 쉽게 되고, 이를 액체배지로 옮겨서 현탁배양(suspension culture)을 하면 단세포집합을 얻을 수 있게 된다. 식물세포 배양에서 가장 기본이 되는 것은 배지이다. 배지의 조성은 크게 무기질의 다량 영양소(inorganic macronutrients), 무기질의 미량 영양소(inorganic micronutrients), 유기질의 영양소(organic nutrients), 호르몬 등으로 구성된다.

탄소원으로는 주로 sucrose를 사용하는데, 이는 식물체 내에서는 당이 sucrose 형태로 이동하기 때문이다. 그러나 식물에 따라서는 glucose, lactose, 또는 서로 다른 당들을 혼합한 경우가 더 좋은 효과를 나타내는 경우도 있다. 또한 같은 식물체라도 세포주와 실험조건에 따라 최적 탄소원이 달라지기도 하는데, 이는 식물체가 새로운 환경에 적응할 수 있는 능력이 있기 때문이다.

질소원으로는 질산이온(NO_3^-)과 암모늄이온(NH_4^+)이 주로 이용되는데, 보통 암모늄이온이 세포성장 초기에 먼저 이용되고, 이것이 모두 고갈되면 질산이온이 이용된다. 보통의 경우에는 세포성장을 위해 암모늄이온과 질산이온이 모두 필요하나, 2차 대사산물(secondary metabolites)의 생산의 경우에는 두 이온의 비율이 달라지게 된다.

인산은 식물체 내의 핵산대사와 ATP, ADP, UDP 등 에너지 대사에 필수적인 요소로 작용하기 때문에 많은 경우 세포성장의 제한요소로 작용한다. 또한 인산은 2차 대사산물의 생합성에도 영향을 미치는데, *Digitalis purpurea* 배양에서의 digitoxin 생산이나 *Phytolacca americana* 배양에서의 betacyanin 생합성은 인산의 농도가 높을수록 증가한다.

식물세포 배양에서 주로 사용되는 호르몬은 auxin과 cytokinin으로 크게 나누어진다. Auxin으로는 2,4-D(2, 4-dichlorophenoxyacetic acid), IAA(3-indoleacetic acid), IBA(3-indolebutyric acid), NAA(1-naphthalene acetic acid), CPA(4-chlorophenoxyacetic acid) 등이 있다. Cytokinin으로는 BA(6-benzylaminopurine), kinetin(6-furfurylaminopurine), zeatin(4-hydroxy-3-methyl-trans-2-butenylamionpurine), 2ip (N-2-isopentenylaminopurine) 등이 있다. 이 중에서 가장 강력한 합성 auxin인 2,4-

표 8-2. 식물세포 배양에 많이 사용되는 배지조성(단위, mg/*l*)

영양원	MS 배지	ER 배지	B5 배지
Inorganic macronutrients			
$MgSO_4 \cdot 7H_2O$	370	370	250
$NaH_2PO_4 \cdot H_2O$	-	-	150
KH_2PO_4	170	340	-
$CaCl_2 \cdot 2H_2O$	440	440	150
KNO_3	1900	1900	2500
$(NH_4)_2SO_4$	-	-	134
NH_4NO_3	1650	1200	-
Inorganic micronutrients			
$FeSO_4 \cdot 7H_2O$	27.8	27.8	27.8
$MnSO_4 \cdot H_2O$	-	-	10.0
$MnSO_4 \cdot 4H_2O$	22.3	2.23	-
KI	0.83	-	0.75
$CoCl_2 \cdot 6H_2O$	0.025	0.0025	0.025
$ZnSO_4 \cdot 4H_2O$	8.6	-	-
$ZnSO_4 \cdot 7H_2O$	-	-	2.0
ZnNa2EDTA	-	15	-
$CuSO_4 \cdot 5H_2O$	0.025	0.0025	0.025
H_3BO_3	6.2	0.63	3.0
$Na_2MoO_4 \cdot 2H_2O$	0.25	0.025	0.25
Organic nutrients			
Sucrose	30000	40000	20000
Glycine	2	2	-
Myo-inositol	100	-	100
Thiamine · HCl	0.1	0.5	10
Pyridoxine · HCl	0.5	0.5	1.0
Nicotinic acid	0.5	0.5	1.0
EDTA(disodium salt)	37.3	37.3	37.3
2,4-D	-	-	0.1～10
IAA	1～30	-	-
NAA	-	1.0	-
Kinetin	0.04～10	0.02	0.1
pH	5.7	5.8	5.5

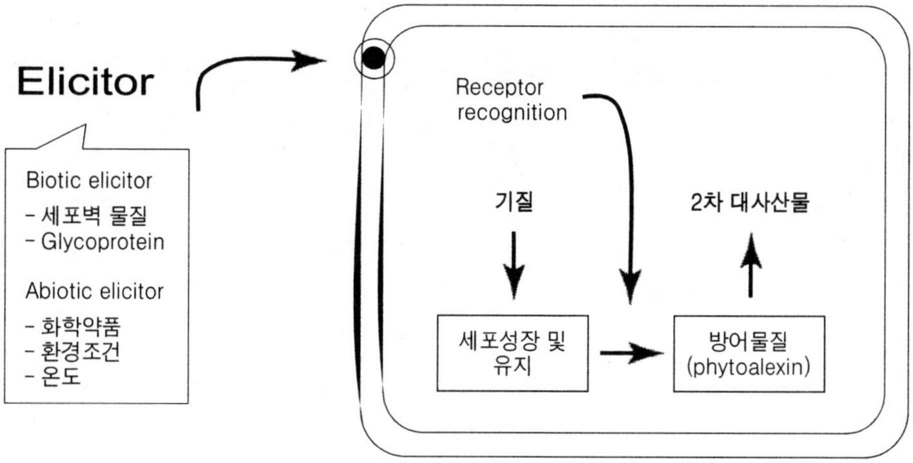

그림 8-2. 2차 대사산물 생합성 기전(mechanism)

D는 callus의 세포분열을 촉진하고 2차 대사산물의 생합성을 억제하는 물질로 알려져 있다. 표 8-2는 많이 사용되고 있는 식물세포 배지의 예이다.

식물세포 배양에서 2차 대사산물의 생합성을 촉진시키는 물질을 elicitor라고 하며, elicitor 처리에 의해 생성되는 2차 대사산물을 총칭하여 phytoalexin이라고 한다. 식물세포 배양에 의한 2차 대사산물의 생합성 기구(mechanism)는 그림 8-2에서 보는 바와 같다. 기질을 소모하여 세포성장이 일어난 후에 배지에 elicitor를 첨가하면 세포성장은 중단되고, 식물의 방어기작으로 2차 대사산물인 방어물질(phytoalexin)을 생산하게 된다.

Elicitor는 크게 두 종류로 분류될 수 있다. 균류·세균·효모 등의 추출물로 생물체로부터 얻어진 화합물을 biotic elicitor라 하고, 이것 이외의 모든 물질들을 abiotic elicitor라 한다. Abiotic elicitor에는 UV 조사, cold shock 또는 heat shock, ethylene, fungicide, 항생제(actinomycin D, cycloheximide), 중금속 염(silver, mercury, copper), 계면활성제(Triton) 등이 있다.

1.3 식물세포 배양기

1) 식물세포 배양의 특성

식물체로부터 유도된 callus를 이용한 현탁배양(suspension culture)은 식물세포 배양에 가장 보편적으로 사용되고 있는 방법이다. 식물세포는 미생물세포와 마찬가지로

표 8-3. 대표적인 곰팡이세포와 식물세포와의 특성 비교

특 성	곰팡이세포	식물세포
· 크기(μm^3)	20～50(yeast)	> 10^5
· Doubling time(h)	1～6	> 12
· 세포분열	Mitosis	Mitosis
· 성장형태	Single cell, pellet, mycelia	Clump
· 배양시간	2～10일	2～3주일
· 산소요구량(vvm)	1～2	< 0.5
· Shear sensitivity	Insensitive(yeast), Sensitive(higher fungi)	Sensitive
· 수분함량(%)	～80	> 90
· Regulatory mechanism	복잡	매우 복잡
· Genetic make-up	안성	불안정
· 제품 축적	Extracellular	대부분 intracellular

배양을 위하여 배지, 산소, 알맞은 혼합(mixing), 성장과 대사산물의 생산을 위한 환경조건을 조절하여 주어야 한다. 외관으로는 배양방법이 비슷하나, 표 8-3에서 보는 바와 같이 식물과 미생물(곰팡이)세포의 차이 때문에 그들의 배양방법에도 차이가 난다.

식물세포는 박테리아나 곰팡이세포에 비하여 10～100배 정도 크다. 식물세포는 장력(tensile strain)에 대한 저항력은 크지만, 전단력(shear stress)에는 매우 약하다. 또한 대사과정이 느려 성장속도도 매우 느리다. 따라서 배양시간이 길기 때문에 장기간 오염에 노출되어 무균조업이 매우 중요하다. 식물세포는 서로 뭉치는 성질이 있어 식물세포 덩어리가 배양 도중 침전되며, 불충분한 혼합과 산소나 영양분 확산에 문제가 생길 수 있다. 그리고 산소요구량(μmol O_2/mg dry weight/h)도 미생물 세포에 비해 적다.

식물세포 배양에 의하여 생산되는 대사산물의 경우 대부분 그 농도가 낮으며, 세포내 생성물(intracellular product)이 많다. 대사산물의 생산형태도 미생물과 차이를 보인다. 미생물의 경우 대개 세포성장과 동시에 대사산물이 생산되는데 비하여, 식물세포의 경우 세포성장이 거의 완료되면서 대사산물이 생산되는 형태를 보인다. 또한 식물세포의 경우 배양시간이 길기 때문에 배양 도중 유전적 변화와 불안정성이 미생물 배양에 비해 심하다. 이러한 식물세포의 특성 때문에 식물세포 배양을 위한 생물반응기의 선택에 충분한 검토가 요구된다.

2) 식물세포 배양기

식물세포 배양을 위한 배양시스템은 화학공학에서 사용되는 기-액 접촉 시스템과 비교할 수 있다. 원리 면에서 두 시스템 모두 화학공정 또는 생화학공정에 사용이 가능하다. 단지 식물세포 배양에 사용될 경우 식물세포가 가지는 특성을 충분히 고려하여야 한다.

식물세포의 현탁배양에 사용되는 주요 생물반응기의 형태는 그림 8-3에서 보는 바와 같이 완전혼합 교반반응기, 기포탑 반응기, air-lift 반응기, 회전드럼 반응기 등이 있다. 표 8-4는 여러 가지 식물세포 배양을 위한 반응기 형태를 나타내었다.

(1) 완전혼합 교반반응기

완전혼합 교반반응기(stirred tank reactor)는 호기성 발효를 위한 전통적인 생물반응기로서 기계적 교반장치에 의하여 공기가 분산된다. 산업적으로 90% 이상 생물공학제품 생산에 이용되는 반응기 형태이다.

다른 생물반응기에 비하여 온도, pH, 용존 산소량, 영양분 농도 등을 반응기 내에서 잘 조절할 수 있다. 식물세포 배양(*L. erythrorhizon*)을 통하여 최초로 상업화에 성공한 shikonin의 경우에도 200～750 *l* 규모의 교반반응기를 이용하여 생산하였다.

이 외에도 *N. tabacum, Vitis species, C. roseus, D. deltoidea, M. citrifolia, D. lanata* 등과 같은 식물세포 배양에도 사용되며, 세포성장과 대사산물의 생산 측면에서 많은 장점을 가지고 있다. 식물세포에 미치는 교반반응기의 높은 유체동력학적 stress에도 불구하고 낮은 교반속도와 변형된 형태의 교반반응기 도입으로 사용 가능

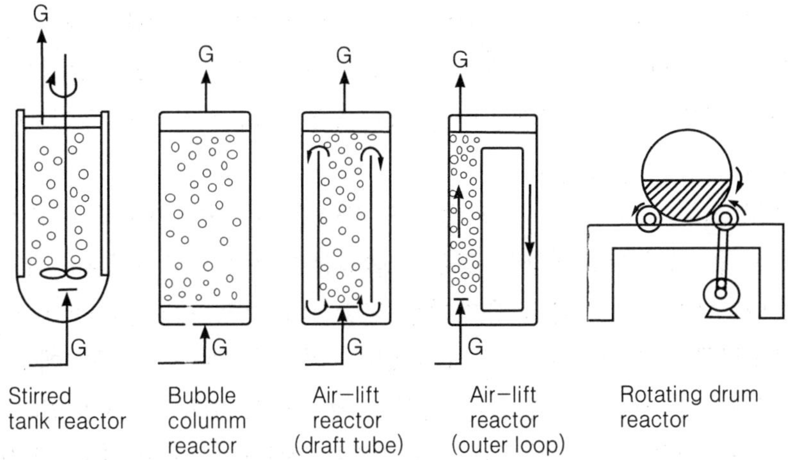

그림 8-3. 식물세포 배양에 사용되는 여러 가지 반응기 형태

표 8-4. 식물세포의 현탁배양을 위한 생물반응기

생물반응기 형태	식물세포
Stirred tank	*Catharanthus roseus* *Daucus carota* *Digitalis lanata* *Diosdorea deltoidea* *Morinda citrifolia* *Nicotiana tabacum*
Bubble column	*Glycine max*
Air-lift	*Berberis wilsone* *Catharanthus roseus* *Cinchona ledgeriana* *Cudrania tricuspidata* *Digitalis lanata* *Lithospermum erythrorhizon* *Morinda citrifolia* *Tripterqium wildordii*
Rotating drum	*Lithospermum erythrorhizon* *Vinca rosea*

성이 많다. 그러나 높은 에너지 요구, 제작의 복잡성, 스케일 업의 어려움 등의 단점들도 있다.

(2) 기포탑 반응기

기포탑 반응기(bubble column reactor)는 호기성 발효를 위해 사용되는 기-액 접촉 생물반응기 중에서 가장 간단한 형태 중의 하나이다. 기포탑 반응기는 원통형 용기로 구성되어 있으며, 용기 아랫부분의 sparger를 통하여 공기가 유입되어 기-액 접촉이 일어난다.

식물세포 *N. tabacum*과 *C. tricuspidata*의 배양을 위하여 기포탑 반응기(1.5 k*l*)를 사용하고 있으나, 대량으로 배양할 경우에 불충분한 혼합으로 충분한 세포성장을 기대하기 어렵다. 그러나 기포탑 반응기에는 교반기와 같은 회전부분(moving parts)이 존재하지 않으므로 sealing 부분이 필요가 없다. 이러한 이유로 반응기에 기계적 에너지의 투입 없이 높은 물질 및 열전달 면적을 제공받고, 배양 도중 오염의 확률을 줄일 수 있다. 특히 전단력(shear stress)에 민감한 식물이나 동물세포 배양에 알맞다. 또한 다른 형태의 반응기에 비해 스케일 업이 쉽고, 반응기의 유지 및 보수가 간단하다. 그러나 단점으로는 반응기 내부에서의 유체흐름이 비확정적이고, 혼합이 불균일하다.

(3) Air-lift 반응기

Air-lift 반응기는 기포탑 반응기와 마찬가지로 반응기로 공급되는 공기에 의하여 통기(aeration)와 혼합(mixing)이 동시에 이루어지는 반응기 형태이다. Air-lift 반응기의 작동은 그림 8-3에서 보는 바와 같이 통기튜브의 원리에 기초를 두고 있다. 튜브 내부로 유입되는 공기는 액을 혼합하며 상부로 이동하고, 상부에서 액은 튜브 양쪽으로 갈라지며 반응기 아래로 이동하게 된다. 따라서 불규칙한 유체흐름을 가지는 기포탑 반응기에 비하여 상당히 규칙적인 유체흐름을 얻을 수 있다.

1980년대 초 Fowler 등에 의하여 식물세포인 *C. roseus*을 배양하기 위해 100 *l* 규모의 air-lift 반응기를 사용하였다. 이외에도 *D. lanata, M. citrifolia, C. tricuspidata, D. deltoidea, Cinchona ledgeriana, Berberis wilsone, Triptergium wildordii, L. erythrorhizon* 등의 식물세포 배양에도 많이 이용된다. 이들 모두 세포성장과 대사산물 생산에서 좋은 결과를 얻었다.

Air-lift 반응기는 식물세포를 대량으로 배양하기에 가장 알맞은 반응기 중의 하나이다. 낮은 전단력으로 알맞은 혼합과 통기를 얻을 수 있으며, 교반기와 같은 회전부분이 없기 때문에 오염 확률도 적다. 또한 설계가 간단하여 조업비용도 적게 든다. 그러나 고농도 세포배양을 할 때에는 혼합이 불충분하여 반응기 내에 dead zone이 생길 수 있다.

(4) 회전드럼 반응기

회전드럼 반응기(rotating drum reactor)는 생물반응기의 또 다른 형태로서 그림 8-3에서 보는 바와 같이 롤러(roller) 위의 수평회전드럼과 이를 회전시키는 모터로 구성되어 있다. 드럼의 회전으로 반응기 내부의 기체와 배지를 포함한 액체의 혼합이 이루어진다. 또한 드럼 내부에 장애판(baffle)이 설치되어 산소 공급의 증가에 도움을 준다.

이런 형태의 반응기는 고농도로 배양할 경우 세포에 높은 산소 전달이 이루어질 수 있다. 일본의 Tanaka 등은 *Vinca rosea*의 배양에 회전드럼 반응기를 사용하였다. 교반반응기와 성능을 비교하면 고농도 세포배양을 할 경우 높은 산소 전달 측면에서 우수하다. 또한 적은 유체동력학적 stress와 높은 세포 성장속도를 기대할 수 있다. 따라서 특히 고농도 세포배양에는 교반반응기보다 회전드럼 반응기 형태가 유리하다. 그러나 단점으로는 스케일 업에 한계가 있고, 대규모 조업에 어려움이 있다.

(5) 식물세포 배양을 위한 반응기 성능 비교

식물세포의 종류에 따라 산소요구도, 전단력에 대한 민감도, 유변학적 특성, 식물세포의 크기 등에 차이가 있기 때문에 반응기 선정은 관심이 있는 식물세포에 의존한다. 식물세포 배양을 위한 반응기를 선정할 때에 가장 중요한 것은 적은 유체동력학적 stress에서의 효율적인 산소 전달이다. 그리고 효과적인 환경조건의 조절, 스케일업의 용이성, 조업의 간편성 등도 생물반응기의 전체적인 성능평가 측면에서 중요하다. 식물세포 배양을 위해 가장 알맞은 생물반응기를 선택할 때에 고려사항은 다음과 같다.

① 산소공급의 능력과 배양액 내에서 공기방울의 분산 강도
② 생물반응기에서 생성되는 유체동력학적 stress의 강도와 식물세포에 미치는 영향
③ 고농도 세포농도에서의 알맞은 혼합
④ 반응기 내부의 온도, pH, 영양분 농도의 조절 능력
⑤ 알맞은 세포 크기 조절(대사산물의 생산량 증가에 도움이 됨)
⑥ 스케일 업의 용이성
⑦ 오랜 배양기간 동안 무균조업이 가능

이러한 측면에서 여러 가지 형태의 생물반응기를 비교하여 표 8-5에 나타내었으며, 이들 각각의 생물반응기는 고유의 장단점을 가지고 있음을 알 수 있다.

표 8-5. 식물세포 배양을 위한 반응기 성능 비교

반응기 형태	산소전달	Hydrodynamic stress	혼 합	스케일업	제한요소
Stirred tank	높음	매우 큼	완전균일	어려움	세포사멸, 회전부분에서 오염
STR-low agitation, modified impeller	보통	적음	균일	어려움	고농도 세포에서의 불충분한 혼합
Bubble column	보통	적음	불균일	쉬움	약한 혼합에 의한 세포 침전
Air-lift	높음	적음	균일	쉬움	고농도 세포에서의 dead zone 발생
Rotating drum	높음	적음	균일	어려움	대규모에서의 불균일 혼합

1.4 식물세포 배양기술의 상업화

1) Shikonin 생산

식물세포 배양기술은 세계에서 처음으로 일본의 Mitsui 석유회사에 의해 상업화가 이루어졌다. 식물세포인 *Lithospermum erythrorhizon*에 의하여 생산되는 shikonin은 붉은색 염료로서 의약품과 화장품 등에 사용된다. 생산공정은 그림 8-4에서 보는 바와 같이 2단계로 구성되어 있다. 1단계 반응기에서 성장배지(MG-5)를 이용하여 9일 정도 세포배양을 하고, 이를 여과하여 세포만을 2단계 반응기로 옮겨 생산배지(M-9)로 14일 정도 배양하여 shikonin을 생산한다.

Shikonin은 식물세포 내에 축적되어 있는 2차 대사산물로 추출 및 정제공정을 거쳐 shikonin을 생산한다. 최종 shikonin 생산은 약 4 g/*l*이다. 식물세포 배양기술을 이용한 shikonin의 상업화는 기후, 환경 등에 영향을 많이 받게 되는 천연방법의 한계를 극복하여 저렴하고 안정적으로 원료공급이 이루어질 수 있다는 가능성을 제시하는 획기적 업적이다.

2) Taxol 생산

Taxol은 학명이 *Paclitaxel*로 taxane 계열의 천연 diterpenoid로서 강력한 항암효과를 가지고 있으며, 1990년대 가장 널리 사용되고 있는 항암제이다. 난소암(1992년), 유방암(1994년), 카포시(Kaposi) 종양(1997년)에 대하여 미국 FDA 허가를 얻어 시

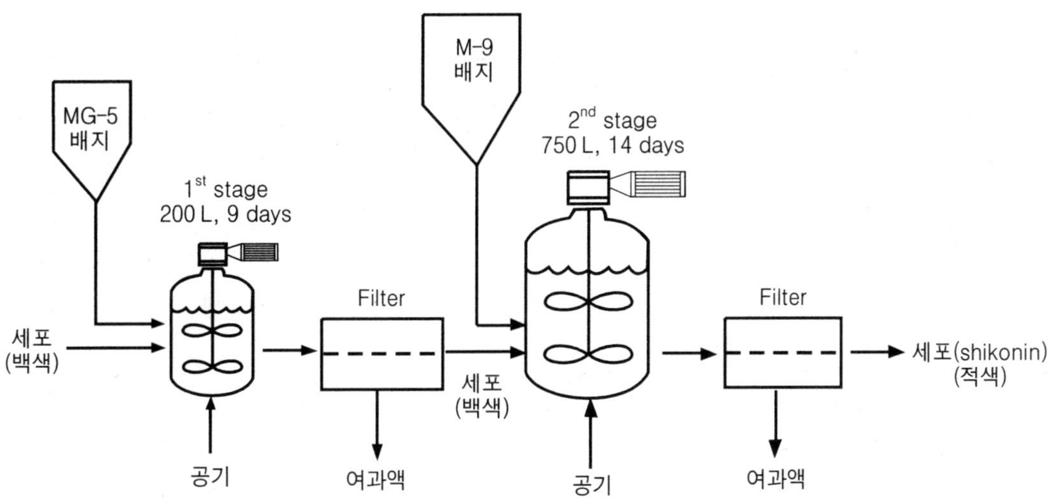

그림 8-4. 식물세포 *Lithospermum erythrorhizon*의 배양에 의한 shikonin 생산 공정

표 8-6. 주요 taxol 생산 방법의 비교

특 성	직접추출방법	반합성 방법	식물세포 배양방법
순 도	낮음	낮음	높음
회수율	낮음	낮음	높음
불순물	많음	많음	적음
환경적 문제	있음	있음	없음
공정 균일성	낮음	낮음	높음
생산비용	높음	높음	낮음
스케일 업	어려움	어려움	용이

* 기타 taxol 생산방법: 전합성 방법, 미생물 배양방법

판되고 있다. 세계시장이 1조 7천억(1999년 기준) 정도이며, 앞으로 폐암·후두암·방광암·알츠하이머·관절염 치료 등으로 적응증 개발과 여러 다른 약물들과의 복합처방에 대한 임상실험이 진행되고 있어 시장규모는 계속 확대될 것으로 예상된다.

Taxol의 생산방법은 다음과 같이 크게 세 가지로 대별할 수 있다.이들 세 가지 방법의 장단점을 비교하여 표 8-6에 나타내었다.

① 주목나무에서 직접 추출하는 방법
② 주목나무 잎에서 taxol의 전구체인 10-deacetyl baccatin III(10-DAD)를 얻어 taxol의 side chain을 화학적으로 결합하는 반합성 방법
③ 주목나무에서 callus를 유도하여 식물세포를 얻어 생물반응기에서 생산하는 방법

주목에서 직접 추출하는 방법과 반합성 방법의 경우 환경과 기상조건 등의 영향으로 원료의 안정적 공급, 분리 및 정제, 스케일 업 등에 많은 어려움이 있다. 이에 비하여 식물세포 배양에 의한 생산방법은 장소와 시간에 제한되지 않고, 일정한 질과 양을 갖는 제품을 대량으로 생산할 수 있다. 특히 환경의 영향을 받지 않고 원료의 공급과 수확시기 등의 제한 없이 지속적인 생산이 가능하므로 공급부족이나 생태계 파괴와 같은 문제가 없어 식물세포 배양에 의한 생산방법은 경제성에서 taxol을 대량 공급할 수 있는 좋은 방법이다.

기타 생산방법으로는 전합성 방법과 미생물 배양에 의한 방법이 있다. 전합성의 경우 합성단계가 많고 수율이 낮으며, 미생물 배양에 의한 방법은 생산량이 낮아 아직 경쟁력이 없다. 식물세포 배양에 의한 항암제 taxol은 국내의 ㈜삼양제넥스에서 세계 최초로 대량생산에 성공하여 '제넥솔(Genexol)'이라는 상품명으로 시판되고 있다.

2. 동물세포 배양

2.1 동물세포 배양 개요

동물세포 배양에 의해 백신, 단일군 항체, 인터페론, 인터루킨-2, 효소, 호르몬 등 많은 생물공학적 유용제품들이 생산되고 있으며, 1990년대 세계 시장규모는 약 200억 달러 정도이다. 동물세포 배양에 의해 생산되는 주요 제품과 시장규모를 표 8-7에 나타내었다. 또한 동물세포 배양에 의하여 생산 가능성이 높은 제품들을 표 8-8에 나타내었다.

동물세포 배양은 1880년 Arnold가 백혈구를 체외에서 림프액(lymph)이나 혈청(serum)에 담갔을 때 증식하는 것을 본 것이 시초가 된다. 1907년 Harrison이 올챙이의 척색에서 취한 신경세포를 개구리의 응고 림프액에서의 배양에 성공하였다. 1967년 Wezel은 다공질의 microcarrier 배양방법을 개발하였다. 1975년 Köhler와 Milstein에 의해 특정 항체를 생산하는 B cell과 무한정 배양이 가능한 미엘로마(myeloma) 세포를 융합시켜 단일군 항체를 생산할 수 있는 하이브리도마(hybridoma) 세포가 얻어진 이후, 단일군 항체 기법은 새로운 용도 개발과 더불어 많은 시장규모가 형성될 생물공학제품이 되었다.

하이브리도마 세포에 의해 생산된 단일군 항체의 대부분은 각종 진단용 시약에 사

표 8-7. 동물세포 배양에 의해 생산되는 주요 제품과 시장규모

제 품	세계시장($ millions)
• Diagnostics	6,500
• Vaccines	5,200
• Hormones	4,900
• Lymphokines	1,750
• Monoclonal antibodies	1,750
• Other products	
Superoxide dismutasese	1,000
Atrial natriuretic factor(ANF)	5,000
Erythropoietin	200
Factor VIII	200
Tissue plasminogen activator	1,000
Whole cells	-
Epidermal growth factor	-
Protein C	-
Industrial enzyme	-

표 8-8. 동물세포 배양에 의하여 생산 가능성이 높은 제품

Group I	Group II
• Cell as an end product • Artificial skin • Artificial organs Beta-islet cells(pancreas) Hepatocytes(liver) • Bone marrow • Lymphocytes	• Cell-derived products • Growth factors Nerve growth factor Epidermal growth factor • Blood factors • Monoclonal antibodies • Interferons • Proteases(Urokinase, etc.) • Viruses • Hormones Human growth hormone Insulin Calcitonin Parathyroid hormone

용된다. 고부가 가치성 단백질 분리 및 정제, 치료용 의약품 등으로의 응용도 많이 기대된다.

유전자 재조합 미생물을 이용하여 동물세포 유래의 제품을 생산할 경우, 합성과정에서 단백질 분자의 불완전한 folding과 post-translational modification에서의 문제점 등으로 생리활성을 가진 단백질을 생산하기가 어렵다. 또한 미생물에 의해 생산된 단백질은 세포 밖으로 분비가 어려워 복잡한 분리 및 정제 과정을 필요로 한다.

Endotoxin 등의 오염 가능성이 높기 때문에 동물세포 배양에 의한 유용물질 생산은 매우 중요하다. 그러나 동물세포를 배양할 때에 수반되는 문제점들로 그 이용도가 제한된다. 대표적인 문제점으로 배지성분으로 혈청 사용에 따른 고가의 배양비용, 느린 성장속도, 낮은 생산량, 오염의 위험성, 전단력에 대한 낮은 저항력, 고가의 분리 및 정제비용 등을 들 수 있다.

2.2 동물세포 배양방법

1) 배 지

전통적인 동물세포 배양기술은 생물체액, 주로 혈청을 첨가한 배지를 이용하여 배양하게 된다. 혈청에는 세포 접착인자와 증식인자 같은 필요한 생리활성 조절인자 이외에 많은 종류의 복잡한 물질이 대량 함유되어 있다. 여러 가지 세포를 증식하기 위

해서는 동물세포 배지에 이들 인자를 첨가하여 왔다.

보통 동물세포 배양을 위한 배지에 5~10%(v/v)의 혈청을 첨가하게 된다. 이들 혈청은 종류에 따라 가격 차이는 있지만, 1 *l*당 300달러 정도로 10% 혈청을 사용할 경우 전체 배지가격의 80%를 차지하여 대량 배양할 때에 주요 비용으로 작용한다. 이러한 배지성분으로 고가의 혈청을 사용할 경우, 배양 비용이 많이 들기 때문에 경제적 제품생산에 어려움이 따른다.

또한 혈청은 바이러스, mycoplasma, 박테리아의 주요 오염원이며, 증식 저해인자와 분화기능 발현 저해인자도 가지고 있다. 그리고 혈청 속의 알부민은 저농도로 생산되는 단일군 항체와 비슷하여 분리 및 정제에도 많은 어려움이 따른다. 그리고 혈청은 같은 회사의 같은 제품의 혈청이라도 제조 lot에 따라 성질이 매우 다르므로 혈청의 생산품질을 규격화하는 데도 상당한 어려움이 있다. 따라서 동물세포 배양배지로부터 혈청을 제거하기 위하여 무혈청배지 개발에 많은 연구가 진행 중이다.

무혈청배지인 성분 기지배지(성분을 이미 알고 있는 배지)는 조직과 체액 중에 있는 개개의 영양분, 호르몬, 성장인자 등을 분석하여 인위적으로 만든 배지를 말한다. 무혈청배지는 크게 기본 합성배지와 성장인자로 구성되어 있다. 표 8-9에서 보는 바

표 8-9. 주요 기본 합성배지 성분

아미노산	비타민	무기염류	기타 성분	항생물질
L-alanine	Biotin	NaCl	D-glucose	Streptomycin
L-arginine	Choline chloride	KCl	Na-pyruvate	Penicillin
L-asparagine	Folic acid	$CaCl_2$	Linoleic acid	
L-cysteine	Nicotinamide	$MgSO_4$	Lipoic acid	
L-cystine	Pyridoxal	$NaHPO_4$	Hypoxanthine	
L-glutamic acid	Pyridoxine	NaH_2PO_4	Thymidine	
L-glutamine	Riboflavin		Phenol red	
L-histidine	Vitamin B_{12}		HEPES	
L-isoleucine				
L-leucine				
L-lysine				
L-methionine				
L-phenylalanine				
L-proline				
L-serine				
L-threonine				
L-tryptophan				
L-tyrosine				
L-valine				

와 같은 기본 합성배지에는 아미노산, 비타민, 무기염류, 항생제와 기타 여러 성분들(포도당 등)로 구성된다.

성장인자는 세포를 충분히 증식하거나 기능을 발현시키기 위해 필요한 성분으로 인슐린, 트랜스페린, 에탄올아민 등이 있다. 이러한 성분들은 세포의 종류에 따라 차이가 있으므로 세포 종에 따른 충분한 검토가 요구된다.

미생물 배지의 경우 크게 합성배지(synthetic media)와 복합배지(complex media)로 나눌 수 있다. 무혈청배지는 전자에, 그리고 혈청배지는 후자와 비슷한 개념으로 생각할 수 있다. 무혈청배지는 이들 성분이 명확하기 때문에 재현성 확보나 배지 중 특정 성분의 영향을 확인할 때 매우 편리하다.

무혈청배지를 사용할 경우 생산 원가의 저하와 분리 및 정제 공정의 간편성을 얻을 수 있다. 이에 비하여 무혈청배지를 사용할 경우 특별히 배지의 pH에 주의를 해야 한다. 혈청배지의 경우 혈청에 들어 있는 단백질에 의한 pH 완충효과 때문에 배지의 pH 변화는 별로 일어나지 않는데 비하여, 무혈청배지의 경우 pH 완충효과가 약하기 때문에 특별히 주의해야 한다.

상기와 같은 여러 가지 요인이 관여되지만, Bicarbonate(HCO_3)와 CO_2 농도 평형 등의 배양환경도 중요한 사항이다.

2) 동물세포의 성질

정상적인 동물세포는 30~50회의 분열 후에 증식능력을 잃고 사멸하는데 비하여, 암세포화한 세포주의 경우 무한증식 능력을 가지게 된다. 이러한 무한증식 세포주의 대표적인 예는 암세포와 정상세포의 결합체인 하이브리도마(hybridoma) 세포이다.

이들 동물세포는 배지 중에 부유한 상태에서 증식하는 부유세포(HeLa cell, tumorgenic cell line, hybridoma)와 담체 등에 부착되어 증식하는 접착세포(WI-38, FS-4)로 크게 나눌 수 있다. 접착세포의 경우 담체에 부착되지 않으면 증식하지 못하므로 대량 배양을 위해 생물반응기의 표면적이 매우 중요하다. 배양을 위한 이들 동물세포는 알맞은 세포농도가 요구되는데, 너무 낮은 세포농도에서는 증식에 어려움이 따르고, 너무 높은 세포농도에서는 생존율이 저하되어 결국 증식 능력을 잃을 경우가 생긴다.

3) 동물세포의 배양

동물세포 배양을 통하여 생물공학제품을 생산할 경우 제조원가를 낮추기 위해 반드시 고농도 세포배양이 이루어져야 한다. 고농도 세포배양을 통하여 생물반응기 내에서 높은 농도의 제품을 얻을 수 있다. 이는 결국 분리 및 정제비용을 감소시킬 수 있기 때문이다. 또한 고농도 세포배양을 할 때에 첨가되는 혈청을 절약할 수 있어 전체적으로 많은 원가를 절약할 수 있게 된다. 전통적인 기술에 의해 대략 $1\sim2\times10^6$ suspension cells/m*l*의 세포농도를 얻을 수 있다.

(1) 접착세포

접착세포(anchorage dependent cell)의 경우 전통적으로 회전용기의 내부에 부착하여 배양한다. 회전용기의 내부에 부착된 세포는 산소와 배지에 번갈아 가며 접촉하게 된다. 성장을 위한 표면적은 전체 용기의 부피에 비해 상당히 적은 부분을 차지하므로 많은 세포를 얻기 위해서는 많은 배양용기가 요구된다.

예를 들면 500 cm^2의 표면적를 가진 용기에서는 대략 3×10^7개의 세포를 얻을 수 있다. 이러한 장치는 노동비과 재료비에서 고가일 뿐만 아니라 각각의 용기를 통하여 얻은 세포배양에서의 차이 때문에 품질관리에서도 어려움이 많다. 전체 배양기의 부피에 비하여 세포성장을 위한 표면적의 비율을 높이기 위해 1967년 Wezel은 세포를 dextran microcarrier bead에 부착하여 배양기에서 현탁배양을 하였다. Microcarrier를 사용한 현탁배양의 장점과 단점을 표 8-10에 나타내었다.

그림 8-5에서 보는 바와 같이 여러 가지 배양방법들이 있다. 이들 방법 모두 전통적인 회전용기 형태의 배양기보다 전체 부피당 세포성장을 위한 표면적(S/V 비율)을 증가시킬 수 있다. 그러나 multiplate propagator, spiral film, plastic bags, gyrogen with tubes 형태의 반응기는 전체 반응기 부피에 비하여 표면적이 상대적으로 적기 때문에 그 사용에 제한이 따른다.

Glass bead propagator는 대량 배양에는 알맞지 않다. 대량 배양의 경우 많은 양의

표 8-10. Microcarrier를 사용한 현탁배양의 장단점 비교

장 점	단 점
· 반응기 부피 대비 높은 표면적 · 균일한 환경 · 컴퓨터 제어 용이 · 환경적 변수 조절 용이 · 혈청 사용량 감소 · 노동력 절감 · 높은 세포농도 · 재현성 증가	· Microcarrier 준비 단계 필요 · Microcarrier 비용($10/g) · 전통적 세포배양 방법으로 접종 필요 · 고농도에서의 산소전달 제한

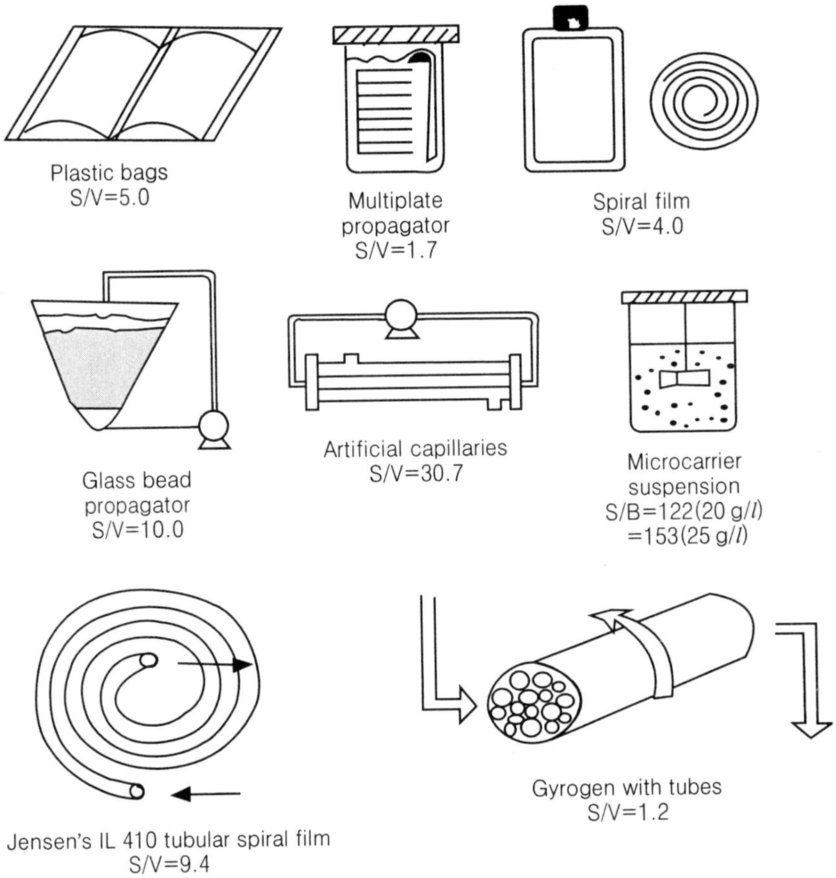

그림 8-5. 접착성 세포의 배양에 사용되는 여러 형태 반응기의 표면적과 부피비율(surface-to-volume ratio(S/V), m^{-1})

배지가 순환되어야 하므로 이에 따라 반응기 내의 glass bead가 이동하면서 동물세포에 많은 피해를 주기 때문이다. 대량 배양을 위한 최적의 방법은 artificial capillaries, Jensen's IL410 tubular spiral film, microcarrier suspension 형태의 반응기를 이용하는 것이다. 이들 배양방법들에 대한 특성을 비교하여 표 8-11에 나타내었다.

Jensen's IL410 tubular spiral film의 경우 배지는 gas-permeable film으로 만들어진 튜브로 공급되며, film을 통하여 산소를 공급받아 튜브의 내부에서 세포성장이 이루어진다. 인공적인 캐필러리 장치는 hollow cylinder 내부에 투석(dialysis) 튜브(모세관)가 설치되어 있다. 배지는 모세관 내부로 유입되고, 세포는 모세관 외부 표면에서 성장하게 된다. 배지 성분은 모세관을 통하여 확산되어 공급되고, 산소공급을 위해 공기는 모세관과 hollow cylinder 사이로 공급된다.

(2) 부유세포

HeLa cell, tumorgenic cell line, hybridoma 세포와 같은 부유세포(anchorage independent cell)는 배지 중에 부유한 상태에서 증식 가능하여 특별히 부착할 수 있는 표면적이 필요하지 않다. 따라서 배양특성이 미생물 배양과 비슷하다. 그러나 동물세포는 세포벽이 없기 때문에 쉽게 전단력에 피해를 볼 수 있다(표 8-12). 따라서 동물세포의 현탁배양을 위한 반응기 개발은 특히 전단력을 줄일 수 있는 방향으로 진행되고 있다.

또한 동물세포는 encapsulation 같은 방법으로 인공적인 세포벽을 부착하여 전단력으로부터 보호받게 하는 방법도 있다. 지름 500 ㎛ 정도의 캡슐 안에 10,000개 정도의 세포를 포획할 수 있다. 이러한 방법은 높은 세포농도를 얻을 수 있고, 세포 활성을 증가시키며, 생산수율을 높일 수 있다. Encapsulation 방법은 상업적으로 하이브리도마 세포와 제품 생산에 이용된다. Free suspension과 encapsulation 배양방법에서의 특성을 비교하여 표 8-13에 나타내었다.

표 8-11. Microcarrier, artificial capillary, tubular spiral film 형태 반응기의 특성

특 성	Microcarrier	Artificial capillary	Tubular spiral film
· S/V 비율	31～153	30.7	9.35
· 고농도, 대량 배양시 산소전달	어려움	좋 음	매우 좋음
· 균일 환경	예	아 님	아 님
· 최대 세포농도	5～6×10^6 (batch) 4～5×10^7(perfusion)	1×10^8/mℓ	6×10^6/mℓ
· 컴퓨터 제어에 의한 최적화	매우 좋음	어려움	어려움
· 환경 조절능력	매우 좋음	보 통	보 통
· 세포농도와 대사 산물 확인방법	다양함 : 직접 샘플링 또는 기구이용	제한됨	제한됨
· 혈청 사용량 감소	좋음 : 컴퓨터 제어와 유가식 배양접목	좋음 : 고농도 배양에 의해 가능	보 통
· 스케일 업 가능성	보통 : 산소전달, bead 비용과 취급에 제한	보통 : 산소와 영양분의 조절 및 모니터링이 어렵고 압력강하 문제 있음. 농도구배 심함	보통 : 낮은 S/V, 압력강하, 배지의 농도구배 문제

표 8-12. 미생물과 동물세포의 비교

특 징	미생물(대장균)	동 물
세 포	Procaryotic	Eucaryotic
크기(지름)	1∼10 ㎛	10∼100 ㎛
대사조절	Internal	Internal and hormonal
Nutritional spectrum	넓음	좁음
Doubling time(h)	0.5∼2.0	12∼60
환 경	적응능력 우수	민감
수분함량(%)	50∼80	80
기타 특징	Cell wall 보유	Cytoplasmic membrane

표 8-13. Free suspension과 encapsulation 배양방법에서의 특성 비교

특 징	Free suspension	Encapsulation
세포농도	2×10^{6} cells/ml	1×10^{7} cells/ml
제품농도/세포	낮음	높음
세포분리	원심분리	침강
세포회수	추가공정 없음	Capsule lysis
제품분리		
고분자물질	보통	용이
저분자물질	보통	용이
배지사용(serum)	보통	낮음

4) 배양방식

동물세포 배양은 그림 8-6에서 보는 바와 같이 보통 회분식(batch)·유가식(fed-batch)·연속식(perfusion)의 3가지 형태가 있다. 회분배양의 경우 배양 도중에 새로운 배지의 공급은 없으며, 단지 산소 공급만 있을 뿐이다. 배양 도중에 조절 변수는 온도, pH, 용존산소 뿐이다. 초기 유입된 배지 내의 영양분은 계속 감소하고, 영양분이 고갈될 때까지 대사산물은 축적되게 된다.

유가배양의 경우 배양 도중에 배지를 간헐적으로 계속 공급하여 대사산물이 계속하여 축적된다. 회분배양의 결과를 쉽게 스케일 업 할 수 있으며, 최종 대사산물의 농도를 높게 할 수 있다. 배양 도중에 회분식 형태와 마찬가지로 온도, pH 용존산소를 일정하게 조절한다.

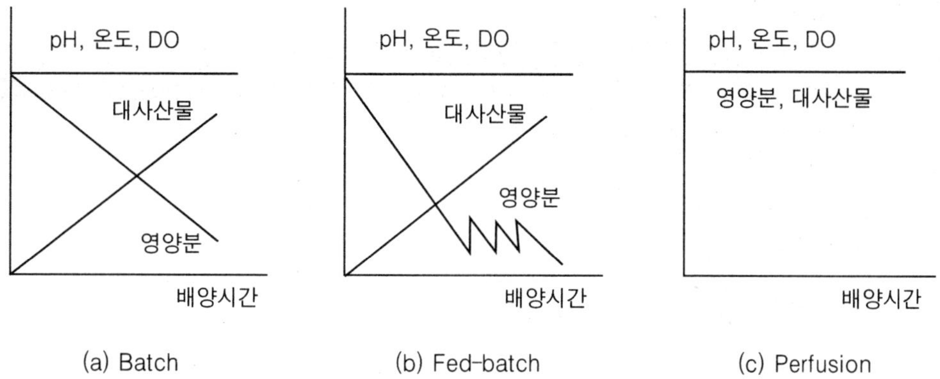

그림 8-6. Batch, fed-batch, perfusion 배양방식에 따른 환경 특성

연속배양의 경우 희석률(dilution rate, D = feed rate/reactor volume)을 조절하여 영양분과 대사산물의 농도를 일정하게 유지한다. 희석률을 증가시키면 영양분 농도가 증가하고, 대사산물의 농도는 감소한다. 연속식의 경우 최종 대사산물의 농도가 낮은 경우가 많으나, 전체적인 생산성이 회분식에 비하여 상당히 우수하다. 그러나 배양 도중에 동물세포의 유전적 변화와 장시간 배양에 따른 오염문제가 있다.

5) 용존산소의 영향

대부분의 동물세포 배양의 경우 표 8-14에서 보는 바와 같이 비산소 소모속도(specific oxygen consumption rate)가 0.05～0.50 mmoles O_2/l-h(10^6 cells/ml 기준) 정도이다. 이는 미생물 세포배양의 경우에 비해 대략 1/100～1/1000 수준이다. 그러나 suspension/perfusion reactor를 사용하여 고농도 세포배양을 하는 경우에는 산소 요구도가 급속히 증가하기 때문에 산소부족으로 인해 세포성장이 정지될 수도 있다.

동물세포의 경우 세포벽이 없기 때문에 특히 전단력에 민감하여 교반속도의 증가를 통한 산소전달 효율 증대를 기대하기 어렵다. 이러한 문제를 해결하기 위하여 air-lift reactor를 사용하기도 하지만, 공급되는 기포 자체가 세포에 나쁜 영향을 줄 수 있으므로 주의가 필요하다.

2.3 단일군 항체 생산

단일 클론항체 또는 단일군 항체(monoclonal antibody, Mab)는 엄밀하게 한 종류의 항원에 반응하는 항체를 말한다. 단일군 항체가 미량물질의 분리, 감염증이나 암 등의 진단과 치료 등과 같은 의료분야 응용에서 중요한 역할을 하게 되었다.

표 8-14. 동물세포의 산소요구도

Human cell line	mM O_2/h(10^6 cells/ml기준)
• Lymphoblast(Namalwa)	0.053
• Skin fibroblast	0.064
• AM-57(amnion)	0.140~0.590
• Diploid embryo WI-38	0.150
• Diploid embryo MAF-E	0.380
• Leukemia MCN	0.220
• Lung To	0.240
• Conjunctiva	0.280
• HLM(liver)	0.370
• LIR(liver)	0.300
• Intestine	0.400
• Detroit 6(bone marrow)	0.430
• HeLa	0.097~0.470

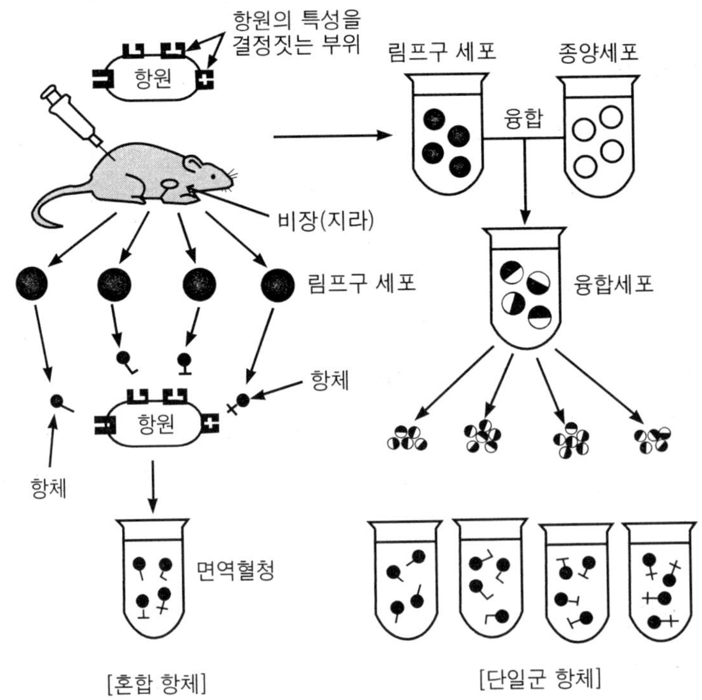

그림 8-7. 단일군 항체의 생산방법

예를 들면 암세포 특유의 단백질에 대한 단일군 항체를 만들어 이것에 암세포의 분열을 억제하는 약물을 결합해서 암세포를 죽이는 미사일 요법의 개발이 가능하다. 단일군 항체는 세포융합법에 의해 만들어진 융합세포(하이브리도마 세포)에 의해 생산된다. 그림 8-7에서 보는 바와 같이 한 개의 항체생산 세포(림프구)를 쥐의 비장(지라)에서 골라내어 임파성 암의 미엘로마(myeloma) 세포와 융합시켜서 하이브리도마 세포를 인공적으로 만들어 배양한다. 그러면 암세포는 계속 증식하고, 한편 항체를 생산하여 세포 외부로 방출한다. 따라서 배양액은 한 종류의 항체를 대량으로 생산하게 된다.

원래 클론이란 동일 유전자를 갖는 세포군을 의미한다. 단일군 항체를 얻기 위해서는 수많은 세포로부터 목표로 하는 항체 생산세포를 선별하는 조작이 어렵다. 그러나 일단 만들어지면 그 후는 하이브리도마 세포를 배양하기만 하면 된다. 이미 많은 단일군 항체가 제약회사에서 발매되고 있다.

참고문헌

1. Bailey, J.E., D.F.Ollis, Biochemical Engineering Fundamentals, McGraw-Hill (1977)
2. Ghose, T.K., A. Fiechter, N. Blakebrough, Advances in Biochemical Engineering, Springer-Verlag(1980)
3. Mantell, S.H., J.A. Matthews, R.A. McKee, Principles of Plant Biotechnology, Blackwell Scientific Publications(1985)
4. Payne, G., V. Bringi, C. Prince, M. Shuler, Plant Cell and Tissue Culture in Liquid Systems, Hanser Publishers(1991)
5. 김은호 역, 세포공학개론, 경문사(1997)
6. 윤정원, 서울대학교 대학원 석사학위논문(1991)
7. 이은열, 서울대학교 대학원 석사학위논문(1991)
8. 장호남, 생물화학공학, 방한출판사(1988)
9. Glacken, M.W., R.J. Fleischaker, A.J. Sinskey, Mammalian Cell Culture: Engineering Principles and Scale-up, *Trends in Biotechnology*, Vol. 1(1983)
10. Panda, A.K., S. Mishra, V.S. Bisaria, S.S. Bhojwani, Plant Cell Reactors - A Perspective, *Enzyme Micro. Technol.*, Vol. 11(1989)

제 9 장

생물반응기

생물반응기(bioreactor)는 효소나 살아 있는 세포의 작용을 이용하여 생물화학 반응을 일으키게 하는 장치이다. 이러한 생물화학적 반응을 생물전환반응(bioconversion)이라 한다. 생물반응기는 두 가지로 구분하는데 동식물·미생물 등의 생세포에 의하여 생물전환반응을 일으키는 반응기를 세포배양기(bioreactor) 또는 발효조(fermenter)라 하며, 효소를 이용하는 경우를 효소반응기(enzyme reactor)라고 한다.

생물반응기를 미생물 배양기로 사용할 경우에 자연계에서 분리하거나 육종한 미생물 세포의 생리적인 특성을 연구하는 데는 먼저 평판배양(plate culture), 시험관 또는 플라스크 배양 등 소규모 배양에 의해 이루어진다. 그리고 미생물의 동력학적 특성(kinetics)을 알기 위하여 실험실 규모의 미생물 반응기 또는 발효조(jar fermenter)를 이용한다. 실험실 규모에서 얻어진 여러 가지의 실험결과를 산업적으로 이용하기 위해서는 다음과 같이 순차적으로 스케일업 해야 한다.

실험실 규모 ⟶ 실험공장 규모 ⟶ 공장 규모
(laboratory scale) (pilot plant scale) (plant scale)

이 과정에서 이용되는 여러 가지 생물반응장치(bioreactor system)를 이해할 필요가 있다. 여기에서는 여러 가지 방식의 생물반응기의 특성과 조작방법, 반응기의 내부구조, 무균조작 방법, 보조장치와 제어장치에 대하여 다루었다. 생물반응기는 표 9-1에서와 같은 조건을 충족시켜야 한다. 일반적으로 사용되는 미생물 배양용 발효조는 무균조작, 통기, 배지 살균 등이 필요하므로 효소반응기보다 복잡한 구조와 까다로운 조업조건을 갖는다.

1. 효소반응기

효소반응용 생물반응기의 형태는 기하학적 형태 및 구조에 따라서 수조형과 관형, 막(membrane) 또는 필름(film)형으로 나눈다. 관형 반응기에는 내부에 촉매입자를 충진한 반응기를 고정층(fixed bed) 또는 충진층 반응기(packed bed reactor), 유동층 반응기(fluidized bed reactor) 등이 있다(그림 9-1, 표 9-2).

생물반응기의 조작방식은 회분조작(batch operation)과 연속조작(continuous operation) 2가지로 나누어진다. 회분조작이란 효소와 기질을 반응기에 한꺼번에 미리

표 9-1. 생물반응기의 조건

① 알맞은 통기 설비와 교반 설비를 갖추어야 한다.
② 동력 소비가 적어야 한다.
③ 온도 조절과 pH 조절이 되어야 한다.
④ 시료채취(sampling)가 쉬워야 한다.
⑤ 증발에 의한 반응액의 수분 손실이 적어야 한다.
⑥ 작동(operation), 반응액의 회수, 반응조의 세척 및 유지에 노동력이 적게 들어야 한다.
⑦ 값이 싸고, 사후관리가 쉬워야 한다.

표 9-2. 효소반응기의 분류 및 조작방식

〈기하학적 형태와 구조에 따른 구분〉

- 수조형(tank type)
  - 교반형 반응기(stirred tank reactor, STR)
- 관형(tubular type)
  - 고정층(충진층 반응기, fixed bed reactor)
  - 유동층 반응기(fluidized bed reactor)
- 막 또는 필름형(membrane, film type)

〈조작방식에 따른 구분〉

- 회분조작(batch operation)
- 연속조작(continuous operation)
  - 연속교반형(continuous STR, CSTR)
  - 고정층 반응기
  - 유동층 반응기
- 반회분조작(semi-batch operation)

주입하여 알맞은 온도에서 일정시간 반응을 시킨 후 생성물 전체를 빼내는 조작 방식을 말한다.

이에 비하여 반응기에 기질을 연속적으로 공급하면서 한쪽에서 생성물을 연속적으로 배출시켜 반응기 내부의 반응조건이 시간적으로 변화하지 않는 상태인 정상상태(steady state)에서 조작하는 방식을 연속조작이라 한다.

연속식 반응기는 연속교반형 반응기(continuous stirred tank reactor, CSTR), 충진형 반응기(packed bed reactor, PBR), 유동층 반응기(fluidized bed reactor, FBR) 등이 있다. 연속조작은 회분조작에 비해 표 9-3에서와 같은 장점과 단점을 가지고 있다.

같은 품질의 생성물을 대량으로 생산하고자 하는 경우에는 연속조작이 알맞으며, 많은 품목의 생성물을 소량씩 생산하는 경우에는 회분조작이 알맞다. 또한 회분조작

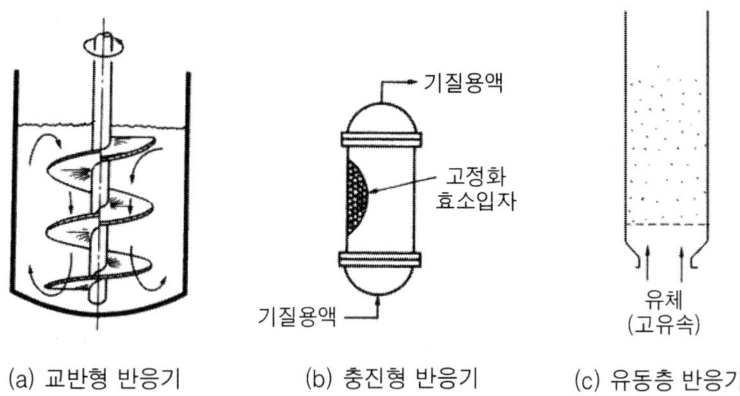

그림 9-1. 생물반응기(효소반응기)의 종류

표 9-3. 연속조작의 장점과 단점

장 점	① 노동력을 절약할 수 있다. ② 자동제어가 쉽다. ③ 반응조건이 일정하다. ④ 제품의 품질이 일정하다.
단 점	① 같은 장치를 여러 목적으로 사용할 수 없다. ② 잡균오염과 그 외의 사고에 처리가 어렵다.

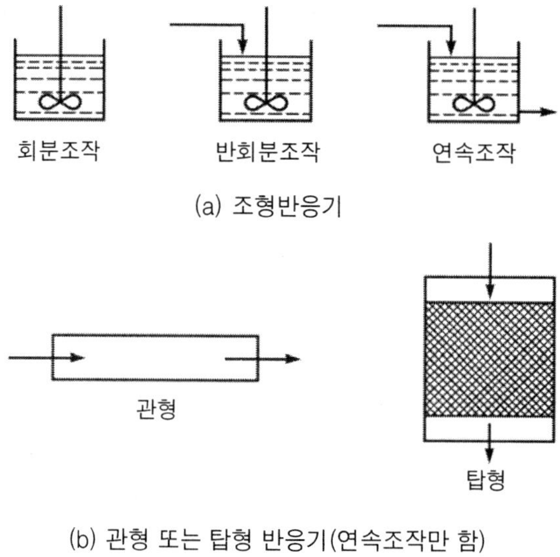

그림 9-2. 효소반응기의 형식과 조작

의 일종이지만 반응기에 기질을 천천히 주입하여 반응을 시키면서 반응기 내에서 반응 도중 생성물이 배출되지 않는 조작방식을 반회분조작(semi-batch operation)이라 한다.

기질저해가 일어나는 경우 등에는 반회분조작이 회분조작보다 유리하다. 교반조는 회분, 반회분, 연속조작에서도 사용할 수 있지만, 관형 반응기는 연속조작만이 가능하다. 효소반응기의 형식과 조작방식을 정리하면 그림 9-2에서와 같다.

효소촉매반응의 반응특성은 기질과 생성물의 농도에 따른 영향, 물질전달 특성, 불순물의 양과 형태, 수율, 전환율 등에 따라 결정되므로 알맞은 반응시스템의 선택은 분리와 정제를 포함하는 전체 공정의 관점에서 결정되어야 한다.

1.1 회분식 반응기

가장 간단한 반응기 형태인 회분식 효소반응기(그림 9-3)는 반응물의 혼합을 위한 교반기와 온도조절용 열기구(heater, 또는 cooler)가 부착되어 있다.

반응물의 혼합이 충분한 이상적인 회분식 반응기에서는 임의의 시간에서 반응기 내 내용물의 조성이 균일하다고 가정한다. 반응기질이 충분히 혼합되고 온도, pH 등의 조업변수를 최적조건으로 조절한 상태에서 $t = 0$일 때 효소를 첨가하여 효소반응을 시작한다.

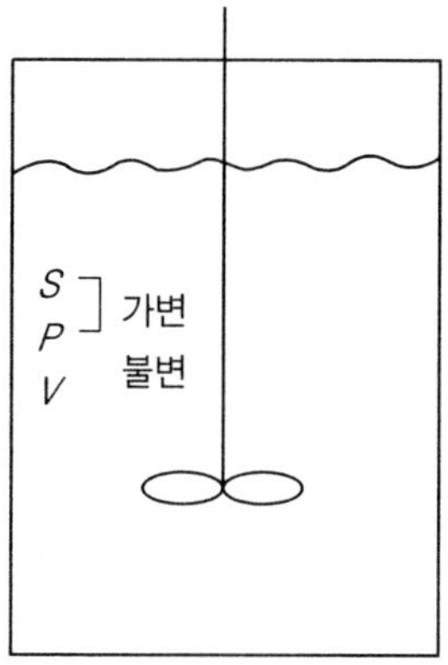

그림 9-3. 회분식 반응기

S : 기질농도(g/l), P : 생성물 농도(g/l), V : 반응용량(l)

회분반응기에서는 내용물의 배출이 없으므로 유리효소(free enzyme) 또는 고정화 효소(immobilized enzyme) 중 어떤 형태의 효소도 사용이 가능하다. 회분식 조업에서는 매회마다 서로 다른 반응이 일어난다. 반응조건 때문에 최종 생성물의 품질과 농도의 변화를 피할 수 없다. 그러나 생산물의 수요에 따라 한 종류의 반응기를 이용하여 여러 생산물을 교대로 생산할 수 있으므로 조업에 융통성을 가지고 있다. 따라서 생산규모가 크지 않은 공정에 주로 이용된다.

효소반응 메커니즘이 Michaelis-Menten 식으로 표시되며, 기질의 소비속도는 다음과 같다.

$$-\frac{dS}{dt} = \frac{V_{\max}\ S}{K_m + S} \tag{9-1}$$

이 식을 $t = 0(S = S_O)$에서, $t = t(S = S)$까지 적분하면 다음과 같다.

$$\frac{1}{V_{\max}} \int_{S_O}^{S} -\frac{K_m + S}{S}\, dS = \int_0^t dt \tag{9-2}$$

따라서

$$\frac{1}{V_{\max}} \left[K_m \ln \frac{S_O}{S} + (S_O - S) \right] = t \tag{9-3}$$

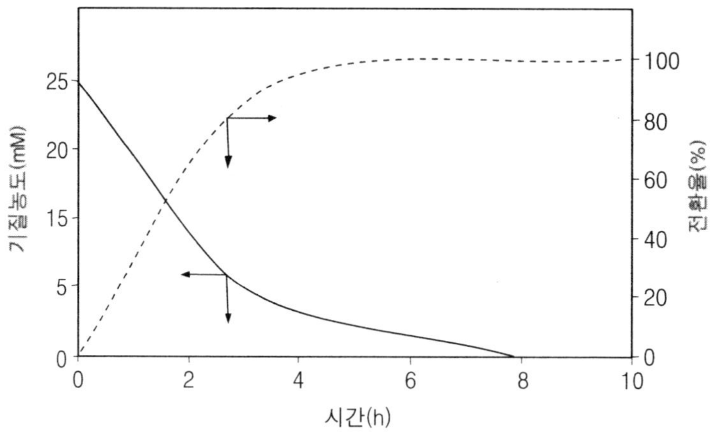

그림 9-4. 회분식 반응기에서의 시간에 따른 기질농도 및 전환율

(V_{max} = 10 mM/h, K_m = 10 mM, S_O = 25 mM)

이 식은 시간에 따른 기질농도의 변화를 나타내며, 역으로 회분식 반응기에서 일정한 전환율에 도달하는 데 필요한 시간을 나타낸다. 기질 전환율(substrate conversion, X)은 생산물로 전환되어 없어진 기질농도의 백분율로서 다음과 같이 계산된다.

$$X = \frac{S_O - S}{S_O} \times 100 \ (\%) \tag{9-4}$$

회분식 반응기에서의 시간에 따른 기질농도의 변화 및 전환율을 그래프로 나타내면 그림 9-4와 같다. 반응속도식이 복잡하여 적분형태의 식으로 유도하기 어려운 경우 시간에 따른 기질농도의 변화는 식 (9-1)과 같이 표시되는 미분방정식의 수치해를 풀어서 구할 수 있다. 디지털컴퓨터를 이용하여 미분방정식의 해를 구하는 대표적인 알고리즘 Euler법과 Runge-Kutta법이 있으며 Fortran, C 등의 범용 프로그래밍 언어, 또는 수학 연산용 전문 소프트웨어 패키지를 사용할 수 있다.

식 (9-3)을 변형하면 다음과 같은 식으로 바꿀 수 있다.

$$\frac{S_O - S}{\ln(S_O / S)} = -K_m + \frac{V_{max}\ t}{\ln(S_O / S)} \tag{9-5}$$

여기서 $\dfrac{S_0 - S}{\ln(S_O / S)}$ 대 $\dfrac{t}{\ln(S_O / S)}$ 의 그림은 직선이 되며, 그 기울기와 y-절편으로

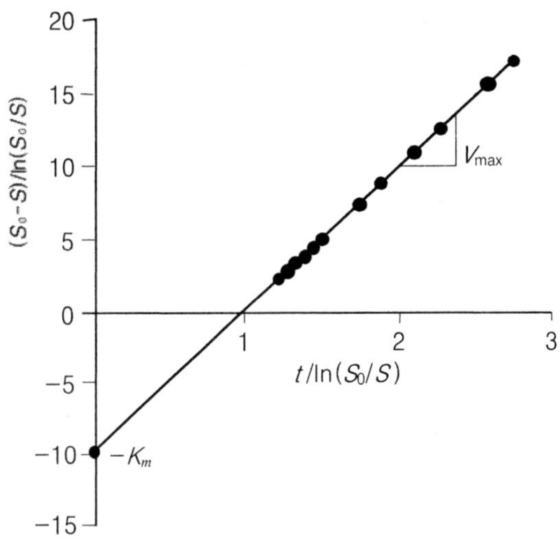

그림 9-5. 회분식 반응기에서의 적분식에 의한 매개변수 추정

부터 V_{max}와 K_m 값을 구할 수 있다(그림 9-5). 이 식을 이용하여 매개변수를 추정할 때에는 초기 반응속도의 계산을 필요로 하지 않으므로 초기반응속도($1/V$)를 이용하는 Lineweaver-Burk plot 등에 비하여 매개변수를 추정할 때에 오차를 줄일 수 있다.

1.2 연속교반형 반응기

연속교반형 반응기(continuous stirred tank reactor, CSTR)는 연속식 반응기의 일종으로 혼합흐름형 반응기(mixed flow reactor, MFR)라고도 한다. 반응기 내부에 교반장치가 부착되어 있으므로 반응기의 내용물의 혼합정도는 회분식 반응기와 같다. 반응기 도입구로 일정 속도의 기질이 유입되고, 배출구로 반응생성물이 같은 속도로 배출되는 방식을 갖는다(그림 9-6).

배출 흐름의 성분농도는 반응기 내의 성분농도와 같다. 시간에 따른 기질 및 생성물 농도의 변화가 없는 정상상태(steady state)에 도달하면 배출 흐름에서 균일한 품질과 농도의 제품을 얻을 수 있다. 또한 회분식 조업에 필요한 재료 준비와 마무리 시간인 휴지시간이 필요 없으므로 반응기의 생산성을 높일 수 있고 자동화가 쉽다. 따라서 연속교반형 반응기는 소규모의 생산공정보다는 대규모의 공정에 사용된다.

CSTR에서의 기질에 대한 물질수지식을 세우면 식 (9-7)과 같다.

$$\text{축적량} = \text{도입량} - \text{배출량} - \text{소모량} \tag{9-6}$$

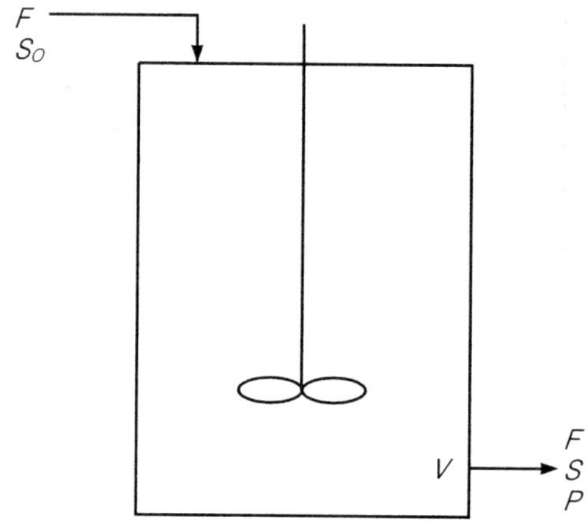

그림 9-6. 연속형 교반반응기

S : 기질농도(g/l), P : 생성물 농도(g/l), F : 부피유속(l/h)

$$V\frac{dS}{dt} = FS_O - FS - r_s V \quad (9\text{-}7)$$

여기에서

$\frac{dS}{dt}$: 기질농도의 변화 속도

S_O 와 S : 각각 도입 기질농도와 배출 기질농도

F : 부피유속(유량)

V : 반응기 내용물의 부피

r_s : 기질의 소비 속도이다.

정상상태의 CSTR에서는 시간에 따른 기질농도의 변화가 없다 $\left(\frac{dS}{dt} = 0\right)$. 또한 효소반응이 Michaelis-Menten식을 따른다고 가정하면 식 (9-7)은 다음과 같이 된다.

$$0 = FS_O - FS - \frac{V_{\max}\ S}{K_m + S}V \quad (9\text{-}8)$$

$$\frac{F}{V} = \frac{V_{\max}\ S}{(S_O - S)(K_m + S)} \quad (9\text{-}9)$$

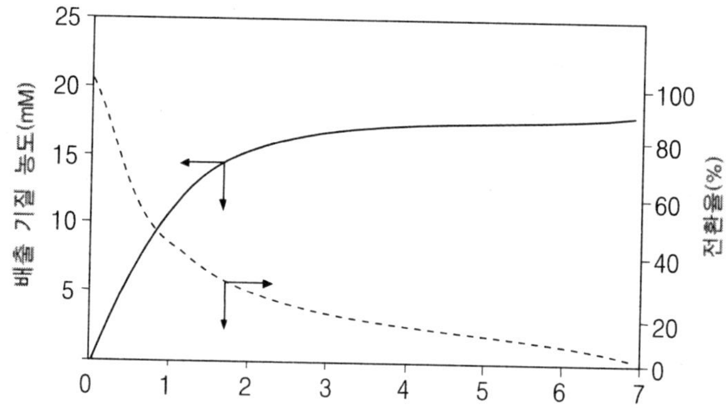

그림 9-7. CSTR에서 희석률에 따른 배출 기질농도 및 전환율
(V_{max} = 10 mM/h, K_m= 10 mM, S_O = 20 mM)

여기에서 $\frac{F}{V}$ 는 D 로 정의되고 희석률(dilution rate)이라고 하며, 체류시간(residence time) τ 의 역수와 같다. 즉,

$$D = \frac{1}{\tau} = \frac{F}{V} = \frac{V_{max}\ S}{(S_O - S)(K_m + S)} \qquad (9\text{-}10)$$

이 식은 일정한 전환율을 얻는 데 필요한 희석률 또는 유속을 계산하는 데 이용된다(제7장 미생물 배양공학 중 연속배양 참조).

1.3 연속충진형 반응기

충진층 반응기(packed bed reactor, PBR)는 고정층 반응기(fixed bed reactor)라고도 하며, 연속식 반응기의 일종이다. 원통형 관의 내부에 고정화 효소를 충진한 다음, 관의 한끝에서 기질을 도입시키고, 다른 한끝으로 생성물을 포함하는 반응물을 배출시킨다.

유체의 흐름방식을 플러그 흐름(plug flow)이라 하여 PFR(plug flow reactor), 또는 TFR(tubular flow reactor)이라고도 한다. 반응기 내부에 교반장치가 없으므로 관 내에서 유체는 완전히 혼합되지 않는다. 관의 길이, 방향에 따라 흐름특성이 변화하며, 기질 도입구로부터 멀어질수록 전환율이 높아진다. 이 반응기를 정상상태에서 운전하면 어떤 지점에서의 내용물의 특성은 시간에 관계없이 일정하다.

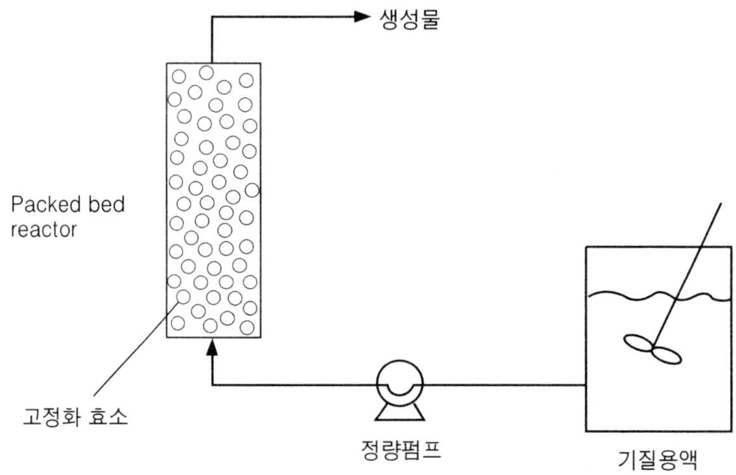

그림 9-8. 플러그흐름 반응기(PFR)와 충진형 반응기(PBR)

플러그흐름 반응기의 지배방정식을 유도하면 다음과 같다.

$$u\frac{ds}{dz} = -\frac{V_{\max}\ S}{K_m+S} \tag{9-11}$$

여기서 z 는 반응기의 한끝으로부터 특정 지점까지의 높이를 나타내며, $u(=F/A)$는 선속도(superficial velocity)로서 부피유속(F)을 반응기 단면적(A)으로 나눈 값이다. 선속도와 매개변수 $V_{\max}$와 K_m이 상수이므로 이 식을 적분하면 반응기 높이에 따른 기질농도의 변화를 계산할 수 있다.

$$\frac{1}{V_{\max}}\left[K_m \ln\frac{S_O}{S} + (S_O - S)\right] = \frac{z}{u} \tag{9-12}$$

여기에서 S_0는 도입 기질농도이고, S는 높이 z 에서의 기질농도이다. 반응기 말단($z=L$)에서의 기질농도를 S_f 라고 하면,

$$\frac{1}{V_{max}}[K_m \ln \frac{S_O}{S_f} + (S_O - S_f)] = \frac{L}{u} = \frac{V}{F} = \tau \tag{9-13}$$

여기에서 F는 부피유속(유량), V는 반응기 내용물의 부피, L은 반응기 길이이다. 이 식은 식 (9-3)에서 반응경과시간(t) 대신 체류시간(τ)을 사용한 것과 같다. 이 식으로부터 일정한 전환율을 얻기 위한 반응기의 길이를 결정할 수 있다. 즉, 전환율 $X_f = \frac{S_O - S_f}{S_O} \times 100$의 관계가 성립하므로 위 식은 다음과 같이 된다.

$$\frac{1}{V_{max}}[K_m \ln \frac{100}{100 - X_f} + \frac{X_f S_O}{100} = \frac{L}{u} = \frac{V}{F} = \tau \tag{9-14}$$

이상적인 플러그흐름 반응기는 실제로는 불가능하다. 그 이유는 연속형 효소반응기에서는 고정화 효소를 사용하는 것이 필수적이지만, 이 경우에는 확산저항 등의 물질전달 효과가 있기 때문이다. 고정화 효소가 충진된 충진형 반응기는 역혼합(back-mixing)과 기질 분산 등의 효과 때문에 이상형 플러그흐름 반응기와는 조금 다르다. 확산의 영향을 받는 고정화 효소 반응기의 경우에는 식 (9-11)이 다음과 같이 변형된다.

$$u \frac{ds}{dz} = -\eta_T \frac{V_{max} S}{K_m + S} \tag{9-15}$$

여기서 η_T는 내부물질 전달저항과 외부물질 전달저항을 모두 고려한 유효인자(effectiveness factor)이다. 이 유효인자는 기질농도의 함수이며, 따라서 식 (9-11)처럼 바로 적분이 가능하지 않으므로 분석해(analytical solution)를 구할 수 없다.

2. 미생물 배양용 발효조

생물반응기를 미생물 배양의 목적으로 사용하는 발효조에서는 표 9-1의 생물반응기의 일반적인 조건 이외에도 다음과 같은 조건을 추가로 만족시켜야 한다.

① 장기간 사용에도 잡균의 오염을 최소화하여 무균적으로 운용될 수 있어야 한다.
② 시료채취(sampling) 과정 또한 무균적으로 운용되어야 한다.
③ 발효조와 배지의 멸균이 가능한 재질이어야 한다.

발효조에는 산소 요구성을 기준으로 크게 호기적 미생물 반응기와 혐기적 미생물

표 9-4. 발효조를 설계할 때의 고려사항

① 살균하는 부위와 살균하지 않는 부위를 직접 연결하는 것을 피한다.
② 관의 연결(flange connection)을 최소로 한다. 연결 부위가 많을 경우 장치의 이동, 열팽창 등으로 연결 부위에 틈이 생겨 오염될 우려가 있으므로 주의한다.
③ 가능하다면 용접을 하고, 용접 부위를 매끄럽게 한다. 불필요하게 들어간 부위가 있을 때는 고체배지가 남아 있어서 살균이 어렵게 되는 경우가 생긴다.
④ 발효조의 각 부위가 독립적으로 스팀에 의해 살균할 수 있도록 한다.
⑤ 세척하거나 유지하기 쉬운 밸브를 사용한다.
⑥ 발효조 내부의 압력이 외부 압력보다 높도록 하여 새는 것(leakage)이 밖으로 나가도록 한다.
⑦ 배양액의 물성을 고려해야 한다.

반응기로 구분되며, 대부분 호기적 반응기가 이용된다. 호기적 발효에 이용되는 통기교반조는 pH와 온도제어가 쉽고, 연속교반형 반응기(CSTR)로서 알맞아 대규모 공정이 비교적 잘 확립되어 있다.

이에 비하여 CSTR 발효조는 배양액을 교반시키기 위한 소요동력이 많이 들고, 내부구조가 복잡하기 때문에 세정(洗淨)하기 어려워 잡균에 의한 오염이 쉬운 결점이 있다. 또한 사상균을 배양할 때 교반날개의 전단력(剪斷力, shear stress)에 의해 균사가 절단되어 세포에 손상을 줄 우려가 있다.

혐기적 미생물 반응기는 잡균, 파아지(phage) 오염대책 이외에 온도와 pH 제어만을 고려하면 되기 때문에 그 설계와 운전이 쉽다. 이에 비하여 호기적 미생물 반응기는 잡균 오염대책, 온도와 pH 제어의 용이성을 고려해야 할 뿐만 아니라 가능한 한 낮은 동력비로 높은 용량 용존산소 전달계수(k_La)를 얻는 것이 좋다.

발효조의 설계에서 가장 중요한 점은 배양 중에 오염을 방지하고, 무균적으로 발효공정을 실시하는 것이다. 규모가 클 경우 발효조의 재질은 대부분 스테인리스 스틸(stainless steel)로 만든다. 또한 철판에 유리 또는 phenolic epoxy 수지로 도포하여 사용하거나, 오염문제가 없는 경우는 플라스틱 또는 콘크리트 등의 재질을 이용하기도 한다.

발효조는 기본적으로는 교반형 통기교반조, 기포탑, 유동층, 충진탑 등의 형식으로 분류된다. 여러 형식의 반응기가 실험실 스케일로 제안되어 왔지만, 대부분의 형식은 배지 중에 현탁된 미생물 플럭(floc)에 대한 것이며, 심부배양조(submerged culture tank)라고도 한다.

2.1 통기교반조

통기교반조(aerated agitated tank)는 빵효모, 항생물질, 아미노산, 백신 등 다양한 생물공학제품의 생산 등에 이용되고 있다. 대표적인 발효조인 교반반응기(STR)의 구조와 명칭은 그림 9-9에서 보는 바와 같다. 발효조 내부에는 배양 중에 균질한 혼합계를 얻기 위한 교반장치인 임펠라(impeller)와 와류현상(vortex)을 방지하기 위하여 장애판(baffle)을 설치한다. 발효조에는 미생물을 접종하거나, 배양 중에 물리적 환경조절을 위하여 온도계, pH 전극, 용존산소 전극, 살균 또는 제균공기 주입장치, 유량

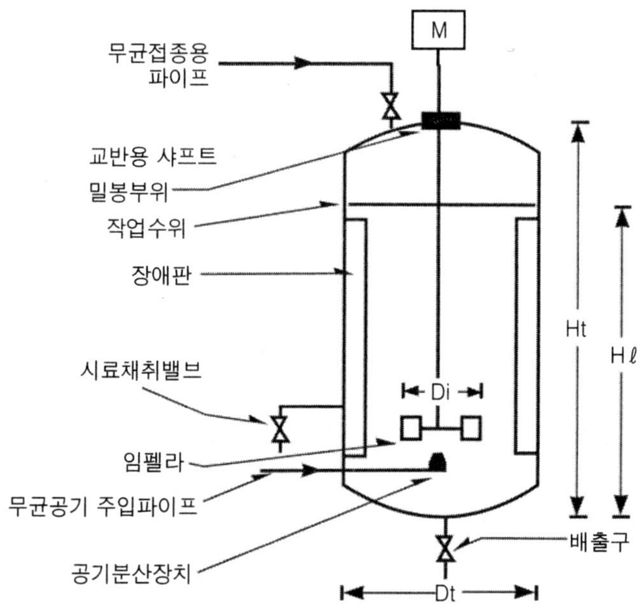

그림 9-9. 대표적인 발효조의 구조

표 9-5. 교반형 발효조의 기하학적 구조

작업용량(working volume)	250 *l* [1]	12 *l* [2]
배양액 높이(cm)	55	27
L/D(Hℓ/Dt)	0.72	1.1
임펠라 직경(Di/Dt)	0.4	0.5
장애판 폭/Dt	0.10	0.08
임펠라 높이/Dt	-	-

[1] Steel과 Maxon(1961), [2] Wegrich와 Shurter(1953)

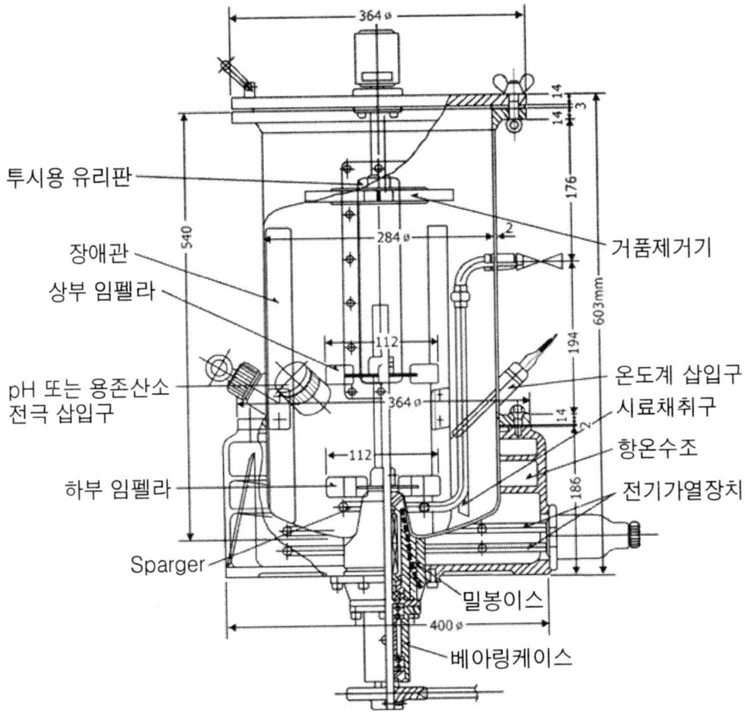

그림 9-10. 30 *l* 규모의 교반형 발효조(Aiba *et al*., 1973)

계 등 여러 가지의 보조장치를 부착한다.

표 9-5는 그림 9-9에서 보는 일반적인 교반형 발효조 구조의 기하학적인 비율을 나타낸 것이다. 발효조의 용량이 커질수록 배양액의 교반을 원활히 하기 위하여 임펠라의 수가 많아지고, 기하학적 구조에 변화가 생긴다.

그림 9-9에서의 기본구조를 이용하여 제작한 대표적인 30 *l* 작업용량을 갖는 시험공장 규모의 발효조는 그림 9-10에서 보는 바와 같다. 일반적으로 실험실 내에서는 작업용량(working volume)이 1～5 *l* 규모의 발효조를 이용하는 경우가 많으나, 시험공장 규모로 바꾸기 전에 연구목적으로 이와 같은 규모의 발효조를 이용하는 경우가 많다. 그림 9-11은 항생제 생산에 이용되는 100 k*l* 공업적 규모의 대표적인 발효조 단면도이며, 그의 구조, 명칭, 크기는 그림에 표시하였다.

발효조 내부는 스테인리스강으로 제작한다. 교반날개로서는 주로 터빈형을 사용한다. 실험실 규모의 반응기에서는 교반날개는 보통 1단이지만, 공업규모의 반응기에서는 그림 9-11과 같이 2단 이상을 사용한다.

교반날개를 붙이는 축의 지지부는 무균 밀폐(aseptic seal)로 되어 있다. 아랫부분

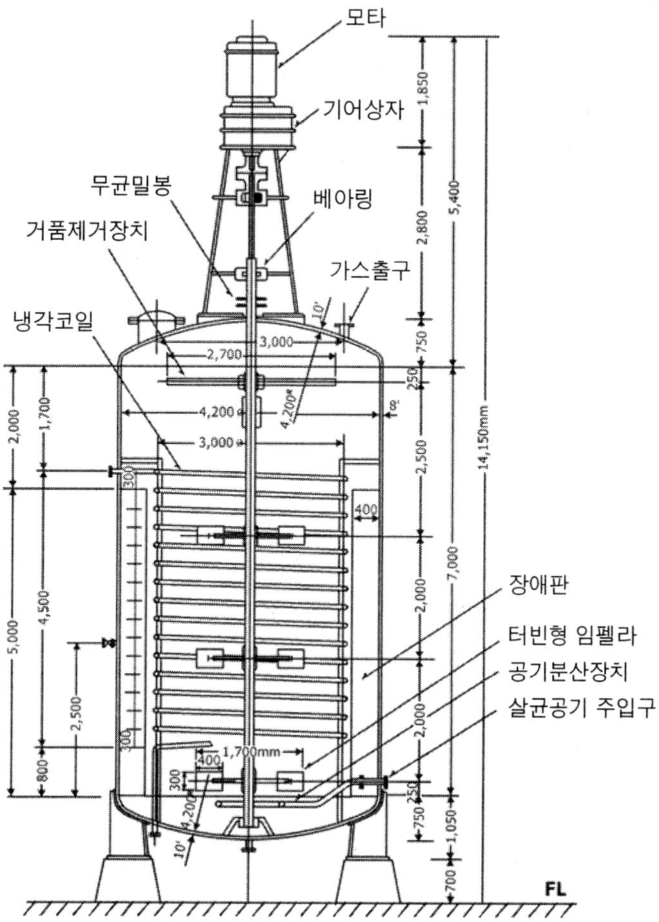

그림 9-11. 중형 100 kl 용량의 미생물 발효조의 구조 및 주변기기

에 스파저 파이프(sparger pipe) 또는 노즐이 설치되고, 에어필터를 통하여 무균공기가 파이프의 여러 개의 구멍으로부터 도입된다. 교반축은 상부 모터로 수백 rpm의 속도로 회전시키는데, 그 역할은 터빈 날개로부터 발생하는 토출액과 전단력에 의해 불어넣은 공기를 미세한 기포로 액내에 가능한 균일하게 분산시키는 것이다. 또한 배지 성분의 농도가 균일하게 분포하도록 혼합한다. 이 기포의 분산과 배양액의 혼합을 더욱 좋게 하기 위하여 보통 4～6개의 장애판(baffle plate)을 붙인다.

보통 반응기 총 부피의 70～80% 되도록 배양액을 넣는다. 이는 발효기를 운전할 때에는 가스의 hold-up과 거품 때문에 액면이 떠오르기 때문이다. 배양액은 거품이 생기기 쉬우므로 기계적으로 파괴하는 장치(foam breaker)나 소포 전극과 소포제(antifoaming agent)의 자동첨가 장치가 부착되어 있다.

표 9-6. 통기교반조의 장단점

장 점	① pH나 온도 등을 자동제어하기 쉽다. ② 스케일업 방법이 거의 확립되어 있다. ③ 연속배양에 알맞다.
단 점	① 교반에 요하는 동력이 크다. ② 내부 구조가 복잡하여 장치 내의 세정이 불충분하고 잡균에 오염되기 쉽다. ③ 사상균 배양에서는 교반날개의 전단력에 의해서 균사가 절단되고, 세포가 손상을 받기 쉽다.

재킷 또는 그림 9-11에 나타낸 바와 같은 코일관(냉각코일)에 의해 온도가 조절된다. 반응기 내에서 배양액을 직접 증기만으로 멸균하는 경우 코일관이 멸균 후의 냉각에 필요한 전열면적을 가질 필요가 있다. 교반형 통기교반조의 특징은 표 9-6과 같이 정리할 수 있다.

2.2 기포탑 발효조

기포탑(bubble column) 발효조를 이용할 경우는 공기의 순환에 의하여 발효액이 부드럽게 혼합된다. 교반반응기와 다르게 기계적인 교반으로 생기는 펠릿(pellet) 또는 플럭(floc)상인 세포의 손상이 적어서 호기적인 조건에서 동식물세포 배양에 알맞다. 배양액의 혼합을 위해 여러 가지 형태의 발효조가 고안되었다(그림 9-12). 하부로부터 원료 또는 기질을 지속적으로 공급하면서 상부로는 배양액을 연속적으로 빼낼 수 있으며, 배양액의 혼합도 가능하다.

기포탑형 반응기의 기본은 단지 원형 모양의 탑에 아랫부분으로부터 공기를 불어넣는 형식이다[그림 9-12(a)]. 구조는 매우 간단하며, 여러 가지의 변형된 형태가 있다. 탑 내에 유체흐름을 유도하기 위하여 draft tube를 갖추기도 하며, 배양액의 혼합을 억제하기 위해 튜브 내에 다공판이 설치된 것도 있다.

경우에 따라 외부 순환방식을 채택하기도 한다. 기포탑을 거쳐 상부에서 기포를 분리하고, 측면의 관을 흘러 내려가서 새로운 배지가 공급되며, 열교환기로 대사열을 제거하여 다시 기포탑 내에 들어가는 형태를 선택하기도 한다[그림 9-12(d)].

미세 기포는 기포탑을 상승하여 상부의 부풀어진 부분에서 배양액과 분리되어 배양액은 순환부분을 낙하하도록 되어 있다. 또한 draft tube가 붙은 기포탑 위에 다단계 기포탑이 붙은 형식의 탑형 미생물 반응기도 개발되었다[그림 9-12(e)].

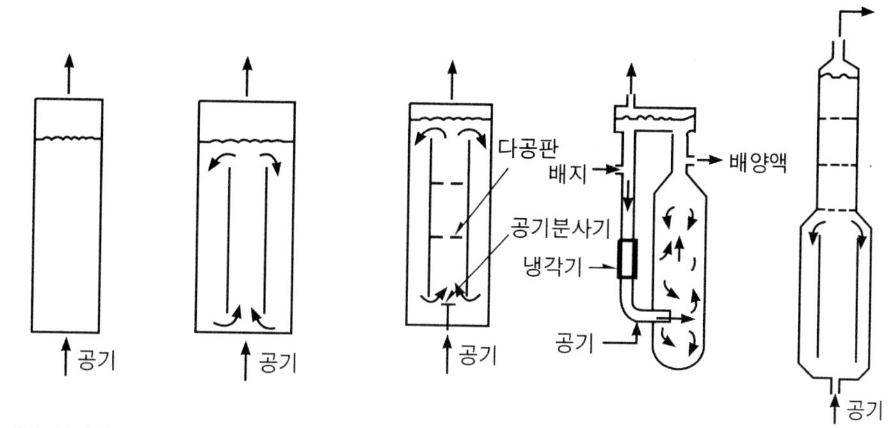

그림 9-12. 각종 기포탑 생물반응기

표 9-7. 기포탑형 발효조의 특징

① 잡균 오염방지에 문제가 되는 축대(軸對)가 필요 없다. ② 전체 구조가 간단하다. ③ 대형 교반조에서는 교반날개의 공회전만으로도 상당한 동력을 소비하지만, 기포탑에서는 통기동력 뿐이기 때문에 대형 반응기가 될수록 총 소비동력이 작아진다.

앞에서 설명한 교반형 통기교반조와 기포탑형 발효조를 비교하면 여러 가지 이점이 있다(표 9-7).

2.3 유동층 배양기

유동층 배양기(fluidized bioreactor)에는 고액계 유동층과 고기계 유동층 배양기가 있다.

고액계 유동층 배양기는 일반적인 심부배양법에 생산되는 발효제품을 생산하는 데 알맞다. 그림 9-13의 유동층형 배양기에서는 미생물이 배지의 상승운동에 의하여 현탁상태로 유지되고, 탑 정상에 있는 침강장치에 의해서 탑 본체로 되돌아간다. 발효에 의해 발생하는 탄산가스 기포에 의해 플럭 및 배양액의 혼합이 일어난다. 고액계 유동층형 배양기는 CSTR나 PFR보다 훨씬 복잡하고 설계나 스케일 업에는 아직 불

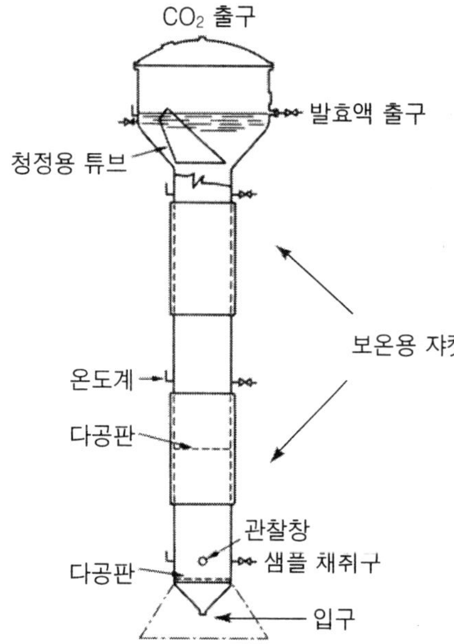

그림 9-13. 고액계 유동층형 미생물 배양기

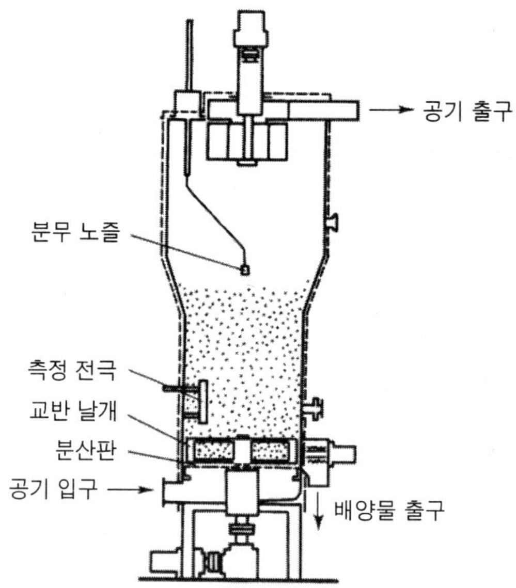

그림 9-14. 고기계 유동층형 미생물 배양기

명확한 점이 많다. 교반형 발효조에서 배양하기 어려운 사상균과 같은 미생물의 배양에 많이 이용되고 있다.

고기계 유동층 배양기는 전통발효식품의 제조에 많이 이용되는 고체배양 방식이다. 고체상의 기질을 사용한 배양, 즉 고체배양은 옛날부터 이루어져 온 배양방법이고, 동양에서 사용된 독특한 방법이다. 쌀・보리・대두 등의 곡물에 균을 접종하여 된장, 간장, 소주, 감주 등의 제조에 이용되어 왔다.

그림 9-14와 같은 고기계 유동층 배양기는 이러한 전통적인 고체배양법을 대신하는 방법이다. 고체배지를 살균하고 알맞게 분쇄한 후, 수분을 조정하면서 균을 접종하고 배양조에 넣는다. 통기가스는 온도와 습도를 조절한 후 배지를 유동화시킨다. 유동층의 윗면에는 액체 분출관에 노즐이 설치되고, 미생물 증식으로 발열에 의한 배양수분의 감소를 방지하기 위해 함수율을 유지하며 제어한다.

2.4 충진탑 배양기

충진탑형 생물반응기는 식초(vinegar) 제조법의 일종인 속양법에서 이용되었다(그림 9-15). 원통모양의 충진층에 하부에서 깨끗한 공기를 불어넣고, 상부에서 10~25%의 알코올을 함유한 액을 살포하면 알코올은 충진재의 층간을 낙하하는 동안에

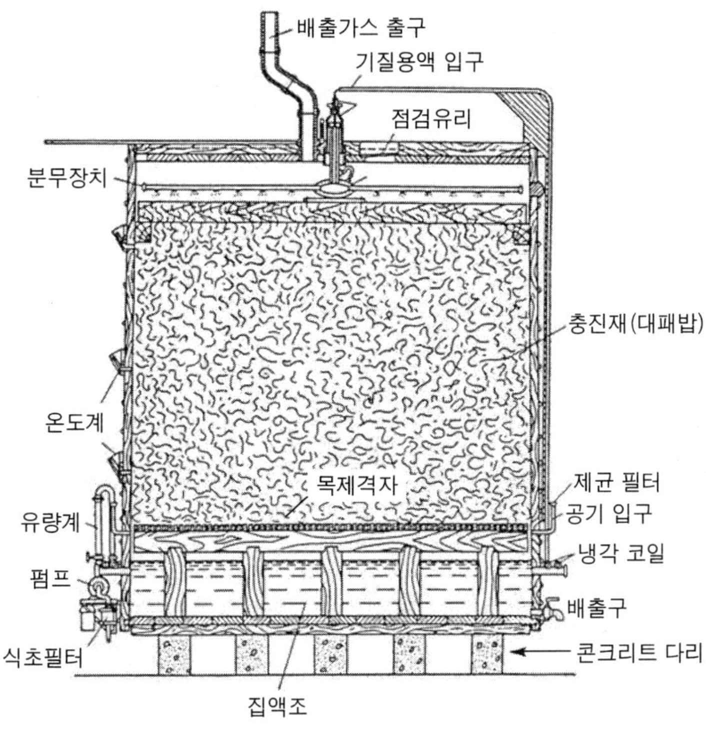

그림 9-15. 충진탑형 미생물 배양기(식초제조용)

Rehm, Einführung in die industrielle Mikrobiologie, 72, Springer-Verlag(1971)

그 표면에 부착한 초산균의 미생물 필름에 의해 산화되어 초산이 된다. 최근에는 심부배양법이 효율도 좋아 사용되지 않고, 오히려 폐수처리에 널리 사용되고 있다.

3. 생물반응기의 보조장치

3.1 교반장치와 혼합장치

반응기 내에서의 미생물 발효는 액체-고체, 기체-고체, 기체-액체의 3가지 상(phase)으로 이루어진다.

① 액체상(liquid phase)은 배양액에 용해된 염류, 기질, 대사산물 등이 해당되며, 기름과 같은 지질(lipid)을 탄소원으로 이용하는 경우는 제 2의 액체상을 형성한다.

② 고체상(solid phase)은 미생물 세포, 사상균의 펠리트(pellet), 불용성 기질, 침전되는 대사산물 등으로 이루어진다.

③ 기체상(gas phase)은 통기(aeration)되는 산소, 탄산가스, pH 조절용 암모니아 가스 등으로 구성되어 있다.

따라서 반응기 내에서 에너지, 기질, 대사산물의 이동은 알맞은 혼합장치에 의해 이루어진다. 각 기질성분의 이동효과는 전체의 발효공정에 영향을 준다.

교반장치와 혼합장치는 샤프트(shaft), 임펠라(impeller), 베아링 장치, 무균 밀봉장치(aseptic seals), 모터(motor drive) 등으로 구성된다. 일반적인 발효조는 모터의 회전축에 의해 강제 순환식으로 배양액을 교반시켜 준다. 임펠라는 교반효과 이외에도 통기에 의해 공급되는 공기방울의 크기를 줄여 내부 표면적(interfacial area)을 크게 함으로써 산소공급 속도를 높이고, 발효조의 내부 상태를 균일하게 하기 위하여 이용한다.

임펠라의 종류는 그림 9-16에서 보는 바와 같이 디스크 터빈(disc turbine)형, 패들(paddle)형, 프로펠러(propeller)형 등으로 구분된다. 실제 작업용량의 크기에 따라 2~3개의 임펠라를 같은 샤프트 축에 설치한다. 보통 디스크 터빈형은 공기방울이 나오는 스파저(sparger) 가까이 설치하며, 프로펠러형은 발효조의 중간 정도 위치에 설치한다.

3.2 통기장치

통기(aeration)와 교반(agitation)은 미생물에 산소를 공급해 주며, 배양액을 균질한 현탁액으로 유지시킴으로써 대사산물 생산에 대한 물질 전달속도를 가속화시킨다. 앞에서 미생물 배양공학(제7장)에서 설명한 바와 같이 기질을 제한하였을 때 미생물의 증식은 다음과 같이 나타낼 수 있다.

$$\mu = \mu_{\max} \frac{S}{K_S + S} \tag{9-16}$$

식 (9-16)에서부터 기질농도 대신에 미생물에 의한 산소흡수에 대한 식으로 고치면 $S = C_L$이 되며, 정상상태에서의 비증식속도는 산소의 흡수속도에 비례한다.

$$Q_{O2} = Q_m \frac{C_L}{K_O + C_L} \tag{9-17}$$

여기에서 K_O : 산소에 대한 Michaelis-Menten 상수

Q_{O_2} : 단위 건조 균체당 비산소흡수율(mmole O_2/g・h)

Q_m : 최대 비산소흡수율(maximum specific oxygen uptake rate)

C_L : 용존산소 농도(mM)

Q_m은 균체 농도(X)와 비례적인 관계가 있다고 하면,

$$\frac{dC_L}{dt} = XQ_m = k_L a(C^* - C_L) = \mathrm{OTR} \tag{9-18}$$

여기에서 $k_L a$: 용량 용존산소 전달계수(h^{-1})

C^* : 경계면에서의 포화 용존산소의 농도

OTR : 산소전달속도(mmole O_2/ℓ/h, mM/h)

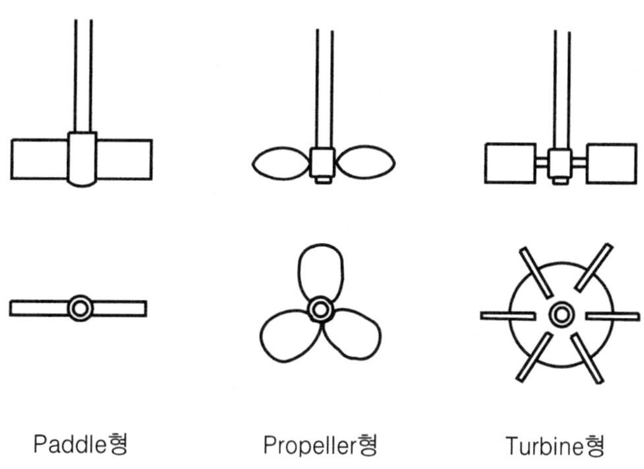

그림 9-16. 임펠라의 종류

표 9-8. 균주에 따른 산소요구도

미 생 물	Q_m(mmole O_2/g cell · h)
Aspergillus niger	3.0
Streptomyces griseus	3.0
Penicillium chrysogenum	3.9
Klebsiella aerogenes	4.0
Saccharomyces cerevisiae	8.0
Escherichia coli	10.8

산소 흡수속도는 배양 중에 반드시 일정하지 않다. 이는 대수증식기 후반에 산소 이외의 다른 기질이 제한되면 증식속도가 감소하기 때문이다. 몇 가지 균주에 대한 비산소요구도(specific oxygen requirement)는 표 9-8과 같다.

3.3 무균장치

발효공정 중에 오염을 방지하기 위하여 발효조에 연결된 모든 파이프, 밸브뿐만 아니라 전배양, 발효조에 접종, 시료채취 등이 무균적으로 이루어질 수 있도록 한다. 무균적으로 접종하기 위한 장치는 그림 9-17과 그림 9-18에서 보는 바와 같이 연결되

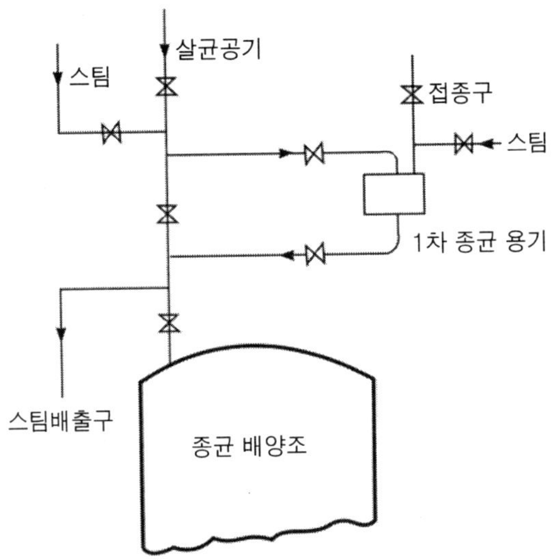

그림 9-17. 종균 배양조에 무균적인 접종방법

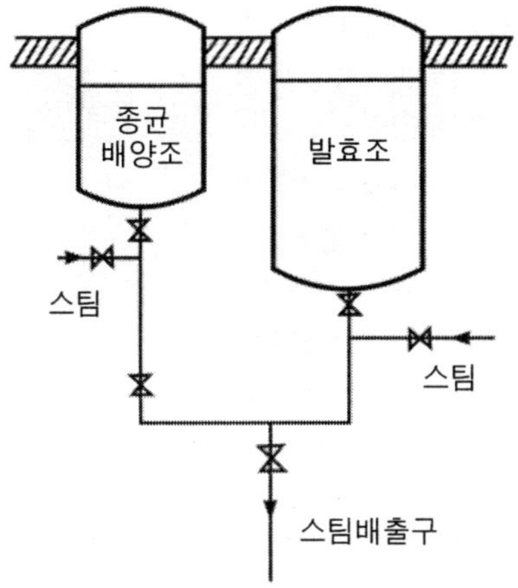

그림 9-18. 본 발효조 접종방법

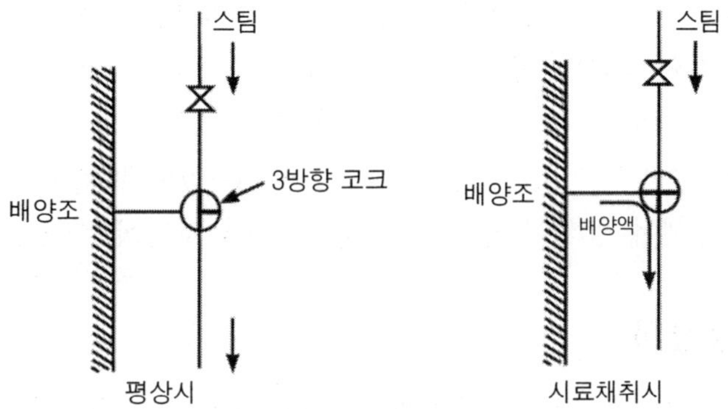

그림 9-19. 무균적 시료채취

는 모든 부위를 스팀으로 살균할 수 있도록 되어 있다. 또한 그림 9-19와 같이 시료의 채취도 무균적으로 진행되도록 한다.

4. 제어계측장치

발효 중에 얻어지는 여러 가지 데이터를 연속적으로 분석함으로써 발효공정을 조절하기 위해 일반적인 화학공정과 달리 여러 가지 센서(sensor)를 사용한다. 그러나 발효공정이 무균적으로 이루어지기 위해 발효조에 사용하는 센서는 살균이 가능해야

표 9-9. 발효공정에서 측정 가능한 인자들

물리적 인자	화학적 인자	생물학적 인자
• 온도 • 압력 • 동력 소요량 • 점도 • 배지 및 공기의 공급속도 • 탁도(turbidity) • 배양액의 부피	• pH • 용존산소 • 배기가스의 O_2, CO_2 • 산화환원전위 • 기질의 소비량 • 생성물의 농도 • 이온강도	• 생리활성 물질 • 효소활성 • DNA와 RNA 함량 • $NADH_2$와 ATP 함량 • 단백질 함량

할 뿐만 아니라 생화학적 반응에 알맞도록 설계되어 있다. 일반적으로 발효공정에서 측정할 수 있는 인자(parameter)를 살펴보면 표 9-9와 같다.

발효 중에 측정할 수 있는 여러 가지 인자들 중에서 발효특성에 따라 필요한 센서를 발효조에 부착하여 조절하게 된다. 일반적으로 온도와 pH는 각각 조절기(controller)를 설치하여 배양 중에 자동 제어되며, 다른 인자들은 자동기록장치에 의해 기록됨으로써 발효 중에 일어나는 변화를 쉽게 알 수 있도록 되어 있다. 그리고 점차 컴퓨터에 의한 자동제어 방식이 많이 도입되고 있어 자동화 추세를 보이고 있다.

4.1 온도 측정장치

발효조의 온도 측정기구로서는 열전대(thermocouple), 금속저항 온도계(bimetallic thermometer), pressure bulb 온도계, 전기저항 온도계(electrical resistance thermometer), thermistor, 온도저항체(RTD) 등이 있으며, 이 중에서 열전대와 thermistor, 온도저항체를 많이 사용한다.

1) 열전대

열전대(thermocouple)는 두 종류의 금속도체 양단을 전기적으로 접속시켜 온도차를 주면 회로 중에 전류인 열기전력이 흐르게 되는데, 이때 기준접점의 온도를 일정 온도로 유지하고 열기전력의 수치를 측정하여 다른 끝인 측온접점의 온도를 알 수 있도록 고안한 온도 측정장치이다(그림 9-20). 열전대의 구성재료는 제품의 형태별로 매우 다양하다. 예를 들어 니켈, 텅스텐, 백금, 구리와 이들의 합금을 이용하여 (+)측과 (-)측에 다양한 조합으로 열전대를 구성한다. 공업용으로 사용되는 열전대는 다른 온도계에 비해서 다음과 같은 특징을 가지고 있다.

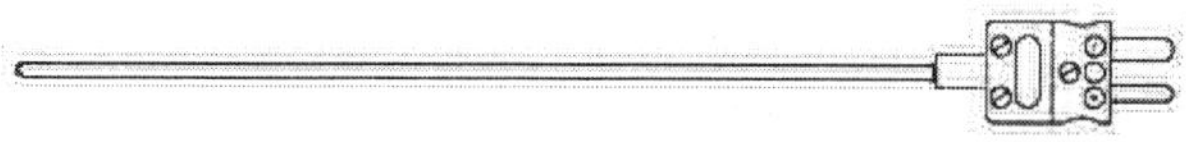

그림 9-20. 열전대(thermocouple)

① 응답이 빠르고 시간 지연(time lag)에 의한 오차가 비교적 적다. 알맞은 열전대를 선정하면 2500℃ 온도 범위의 측정이 가능하다. 특정의 점이나 좁은 장소의 온도측정이 가능하다.

② 온도가 열기전력으로서 검출되므로 측정·조절·증폭·변환 등의 정보처리가 쉽다.

2) Thermistor

온도에 따라 전기저항이 변하는 성질을 가진 반도체 회로소자를 thermistor라고 한다(그림 9-21). Fe_3O_4, Mn_3O_4, $MgCr_3O_4$, $MgAl_3O_4$, Co_3O_3, Cu 등의 산화물, 탄소염, 염화물의 고용체 또는 혼합 소결하여 만들고, 온도 측정, 온도 제어, 온도 보상, 이득 조정, 전력측정 등에 부저항소자로서 사용된다.

3) 온도저항체

일반적으로 금속의 전기저항은 온도의 변화에 따라 증감하고, 그 사이에 일정한 관계가 있다. 그 저항으로 온도를 측정하는 것이 온도저항체(RTD)이다. 온도저항체는 백금·동·니켈(nikel) 등이 있다. 이 중에서 백금선이 온도변화에 예민하게 전기저항이 증감하므로 널리 이용되며, 사용온도 범위는 -200～500℃이다. 백금온도저항체

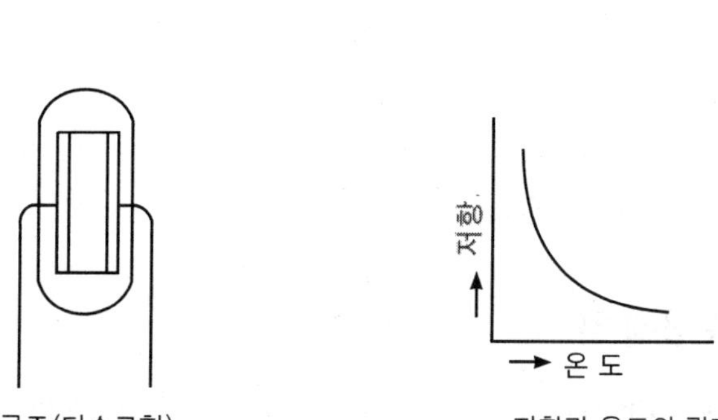

구조(디스크형) 저항과 온도의 관계

그림 9-21. Thermistor의 구조 및 저항과 온도의 관계

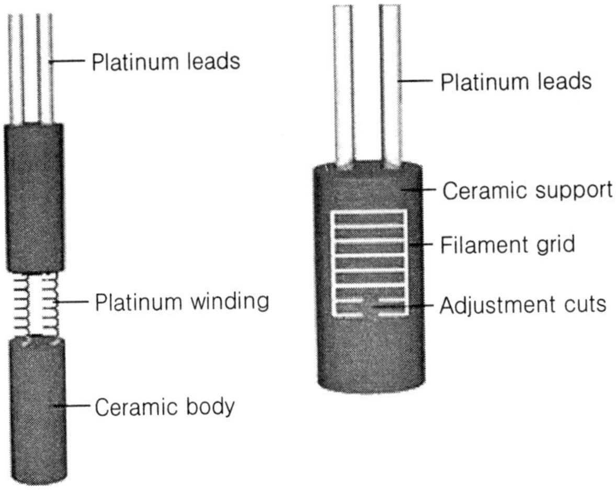

그림 9-22. 온도저항체의 구조

에는 백금선을 유리관에 권선(捲線)한 것과 운모(mica)에 권선한 것 등이 있다. 저항소자와 내부 도선 사이에 단락방지의 절연관, 내부를 보호하는 보호관 및 단자관으로 구성되어 있다(그림 9-22).

4.2 pH 측정장치

발효 중에 배양액의 pH 측정을 위해 발효공정에서 사용되는 복합전극(combination electrode)은 살균(121℃, 138 kN/m^2)이 가능할 뿐만 아니라 압력・기계적 충격에도 견딜 수 있으며, 감응시간 및 감도도 충분하여 크게 문제가 되지 않는다. 그러나 여러 차례 살균을 반복하게 되면 고온에 의한 전극의 감도가 떨어진다.

발효용 pH 전극도 일반적인 pH 메타에서 사용하는 전극과 같은 원리로 제작되어 있다. 실험실용 발효조에서 사용하는 전극인 경우 70% 알코올로 소독하여 사용하는 경우도 많다. 발효 중에 배양액의 pH 조절을 위하여 사용하는 대표적인 pH 전극의 구조는 그림 9-23과 같다. pH 조절기를 설치하여 배양액의 pH 변화에 따라 산 또는 알칼리 용액이 연결된 펌프에 의해 자동적으로 주입되도록 설계되어 있다.

4.3 용존산소 측정장치

배양액 중의 용존산소(dissolved oxygen, DO)를 측정하는 데에는 격막형 용존산소계가 많이 쓰인다. 물 속에 산소분압과 전극의 전해전류 또는 기전력에 비례하는 것을 이용한 것으로 양극 사이에 일정한 전압을 준다. 발효에 이용되는 산소전극의 구

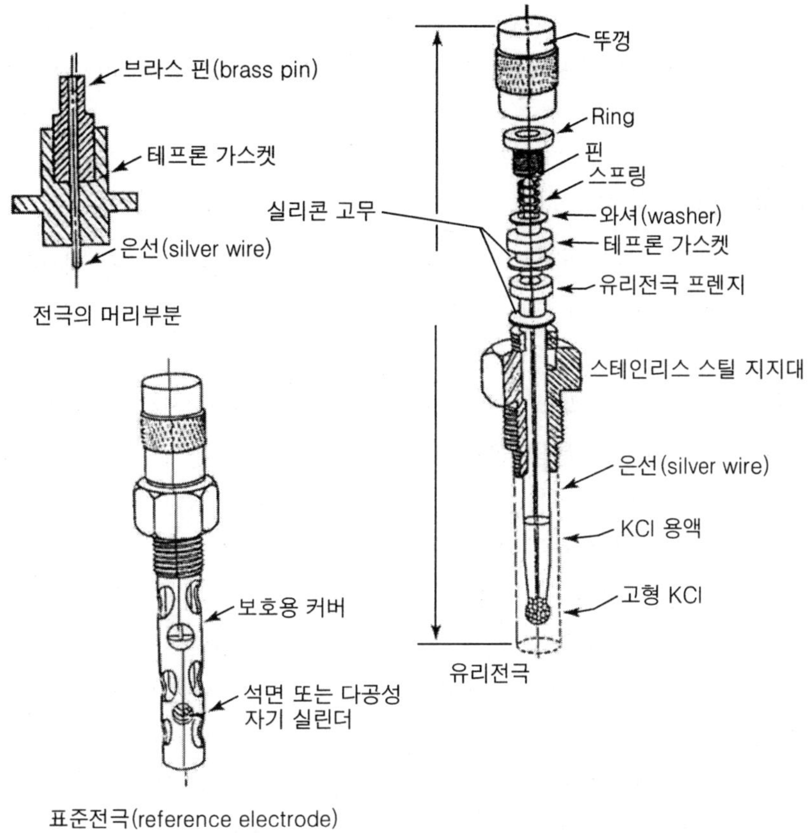

그림 9-23. 살균이 가능한 pH 전극

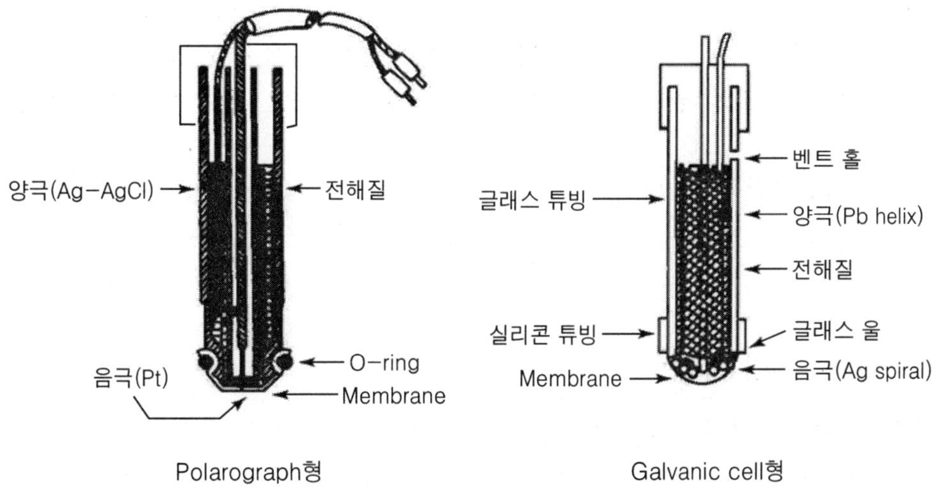

그림 9-24. 용존산소 전극의 구조

조는 그림 9-24와 같다. DO meter 및 산소전극의 형태는 외부에서 전압을 주는 polarography 방식(전해전지방식)과 외부에서 전압을 주지 않는 galvanic cell 방식이 있다.

1) Polarography 방식

전극에 0에서 3 volt까지 변화되는 전압을 점차적으로 걸어 준다. 제어장치의 정확한 전압을 전압계로 기록한다. 이 전압은 용액을 통하여 전류가 흐르는 것을 나타낸 것이며, 그 양을 마이크로암메터(microammeter)로 읽는다.

전극을 주어진 용액에 담그고 전압을 서서히 증가시키면, 전류는 전위(potential)가 용액 속에 존재하는 어떤 이온의 환원을 일으키기에 충분한 점인 저항전압과 편극현상을 이기는 점에 도달하기까지는 거의 0에 머물러 있게 된다. 이 점에서 비활성 전극으로부터 전해질의 환원반응이 시작되며, 전압을 증가시키면 Ohm의 법칙($E = IR$)에 따라 전류의 급속한 상승이 일어난다.

환원반응이 일어나면서 비활성 전극 부근의 이온들이 고갈되고, 확산에 의하여 새로운 이온들이 전극으로 이동한다. 전압을 계속해서 증가시키면 전극으로의 이온 확산속도에 의하여 전류는 한계점에 도달하게 된다. 이 전압에서의 확산속도, 즉 전하는 용액 중 환원되는 이온들의 농도에 비례한다.

Polarography법 장치로 검출할 수 있는 최저한계는 약 0.1 mg/l로 되어 있다. 금이나 백금과 같은 비활성 금속을 음극(cathode)으로 사용하며, 양극(anode)으로는 은이 사용된다. 이들을 염화칼륨이나 기타의 전해질용액으로 전기가 통하게 한다. 이 전지는 폴리에틸렌이나 테프론으로 만들어진 통기성 막을 사용하여 시료와 분리시켜 놓는다. 이 막은 방해작용을 하는 고체들과 액체들에 의한 오염으로부터 음극과 양극을 보호한다. 약 0.5～0.8 volt의 전위를 양극에 걸어 주면 막을 통과한 산소가 음극에서 환원되어 전류가 흐르게 된다. 생성되는 전류의 크기는 시료 속의 산소량에 비례한다.

산화전극반응(anode) : $4Ag(s) + 4Cl^- \longrightarrow 4AgCl(s) + 4e^-$

환원전극반응(cathode) : $O_2 + 2H_2O + 4e^- \longrightarrow 4OH^-$

2) Galvanic cell 방식

전압을 외부에서 걸어 주지 않는 방식으로 그 구조는 보다 간단하다. 비활성 전극 대신에 은 음극(silber cathode)을 사용한다. 수산화칼륨과 같은 염기성 전해질 중에는 양극(lead anode)을 함께 사용하면 산소를 환원하는 데 외부에서 전압을 걸어줄 필요가 없는 충분한 정전압이 발생하는 전위를 갖는 galvanic cell을 형성한다. 산소가 없으면 분극작용 때문에 전류는 흐르지 않는다. 물 속의 산소가 격막을 통하여 전극 내부에 확산되면 복극 전류가 발생되며, 그 양은 용존 산소량에 비례한다. 산소전극 내의 반응은 다음과 같다.

음극(cathode) : $Pb \longrightarrow Pb^{2+} + 2e^-$

양극(anode) : $O_2 + 2H_2O + 4e^- \longrightarrow 4OH^-$

전체반응 : $O_2 + 2Pb + 2H_2O \longrightarrow 2Pb(OH)_2$

수온은 산소의 용해도와 격막의 확산속도를 변하게 하므로 thermister를 붙여 온도 보상을 할 수 있도록 한다. 격막은 테프론이나 폴리에틸렌 등의 고분자 필름을 사용할 때 질과 두께 등의 조건에서 산소 투과속도가 변하므로 용존산소 표준액에 의한 교정이 필요하다.

4.4 배기가스 측정장치

통기, 또는 배출가스 조성의 측정은 발효연구에 매우 중요한 역할을 한다. 입구와 출구 가스조성 중 O_2, CO_2의 농도를 측정할 수 있다면 배양 중에 미생물의 호흡속도와 탄산가스의 배출량을 알 수 있으며, 공급한 산소의 이용률도 알 수 있다. 이를 위하여 산소의 분석이 필요하며, 가스 분석기(paramagnetic gas analyzer)에 의해 측정한다. CO_2 측정은 IR(infrared)분석 또는 열전도 장치(thermal conductivity device)에 의해 분석하며, 이미 실용화되었다. Mass spectrometer에 의한 N_2, NH_3, methanol, ethanol 등의 동시 측정방법도 검토되고 있다.

4.5 거품제거

특히 발효 중에 발생하는 거품(foam)은 미생물의 생육을 저해하거나 작업 용량(working volume)을 감소시켜 생산성을 떨어뜨리게 된다. 거품 발생을 조절하거나 제거하는 방법은 소포제(antifoaming agent)를 첨가하여 거품을 감소시키거나(제7장 제3절 참조), foam breaker를 이용하여 기계적인 방법으로 거품을 깨뜨리는 것이다(그림 9-25).

4.6 기타 조절장치

발효조 내의 압력은 다이아프램 게이지(diaphragm gage)에 의해 측정할 수 있으

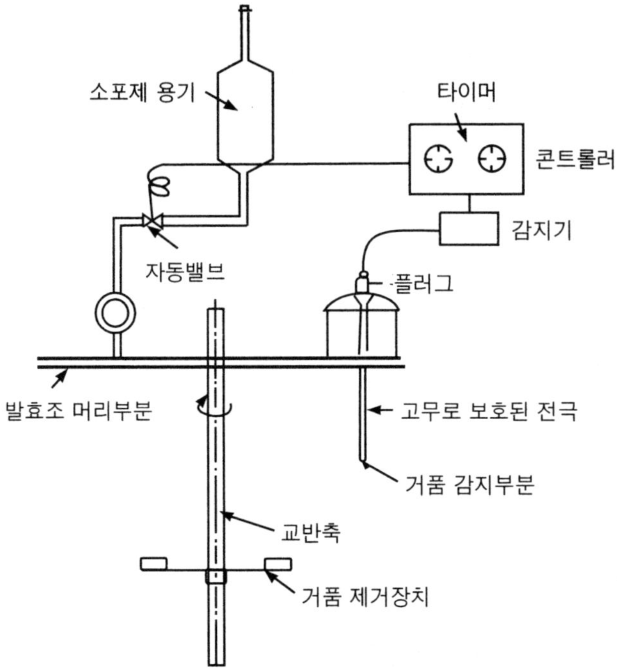

그림 9-25. 발효공정 중의 거품 제거장치

며, 배출가스에 연결된 조절용 밸브(pressure regulator valve)에 의해 조절된다.

대형 발효조에서의 교반동력(agitator shaft power)은 교반축에 부착한 스트레인 게이지(strain gage)와 연결된 와트메타(wattmeter)에 의해 동력 소비량을 측정할 수 있다. 폴리에스텔(polyester) 물질로 게이지를 피복시키면 게이지의 손상이 없이 120℃에서 살균이 가능하다.

통기(aeration)에 따른 공기유속을 조절하기 위하여 보통 유리관 속에 자유롭게 움직일 수 있는 조그만 공이 들어가 있는 로타메타(rotameter)가 유속계로 많이 이용된다. 추(float 또는 plummet)의 위치를 전기적 신호로 전환할 수 있어서 밸브를 조정함으로 유속을 조절할 수 있다(그림 9-26).

배지, 산 또는 알칼리 용액과 같은 액체의 흐름을 조절할 경우 소량일 때는 peristaltic pump를 사용하며, 대량일 때는 piston pump 또는 diaphragm pump 등이 이용된다.

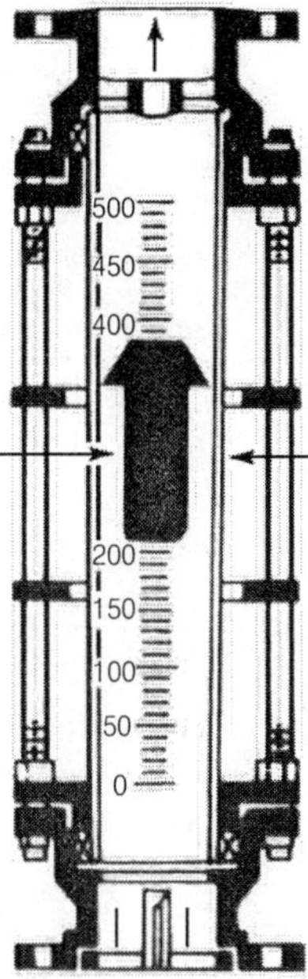

그림 9-26. Rotameter

참고문헌

1. Aiba, S., A. E. Humphrey and N. F. Millis, Biochemical Engineering, The University of Tokyo(1973)
2. Crueger, W. and A. Crueger, Biotechnologie-Lehrbuch der angewandten Mikrobiologie, Oldenbourg Verlag(1989)
3. Stanbury, P. F., A. Whitaker, and S. J. Hall, Principles of Fermentation Technology(2nd ed.) Pergamon Press(1995)
4. 미생물과 산업, 16(1), 38～65, 한국미생물학회지(1990)
5. 남성우, 이승철, 한국산업미생물학회 20년사, 미생물 반응기 제어기술의 현황과 전망, 319～329, 한국산업미생물학회(1993)
6. 김의용, 이용우, 이진원, 채희정, 허태련, 생물반응공학, 유한문화사(2001)
7. 오남순, 인만진, 채희정, 생물공학실험, 도서출판 한창(1999)

제 10 장

살균공정

생물공정(bioprocess)에 있어서 살균 또는 열처리가 필요한 분야는 다음 몇 가지로 나눌 수 있다.

① Sauerkraut(서양식 김치), 식초, 과실주, 폐수처리와 같이 최소의 열처리를 하거나, 또는 살균공정이 크게 필요하지 않는 것

② 효소반응을 억제하거나, 미생물의 생육을 억제하고 반응조건을 조절하기 위하여 열처리를 하는 것

③ 순수배양을 하려고 할 때와 같이 미생물의 수를 일정한 수준으로 감소시키기 위하여 배지의 살균을 필요로 하는 것

④ 통조림 제조와 같이 거의 완전한 살균을 요구하는 것

목적하는 미생물을 순수배양하기 위하여 종균배양(seed culture)을 포함하여 발효조와 배지의 살균, 그리고 발효 중에 일어나는 모든 공정을 가능한 무균적으로 처리해야 한다. 또한 발효가 이루어지는 동안 배지의 살균상태, 발효조 내에 주입하는 공기와 발효조 밖으로 나오는 배출가스의 살균과 오염 여부, 외부로부터의 오염 여부 등이 완전한가를 확인할 필요가 있다.

소규모의 살균 또는 제균(除菌)에서는 여과・원심분리・ethylene oxide・아황산 등 살균제의 처리, X-ray・γ-ray・UV-ray・초음파 등의 radiation 등이 사용하는 목적에 따라 이용되기도 하지만, 공업적으로는 스팀을 사용하여 연속적인 조작에 의해 이루어지는 것이 보통이다. 대부분 발효공정의 살균은 회분식으로 이루어지고 있으나, 연속살균법을 이용하면 다음과 같은 장점을 가지고 있다.

① 배지를 짧은 시간 동안 열에 노출시킴으로써 열에 약한 배지성분의 파괴를 줄인다.

② 작업성을 높일 수 있다.
③ 조절이 쉽고 자동화가 가능하다.

배지, 발효장치 등에서 미생물을 사멸시키기 위한 가열살균 이론과 살균장치에 대하여 알아보자.

1. 미생물의 가열살균 이론

1.1 온도가 미생물 살균에 미치는 영향

1) 사멸속도식

열처리는 배지성분의 변화나 물리적인 변화를 의미하는 것이 아니라 미생물의 생존능력을 파괴하는 것으로서, 일정 온도에서 열에 의한 미생물의 사멸속도는 단분자 반응속도에 의존한다. 가열시간에 따른 미생물 수의 감소는 초기 균체농도에 비례한다.

$$\frac{dN}{dt} = -kN \tag{10-1}$$

여기에서 k : 반응속도 상수(비사멸속도, min^{-1})
N : 미생물의 수
t : 살균시간

식 (10-1)을 N_O(초기 미생물 수)에서 N까지 적분하면

$$\frac{dN}{N} = -kdt$$

$$\int \frac{1}{N}\, dN = -\int kdt$$

$$\ln \frac{N}{N_O} = -kt \tag{10-2}$$

$$N = N_O\, e^{-kt} \tag{10-3}$$

여기에서 미생물의 수가 1/10로 감소하는 데 소요되는 시간을 D(decimal reduction time, DRT)라고 한다면 식 (10-3)은 다음과 같이 나타낼 수 있다.

$$\frac{N}{N_0} = \frac{1}{10} = e^{-kD} \tag{10-4}$$

따라서 D 값은 식 (10-5)와 같이 상수가 되기 때문에 균주에 따라 일정한 값이 됨을 알 수 있다.

$$D = \frac{\ln 10}{k} = \frac{2.303}{k} \tag{10-5}$$

식 (10-3)으로부터 $\ln \dfrac{N_0}{N}$는 불활성화 인자(inactivation factor)라고 하며, 배지의 살균정도를 나타내는 값으로 이를 design criterion(▽)으로 표시하기도 한다. 미생물 포자는 영양세포(vegetative cell)에 비해 열저항성이 크다. 즉, 포자는 영양세포에 비해 k 값이 매우 작다는 것을 뜻하며, 상대적으로 D 값이 커진다.

2) Arrhenius 식

미생물의 가열살균에 있어서 반응속도 상수를 Arrhenius 식으로도 나타낼 수 있으며, 식 (10-6)과 같다.

$$k = Ae^{-E/RT} \tag{10-6}$$

또는

$$\ln k = -\frac{E}{RT} + \ln A \tag{10-7}$$

여기에서 E : 활성화 에너지

R : 기체상수(1.987 cal/mol・K)

k : 반응속도 상수

T : 절대온도(K)

A : Frequency factor

활성화 에너지(activation energy)는 물질에 따라 고유한 값을 갖고 있으며, 표 10-1에 대표적인 세균 포자와 배지성분에 대한 값을 예시하였다. 일반적으로 가열살균에

표 10-1. 세균포자와 비타민 등 배지성분의 활성화 에너지

배지성분 및 세균 포자	활성화 에너지, $\triangle E$ (cal/mole)
Folic acid	16,800
d-Panthothenyl alcohol	21,000
Cyanocobalamin	23,100
Thiamine · HCl	22,000
Bacillus stearothermophilus	67,700
Bacillus subtilis	76,000
Clostridium botulinum	82,000

표 10-2. *B. stearothermophilus*의 온도, k와 design criterion의 관계

온도(℃)	k(min^{-1})	Design criterion(∇)
100	0.019	-
115	0.666	3.154
118	1.307	6.341
121	2.538	12.549
130	17.524	90.591
140	135.9	
150	956.1	

있어서 지표가 되는 미생물은 내열성이 큰 *Bacillus stearothermophilus*이며, 이 균의 살균온도, 반응속도 상수(k)와 design criterion의 관계는 표 10-2와 같다.

3) Q_{10} 값

온도가 10℃ 변화할 때 반응속도 상수의 값 변화를 나타내는 지표로서 다음과 같은 Q_{10} 값을 이용한다.

$$Q_{10} = \frac{k_{(T+10)}}{k_{(T)}} \tag{10-8}$$

표 10-3에서 보는 바와 같이 일반적인 화학반응, 건열살균, 습열살균 등에 따라 다른 Q_{10} 값을 보인다. 습열살균이 건열살균보다 높은 Q_{10} 값을 보임은 살균의 효율면에

표 10-3. 반응의 종류에 따른 Q_{10} 값

· 일반적인 화학반응	~2
· 건열살균	2.2~4.6
· 습열살균	10~18

서 습열살균이 우수함을 의미하며, 이것은 수분이 존재하는 습열살균의 경우 열전달 속도가 건열살균에 비하여 100배 정도 높기 때문이다.

4) 살균시간

배지성분의 파괴는 살균온도와 살균시간에 의해 좌우되는데, 일반적으로 고온단기(high temperature short time, HTST) 살균법이 배지성분의 손실을 최소화하는 방법이다(표 10-4).

표 10-4. 일정한 멸균수준($N/N_0 = 10^{-16}$)을 유지하기 위한 살균온도와 살균시간이 thiamine의 파괴에 미치는 영향

살균온도(℃)	$N/N_0 = 10^{-16}$ 수준의 살균을 위한 소요시간(min)	Thiamine 손실률(%)
100	843	99.99
110	75	89
120	7.6	27
130	0.851	10
140	0.107	3
150	0.015	1

1.2 미생물 사멸속도의 측정

미생물의 사멸속도를 실험적으로 구하기 위해서는 다음과 같은 가정에서 이루어진다.

① 균체 또는 포자 현탁액은 뭉쳐 있지 않는 유리상태이며,

② 실험조건에서 가열 또는 냉각에 소요되는 시간이 매우 짧고,

③ 현탁용액의 조성과 pH 값이 미생물의 생육에 저해하지 않아야 한다.

실험에 이용되는 균체가 응집되어 있으면 단세포일 때에 비하여 열저항이 커지므로 여과시켜 응집된 균체를 제거한다. 비교적 낮은 온도에서 실험적으로 미생물의 사멸속도를 구할 때는 그림 10-1과 같은 장치에 의해 구할 수 있다.

내경이 0.8 mm인 모세관에 균체 현탁액을 넣어 밀봉한 다음 이동장치(flipper)를 사용하여 가열 또는 냉각할 때에 온도조절을 신속히 할 수 있도록 준비한다. 온도가 조절된 항온조에서 모세관을 정해진 시간 동안 가열처리한 다음 신속히 찬물에 냉각시킨다. 시료로 사용한 균체 현탁액 또는 포자 현탁액을 평편배양(plate culture)하여 생균수를 측정하면 표 10-5와 같은 결과를 얻을 수 있다.

이 결과를 식 (10-3)에 적용하면, 각각의 온도에 대한 반응속도 상수 k를 구할 수 있고(표 10-5), Arrhenius 식(식 10-6)에 적용시켜 활성화 에너지를 구할 수도 있다.

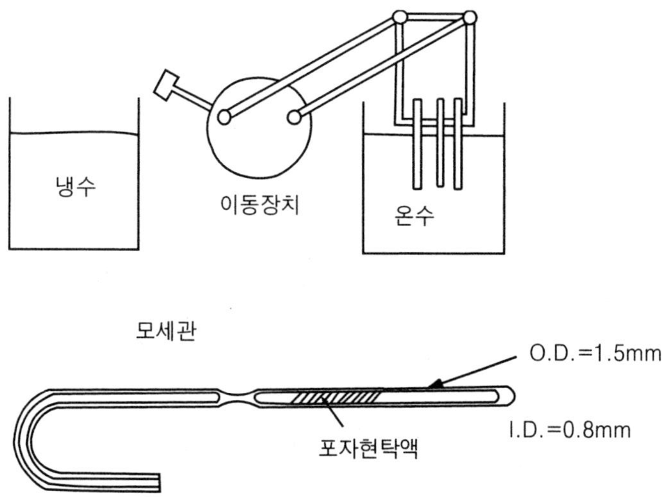

그림 10-1. 미생물의 사멸속도를 구하는 실험장치

표 10-5. 균주에 따른 k와 D의 평균값(121℃)

균　　주	k(min^{-1})	D(min)
Bacillus subtilis FS5230	3.8～2.6	0.6～0.9
B. stearothermophilus FS1518	0.77	3.0
B. steaorthermophilus FS627	2.9	0.8
Clostridium sporogenes PA3679	1.8	1.3

이와 같이 하여 살균시간에 따른 시험균주의 살균 특성을 각각 결정한다.

실험적으로 구한 몇 종류의 균주포자에 대한 반응속도 상수(k)와 D값은 표 10-5와 같다. 세균포자의 반응속도 상수는 121℃에서 1 min^{-1} 수준이며, 영양세포의 경우는 이 온도에서 즉시 생존능력을 잃어버려 정확한 값을 구하기 어렵다. *E. coli*의 경우 k값은 121℃에서 1013 min^{-1} 정도로 매우 커서 가열에 의해 쉽게 사멸됨을 알 수 있다.

1.3 가열살균시간의 결정

미생물의 살균시간을 결정하는 데는 여러 가지 방법이 있으나 살균곡선을 이용하여 구하는 경우가 많다. 포자를 형성하지 않는 영양세포의 경우 이상적인 미생물의 사멸곡선은 그림 10-2에서 보는 바와 같다.

실제 그림 10-3에서 보는 바와 같이 *E. coli*의 영양세포는 비교적 낮은 온도에서도 직선적인 감소를 나타내는데 비하여, *Bacillus stearothermophilus* 포자 살균에서 보듯이 직선적인 감소가 이루어지는 것만은 아니다. 포자를 형성하는 내열성 균인 *B. stearothermophilus*는 121℃ 이상의 고온에서는 살균시간이 경과함에 따라 직선적인 균체수의 감소를 보이지만, 그보다 낮은 온도에서는 완만한 곡선을 이루어 매우 늦어짐을 알 수 있다. 이는 그만큼 살균이 어려움을 보여 주고 있다.

초기의 생균수를 N_0라고 하고, 이를 주어진 온도에서 일정 시간(t) 동안 가열하였

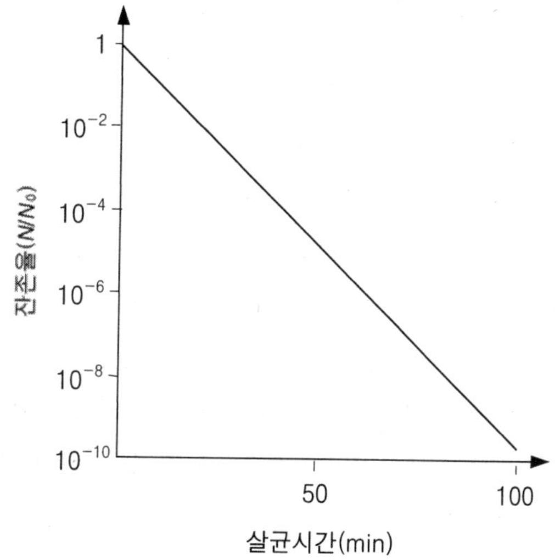

그림 10-2. 세균의 사멸곡선

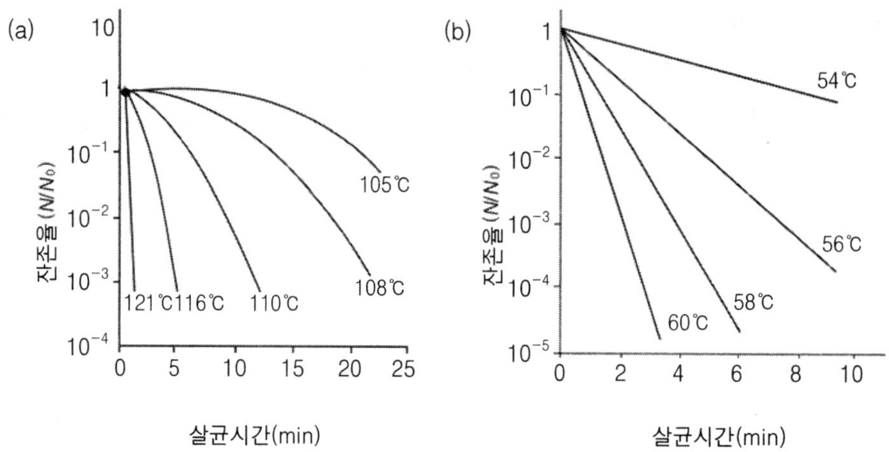

그림 10-3. *B. stearothermophilus* (a)와 *E. coli* (b)의 사멸곡선

을 때 미생물이 사멸되는 확률을 P라고 한다면

$$P = (1 - e^{-kt})^{N_0} \tag{10-9}$$

이며, 적어도 포자 한 개가 생존할 수 있는 확률은 식 (10-10)과 같다.

$$1 - P = 1 - (1 - e^{-kt})^{N_0} \tag{10-10}$$

그리고 $N_0 \gg 1$이므로

$$1 - P = 1 - e^{-N} \tag{10-11}$$

여기에서 $N = N_0 e^{-kt}$이다.

그림 10-4는 $(1-P)$와 kt와의 관계를 나타낸 살균곡선(sterilization curve)이며, 초기 균체농도에 따라 나타내었다. 지표미생물인 *B. stearothermophilus* 의 k 값과 생존율을 결정한다면 살균곡선으로부터 살균시간을 산출할 수 있다.

예를 들어 초기 생균수가 10^4인 배지를 10^{-3} 수준으로 살균한다고 가정하자. 그림 10-4에서 10^4곡선과 생존확률$(1-P)$의 10^{-3}과 만나는 점에서 밑으로 내려와 kt 값을 읽으면 약 16임을 알 수 있다. 만일 초기 균체농도가 10^4/ml인 배지 1,000 ml를 살균한다고 하면, 초기 생균수가 10^7(10^4/ml × 1,000 ml = 10^7)이 되므로 kt 값은 약 23으로 증가한다. 따라서 초기 생균수를 알고, 살균온도에서 지표미생물의 k 값을 알면 살균시간(t)을 결정할 수 있다.

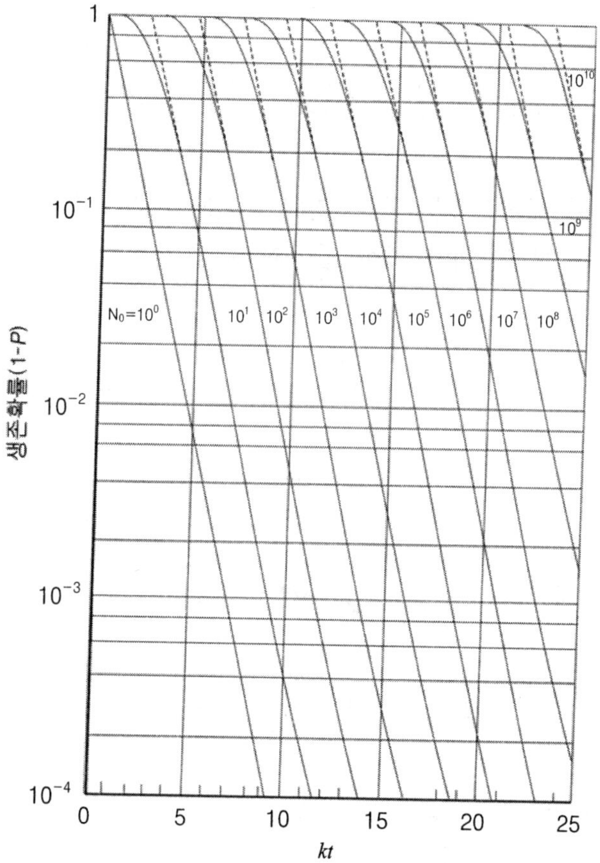

그림 10-4. 미생물 살균곡선(Aiba *et al.*, 1965)

2. 배지의 살균

2.1 살균시간의 결정

회분식 살균에 있어서 jar fermenter를 포함한 소규모 배양장치는 가압살균기(autoclave)에서 살균하지만, 일반적으로 공장 규모에서는 스팀에 의해 발효조 뿐만 아니라 발효조와 연결된 각 부위(배관, 밸브 등)를 살균하게 된다. 배지살균에 있어서 열손실을 무시한다면 살균온도와 시간과의 관계는 식 (10-12)에 의해 결정된다.

$$\frac{dN}{dt} = -kN = -a' e^{-E/RT} N \qquad (10\text{-}12)$$

여기에서 a' : 실험적 상수

이를 적분하면

$$\nabla \text{total} = \ln \frac{N_0}{N} = \int_0^t k dt = a' \int_0^t e^{-E/RT} dt \tag{10-13}$$

따라서 살균시간의 결정은 가열시간, 가열 후 유지시간(holding time), 냉각시간 중에 일어나는 미생물 살균효과를 합한 값이며, 다음과 같이 나타낼 수 있다.

$$\nabla \text{total} = \ln \frac{N_0}{N} = \nabla \text{heating} + \nabla \text{holding} + \nabla \text{cooling} \tag{10-14}$$

$$\nabla \text{heating} = \ln \frac{N_0}{N_1} = \int_0^{t_1} k dt = a' \int_0^{t_1} e^{-E/RT} dt \tag{10-15}$$

$$\nabla \text{holding} = \ln \frac{N_1}{N_2} = \int_0^{t_2} k dt = a' \int_0^{t_2} e^{-E/RT} dt \tag{10-16}$$

$$\nabla \text{cooling} = \ln \frac{N_2}{N} = \int_0^{t_3} k dt = a' \int_0^{t_3} e^{-E/RT} dt \tag{10-17}$$

여기에서 N : 살균수준(살균 후의 잔존 미생물 수)
N_0 : 살균 전에 오염된 미생물 수
N_1 : 가열시간 t_1에서의 미생물 수
N_2 : 가열시간 t_2에서의 미생물 수

각종 미생물의 살균온도와 살균시간은 표 10-6과 같다. 영양세포는 낮은 온도에서 살균이 이루어지나, 포자의 경우는 높은 온도에서 살균이 필요함을 알 수 있다. 실험실 규모에서는 포자의 멸균을 위하여 간헐살균법을 이용하기도 한다.

표 10-6. 각종 미생물의 살균온도와 시간

미 생 물	살균온도(℃)	살균시간(min)
• 영양세포	60	5~10
• 사상균 또는 효모의 포자	80	15
• Streptomyces의 포자	60~80	5~10
• 일반적인 세균포자	121	5
• *B. stearothermophilus*의 포자	121	15

2.2 연속식 배지살균

회분식 살균보다는 작업성과 효율을 높이기 위하여 연속살균을 실시한다. 배지의 살균은 우유 등 액체식품의 살균과 비슷한 형태이며, 대표적인 연속살균의 예는 그림 10-5에서 보는 바와 같이 두 가지 형태로 구분된다.

그림 10-5(a)는 스팀주입식 살균방식(continuous steam injection type)을 나타내며, 스팀을 배지에 직접 주입함으로써 순간적으로 살균온도까지 상승시킨다. 가열온도를 유지하는 시간은 유지부(holding section)의 파이프 길이를 조절함으로써 이루어진다. 살균된 배지는 진공관(vacuum chamber)에서 팽창밸브를 통하여 분산시킴으로써 순간적으로 냉각시킨다. 이와 같이 고온에 노출시간을 최소화함으로써 열에 의한 배지 중의 성분변화를 거의 주지 않고도 140℃까지 상승시킬 수 있다.

그림 10-5(b)는 판형 열교환방식(continuous plate heat exchange type)에 의한 방법이다. 스팀으로 가열된 플레이트(plate) 사이로 배지를 통과시킴으로써 배지온도를

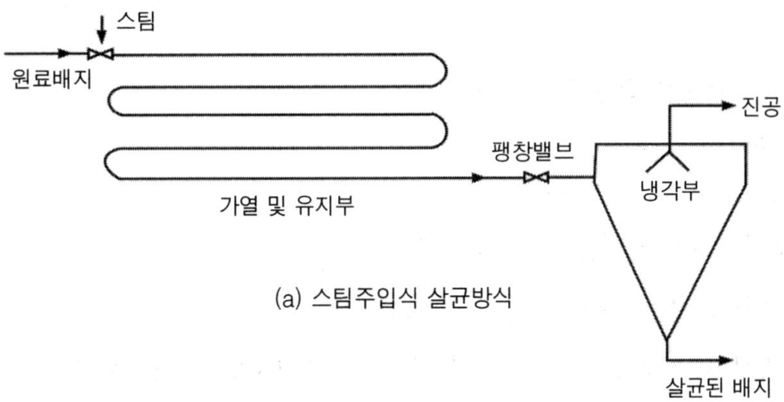

(a) 스팀주입식 살균방식

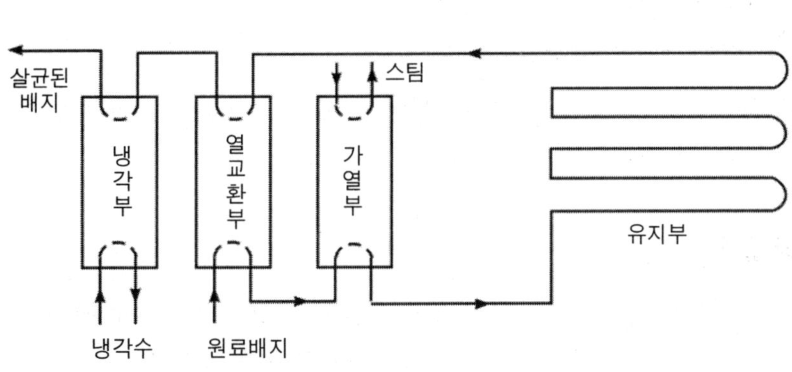

(b) 판형 열교환방식

그림 10-5. 미생물 배지의 연속살균

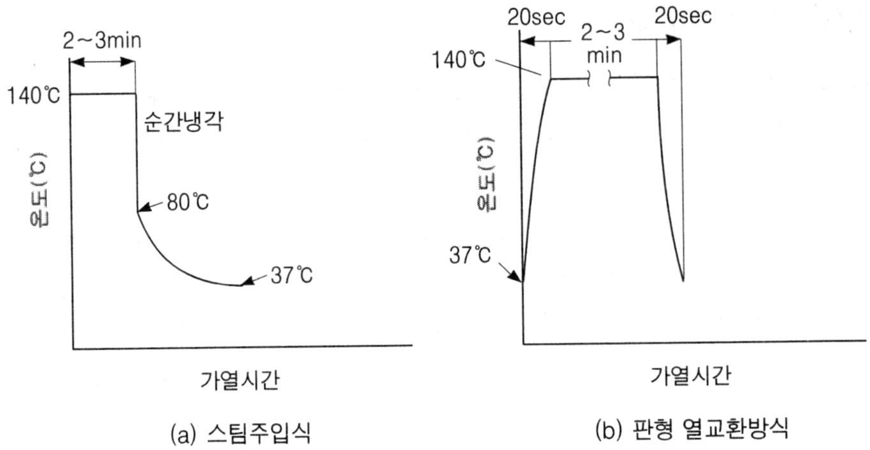

그림 10-6. 연속살균기에서의 가열시간에 따른 온도의 변화

상승시키고, 일정시간 유지시킨 다음 다른 열교환 부분을 통과시켜 냉각하는 방법이다.

연속살균은 회분식 살균에 비하여

① 노동력이 적게 들고,

② 살균이 균질하게 이루어지며,

③ 발효조의 설계가 간편한 장점이 있다.

그러나 연속식 배지살균방법의 결점으로는

① 가열매체인 스팀을 배지에 주입함으로써 배지농도가 희석되거나

② 열교환기로부터 오염물질이 혼입될 우려가 있으며,

③ 경우에 따라 거품이 발생할 수 있다.

이와 같은 두 가지 형태의 연속살균 장치에 따른 가열시간과 배지의 온도와의 관계는 그림 10-6에서 보는 바와 같다.

2.3 살균장치

생물산업에서 이루어지는 발효조와 배지의 살균은 보일러(boiler)에서 발생된 스팀을 직접 주입하여 이루어지기 때문에 별도의 살균장치를 필요로 하지 않는다. 그러나 실험실 등에서 소규모로 이루어지는 살균기 중에서 대표적인 것으로는 가압살균기(autoclave)를 들 수 있다(그림 10-7).

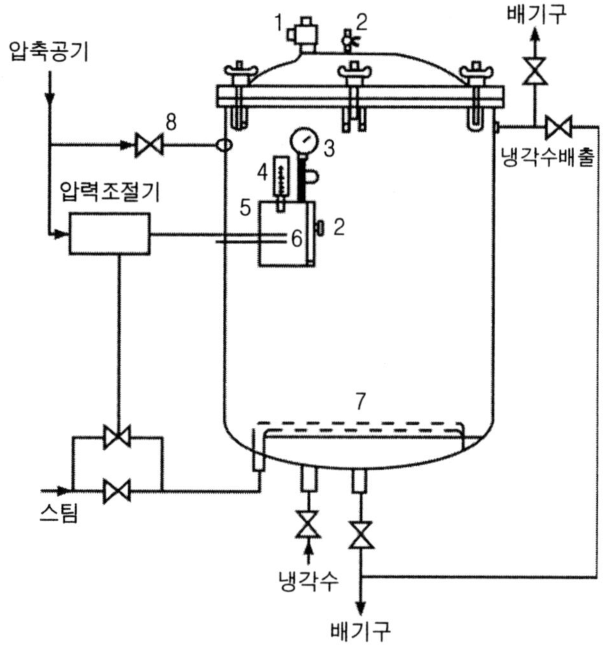

그림 10-7. 가압살균기의 구조

1. 안전판, 2. 스팀 조절구, 3. 압력계, 4. 온도계, 5. 자동조절장치
6. 온도조절기, 7. 증기 분사장치, 8. 냉각용 가압공기 밸브

가압살균기는 일종의 압력솥으로서 수증기·냉각수를 공급할 수 있도록 되어 있고, 수증기 압력과 온도를 읽을 수 있는 압력계와 온도계가 붙어 있다.

배지가 들어 있는 플라스크 용기 또는 발효조 용기를 가압살균기 속에 넣고 스팀을 공급하여 가열한다. 살균작업이 끝난 다음 스팀공급을 중단하고 냉각수를 공급하여 냉각하면 된다. 이와 같은 회분식 살균기는 가열시간과 냉각시간이 상당히 긴 단점이 있으나, 구조가 간단하고 소규모의 회분식 살균작업에 알맞기 때문에 배지의 살균 외에도 통조림식품 등 여러 가지 용도로 널리 이용되고 있다.

3. 공기의 살균

대부분 공업적으로 이루어지고 있는 발효공정에 있어서는 호기성 미생물을 배양하기 때문에 발효 중에 많은 양(0.5～1.0 vvm ; volume/volume/min)의 공기를 연속적으로 발효조 내에 공급해 주어야 한다. 예를 들어 용량 50 m^3의 발효조를 사용한다면 한 시간에 3,000 m^3의 공기를 공급해 주어야 한다.

공기 중에는 많은 종류의 미생물 포자가 존재한다. 공기 중에 존재하는 미생물 수는 공장의 위치, 공기의 흐름속도, 작업장 내의 공기에 대한 전처리 등에 따라 크게 차이가 난다. 일반적으로 외기 중에는 미세한 먼지 등 10～100,000입자/m^3가 존재하며, 이 중에 들어 있는 미생물의 포자 수는 5～2,000 미생물/m^3 정도이다. 공기 중에 함유되어 있는 미생물 종류로는 약 50%가 곰팡이 포자이며, 40%는 그람음성 세균으로 알려져 있다.

1) 실험실 규모의 시험관 또는 플라스크 배양에 있어서는 면전(cotton plug)으로 제균한 공기를 공급해 줄 수 있다. 그리고 소규모의 발효조에는 섬유여과기(fibrous filter)의 사용에도 큰 문제가 되지 않는다. 그러나 공장규모에서는 여러 가지 면을 고려하여 이에 알맞은 공기 살균장치를 사용해야 한다.
   공업적 이용에 있어서는 오랫동안 가열 살균하는 방법이 이용되어 왔다. 그러나 에너지 비용이 많이 드는 결점으로 기계적인 여과방법을 주로 사용하고 있다. 가열장치에 의해 살균된 공기를 공급할 때는 그림 10-8에서 보는 바와 같은 장치로 218℃에서 24초간 공기를 열처리한 다음 발효조로 보내 준다.
2) Cartridge 여과장치는 cellulose ester, polysulfone 또는 nylon으로 되어 있으며, 내부에는 calcium titanium oxide로 되어 있는 합성막(synthetic membrane)으로 이루어져 있다.
3) 이 외로 UV-ray(227～329 nm)에 의해 공기 중에 있는 미생물을 부분적으로 살균함으로써 공기를 정화시킬 수 있다. 또한 이론적으로는 sonic waves, cathode ray, γ-ray 등도 이용할 수 있으나 설비비와 살균효과 등에 문제점이 있어서 실용화되지 않았다.

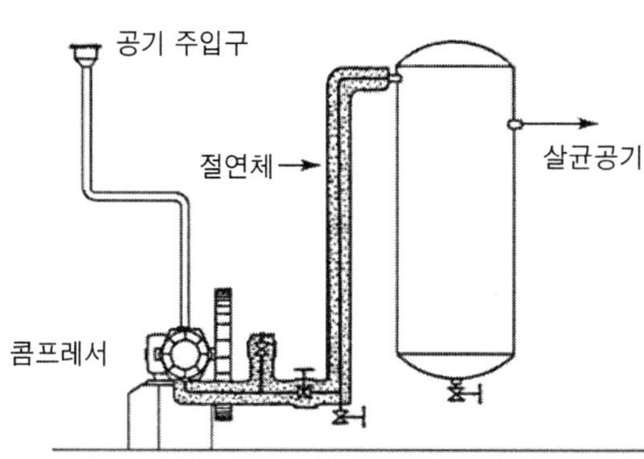

그림 10-8. 공기의 가열 살균장치

4) 시멘트 또는 황산제조공업에서 사용하는 corona discharge 방법도 발효공업에 응용이 가능할 것으로 보이지만, 실제적인 이용에 관한 연구는 이루어지지 않았다.

5) Phenol, ethylene oxide, 중금속 이온의 염류 등의 살균제(germicide)를 분무하여 공기를 살균하는 방법도 있으나, 작업 전에 분무한 살균제를 제거하는 방법이 어려운 문제점이 있다.

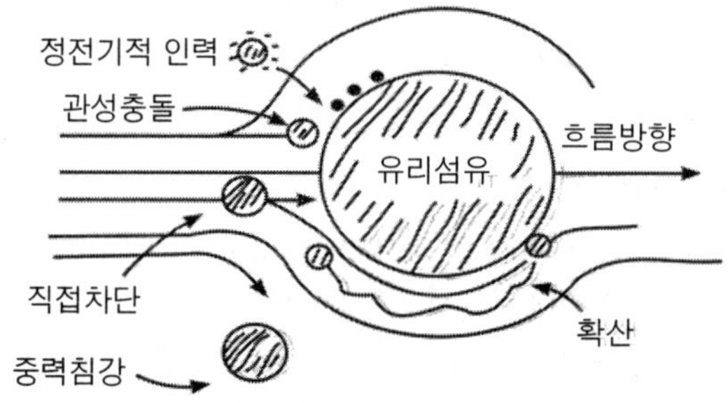

그림 10-9. Glass fiber에 의한 depth filter의 여과원리

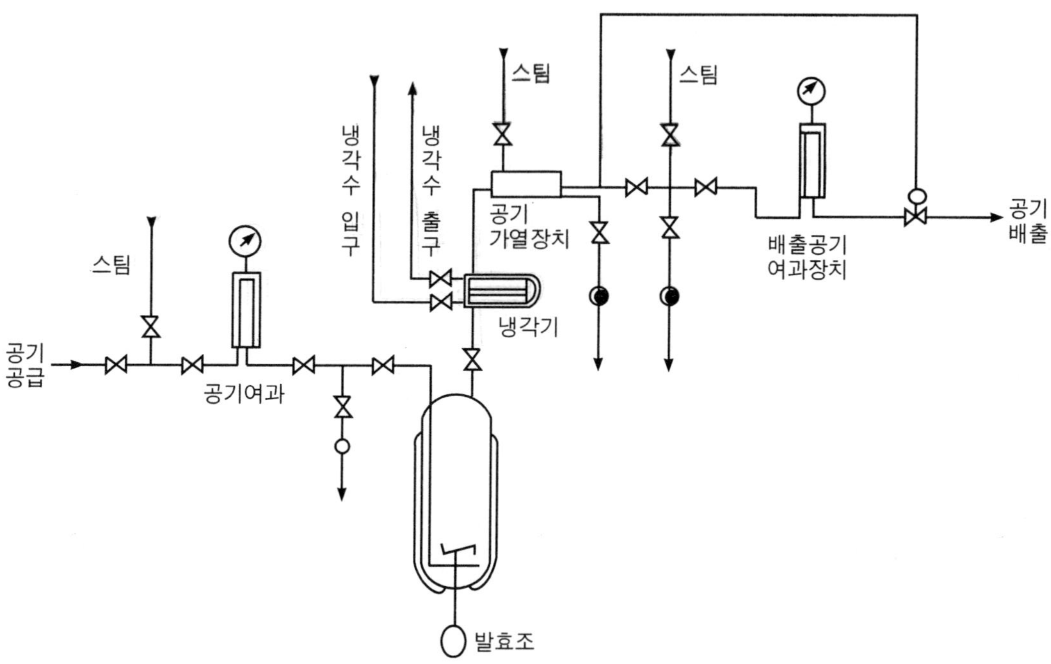

그림 10-10. 발효 중의 공기 여과시설

6) 기계적 여과법(mechanical filtration)의 도입은 2차대전 이전에는 솜, glass filter를 이용하여 왔으나, PVA(polyvinyl alcohol)를 사용하는 방법을 이용하고 있다. Glass fiber로 여과기를 통과하는 공기흐름의 모형은 그림 10-9와 같으며, 공기 중의 오염물질이 제거되는 원리를 보여 주고 있다. 발효조를 중심으로 한 공기의 여과시설은 그림 10-10에서 보는 바와 같다.

참고문헌

1. Aiba, S., A. E. Humphrey and N. F. Millis, Biochemical Engineering, The University of Tokyo(1973)
2. Crueger, W. and A. Crueger, Biotechnologie-Lehrbuch der angewandten Mikrobiologie, Oldenbourg Verlag(1989)
3. Stanbury, P. E., A. Whitaker, and S. J. Hall, Principles of Fermentation Technology(2nd ed.), Pergamon Press(1995)

제 11 장

생물공정공학

1. 바이오센서

1.1 바이오센서의 특징

생물반응의 매체인 미생물 또는 효소는 환경조건에 의하여 생화학적으로 복잡하게 영향을 받는다. 따라서 원하는 대사산물을 다량으로 얻기 위해서는 생화학반응에 영향을 주는 요인에 의한 반응전환의 양상을 알고, 이들 인자를 최적으로 제어할 필요가 있다. 그리고 미생물의 증식, 목적하는 대사산물 축적의 상황을 알아야 할 필요가 있다. 이를 위하여 배양액 중의 각종 물질농도, 균체농도, 배양조건 등을 측정할 수 있는 센서가 필요하다(표 11-1).

물리적 인자를 측정하는 센서는 많이 있으나, 화학적 인자를 측정하는 센서는 pH, DO, 배기가스 분석계 등을 제외하고는 널리 사용되고 있지 않다. O_2, CO_2, H_2, N_2, NH_3, CH_4 등의 용존 대사가스 성분이나 메탄올, 에탄올, 아세톤, 부탄올 등의 용존 휘발성 물질을 동시에 측정하는 기기로서 특수한 시료채취 시스템과 결합시킨 질량분석기가 있으나 매우 고가이다.

우리나라에서도 환경과 식품오염이 심화됨에 따라 식품의 안정성에 대한 관심이 크게 높아지고 있다. 식품의 안전성을 해치는 잔류 농약, 식품첨가제, 항생제, 미생물 독소 등의 유해물질 분석은 주로 기체크로마토그래피(gas chromatography, GC)나 고성능 액체크로마토그래피(high performance liquid chromatography, HPLC) 등의 크로마토그래피에 의한다. 이 방법들은 감도와 정확도가 높다는 장점을 가지고 있으나, 장시간의 전처리 과정과 고가의 기기가 요구된다는 단점이 있다.

GC의 경우 열적으로 불안정한 물질은 검출이 불가능하며, HPLC의 경우 발색단이 없는 물질은 검출이 어렵다는 단점을 가진다. 이러한 단점을 보완할 수 있는 새로운

표 11-1. 발효 중의 여러 가지 센서와 얻을 수 있는 정보

변 수	센서의 종류	센서에 의해 알 수 있는 정보
· 온도	전기저항온도계	온도의 변화
· pH	유리전극	산의 생성 여부
· 산화환원전위	산화환원 probe	산화환원 반응
· 용존산소	Polarographic probe, galvanic cell probe	산소 이동속도, 농도
· 배출가스 중의 CO_2	Infra-red, mass spectrometer	CO_2 생성속도
· 배출가스 중의 산소	Paramagnetic mass spectrometer	산소 이동속도, 호흡률
· 가스 공급속도	Mass flow meter	산소 이용률, 호흡률
· 거품발생	Conductivity cell	산소 이동률, 호흡률
· 균체농도	Spectrometer, fluorometer, filtration probe, laser turbidometer	수율과 균체농도
· 당농도와 배지공급속도	Glucose analyser	수율과 균체농도
· 생성물농도	HPLC	생성물의 변화
· 기질농도	Affinity 전극, 미생물 균체전극, 효소전극	기질의 소모

분석법을 개발하기 위한 연구가 이루어지고 있다.

생물반응기의 제어를 위하여 개발되고 있는 바이오센서(biosensor)는 '어떤 물질을 측정하기 위해 만들어진 장치로서, 일부 또는 전부가 생물에서 유래된 물질'을 말한다. 바이오센서는 화학센서 또는 물리센서와는 달리 측정하려는 물질에 대한 특이성(specificity)이 강하며, 일반적으로 민감도가 높은 것이 특징이다. 다른 공정용 센서와 비교하여 생물반응기용 센서는 측정이 필요한 인자의 종류가 많다. 많은 변수를 측정함으로써 여러 가지 정보를 알 수 있다.

바이오센서는 분석에 방해되는 물질을 제거하기 위한 전처리 과정이 거의 필요치 않다는 장점을 가진다. 화학분석에 있어서 흔히 방해물질로 인한 분석오차가 큰 문제점이 된다는 점을 고려하면, 이 분석법은 높은 특이성을 갖는 점이 중요한 장점이다. 또한 바이오센서는 휴대가 가능하여 현장사용이 가능하며, 간편하고 신속한 분석이 가능하다.

그러나 미생물 반응용 센서는 바이오리액터 내에 삽입하여 사용하기 위해 가열증기에 의한 살균에 견디고, 특성 열화를 일으키지 않는 것을 필요로 한다. 이 점은 잡균의 오염방지에 절대적으로 필요하다.

바이오센서는 효소센서, 미생물 센서, 면역센서 등으로 분류된다. 바이오센서는 효소와 항체의 반응특이성을 이용하여 다수의 유기물질이 혼재하는 용액 중에서도 선

택적으로 특정 물질을 정량할 수 있다.

1960년대에 Updike와 Hicks는 glucose oxidase(GOD)를 포함하는 겔을 중합체화하여 산소 측정용 전극에 고정화시키고, 이를 이용하여 glucose의 농도 측정에 이용될 수 있음을 보여 주었다. GOD는 glucose를 산화시키는 효소이며, 산화제로 사용하는 산소의 농도 감소는 glucose의 농도에 비례하므로 이 효소전극은 glucose의 농도를 알 수 있게 해 준다. 바이오센서의 효시라고 할 수 있는 이 전극은 생체물질에 의한 화학적 신호, 즉 산소의 농도 감소를 전류로서 측정하는 전기화학적 바이오센서이었다. 이후 전류법 이외로 여러 가지 다른 종류의 신호변환 장치를 이용하게 되었고, 생체물질로서 효소 이외의 여러 가지 다른 물질이 이용되기에 이르렀다. 바이오센서는 종래에 생체물질 측정을 위한 임상학적 목적의 것들이 대부분이었으나, 점차 식품과 환경시료 분석을 위한 것들도 개발되기 시작하였다.

1.2 바이오센서의 원리

바이오센서는 생체물질을 감응막(sensing membrane)으로 하여, 이를 전기화학적 장치에 고정시켜 대상 시료물질을 정량한다. 따라서 바이오센서는 모든 종류에서 생체물질로 이루어지는 감지 부분, 신호변환 부분(transducer), 그리고 전자 부분으로 이루어진다(그림 11-1).

그림 11-1에서 보는 바와 같이 바이오센서는 일반적으로 측정 대상과 특이적으로 작용하는 반응부와 그 반응에 의해서 변화하는 현상을 전기신호로 변화시키는 전기화학적 장치로 구성되어 있다. 바이오센서에 이용될 수 있는 생물반응은 pH 변화, 이

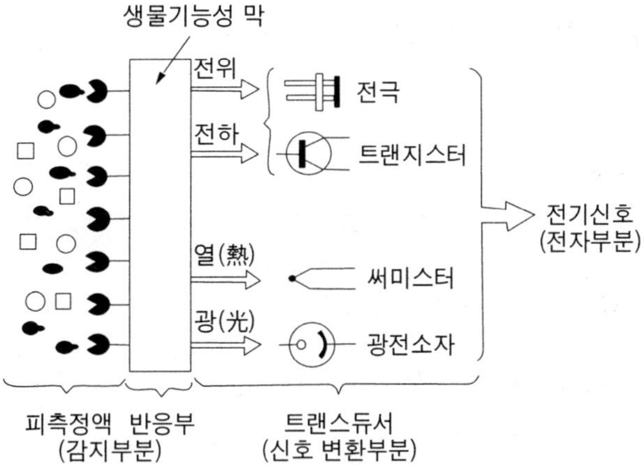

그림 11-1. 바이오센서의 원리

온의 생성과 소비, 기체의 생성과 소비, 발열, 발광, 전자전달, 질량변화 등을 들 수 있다.

이와 같은 반응을 유발하는 생체물질은 효소, 미생물, 항체 또는 항원, 동식물의 조직, 세포 내의 소기관(organelle) 등이 사용된다. 용액 중의 감응대상 물질은 이들 생체물질이 고정된 생체막에 확산되어 화학반응이나 전기화학적으로 변화되어 출력신호로서 나타난다. 이 출력신호는 사용하는 바탕전극이나 출력신호를 측정하는 기기에 따라 전위차 혹은 전류로서 얻어진다.

1.3 트랜스듀서

바이오센서에서 생물반응 결과를 전기적 신호로 전환시키는 장치를 트랜스듀서(transducer)라고 부르며, 생물반응을 전기적 신호로 전환하는 방식에 따라 전압 트랜스듀서(potentiometric transducer), 전류 트랜스듀서(amperometric transducer), 광 트랜스듀서(optical transducer), 기타로 나눌 수 있다. 바이오센서에 이용되는 트랜스듀서의 특징은 표 11-2와 같다.

1) 전압 트랜스듀서

두 전극 사이에 전리된 이온이 존재하면 전압이 형성되므로 각 이온에 특이적인 막을 이용하면 화학센서를 만들 수 있다. 이 막에 측정하려는 물질과 작용하여 이온을 생산하는 효소를 고정화시켜서 트랜스듀서로 이용할 수 있다. 이러한 장치를 ion-selective field effect transister(ISFET)라고 한다.

pH 전극은 수소이온을 특이적으로 측정하는 장치이며, 전극 표면에 기질과 작용하여 수소이온을 생산하는 효소를 고정화한 것도 전압 트랜스듀서의 일종이다. ISFET를 이용하는 바이오센서는 감응장치를 극소화할 수 있기 때문에 생체에 직접 삽입하

표 11-2. 바이오센서에 이용되는 광 트랜스듀서와 전기 트랜스듀서의 비교

특 징	광 트랜스듀서	전기 트랜스듀서
· 전기적 안정성	감지부에 전기 사용이 없음	전압이 낮은 전기를 사용
· 복잡성	복잡	단순
· 환경에 의한 간섭	시료의 색상과 주위 광에 의한 간섭	전기적 간섭
· 안정성	시약의 안정성이 낮음	전기적 불안정
· 기능성	발색파장이 다른 종류의 시료에 이용이 가능함	단일 물질 측정용
· 가격	고가	저렴

여 생체 내의 물질변화를 측정할 수 있다.

2) 전류 트랜스듀서

신경계통의 작용이나 산화환원반응 등 생체에서 일어나는 전기작용을 직접 또는 간접적인 방법으로 전극에 연결시키는 장치를 전류 트랜스듀서라고 부르며, 산화환원 효소와 연결되는 전류 트랜스듀서가 가장 일반적으로 이용된다.

3) 광 트랜스듀서

전압 및 전류 트랜스듀서는 생물반응을 직접 전기적 신호로 전환시키는 생물전기 화학적 트랜스듀서인데 비하여, 광 트랜스듀서는 생물반응에서 일어나는 발광 또는 발색을 전기적 신호로 전환시키는 간접적인 방법을 이용한다.

광 트랜스듀서에 가장 일반적으로 이용되는 생체물질은 luciferase, flavin mononucleotide, 지방, 알데하이드로 이루어지는 bacterial luciferase system이다. Luciferase는 NADH 형태의 환원력이 있으면 빛을 내면서 알데하이드를 지방산으로 산화한다. Luciferase는 이러한 성질을 이용하여 NAD를 NADH로 환원시키는 효소와 함께 이 효소의 기질을 측정하는 바이오센서를 만들 수 있다.

발색되는 생물반응도 광 트랜스듀서를 이용하는 바이오센서에 사용된다. 생물반응에서 일어나는 발색파장에서 흡광도의 변화를 비색계(spectrophotometer)로 측정하면 전기적 신호로 전환시키게 된다. 발색이 되지 않는 반응도 발색제를 이용하면 광 트랜스듀서에 이용할 수 있으며, 뇨당 측정용 시험지가 그 예이다.

1.4 바이오센서의 분류

1) 효소센서

1962년 Clark와 Lyons 등이 pH 전극에 효소를 고정화하여 포도당을 정량할 수 있다는 것을 제안하였다. 1967년에 Updike와 Hicks 등이 산소전극에 polyacrylamide gel을 이용하여 glucose oxidase를 고정화시켜 glucose를 정량함으로써 본격적으로 개발되기 시작하여 효소전극(enzyme electrode)이라는 용어가 사용되었다.

생체물질 중에서 분석에 가장 일반적으로 이용되는 것은 분석하려는 물질에 작용하는 효소이다. 바이오센서의 개발도 효소전극으로부터 시작되었으며, 산업화된 대부분의 바이오센서들이 효소를 이용한 것들이다.

고정화 효소와 전극을 조합시킨 효소 센서는 효소의 기질 특이성과 전기화학 분석의 신속성, 간편성을 이용하게 된다. 효소반응의 결과로 생성 또는 소비되는 전극 활

표 11-3. 대표적인 효소전극과 그의 특성

기 질	효 소	센서	안정성	감응시간	효소량 (unit)	측정범위 (mmol/*l*)
Urea	Urease	Cation	3주	30초~1분	25	$10^2 \sim 5\times10^5$
		pH	3주	5~10분	100	$10^2 \sim 10^4$
		NH_3	4개월	2~4분	10	$5\times10^3 \sim 5\times10^5$
		CO_2	3주	1~2분	25	$10^2 \sim 10^4$
Glucose	Glucose oxidase	pH	1주	5~10분	100	$10 \sim 10^3$
L-tyrosine	L-tyrosine decarboxylase	CO_2	3주	1~2분	25	$10 \sim 10^4$
L-glutamine	Glutaminase	Cation	2일	1분	50	$10 \sim 10^4$
L-glutamic acid	Glutamate dehydrogenase	Cation	2일	1분	50	$10 \sim 10^4$
L-asparagine	Asparaginase	Cation	3개월	1분	50	$10^2 \sim 5\times10^5$
Penicillin	Penicillinase	pH	3주	2분	1,000	$10^2 \sim 10^4$
Nitrate	Nitrate reductase	NH_4	1일	2~3분	10	$10^2 \sim 10^4$
Nitrate	Nitrate reductase	NH_3	3~4개월	2~3분	10	$5\times10^2 \sim 10^4$

성물질(O_2, CO_2, NH_3 등)을 산소전극, 과산화전극, 수소전극, 이온전극, 암모니아 전극, 탄산가스 전극 등을 사용하여 전류 값 또는 전위차로써 계측한다.

효소센서는 보통 통액형의 셀(cell) 중에 삽입하여 연속계측이 가능하도록 하고 있다. 먼저 센서 시스템에 완충액을 이송하여, 여기에 시료액을 주입하면 시료액은 완충액에 의해 이송된 후 전극에 의해 측정된 후 폐기된다. 측정 후 전극은 완충액으로 세정되기 때문에 다음 시료를 즉시 주입할 수 있다.

효소를 이용한 바이오센서의 예로는 다음과 같은 종류를 들 수 있다.

① 전압 트랜스듀서를 이용하는 요소(urea) 측정용 바이오센서

② 전류 트랜스듀서를 이용하는 포도당 측정용 바이오센서

③ 광 트랜스듀서를 이용하는 포도당 측정용 바이오센서

대표적인 효소전극과 그의 특성은 표 11-3과 같다.

2) 조직 센서(세포기관 센서)

효소활성을 갖는 동식물조직 또는 세포 내에 존재하는 세포소기관(organelle)을 사용하면 화학물질을 계측하는 것이 가능하고, 이것을 수용체로 하는 센서를 조직 센서 또는 세포기관 센서라고 한다. 즉, 동물세포의 모든 생리기능을 이용하여 미량의 화

학물질을 정량할 수 있으며, 이러한 경우 조직 중의 효소를 주로 이용한다.

동물세포의 배양기술이 발전하여 대량 배양이 가능하게 되었다. 인간의 간세포나 폐세포를 다공성 acetylcellulose 막 위에 고정화한 후 산소전극에 부착하여 배양세포 센서를 제작할 수 있다.

이 센서를 독극물을 포함하는 시료액 안에 넣어 호흡활성을 지표로 세포에 대한 독성을 신속히 측정할 수 있다. 이와 같이 동식물 세포를 이용하여 식품 중의 성분은 물론 독성과 변이원성을 신속히 측정할 수 있다.

호박의 일종인 식물조직의 절편을 이용하여 ascorbic acid를 측정할 수 있다. 산소전극에 식물조직을 고정화하여 산소의 소모량을 측정하면 ascorbic acid의 양에 따라 산소의 소모량이 비례관계를 보여 주며, 이를 토대로 식품 중의 ascorbic acid를 정량할 수 있다.

$$\text{Ascorbate} + \tfrac{1}{2}\,O_2 \xrightarrow{\text{Ascorbate oxidase}} \text{Dehydroascorbate} + H_2O$$

3) 미생물 센서

생체에서 추출한 효소는 일반적으로 불안정한 것이 많기 때문에 효소 대신에 미생물을 생존상태 그대로 전극에 장착하여 균체 내의 복합효소계나 보효소, 그리고 에너지 재생계 등 미생물의 생리기능을 이용하는 센서를 균체 센서 또는 미생물 센서라고

표 11-4. 미생물 센서의 특징

장 점	① 안정성(stability)이 높다. ② 원하는 성질의 미생물이 많이 알려져 있어 쉽게 구할 수 있다. ③ 트랜스듀서에 이용하는 반응이 둘 이상일 때도 하나의 미생물을 이용할 수 있다. ④ 효소처럼 정제할 필요가 없다.
단 점	① 복합적인 대사반응을 갖는 균체는 선택성이 없다. ② 측정과 회복에 시간이 길다. ③ 균체를 살아 있는 상태로 유지해야 하므로 고정화와 유통과정에서 특별한 주의를 필요로 한다. ④ 효소센서는 살균제를 이용하여 오염을 방지할 수 있으나, 균체 센서는 살균제를 이용할 수 없다.

한다. 세포 내 효소는 안정하게 존재하기 때문에 미생물 센서는 비슷한 효소센서보다도 수명이 긴 편이다. 효소를 이용한 바이오센서는 정제된 효소를 이용하기 때문에 특이성이 좋은 반면, 안정성이 낮고 값이 비싼 결점이 있다. 미생물은 자체 효소반응을 이용한 화학반응계를 가졌기 때문에 미생물을 막에 고정화하여 전기화학적으로 조합시켜 사용하는 것이며, 다음과 같은 특징이 있다(표 11-4).

미생물의 대사작용에 의해 각종 대사산물이 생성되며, 이 대사산물 중에는 전극 위에서 쉽게 반응하는 물질과 전극에 감응하는 물질인 전극활성물질이 포함되어 있다. 수소, 포름산, 각종 환원형 조효소 등의 대사산물은 전류값 측정방식으로 측정할 수 있다. 그리고 이산화탄소, 유기산 등의 대사산물은 전위차 측정방식으로 측정할 수 있다. 이처럼 생성되는 물질을 연료형 전극(H_2 전극), CO_2 전극, 암모니아 전극, pH 전극 등을 활용하여 다양한 미생물의 대사생성물을 측정하고, 이를 토대로 미생물이 이용한 화학물질을 반대로 환산할 수 있다(그림 11-2).

$$C_6H_{12}O_6 + 6O_2 \longrightarrow 6CO_2 + 6H_2O$$

포도당을 기질로 하였을 경우 위 식과 같이 산화가 이루어진다. 따라서 포도당을 쉽게 자화하는 *Pseudomonas fluorescens*를 이용하면 이 세균에 의해 소비되는 산소량은 포도당의 양에 비례한다. 이러한 성질을 이용하여 산소전극에 고정화한 균체를 씌우면 그림 11-3과 같이 포도당 측정용 전극을 만들 수 있다.

미생물을 분자식별 소자로 사용하기 위해서는 물에 녹지 않는 고분자 막에 고정화함으로써 그 기능이 안정화되어 장기간 반복하여 사용할 수 있다. 미생물 센서의 경우 고정화 상태에서도 살아 있는 미생물을 이용할 때가 많으며, 센서에 관여하는 생

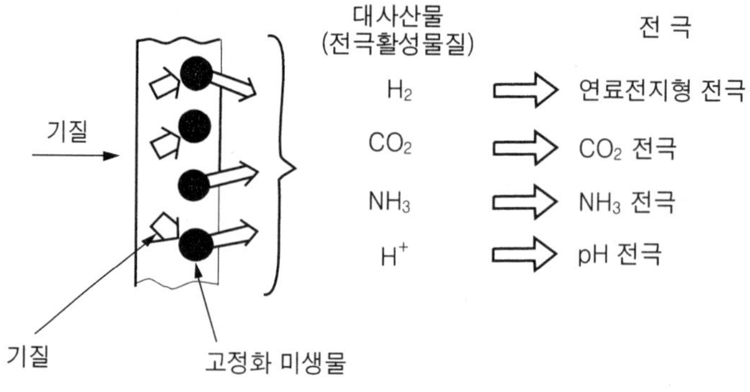

그림 11-2. 전극활성물질 측정형 미생물 센서

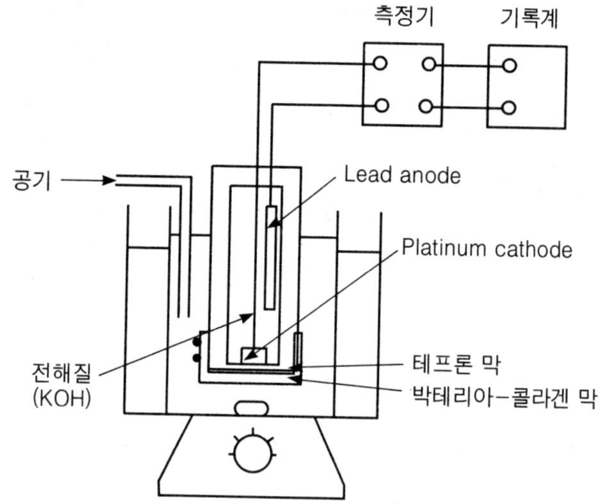

그림 11-3. 미생물 균체를 이용한 포도당 센서

화학반응은 일반적으로 복잡한 편이다.

효모의 일종인 *Trichosporon brassicae*는 알코올과 반응하는 균으로 알려져 있다. 이 미생물을 다공성 acetylcellulose 막에 흡착 고정화하여 산소전극의 테플론 막 위에 부착하고, 다시 가스 투과성 막으로 피복하여 고정하면 알코올 센서를 만들 수 있다. 에탄올은 가스 투과성 막을 통하여 미생물 막에 도달하여 미생물과 반응하기 때문에 미생물의 호흡활성을 지표로 하여 에탄올을 측정할 수 있다.

4) 면역센서

생체의 방어기구인 면역반응을 이용하면 항원 또는 항체를 식별하는 것이 가능하다. 항체의 항원 식별기능을 수용체에 이용한 센서가 면역센서이다. 가장 효과적인 항원은 단백질이나 다당류이지만, 단독으로는 항체를 생산할 수 없는 저분자 화합물도 항원성으로 사용될 수 있다.

효소 또는 균체를 이용하는 바이오센서는 이들과 작용하는 물질만을 측정할 수 있기 때문에 미생물이나 효소의 작용이 알려지지 않은 물질을 측정할 수 없다. 그러나 항체를 이용하면 이 항체의 항원을 측정할 수 있는 바이오센서를 만들 수 있다. 효소센서는 저분자 화학물질의 측정에 이용되지만 단백질, 항원, 호르몬, 의약품 등의 고분자물질의 측정에는 면역반응을 이용한 면역센서가 활용되고 있다.

면역반응의 특징은 항원과 항체 사이의 특이적인 복합체의 형성이다. 이러한 현상을 이용한 면역분석법에는 동위원소, 형광 probe, 효소 등을 표지제로서 이용한다. 특히 방사면역분석(radio immunoassay)은 피코 그램(10^{-12}g)까지 초미량 화학물질의 측정이 가능하다. 항원-항체반응을 바이오센서의 감지부로 응용하는 방법은 다음과 같다.

① 산소를 소비하거나 생산하는 효소를 연결한 항체와 이 효소의 기질을 산소전극에 결합시킨 전류 트랜스듀서를 이용하는 바이오센서
② 전기화학적으로 감지할 수 있는 물질을 생산하거나 소비하는 효소를 항체에 연결한 전류 트랜스듀서
③ 전기화학적으로 감지할 수 있는 물질을 직접 항체에 결합시킨 전류 트랜스듀서
④ 항체-항원반응에서 전기적 변화를 측정하는 전압 트랜스듀서
⑤ 특정 이온전극과 이 이온을 생산하거나 소비하는 효소를 연결한 항체를 이용하는 전압 트랜스듀서

효소를 연결한 항체를 이용하는 트랜스듀서의 원리는 enzyme linked immunoassay (ELISA)법과 비슷하다. 산소를 생산하는 glucose oxidase, 암모니아를 생산하는 urease, asparaginase, adenine deaminase 등이 면역학을 이용하는 바이오센서에 사용되고 있다. 항체는 단백질이기 때문에 분자 안에 하전(charge)된 부분에 영향을 받게 되므로 이를 전기화학적으로 직접 측정할 수도 있다.

1.5 바이오센서의 활용

바이오센서는 의료보건 분야에서 가장 많이 사용된다. 바이오센서 기술의 발달에 따라 발효공업 등 생물공학, 농업, 환경분야 등에 널리 이용될 것으로 여겨진다. 21세기에는 바이오센서가 현재의 전자제품보다 우리 생활에 더 이용될 정도로 시장성이 클 뿐만 아니라 바이오센서 기술이 슈퍼컴퓨터 개발의 열쇠인 바이오칩(biochip)의 기초단계로 인식되기 때문이다.

생물반응을 전기적 에너지로 전환시켜 바이오센서를 개발하기 위해서는 생물화학은 물론 전자공학과 이를 연관시켜 주는 전기화학적 지식도 필요하다. 바이오센서는 생물에서 일어나는 각종 반응을 직접 전기적 신호로 전환하여 이 신호를 물질의 분석에는 물론 측정되는 물질과 관련된 공정의 자동화, 그리고 의료용으로 이용될 수 있다.

1) 의료용

질병의 예방, 진단 그리고 치료과정에서 많은 종류의 임상시료가 분석된다. 종합병

원의 임상실험실에서 고가의 자동화된 분석기기를 이용하여 수집된 시료를 분석한다. 그러나 시료의 수집과 분석시간이 길기 때문에 긴급을 요하는 시료분석을 짧은 시간에 할 수 있는 방법이 필요하다. 이를 위해 시료의 전처리가 필요 없고 취급이 간편한 분석기기의 개발이 요구되고 있다.

임상분석에 많은 종류의 효소들이 이용되고 있다. 이 효소들의 반응을 전압 및 전류 트랜스듀서, 또는 광 트랜스듀서에 이용할 수 있다. 바이오센서 임상검사는 생리기능검사와 검체검사로 나누며, 임상검사의 정보가 더욱더 중요하게 되어 검사의 다양화, 대량처리 그리고 신속처리 등이 필요하다. 이를 위하여 센서기술의 적극적 도입이 필요하다.

2) 식품공업

식품공업에서 원료의 신선도는 최종 제품의 품질에 크게 영향을 미친다. 따라서 원료처리 전에 간편한 방법으로 빠른 시간 내에 신선도를 측정할 필요가 있다. 이를 위해 우유의 생균수를 측정하는 바이오센서와 육류의 신선도를 측정하는 포도당 센서 등이 이용된다. 식품성분의 신속한 분석, 잔류농약의 검출, 식품 위해미생물의 검출 등에 바이오센서가 이용될 수 있다.

3) 발효공업

발효공업에서 기질이나 발효산물을 측정하는 바이오센서들이 개발되고 있으나, 개발비에 비하여 수요가 적어 산업화된 예가 매우 적다. 미생물 센서를 이용하여 공정제어에 사용한 경우로는 포도당 센서, 초산 센서, 알코올 센서, 균체 측정용 센서, formic acid sensor, glutamic acid sensor 등이 일부 이용되고 있다.

4) 환경평가

산업의 발달과 더불어 인구의 도시 집중에 따른 환경오염의 심화로 사람의 건강과 환경보전을 확보하기 위하여 수질오염에 관한 환경기준의 설정이 필요하다. 사람과 가축의 배설물 및 생활하수에 의한 오염이 수질오염에 가장 큰 원인이 되며, 여기에는 유기물이 거의 대부분이다.

유기물에 의한 수질 오염도를 측정하는 환경 오염기준은 생물학적 산소요구량(biological oxygen demand, BOD)의 측정이다. 지금까지 알려진 BOD 측정법은 한 번 측정하려면 최소한 5일이 필요하여 대단히 불편했다. 그리고 결과도 부정확하여 새로운 BOD 측정법이 절실히 필요하였다. 반면 미생물을 이용한 BOD biosensor는 간편하고, 1분~2시간에 측정이 가능하며, 경제성도 매우 크다.

대기오염의 주범인 일산화탄소, 유황화합물 등을 측정할 수 있는 화학센서들이 생산되고 있으나, 특이성이 낮기 때문에 특이성이 높은 바이오센서의 개발이 요구되고 있다. 이 외에도 유기인산 살충제, 제초제, 살균제, 중금속, 미생물에 의한 수질오염의 원인물질 측정을 위한 바이오센서의 연구가 이루어지고 있다.

2. 생물공정 모니터링

일반적으로 미생물 발효, 효소반응 등의 생물반응은 반응기 내의 온도나 압력, pH, 배양액 또는 반응액의 성분 등의 변화에 따라 생산성이 크게 좌우된다. 따라서 조업 도중에 반응기 내의 물리적·화학적 상태를 원하는 상태로 조절해 주는 것이 무엇보다 중요하다. 이를 위하여 여러 가지 형태로 생물공정을 모니터링 함으로써 직접·간접적으로 공정상태를 파악하는 방법이 개발되어 왔다.

생물공정의 모니터링 방법으로 크게 온라인(on-line) 방법과 오프라인(off-line) 방법의 두 가지로 나눌 수 있다. 온라인 분석방법은 이론적 배경도 충분하고 여러 가지 기술이 제시되어 있지만, 오프라인 방법에 비해 실제 산업적 생산에 대해 적용이 여러 가지 어려운 점이 있다. 그 이유는 우선 측정해야 할 생물학적 변수들이 일반적인 화학공정에서 측정하는 물리적·화학적 변수보다 매우 복잡하다. 그리고 온라인 분석방법으로는 자동화하여 분석하기가 어렵고, 측정에 이용되는 기기는 살균조건을 견딜 수 있어야 하며, 조업상태가 계속되는 동안 일정한 측정상태를 유지할 수 있는 안정성을 필요로 하기 때문이다.

2.1 공정 변수의 측정방법

1) 탁도(turbidity)

세포농도를 측정하는 데 가장 먼저 개발된 방법 중의 하나이며, 널리 이용되어 왔다. 미생물을 포함한 배양액에 빛을 통과시켜 흡광도(absorbance)나 투과도(transmittance)에 의해 줄어든 빛의 양을 측정함으로써 세포농도를 측정한다. 그러나 이 방법은 배양액 내의 미생물이 아닌 다른 입자나 공기방울 등에 의해서도 빛이 산란되기 때문에 이에 의한 오차를 고려해야 한다. 또한 세포농도의 변화에 따른 빛의 투과율 변화가 선형적이지 않아 이에 따른 보정(calibration)이 필요하다. 그리고 하드웨어 장치의 특성과 균주 종류 등에 영향을 받기 때문에 같은 장치에서 같은 종의 균주에 대해서만 유효하다.

2) 형광분석

어떤 화학물질들은 특정한 파장의 빛을 흡수하면 그보다 약간 긴 파장의 빛을 방출하는 특성이 있다(그림 11-4). 형광분석법은 세포 내의 물질 중 이러한 성질을 갖는 형광발색단(fluorophore)을 이용하여 세포농도를 간접적으로 측정하는 방법이다. 세포 구성요소 중 형광성을 갖는 물질들은 NADH, FAD, 방향족 아미노산, nucleotides 등 여러 종류가 있지만, 주로 NADH를 이용한 방법이 개발되었다.

미생물을 포함한 배양액에 350 nm 정도의 파장을 가진 자외선을 쪼이면 세포 내의 NADH에 의해 약 450 nm 정도의 파장을 방출한다. 이 방법은 측정시간이 빠르고 내구성이 있으며, 세포내 물질들을 측정할 수 있는 장점이 있다. 그러나 세포 내의 다른 형광발색단이나 배양액 내의 성분들에 의해 측정치의 오차가 생길 가능성이 있다. 또한 세포의 대사상태의 변화에 따라 NADH 농도가 크게 달라지기 때문에 일정한 세포의 생장상태(growth state)에서의 측정이 요구된다. 교반속도나 통기, 전극의 위치 등도 측정값에 영향을 주는 중요한 인자이다.

3) 전기적 방법

미생물의 표면은 전기 전도도가 낮은 지질막으로 구성되어 있어서 세포 바깥의 배양액과 전기적 성질에 차이가 있다. 반응 중에 배양액 내의 미생물이 가진 이러한 전기적 특성을 이용하여 세포농도를 측정하는 방법이 있다.

Coulter counter는 세포현탁액을 일정한 전기장이 가해진 작은 구멍에 통과시킨다. 정전기적 특성이 없어 저항이 있는 미생물 세포현탁액이 구멍을 통과함에 따라 발생하는 전기저항을 증폭하여 통과한 미생물 수를 계산하는 원리이다. 이 방법은 구멍을

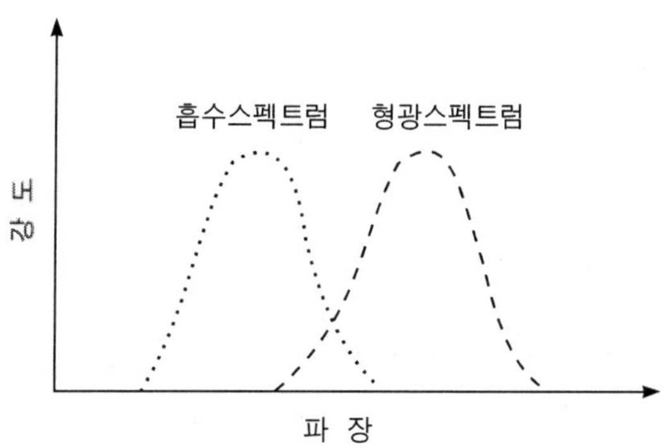

그림 11-4. 형광분석의 측정원리

지나갈 때 세포들이 서로 겹쳐서 통과하면 각각의 저항이 정확히 측정되지 않기 때문에 고농도의 세포농도를 측정할 수 없는 단점이 있다. 따라서 고농도의 세포를 측정할 경우에는 희석하는 과정을 거쳐야 한다. 또한 죽은 미생물들도 각각의 저항을 가지고 있기 때문에 살아 있는 세포의 수만을 구분하여 카운트할 수 없는 단점도 있다.

4) Flow injection analysis(FIA)

FIA 기법은 온라인 모니터링에 널리 응용되는 기술이다. FIA 시스템은 시료의 전처리 및 이송, 화학적 처리, 그리고 측정 등 모두 3단계로 이루어져 있다(그림 11-5).

측정원리는 작은 내경의 관 내부에 연속적으로 흐르는 캐리어 용액 속으로 소량의 시료를 주입한다. 일정 시간 후 고정화되어 있는 시약 및 촉매에 의해 시료의 화학적 처리과정이 끝난 후 검출기를 지나게 한다. 이때 응답신호는 크로마토그래피와 같이 피크 형태로 얻어지며, 일정한 조건에서 측정이 이루어지므로 피크의 높이에 의해 정량적인 분석이 가능하다. FIA에서는 측정기기를 발효액과 분리하므로 멸균이 필요 없으며, 샘플링 간격을 충분히 줄일 수 있고, 분석조건을 일정하게 유지시켜 주는 일이 쉬워 높은 재현성이 있다. 또한 지금까지 개발된 모든 측정원리를 대부분 적용할 수 있으므로 매우 넓은 적용범위를 갖기 때문에 FIA에 의한 여러 물질들의 분석방법이 보고되었다.

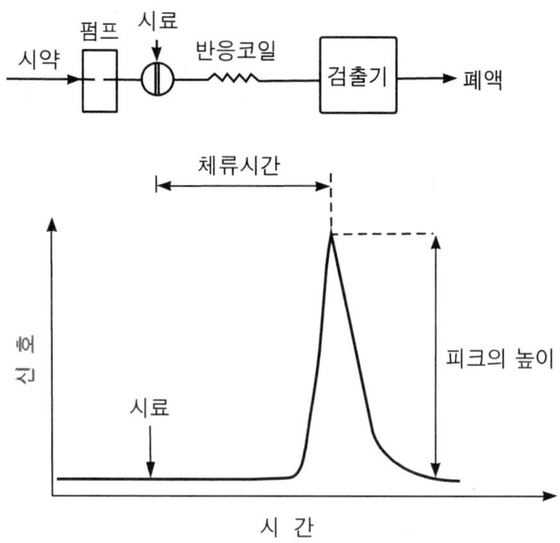

그림 11-5. FIA에 의한 측정

5) 질량분석법

질량분석법(mass spectrometry, MS)은 화학분석에 사용되는 여러 분석법 중 가장 오래된 방법의 하나이다. 이 방법은 주로 용액 내에 용해된 가스(pO_2, pCO_2, pN_2, pCH_4)와 휘발성 물질 등의 정량적인 분석에 이용된다.

질량분석법은 분자량이 작은 시료의 처리도 가능하며, 매우 높은 감도와 선택성을 가지고 있다. 온라인 생물공정제어에 활발히 응용되고 있다. 분자들의 질량 분석뿐만 아니라 물질의 구조적인 정보까지도 얻을 수 있다. 또한, C^{13} 등과 같은 동위원소의 양을 추적함으로써 미생물의 대사과정에 대해 자세히 분석하는 것도 가능하다. 여러 가지의 물질들을 동시에 분석할 수 있는 장점이 있어서 생물산업에 MS가 차지하는 비중은 점차 증가할 것으로 기대된다.

6) 근적외선 분광법

근적외선 분광법(near infrared spectroscopy, NIRS)는 30초 정도의 빠른 분석시간과 한 시료 내의 여러 성분들을 동시에 분석할 수 있고, 전처리 과정이 필요 없는 장점을 가지고 있어서 생물공정의 분석에 새로운 가능성이 있다. 측정원리는 시료 내에 존재하는 특정 분자들이 700～2500 nm 정도의 근적외선(near infrared) 파장을 흡수하는 데 근거한다. 시료는 알맞은 필터에 의해 선택된 파장의 빛을 발산한다. 이들 방사에너지 중 시료에 존재하는 성분의 양에 비례하여 시료 자체에 흡수되지만, 나머지는 전기적 신호로 전환된다.

NIRS 장치를 이용하여 젖산, 포도당, 그리고 세포농도를 각각 측정했을 때 젖산과 포도당은 약 100 g/*l*, 세포농도는 20 g/*l* 정도까지 선형적인 결과가 얻어진다. 또한 세포농도 측정에서 대장균의 경우 약 0.2 g/*l* 정도의 평균 오차를 갖는 것으로 나타났다.

3. 생물공정 모델링

3.1 수학적 모델링

하나의 배양계에 대한 실험적인 결과를 수학적으로 모델을 세워 해석할 수 있다면 생명현상을 이해하는 데 도움이 된다. 그리고 여러 가지 환경조건의 변화에 따른 배양계의 물리화학적 변화를 쉽게 예측할 수 있으며, 이를 통하여 유용한 여러 가지 정보를 얻을 수 있다. 이러한 수학적 모델링은 생물공정 최적화 및 공정제어의 기초단계이기도 하다. 즉, 수학적 모델링(mathematical modelling)을 기반으로 하여 최고의

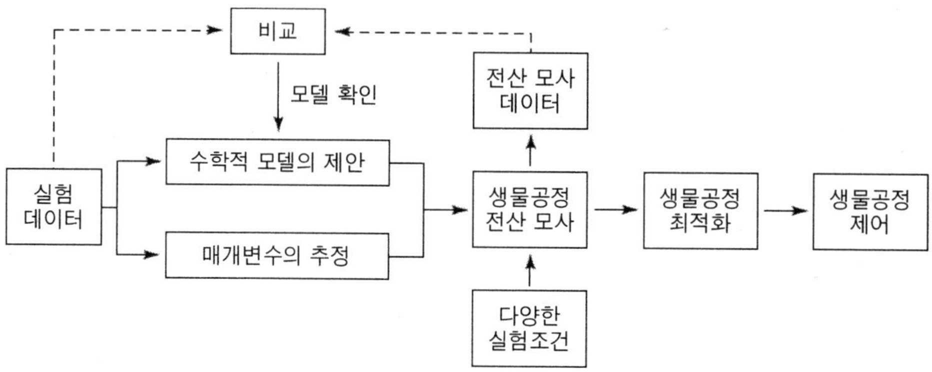

그림 11-6. 수학적 모델링과 생물공정 최적화 및 제어

생산성을 갖는 최적 반응조건을 확보할 수 있다. 생물공학자들은 이러한 일련의 과정을 그림 11-6과 같은 경로로 수행한다.

3.2 회분배양의 수학적 모델링

미생물의 성장은 다양한 물리적·화학적·영양적 조건의 지배를 받는다. 탄소원을 포함한 각종 영양분을 이용하여 증식이 일어나는데, 이는 다음과 같이 간단히 표현할 수 있다.

$$\underset{(S)}{\text{Substrate}} + \underset{(X)}{\text{Cell}} \longrightarrow \underset{(P)}{\text{Product}} + \underset{(\text{n}X)}{\text{Cell}}$$

이 과정에서 세포의 증식[(n-1)X]이 일어난다. 미생물 균체의 비증식속도(specific growth rate)는 제3장에서 설명한 바와 같이 Michaelis-Menten 식으로 표현되는 다중의 효소시스템에 의해 작동되는 것으로 이해되므로 다음과 같이 Monod 식에 의해 설명된다.

$$\mu = \frac{\mu_{\max} S}{K_S + S} \tag{11-1}$$

여러 가지 저해 패턴에 따라 다양하게 변형된 Monod 식이 제안되었다(3.3절 참조). 여기서 S는 증식제한 기질이며, 일반적으로 포도당 같은 탄소원의 농도를 의미한다.

균체 성장속도는 다음과 같이 표현된다.

$$\frac{dX}{dt} = \mu X \tag{11-2}$$

제한기질 소모속도 $\left(\frac{dS}{dt}\right)$는 성장속도에 비례한다. 기질 대비 균체수율(biomass yield coefficient, $Y_{X/S}$)은 생장수율(growth yield)이라고도 하며, 식 (11-4)와 같이 표현된다.

$$Y_{X/S} = -\frac{\Delta X}{\Delta S} \tag{11-3}$$

$$\frac{dS}{dt} = -\frac{1}{Y_{X/S}}\frac{dX}{dt} \tag{11-4}$$

어떤 시간의 균체농도는 다음과 같다.

$$X = X_0 + Y_{X/S}(S_0 - S) \tag{11-5}$$

여기서 S_0는 초기 기질농도이다.
식 (11-4)에 식 (11-2)를 대입하면 다음과 같다.

$$\frac{dS}{dt} = -\frac{\mu}{Y_{X/S}}X \tag{11-6}$$

외형적으로는 세포의 증식이 일어나지 않아도 기질의 소모가 있다. 이는 세포의 기능유지를 위한 것으로 증식과정의 소모속도에 비하면 매우 낮은 소모속도이지만, 이를 유지계수(maintenance coefficient)라 하여 세포 단위 질량당 기질 소모속도로 정의한다.

이와 같이 유지계수(m)를 고려하면 식 (11-6)은 다음 식으로 변형된다.

$$\frac{dS}{dt} = -\frac{\mu}{Y_{X/S}}X - mX \tag{11-7}$$

생산물의 생성속도는 생산물의 종류, 미생물의 대사패턴, 유도물질의 존재 여부 등에 따라 복잡한 실험적인 현상을 보인다. 생산물의 생성속도도 균체농도가 증가함에 따라 증가할 것이므로 다음과 같이 표현된다.

$$\frac{dP}{dt} = \pi X \tag{11-8}$$

여기서 π 는 단위 세포당 비생산속도(specific production rate)이며, μ 와 같이 여러 환경요인들에 의존되므로 이에 대한 여러 가지 수학적 모델들이 제시되었다.

생산물의 생산패턴이 증식 연관형(growth associated)인 경우(제7장), 즉 생산물이 미생물의 성장과 동시에 생산될 경우 다음과 같이 나타낼 수 있다.

$$\pi = a\mu \tag{11-9}$$

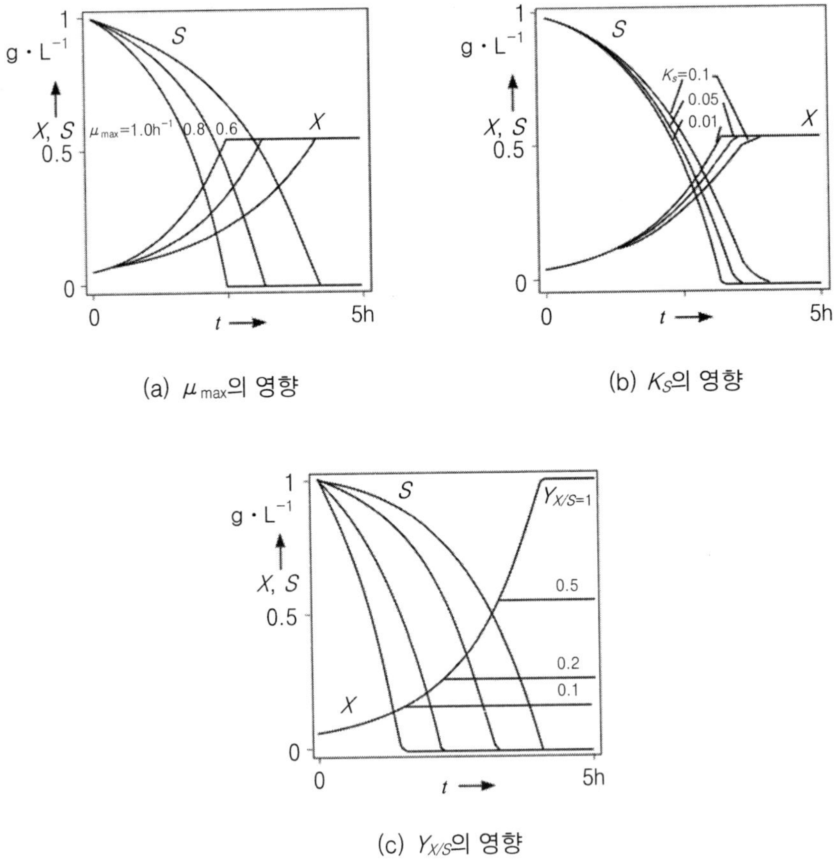

(a) μ_{max}의 영향

(b) K_S의 영향

(c) $Y_{X/S}$의 영향

그림 11-7. 회분배양의 매개변수가 균체농도와 기질농도에 미치는 영향
(S_0 =1 g/l, X_0 = 0.05 g/l, $Y_{X/S}$ = 0.5, K_S = 0.01 g/l)

여기서 a는 실험적 상수이다.

또한 증식 비연관형(non-growth associated)인 경우, 생산물의 생성속도가 정지기 동안에 진행되는 경우 비생산속도는 상수이다.

$$\pi = \beta = \text{Constant} \tag{11-10}$$

많은 경우 생산물의 생성패턴이 성장기와 정지기에 모두 일어나므로 식 (11-9)과 식 (11-10)을 결합한 다음과 같은 Leudeking-piret 모델식을 사용한다.

$$\pi = a\mu + \beta \tag{11-11}$$

따라서 생산물의 생성속도는 다음과 같이 정리할 수 있다.

$$\frac{dP}{dt} = a\mu X + \beta X \tag{11-12}$$

이러한 형태로 표시될 수 있는 발효 생산물에는 젖산 같은 유기산, 잔탄검 같은 다당류, 각종 단백질 등이 있다.

회분배양 모델식에서 매개변수(μ_{max}, K_S, $Y_{X/S}$)의 값의 변화가 균체 및 기질농도 profile에 미치는 영향을 컴퓨터 시뮬레이션에 의해 얻은 결과는 그림 11-7과 같다.

3.3 변형 Monod 모델

1) 저해현상을 고려한 모델

기질농도는 생산물의 농도가 높을 때 생장저해를 받는 경우 Monod 식 만으로는 실험적 현상을 설명할 수 없다. 기질저해는 효소의 저해현상처럼 경쟁적 또는 비경쟁적일 수 있다. 이러한 기질저해의 표현 식은 다음과 같다.

① 비경쟁적 기질저해

$$\mu = \frac{\mu_{max} S}{(K_S + S)\left(1 + \frac{S}{K_I}\right)} \tag{11-13}$$

또는

$$\mu = \mu_{max} \frac{S}{K_S + S + \frac{S^2}{K_I} + \frac{K_S S}{K_I}} \tag{11-14}$$

여기서 K_S는 기질 자화상수, K_I는 기질 저해상수이다.

② 경쟁적 기질저해

$$\mu = \frac{\mu_{max} \ S}{K_S \left(1 + \frac{S}{K_I}\right) + S} \tag{11-15}$$

높은 생산물의 농도가 미생물의 생장을 저해하는 경우도 있는데, 이 경우도 비경쟁적 또는 경쟁적 저해현상으로 구분하여 다음과 같이 표현된다.

① 비경쟁적 생산물 저해

$$\mu = \frac{\mu_{max}}{\left(1 + \frac{K_S}{S}\right)\left(1 + \frac{P}{K_P}\right)} \tag{11-16}$$

여기서 K_P는 생산물 저해상수이다.

포도당으로부터 에탄올을 생산하는 효모의 증식에 에탄올은 비경쟁적 저해현상을 보인다.

② 경쟁적 생산물 저해

$$\mu = \frac{\mu_{max}}{K_S \left(1 + \frac{P}{K_P}\right) + S} \tag{11-17}$$

이 외에도 다음과 같은 다양한 모델식이 제안되었다.

$$\mu = \frac{\mu_{max}}{\left(1 + \frac{K_S}{S}\right)} e^{-\frac{P}{K_P}} \tag{11-18}$$

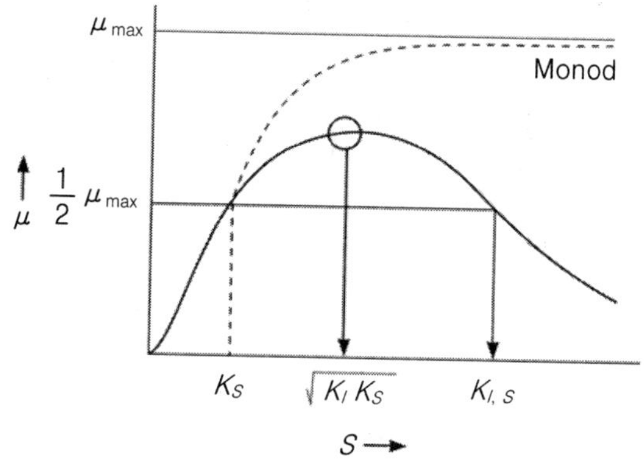

그림 11-8. 기질저해 모델식에서의 최적 기질농도

$$\mu = \frac{\mu_{max}}{\left(1 + \frac{K_S}{S}\right)}\left(1 - \frac{P}{P_m}\right)^n \tag{11-19}$$

여기서 P_m은 생장을 멈추게 하는 생산물 농도이다.

3.4 유가배양 모델

유가배양(fed-batch)은 단속적으로 기질을 공급함으로써 기질저해 또는 이화생성물 억제(catabolite repression)를 극복할 수 있는 배양방식이다.

유가배양에서는 기질용액의 공급에 의한 배양부피의 증가가 있다. 기질용액의 공급속도를 F(ml/min)라고 하면

$$\frac{dV}{dt} = F \tag{11-20}$$

균체증식에 대한 물질수지는

$\frac{d(XV)}{dt} = \mu(XV)$이며

따라서 $V\frac{dX}{dt} + X\frac{dV}{dt} = \mu XV$ 이 된다.

이 식에 식 (11-20)을 대입하여 정리하면

$$\frac{dX}{dt} = \mu X - \left(\frac{F}{V}\right)X \tag{11-21}$$

$\frac{F}{V} = D$로 정의하면

$$\frac{dX}{dt} = (\mu - D)X \tag{11-22}$$

여기서 D는 희석률(h^{-1})이다.

유가배양의 초기에는 기질 농도가 일정한 값이 될 때까지 회분배양 방식으로 조업을 한다. 기질이 거의 모두 소모가 되었을 때($S \approx 0$ 또는 $S = S_C$)가 되면 $\frac{dX}{dt} = 0$가 된다. 이 때를 준정상상태(quasi-steady state)라고 하며, $\frac{dX}{dt} = 0$이므로 $\mu = D$가 된다.

마찬가지로 기질소모에 대한 물질수지식으로부터 기질소모 속도식을 나타낼 수 있다(식 11-24).

$$\frac{d(SV)}{dt} = FS_0 - \frac{\mu}{Y_{X/S}}XV \tag{11-23}$$

풀어쓰면

$$S\frac{dV}{dt} + V\frac{dS}{dt} = FS_0 - \frac{\mu}{Y_{X/S}}XV$$

정리하면

$$\frac{dS}{dt} = \frac{F}{V}S_0 - \frac{F}{V}S - \frac{\mu}{Y_{X/S}}X$$

$$= D(S_0 - S) - \frac{\mu}{Y_{X/S}}X \tag{11-24}$$

또한 생산물의 생성 속도식은 식 (11-25)와 같이 표현된다.

$$\frac{dP}{dt} = \pi X - \frac{F}{V}P$$

$$= \pi X - DP \tag{11-25}$$

유가배양에서는 기질용액의 유입에 의해 배양부피의 증가가 있는 반면 유출액이 없으므로 배양기의 최대 조업가능 부피까지만 기질용액의 유입이 가능하다. 따라서 유가배양을 계속하기 위하여 배양액의 일부를 알맞은 시간에 제거한다. 이러한 운전 방식을 반복유가배양(repeated fed-batch culture)이라고 한다.

유가배양이 사용되는 전형적인 예로 항생제 발효를 들 수 있다. 초기에 과량으로 넣어 준 포도당에 의해 2차 대사산물인 항생제의 생산이 억제되기 때문에 초기에 넣어 준 포도당이 일정수준 이하로 소모되면 외부에서 포도당 용액으로 단속적으로 공급해 준다.

3.5 재조합 단백질 생산을 위한 유가배양 모델링

일반적으로 산업용 미생물은 생산성을 최대화시키도록 설계된 제어 알고리듬을 이용하여 배양된다. 포도당, 초산(acetic acid) 및 세포농도의 온라인 분석을 가능하도록 한 바이오센서의 등장은 온라인 공정최적화 및 제어의 가능성을 열었다. 그러나 균체농도를 최대화하거나, 부산물 생성을 최소화하는 간접적인 방식에 의해 재조합 대사산물의 생성을 제어할 수 있다.

재조합 단백질의 농도를 온라인으로 측정할 수 있는 방법이 확립되면서 생산물 농도를 모니터링 할 수 있게 되었다. 그리고 온라인으로 공정 모델의 매개변수를 추정하고, 제어변수의 값을 생산성을 극대화하기 위한 값으로 실시간(real-time)으로 제어할 수 있게 되었다. 여기에서는 재조합 단백질 제조공정을 수학적으로 모델링하고, 이를 이용하여 온라인으로 생물공정을 제어하는 과정을 예로 들어 알아보자.

전형적인 재조합 대장균의 유가배양은 다음 세 단계로 구성된다.

① 초기의 포도당 농도를 소비할 때까지 일반적인 회분식으로 조업한다.

② 포도당이 일정농도 이하로 낮아진 이후 독성 부산물인 아세트산의 축적을 최소화하는 최적의 기질농도(S_C)로 유지되도록 제한기질을 공급하여 균체농도를 최대화시키는 전형적인 유가배양을 수행한다.

③ 알맞은 유도물질(lac, trc, trp 프로모터 시스템)에서의 첨가, 또는 온도를 올려줌으로써(박테리오파아지 λ 프로모터 시스템) clone된 유전자를 발현시켜 목적하는 재조합 단백질 생산물을 생산한다.

표 11-5. 재조합 단백질 제조를 위한 유가배양의 수학적 모델

$$\frac{dX}{dt} = \mu X - \frac{X}{V}(F_S + F_I)$$

$$\frac{dS}{dt} = \frac{F_S}{V}(S_F - S) - \frac{\mu X}{Y_{X/S}} - \frac{S}{V}(F_I)$$

$$\frac{dP_f}{dt} = \pi X - k_3 P_f - \frac{P_f}{V}(F_S + F_I)$$

$$\frac{dI}{dt} = \frac{F_I}{V}(I_F - I) - \frac{F_S}{V}(I) - q_I X$$

$$\frac{dV}{dt} = F_S + F_I$$

여기서 μ : 비증식속도(specific growth rate)
$Y_{X/S}$: 균체수율(biomass yield coefficient)
F_S, F_I : 포도당과 유도물질의 공급속도
π : 재조합 단백질 비생산속도(specific foreign protein production rate)
k_3 : 단백질 분해속도(protein degradation rate)
S_F, I_F : 공급액(feed)의 포도당과 유도물질 농도

위 세 단계를 세포농도(X), 포도당(S), 재조합 단백질(P_f), 유도물질(I), 배양액 부피(V)에 대하여 물질수지를 세우면 표 11-5와 같다.

비증식속도(μ)와 외래 단백질 생산속도(π)를 표현하기 위해 가능한 여러 가지 실험식들을 테스트하여 이 중에서 알맞은 모델식을 선정할 수 있다(표 11-6).

3.6 매개변수의 추정

생물공정에 대한 모델링이 완료되면 각 모델식에 사용된 매개변수를 실험 데이터로부터 추정하는 작업이 필요하다. 또한 추정된 매개변수를 이용한 공정모사(process simulation)를 통하여 모델식과 실제 공정상의 근접성을 확인할 수 있다.

모든 매개변수는 각각 물리적인 의미를 갖고 있으므로 실제 공정을 최대한 근사적으로 모사할 수 있는 값으로 추정됨이 바람직하다. 또한 다양한 실험조건에 따른 실험결과에 대해서도 근사적인 전산모사가 가능하여야 한다. 상태변수(X, S, P_f와 같은)의 수(모델식의 수)가 증가함에 따라 실험조건이 극한적인 조건일수록 이를 만족시키기는 더욱 어려워진다. 따라서 수학적 모델링과 매개변수의 수치적 의미는 제한적인 조건에서 의미를 갖는다.

표 11-6. 재조합 단백질 생산공정의 비증식속도와 단백질 생산속도에 대한 모델식

$$\mu = \left(\frac{\mu_{max} S}{K_S + S + S^2 / K_{SI}}\right)\exp(-\alpha P_f)$$

여기서 μ_{max} : 최대 비증식속도(maximum specific growth rate)
K_S : 기질 자화상수(substrate saturation constant)
K_{SI} : 기질 저해상수(substrate inhibition constant)
α : 단백질 발현에 의한 세포증식 저해상수

$$\pi = k_1 \mu \left(\frac{K_{i0} + I}{K_{il} + I}\right)$$

여기서 k_1 : 외래 단백질 생합성 속도(induced foreign protein biosynthesis rate)
K_{i0}, K_{i1} : 유도상수(induction constants)

각각의 모델식과 매개변수가 하나의 모델 시스템(model system)에서 복잡하게 연결되어 있고, 대부분의 생물공정이 비선형적이므로 효소반응의 Michaelis-Menten 식의 매개변수 추정과 같이 선형화된 도식(Lineweaver-Burk plot 등)에 의해 매개변수의 추정이 어렵다. 따라서 비선형계(nonlinear system)의 수치 해를 구하는 적절한 최적화 기법이 필요하다.

앞에서 개발된 모델식의 매개변수를 회분배양 실험 데이터로부터 추정하기 위하여 constrained optimization technique의 일종인 sequential quadratic programming (SQP) 기법을 이용하는 방법이 개발되었다. 다음의 목적함수, 즉 squared residuals (SSR)을 최소화하도록 하는 매개변수를 추정한다.

$$\text{Obj} = \text{SSR} = \sum_{j=1}^{m}\sum_{i=1}^{n}[(\hat{y}_{i,j} - y_{i,j}) \times W_j]^2 \qquad (11\text{-}26)$$

여기서 n : 실험관찰의 수(number of observation)
m : 종속변수(X, S, P 등)의 수
$y_{i,j}$: j 번째 변수의 i 번째 변수 측정치
$\hat{y}_{i,j}$: j 번째 변수의 i 번째 변수 모사치
W_j : j 번째 변수의 가중치(weighting factor)
($W_j = 1/\bar{y}_i$는 $\bar{y}_i$의 산술평균치)

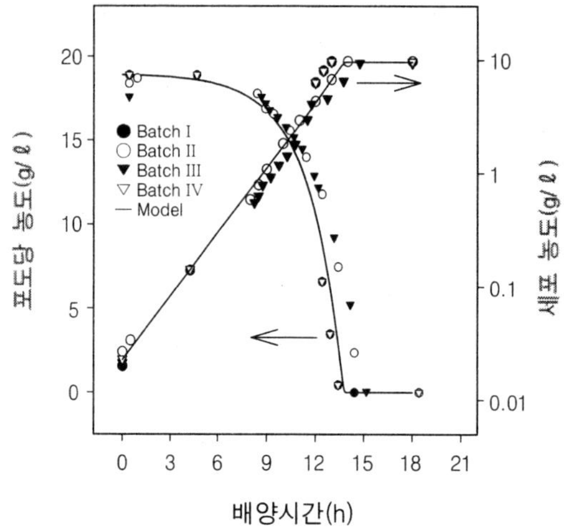

그림 11-9. 미생물 성장 및 기질소모에 대한 전산모사 결과(Chae *et al.*, 2000)

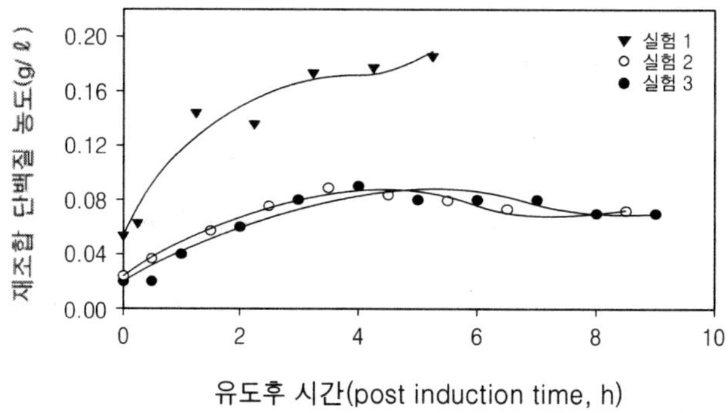

그림 11-10. *E. coli* JM105 [pBAD-GFP::CAT]를 이용한 재조합 단백질 생산에 있어서의 전산모사 결과

그림 11-9와 그림 11-10은 서로 다른 조건에서 이루어진 유가배양 실험 데이터와 앞에서 기술한 모델식과 매개변수 추정법에 의해 결정된 매개변수를 이용하여 계산된 결과를 비교한 예이다. 생물공정의 수학적으로 모델링하고, 이를 토대로 전산모사한 전형적인 결과를 나타내었다.

4. 생물공정 최적화

유전자 재조합 기술의 발달에 의해 많은 종류의 재조합 단백질이 산업적 규모로 생산된다. 생산에 사용되는 숙주세포로는 대장균과 효모가 많은 부분을 차지하고 있다. 특히 대장균은 생물학적 특성이 잘 알려진 미생물로서 가장 먼저 산업적 생산에 널리 사용되어져 왔다. 재조합 단백질의 경제적 대량 생산을 위하여 그 생산성을 최대화하기 위한 발효공정의 최적화가 필요하다. 재조합 미생물 발효시스템의 생산성은 그림 11-11에서 보는 바와 같이 여러 가지 인자에 의해서 결정된다.

① 숙주세포의 성장에 좌우되므로 고농도 세포배양(high cell density)이 요구된다.
② 높은 단위 세포에 따른 단백질(total protein/cells)과 재조합 단백질 발현율(recombinant protein/total protein)이 요구된다.
③ 목적하는 단백질을 고순도로 회수하기 위한 회수정제 공정에서 높은 효율이 요구된다(protein recovery yield).

그러나 많은 경우에 있어서 빠른 세포성장은 단위 세포당 발현율을 떨어뜨리며, 재조합 단백질의 과다 발현은 세포성장을 방해한다. 세포성장과 재조합 유전자의 발현은 이와 같이 생산성 증가에 대해 서로 반대로 작용함으로써 공정을 최적화하는 데 문제가 된다.

생산성 증가를 위해 서로 상반되게 작용하는 세포성장과 재조합 유전자의 발현을 서로 분리하는 것이 바람직하고, 이를 위해 조절 프로모터(regulated promoter)가 사용된다. 재조합 대장균에 사용되는 조절 프로모터로는 lacUV5, tac, trp, λ_{PL} 등의

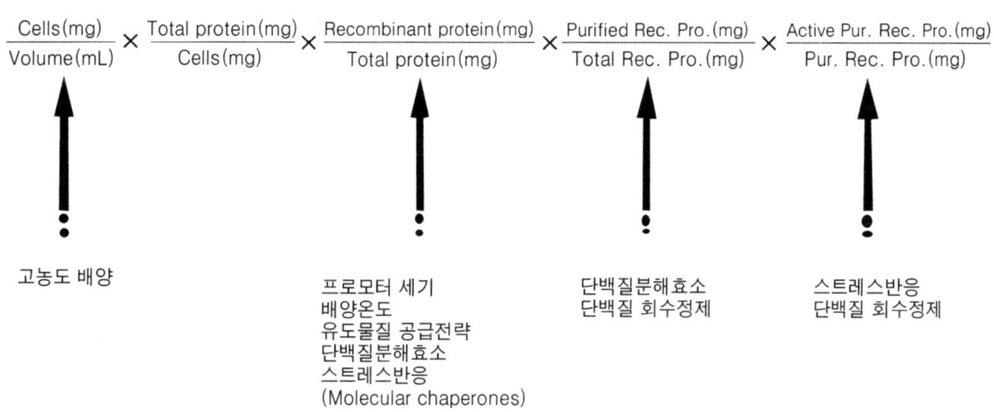

그림 11-11. 재조합 단백질 생산공정에서 생산성에 영향을 미치는 인자들

프로모터가 있고, 특히 trp 프로모터는 산업적으로 널리 사용된다. 외부환경에 의한 조절에 대한 이론적 · 실험적 연구가 진행되었다.

조절 프로모터는 발효환경을 변화시켜 작동을 제어할 수 있으므로 원하는 시기에 발현을 유도할 수 있다. 발효과정에서 고려해야 할 인자들로서는 플라스미드 안정성(plasmid stability), 발현 유도시기(induction time), 총 조업시간(operation time), 세포 비증식속도(specific growth rate) 등이 있고, 고농도 세포배양을 위하여 용존산소가 중요하게 고려된다.

미생물의 배양방법은 앞에서 설명한 대로 여러 가지 방식에 의해 구분된다. 이 중에서 기질의 주입방식에 따라 회분배양(batch culture), 유가배양(fed-batch culture), 연속배양(continuous culture)으로 나눈다. 이러한 세 가지 배양방식에 의해 재조합 단백질을 생산하고자 할 때 최대의 생산성을 얻기 위한 발효조건의 최적화에 대하여 알아보자.

4.1 회분배양

회분조업(batch operation)은 살균된 배지가 들어 있는 발효조 내에 미생물을 접종하여 배양 초기에 투입한 기질이 완전히 소비될 때까지 배양을 계속하면서 미생물을 증식시키고 목적하는 대사산물을 축적하는 배양법이다. 배양 중에 무균적으로 산소를 공급하거나, 소포제(消泡劑, antifoaming agent)의 첨가, pH 조절을 위한 산 또는 알칼리 용액이 주입되는 것 이외에는 기질이 추가적으로 주입되지 않는 폐쇄계(closed system)이다. 재조합 단백질의 상업적인 생산에서는 고농도 배양이 요구되므로 이러한 회분배양 방식은 많이 이용되지 않는다. 회분배양은 종균배양(seed culture) 또는 배양의 속도론적 고찰(kinetic study)에 이용되는 배양방식이다.

공정 최적화를 위하여 극대화할 성능지표(performance index, PI)가 결정되어야 하고, 그 성능지표를 극대화시키는 제어변수(control variable)들을 찾아야 한다. 일반적으로 성능지표는 다음과 같이 표시될 수 있다.

$$PI = [\text{생산품 가격}] - [\text{분리 정제 비용}] - [\text{조업 비용}]$$

위 식은 몇 가지의 타당한 가정에서 제어변수의 함수로 표시될 수 있다. 이와 같이 표시된 성능지표는 단위 batch에 따른 성능지표 값과 단위 시간에 따른 값을 계산할 수 있으며, 전자의 경우는 생산품의 수요가 많지 않을 때 사용될 수 있다. 후자의 경우는 생산품의 수요가 매우 많아 회분조업의 횟수가 많을 때 유용하게 사용될 수 있다.

재조합 미생물의 단백질 발현에서 유도물질의 투입이 요구되는 경우가 많으므로 총 조업시간 및 발현 유도시기가 단백질 생산성에 가장 큰 영향을 미친다. 여기서 주어진 총 조업시간에 대해 최적 발현 유도시기가 존재함을 알 수 있다. 가장 간단한 형태의 조업인 회분배양에서는 많은 경우의 재조합 대장균 발효에 있어서 조업시간이 짧으므로 플라스미드 안정성은 크게 문제되지 않는다.

4.2 유가배양

유가조업(fed-batch operation)은 재조합 대장균 발효를 위하여 산업적으로 널리 사용된다. 이 방식의 배양법은 균체농도를 높임으로써 유전자 대사산물의 생산성을 효율적이면서 직접적으로 높일 수 있는 방법이다. 높은 세포농도와 재조합 유전자의 높은 발현을 달성하기 위하여 다양한 종류의 유가배양 방법들이 고안되었다.

대부분의 유가배양법은 기질농도를 최소한으로 유지시킴으로써 초산(acetate)과 같은 독성이 있거나 저해현상을 보이는 바람직하지 않은 부산물의 생성을 억제하는 것을 목표로 한다. 이 방식의 장점은 적은 배양 부피를 통한 높은 부피 생산성, 용이한 회수공정 등이 있다. 지금까지 알려진 재조합 대장균의 고농도 배양(high cell density culture)의 최고 세포농도 기록은 100 g/*l* 내외로서 이론적으로는 160～200 g/*l*까지 가능한 것으로 알려져 있다. 고농도 배양에 영향을 미치는 몇 가지 인자는 다음과 같다.

1) 초산 축적 문제

유가배양에 의한 고농도 배양을 위해서 반드시 고려해야 할 사항은 초산의 축적 문제와 배양온도에 의한 효과이다. 고농도 배양을 수행하는 과정에서 부산물로 생성되는 초산은 세포의 성장에 유해한 물질로서 다음의 여러 경우에 의해서 생성이 촉진된다.

① 혐기적인 또는 산소가 부족한 상황일 때
② TCA cycle과 전자전달 시스템이 포화되었을 때
③ 호기적인 조건하에 탄소원이 과량으로 존재할 때
④ 재조합 단백질의 발현에 따른 세포 내 스트레스가 존재할 때

초산이 일반적으로 5～10 g/*l* 수준 이상으로 존재할 경우, 균체의 생장속도가 저해를 받으며, 재조합 단백질의 합성 또한 저해를 받는다. 초산의 생성은 복합배지에서는 균체 비증식속도가 0.2 h^{-1} 이상인 경우, 합성배지에서는 0.35 h^{-1}인 경우 현저히 증가한다. 일반적으로는 합성배지보다 복합배지에서 생성량이 많다.

2) 감온배양 효과

두 번째는 감온효과(temperature down effect)이다. 일반적으로 대장균의 생육적온은 37℃이지만 고농도 배양을 위해서는 배양온도를 26~30℃로 낮추는 것이 바람직하다. 이렇게 함으로써 균체 증식속도는 낮아지나 초산과 같은 부산물의 생성을 줄이며, 산소 요구량을 줄여서 순수한 산소의 공급이 없이도 고농도 배양이 가능하도록 한다. 아울러 이런 감온배양에서는 inclusion body의 생성을 감소시켜 생산물의 회수율을 높게 하는 장점이 있다.

3) 배지 공급속도

유가배양에서 가장 중요한 것은 배지 공급속도를 결정하는 문제이다. 이를 위해 pH-stat, DO-stat, 배지 내의 포도당 농도 또는 초산 농도의 측정, 세포 비증식속도 제어 등의 방법들이 제안되었다. 세포생장과 재조합 단백질 생산을 저해하는 초산의 생성은 세포 비증식속도와 관련이 있으므로 세포 비증식속도는 중요한 인자이다.

고농도 배양을 위한 기질 주입방식에는 다음의 4가지가 있다. 이 중에서 가장 많이 사용하는 방법은 지수적 공급방식과 되먹임 제어(feedback control) 방식이다.

① 정속 공급(constant rate feeding)
② 단계적 증속공급(stepwise increase of feeding rate)
③ 지수적 공급(exponential feeding)
④ 되먹임 제어(feedback control)

- DO-stat
- pH-stat
- 포도당 농도 측정에 의한 직접 되먹임 제어

기질(포도당) 용액을 지수적으로 공급함으로써 세포 비성장속도를 일정한 값으로 제어하는 것이 가능하다. 공급속도는 세포와 기질에 대한 물질 수지식으로부터 계산된다. 기질농도에 대한 세포 비성장속도를 나타내는 Monod 식의 포화상수(K_S)가 대장균의 경우 매우 작은 값을 가지므로 세포 비증식속도를 $\mu_{\max}$ 이하의 값으로 제어하기 위해서는 기질농도가 거의 0에 가깝게 유지되어야 한다. 따라서 $S=0$, $dS/dt=0$의 조건을 이용하여 물질 수지식으로부터 배지 공급속도를 계산할 수 있다.

회분배양에서

$$\frac{dS}{dt} = -\frac{\mu}{Y}X \tag{11-27}$$

여기서 Y는 생장수율($Y_{X/S}$)이다.

마찬가지로 유가배양에서는

$$\frac{d(SV)}{dt} = -\frac{\mu}{Y}(XV) \tag{11-28}$$

여기에서 $XV=(X_0\ V_0)e^{\mu t}$이므로

$$S_F\frac{dV}{dt} + V\frac{dS}{dt} = -\frac{\mu}{Y}(X_0\ V_0)e^{\mu t} \tag{11-29}$$

여기에서 S_F는 공급액(feed)의 기질농도이다.

위 식에서 $\frac{dS}{dt}=0$이고, $\frac{dV}{dt}=F$이므로

$$F = \frac{\mu X_0\ V_0}{YS_F}e^{\mu t} \tag{11-30}$$

Y는 생장수율(growth yield)로서 보통 상수 값이 사용되나, 재조합 균주 발효에 있어서는 조절 프로모터에 의해 재조합 단백질 과량 생산이 유도되어짐에 따라 생장수율은 점차 감소하는 경향을 나타낸다. 생장수율의 감소는 시간에 따라서 다른 지수적 감소 형태로 수식화하여 표시될 수 있다.

4.3 연속배양

재조합 대장균의 연속배양(continuous culture)에 있어서 가장 큰 문제점은 플라스미드의 불안정성이다. 이를 위해 2단계 배양방법에 대한 연구가 진행되고 있다. 첫째 발효조는 세포 성장단계로서 플라스미드를 가진 세포를 증식시켜 생산단계인 둘째 발효조로 공급한다. 생산단계에서는 조절 프로모터를 활성화시켜 재조합 단백질을 생산한다. 둘째 발효조 내에서 더 높은 세포농도 유지와 재조합 단백질의 생산을 위한 충분한 유도시간을 제공하기 위하여 세포 재순환에 대한 연구도 수행되고 있다.

이와 같은 2단계 연속배양은 외부 유전자의 발현이 억제된 상태에서 플라스미드 안정성이 더 높은 점을 이용한 것이다. 그러나 이와 같이 2단계로 조업하여도 플라스미드 불안정성 문제를 해결하기 위하여 박테리오파아지 λ의 이용에 관한 연구가 수행되고 있다. 박테리오파아지 λ는 용원(lysogenic) 상태에서 매우 안정되게 유지되

며, 용균(lytic) 상태에서는 자기 복제하여 유전자가 70배 이상으로 불어난다. 따라서 세포 성장단계에서는 안정되게 용원(lysogenic) 상태로 조업하고, 생산단계에서는 용균(lytic) 상태를 유도하여 유전자 수를 늘리고 재조합 단백질을 생산한다. 이와 같이 박테리오파아지 λ를 이용하여 안정된 연속 조업을 수행할 수 있다.

클로닝된 외부 유전자가 안정되게 유지될 경우 정상상태로 조업할 경우, 재조합 단백질의 생산성을 극대화하기 위하여 각 발효조에서의 희석률(dilution rate, D)이 중요한 인자로 작용한다.

4.4 생물공정의 모델링에 근거한 최적화 기술

유가배양을 통하여 고농도 배양을 이루고자 할 때의 주요 제어변수는 제한기질(포도당)의 공급속도(feeding rate, F_S)이다. 또한 유도물질에 의해 재조합 단백질의 합성이 유도되는 경우에는 유도물질의 공급속도(feeding rate, F_I)가 중요한 조작변수가 된다. 유가배양기의 조업에는 여러 가지 물리적인 제한조건이 있으므로 Pontryagins의 maximum principle에 기초한 최적화기법으로 최적의 공급방법을 결정하는 데는 어려움이 있다. 이러한 최적화 문제의 목적함수(objective function)는 다음과 같이 총 배양시간(t_f)에서의 재조합 단백질의 총량($P(t_f)V(t_f)$)을 최대화하는 것이다.

재조합 단백질의 생산량(PV)은 유가배양의 수학적 모델인 표 11-5와 표 11-6의 모델식에 의해 결정된 생산물 농도(P)와 배양부피(V)의 곱으로 표시되며, 유가배양에서의 주요 조작변수인 FS와 FI의 profile에 의해 결정된다. 따라서 PV를 성능지표로 하여 다음과 같이 표현되는 목적함수를 최대화하는 배지 및 유도물질의 최적 공급속도 profile(F_S와 F_I)을 얻어야 한다.

최적화 할 성능지표 : $J = \text{Max}\ \{P(t_f)V(t_f)\}$

여기에서 P : 생산물 농도

V : 배양부피

t_f : 총 배양시간

제한조건 : $0 \le F_I \le F_{MAX}$(최대 허용유속)

$0 \le V \le V_{MAX}$(최대 허용부피)

재조합 단백질 생산공정에 최적화 기술 적용의 한 예를 들어 보자. 대장균을 이용하여 재조합 단백질을 생산하고자 할 경우 전술한 바와 같이 재조합 단백질의 발현시기를 원하는 시기에 조절하기 위하여 조절 프로모터를 사용하는데, 대표적으로 arabinose operon의 pBAD 프로모터(그림 11-12(a)의 pBAD-GFP::CAT 플라스미드)를 사용하거나, isopropyl-β-D-thiogalactopyranoside (IPTG)에 의해 유도작용을 갖는 Ptrc 프로모터(그림 11-12(b)의 pTH-GFPuv/CAT 플라스미드)를 사용한다. 여기서 GFP(green fluorescence protein)는 리포터 유전자(reporter gene)로서 목적 단백질인 CAT(chloramphenicol acetyltransferase)의 발현을 모니터링 하기 위한 것으로 CAT 유전자와 operon fusion과 translational fusion 기술에 의하여 재조합 균주를 얻기 위하여 사용되었다. Arabinose는 유도물질로 사용되기도 하지만, 대장균에 의해 대사되는 영양분으로 이용될 수 있다. 반면 IPTG는 미생물에 의해 대사되지 않는 유도물질이다.

그림 11-12는 기질 공급속도(F_S)와 유도물질 공급속도(F_I)를 두 개의 제어변수로

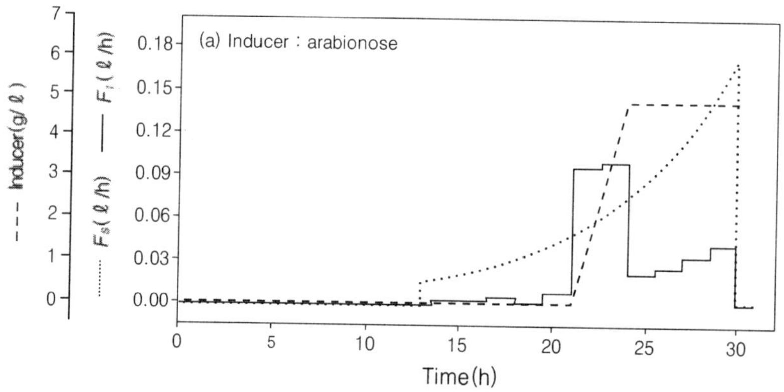

(a) *E. coli* JM105[pBAD-GFP::CAT]

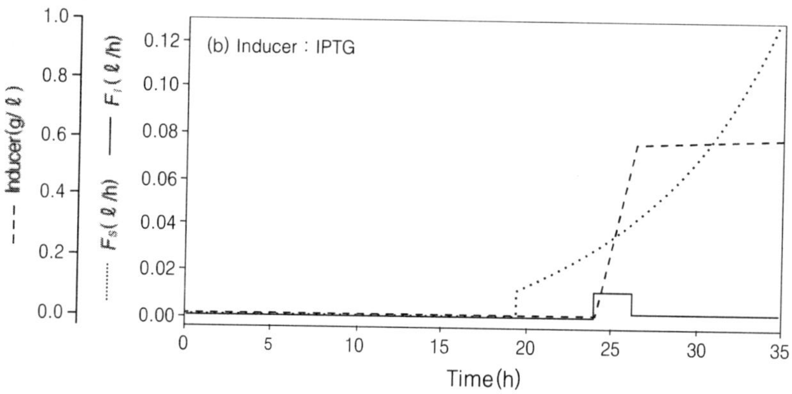

(b) *E. coli* JM105[pTH-GFPuv/CAT]

그림 11-12. 재조합 대장균의 유가배양에서의 유도물질 공급조절
(Chae, *et al.*, 2000)

하여 일정한 배양조건(같은 균주, 같은 초기 제한기질 농도, 그리고 초기 균체농도)에서 위의 목적함수를 최적화한 결과이다. 그림 11-12(a)에서 보는 바와 같이 arabinose와 같이 균체에 의해 대사되는 유도물질을 사용할 경우 유가배양의 중간에 펄스 공급과 함께 그림에서 보는 바와 같이 계단형 공급인 지수적인 추가 공급이 최적의 유도물질 공급속도인 반면, IPTG와 같이 비대사성 유도물질인 경우(그림 11-12(b)) 펄스 공급이 최적 profile로 나왔다.

4.5 생물반응기 제어

1) 컴퓨터의 이용

앞에서 설명한 바와 같이 미생물 반응에서는 측정할 변수 혹은 이미 측정 가능한 변수의 수가 많다. 센서기술의 진보에 의해서 앞으로 측정 가능한 변수의 수는 증가할 것이다. 컴퓨터에 의해 다수의 센서로부터 측정치나 공정변수의 계측치를 입력하고, 데이터 처리하여 입력 데이터를 기초로 미생물 반응의 최적제어를 실시한다. 미생물 반응용 생물반응기로부터의 정보량이면 비교적 값싸게 구할 수 있는 개인용 컴퓨터로도 처리가 가능하다.

생물공정에 컴퓨터를 이용하는 예는 다음과 같다.

(1) 회분조작이나 반회분조작의 순차적 제어(sequence control)이다.

회분조작은 배양조의 살균, 배지의 살균과 배양조에의 투입, 접종, 배양, 배양액의 분리, 분리정제 공정에의 투입, 배양조의 세정 등 순차 조작으로 이루어진다. 이들은 컴퓨터와 연결한 순차 제어장치에 의해서 자동화된다. 더욱이 회분배양을 하는 반응조가 복수의 경우나 여러 종류의 제품을 같은 반응기로 생산하는 경우에도 컴퓨터에 의해 집중적으로 자동 관리된다.

(2) 실측 데이터의 수집, 보존과 연산, 데이터 해석-모니터링이다.

생물반응기 또는 발효조 제어는 생물반응의 주요 변수는 온도, pH, 용존산소 농도, 균체농도, 기질농도, 생산물 농도, 비증식속도(μ), 생리학적 상태, 산소 흡수속도(oxygen uptake rate, OUR), 호흡률(respiration quotient, RQ), CO_2 발생속도(carbon dioxide evolution rate, CER) 등이다.

표 11-1에 나타낸 변수의 대부분은 이들로 얻은 정보를 단독 혹은 다른 데이터와 조합하여 더욱 고차정보를 제공하는 의미에서 1차 정보라고 할 수 있다. 2차 정보로서는 μ, OUR, CER 등이 있고, 3차 정보로서는 기질 소모속도(q_s)와 생산물 생성속

도(q_p), 균체수율($Y_{X/S}$), RQ 등이 있다. 이들 고차정보는 1차 정보를 컴퓨터에 입력하면 알맞은 프로그램에 의해 수시로 연산되고, 미생물의 생리활성의 파악에 유효하다.

2) 제어기술

여러 가지의 센서(sensor)에 의해 얻어지는 데이타의 입력과 분석 등을 통하여 발효공정을 모델화하고, 컴퓨터에 의한 자동제어를 실시한다. 예를 들어 컴퓨터에 의한 발효공정의 제어공정을 간단히 나타내면 그림 11-13에서 보는 바와 같다.

입력 데이터를 기초로 하여 알맞은 소프트웨어에 의해 평가함수를 최적으로 하도록 컴퓨터로 출력을 하고, 인터페이스를 거쳐 조작변수를 제어한다. 퍼지(fuzzy)제어, 인공지능(artificial intelligence, AI), 전문가 시스템(expert system) 등 제어공학의 응용이 계속되고 있다. 생물반응기 제어계는 실험실 규모에서 이루어지는 여러 가지 실험을 통한 모델화(modelling), 각종 변수의 추정, 제어(control), 공정의 최적화로 구분된다. 생물반응계의 동특성(動特性, kinetics)은 비선형적이고, 시간에 따라 변하는 특성을 갖기 때문에 이를 극복하기 위한 여러 제어방법이 개발되어 왔다.

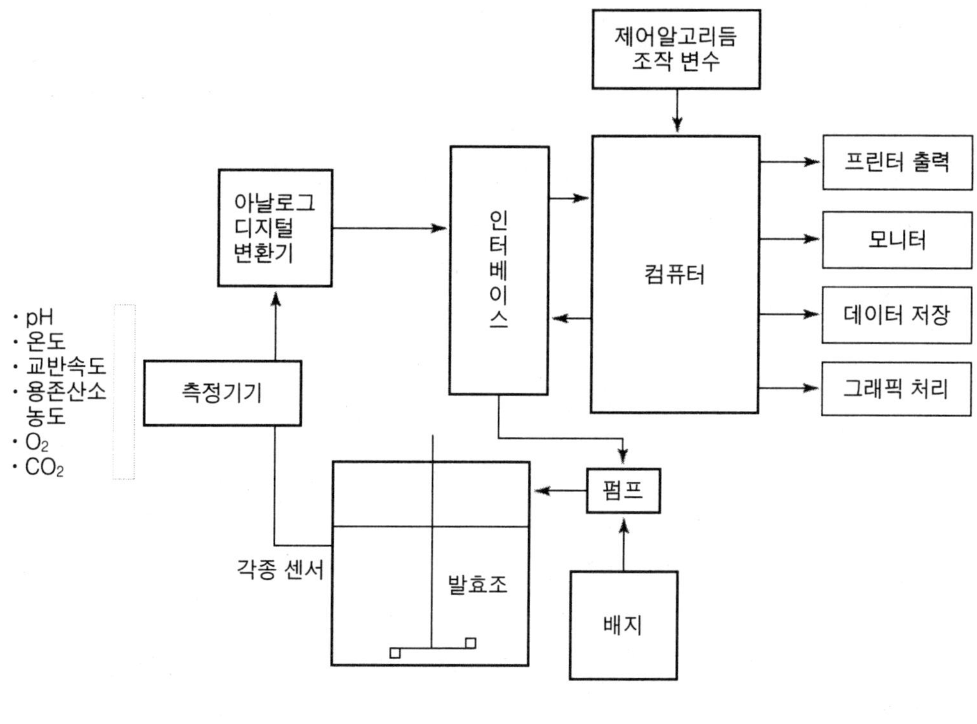

그림 11-13. 컴퓨터에 의한 발효공정 제어의 개요

점차 새로운 측정장치의 개발과 더불어 컴퓨터를 사용한 발효공정의 최적화(optimization)에 의한 자동제어 방식이 늘어나고 있다.

참고문헌

1. Georgiou, G., AIChE J., 34, 1233(1988)
2. Park, T. H., J-H. Seo and H. C. Lim, Biotechnol. Lett., 11, 87(1989)
3. Koh, B. T. and M. G. S. Yap, Biotechnol. Bioeng., 41, 707(1993)
4. Park, T. H., Kor. J. ChE, 11, 282(1994)
5. Shinha, S., Biotechnol. Bioeng., 31, 117(1998)
6. Park, T. H., J-H. Seo, and H. C. Lim, Biotechnol. Bioeng., 34, 1167(1989)
7. Robbins, J. W. Jr. and K. B. Taylor, Biotechnol. Bioeng., 34, 1289(1989)
8. Paalme, T., K. Tiisma, A. Kahru, K. Vanatalu, and R. Vili, Biotechnol. Bioeng., 35, 312(1990)
9. Hwang, S. and R. Feldberg, Biotechnol. Prog., 6, 48(1990)
10. Mitzutani, S., J. Iijima, M. Morikawa, K. Shimizu, M. Matsubara, Y. Ogawa, R. Izumi, K. Matsumoto, and T. Kobayashi, J. Ferment. Technol., 65, 325(1987)
11. Shimizu, N., S. Fukuzono, K. Fujimori, N. Nishimura, and Y. Odawara, J. Ferment. Technol., 66, 187(1988)
12. Allen, B. R. and G. W. Luli, BioPharm, Nov., 38(1987)
13. Riesenberg, D., K. Menzel, V. Shulz, K. Scjumann, G. Veith, G. Zuber, and W.A. Knorre, Appl. Microbiol. Biotechnol., 34, 77(1990)
14. Zabriskie, D. W., D. A. Wareheim, and M. J. Polansky, J. Ind. Microbiol., 2, 87(1987)
15. Yoon, S. K., W. K. Kang, and T. H. Park, Biotechnol. Bioeng., 43. 995 (1994)
16. Siegel, R. S. and D. D. Y. Ryu, Biotechnol. Bioeng., 27, 28(1985)
17. Park, S. and D. D. Y. Ryu, Biotechnol. Bioeng., 35, 287(1990)
18. Park, T. H., J. Hong, and H. C. Lim, Biotechnol. Prog., 7, 77(1991)
19. Park, T. H. J-H. Seo, and H. C. Lim, Biotechnol. Bioeng., 37, 297(1991)
20. Park, T. H., H. C. Lim, J. Hong, and J-H. Seo, Proc. APBioChEC, 1, 334 (1990)
21. Albano, C. R., Randers-Eichhorn, L., Bentley, W. E., and Rao, G., Biote-

chnol.Prog., 14, 351(1998)

22. Chae, H. J., DeLisa, M. P., Cha, H. J., Rao, G. Weigand, W., and Bentley, W. E., Biotechnol. Bioeng., 69, 275(2000)

제 12 장

생성물의 회수와 정제

1. 서 론

생물공정(bioprocess) 중에서 세포를 배양한 후, 균체를 포함하여 대사산물(代謝產物, metabolites)을 회수하거나 정제하는 일은 매우 중요한 공정 중의 하나로 제품의 품질은 물론 경제성과 직접적인 관계가 있다. 생성물을 회수하거나 정제할 때 다음과 같은 점을 고려하여야 한다.

① 가능한 빠른 시간 내에
② 효과적인 방법으로
③ 최소의 비용으로
④ 고품질의 제품을 얻는 것을 목적으로 한다.

여기에 이상적인 방법은 없으며, 전체 생산비 중의 20～60%가 회수 및 정제하는 데 소요된다는 점을 감안할 때 이에 알맞은 방법의 선택은 무엇보다도 중요하다. 대사산물의 종류에는 핵산・비타민・일부의 효소・항생제(sisomicin, griseofulvin 등) 등과 같은 균체내 물질(intracellular metabolites)과 아미노산・구연산・알코올・효소(amylase, protease 등)・항생제(penicillin, streptomycin 등) 등의 균체외 물질(extracellular metabolites)로 나눌 수 있다.

필요로 하는 대사산물의 양은 대부분 배양액에 비하여 매우 소량인 경우가 많다. 원료의 종류, 대사산물의 농도와 분리공정 중의 안정성, 요구되는 최종제품의 순도 등에 따라서 여러 가지의 방법에 의해 생성물을 회수하게 된다.

발효생성물을 회수하는 방법을 선택할 때는 다음과 같은 요인들을 고려하여 결정한다.

① 생성물의 존재 위치(intracellular 또는 extracellular)

② 배양액 중의 생성물의 농도
③ 생성물의 물리화학적인 성질
④ 제품의 사용목적
⑤ 요구되는 제품의 정제 정도
⑥ 배양액 중의 불순물의 양
⑦ 제품의 시장가격
⑧ 수율

그러면 생물공정에서 많이 이용되는 대표적인 효소생산 공장의 공정도를 예로 들어보자. 그림 12-1에서 보는 바와 같이 발효공정에서부터 제품포장에 이르기까지 많은 단계를 거쳐야 비로소 우리에게 필요한 제품을 얻을 수 있음을 알 수 있다. 이러한 회수단계와 정제단계를 효과적으로 수행하기 위해서는 균주의 선택에서부터 회수공정까지 다음과 같은 점이 고려된다.

① 색소 생성이나 불필요한 대사산물을 생산하지 않는 균주의 선택
② 부산물 생성을 감소시킬 수 있는 발효조건의 설정
③ 정확한 발효 종료시간의 설정
④ 수확 후의 pH 조절 및 온도처리
⑤ 응집제의 첨가 또는 세포벽 분해효소의 처리 등이 필요한 경우도 있다.

일반적으로 생성물의 회수와 정제공정은 크게 4단계의 연속공정으로 이루어져 있다.

① 균체를 분리하는 공정(separation of cells)
② 제품 분리공정(isolation of products)
③ 제품 정제공정(purification of products)
④ 최종 상품화 공정(polishing)이다.

생성물의 회수와 정제과정에 있어서 첫 단계는 배양액으로부터 균체외 생성물을 균체물질과 부착되어 있는 고형물질에서 분리하는 일이다. 보통 균체내 물질을 얻고자 할 때는 균체를 배양액에서 분리한 다음 균체를 파쇄 또는 용해시킨 후 유기용매로 추출한다.

보통 분리방법은 여과 또는 원심분리에 의해 이루어지기도 하며, 경우에 따라서는 침강(sedimentation)에 의해 실시한다. 첫 단계로서 필요로 하는 성분이 균체내 물질인 경우는 물질의 특성에 따라 그림 12-2에서 보는 바와 같이 화학적·물리적 또는 생물적인 방법에 의해 세포를 파쇄해야 한다.

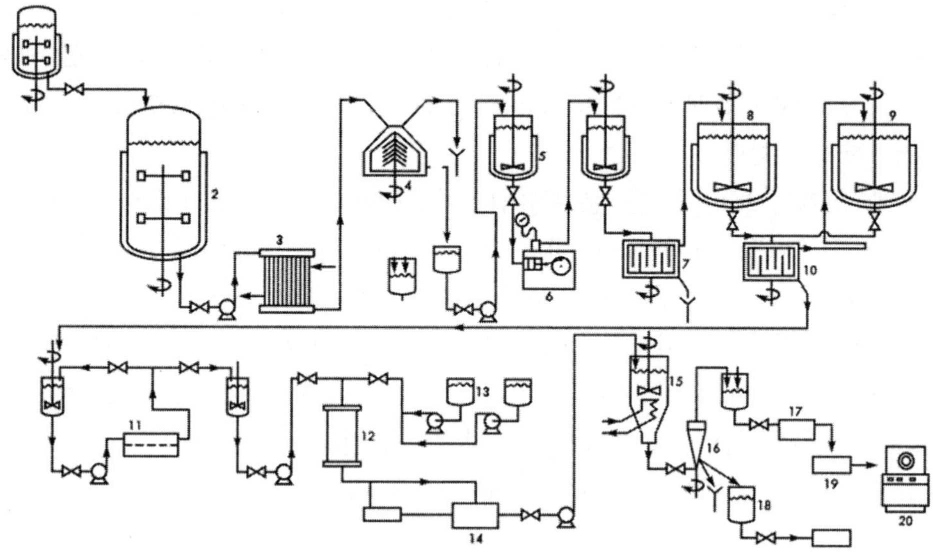

그림 12-1. 상업 규모의 효소생산 공정도

1. 종균 배양조
2. 효소생산용 발효조
3. 열교환기
4. 균체 수확용 원심분리기
5. 희석용 탱크
6. 효소추출
7. 불순물 제거장치
8. 1차 침전탱크
9. 분획 침전탱크
10. 침전물분리
11. 한외여과
12. 크로마토그래피장치
13. 완충액 저장탱크
14. 분획수집기
15. 용매 침전탱크
16. 최종 원심분리장치
17. 투석장치
18. 최종 침전탱크
19. 포장기
20. 냉동건조기

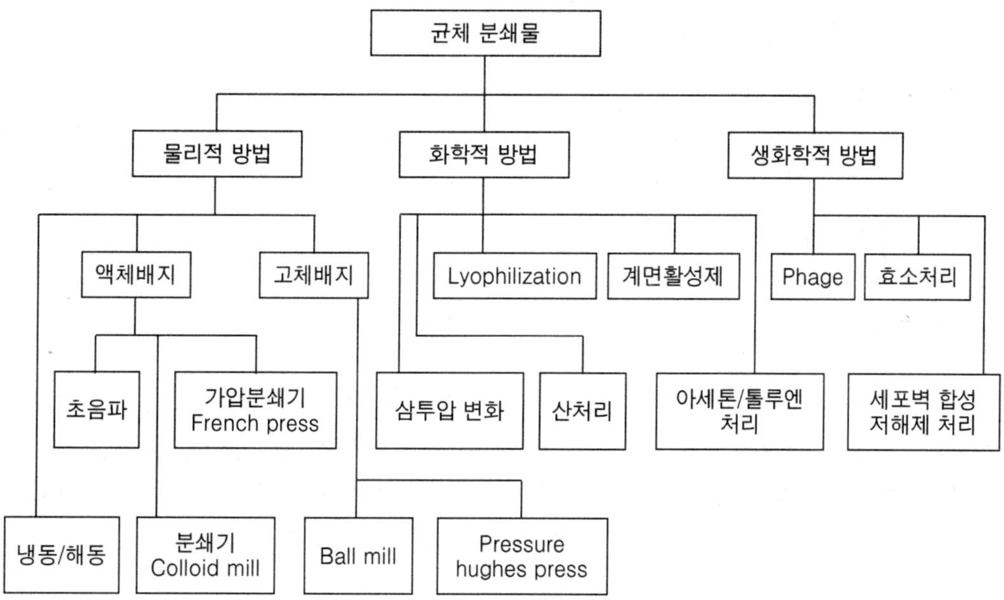

그림 12-2. 대사산물을 분리하기 위한 세포파쇄 방법

초음파(ultrasonic wave)를 이용하여 세포를 파쇄하는 방법은 효과적이기는 하지만, 비용이 많이 들어 상업적인 이용에 어려운 결점이 있다. 예를 들어 효모세포에서 단백질을 분리할 때는 호모게나이저(homogenizer)에서 560 bar의 압력으로 균체 현탁액을 처리하기도 한다.

두 번째 단계는 배양여액을 분별하거나 추출(liquid-liquid extraction), 침전(precipitation), 크로마토그래피(adsorption chromatography, ion exchange chromatography, affinity chromatography 등) 등의 방법에 의해 주요 성분을 분리한 다음 정제 과정을 거치게 된다. 이 외에도 경우에 따라서는 농축(concentration), 탈색(decoloring), 결정화(crystallization), 탈염(desalting) 등 보조적인 공정도 이용된다.

이러한 생성물의 분리 및 정제방법은 대부분 단위조작(unit operation)에 대한 이론이 응용된다. 이에 대해 중요한 부분에 대하여 하나씩 살펴보자.

2. 균체의 회수

일반적으로 배양액 중에는 균체농도가 낮기 때문에 여과, 원심분리, 침강 등 물리적 방법에 의한 균체분리법이 많이 이용된다. 여과는 부유물을 분리하는 데 가장 보편적으로 이용하는 방법이다. 미생물 균체의 비중은 배지 중에 존재하는 부유물질의 비중과 비슷하여 뭉쳐지기 쉬운 특성을 가지고 있다. 그리고 생성물이 단백질인 경우 화학물질을 첨가하여 불용성 착화합물 또는 염류를 형성시켜 침전하거나 유기용매를 가하여 침전시키는 방법이 이용되기도 한다.

침전법의 경우 dextran이나 polyethylene glycol 등의 고분자 물질을 단백질 침전제로 이용하기도 하며, 황산암모늄($(NH_4)_2SO_4$) 또는 황산나트륨(Na_2SO_4)은 염석(salting out)용 시약으로 이용된다. 메탄올 · 에탄올 · 아세톤 등의 유기용매도 단백질 침전제로 이용한다.

2.1 여 과

다공성 여제(濾劑, filter medium)를 사용하여 고체-액체 혼합물을 물리적으로 분리하는 조작을 여과(filtration)라고 한다. 여과하고자 하는 고-액 혼합물을 여료(濾料, slurry), 여제를 통과하여 얻어지는 액을 여액(濾液, filtrate)이라고 한다. 여제를 통과하지 못하는 고형물은 여제 위에 쌓이게 되는데, 이를 여과박 또는 여괴(濾塊, filter cake)라고 한다.

여과는 여료를 좁고 불규칙한 공극(空隙)을 통과시킬 때 많은 저항을 받게 되므로 액이 흐를 수 있도록 하는 구동력(driving force)이 필요하다. 구동력을 얻는 방법에 따라 실험실에서 보통 이용하는 방법과 같은 중력여과(gravity filtration), 가압방법을 사용할 때를 가압여과(pressure filtration), 그리고 원심력을 이용한 원심여과(centrifugal filtration)로 구분한다. 여과방법을 선택할 때는 다음과 같은 점을 고려하여 결정한다.

① 여과액의 점도 및 밀도 특성
② 고형물 입자의 크기, 형태, 입자분포
③ 고액비율(固液比率)
④ 고체 또는 액체부분의 회수의 필요성
⑤ 조작 규모
⑥ 회분식 또는 연속식의 필요성
⑦ 무균조작의 필요성
⑧ 여과속도를 조절하기 위한 압력 또는 진공 사용의 필요성

1) 여과(濾過) 이론

여과가 진행될수록 여과박의 두께가 두터워진다. 이에 따라 액체의 이동은 더욱 어려워지면서 압력강하(pressure drop ; ΔP)가 일어나므로 여과를 계속하려면 강하된 양만큼의 압력을 가해 주어야 한다. 여제의 압력강하를 ΔP_m, 여과박에서의 압력강하를 ΔP_c라고 할 때 전체의 압력강하는 이들의 합이 된다.

$$\Delta P = \Delta P_m + \Delta P_c \tag{12-1}$$

여제와 여과박의 성질에 따라 각각의 압력강하는 다음과 같은 요인에 영향을 받아 식 (12-2)와 식 (12-3)과 같이 정의된다.

$$\Delta P_m = \frac{R_m \mu}{A} \cdot \frac{dV}{dt} \tag{12-2}$$

$$\Delta P_c = \frac{\alpha \mu \omega V}{A^2} \cdot \frac{dV}{dt} \tag{12-3}$$

여기에서 R_m : 여제의 저항계수, μ : 여액의 점도
A : 여과면적, V : 여액의 용량
t : 여과시간

α : 여과박의 저항계수

ω : 단위 여액량을 얻을 때 형성된 여과박의 양(무게)이다.

식 (12-1), (12-2), (12-3)으로부터 다음 식이 얻어진다.

$$\varDelta P = \frac{\mu}{A} \cdot \frac{dV}{dt}\left(\frac{\alpha \omega V}{A} + R_m\right) \tag{12-4}$$

$$\frac{dV}{dt} = \frac{A \varDelta P}{\mu\left(\frac{\alpha \omega V}{A} + R_m\right)} \tag{12-5}$$

식 (12-5)는 여과과정에서 압력강하($\varDelta P$)와 여과속도(dV/dt)를 예측하는 데 이용된다. 압력강하를 줄이기 위해 여과면적(A)을 크게 하거나, 여과 도중에 여과박을 제거해 줌으로써 여과속도를 일정하게 할 수 있다. 따라서 주어진 여과장치에서 여과면적을 크게 할 수 없기 때문에 여과속도가 감소하게 되면 압력을 점차 높여 주거나 여과박(ω)을 줄여야 할 필요가 있음을 알 수 있다. 일반적으로 여과방법에 따라 $\varDelta P$ 의 값을 일정하게 유지하면서 여과하는 방법인 정압여과법(constant pressure filtration)과 여과속도를 일정하게 유지하는 정용여과법(constant volume filtration)으로 구분한다.

2) 여제와 여과조제

여제는 여과장치의 기본이 되는 체(sieve)나 면직(綿織)과 같은 직조형, 철판에 구멍을 뚫어 놓은 다공판형(多孔板型), 그리고 펄프와 같은 섬유조직을 가진 펄프형 등이 있다.

여과가 진행되는 동안 고형물을 여제의 공극을 막아 여과속도를 낮추거나 여과작업을 계속할 수 없게 한다. 특히 세균 배양액과 같이 미세하고 끈끈한 현탁액을 여과할 때는 여괴(filter cake)에 다공성을 형성하도록 하여 여과가 쉽게 일어날 수 있게 하는 물질인 규조토(Kiselguhr), silica gel, 펄프 등의 비압축성 물질의 거친 입자인 여과조제(filter aid)를 사용하여 여제 위에 별도의 층을 형성시켜 놓는다. 여과조제로 프리코트(precoat)를 만들어 여과하거나, 또는 여과조제를 여료에 미리 섞어 사용하는 경우는 여과조제를 사용하지 않는 경우에 비하여 공극구조를 좋게 유지하여 여과를 쉽게 할 수 있다.

3) 막여과

미생물과 같은 미세입자를 여과분리할 수 있는 여제를 microporous filter라고 하며, 이와 같은 여과를 정밀여과(micropore filtration 또는 microfiltration)이라고 한다. 즉, 배양액으로부터 균체를 분리하는 데 polyacrylnitrile, polysulfone과 같은 고분자물질로 만들어진 막을 이용한 막여과(membrane filtration)를 많이 이용한다. 마이크로 여과막은 분자량에 따라 물질의 크기가 다르기 때문에 pore size에 따라서 단백질은 통과하지만, 균체나 콜로이드 등 고분자물질은 통과하지 않는 성질을 이용한 것이다.

고분자화학 및 장치의 개발에 힘입어 한외여과막(ultrafiltration membrane)은 균체의 분리는 물론 분자량의 차이에 의한 분리도 가능해졌다. 막여과의 장점을 요약하면 다음과 같다.

① 균체의 크기에 크게 의존하지 않는다.
② 균체와 부유물질 사이의 밀도 차에 크게 의존하지 않는다.
③ 여과조제 또는 응집제(flocculating agent)를 필요로 하지 않는다.
④ 장기간 높은 여과속도를 유지하도록 여제(filter medium)에 균체의 축적을 최소로 한다.
⑤ 원심분리 방법에 비해 공기에 노출이 적어 병원균의 오염을 줄일 수 있다.

막여과에 있어서는 배양액을 막 표면에 접선(tangential) 방향으로 흘려보낸다. 이 방법을 'cross-flow filtration' 또는 'tangential flow filtration'이라고도 한다(그림 12-3 참조). 여괴(filter cake)는 다시 균체 현탁액에 분산시켜 여제에 균체의 축적을 방지할 수 있다. 조작시간이 경과함에 따라 현탁액 중에 고형물의 농도가 계속 높아져

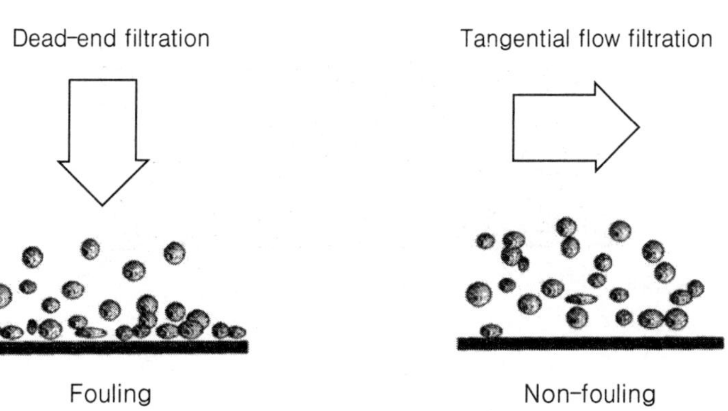

그림 12-3. 막여과 방식

서 여과속도(flux)가 점차 늦어진다. 이 때에는 여과조작 중에 압력을 서서히 높여 주거나, 또는 여괴를 제거하고 세척한 다음 여과시킨다.

4) 여과장치

여과조작은 여과가 진행되면서 여과박의 생성, 여과박의 세정(洗淨), 여과박의 탈수, 여과박의 배출의 4가지 과정으로 이루어진다. 실험실에서의 여과는 그림 12-4에서 보는 바와 같이 간단한 장치에 의해 여과지 등을 사용하여 중력에 의하거나, 또는 감압여과를 실시한다. 그러나 공업적으로는 대부분 plate-frame filter(그림 12-5)를 이용한다.

가압여과기는 사각형 또는 원형의 여과틀인 여판(filter frame), 여제인 여포(濾布), 여액을 회수할 수 있는 여액 회수판(filter plate) 및 여과박을 물로 씻어 낼 수 있는 세척판(wash plate)을 차례로 조립해 놓은 것이다(그림 12-6).

Plate-frame filter 외로 이용되는 가압여과기로는 그림 12-7에서 보는 바와 같은 엽상가압여과기(葉狀加壓濾過機, leaf filter), 그리고 수평가압여과기(그림 12-8)가 있다.

감압여과기의 대표적인 것으로는 그림 12-9에서 보는 바와 같은 회전드럼형 감압여과기(rotary vacuum filter)가 많이 이용된다.

여제로 쌓인 다공철판으로 된 드럼(drum) 속으로 액을 빨아들이면 여과박은 드럼 표면에 쌓이게 된다. 드럼 내부는 여러 개의 구간으로 칸막이로 되어 있어서 드럼이

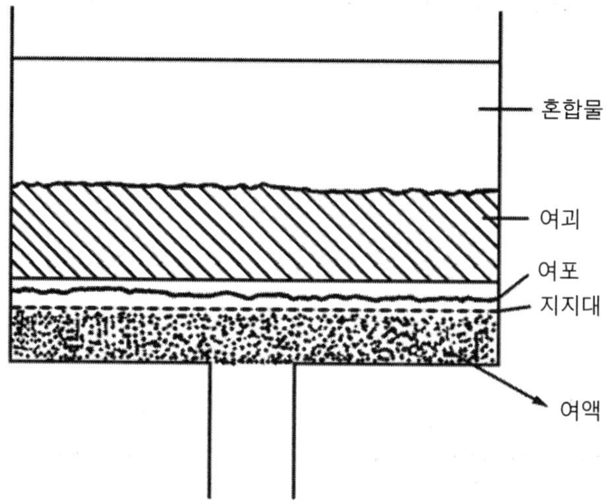

그림 12-4. 간단한 여과장치

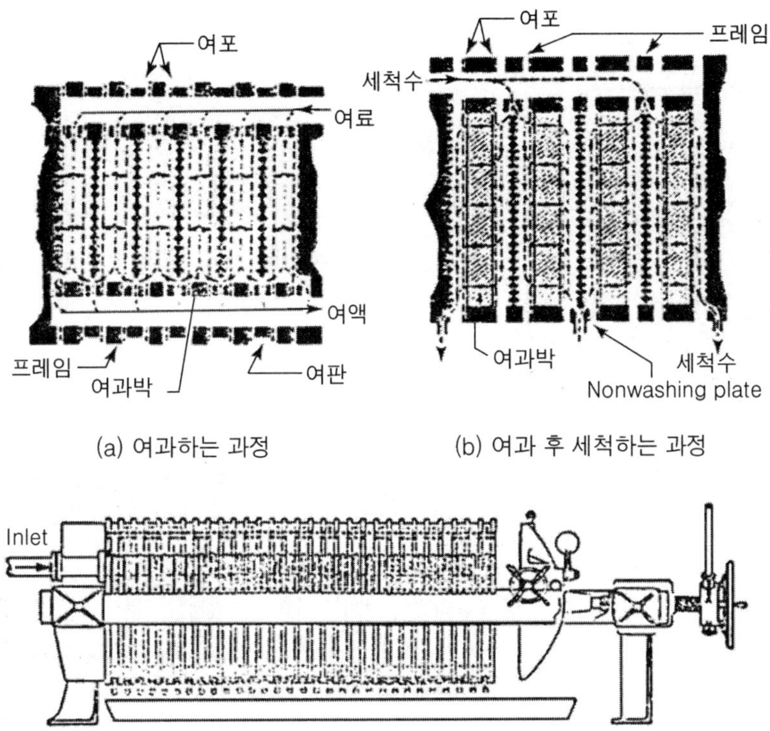

(a) 여과하는 과정 (b) 여과 후 세척하는 과정

(c) 여과기장치의 실물구조

그림 12-5. 가압여과기로 여과하는 과정과 세척하는 과정

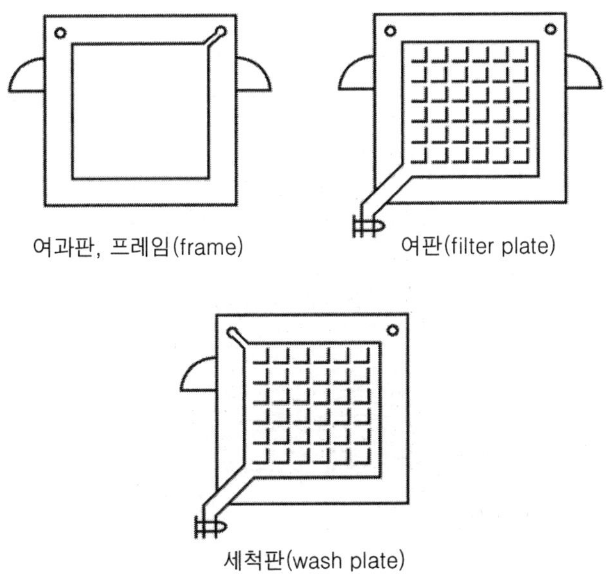

그림 12-6. 가압여과기의 여과판, 여판, 세척판의 구조

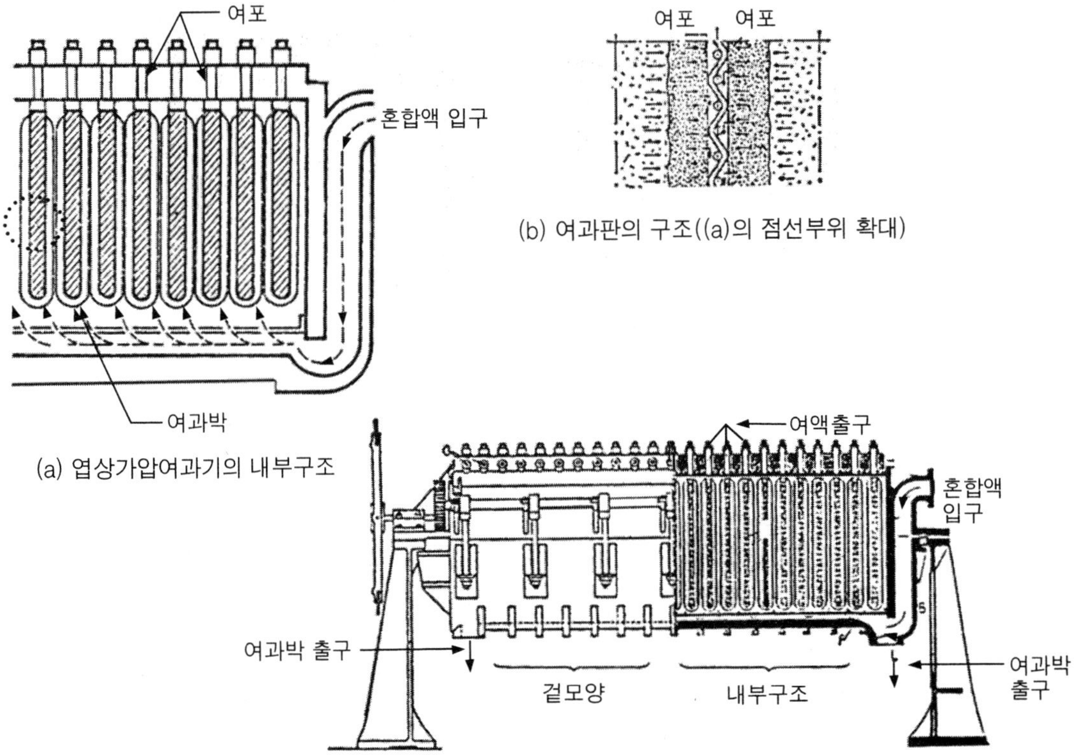

(a) 엽상가압여과기의 내부구조

(b) 여과판의 구조((a)의 점선부위 확대)

(c) 여과기의 조립된 상태

그림 12-7. 엽상여과기

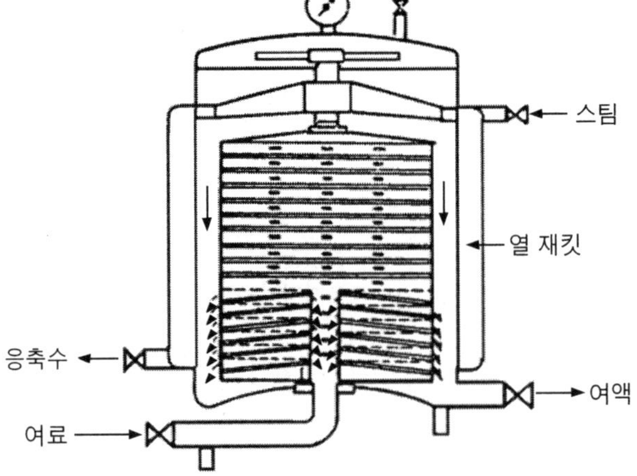

그림 12-8. 수평가압여과기

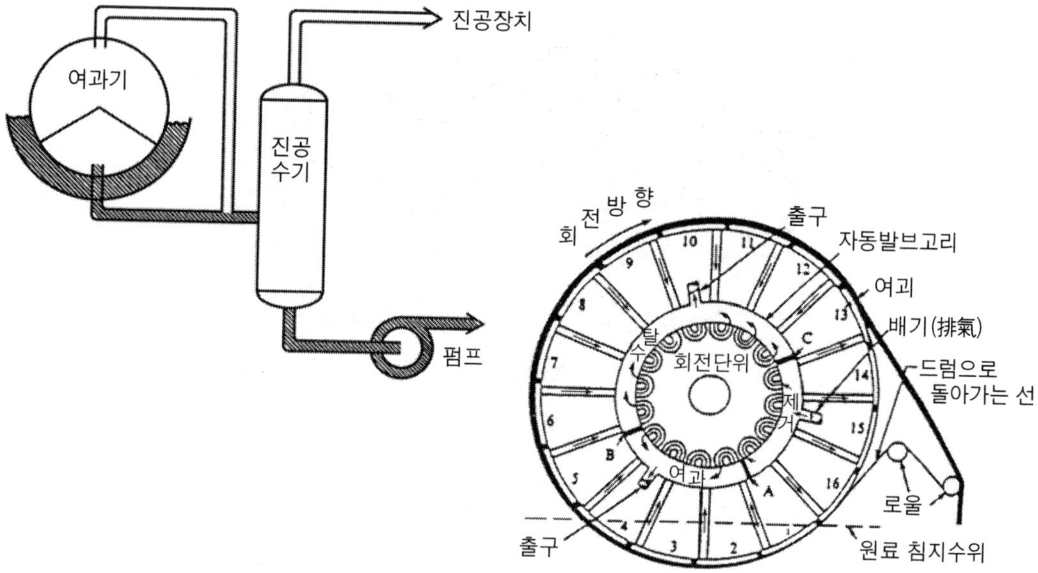

그림 12-9. 회전드럼형 감압여과기

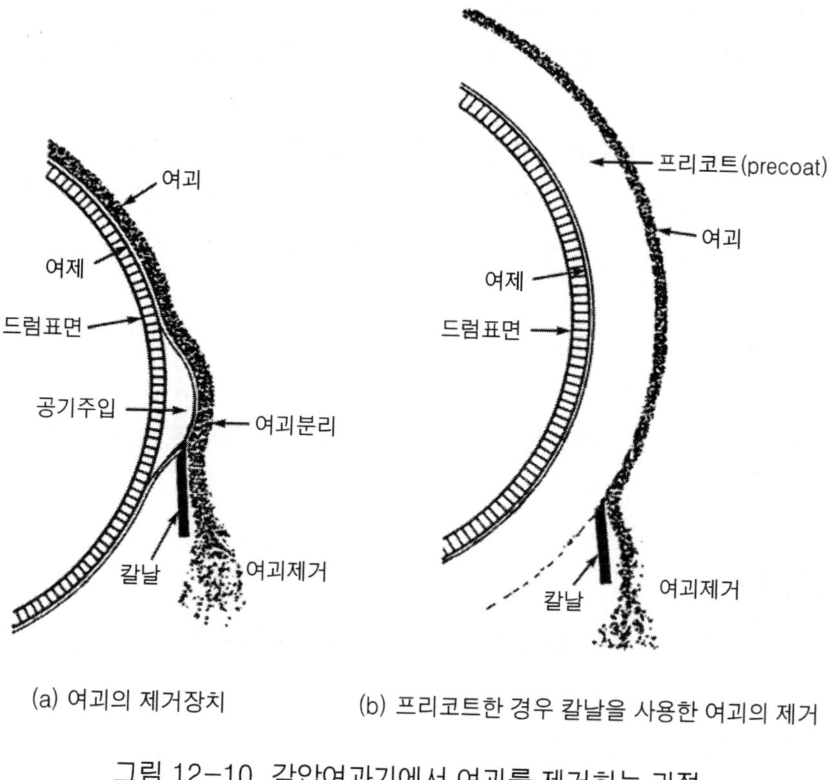

(a) 여괴의 제거장치 (b) 프리코트한 경우 칼날을 사용한 여괴의 제거

그림 12-10. 감압여과기에서 여괴를 제거하는 과정

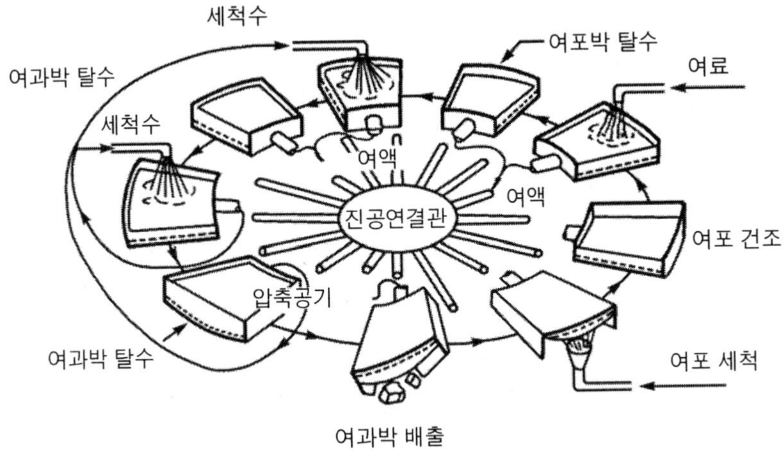

그림 12-11. 수평회전판형 감압여과기

회전할 때 슬러리에 잠긴 부분은 감압으로 빨아들이도록 하고(1～5까지), 밖으로 나온 부분은 두 구간으로 구분되어 그 첫째 구간에서는 여과박에 묻어 있는 여액을 물로 씻어 내리며(6～8), 그 다음 구간(10～12)에는 가압공기를 불어넣어 여과박을 떼어 내기 쉽게 한다. 그 다음 칼날(knife blade)로 여과박을 제거하면 1회전이 끝나게 된다.

드럼을 계속 회전시키면 연속적으로 여과조작이 가능하며, 슬러리를 담은 용기 밑에는 교반기가 붙어 있어서 슬러리의 고형물이 가라앉는 것을 방지한다. 성공적인 조업을 위하여 슬러리 농도, 드럼의 회전속도, 드럼의 잠김 정도, 진공도 등을 최적화하여야 한다.

그림 12-10에서 보는 바와 같이 여과보조제(규조토)를 사용하면 여괴제거를 쉽게 할 수 있어서 효율을 높일 수 있다. 빵효모 등 바이오매스 회수에 많이 이용하며, 대량 발효산업에 가장 흔히 이용되는 기술 중의 하나이다. 이외로 수평회전판형 감압여과기(그림 12-11) 등이 있다.

2.2 원심분리

균체회수의 또 다른 방법은 원심분리(centrifugation)로서 다음과 같은 경우에 이용된다.

① 여과가 늦거나 어려울 때

② 여과조제를 사용하지 않고 균체를 얻어야 할 필요가 있을 때
③ 위생적인 처리를 위해 연속분리를 해야 할 때

1) 원심분리의 원리

그림 12-12에서 보는 바와 같이 질량 m인 입자가 반지름 γ 인 원둘레를 ω의 각속도로 돌 때 입자는 원심력에 의한 가속도 $\gamma\omega^2$을 얻게 된다. 이 때 작용하는 원심력(F_c)는 식 (12-6)과 같이 나타낼 수 있다.

$$F_c = m\gamma\omega^2 \tag{12-6}$$

접선 방향의 선속도(tangential velocity)를 υ 라고 할 때 $\omega = \upsilon / \gamma$ 의 관계가 성립되므로 식 (12-7)과 같이 나타낼 수 있다.

$$F_c = mr\left(\frac{\upsilon}{\gamma}\right)^2 = \frac{m\upsilon^2}{\gamma} \tag{12-7}$$

각속도 ω를 rpm(revolution per minute)의 수(N)로 나타내면 식 (12-8)과 같다.

$$F_c = mr\left(\frac{2\pi N}{60}\right)^2 = 0.011\, m\gamma N^2 \tag{12-8}$$

따라서 원심력은 입자의 질량(m), 원운동하는 원심력의 원 반지름(γ), 그리고 회전수(N)에 비례한다. 또한 원심효과(Z)는 중력과 원심력의 비를 말하며, 이와 같은 관계를 식 (12-9)과 같이 나타낼 수 있다.

$$Z = \frac{F_c}{F_g} = \frac{m\gamma\omega^2}{mg} = \frac{\gamma}{g}\left(\frac{2\pi N}{60}\right)^2 = 0.0018\,\gamma N^2 \tag{12-9}$$

식 (12-9)에서 원심분리기의 로터(rotar) 반지름을 측정하여 알 수 있으므로 회전수(N)를 중력 g의 배수치로 표시할 수 있다.

원심력에 의한 침강속도는 중력가속도 대신 원심력에 의한 가속도로 대체할 수 있으므로 식 (12-10)과 같이 Stoke의 침강법칙에 의존한다.

$$\upsilon = \frac{d^2\omega^2\gamma(\rho_s - \rho_l)}{18\mu} \tag{12-10}$$

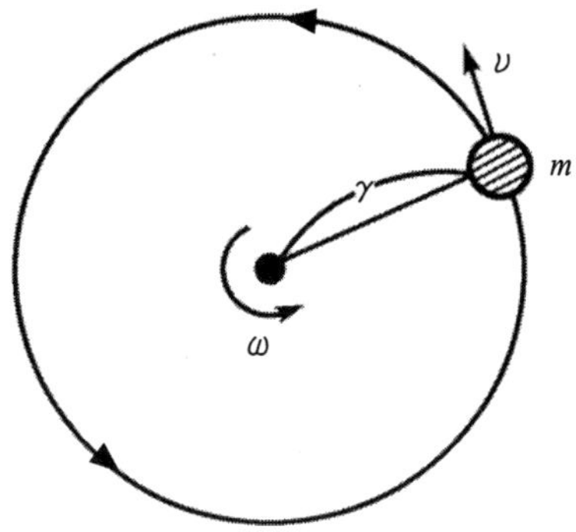

그림 12-12. 질량 m인 입자의 회전과 원심력

여기에서 υ : 침강속도(cm/s), d : 입자직경(cm)
ω : 각속도(s-1), γ : 회전축으로부터 거리(cm)
ρ_s : 입자밀도(g/cm^3), ρ_l : 액체밀도(g/cm^3)
μ : 액체점도(g/cm · s)

$\gamma\omega^2$ 값은 반경 γ 또는 각속도 ω를 조절하여 g 값보다 크게 증가시킬 수 있으므로 침강조작에 널리 응용되고 있다. 그리고 연속식 원심분리기에서의 원심속도(flow rate, F)는 다음과 같이 나타낼 수 있다.

$$F = \frac{d^2\omega^2\gamma(\rho_s - \rho_l)V_l}{9\mu l} \qquad (12\text{-}11)$$

여기에서 V_l : 원심관 내의 용량
l : 원심관 내 액체층의 두께

균체와 액체의 밀도 차, 균체 직경, 점도에 의해 침강속도가 결정된다. 이상적인 원심분리 효과를 얻기 위해서는 밀도 차가 크고, 균체가 커야 하며, 점도가 작아야 한다. 그러나 실제에 있어서는 미생물 균체는 매우 작고, 밀도는 배양액과의 차이가 적으며, 또한 배양액의 점도가 큰 경우가 많아 분리가 간단하지 않다.

원심분리 전에 균체를 응집시켜 분리를 쉽게 하기 위해서는 다음과 같은 요인을 고려하는 것이 좋다. 즉, 맥주의 제조에서처럼 냉각시키는 방법과 pH 변화를 주는 방법이다. 이온환경(ionic environment)을 조절하기 위하여 aluminum, calcium, ferric salts, tannic acid, quaternary ammonium compounds, alkyl amine, phosphoric acid

등을 사용하기도 한다.

2) 원심분리장치

원심력을 이용하여 입자를 침강시키는 장치는 침강분리, 분급(分級), 농축, 탈수 등의 목적으로 널리 사용한다. 사용하는 목적에 따라 침강을 목적으로 할 경우 원심 침강기, 여과나 탈수를 목적으로 하는 경우는 원심여과기 또는 원심탈수기라고 한다.

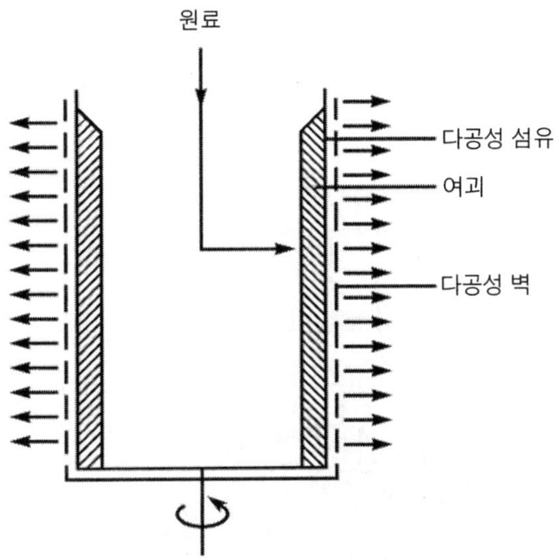

그림 12-13. Basket형 원심분리기

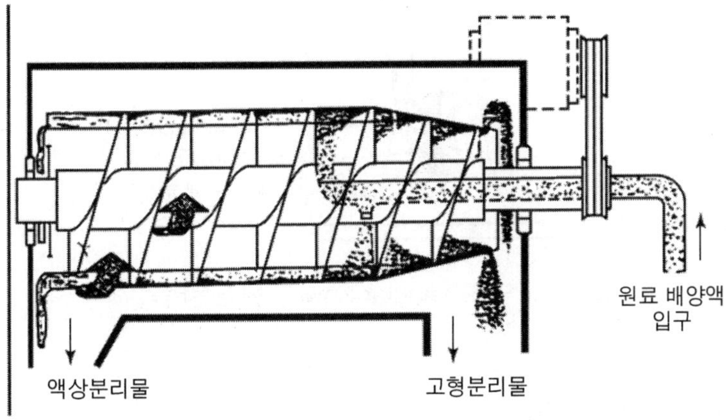

그림 12-14. Solid-bowl scroll형 원심분리기

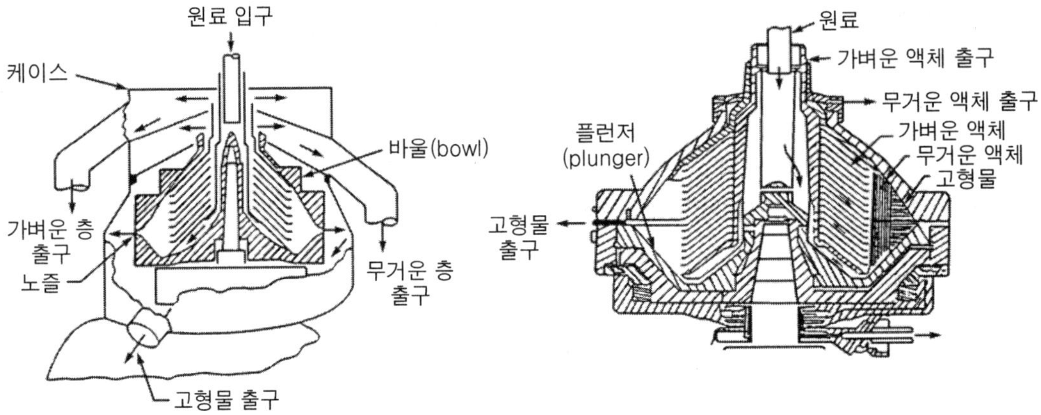

그림 12-15. Disc bowl형 원심분리기

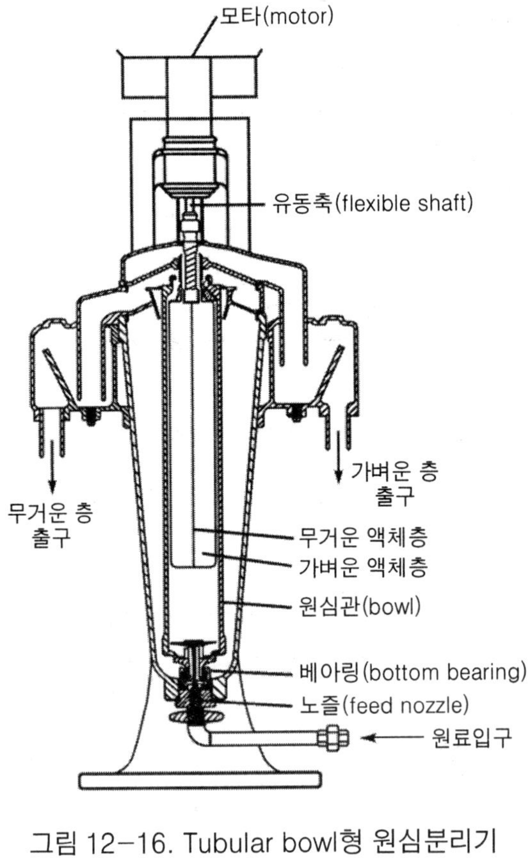

그림 12-16. Tubular bowl형 원심분리기

대표적인 원심분리기의 종류를 들면 basket centrifuge(그림 12-13), solid-bowl scroll(decanter) centrifuge(그림 12-14), disc-bowl centrifuge(그림 12-15), tubular

-bowl centrifuge(그림 12-16) 등이 있다. 원심분리기는 분리하고자 하는 물질의 크기와 여료 내 고형물의 비율 등을 기준으로 선택하게 된다.

바스켓형은 사상균 균체 또는 결정성 물질의 분리에 이용한다. 원심관은 나일론 또는 면(綿)으로 쌓인 다공성(多孔性)으로 되어 있다. 배양액을 연속적으로 공급하며, 원심관 안에 여괴로 가득 차면 이를 제거하기 전에 세척할 수도 있다. Solid-bowl scroll형 원심분리기는 그림 12-14에서 보는 바와 같이 거칠지만 sewage, sludge 등을 연속적으로 처리할 수 있는 장점이 있다. 회전속도는 2,000～4,000 rpm으로 제한되어 있으나 대량 처리가 가능하다. 또한 유입되는 여료 내 고형물 비율이 높고 (>30%(v/v)), 분리하고자 하는 물질의 크기가 클 때(>10～100 ㎛) 효율적이다.

3. 균체의 파쇄

목적하는 물질은 많은 경우 균체 또는 세포 내에 존재하며, 이를 분리하기 위하여 우선 균체를 파쇄하여 수용액 중에 추출하지 않으면 안 된다. 즉, 균체 내 성분을 얻기 위해서는 세포벽과 세포막으로부터 원하는 성분이 유출되도록 물리적 또는 화학적인 방법이 이용된다.

3.1 실험실 방법

균체를 파쇄하는 방법에는 물리적인 방법과 화학적인 방법으로 나눌 수 있다. 물리적인 방법에는 다음과 같은 종류가 있다.

1) 물리적인 방법

(1) 냉동 및 해동

미생물 균체를 동결시키면 세포 내 수분이 동결되면서 약 9%의 얼음팽창이 일어나고, 이로 인하여 세포벽에 기계적 손상을 주게 된다. 이와 같은 얼음결정이 세포벽과 막에 손상을 주는 것을 이용하는 방법으로서 세포벽이 약한 세포에만 유효하다.

(2) 초음파(ultrasound)

초음파에 의한 파쇄는 세포벽이 약한 세균 세포에는 유효하지만 효모와 곰팡이 세포에는 효과가 적다. 초음파 처리에는 많은 열이 발생하기 때문에 이 때 열에 의한 단백질 변성이 일어나기 쉽다. 이를 방지하기 위하여 초음파 처리 전에 균체를 냉각시켜 주어야 하며, 가능한 처리시간을 줄여야 한다. 이 방법은 그림 12-17과 같은 초

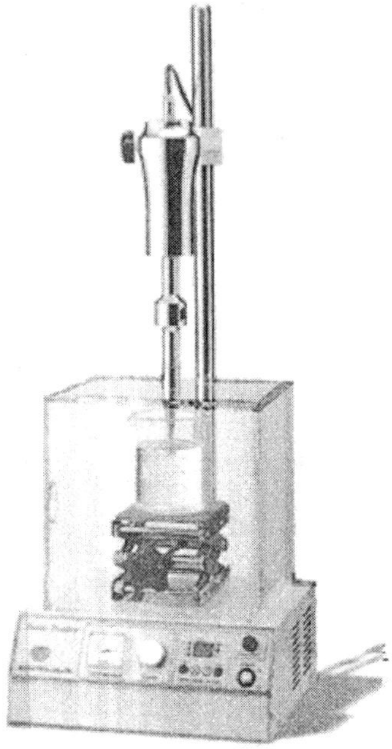

그림 12-17. 초음파 파쇄기(sonicater)

음파 파쇄기(sonicater)를 이용한다.

(3) 유리구슬(glass bead)에 의한 교반

대부분의 세포에 효과가 있으며, 처리할 때에 기계적 마찰로 인해 열이 발생되므로 열변성이 쉬운 성분 분리에는 이용하기 어렵고, 열변성을 방지하기 위하여 처리 전에 혹은 처리하는 동안 균체를 냉각시켜야 한다.

(4) 프렌치 프레스(french press)

급속한 감압에 의하여 세포를 팽창 파괴하는 방법으로서 세포벽이 있는 식물세포 또는 동결 세균세포 현탁액을 작은 구멍의 밸브를 통하여 보내 주면 높은 압력에 의해 분쇄된다. 대부분의 세포에 효과적이며, 처리시간에 따라서는 열이 발생되므로 냉각시켜야 할 필요가 있다.

(5) 동결가압(freeze pressing)

동결세포를 처리하는 방법으로 열에 약한 세포에 효과적이다.

2) 화학적인 방법

알칼리, 산, 계면활성제(detergent), butanol, urea 등이 세포벽을 분해하거나 세포 내 물질을 노출시키는 데 이용된다. 계면활성제로 사용되는 물질로는 quaternary ammonium화합물, sodium lauryl sulfate, tweens 등이 있다. 계면활성물질의 사용으로 인하여 단백질의 변성을 초래할 수도 있으며, 정제과정에서는 첨가한 물질을 제거해야 하는 어려움이 있다.

3) 생화학적인 방법

(1) 효소처리(enzymatic lysis)

Lysozyme 등의 효소는 세포벽 성분을 분해시킨다. 효소처리 방법은 미생물의 종류에 따라 알맞은 방법을 택한다. 일반적으로 세포벽 분해효소가 비싸고, 처리 후에 효소의 회수가 안 되는 결점이 있다.

(2) 자가소화(autolysis)

미생물 세포는 생존상태가 정지하면 분해효소(lytic enzymes)를 분비한다. 이 성질을 이용하는 방법으로서 처리시간이 오래 걸리고, 단백질의 변성이 초래될 수 있는 결점이 있다.

(3) 항생제 및 세포벽 합성 저해물질의 첨가

화학적인 방법으로서는 미생물 증식 후기에 발효조에 항생제 또는 세포벽 합성 저해물질을 첨가하면 세포벽이 결핍된 세포를 얻을 수 있다.

(4) 박테리오파아지 감염처리(phage infection)

이 방법은 세포성분의 변화가 일어날 수 있고, 조절이 어려운 결점이 있다.

(5) 유전적인 방법

세포벽 결핍의 변이주를 선발하여 사용하는 방법이다. 그러나 배양 중에 lysis를 방지하기 위한 특별한 배양방법이 필요하다.

3.2 상업적인 방법

실험실 규모에서는 앞에서 설명한 대로 여러 가지 방법이 이용될 수 있으나, 대규모 공업적인 공정에서는 기술적·경제적 문제 등으로 yeast extract를 제조할 때 자

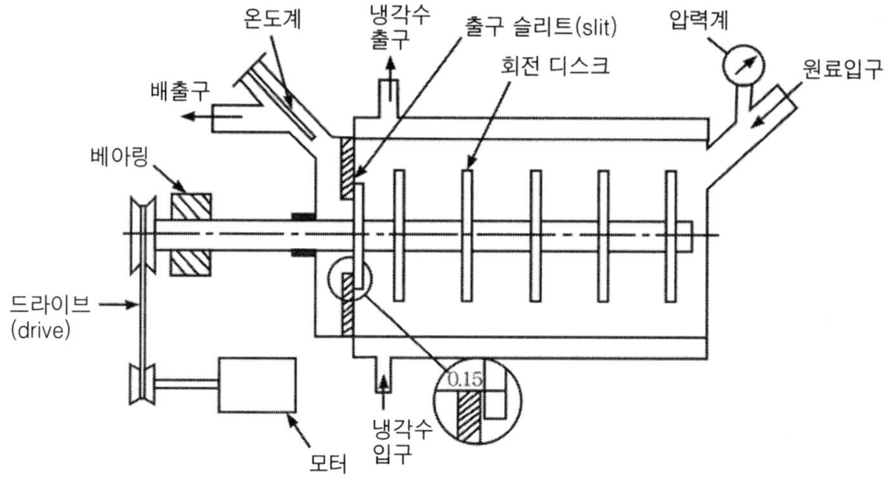

그림 12-18. 볼 밀(ball mill)의 구조

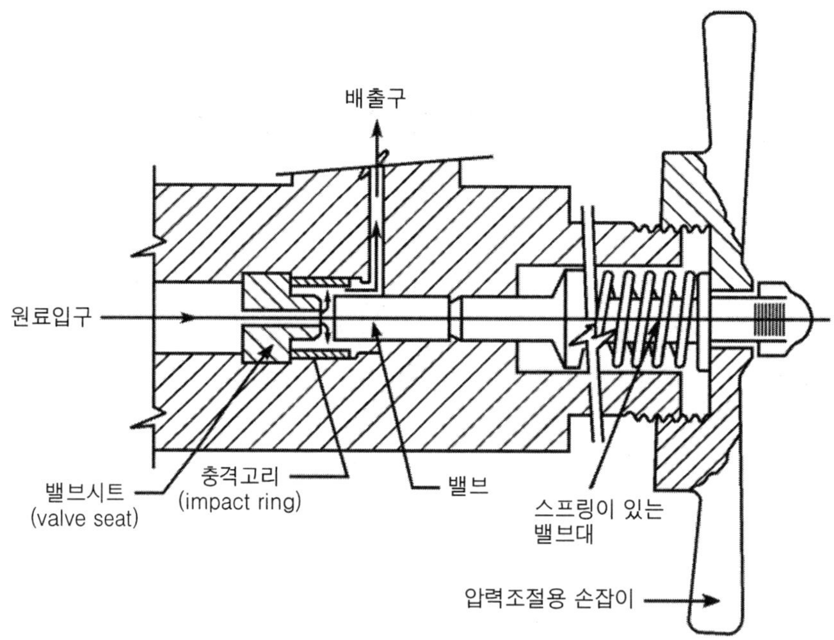

그림 12-19. 호모게나이저의 구조

가소화에 의해 균체 파쇄를 실시하는 것을 제외하고는 일반적으로 기계적인 방법에 의해 이루어진다.

대표적인 방법으로 파쇄기를 사용하며, 고속 볼 밀(high-speed ball mill)은 유리구슬을 사용하여 빠른 속도로 디스크를 회전시킴으로써 균체를 파쇄 할 수 있다(그림 12-18). 볼 밀의 일종인 Dyno-Mill이 일반적으로 많이 사용되는 장치이다. 고압 호모게나이저(high pressure homogenizer)는 그림 12-19에서 보는 바와 같다.

4. 대사산물의 추출 및 분리법

대사산물의 여러 가지 성질을 이용한 분리・정제방법을 정리하면 그림 12-20과 같다. 분리의 초기단계에 있어서 많은 용량의 세포 분쇄물 또는 추출액으로부터 목적하는 유용성분의 분획만을 고농도로 얻고, 처리용량을 줄이기 위하여 침전분리하는 방법이 이용된다. 침전분리법은 염류와 유기용매에 대한 용해도 차이가 단백질에 따라 다른 성질을 이용하는 방법으로서 단백질의 변성에 의한 침전 생성을 이용하는 평형분리법이다.

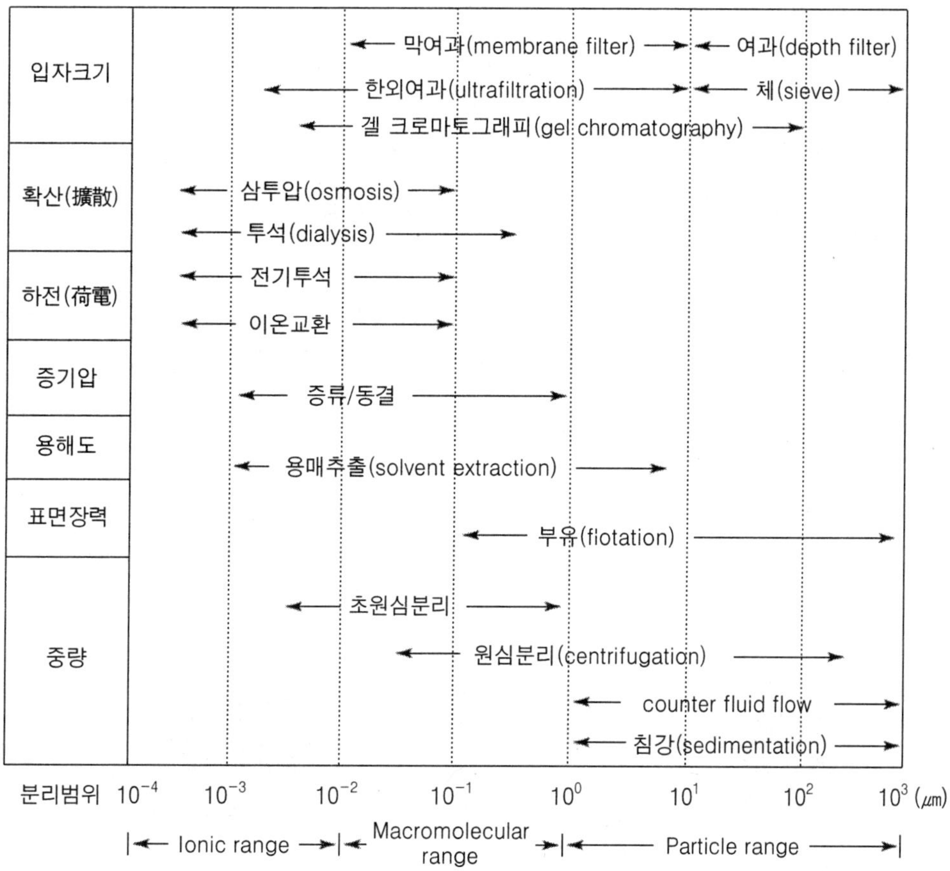

그림 12-20. 여러 가지 화학적・물리적 성질을 이용한 분리 정제방법

보통 배양여액이나 균체분쇄액으로부터 분리하는 방법으로서 에탄올, 아세톤과 같은 유기용매를 사용하거나, 단백질의 성질에 따라 염류를 첨가하여 염석(salting out)에 의해 침전분리하거나, 또는 열처리, pH의 변화, 다가금속(多價金屬) 이온의 첨가 등 여러 가지 방법을 사용하여 단백질을 침전시켜 분리한다.

4.1 침전법

생성된 화합물의 용해도는 수용액에서 pH, 온도, 성분조성, 이온강도, 유전상수(誘電常數, dielectric constant)에 따라 다르다. 따라서 배양액 또는 균체 분쇄물에서 성분조성 사이에 용해도의 차이를 이용하면 침전법으로 유용물질의 분리가 가능하다.

1) 염석법

단백질 분리의 일반적인 방법 중 하나로, 용액 중에 염류를 첨가함으로써 단백질의 용해도를 변화시켜 침전분리하는 방법을 염석(salting out)이라고 한다(그림 12-21). 음이온 또는 양이온이 강한 화합물이 이용되며, 예를 들면 다음과 같은 물질을 사용한다.

음이온 : citrate^{3-}, tartarate^{2-}, F^-, IO^{3-}, $H_2PO_4^-$, acetate$^-$, $B_2O_3^-$, Cl^-, ClO_3^-, Br^-, NO_3^-, ClO_4^-, I^-, CNS^-, SO_4^{2-}

양이온 : Th^+, Al^{3+}, H^+, Ba^{2+}, Sr^{2+}, Ca^{2+}, Mg^{2+}, Cs^+, Rb^+, NH_4^+, K_+, Na^+, Li^+

이 중에서 가장 효과적인 것은 아니나 용해도가 크고, 이온강도를 넓은 범위에서 조절이 가능한 황산암모늄($(NH_4)_2SO_4$)이 일반적으로 많이 이용된다.

2) 유기용매 침전법

배양액에 메탄올, 에탄올, 아세톤 등의 유기용매를 가하면 단백질과 다당류(xanthan gum, dextran 등)를 침전시킬 수 있다. 이는 유기용매의 첨가로 배양액의 유전

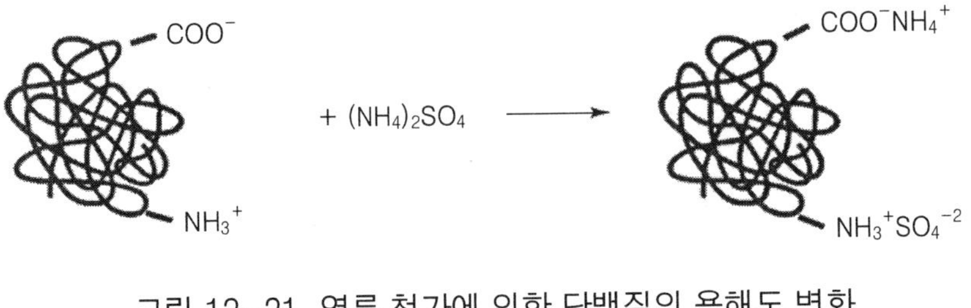

그림 12-21. 염류 첨가에 의한 단백질의 용해도 변화

상수(dielectric constant)를 낮추어 용질 사이의 정전기적 상호작용(electrostatic interaction)을 증가시키는 작용을 한다. 일반적으로 단백질의 변성을 방지하고, 침전효율을 증가시키기 위하여 저온(-5～4℃)에서 실시한다.

3) 열변성법

만일 회수하고자 하는 생성물이 열안정성을 가지고 있다면 용액에 열을 가하여 단백질을 열변성시켜 침전시킨 다음 유용물질을 얻을 수 있다. 즉, 열변성이 일어난 단백질은 용해도가 떨어져 침전이 일어나는 성질을 이용하는 것이다. 이 방법은 처리비용이 적게 드는 장점이 있으나, 제품의 열변성을 방지하기 위하여 온도 조절에 세심한 주의가 필요하다.

4) pH에 의한 침전법

단백질의 용해도는 일반적으로 등전점(isoelectric point, pI)에서 가장 낮다. 이 성질을 이용하여 용액의 pH를 변화시켜 침전분리하는 방법이다. 그림 12-22에서 보는 바와 같이 용액의 pH가 단백질의 pI 값보다 낮은 경우에는 단백질은 양이온을 띠게 되고, 반대의 경우에는 음이온을 띠게 된다. 대표적인 몇 가지 물질의 등전점은 표 12-1에서 보는 바와 같다.

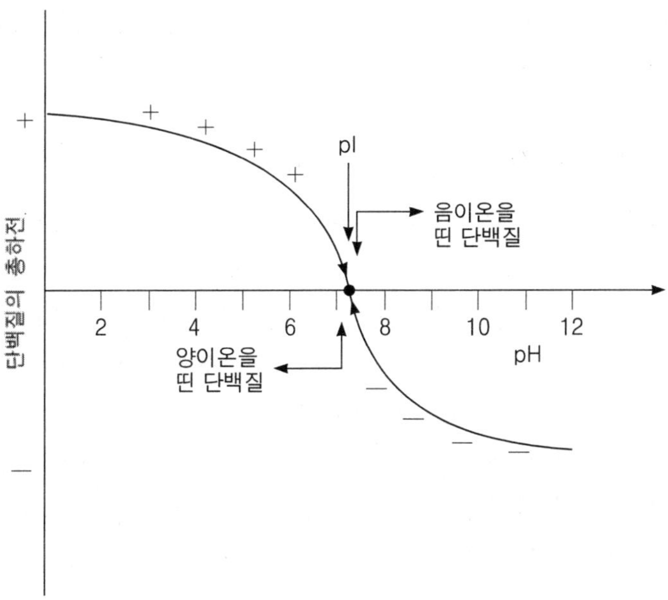

그림 12-22. 용액의 pH 변화에 따른 단백질의 전하 변화

표 12-1. 여러 가지 효소와 단백질의 등전점(Isoelectric point, pI)

단백질	pI	단백질	pI
• 펩신(pepsin)	1.0	• Hemoglobin	6.8
• 계란 알부민	4.6	• Myoglobin	7.0
• 혈액 알부민	4.9	• Chymotrypsinogen	9.5
• Urease	5.0	• Cytochrome C	10.7
• β-Lactoglobulin	5.2	• γ 1-Globulin	6.6
• Lysozyme	11.0	• Insulin	5.3

5) 비이온성 고분자물질의 첨가법

Dextran, polyethyleneglycol 등 가용성인 비이온성 고분자물질을 첨가하면 단백질이 용해될 수 있는 물의 양을 감소시킴으로써 침전분리 할 수 있다.

6) 다가금속 이온의 첨가법

균체 분쇄물로부터 핵산을 분리할 때 이용하는 방법으로, 망간염류의 첨가는 용액의 점도를 감소시킴으로써 생성물의 회수를 가능하게 한다. 다른 금속이온의 첨가는 비가역적인 침전을 초래하거나 제품의 변성을 가져올 수 있어 사용에 주의해야 한다. 이외의 방법으로 녹말, lactose, casein, 규조토 등을 흡착제로 첨가하여 용액 중의 단백질을 제거할 수 있다.

세포 내 효소를 원심분리, 파쇄, 막분리, 용매침전법 등의 방법을 회수공정에 이용한 대표적인 예는 그림 12-23과 같다.

4.2 용매추출법

용매(solvent)를 사용하여 유용성분인 용질(溶質, solute)을 분리하는 조작을 추출(抽出, extraction)이라 하며, 액-액 추출(liquid-liquid extraction)과 고-액 추출(solid-liquid extraction) 방법이 있다. 추출에 사용하는 원료를 추재(抽材, raw material), 추출하여 나오는 액을 추출액(extract)이라고 하며, 추출하고 남는 물질을 추잔물(抽殘物, raffinate) 또는 폐기물(waste)이라고 한다.

액-액 추출법은 배양액에 용매를 가하여 목적하는 성분을 용해시킨 후 분리하는 방법을 말한다. 즉, 2가지 상(相, phase) 사이에 성분 분포의 차이에 의해 분리할 수 있는 방법이다. 이러한 경우 용매 첨가에 의해 반드시 상분리(phase separation)가 일어나야 한다. 따라서 용매를 선택할 때에 먼저 그림 12-24에서 보는 바와 같이 서로 혼합 가능성을 확인하여야 한다.

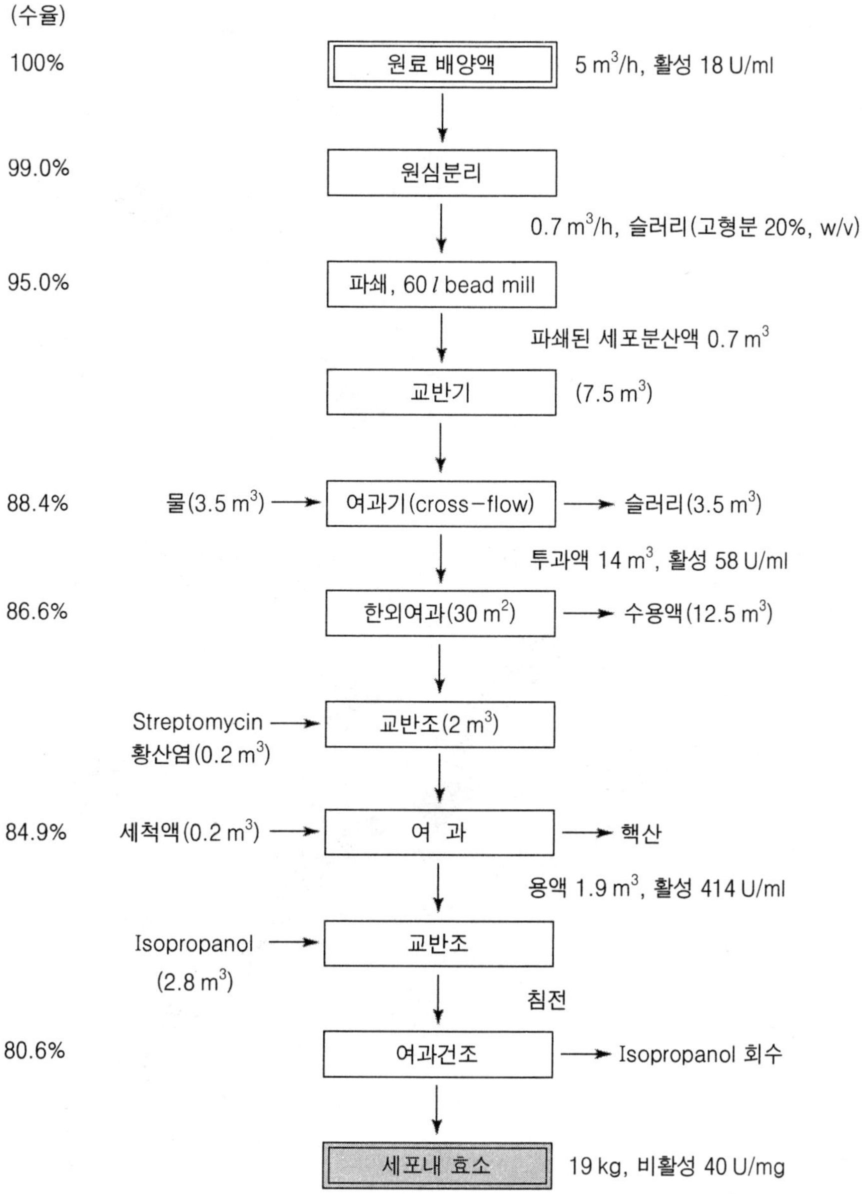

그림 12-23. 세포내 효소의 정제방법

(Biochemical Engineering and Biotechnology Handbook, 1983, p 913)

실험실 규모에서는 각종 용매에 따른 목적하는 성분의 용해특성 등을 검토하여 결정하게 된다. 그리고 유용성분이 극성 또는 비극성인가에 따라서 용매를 선택하며, 각종 용매의 유전상수(誘電常數, dielectric constant)는 표 12-2에서 보는 바와 같다.

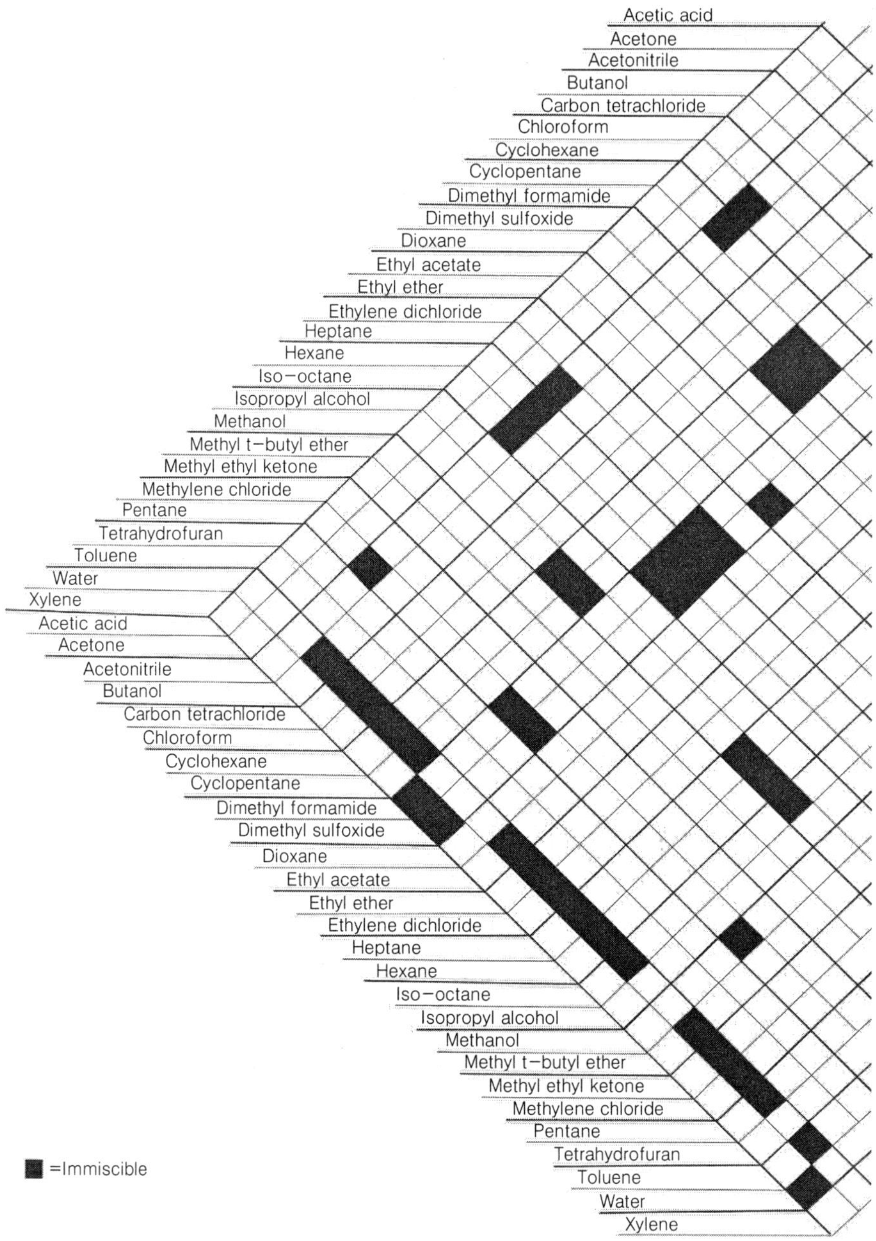

그림 12-24. 유기용매 간의 혼합 가능성

추출에 사용되는 용매는 유용물질을 잘 녹일 수 있는 것을 선택해야 하며, 배양액이 극성인 물인 점을 고려하여 비극성인 hexane, benzene, ether 등이 이용된다.

보통 pH, 온도, 빛 등에 대한 유용성분의 안정성을 검토하여 생리적 활성이 크게

표 12-2. 각종 용매의 유전상수(25℃)

유기용매	유전상수	극 성
Hexane	1.90	↑ 비극성
Cyclohexane	2.02	
Carbon tetrachloride	2.24	
Benzene	2.28	
Ethyl ether	4.43	
Chloroform	4.87	
Ethyl acetate	6.02	
Butan-2-ol	15.8	
Butan-1-ol	17.8	
Propan-1-ol	20.1	
Acetone	20.7	
Ethanol	24.3	
Methanol	32.6	
물	78.54	극성 ↓

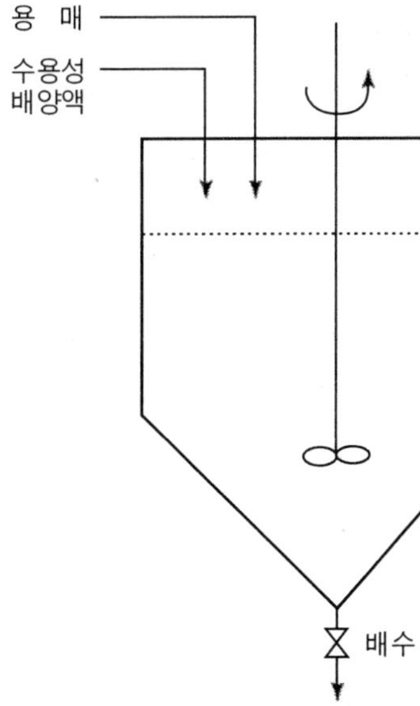

그림 12-25. 용매에 의한 추출장치

저하되지 않은 범위에서 추출공정을 실시한다. 그림 12-25는 간단한 추출장치의 예이다. 지용성 성분의 경우 배양액에 용매를 가하여 교반한 다음 정치(靜置)하면 유용

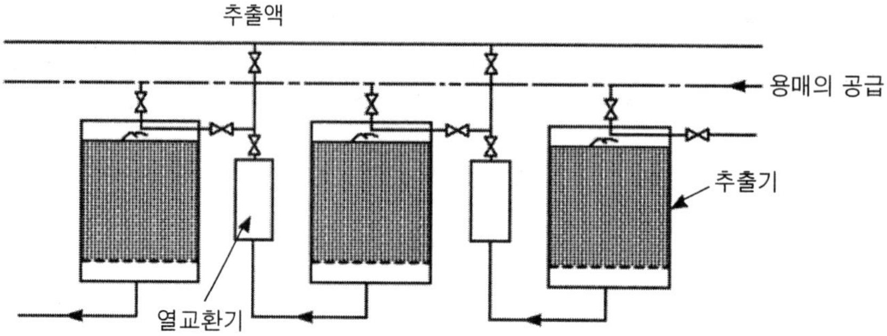

그림 12-26. 배터리식 연속추출기

성분은 용매상으로 이동하게 되며, 분리가 이루어진 다음 수상(水相)을 배출시키고 회수한 용매상의 용매를 증발시키면 유용성분을 분리할 수 있다.

추출조작은 상 사이의 접촉평형을 거쳐 이루어지는 물질이동 현상으로서 보통 2개 이상의 추출단(抽出段, extraction stage)을 사용하는 다단추출방식에 의해 이루어진다.

연속식 추출기로서 대표적인 것은 회분식으로 추출할 경우 여러 개 연결하여 하나의 추출기에서 분리되는 상층류를 다음의 추출기에 다시 사용하는 방식인 배터리식(battery type) 추출장치(그림 12-26) 등이 있다.

4.3 증 류

추출은 서로 잘 녹지 않는 액체와 액체 사이의 물질분리인데 비하여, 증류(蒸溜, distillation)는 액체와 기체 사이에서 물질을 분리하는 조작이다. 모두 2개의 상 사이의 물질이동을 취급한다는 점에서 공통점을 가지고 있다. 앞에서의 용매추출법에서 사용한 용매를 회수할 경우, 또는 주정공업, acetone-butanol 발효에서처럼 유용성분이 저비점 물질인 경우 증류에 의해 분리한다.

증류는 혼합액의 분리방법과 분리 정도에 따라서 단증류, 분류, 공비증류, 수증기증류로 구분된다. 단증류(單蒸溜, simple distillation)는 혼합용액을 끓일 때 발생하는 증기를 전부 응축하여 이를 제품화하는 증류법이다.

분류(分溜, fractional distillation)는 혼합액을 구성하는 여러 가지 성분의 비점 차이에 따라 분별증류하여 각각의 성분을 분리하는 방법으로서, 보통 증류라고 하면 분류를 의미하는 경우가 많다. 공비증류(共沸蒸溜, azeotropic distillation)는 증류하고자 하는 혼합물의 성분이 어떤 성분 조성비에 이르면 비점이 같아지는 공비현상이 일

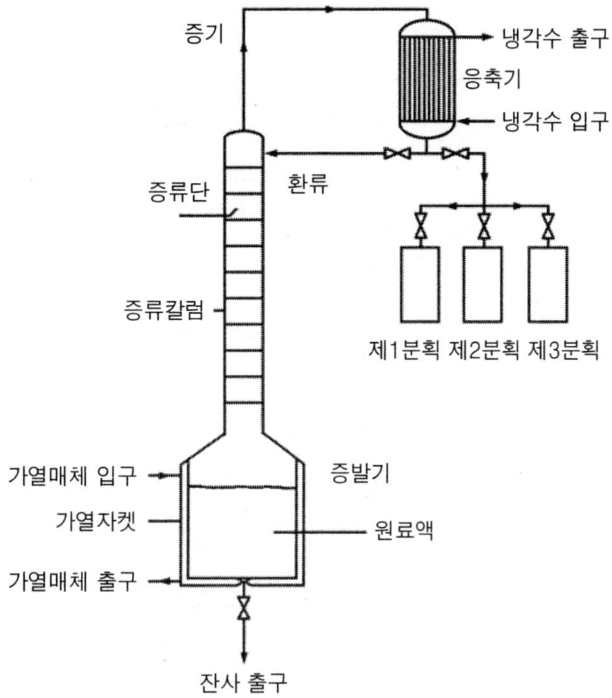

그림 12-27. 증류에 의한 회분식 용매의 회수장치

어난다. 이 경우 제3의 물질을 첨가하면 두 성분 사이에 비점의 차이가 생겨 분리가 가능해지는 것을 이용한 증류법이다. 그리고 비점이 높은 물질을 비휘발성 물질로부터 분리하고자 할 때 수증기를 원료액에 불어넣어 분리하는 수증기증류(水蒸氣蒸溜, steam distillation)가 있으며, 주로 향미성분을 분리할 때 이용된다.

용매의 회수는 대부분 증류에 의해 이루어지며, 회분식 또는 연속식 증류장치는 그림 12-27과 그림 12-28에서 보는 바와 같다. 증류에 의한 유용성분의 분리는 기체-액체 평형단수가 많을수록 잘 이루어져 증류장치는 여러 개의 평형단수(증류단수)로 되어 있다. 그림에서 보는 바와 같이 여러 개의 증류단으로 이루어진 탑을 증류탑(蒸溜塔, distillation tower)이라고 하며, 흔히 다단식(multi-stage) 증류탑이라고 한다.

원료액은 주입구인 공급단(feed plate)을 통하여 증류탑 속으로 들어가면 그림 12-27에서 보는 바와 같이 곧 기-액 평형상태에 도달한다. 여기에서 발생되는 증기는 원료액보다 저비점 성분 농도가 높으며, 위쪽 단으로 올라갈수록 성분농도가 높아지므로 이 부분을 농축부(enriching section)라고 한다. 반대로 공급단 밑으로 내려갈수록 저비점 성분 농도가 감소되고, 고비점 성분 농도가 증가하여 회수되므로 공급단 아랫

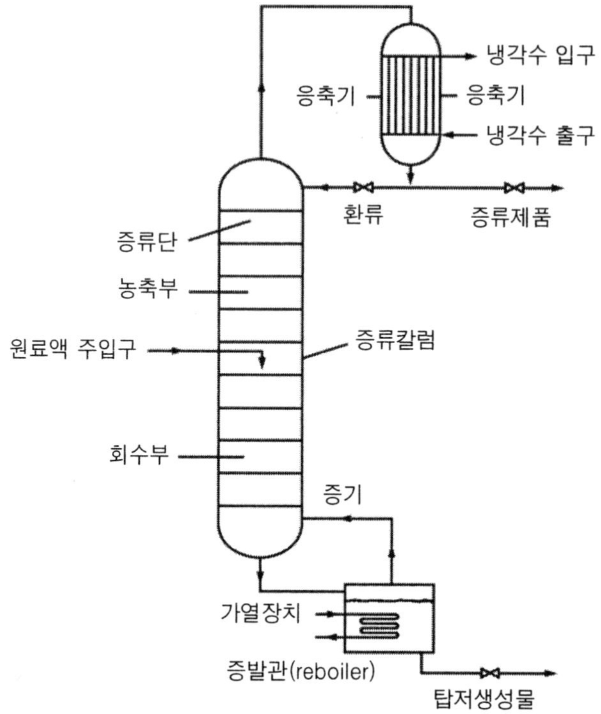

그림 12-28. 연속 용매 회수장치

부분을 회수부(stripping section)라고 한다.

저비점 물질은 농축부 맨 윗쪽 단에서 나오는 증기가 응축기(condenser)를 거치면서 응축, 액화되어 제품으로서 유출된다. 그리고 고비점 성분은 액체상태로 밑으로 흘러내려 회수부 하단에 있는 증발관(reboiler)을 통하여 탑저생성물(waste, bottoms)로서 배출된다. 응축액은 전부 제품으로 얻는 것이 아니라 그 일부는 증류탑으로 되돌려 보내게 되며, 이를 환류(還流, reflux)라고 한다. 연속식 증류에는 기-액 평형상태를 갖는 여러 개의 증류단으로 구성되어 있다. 소요 증류단수의 결정은 탑 중의 어떤 단에 대한 물질수지와 x-y선도를 이용하여 구하는 McCabe법이 많이 이용된다.

5. 정제방법

5.1 크로마토그래피

대사산물을 정제하는 데는 크로마토그래피(chromatography), 막분리, 전기투석

(electrophoresis) 등에 의한 정제방법이 이용된다. 크로마토그래피에 의한 분리는 1950년대까지는 주로 기체분리에만 사용되었다. 그러나 1960년대 이후 생명공학기술의 발달과 더불어 액체분리에 사용되기 시작하여 뛰어난 분리능 때문에 대사산물의 정제과정에 중요한 위치를 차지하고 있다.

크로마토그래피는 이론적으로 100% 분리가 가능하다는 장점이 있어 고가물질의 분리에 사용되고 있다. 그러나 충전물의 일부만 분리에 관여하고, 분리매체는 용매를 사용함으로써 용질이 희석되고, 회분식으로 사용된다는 단점이 있다.

크로마토그래피에 의한 분리방법은 그림 12-29에서 보는 바와 같이 흡착기작(mechanism)에 따라서 이온교환(ion exchange), 크기 배제(size exclusion), 친화(affinity), 소수성(hydrophobic interaction) chromatography 등으로 구분된다. 이들 방법의 선택은 표 12-3에서 보는 바와 같이 분리하고자 하는 물질의 성질에 따른다.

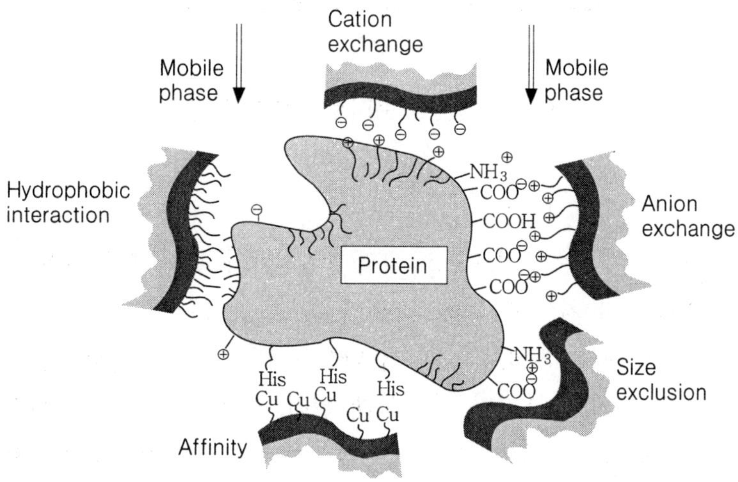

그림 12-29. 흡착기작(mechanism)

표 12-3. 크로마토그래피의 선택 방법

방 법	기 준
• Ion exchange	Charge
• Hydrophobic interaction	Hydrophobicity
• Affinity	Biospecificity
• Size exclusion	Size

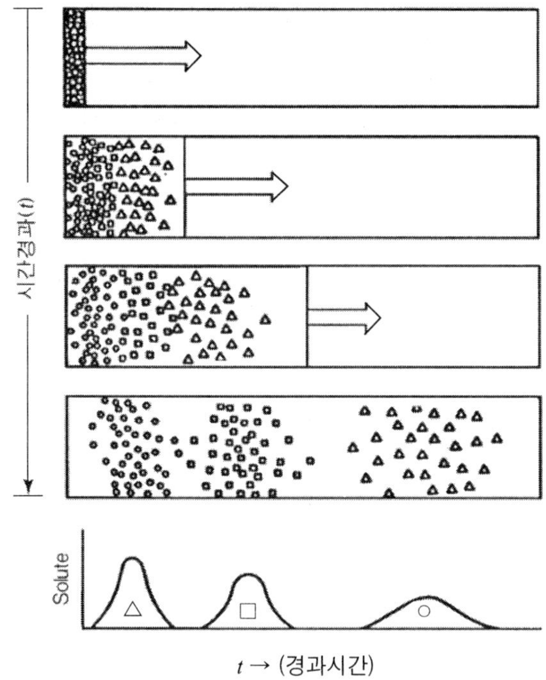

그림 12-30. 크로마토그래피의 원리

크로마토그래피의 원리는 그림 12-30에서 보는 바와 같이 흡착제와 분리하고자 하는 물질과의 상호작용의 차이에 의해서 분리된다. 즉, 분리하고자 하는 물질이 흡착제와 상호작용이 약할 때는 빨리 용출되어 나오는 반면 상호작용이 강할 때는 천천히 용출되어 나오게 되어 서로 분리가 가능하게 된다. 여러 가지 크로마토그래피 기법과 그의 특성을 요약하면 표 12-4에서 보는 바와 같으며, 분리 및 정제분야에 많이 사용되는 크로마토그래피의 약자를 표 12-5에 정리하였다.

각종 전처리 공정을 거쳐 크로마토그래피에 의하여 인터페론(human interferon)의 분리공정에 따른 정제정도의 예는 표 12-6에서 보는 바와 같다. 면역 친화성 크로마토그래피와 이온교환 크로마토그래피에 의해 염석에서 얻어진 인터페론을 1,500배 정제함으로써 의약용으로 사용이 가능할 정도로 순도가 높아졌음을 알 수 있다.

정량적으로 크로마토그래피(컬럼)의 효율을 표현하기 위하여 Martin과 Synge는 소위 '컬럼단이론(plate theory)'을 세웠다. 즉, '컬럼은 수많은 정지상 입자의 단(층)으로 충진되었다'는 개념을 도입하였다. 이 이론적 단수를 N으로 표시하고, N을 컬럼효율의 척도로 이용한다. 실험적으로 N값을 그림 12-31에서 보는 바와 같이 $N = 5.54 (V_e/W_{1/2})^2$으로 계산한다. 여기에서 Ve는 용출부피, $W_{1/2}$는 피크 높이의 1/2 지점에

표 12-4. 여러 가지 크로마토그래피 기법과 그 특성

크로마토그라피	효 과
Distribution	· 혼합되지 않는 액체상태에서의 용해도 차이에 의한 분리
Gel permeation	· 흡착 pore size에 따른 분리시간의 차이로 분리
Adsorption(normal phase)	· Non-specific 흡착, 극성의 차이에 의한 분리
Ion-exchange	· 정전기적 상호작용
Chromatofocusing	· 등전점의 차이에 의한 분리
Charge-transfer	· 전자 donor/acceptor의 상호작용
Reverse phase	· 비극성, 소수성 표면을 만든다. 분리시간은 용질과 표면 사이의 소수성 크기에 따라 비례한다.
Ion suppression	· 산과 염기는 이온화를 억제하여 중성 용매 중의 약산과 약염기의 peak를 분산시킨다.
Ionization control	· 완충작용이 있는 이동상(mobile phase)은 용질의 이온화 정도를 조절한다.
Non-aqueous	· 아세톤, acetonitrile, dimethyl sulfoxide, dichloromethane, 메탄올 등의 용매를 사용하여 불용성 물질을 분리
Affinity biosorption	· 분리물의 화학반응의 특이성을 이용, Monoclonal antibody, protein A와 같은 물질의 site recognition
Hydrophobic interaction	· Reversed phase와 유사하나 온화한 조건에서 실시, 고분자 물질
dye-ligand	이 triazine, triphenylmethane 염색약에 대한 특이한 결합성
Metal chelate	· 저분자량의 금속결합 리간드가 교환되면서 matrix결합의 착화합물 형성
Covalent(chemisorption)	· 가역적인 disulfide결합

표 12-5. 분리기술에 이용되는 용어의 약자

BPC	Bond Phase Chromatography	IEF	Iso Electric Focusing
CE	Capillary Electrophoresis	IPC	Ion Pair Chromatography
CZE	Capillary Zone Electrophoresis	LLC	Liquid Liquid Chromatography
FEE	Forced Flow Electrophoresis	LPLC	Low Pressure Liquid Chromatography
FPLC	Fast Protein Liquid Chromatography	LSC	Liquid Solid Chromatography
FSCE	Free Solution Capillary Electophoresis	MPLC	Medium Pressure Liquid Chromatography
GFC	Gel Filtration Chromatography	MZE	Multiphasic Zone Electrophoresis
GPC	Gel Permeation Chromatography	PAGE	Polyacrylamide Gel Electrophoresis
HIC	Hydrophobic Interaction Chromatography	PC	Paper Chromatography
HPCE	High Performance Capillary Electrophoresis	PIEF	Recycling IsoElectric Focusing
HPLC	High Performance Liquid Chromatography	RPC	Reverse Phase Chromatography
IEC	Ion Exchange Chromatography	SCFC	Super critical Fluid Chromatography
		SDS-PAGE	Sodium Dodecyl Sulphate-PAGE
		SEC	Size Exclusion Chromatography
		TLC	Thin Layer Chromatography

표 12-6. 크로마토그래피에 의한 인터페론의 분리공정

분리공정	내 용	비활성(U/mg)	정제도
· 배양	유전자 조작된 대장균의 배양		
· 원심분리	집균(集菌)		
· 분쇄	Manton-Gaulin press		
· 염석	황산암모늄	2.0×10^5	1
· 면역 affinity chromatography	항인터페론 monoclonal 항체칼럼 pH 2.5에서 인터페론 용해	2.3×10^8	1,150
· 이온교환 chromatography	CM 52 양이온교환 칼럼	3.0×10^8	1,500

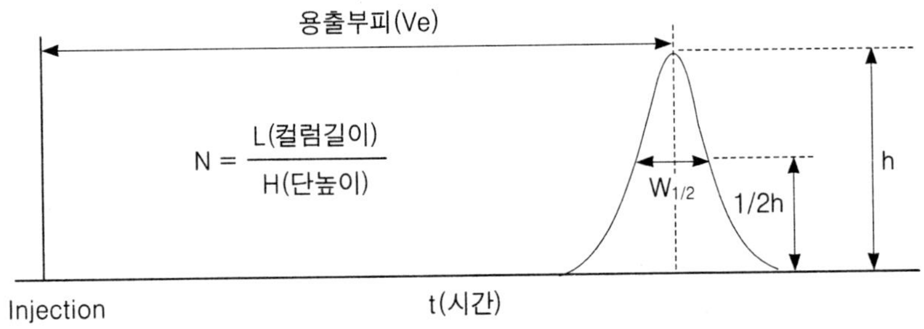

그림 12-31. 컬럼의 이론단수(N) 계산

서의 피크의 폭, h는 피크의 높이를 각각 나타낸다. 일반적으로 컬럼효율을 증가시키는 방법은 N값을 크게 하는 것이며, 다음과 같은 방법이 있다.

① 컬럼길이(L)를 증가시킨다.

② 정지상 충진물(흡착제) 입자크기를 작게 한다.

5.2 막분리

막분리는 다공성의 분리매체를 통과하는 물질들의 크기 및 확산속도 차이에 의해 분리하는 방법으로 액체분리에 많이 이용된다(그림 12-32 참조).

막분리기술로는 가스투과(gas permeation), 투과증발(pervaporation), 투석(dialysis), 전기투석(electrodialysis), 여과(filtration) 등이 있다. 그리고 막여과방법에는 역삼투(reverse osmosis ; RO 또는 hyperfiltration), 한외여과(ultrafiltration ; UF), 정

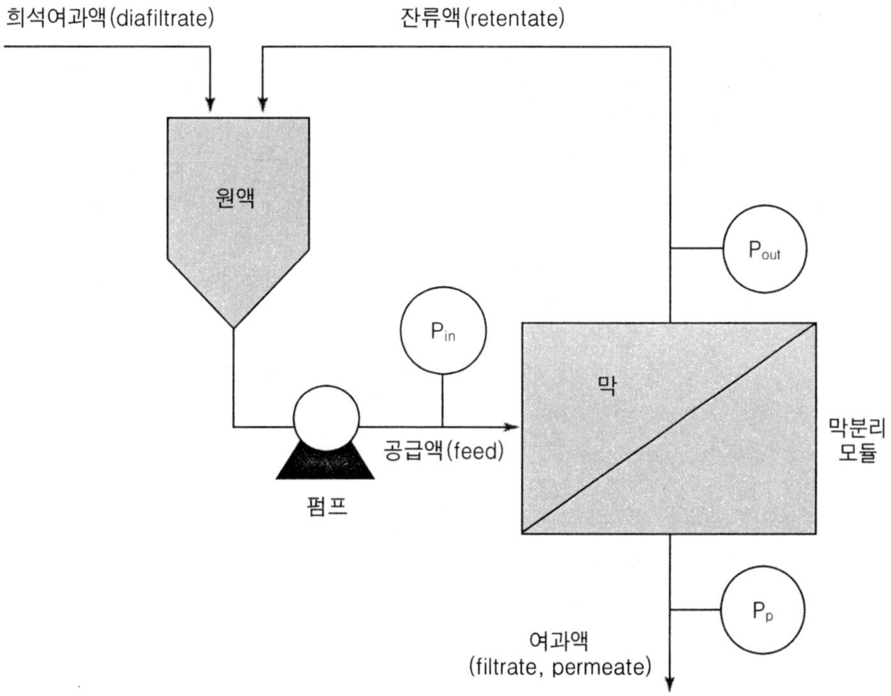

그림 12-32. 막분리장치의 구성

밀여과(microfiltration, MF), particle filtration 등이 있다(그림 12-33 참조).

막분리는 크게 분리하고자 하는 물질의 분자량이 물분자에 비해 10배 정도로 작을 경우를 역삼투압법이라고 하고, 분자량이 물분자보다도 수백 배 이상으로 클 경우를 한외여과법이라고 한다. 막분리는 단순히 압력 차이에 의해 분리되며, 다음과 같은 장점을 가지고 있다.

① 상변화(相變化)를 수반하지 않아 에너지가 적게 든다. 일반적으로 막분리에 드는 비용은 전력비, 막 또는 모듈(module) 교환비에 해당한다.

② 가열농축이 아니기 때문에 처리 대상물이 열변성을 받지 않는다. 따라서 단백질과 같은 열에 불안정한 물질의 분리가 가능하다.

③ 저온에서 처리가 가능하여 처리물질 중에 존재하는 잡균의 증식을 억제할 수 있을 뿐 아니라 단백질 분해효소가 존재하더라도 그 활성을 낮출 수 있다.

④ 녹아 있는 무기물이나 유기물의 선택적 분리가 가능하다. 즉, 막을 통과하는 저분자물질을 계의 밖으로 제거하는 동시에 고분자물질을 농축할 수 있다.

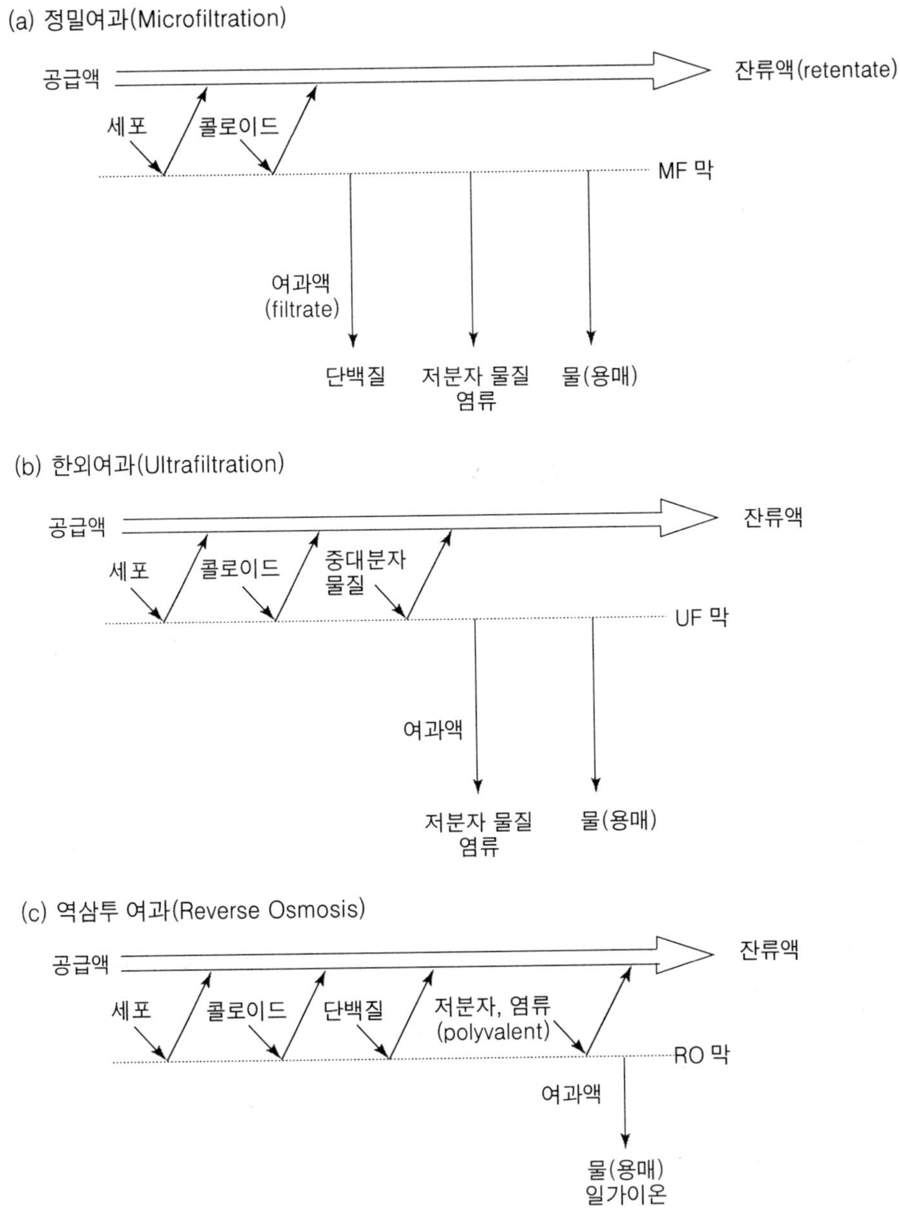

그림 12-33. Pore size에 따른 막분리 방법

그러나 이에 대한 단점으로는 다음과 같은 점을 들 수 있다.

① 농도분극 현상(concentration polarization)이나 fouling이 발생할 수 있어서 분리능의 저하가 일어날 수 있으며, 공정에 알맞은 세정법(洗淨法)을 확립할 필

요가 있다.

② 막의 성능에서 약품, 열, 용제에 견딜 수 있는 정도에 한계가 있기 때문에 사용에 제한을 주는 경우가 있다.

③ 막분리 기술만으로 처리목표를 달성할 수 있는 경우는 비교적 적고, 전처리 또는 분리 후 처리기술 등을 조합하여 운용해야 하는 경우가 많다.

이와 같은 단점을 보완하기 위한 기술개발이 진행되고 있고, 이미 많은 분야에 실용화되었다. 막분리 기술을 이용하는 경우는 각종 항생물질의 농축을 포함하여 각종 효소의 제조, 아미노산의 정제 또는 농축, 식초의 제조, xanthan gum과 같은 고분자 다당류의 농축 등에 이용된다.

5.3 전기투석

전기투석(electrophoresis) 공정은 이온교환 수지로 만들어진 일련의 막(membrane)과 전기장(electric field)을 이용하여 전하를 띤 성분들의 분리에 사용되는 방법이다. 사용되는 막은 선택적으로 이온을 통과시키는 특징을 가지고 있다. 즉, 한쪽의 막은 양이온 투과성으로 양이온을 통과하고 음이온은 통과하지 못하는 반면, 다른 쪽의 막은 음이온 투과성으로 양이온이 통과하지 못하게 된다.

평행하게 막을 교대로 설치하고, 그 곳에 전류를 흐르게 하면 전기투석 장치가 된

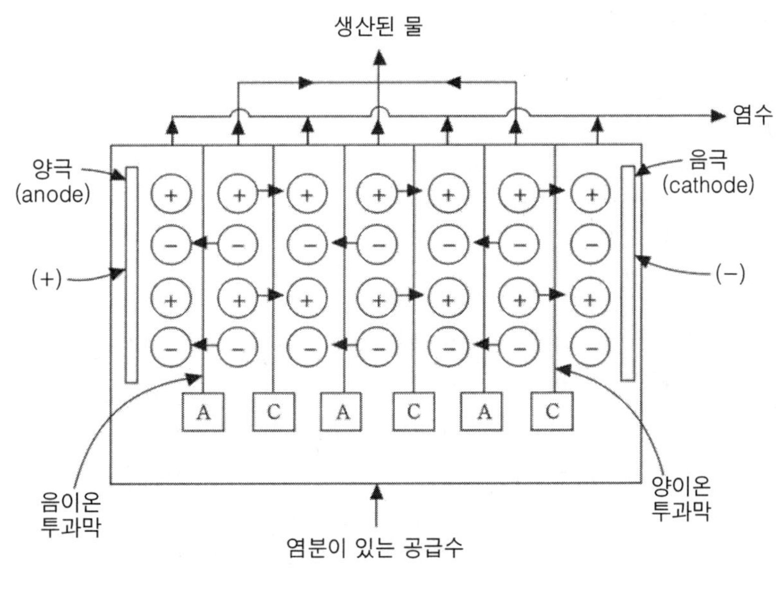

그림 12-34. 탈염을 위한 전기투석 공정

다. 양이온은 양이온 선택성 막을 통하여 음극 방향으로 가지만, 음이온 선택성 막에 의해 차단된다. 음이온의 경우는 반대로 작용하여 하나의 통로에서 제거된 이온은 옆의 다른 통로에서 농축되게 된다.

전기투석 장치에서 막의 두께는 0.5 mm 정도이고, 약 1 mm의 다공성 공간에 의해서 서로 격리되어 있다. 하나의 전기투석실에는 여러 개의 막과 공간이 서로 번갈아 설치되어 있다. 전기투석 공정은 전하를 띤 단백질 정제, 유기산 정제, 염의 성분을 제거하는 탈염(desalting) 공정 등에 많이 이용된다. 단백질 정제의 경우 이동속도는 단백질의 크기, 전하, pH, 전위차에 따라 달라진다. 그림 12-34는 염분이 포함되어 있는 공급수로부터 염을 제거하는 탈염공정의 예를 나타내었다.

5.4 건조 및 결정화

앞에서 설명한 여러 가지 방법에 의해 분리·정제한 유용물질은 결정화, 건조 등을 통하여 제품화하는 마지막 공정이다. 최종목적 물질의 수준을 만족시키기 위한 공정으로 제품의 형태개선, 고순도 제품생산, 잔류 수분 또는 용매제거, 불순물 제거 등의 목적으로 사용된다.

결정화는 유기산 또는 glutamic acid, lysine 등과 같은 아미노산의 회수 등에 이용된다. 예를 들어 구연산 생산의 경우 $Ca(OH)_2$를 첨가하면 비교적 불용성인 Ca-citrate로서 결정이 생긴다. 이 결정을 침전법에 의해 쉽게 회수한 다음 황산에 가하여 Ca을 황산염으로 하면 구연산이 유리되며, 활성탄에 처리하여 탈색 및 탈취 등으로 정제하여 구연산을 얻는다.

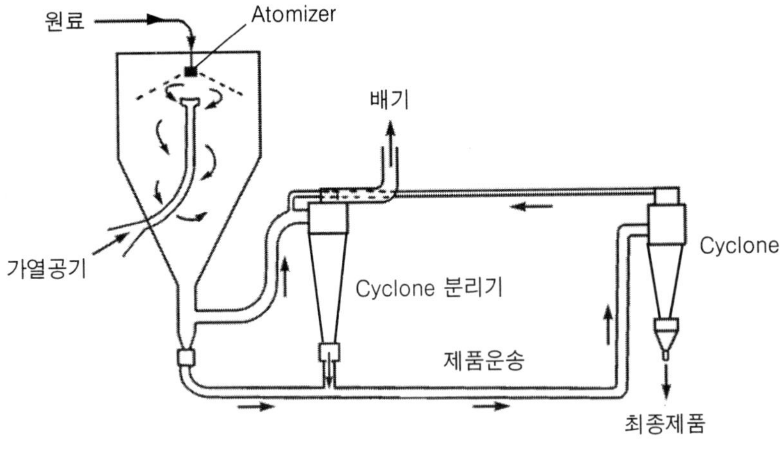

그림 12-35. 분무건조기

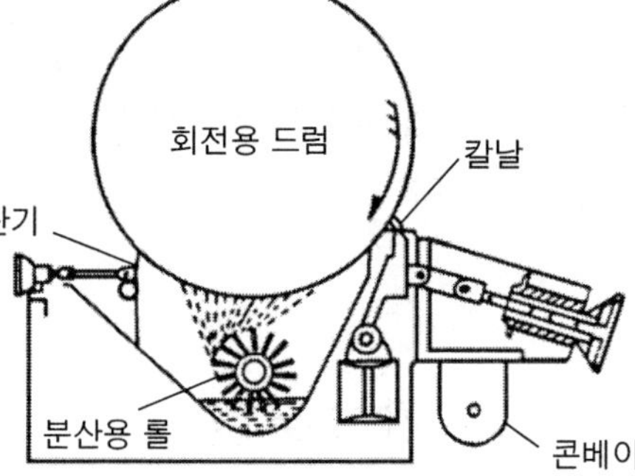

그림 12-36. 드럼건조기

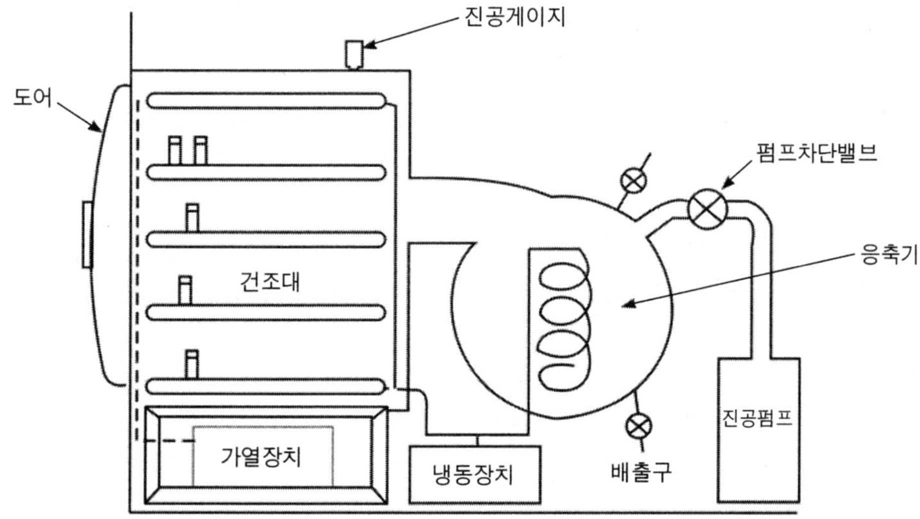

그림 12-37. 동결건조기

균체 또는 제품을 건조하는 것은 회수공정의 최종단계에 속하는 경우가 많으며, 균체의 생존율(viability), 제품의 활성, 영양가 등에 대한 손상을 최소화해야 한다. 건조로 인해 수송비를 절감할 수 있고, 취급 및 포장이 쉬우며, 제품을 건조상태에서 저장하기가 편리해진다. 건조효율을 높이려면 처음에는 수분함량을 줄이기 위해 원심분리 또는 여과공정을 거쳐 분무건조를 하거나(그림 12-35), 열안정성이 있는 성분은 드럼건조기에서 건조한다(그림 12-36). 그러나 생화학 제품은 대부분 열에 불안정하기 때문에 동결건조방법이 많이 이용된다(그림 12-37).

대사산물을 회수할 때의 수율은 생성물의 종류에 따라 다르며, 단세포단백질(single cell protein, SCP)의 경우는 5%, 항생물질은 20～50%, 균체외 효소는 10%, 균체내 효소는 90% 정도의 손실이 일어난다.

참고문헌

1. Aiba, S., A.E. Humphrey and N.F. Millis, Biochemical Engineering, The University of Tokyo(1973)
2. Atkinson, B. and F. Mavituna, Biochemical Engineering and Biotechnolgy Handbook, Macmillan Pub.(1983)
3. Belter, P.A., E.L. Cussler, W-S. Hu, Bioseparations, John Wiley & Sons (1988)
4. Bhatia, M.V. and P.N. Cheremisinoff ed., Process Equipment Series, vol. 1, Soilids Separation and Mixing, Technomics Pub. Co.(1979)
5. Crueger, W. and A. Crueger, Biotechnologie-Lehrbuch der angewandten Mikrobiologie, Oldenbourg Verlag(1989)
6. Geankoplis, C.J., Transport Processes and Unit Operations, Allyn and Bacon(1978)
7. Lacey, R.E., Membrane Separation Processes, Chem Eng, 4, 56(1972)
8. Scopes, R.K., Protein Purification, Springer-Verlag(1982)
9. Stanbury, P.E., A. Whitaker and S.J. Hall, Principles of Fermentation Technology(2nd ed.), Pergamon Press(1995)
10. Engler, C.R., Texas A & M University 대학원, Biochemical Engineering 강의노트(1988)
11. 전재근, 식품공학, 개문사(1986)
12. 구윤모, 미생물과 산업, 16(2), 38(1990)
13. 佐田榮三 編, バイオ生產物の分離精製, 講談社(1988)
14. 化學裝 置, 25(9), 70～75(1983)
15. 조영일 외 4명, 환경공학, 동화기술(1992)

제 13 장

생물환경공학

1. 서 론

인구의 도시 집중화가 가속되고, 생산공정의 대형화로 여기에서 배출되는 폐기물을 정화시켜 자연상태로 돌려보내는 작업은 자연계 스스로의 정화능력에 의존하기에는 한계에 이르렀다. 따라서 보다 효율적으로 폐기물을 정화하는 작업을 시작하지 않으면 안 된다. 자연생태계 자체의 자정능력(自淨能力)에 단순히 의존하는 형태에서 벗어나 적극적으로 폐기물의 발생량을 줄이고, 정화작업이 어려운 물질의 생산을 억제하며, 효과적인 폐기물 처리방법을 강구해야 한다.

이러한 폐기물 중에서도 폐수는 그 구성성분이 다양하고 발생량이 많아 생활환경에 심각한 영향을 끼치고 있다. 이에 따라 다양한 처리방법이 고안되었으며, 그 일부는 실용화되고 있다.

폐수는 크게 산업폐수, 생활하수 또는 오수(汚水)로 구분한다. 그 특성이 다양하여 일률적인 처리방법의 적용은 불가능하며, 각각의 특성에 따라 그에 알맞은 물리화학적 또는 생물학적 공정을 도입해야 한다. 생활하수의 주요 오염원은 사람과 동물의 분비물, 세탁/목욕/조리할 때에 발생하는 하수 등이다. 폐수 중에 함유된 주요 오염물질은 생분해성 유기물, 휘발성유기물, 중금속 같은 유독 성분, 불용성 부유물질, 질산염과 인산염 등 무기영양원, 병원성 미생물, 기생충 등이다.

폐수처리의 목적은 현탁된 부유물질을 제거하고, 폐수 중에 함유된 유기물의 양인 생물학적 산소요구량(biological oxygen demand, BOD)를 감소시키며, 질소와 인 화합물 등 지표수나 지하수의 오염원을 제거하며, 그리고 병원성 미생물과 기생충을 소독하는 것이다. 생물학적인 방법으로 폐수처리를 원활히 하기 위해서는 미생물 생육에 알맞은 환경을 조성해 주어야 한다.

폐수처리는 크게 나누어 침전・흡착・여과・중화・이온교환 등의 물리화학적 처리와 휘발성 가스와 물분자로 분해시키는 생물학적 처리로 나눌 수 있다. 여기서는 생물의 생리학적 특성을 이용한 생물학적 처리를 중심으로 설명하고자 한다.

생물이 폐수 중의 각종 성분을 분해하는 과정도 하나의 생물반응기(bioreactor)로 설명될 수 있으며, 이는 생물공학의 응용분야로서 중요한 위치를 차지한다. 미생물에 의한 폐수의 처리공법은 시설비가 비교적 저렴하며, 다양한 유기물을 동시에 분해시킬 수 있는 장점이 있어서 미생물 생육에 해로운 물질이 함유된 폐수를 제외하고 대부분의 폐수처리에 적용되고 있으나, 처리 후에 나오는 슬러지(sludge)를 별도로 처리해야 하는 번거로움이 있다.

2. 폐수처리 관련 생물의 종류 및 특성

유기물을 분해하는 폐수처리조 내의 미생물 성상을 처리시간에 따라 변화형태를 살펴보면 그림 13-1과 같다. 먼저 세균이 증식하게 되어 오니의 형성이 시작되며, 이어서 원생동물이 나타나기 시작하여 플록(floc)이 형성된다.

2.1 세 균

폐수처리조의 활성 슬러지 플록(floc)에 존재하는 주요 세균으로는 *Achromobacter, Acinetobacter, Alcaligenes, Bacillus, Chromobacterium, Comamonas, Corynebacterium, Flavobacterium, Nitrobacter, Nitrosomonas, Pseudomonas, Sphaerotilus, Zoogloea* 속에 해당하는 미생물들이다.

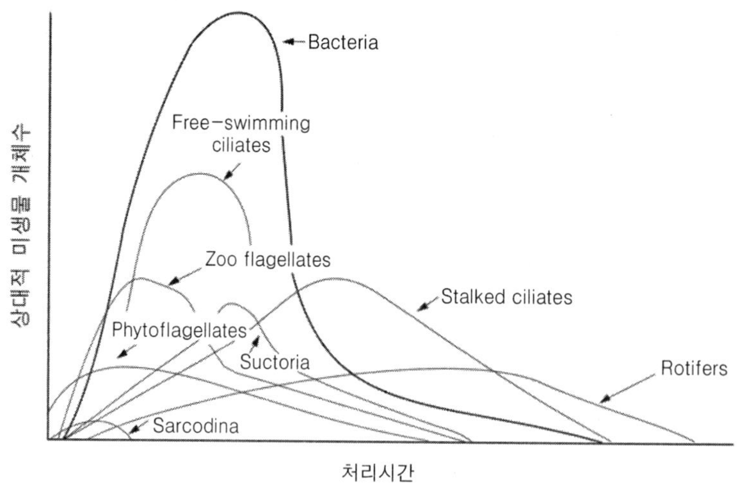

그림 13-1. 폐수처리조의 생물성상의 변화

2.2 사상균

폐수처리 반응조에 사상균이 나타나는 일은 흔하지 않으나, 폐수처리 방법이나 조건이 알맞지 못한 경우에는 사상균이 지나치게 번식한다. *Alternaria, Cephalosporium, Cladosporium, Geotrichum, Penicillium* 속 등이 나타난다. 이 중에서 *Geotrichum* 속은 폐수처리를 어렵게 만드는 슬러지의 팽화(bulking) 현상과 밀접한 관련이 있다.

2.3 원생동물

원생동물(protozoa)은 다세포의 후생동물(metazoa)과 달리 단세포 생물로서 그 모양은 다양하여 공모양, 원추모양, 잎모양 등이 있다. 자유로이 떠돌아다니는 것(free)이 있는가 하면, 기어다니는 것(creeping), 고형물 위에 부착하여 살아가는 것(stalked)이 있다. 또한 모여 사는 것이 있고, 떨어져 사는 것이 있다. 그 크기는 대부분 30～100 ㎛ 정도이다.

증식은 일반적으로 출아 또는 분열에 의하여 무성생식을 하거나, 접합 등의 유성생식을 하기도 한다. 운동기관으로서 편모와 섬모를 가지고 있으며, 먹이는 세균 등의 생물체 또는 유기물을 영양분으로 한다. 따라서 폐수처리 과정 중에 대량으로 번식하는 세균은 원생동물의 먹이가 된다.

원생동물은 편모로 운동하는 편모충류(Flagellates), 가족(의족)에 의해 운동하는 육질충류(Rhizopoda), 그리고 두 개의 핵을 가지고 있으면서 섬모에 의하여 운동하는 섬모충류(Ciliates)로 나누기도 한다. 이들은 폐수처리에 있어서 세균과 더불어 중요한 위치를 차지하고 있다. 활성 슬러지(activated sludge) 중에 나타나는 원생동물로는 *Amoeba, Aspidisca, Bodo, Euplotes, Opercularia, Pleuromonas, Vorticella* 등이 있다. 이들 원생동물 들은 세균의 floc 형성을 촉진하며, 침전형성 능력을 보강함으로써 부유물질의 농도를 낮추는 역할도 한다.

2.4 후생동물

후생동물(metazoa)은 다세포생물로 크기가 100～500 ㎛에 달한다. 폐수처리장에 나타나는 후생동물들을 rotifers라고 하며 *Habrotrocha, Lecane, Notommata, Philodina* 등 네 종류가 주를 이룬다. 이들은 물 속에 떠다니는 세균들을 먹어치우며, 점질성의 배설물을 배출하여 각종 미생물과 오염물질들이 모여서 플록(floc)을 형성할 수 있도록 도와 주는 역할을 한다.

2.5 조 류

조류(藻類)는 광합성 생물로서 폐수처리용 산화조에서는 산소를 공급하고, 일부의 유기물을 분해하기도 한다. 생장하는 데에 산소를 필요로 하므로 활성오니법(活性汚泥法)에서는 거의 나타나지 않는다. 오니의 햇볕 노출시간이 비교적 긴 회전원판법과 살수여상법 등에는 규조류, 남조류 등이 나타난다. 이들은 오염물질을 처리하는데 도움을 주기보다는 원판이나 회전축의 운전을 어렵게 만드는 경우가 많다.

2.6 기타 생물

기타 *Candida, Rhodotolura* 등의 효모가 관찰된다. 이외에도 활성 슬러지에 나타나는 생물로 종류, 수와 개체 수가 그리 많지 않은 선충류 · 윤충류 · 빈모류 등이 있다.

2.7 생물의 상호작용

폐수 중의 생물체는 그 종류가 다양하여 서로 영향을 주고받으며 살아갈 수밖에 없다. 이에 따라 순수배양에서 관찰할 수 있는 여러 가지의 특성이 나타나지 않을 수 있으며, 생물의 생육상을 제어하기는 매우 어렵다. 물질대사나 생리적으로 여러 가지의 생물들이 섞여서 상호작용을 함으로써 폐수의 정화가 이루어진다고 볼 때 이들 생물체의 알맞은 제어가 반드시 필요하다.

3. 폐수처리 관련 용어

3.1 부유성 물질

부유성 물질에 관한 용어에는 여러 가지가 있다. 현탁성 고형물은 suspended solids(SS)라고 하며, 용존상태에 있는 고형물은 dissolved solids(DS)라 하고, SS와 DS를 합쳐서 총고형물(total solid, TS)이라고 한다. 미생물과 유기성, 무기성 부유물질(SS)을 모두 합쳐서 mixed liquor suspended solids(MLSS)라고 한다.

MLSS는 폐수처리 반응탱크 내의 혼합액(mixed liquor)을 여과하여 얻은 고형물을 105℃에서 건조한 후에 남는 고형분의 무게로부터 계산한다. Mixed liquor volatile suspended solids(MLVSS)는 MLSS 중 유기물에 해당되는 부분을 나타낸다. 이는 미생물과 그 찌꺼기, 그리고 미생물 유래가 아닌 유기물들이 모두 포함된다. 시료를 여과하고 건조하여 얻은 고형물을 600～650℃에서 가열 처리하였을 때 기화되어 없어지는 부분으로 계산하며, MLSS의 약 65～75%에 상당한다.

3.2 유기물량

폐수 중의 유기물량을 나타내는 방법으로서 biological oxygen demand(BOD)와 chemical oxygen demand(COD)가 있다.

생물학적 산소요구량(BOD)는 유기물이 미생물에 의하여 산화분해될 때 소요되는 용존산소량을 나타낸다. 이는 유기물이 분해될 때 최종전자 수용체가 산소분자라는데 근거를 둔 것으로서, 폐수 중의 유기물량이 많을수록 산소 소모량이 많아지는 원리를 이용한 것이다. 그러나 생물에 의한 분해가 불가능한 유기물량을 포함하지 않는다.

화학적 산소요구량(COD)는 미생물에 의하여 분해되지 않거나 분해가 어려운 유기물을 고려하여 화학적으로 산화분해시키는 데 소요된 산소량을 나타낸다. 이는 유기물이 $K_2Cr_2O_7$와 같은 강산화제에 의하여 CO_2와 H_2O로 분해된다는 데 근거를 두고 있다. 따라서 COD가 BOD보다 높게 나타나는 것이 일반적이다.

BCOD란 단위가 쓰이기도 하며, 이는 COD 중에서 생물학적으로 분해가 가능한 부분을 나타낸다. 그리고 총 유기물량을 나타내기 위하여 TOC(total organic carbon)이라는 단위를 사용하며, 이는 유기물을 산화시켰을 때 발생하는 CO_2의 양으로부터 계산한다.

3.3 F/M 비

'Food to microorganism ratio'로 활성오니법 폐수처리 탱크에 가해지는 유기물 부하량을 나타내며, F/M = (Q×BOD)/(MLSS×V)로 계산된다. 여기에서 Q는 폐수의 유입속도(million gallons/day), BOD는 biological oxygen demand(mg/l), MLSS는 mixed liquor suspended solids(mg/*l*), V는 폐수처리 반응조의 용량(gallons)이다.

F/M 비는 반응조 내에 있는 활성 슬러지의 폐기처리 속도를 조절함으로써 제어가 가능하다. F/M 비가 낮으면 폐수처리 반응조 내에 미생물들의 먹이가 충분하지 않다는 것으로, 폐수처리를 보다 효과적으로 할 수 있는 여건에 있는 셈이다.

3.4 용존산소

용액 중에 녹아 있는 산소의 양을 용존산소(dissolved oxygen, DO)로 표시하며, 폐수의 성상을 파악하는 지표가 된다. 일반적으로 깨끗한 물일수록 용존산소량이 많다.

3.5 슬러지

슬러지(sludge)는 200～1,000 ㎛의 부정형 플록(floc)으로서 주로 세균과 원생동물이 응집된 것을 활성오니(activated sludge)라고 한다. 폐수처리조 내의 활성 슬러지의 양을 표시하는 방법으로서 sludge volume(SV) 단위는 활성 슬러지 혼합액을 30분 동안 정치시켰을 때 차지하는 용량 백분율(%)을 나타낸다. 또한 이는 슬러지의 침강성을 나타내는 지표로서 sludge volume index(SVI)를 사용한다. 이는 위와 같은 혼합액을 30분 동안 정치시켰을 때 1 g의 활성 슬러지가 차지하는 부피(ml)를 나타낸다.

좋은 슬러지는 SVI가 40～60 ml/g이고, 팽화(bulking)를 일으키는 슬러지는 200ml/g 또는 그 이상이다. 한편, 슬러지가 반응조 내에 체류하는 시간을 sludge retention time(SRT)이라고 한다. 이는 폐기되는 잉여 슬러지의 양과 밀접한 관련이 있다.

3.6 HRT(hydraulic retention time)

폐수가 (폭기)처리조에 머무는 시간으로 수시간에서 수일 동안으로 변화가 심하다. 이는 폐수 처리조의 용량을 유입수의 유입속도로 나누어 구한다. 따라서 HRT가 짧을수록 단위 시간당 폐수 처리량이 많다.

4. 폐수처리 공정

폐수처리 목적은 앞에서 설명한 바와 같이 폐수 중의 유기물질(BOD/COD), 부유물질(TS), 그리고 영양염류를 제거하면서 슬러지의 발생량을 줄이는 데 있다. 이를 위하여 경제적인 처리방법을 강구해야 하며 온도, pH, 특정 영양염류의 농도, 폐수 체류시간, 부하량, 통기량(용존산소량), 생물의 종류 등 각종 처리조건을 설정해야 한다. 이와 같은 세부조건은 각각의 폐수 특성이나 공정에 따라서 큰 차이가 있으나, 대체적인 과정은 다음과 같이 4단계로 이루어진다.

1) 예비처리

비교적 크기가 크거나 거칠고, 단단한 부유물 등 폐수처리 장비의 작동을 저해할 우려가 있는 물체를 먼저 제거하는 과정이다.

2) 1차 처리

거친 여과(screening), 침강(sedimentation) 등 물리적 처리방법에 의한 폐수 중의 오염물을 제거하는 과정이다.

3) 2차 처리

용존상태에 있는 유기물의 생물학적 분해에 의한 제거, 화학적인 방법에 의한 각종 미생물 및 독소의 제거, 각종 영양분의 제거 등 폐수처리의 핵심과정이다.

4) 3차 처리

폐수의 고도처리 과정에 해당한다. 3차 처리는 물리화학적인 방법에 의한 처리로서, 2차 처리된 폐수 중에 남아 있는 질소와 인을 배출기준 이하가 되도록 처리하며 난분해성 물질을 제거하는 과정이다.

생물학적인 방법으로 폐수를 처리하는 몇 가지 주요한 공정은 다음과 같다.

4.1 활성 슬러지법

활성오니(汚泥, sludge)법이라고도 한다. 활성 슬러지 또는 오니는 오염물질과 각종 미생물들이 모여서 형성된 덩어리(floc)에 원생동물들이 고착 또는 부유 형태로 모여 있는 것을 전체적으로 일컫는 말이다. 활성 슬러지법(activated sludge method)은 유기물 제거효율이 높아서 양질의 처리수를 얻는데 알맞으나 처리과정 중에 생겨나는 잉여 슬러지를 지속적으로 제거해야 하기 때문에 비교적 많은 비용이 소요된다.

폐수 속에는 석유나 유지, 나무 조각과 같이 물에 떠 있는 부유물질, 물 속에 침전하는 물질, 미생물에 의해서 분해되는 유기물질이 있고, 자연적으로는 잘 분해되지 않는 난분해성 물질도 있다. 활성 슬러지법에 의한 폐수의 정화처리 과정은 그림 13-2와 같다.

1) 1차 처리(물리적 처리)

폐수를 정화하는 첫 단계는 물에 떠다니는 부유물질들을 거르는 스크린 과정이다. 그 다음은 물의 속도를 줄여서 침전될 수 있는 물질들을 침전시키는 침전과정을 거친다. 이 때 침전물을 제거하고 남은 물은 통기조로 옮겨간다.

2) 2차 처리(생물학적 처리)

물리적 처리과정을 통해 걸러진 폐수에 남은 유기물은 호기성 미생물에 의해 분해되는 과정을 거친다. 이 때 호기성 미생물의 활동이 활발해짐에 따라 산소가 많이 필요하므로 호기성 미생물의 활동에 필요한 산소를 공급해 주기 위해 압축된 공기를 계속 공급해 준다. 유기물이 다 분해되면 호기성 미생물은 다시 재사용된다. 이 과정에서 유기물의 85∼90% 정도가 제거된다.

3) 3차 처리(화학적 처리)

2차 처리에서도 제거되지 않은 유기물질이나 독성물질을 제거하는 과정이다. 인은 수산화칼슘이나 황산알루미늄을 첨가하면 침전물을 생성하므로 수산화칼슘이나 황산알루미늄을 처리하여 인을 제거한다. 질산염은 OH^-이온의 농도를 증가시켜서 암모니아가스 형태로 제거하거나, 아질산 이온형태로 만들어 제거한다. 이러한 과정을 거친 물에 활성탄소를 이용하여 흡착처리를 하면 염소처리 후 곧 재이용될 수 있을 정도로 수질이 개선된다.

특히 미생물은 외부환경에 민감하여 이들을 안정적으로 유지 관리하기가 어려운 점도 있다. 그림 13-2에서 보는 바와 같이 기본적인 시설은 폭기조, 침전조, 슬러지 반송장치 등으로 구성되어 있다. 폐수 중의 유기물은 폭기조에서 다양한 미생물에 의하여 호기적으로 산화 분해되고, 일부는 침전조에서 균체와 더불어 응집・흡착・침전된다.

처리조 내에서 플록(floc)을 형성하는 주요 미생물로는 *Bacillus cereus, Escherichia intermedia, Flavobacterium aquatile, Zoogloea ramigera* 등이 있다. 효과적인 폐수처리를 위해서는 폭기조 내의 환경조건이 미생물의 증식과 유기물의 분해에 알맞아야 하고, 침전조에서는 슬러지의 침전성이 좋아야 양질의 유출수인 처리수를 얻을 수 있다.

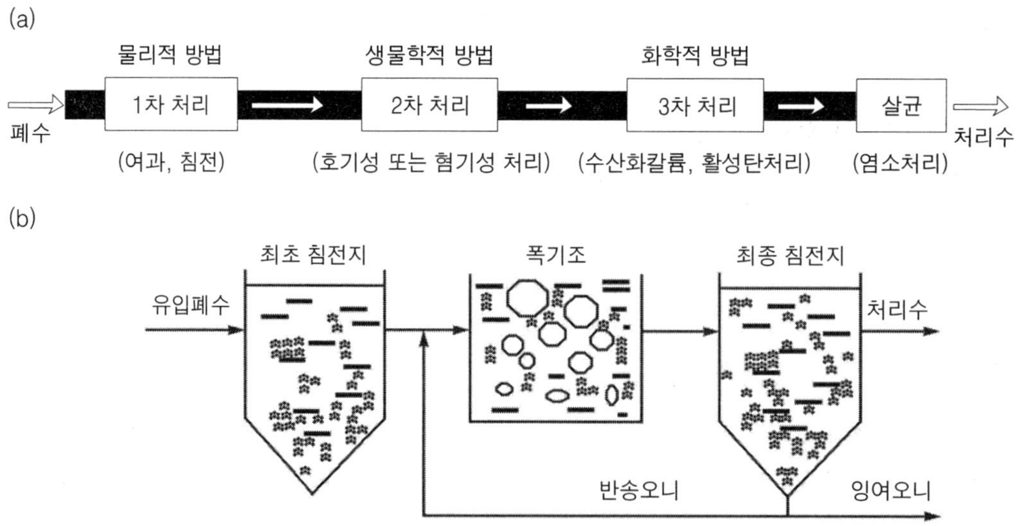

그림 13-2. 활성 슬러지법의 기본 공정도

폐수 중의 유기물은 호기적으로 분해되어 최종적으로 CO_2, H_2O, NH_3 등의 형태로 배출되고, 일부는 새로운 생물체의 증식에 영양분으로 이용된다. 따라서 활성 슬러지법에 의한 폐수처리 공정에서 발생하는 가장 중요한 두 가지 기본사항은 유기물의 제거를 위한 산화(oxidation), 그리고 유기물을 영양분으로 사용하여 증식한 균체들인 잉여 활성 슬러지의 응집(flocculation)이다. 균체가 응집되어야 침전이 잘 되며, 처리되어 나오는 물과 분리되어 제거하기 쉽다.

4.2 살수여상법

살수여상법(trickling filter)은 일종의 고정화 막처리법(biofilm reactors)이다. 폐수 중의 오염성분을 제거해 주는 미생물들이 여재(filter medium) 표면에 번식하여 엷은 생물막(biofilm)을 형성하게 된다. 여기에는 *Achromobacter, Flavobacterium, Pseudomonas, Zoogloea* 등의 세균과 *Fusarium, Geotrichum, Mucor, Penicillium* 등의 사상균, 그리고 광합성조류 및 원생동물 등이 관여한다.

투과성이 좋은 여재가 충진되어 있는 탑 위로 폐수가 살포되고, 폐수 중의 유기물은 아래로 흐르는 동안 여재에 부착된 미생물에 의하여 분해된다. 이 과정에서 여과작용은 거의 일어나지 않는다(그림 13-3a). 이 방법은 단순하고 작동이 쉬워서 소량의 폐수를 처리하는 데 알맞다. 그러나 양질의 처리수를 얻는 목적에는 알맞지 않다.

살수여상법은 크게 다음과 같은 기능을 발휘하는 네 부분으로 이루어져 있다.

1) 여재충진탑

여재를 담고 있는 반응조로서, 미생물의 부착과 생육이 원활하도록 여재는 비표면적이 커야 한다. 공기의 원활한 공급이 이루어져 호기적 조건이 조성되고, 폐수의 흐름이 저해를 받지 않도록 여재충진탑 내의 공극이 커야 한다. 여재로는 돌, 화산회토, 벽돌, 나무, 플라스틱 등이 쓰인다.

2) 폐수 분산장치

여재를 담고 있는 반응조 위로 폐수를 골고루 뿌려 주는 역할을 한다.

3) 하면배수장치

여재충진탑을 통과하여 밑으로 내려오는 물과 biofilm을 형성하고 있다가 떨어져 나온 균체 부스러기 등을 받아서 수집하는 역할을 하며, 공기를 주입시키는 통로로 사용된다.

4) 침전조

하면배수장치에 수집된 물 속에는 균체 덩어리 등 고형분이 섞여 있다. 이들 고형분을 침전시켜 제거하고, 처리수를 방출하며, 필요한 경우에는 처리수를 재순환시키는 역할을 한다.

4.3 회전원판법

회전원판법(rotating biological contactor)도 살수여상법과 같은 고정화 막처리법의 일종이다(그림 13-3b와 그림 13-4). 이 장치를 크게 나누면 폐수가 통과하여 흐르는 반응조인 탱크와 원판이 촘촘히 부착된 회전축으로 구성된다. 원판에는 미생물이 번

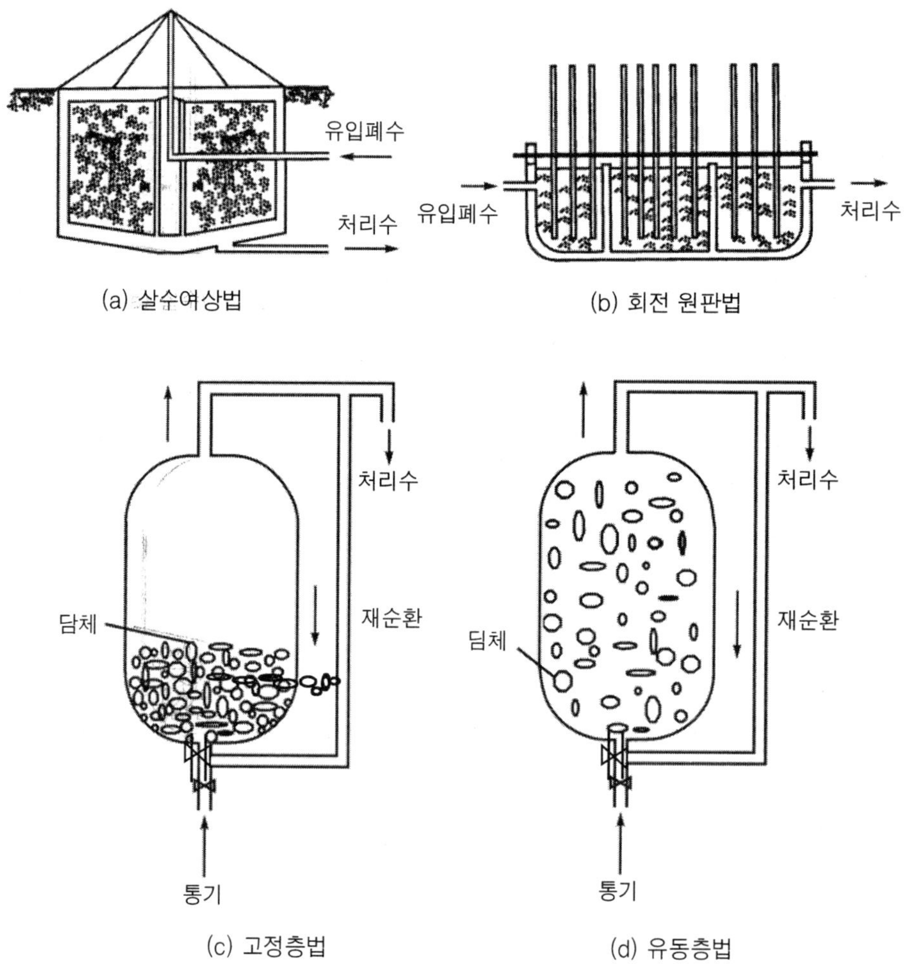

그림 13-3. 고정화 막을 이용한 폐수처리조

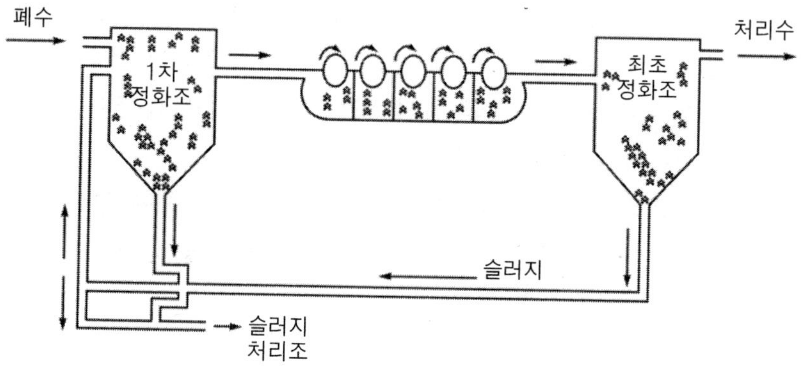

그림 13-4. 회전원판법

식하여 생물막(biofilm)을 형성할 수 있도록 설계되어 있다. 따라서 원판의 표면적이 클수록 보다 많은 양의 미생물이 부착하게 된다.

폐수처리조에서는 세균 · 사상균 · 조류 · 원생동물 · 후생동물 등이 모두 관찰되며, 활성 슬러지법을 이용한 통상의 폐수처리조와 유사한 미생물상의 천이과정을 겪는다(그림 13-1을 참조). 생물막(biofilm)에서는 *Beggiatoa, Nocardia, Sphaerotilus* 등의 사상성 세균이 흔히 발견된다.

회전원판이 탱크 위에 얹혀서 돌아가며, 원판의 약 40%는 탱크 속의 폐수에 잠겨 있고, 나머지는 공기에 노출되어 있다. 원판이 회전함에 따라서 원판의 일부는 항상 폐수 속에 잠기고, 일부는 공기에 노출되는 상태를 반복하게 된다. 원판이 폐수 속에 잠겨 있을 때는 미생물이 유기물을 흡착하여 분해하고, 원판이 공기 중에 노출되어 있는 동안에는 산소를 흡수함으로써 전체적으로 호기적 조건이 유지된다. 이 방법은 넓은 면적이 필요 없고, 운전이 간단하며, 폐수를 비교적 더 깨끗이 정화시킬 수 있으나 기온강화, 비바람 등을 피하기 위한 설비가 요구된다.

4.4 유동층법

유동층법(biological fluidized bed)은 밀도가 물과 비슷한 불활성 입자를 미세하게 만들어 담체(carrier)로 사용하기 위하여 폐수처리조의 액 중에 부유시키는 방법이다. 담체 표면에는 폐수처리용 미생물이 생물막을 이루어 번식하게 된다. 담체 입자의 크기가 작을수록 비표면적은 증가하여 처리조의 단위 부피당 생물의 농도가 증가하는 효과가 있다.

폐수는 처리조 하부로부터 주입되고, 주입속도에 의하여 분산된 입자들이 팽창하고 유체화되어(fluidized) 섞이게 된다(그림 13-3d). 단위 부피당 미생물 농도는 이론적으로 최대치에 이르기 때문에 폐수의 체류시간이 짧아지고, 처리조의 용량도 줄일 수 있다. 그러나 미생물 부착용으로 알맞은 담체의 선택적 사용과 산소공급의 문제 등으로 실용화를 위해서는 보다 많은 연구가 필요하다.

이와 유사한 방법으로서 미생물 담체가 폐수처리조의 액 중에 부유되지 않고 밑바닥에 가라앉은 상태로 작동되는 고정층법(packed bed bioreactor)도 있다(그림 13-3c).

4.5 혐기적 처리법

호기성 처리법에서 청소부 역할을 담당하는 미생물은 산소를 최종 전자수용체로 이용하는데 비하여, 혐기적 처리법(anaerobic digestion)에서는 최종 전자수용체로 질산염, 황산염, CO_2, 기타 유기물을 이용하는 혐기성 미생물이 주요 유기물 분해균이다.

유기물을 혐기적으로 분해시키면 유기산, 메탄(CH_4), CO_2, 알코올 등이 최종적으로 생성된다. 최종적으로 메탄이 생성되는 단계를 보면 다음과 같다. 따라서 폭기설비 및 운용에 따른 경비가 절약되며, 부산물인 메탄가스를 얻을 수 있는 이점이 있다.

$$CO_2 + 4H_2 \longrightarrow CH_4 + 2H_2O$$

$$CH_3COOH \longrightarrow CH_4 + CO_2$$

세균의 분해작용에 의해서 여러 종류의 유기물이 최종적으로 메탄가스, 탄산가스 등으로 분해되기까지에는 메탄생성균 뿐만 아니라 다양한 미생물들이 관여한다. 유기물은 분자량이 큰 경우 우선 분자량이 작은 물질로 가수분해된다. 이후 초산과 같은 각종 유기산의 생성과 더불어 최종적으로 메탄가스가 발생된다. 이러한 분해반응에는 편성혐기성 또는 통성혐기성 미생물이 관여하며 대부분이 세균이다.

Bacteroides, Bifidobacterium, Clostridium, Lactobacillus, Syntrobacter, Streptococcus 등의 유기물 분해세균과 *Methanobacterium, Methanomicrobium, Metrhanosarcina* 등의 메탄생성균이 흔히 발견된다. 이와 같이 메탄가스를 생성하기 전 단계에 관여하는 세균과 메탄가스 생성세균은 생리적·생태학적으로 매우 달라서 메탄생산을 위한 일률적인 최적조건을 찾기는 어렵다. 따라서 우선 분자량이 큰 유기물을 분자량이 작은 유기물로 분해시키는 단계와 분자량이 작은 유기물을 메탄으로 전환시키는 단계로 이루어진 2단계 처리장치가 바람직하다.

폐수나 폐기물의 혐기적 처리방법으로 보편화되어 있는 반응조는 부패탱크(septic tank)이다. 부패탱크를 이용한 분해처리 체제는 크게 두 부분으로 되어 있다. 혐기적

조건에서 미생물이 유기물을 분해하도록 해 주는 반응탱크와 반응탱크에 연결된 absorption field이다.

Absorption field는 배출수를 토양 중에 폐기하기 위하여 구축한 체제이다. 반응탱크에서 나오는 처리수가 파이프를 통하여 밖으로 배출되는데, 파이프에는 구멍이 여러 개 뚫려 있고, 그 구멍들을 통하여 흘러나온 물은 미리 깔아 놓은 자갈층 위로 배출된다. 자갈층을 통과한 물은 지하로 스며들면서 토양에 의한 제한적 정화과정을 거친다. 개인주택용 소규모 정화조가 이러한 부패탱크와 비슷한 원리로 운영된다. 그러나 이러한 폐수처리 방법은 지하수를 오염시킬 우려가 있다.

4.6 산화지법

산화지란 일종의 못(pond)으로서 산화지법(waste stabilization pond, oxidation pond)은 운전비용이 적게 들고, 고도의 기술을 요구하지 않으면서도 매우 효과적인 폐수처리 공정이다. 소규모 마을 단위로 폐수를 처리하는 데 오랫동안 이용되어 왔다. 못의 깊이에 따라 호기적 또는 혐기적 조건이 조성되며, 특히 광합성 조류가 번식하여 산소를 공급할 수 있도록 되어 있다.

산화지 내에서는 조류와 미생물이 공존하면서 자연적으로 폐수를 정화하게 되는데, 개략적인 내용은 그림 13-5와 같다. 햇볕이 투과하여 닿는 상층부에는 광합성 조류가 자라고, 조류가 방출하는 산소를 호기성 미생물이 최종 전자수용체로 이용하여 유기물을 분해시킨다. 유기물은 최종적으로 CO_2로 분해된다.

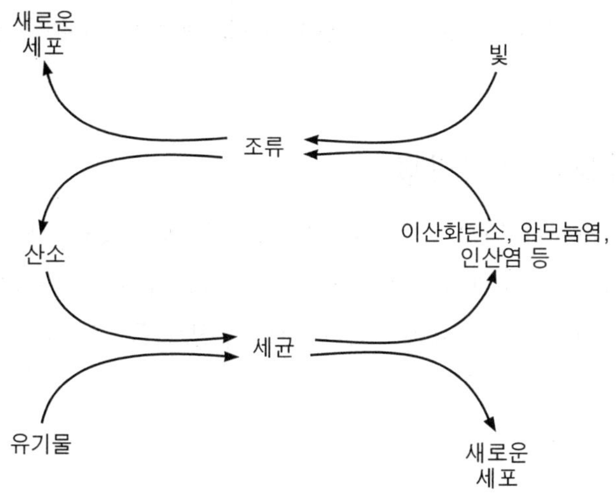

그림 13-5. 산화지에서의 폐수처리 이론

또한 하층부에는 산소가 부족한 상태로, 여기서는 혐기성 세균에 의한 유기물의 분해가 이루어져 메탄가스, 각종 유기산이 만들어진다. 이 공정은 순전히 자연적 분해공정으로서 어떤 기계장치도 필요 없으나 처리조인 산화조에 체류시간(HRT)이 길어 비교적 넓은 면적을 필요로 한다. 산화지법은 보통 세 가지 종류로 나눌 수 있으며, 이들은 한 처리장소에 연속적으로 배열되어 폐수처리에 이용된다.

1) 혐기성 산화지(anaerobic pond)

못의 깊이가 2～5 m로 BOD와 SS의 함량이 높은 폐수를 일차적으로 처리하는 곳이다. BOD 함량이 높아 용존산소가 거의 없고, 수심이 깊어서 광합성 조류의 생장이 어렵기 때문에 새로운 산소공급이 이루어지지 않는다. 그리고 SS는 바닥으로 가라앉아 혐기적 조건에서 미생물에 의하여 분해된다.

2) 통성 혐기성 산화지(facultative pond)

못의 깊이가 1～2 m로서 상층부에서는 대기와의 접촉이 이루어지고, 광합성 조류의 산소 생성으로 호기적 조건이 유지되고, 하부에서는 비교적 혐기적 조건이 유지된다. 이러한 산화지는 혐기성 산화지에서 일차적으로 처리된 폐수를 받아서 2차 처리를 하거나, 폐수원액을 받아서 일차 처리하는 데 이용한다.

3) 숙성 산화지(maturation pond)

못의 깊이가 1～2 m로서 생물학적 환경은 통성 혐기성 산화지와 비슷하며, 전처리된 폐수를 받아서 최종적으로 재처리하는 용도로 이용된다. 기본적으로 병원성 세균의 수를 감소시키고, 질소와 인의 수준을 낮추며, BOD의 수준을 더 끌어내리는 데 이용된다.

4.7 특정 무기물의 제거방법

무기물에는 여러 가지가 있으나, 유기물과 더불어 폐수 중의 함량이 비교적 높으면서 부영양화 및 조류의 과대번식(algal bloom)의 원인이 되는 물질인 질소와 인의 처리기술에 대해서 알아보자. 이 중에서 물리화학적 방법을 제외한 생물학적 제거방법은 다음과 같다.

1) 질 소

질소화합물은 유기태 질소(organic-N), 질산태 질소(NO_3-N), 아질산태 질소(NO_2-

N), 암모니아태 질소(NH_4-N) 등의 형태로 폐수 중에 존재한다. 질소화합물을 산화시켜 분자형태의 질소로 전환하여 대기 중으로 발산시켜 제거한다. 이는 질소의 생태계 순환과정(그림 13-6)인 미생물의 질산화반응(nitrification)과 탈질화반응(denitrification)에 의하여 이루어진다.

이들 질소화합물은 두 과정, 즉 호기적 산화과정인 암모니아 또는 아질산의 질산염으로의 전환과정인 질산화반응과 혐기적 환원과정인 질산염의 분자형태 질소로의 전환과정인 탈질화반응에 의해서 제거된다.

Nitrosomonas 속 세균에 의하여 암모니아가 아질산염으로, 그리고 *Nitrobacter* 속 세균에 의하여 아질산염이 질산염으로 각각 산화된다. 질산염은 *Achromobacter*, *Bacillus*, *Micrococcus*, *Pseudomonas* 속 등의 세균에 의해서 질소가스로 환원되며, 이

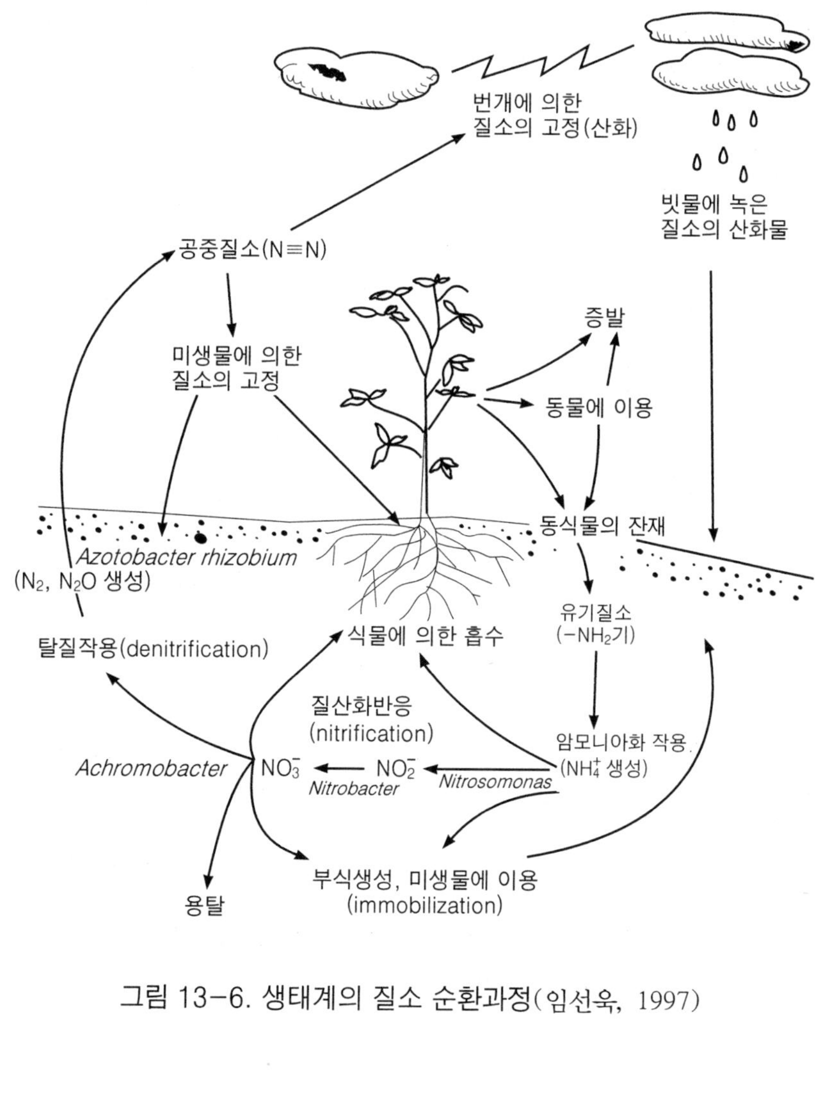

그림 13-6. 생태계의 질소 순환과정(임선욱, 1997)

때 질산염은 최종 전자수용체로서 작용한다. 이들 질소화합물의 제거과정에는 앞에서 설명한 바와 같이 산화반응과 환원반응이 모두 일어남으로 호기적 처리과정과 혐기적 처리과정 모두 다 필요하다. 따라서 활성 슬러지법을 알맞게 변형하여 적용하거나 회전원판법을 사용한다.

2) 인

인(燐)도 질소와 마찬가지로 생명체의 필수 구성분으로서 미생물의 번식과정에서 제거되지만, 폐수 중의 인이 세포 내로 흡수되었다가도 세포가 분해되면 다시 용출되는 문제점이 있다(그림 13-7).

인은 세포의 에너지 상태와 밀접한 관련이 있어서 호기상태에서는 미생물이 인을 섭취하게 되고, 혐기상태에서는 인을 방출한다. *Acinetobacter* 속 세균이 주요 탈인 세균으로 알려져 있다. 이러한 미생물의 생리적 특성에 맞게 활성 슬러지법을 변형시켜 혐기적 조건과 호기적 조건을 교대로 유지시키면 효과적으로 인을 제거할 수 있다. 이와 같은 인의 제거는 질소의 제거에서와 마찬가지로 호기적 조건과 혐기적 조

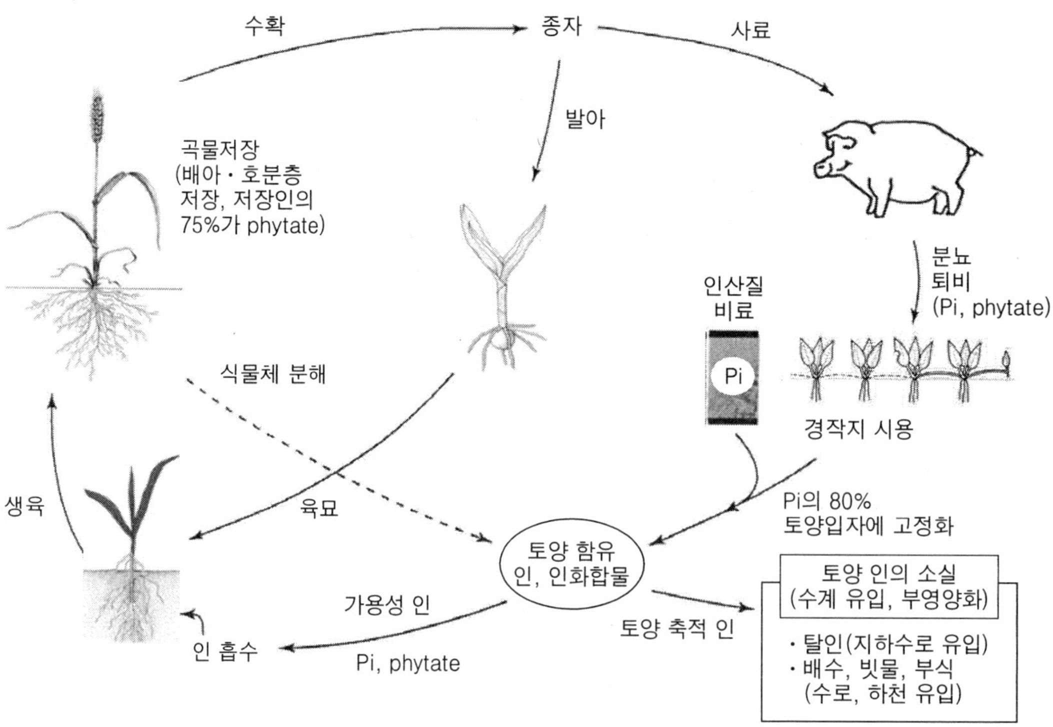

그림 13-7. 생물계의 인(Pi, phytate)의 순환

(Trends in Plant Science Vol.7(3):118~125(2002))

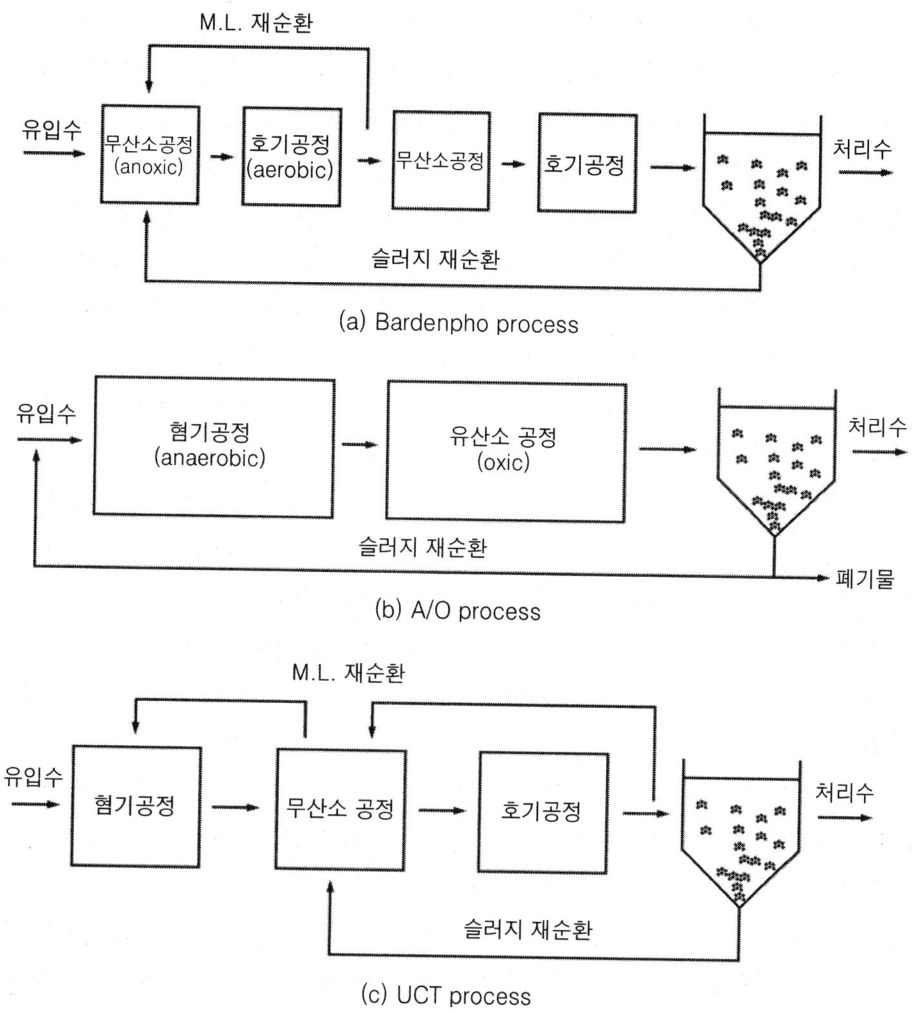

그림 13-8. 질소와 인의 제거공정도

건이 교대로 필요하므로 인과 질소를 동시에 제거하는 공정으로서 Bardenpho, A/O, UCT 공정 등이 개발되어 있다(그림 13-8).

5. 생물학적 복원기술

5.1 생물학적 복원기술의 원리

지하 환경에서 살고 있는 세균·곰팡이·효모 등 미생물의 성장과 활동을 촉진시켜 미생물의 촉매반응, 즉 신진대사를 통해 특정 독성화학물질을 무독화하거나 독성을 경감시키는 것을 생물학적 복원기술(bioremediation) 또는 생물학적 정화기술이라고 한다. 생물학적 복원기술은 독성물질이 유출된 지역의 정화, 또는 위험한 독성 폐기물을 처리하기 위한 가장 가능성 있는 새로운 기술로 인정받고 있다.

기본적으로 미생물에게 산소와 영양염류를 공급하면 그들의 성장과 활동을 촉진시켜 오염된 독성물질을 제거할 수 있다. 지하수계와 토양을 오염시킨 독성물질을 제거하는 방법 중에서 미생물을 이용하는 기술은 가장 효과적이며 경제적인 방법으로 평가되고 있다. 생물학적 정화의 가장 중요한 원리는 미생물(주로 박테리아)이 유해한 오염물을 파괴시켜 덜 유해한 물질로 만든다는 것이다. 이렇게 미생물이 갖는 생물학적 분해작용을 생분해(biodegradation)이라고 한다.

토양에 분포하는 미생물은 주로 흙의 표면에 붙어서 존재한다. 생분해법에 이용되는 미생물은 그 종류가 다양한데 세균류(bacteria) · 진균류(fungi) · 조류(algae) · 단세포 원생동물(protoza) · 후생동물(metazoa) 등이 있다. 이들 미생물들은 지표면 가까운 곳에는 매우 많은 수가 존재하며, 지하수위대까지도 존재한다.

생분해법의 효율을 높이는 방법으로는 많은 산소를 주입시켜 호기적 상태로 만드는 방법과 영양분으로 N, P, K, Ca, Mg 등을 첨가하는 방법, 그리고 미생물이 활발하게 활동할 수 있도록 최적의 환경을 조성해 주는 방법이 있다. 일반적으로 호기적 상태에서 탄화수소 화합물은 생분해가 잘 된다. 대부분의 석유류 탄화수소는 미생물 작용에 의해 호기적 상태에서 물과 탄산가스로 분해된다. 탄화수소는 C, H, O를 함유한 유기탄소화합물로서, 이들 중에서 지방질 탄화수소는 여러 종류의 박테리아, 곰팡이, 효소, 시안화한 박테리아 및 녹색조류에 의해 호기적 상태에서 산화된다.

생분해작용이 활발히 일어나기 위한 pH는 일반적으로 약 7.8 부근의 약알칼리성이며, 온도는 섭씨 30~40℃에서 가장 활발히 진행된다. 대다수의 미생물은 영양염류를 섭취하기 위해 수분을 필요로 하며, 토양수 내에 서식하므로 생분해작용은 대상 오염물질의 수용성에 따라 달라진다.

5.2 생물학적 복원기술의 특징

미국의 석유회사 Exxon의 기름 유출사고(1989년) 처리에 생물학적 기술이 적용된 이후 전 세계적으로 활발한 연구가 진행되고 있다. 우리나라도 1960년대 이후 고도의 경제성장 과정에서 석유화학공업 규모가 확대됨에 따라 산업체의 오염물질 배출량의 급증, 화석연료의 사용량 증가, 대도시의 인구집중, 무리한 개발계획에 따른 자연파괴 등 환경오염 요인이 급속히 증가하였다. 다환성 방향족 탄화수소(polycyclic aromatic hydrocarbon, PAH) 및 염소계 유기화합물은 석유화학공업 및 석유제품의 저장, 유통과정에서 발생한다. 각종 농약 및 화학비료의 과다사용에 의한 환경오염 물질로서 주변 환경에 존재하다가 생태계의 먹이사슬을 따라 이동하면서 결국 인간에게 피해를 준다. 이러한 물질은 자연계에서 분해가 지연되고, 생체 내에 돌연변이를 유발하거나 발암성이기 때문에 사회적으로 높은 경각심을 일으키고 있다.

유기성 공해물질의 심각성은 이들의 대다수가 극독성 및 발암성 물질이고, 방향족 화합물은 매우 안정하여 자연계에서 분해가 거의 일어나지 않거나 아주 천천히 일어나므로 그의 잔류성이 문제가 되고 있다. 또한 물에 불용성이고 기름에만 용해되기 때문에 동물체 내에 일단 들어오면 내장기관의 지방질 속에 농축되어 체외로 배출되지 않아서 오염된 축산물 및 어류의 먹이사슬에 의해 농축된다는 문제점이 있다.

이러한 환경 공해물질을 제거하기 위해 오염토양의 소각, 매립지 상·하부에 밀폐, 화학처리 등을 주로 사용하였는데, 이러한 물리·화학적 방법들은 많은 처리비용과 장비를 필요로 할 뿐 아니라 또 다른 2차 오염을 일으켜서 궁극적인 정화방법으로 각광을 받지 못하였다. 미생물을 이용한 환경처리 기술은 오래 전부터 활성 슬러지 처리기술, 살수여상법, 혐기·호기 슬러지 소화기술, 산화지법 등에 이용되어 왔다. 그러나 산업화에 따른 환경독성 오염물질의 극단적인 심각성 때문에 분해력이 우수한 미생물을 개발하여 짧은 시간에 최대의 처리효과를 거둘 수 있는 기술이 개발되고 있다.

생물학적인 처리기술은 종래의 물리·화학적 방법에 의한 처리기술에 비교하여 효과적인 오염물질의 분해와 아울러 저렴한 처리비용 및 환경 친화효과를 갖는 새로운 청정기술이며, 장기적으로는 유류산업 및 군사, 농업 지역의 토양오염 방제 및 환경보호 효과를 얻을 수 있다.

일반적으로 고농도의 국지적인 오염에 대해서는 물리·화학적인 방법이 적용되고 있으나, 저농도의 오염에 대해서는 처리효율이 낮을 뿐만 아니라 과다한 처리비용을 필요로 한다. 따라서 광범위한 저농도 오염처리에는 생물학적 방법이 주로 이용되고 있다.

5.3 생물학적 정화방법

오염지역의 토양 및 지하수에 대한 생물학적 정화기술은 기본적으로 자연적 정화, 지상 생물학적 정화(on site bioremediation), 원위치 생물학적 정화(*in situ* bioremediation)를 이용한 3가지 기술로 나눌 수 있다.

1) 자연적 정화과정(natural attenuation)

오염물질의 정화에 특별한 처리방법을 도입하지 않고 자연적인 분해 및 확산에 의한 오염물질 농도의 감소를 단순히 모니터링하는 방법이다. 처리방법을 도입하더라도 효과를 얻을 수 없거나, 도입하지 않더라도 충분한 농도 감소를 확인할 수 있는 오염 현장에 적용된다.

2) 지상 생물학적 정화(on site bioremediation)

오염토양이나 지하수를 지상에서 처리하는 방법이다. 오염토양을 처리하는 경우 오염토양을 굴삭(excavation)하여 외부에서 처리함으로써 많은 처리비용을 필요로 하는 단점이 있다. 그러나 처리속도가 빠르며 처리과정의 제어가 쉽고, 토양의 종류에 관계없이 다양한 종류의 오염물질의 정화에 비교적 쉽게 적용할 수 있다. On site 정화에는 다음과 같이 정화 대상물과의 접촉 및 존재 형태, 반응기의 사용방식에 따라 다양한 형태의 정화방법을 선택할 수 있다.

(1) 슬러리상 정화(slurry-phase bioremediation)

오염된 토양을 굴삭한 후 생물반응기에 옮기고, 물, 영양염류, 분해미생물을 첨가하여 처리하는 방법이다. 필요한 경우 산소를 공급하며 분해미생물이 오염물질과 접촉할 수 있도록 충분히 혼합한다. 생물반응기를 분해미생물이 오염물질 분해활성을 최대한으로 발휘할 수 있도록 최적조건으로 제어하는 것이 중요하다.

(2) 고상 정화(solid-phase bioremediation)

전통적인 방법으로, 오염토양을 굴삭한 후 오염물질 휘산방지 설비를 갖춘 지상의 처리시설에서 고형상태로 처리하는 공정이다. 미생물에 의한 분해를 촉진시키기 위하여 수분, 열, 영양염류, 산소 등을 첨가한다. 이 방법은 비교적 운전이 쉽지만 오염물질의 분해속도가 느리다.

고상 정화의 종류로는 landfarming, soil biopiles, 퇴비단법(composting) 등이 있다. 퇴비단법은 굴착된 오염토양을 퇴비단 형태로 쌓고 주기적으로 뒤집으면서 산소와 수분을 공급하여 미생물에 의한 오염물질의 생분해 속도를 증진시킨다. 퇴비단을 쌓을 때 먼저 오염토양 내 공극률을 높이기 위하여 팽화제나 나무조각, 톱밥, 채소쓰레기와 같은 유기물질과 혼합하는 방법을 사용한다.

(3) 생물반응기 이용법(bioremediation using bioreactor)

다양한 종류의 생물반응기가 하폐수 및 배출가스 처리에 사용되어 왔다. 오염토양으로부터의 가스와 오염지하수의 처리에도 생물반응기가 사용되고 있는데, 특별히 토양이나 지하수에 오염되어 있는 다환 방향족 화합물(PAH)과 같이 처리하기 어려운 물질을 처리하는 데 이용된다. 오염된 토양을 굴삭하여 물 및 기타 첨가제와 알맞게 교반하여 미생물을 활성화시켜 미생물에 의한 오염물질의 분해를 촉진한다. 지하수는 양수하여 접촉성장 또는 부유성장 반응기 내에서 미생물과 접촉시켜 제거하는 방법이다.

3) 원위치 생물학적 정화(*in situ* bioremediation)

오염토양 및 지하수를 지하의 오염장소에서 바로 처리하는 방법이다. 오염토양을 굴삭하지 않고 현장에서 처리함으로써 오염물질의 누출이 적으며, 많은 양의 토양을 한꺼번에 처리할 수 있다. 그러나 처리속도가 느리며, 관리가 힘들다는 단점이 있다. 지하수처리의 경우에는 오염지하수를 지상으로 끌어올려 영양염류, 산소 등을 첨가한 후 다시 오염장소로 순환시킴으로써 미생물에 의한 분해를 유도한다. 이러한 원위치 정화방법에는 다시 고유 생물학적 정화(intrinsic bioremediation)와 공학 생물학적 정화(engineered bioremediation)로 구분되기도 한다.

오염된 지역의 생물학적인 정화가 자연적인 방식으로 진행될 수 있다. 이를 위해 필요한 물질이 공급되는 방식이 고유 생물학적 정화이다. 고유 생물학적 정화는 오염물의 이동속도에 비하여 자연적으로 일어나는 분해속도가 더 빠를 경우 사용되는 방법이다. 이 방법은 자연적 정화과정의 형태라고 할 수 있다.

미생물에 의한 분해속도는 오염물의 종류와 농도, 미생물 분포 및 지구화학적인 조건에 의존한다. 고유 생물학적 정화과정에서의 오염물의 거동과 생물분해의 반응물과 생산물도 지속적으로 모니터링되어야 한다. 고유 생물학적 정화에서 속도를 지배하는 인자는 산소 유입단계와 미생물 수이다. 자연산소의 공급이 고갈될 때 미생물은 오염물에 대한 정화를 멈추게 될 수 있다. 미생물의 개체 수는 영양분의 고갈, pH나 유해물질의 존재와 같은 서식환경의 영향을 받는다.

대개는 생물학적인 정화가 공학적인 시스템에 의해 진행된다. 미생물의 성장을 촉진하고, 미생물의 생분해 작용의 효율을 높이기 위한 환경을 최적화함으로써 생물학적 정화를 가속화한다. 공학 생물학적 정화는 어떤 지역사회에 오염물의 급속한 파급과 위해성 때문에 신속하게 오염물을 제거하지 않으면 안 될 때 적용된다. 공학 생물학적 정화는 생물분해를 가속화하여 고유 생물학적 정화보다 시간이 덜 걸릴 수 있기 때문이다.

많은 석유 탄화수소류를 분해하는 데 산소가 필요하기 때문에 생물학적 정화의 초점은 산소공급 문제이다. 지하수면 위의 토양정화를 위한 시스템에는 공기를 불어넣기 위한 진공펌프시스템, 습기나 또는 영양분을 공급하기 위한 관정, 침투정으로 구성된다. 지하수나 지하수면 아래의 토양을 위한 생물학적 정화시스템은 공기공급을 위한 압축기, 물 속에 녹아 있는 영양분과 산소를 순환시키기 위하여 사용되는 투입정과 회복정 등으로 구성된다.

염소화 용매(chlorinated solvent)와 같은 물질에 대한 분해를 위한 생물학적 정화시스템은 혐기적인 분해공정이 관여하므로 반드시 산소를 공급하는 시스템이 필요하지 않다. 원위치 정화기술은 오염현장에 존재하는 미생물을 이용하는 생물학적 촉진공정(biostimulation)과 외부에서 미생물을 공급하는 생물학적 증가공정(bioaugmentation)으로 분류되기도 한다. 그 세부적인 방법은 다음과 같다.

(1) 생물학적 촉진공정(biostimulation)

오염토양 및 지하수의 온도, 산소농도, 영양염류 등을 제어함으로써 오염현장에 존재하는 분해미생물의 증식과 분해활성을 유도하는 방법이다.

① 생물학적 통기공정(bioventing) : 지하 대수층 위에 존재하는 오염토양의 처리에 사용되는 방법으로, 주입정(injection well)을 통해 공기를 공급함으로써 호기성 미생물에 의한 오염물질의 분해를 유도한다. 질소 및 인과 같은 영양염류를 공급하여 분해미생물의 증식을 촉진시키기도 한다.

② 과산화수소 및 오존 투입법 : 오염토양에 과산화수소 또는 오존을 순환시킴으로써 산소를 공급하여 토양 내에 존재하는 호기성 미생물의 분해활성을 자극하는 방법이다. 과산화수소 또는 오존의 첨가로 인해 지하수로 오염이 확산될 우려가 있으므로 토양뿐만 아니라 지하수 역시 오염된 경우에 적용된다.

③ 관정 내 증기 stripping법 : 오염지하수를 지상에까지 끌어올리지 않고 지하에서 순환시켜 처리하는 방법으로 처리비용의 절감을 꾀할 수 있다. 하나의 관정(well)만으로 지하수를 바닥에서부터 지하수 대수면까지 끌어올려 순환시키며, 산소 및 영양염류를 관정에 첨가하여 미생물의 활성을 촉진시키기도 한다.

(2) 생물학적 증가공정(bioaugmentation)

오염토양이나 지하수 내에 오염물질을 분해하는 미생물이 존재하지 않거나 그 분해활성을 촉진시키기 어려울 경우 오염물질을 분해할 수 있는 미생물을 오염현장에 투입하는 방법이다.

생물학적 정화는 때로 다른 비생물학적인 정화방법들과 순차적 또는 동시적으로 결합되기도 한다. 예를 들면 토양이 심하게 오염되었을 경우 오염원 근처의 토양을 떠낸 뒤 생물학적 정화가 시행이 된다. 휘발성 오염물을 토양에서 제거하기 위하여 증기회수 시스템이 이용되기도 한다.

참고문헌

1. 지은상 편저, 생물처리의 이론과 미생물상을 통한 진단, 육영산업(1988)
2. 한국미생물학회, 미생물과 산업, 16(3)(1990)
3. 한국산업미생물학회, 생물산업, 4(1)(1991)
4. 김갑수, 김오식 공역, 신활성 슬러지법, 녹원출판사(1988)
5. McNeil, B. and L. M. Harvey, Fermentation, a practical approach, Oxford University Press. England(1990)
6. Rehm, H. J. and G. Reed, Biotechnology, Vol.8, Microbial Degradations, VCH Verlagsgesellschaft, Federal Republic of Germany(1986)
7. 임선욱, 식물영양·비료학, 일신사(1997)
8. Committee on In Situ Bioremediation, In Situ Bioremediation, National Academy Press, 1993. Borden R. C. and P. B. Bedient, Water Resources Research 24, 755～769, 1986
9. P. B. Bedient, H. S. Rifai, and C. J. Newell, Groundwater Contamination: Transport and Remediation, Prentice Hall PTR, 1994
10. 이태호, Bioremediation of Chlorinated Organic Compounds, http://bric.postech.ac.kr/webzine/content/review/marine/2001/sep/09.html, Bric Webzine Review(2001)
11. H. B. Pedersen, L. D. Sørensen and P. B. Holm, Engineering crop plants : getting a handle on phosphate, Trends in Plant Science, Vol. 7(3):118～125 (2002)

제 14 장

생물산업

1. 생물산업의 개요

1.1 생물산업 분야

세계적으로 생물공학이란 용어는 1970년대 초부터 사용되기 시작하였으며, 초기에는 '유전자의 기능을 이해함으로써 건강한 신체를 만들 수 있도록 유전자를 조작하여 인류의 복지를 증진시키는 기술'로 정의하였다. 생물공학의 핵심기술은 유전공학기술, 발효공학기술, 단백질공학기술, 동식물세포 배양기술 등이 있다.

생물공학 기술은 고부가가치형, 지식집약형, 두뇌집약형, 환경친화형 및 에너지 절약형이란 특성이 있다. 또한 생물공학기술은 기초연구 성과의 실용화 과정이 비교적 짧다. 이러한 생물공학기술을 바탕으로 하는 생물산업(바이오산업)은 '미생물, 식물, 동물 및 인간의 세포를 포함한 유기세포가 가지고 있는 기능과 정보를 활용하여 유용

표 14-1. 생물산업의 범위

분 야	범 위
생물의약	생물의약품(재조합 호르몬, 면역조절제, 항암제 등), 백신, 유전자 치료, 인공장기 등
생물화학	산업용 효소, 생분해성 고분자, 생활용품 등
농업/식품	유전자조작 농산물, 형질전환 동물, 발효식품, 미생물 농약, 기능성 식품 등
환경	생물학적 오염제거, 환경 정화용 미생물제제 등
에너지/자원	대체에너지(연료용 에탄올, 바이오 디젤 및 가스) 등
해양	해양생물자원의 선별 및 배양, 신소재 생산 등

물질을 생산하거나 현실 문제를 해결해 주는 산업'으로 농업 · 수산 · 식품 · 화학 · 의료 · 환경 · 전자 · 에너지 등 폭넓은 산업분야에 응용 가능한 산업이다. 궁극적으로는 인류의 보건, 식량, 환경 등의 문제를 해결하고자 하는 산업분야이다.

생물산업의 대표적인 분야를 정리하면 표 14-1과 같다. 앞으로 생물산업은 생물 유전체의 기능 연구를 기초로 하여, 이를 이용한 보건의료산업과 농업분야에 혁명적인 변화들이 진행되어 반도체, 정보통신에 이어 21세기에 가장 중요한 산업으로서 인류에 기여하는 새로운 산업으로 자리잡을 것으로 전망된다.

1.2 생물산업의 발전과 특징

20세기 초까지 생물산업은 효모와 박테리아의 발효 및 육종기술을 바탕으로 빵, 치즈, 맥주, 요구르트 등을 만드는 식품과 농업 분야에 한정되어 있었다. 그러나 20세기에 자연과학의 발달과 더불어 1953년 Watson과 Crick이 DNA의 이중나선구조 구명은 생명현상의 이해에 획기적인 계기를 마련함으로써 생물산업 발달의 기초가 되었다.

1970년대 후반 유전자 재조합기술과 세포융합기술의 발달로 생물산업의 기반이 확립되었다. 1982년 FDA에서 승인된 재조합 단백질인 인슐린의 등장과 함께 식품과 농업분야 뿐만 아니라 의약분야까지 본격적으로 발달하기 시작하였다.

1980년대에는 유전자 재조합기술의 발전을 바탕으로 성장호르몬(human growth hormone, hGH), 인터페론(interferon), EPO(erythropoietin) 등 많은 재조합 바이오 의약품들이 개발되었다.

1990년대에 시작된 인간게놈 프로젝트(human genome project)의 영향으로 유전자 정보해석 분야의 경쟁이 치열해졌다. 1996년 출아효모(*Saccharomyces cerevisiae*) 유전체의 염기서열이 발표되었으며, 2001년에는 인간게놈 연구의 1차 결과인 인간게놈 지도가 발표되었다. 앞으로 생물산업의 상당 부분은 인간 유전자의 발현을 바탕으로 바이오 신의약품, 암, AIDS, 난치병의 정복, 유전자 치료를 통한 유전적 난치병의 정복 등 새로운 산업으로 전개될 것으로 보인다.

정보통신기술(information technology, IT)과 생물공학기술(biotechnology, BT)의 융합분야인 생물정보학(bioinformatics), 바이오칩(bio chips) 등과 같은 새로운 분야를 탄생시키기도 하였다. 생물산업의 발달과정을 요약하면 그림 14-1과 같다. 그리고 다른 지식 집약산업과 비교한 내용은 표 14-2와 같으며, 생물산업의 특성을 살펴보면 다음과 같다.

① 생물산업은 기술과 지식 집약적으로 핵심특허 및 신기술 의존도가 높은 고부가

가치 산업이다.

생물공학기술은 의약, 화학, 환경, 식품, 에너지, 농업, 해양 등 많은 산업부분의 기반기술로 자리잡아 21세기 산업의 핵심적인 역할을 할 것이다. 연구의 결과가 산업화에 기여하는 정도가 크며, 기초기술에 대한 의존도가 높아 산학연의 협력이 요구되는 분야이다. 생물산업 제품에서 핵심기술과 특허의 비중이 높아 시장 선점의 효과가 크며, 단순한 모방전략이 알맞지 않은 산업이다. 생물산업은 다른 기술 사이에 융합이 이루어지는 집적화 산업이다.

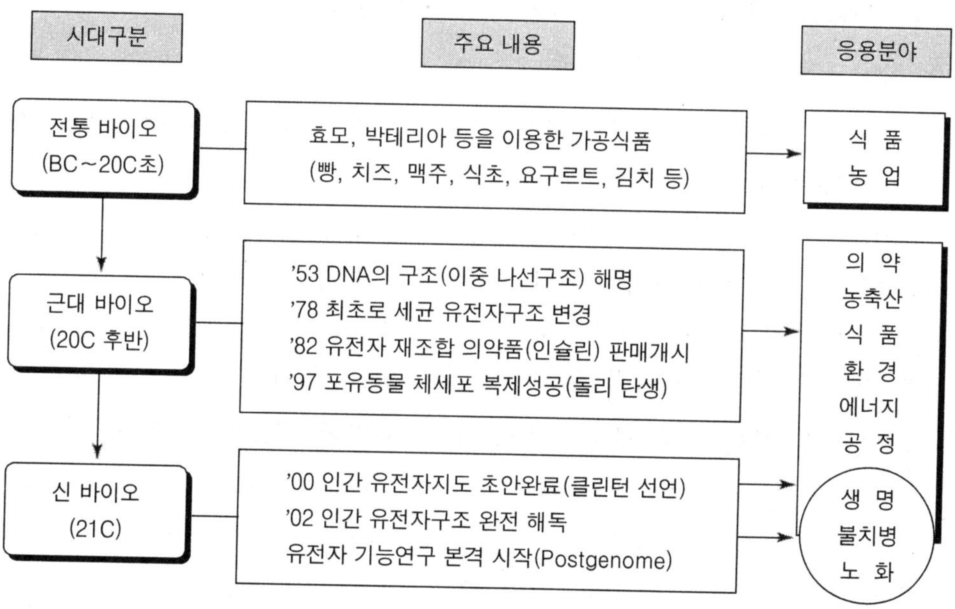

그림 14-1. 생물산업의 발달과정(삼성경제연구소, 2000)

표 14-2. 생물산업과 다른 지식 집약산업과의 특성 비교

비교 항목	생물산업	컴퓨터	반도체	소프트웨어
성장단계	초기	성숙기	성숙기	성숙기
정부규제	강함	약함	약함	약함
기술속성	기술집약	기술집약	기술집약	기술집약
자본 집약성	강함	보통	보통	약함
제품 개발기간	장기	단기	단기	최단기
윤리적 저항	강함	없음	없음	없음

(생명공학연구소)

② **생물산업은 첨단산업 중 성장속도가 가장 빠른 산업이다.**

생물산업은 반도체, 컴퓨터 등의 분야에 비하여 초기 성장단계에 있으며, 21세기 국가 경쟁력을 좌우할 첨단산업 중 가장 높은 성장이 예상되는 산업이다. 미국, 일본 등 선진국의 국가전략산업이며, 미국 DRI(Decision Resources Inc.)는 1995년~2005년 산업별 전망에서 연평균 22.1%의 성장을 전망하였다. 산업 성숙도에서 아직 산업화 초기단계이며, 많은 문제점들이 있어서 후발국의 따라잡기가 가능한 분야이다.

③ **생물산업은 장기간 및 대규모 투자로 인하여 위험성이 높아 정부차원의 지원 및 투자가 요구되며, 투자 회수기간이 긴 산업이다.**

국방산업을 제외하고는 가장 많은 연구비가 투자되고 있는 분야이다.

④ **생물산업은 거대한 글로벌 독과점기업과 소규모 연구개발 중심 회사가 공존하는 산업분야이다.**

1972년 유전자 재조합기술이 개발된 후 세계적으로 수많은 연구중심 회사가 설립되어 농업 및 의약 분야에서 독자적인 기술개발로 틈새시장을 공략하고 있다. 기존의 거대기업은 자금력과 특허를 바탕으로 생물산업에 참여하거나, 작은 연구중심 회사와의 전략적 제휴를 통하여 생물산업에 참여하고 있다.

⑤ **생물산업은 사회적 및 제도적 인식전환과 보완이 필요한 산업이다.**

인구의 증가와 노령화로 인한 삶의 질과 사회복지 및 의료서비스 등에 대한 요구 증가로 성장 잠재력이 큰 산업이다. 그러나 생물학적 안전성·다양성을 바탕으로 한 제도적 장치의 마련이 필수적이며, 일반 시민의 생물공학기술 및 생물공학적 제품에 대한 인식변화도 선행되어야 한다. 예로서 유전자조작 농산물, 동물복제기술의 생물학적 안전성, 유효성 및 윤리성에 대한 관심이 높아지고 있다.

1.3 생물산업의 현황

세계의 생물산업은 1990년대부터 30% 내외의 빠른 성장세를 나타내었다. OECD 등은 생물산업의 급속한 성장세가 지속되어 2000년의 시장규모는 540억 달러였다. 2008년에는 1250억 달러, 2013년에는 2100억 달러에 이를 전망이다(표 14-3).

생물공학의 새로운 분야인 유전체학(genomics), 단백질체학(proteomics) 그리고 생물정보학(bioinformatics) 분야의 발달은 예상보다 큰 시장의 성장을 가져올 것이다. 생물산업의 세계시장은 미국이 40% 이상을 차지하고 있다. 생물의약 분야 외에 새로운 식품의 개발, 수확 증대, 병충해 보호 등을 위하여 농업생물공학에도 많은 연구비를 투자하고 있다. 이외에도 산업효소, 산업용 유용소재 개발, 미생물을 이용한 환경처리 기술개발 등에도 투자하여 세계 생물산업을 주도하고 있다.

생물공학 중에서도 특히 의약품 분야는 연구개발이 가장 활발하여 생물의약 분야는 전체 생물산업 분야의 약 60%에 이르는 시장을 차지하고 있다. 생물공학기술을 이용한 수백 개의 신약 및 백신이 임상실험 단계에 있고, 추가로 수백 개 이상이 개

표 14-3. 세계 생물산업의 시장동향(단위 : 억 달러)

구 분	연 도				
	1997	2000	2003	2008	2013
생물의약	188	324	444	688	1,155
생물화학	22	38	52	100	168
생물환경	18	32	44	87	147
식 품	16	27	37	75	126
에너지/자원	6	11	15	37	63
농업/해양	16	27	37	75	126
공정/측정시스템	47	81	111	188	315
총 계	313	540	740	1,250	2,100

(한국생물산업협회)

표 14-4. 국내 생물산업의 시장규모(단위 : 백만 원)

구 분	주요 제품	2007년
생물의약	항생제, 항암제, 호르몬제, 백신 진단 키트	2,478,126
바이오식품	건강기능식품, 아미노산, 식품첨가물	1,328,083
생물환경	환경처리용 미생물 제제, 환경시설복원사업	206,138
생물화학	연구용 효소 및 시약, 생물고분자, 생물농약	319,361
바이오에너지 및 자원	유전자변형동식물, 실험동물	28,918
생물전자	DNA칩, 바이오센서	58,846
생물공정 및 기기	생물반응기, 생물공정 및 분석기기	205,873
생물검정, 정보개발 서비스	유전자관련분석서비스, 생물안전성평가서비스	109,399
합 계		4,734,744

(한국생물산업협회)

발초기 단계에 있다. 이 약품들은 암, 치매, 심장병, AIDS, 동맥경화, 비만, 기타질환을 치료할 수 있게 될 것이다.

국내의 경우 1998년에 생물산업 관련회사는 200여 개 이었으나, 2007년에는 약 800여 개로 증가하였다. 세계시장에서 차지하는 비율은 1.1%에 불과하지만, 연평균 20～30%의 높은 성장률을 보이고 있다. 또한 정부의 생명공학 육성프로그램에 의한 대규모 투자와 지원, 관련기업들의 적극적인 참여 및 수요측면을 고려하면 앞으로 큰 성장이 기대된다.

생물산업 제품의 시장규모는 아직은 작으나 국내 개발제품과 수입제품을 합하여 1997년에 약 4,246억 원에서 2003년 약 1조 6,000억 원, 2007년에는 약 4조 7,000억 원까지 성장하였다. 2007년의 국내 생물산업 분야별 시장현황은 표 14-4와 같다.

세계시장의 비율과 유사하게 국내에서도 생물의약 제품이 전체 시장의 약 60%를 점유할 것으로 예상된다.

1) 생물의약 및 의료

생물산업 중 가장 큰 부분을 차지하며, 기술응용이 가장 활발하게 일어나는 분야이다. 1982년 당뇨병 치료제인 인슐린의 처음으로 상품화된 이래, 1999년 말을 기준으로 미국 FDA에 등록되어 판매되는 생물의약품은 93종류이다. 2000년 2월을 기준으로 임상시험 중인 생물의약품은 370여 개에 이른다.

1998년 세계시장 규모는 170억 달러로 세계 의약품 전체 시장 규모의 5.5%로 비중이 작았으나, 2005년에는 약 560억 달러에 이를 것으로 예측된다. 국내의 경우 생산기준으로 1999년 약 5000억 원에서 2005년에는 2조 8,000억 원까지 성장하였다. 앞으로 암, 성인병, 노인성 질환관련 시장이 더욱 확대될 것이며 생물정보학, 지노믹스, 바이오칩 등의 발전으로 혁신적인 의약 또는 치료법이 탄생할 것으로 예상된다.

2) 식품 및 농업

유전자 재조합기술을 이용하여 병충해에 견디며 수확량이 향상된 작물을 만드는 기술분야와 기능성이 강화된 농산물을 개발하는 분야이다. 특수 영양소, 백신, 의약품, 기능성 식품 등을 생산하기 위한 동식물의 개발이 증가하였다. 유전자조작 농산물은 미국을 중심으로 약 10여 개 국가에서 생산되었으며, 세계시장은 2000년 25억 달러, 2005년 약 50억 달러, 2010년에는 약 105억 달러에 이를 전망이다. 국내시장은 1999년 약 500억 원 수준으로 추정되며, 2001년 이후 연평균 40% 정도 성장할 것으로 예상된다. 그러나 유전자조작 농산물은 안전성에 대한 논란으로 앞으로 법적 규제의 마련과 안전성 확보가 선행되어야 안정적으로 성장할 것이다.

3) 환 경

환경을 유지하거나 오염을 예방하는 데 생물공학기술을 응용하는 분야이다. 환경오염을 제거하기 위한 생물학적 정화(bioremediation), 환경 모니터링, 공정개선을 통한 오염억제 등의 세부영역이 있다. 환경관련 생물산업은 주로 공공분야의 투자가 주류를 이루며, 전체 환경산업의 약 15% 정도를 차지한다. 2000년 약 150억 달러 정도의 시장을 형성하고 있다. 오염물질의 생성억제를 위하여 기존의 화학공정을 생물학적 공정으로 대체하는 공정개선, 환경 친화성 물질의 개발 및 효소, 항체를 이용한 바이오센서를 이용한 모니터링 시스템의 개발에 주력할 것이다.

4) 해 양

해양생물을 이용하여 유용물질과 공정을 개발하는 분야이다. 의약·식품·환경·신소재 등 응용영역이 있으며, 성장 가능성이 매우 큰 분야이다. 수중생물의 배양을 통한 의약품·식품 등의 생산, 수질환경정화, 생물전환공정에 적용 등이 가능한 분야이나, 아직까지는 개발 초기단계이다. 2000년 세계시장은 약 10억 달러 정도로 추정된다.

2. 생물의약 및 의료산업

생물공학기술을 바탕으로 생물체가 가지고 있는 기능과 정보를 활용하여 인류의 건강증진 및 질병의 예방, 진단, 치료 등에 필요로 하는 의약품을 생산하는 분야이다. 전통적인 미생물의 발효에 의한 항생물질을 생산하는 분야와 유전자 조작기술 및 세포 배양기술을 이용하여 제조되는 물질을 유효성분으로 하는 의약품을 생산하는 분야로 크게 구분할 수 있다.

2.1 항생물질 생산공업

1) 항생물질의 개발

항생물질(antibiotics)은 '희석된 용액에서 다른 미생물들의 성장을 저해하거나 파괴시키는 미생물로부터 유래된 화학물질'이라고 1942년 S. Waksman이 정의하였다.

항생제는 인간, 동물 그리고 제한된 식물의 감염증을 치료하는 데 광범위하게 사용되고 있다. 일부는 동물의 성장촉진제로서, 그리고 몇 가지 화합물은 식품보존에 사용되고 있다. 따라서 항생제는 '최소의 농도로 인간, 동물, 식물, 그리고 미생물의 다양한 생화학적 성장과정에서 선택적으로 영향을 미칠 수 있는 미생물로부터 유래된 모든 화합물'로 확대 해석되고 있다. 미생물뿐만 아니라 동물, 식물에 의해 생성되는 물질을 포함하여 화학합성에 의해 얻어지는 항감염제도 항생물질에 포함된다.

항생제에 대한 연구는 1928년 A. Fleming이 *Staphylococcus aureus*의 평판배양에 *Penicillium notatum*이 우연히 오염되어 생성한 콜로니(colony) 주위에서 *S. aureus*의 생육이 저해되는 현상을 관찰하고, 이 곰팡이가 생성하는 물질이 항생물질임을 밝히면서 시작되었다. Fleming은 이 항생물질을 푸른곰팡이의 이름을 따서 페니실린(penicillin)이라고 명명하였다.

그러나 페니실린은 화학적으로 불안정하였고 결정화가 곤란하였으며, 당시 화학요법제로 각광받고 있던 prontosil 등의 sulfonamide 유도체 때문에 그다지 주목을 받지 못하였다. 이후 페니실린이 그람 양성균 감염증에 큰 효과가 있음이 임상적으로 보고되었다. 그리고 이와 비슷한 시기에 Dubos에 의해 *Bacillus brevis*가 생성하는 tyrothricin을 발견하면서부터 항생제에 대한 연구가 급속한 진전을 보게 되었다.

이후 Waksman 등은 토양에서 다양한 방선균을 분리하고, 이들로부터 항생제를 탐색한 결과 actinomycin(1941년), streptomycin(1944년), neomycin(1948년) 등을 발견하였다. 방선균에 의한 항생물질의 탐색은 세계적으로 이루어져 bacitracin(1947), chloramphenicol(1947), polymixin(1947), aureomycin(1948), oxytetracyclin(1950), erythromycin(1952), kanamycin(1957) 등이 차례로 개발되어 당시 사망률이 높았던 세균성 폐렴, 결핵, 장내질환 등의 치료가 가능하게 되었다.

1960년대 후반에는 항생물질의 분리정제에 대한 연구와 더불어 새로운 탐색방법을 이용하여 항생물질의 탐색범위도 항세균제로부터 항진균제, 항바이러스제, 항암제, 항원충제, 항스피로헤타제 등으로 확대되었다. 그러나 이 때부터 항생제의 감염증 치료에 대한 반작용으로 감염증의 변모, 항생제에 대한 내성균의 증가 등 문제점이 나타나 항생제의 반합성 유도체가 개발되기 시작하였다. 항생제의 구조를 유기화학적 방법으로 일부 변형시킴으로써 항균활성의 증강, 작용범위의 확대, 내성균이나 항생제 비감수성균에도 항생역가를 갖도록 하였다.

자연계로부터 항생물질의 꾸준한 탐색과 더불어 항생물질의 생산성 향상을 위한 많은 새로운 기술이 개발되었다. 즉 돌연변이, 원형질체 융합, 유전자 재조합 등의 균주 조작기술과 항생물질 생산배지의 영양원 조절, 전구물질 또는 저해물질의 첨가 등에 의해 대사산물의 생산성을 높이는 기술이 여기에 해당한다.

또한 효소에 의한 항생물질의 생산, 생물전환계를 이용한 항생물질의 반합성체로의 직접 전환기술 등이 이루어졌다. 유전자조합 및 조작을 통한 hybrid 항생제와 자연계로부터 희귀한 방선균을 분리하여, 이로부터 새로운 구조의 항생물질을 얻고자 하는 연구가 진행되었다. 약 10,000 종류의 항생물질이 알려져 있고, 100여 종이 공업적으로 생산되고 있으며, 주된 용도는 의약, 농약, 사료용이다.

2) 항생물질의 종류

전체 항생제 시장에서 β-lactam계와 tetracycline의 시장 점유율이 높아졌다. 이는 β-lactam계 항생제의 경우 고가의 3세대 반합성 cephalosporin이 시장에 출하되면서

표 14-5. β-lactam계 항생물질과 생산균주

항생물질	생산균주	비 고
6-Aminopenicillanic acid (6-APA)	*E. coli, Bacillus megaterium, Pleuroteus osteatus*	반합성 β-lactam합성
Penicillin G와 V	*Penicillium chrysogenum*	G^+(그람 양성균)
Cephamycin C	*Acremonium chrysogenum*	G^+, G^-(그람 음성균)
	Streptomyces lactamdurans	G^+, G^-
Clavulanic acid	*Streptomyces clavuligerus*	

표 14-6. Aminoglycoside계 항생물질과 생산균주

항생물질	생산균주	활성범위
Apramycin	*Streptomyces tenebrarius*	G^+, G^- 사료용
Butirosin	*Bacillus circulans*	G^+, G^-
Destomycin A	*Streptomyces rimofaciens*	G^+, G^- 사료용
Fortimicins	*Micromonospora olivoasterospora*	G^+, G^-
Gentamicins	*Micromonospora purpurea*	G^+, G^- mycobacteria
Hygromycin B	*Streptomyces rimofaciens, S. hygroscopicus*	G^+, G^- 사료용
Kanamycin	*Streptomyces kanamyceticus*	G^+, G^-
Kasugamycin	*Streptomyces kasugaensis*	G^- 진균, 농약용
Lividomycin	*Streptomyces lividus*	G^+, G^- 결핵
Neomycins	*Streptomyces fradiae*	G^+, G^- mycobacteria
Paromomycins	*S. fradiae, S. chrestomyceticus*	G^+, G^- 원생동물
Ribostamycin	*S. ribosidificus, S. thermoflavus*	G^+, G^-
Sagamicin	*Micromonospora sagamiensis var. nonreductans*	G^+, G^-
Sisomicin	*Micromonospora inyoensis*	G^+, G^-
Spectinomycin	*Streptomyces spectabilis, S. flavopericus*	G^+, Neisseria
Streptomycin	*Streptomyces griseus, S. bikiniensis*	G^+, G^- 결핵, 농업용
Tobramycin	*Streptomyces tenebrarius*	G^-
Validamycin	*Streptomyces hygroscopicus* var. *limoneus*	진균, 농약용

새로운 수요창출과 다른 항생제의 시장을 잠식한 것으로 보인다. 국내 항생제 시장을 주도하는 주요 품목은 주로 반합성제제들이며, 이들의 원료는 발효를 통하여 얻어진다는 사실을 감안하면 원료 항생제의 국산화가 시급한 실정이다.

β-Lactam계 항생물질은 세균의 세포벽 합성을 선택적으로 저해하고 포유류에는 독성이 낮다. 또한 화학적 변형에 의해 생리활성을 증대시키는 것도 비교적 쉬운 편으로, 새로운 골격을 가진 화합물과 새로운 활성의 발현을 위한 부분구조를 가진 화합물의 탐색이 진행되고 있다. 현재 β-lactam계 항생물질의 공업생산에 이용되는 균주는 표 14-5에서 보는 바와 같다.

세파로스포린(cephalosporin)계 항생제는 세파로스포린과 세파마이신 등 세펨 핵을 갖고 있는 화합물로서 항생효과를 나타내는 물질이다. 이 계열의 항생제는 항생제 시장 중 점유율이 가장 높고 부작용이 적어, 가장 안전한 항생제로서 기반기술이 확립되어 가장 효과적인 신의약 창출 분야로 여겨지고 있다.

Aminoglycoside계 항생물질은 일반적으로 광범위한 항균범위를 가지고 있다. 염기성이면서 수용성의 성질을 가지고 있기 때문에 우리나라에서는 의료계의 관습과 의료진료 기술상 주사제로 각광을 받고 있으나 값이 비싼 결점이 있다. 또한 신장에 독성을 주기 때문에 장기 사용에 제한이 있다. Aminoglycoside계 항생물질의 공업생산에 이용되는 균주는 표 14-6에서 보는 바와 같다. Aminoglycoside 계열의 항생물질의 공업생산에 이용되는 균주는 butirosin만이 *Bacillus* 속에서 생산되고, 나머지는 모두 방선균에서 생산되고 있다.

이외의 항생물질로는 quinolone계 항생물질, glycopeptide계 항생물질, cabapenem계 항생물질 등이 있다. 이들은 기존 항생물질보다 항균력이 강하고, 부작용이 적고, 교차내성이 없으며, 반합성 항생물질의 합성이 쉬운 광범위 항생물질이다. 특히 quinolone계 항생물질은 다른 항생물질에 비해 강력한 항균력과 넓은 항균범위 항생제로 경구용 제제로는 좋은 효능을 나타낸다. 따라서 가장 빠른 신장률을 보이고 있는 의약품으로서 제약회사에서 개발에 관심을 나타내고 있다.

3) 국내의 항생물질 생산공업

국내에서 사용되고 있는 항생물질을 생산연도별로 살펴보면 표 14-7에서 보는 바와 같이 70여 종에 이른다. 그러나 아직까지 국내에서 개발된 신제품은 없으며, 외국으로부터 원료 및 완제품을 수입하고 있다. 외국과의 기술합작 또는 특허가 완료된 품목에 대하여 균주 변이기술, 발효공정의 최적화, 분리 및 정제기술 등은 상당한 수준에 이르고 있으며, 일부 항생제는 국내에서 원료생산이 이루어지고 있다.

표 14-7. 국내에서 사용중인 항생물질

연 도	항 생 물 질
1950년대	Tetracycline, Chloramphenicol, Streptomycin, Kanamycin
1960년대	Penicillin, Ampicillin, Tetracycline, Oxytetracycline, Chloramphenicol, Deoxycycline, Methylenelycine, Rolitetracycline, Leucomycin, Demethylchlorotetracycline
1970년대	Gentamycin, Ampicillin, Ampicillin anhydro., Lymecycline, Clindamycin, Erythromycine, Rifampicin, Tetracycline, Oxytetracycline, Minocycline, Chlorotetracycline, Cefalexin, Amoxycycline, Ribostamycin, Talampicillin, Methacycline, Cefazolin, Cefalexin, Licomycin lysinate
1980년대	Gentamycin, Cefadroxil, Rifampicin, Methicillin, Cefatrizine, Cefradine, 6-APA, Piperacillin, Sisomicin, Bacampicillin, Cefoperazone, Tobramycin, Fosfomycin, Cefotaxime, Ceftriaxone, Cefrazidime, Cefpiramide, Ceftezole, Amicaccin, Dibekacin, Cefmetazole, Ceftizoxim, Cefotiam, Latamoxef, Ciprofloxacin, Cefotetan, Ofloxacin
1990년대	Cefixime

예로서, 동아제약이 tobramycin, 유한화학이 rifampicin과 tobramycin, 제일제당이 cephalosporin C, 종근당이 rifampicin, tetracycline, oxytetracycline과 rokitamycin, 한국화이자가 tetracycline과 oxytetracycline을 발효생산하고 있다.

2.2 생물학적 치료제

1973년 미국의 Cohen과 Boyer에 의해 재조합 DNA기술이 가능하다는 사실이 밝혀지면서부터 꾸준한 연구를 통하여 몇 년 전부터 새로운 유용물질을 생산하기에 이르렀다. 1982년 유전자 재조합 당뇨병 치료제인 인슐린이 FDA에 의해 승인된 이후, 재조합 DNA기술과 동식물 세포배양기술에 의하여 생산하여 FDA에 등록되어 시판중인 제품은 1999년 말 기준으로 93종이다. 이 중에서 interferon, insulin, 적혈구 생성에 증강인자인 erythropoietin(EPO), 백혈구 생성에 증강인자인 colony stimulating factor(G-CSF), human growth hormone(hGH) 등이 세계적으로 중요한 의약품이다.

이와 같은 치료제의 개발은 유전자 재조합, 동물세포 배양, 단백질 정제, 생산물의 특성구명, 임상시험을 거쳐 허가자료를 얻은 다음, 당국으로부터 제품허가를 얻어 시판되기까지 최소한 5～10년 정도의 개발기간이 필요하다. 동물세포 배양을 통한 의약품 생산은 많은 개발비와 시설투자비, 비교적 장기적인 개발기간이 요구되기는 하지만, 지금까지 생명공학에 대한 많은 연구투자와 인간게놈 프로젝트 등의 영향으로 앞으로 많은 생물학적 치료제가 개발될 것으로 보인다.

시판되고 있는 생물학적 치료제의 종류를 기술 개발된 회사를 중심으로 하여 정리하면 표 14-8에서 보는 바와 같다. 생물학적 치료제의 개발은 미국에서 주로 이루어졌으며, 일본이 1~2년의 시차를 두고 상업화되고 있다.

국내에서는 각종 백신과 진단시약, 알파인터페론(1989년), 성장호르몬(1993년)이 자체개발에 의해 상업화되기 시작하면서 수입제품과 경쟁하고 있다. 앞으로 많은 제

표 14-8. 생물학적 치료제의 개발현황

종 류	상품명	용 도	개발년도	비 고
인슐린	Humulin	당뇨병	1982	Eli Lily(美)
인체성장호르몬	Protropin	어린이 왜소증	1985	Genetech(美)
	Humatrope		1987	Eli Lily(美)
	Biotropin		1992	Biotechnology(美)
	Eutropin		1993	LG화학(韓)
α-Interferon	Intron-A	모상세포백혈병,	1986	Schering-Plough(美)
	Roferon-A	생식기 종양,	1986	Hoffmann Roche(美)
	Alferon-A	C형 간염치료 등	1986	Interferon Science(美)
	알파페론		1989	제일제당(韓)
	인터맥스알파		1992	LG화학(韓)
β-Interferon	Feron		1985	Toray(日), 第一製薬(韓)
	IFN β Mochida		1988	持田藥品(日)
γ-Interferon	Actimmune	만성 육아종	1990	Genetech(美)
혈전용해제	Activase	급성 심근경색	1984	Dianabot(日)
	Urokinase		1984	三井東壓化學(日)
	Culkinase		1984	杏林製藥(日)
Erythropoietin	Epogen	빈혈증	1989	Amgen(美)
(EPO)	Procit		1990	Ortho Biotech(美)
Interleukin-2	Proleukin	신장암	1992	Chiron(美)
콜로니자극인자	Nupogen	화학요법 보조제,	1991	Amgen(美)
(G-CSF)	Leukine	AIDS, 백혈병, 빈혈,	1991	Immunex(美)
	Prokine	골수이식, 화학요법	1991	Hoechst-Roussel(美)
단세포군항체	Orthocclone	신장이식 거부	1986	Ortho Biotech(美)
치료제				Pharmaceutical(美)
Paclitaxel	Taxol	난소암, 유방암	1992	Bristol-Myers-Squibb(美)
	Genexol	Kaposi 종양	1997	삼양제넥스(韓)

품이 자체개발에 의해 상업화될 것으로 보인다. 국내에서 생산되는 생물학적 치료제로는 인슐린(상품명 ; Humulin, Novolin), 성장호르몬(상품명 ; 뉴트로핀, 부스틴), 알파인터페론(상품명 ; 인터멕스알파, 그린알파, 인테페론알파, 알파페론), 베타인터페론(상품명 ; 베타페론), 감마인터페론(상품명 ; 인터멕스감마), 신장이식거부 치료제(상품명 ; Orthoclone, OKT3), EPO(상품명 ; 에포카인, 에포론, Eprex, Epogin), 백혈구생성 증강인자(상품명 ; 류코스팀, 류코젠), paclitaxel(상품명 ; 제넥솔) 등이 있다. 이외로 간염백신(상품명 ; 헤피스, 헤파박스진, 엔제리스 B), HIV1, HIV2 항원(상품명 ; AIDS 진단시약)과 DNA chip 등이 있다.

3. 효소산업

효소는 초정밀성・특이성・선택성 및 고효율성의 특징을 가지고 있어서 다양한 산업에 이용이 확대되고 있다. 그리고 그 기능에서는 산화환원, 전이, 가수분해, 이탈 및 부가, 이성화와 합성반응을 촉매하는 일반적인 기능뿐만 아니라 고온, 고압, 유기용매에서의 반응 등 특수한 조건에서도 반응하는 특성 때문에 산업적 적용범위가 넓어 활용가치가 높은 품목이다.

3.1 효소공업의 발전

효소의 공업적 생산 및 응용은 1894년 일본의 Takamine이 koji 배양법에 의해 *Aspergillus oryzae*로부터 의약용 소화효소제인 amylase(Takadiastase)를 생산하면서 이루어졌다. 이후 1915년에 효소를 세제에 첨가하여 사용하여, 1969년에는 모든 세제 중에 80% 이상이 값싼 protease를 첨가하기에 이르렀다. 이에 따라 사용하고 있

표 14-9. 효소공업 기술의 발전 흐름

구 분	제1세대	제2세대	제3세대	제4세대
・연 대	~1960	1960~1985	1985~2000	2000~
・중요 전환기술	천연효소	고정화 효소	비수계 효소반응	인공효소
・효소생산기술	심부배양	유가식배양	재조합균주배양	효소화학합성
・효소자원	동식물, 곰팡이	곰팡이, 세균	다양	다양
・효소반응기술	회분식	연속식	비수계	순환식 재생반응
・사용기질	천연물	천연, 반유기합성품	천연, 유기합성품	천연, 비천연
・응용분야	식품	식품, 정밀화학	식품, 화학, 의약	모든 산업분야

는 세제에는 lipase, amylase, pectinase, oxidoreductase 등을 첨가한다.

녹말에서 포도당 제조에 amylase와 glucoamylase 등의 이용과 1970년 이후 과당(fructose) 제조에 고정화 glucose isomerase의 이용은 효소의 산업적 응용에 새로운 전기를 마련하였다. 그리고 1965년 이후 치즈의 제조에 미생물 기원의 renin 사용도 획기적인 일이라 할 수 있다. 효소공업의 발전내용을 정리하면 표 14-9에서처럼 4단계로 구분할 수 있다. 효소공업은 다음과 같은 요인에 의하여 발달되었으며, 앞으로 수요가 더욱 증가될 것이다.

① 효소의 유도생산을 통하여 효소생산을 위한 최적발효조건을 설정하며, 값싼 원료로 대체함은 물론 배지 최적화를 유도하여 효소 생산성을 높인다.
② 유전자조작 등 미생물 유전학의 발달에 따라 균주 육종이 이루어져 효소생산 수율을 크게 향상시킬 수 있다.
③ 세포파괴 방법의 개발로 균체로부터 직접 효소추출하거나, 크로마토그래피, 전기영동, counter-current distribution 등의 정제기술의 발전으로 효소의 회수율을 높인다.
④ 고정화 기술(immobilization)의 개발로 제품 생산비를 절감한다.
⑤ 연속배양 기술에 의한 효소 생산비를 절감한다.
⑥ 고온, 고압, 비수계 등 특수한 조건에서의 반응으로 응용범위가 확대된다.
⑦ 생체 모방기술의 발전으로 천연효소의 단점인 고분자성, 안정성, 반응성, 재사용성 등을 극복한 인공효소의 생산을 추진한다.

효소공업에 있어서 실용적인 면을 고려한다면 효소의 이용목적에 따라 크게 다음과 같은 3분야로 나눌 수 있다.

① 물질생산용: Amylase, protease, catalase, isomerase, penicillin acylase와 같은 효소의 산업적인 이용
② 분석/진단용: Glucose oxidase, galactose oxidase, alcohol dehydrogenase, hexokinase, cholesterol oxidase와 같은 분석/진단용 효소
③ 치료제용: Asparaginase, protease, lipase, streptokinase, lysozyme과 같은 의약용

효소의 종류는 지금까지 3,000여 종 이상이 알려져 있으며, 이 중에서 산업적으로 응용되고 있는 주요 효소는 150여 종, 산업용 효소는 60여 종에 이른다. 1995년의 산업용 효소시장에서 세제용 효소가 약 39%, 섬유용 효소가 14%, 녹말당 관련효소가 12%, 의약용 효소가 27%, 연구용 효소가 4%, 진단용 효소가 4%의 비율로 시장을 구성하고 있다.

표 14-10. 각종 효소의 산업적 이용분야

산업별	응용 예	효 소	기 원
제빵, 제과	반죽의 물성향상, 발효촉진,	Amylase, glucoamylase	곰팡이
	빵의 용적 증가, 혼합시간 단축	Protease, lactase	곰팡이, 세균
맥 주	Mashing, 여과 향상	Amylase, glucanase	〃
곡 류	유아식 등의 당화	Amylase	〃
기호식품	시럽제조, 커피원두 발효	Amylase, pectinase	곰팡이
전분당	고맥아당, 저 DE시럽의 제조	Amylase glucoamylase	세균, 방선균
	포도당, 이성화당 제조	Glucose isomerase	세균
낙 농	단백질 분해물, 분유의 안정화	Protease, lipase	곰팡이, 세균
	우유의 커드화	Chymotrypsin, rennet	동물
	연유, whey, 아이스크림, 냉동식품	Lactase	효모
향 료	산소제거	Glucose oxidase	곰팡이
	청징화(녹말제거)	Amylase	곰팡이
과실주스	수율 향상, 청징화, 응집방지	Pectinase, hesperidinase	곰팡이
육 류	연화, FPC 제조	Protease, papain	곰팡이, 식물
제 약	소화촉진	Amylase, protease, lipase	곰팡이, 세균
	임상진단용	여러 종류	곰팡이, 세균
채소가공	퓨레, 수프제조	Amylase	곰팡이
과일주	청징화	Pectinase	곰팡이
사 료	돼지사료	Amylase, protease	곰팡이, 세균
		Cellulase, phytase, lipase	
세 제	세제(detergent)	Protease, lipase, amylase	세균
피 혁	탈모, 탈지	Protease, lipase	곰팡이, 세균
섬유, 직물	Indigo색소제거, 보풀제거	Cellulase, protease,	〃
제 지	불순물 제거, 잉크제거	Xylanase, lipase, cellulase	〃
화학반응	화학반응 대체	여러 종류	〃

세제공업에서는 알칼리성 protease가 거의 95% 이상을 차지하고 있으며, 나머지는 amylase, cellulase, lipase이다. 공해문제와 무린화(無燐化) 추세, 저온세탁 문제 등으로 효소의 사용량이 꾸준히 증가하고 있다. 각종 효소의 산업적인 이용분야를 요약하면 표 14-10과 같다.

효소의 가장 큰 소비국은 미국으로 전 세계 소비량의 약 40%를 차지하고 있다. 유럽제국이 30~40%, 나머지가 일본, 한국 등 기타 국가이다. 산업용 효소의 세계시장은 Novozymes(덴마크), Genencor International Inc.(미국), Biocatalysts(영국), Amano(일본) 등이 주도하고 있다.

3.2 국내의 효소공업

국내에서 사용되는 효소 중 주류용을 제외하면 거의 수입에 의존하고 있다. 알코올 발효공업에서 녹말원료를 분해할 목적으로 분곡, 곡자 형태의 효소제를 사용하여 왔고, 지금도 분곡, 곡자와 국내 생산제품 glucoamylase를 병용하여 사용하고 있다.

국내 효소시장은 1995년 기준으로 의약용 효소시장이 50%, 세제용 효소가 16%, 섬유용 효소가 15%, 녹말당 및 식품용 효소가 10%, 피혁공업 및 환경용 효소가 9%이었다. 국내 효소생산은 주류공업에서 당화용 효소와 제약업계의 소화효소제 생산에서부터 시작되었다. 초기에는 몇몇 군소업체에서 배양물을 건조시켜 '분곡' 또는 '곡자'로 판매되었다. 그러나 1973년에 Rhizopus 균주로부터 glucoamylase의 생산이 공업적 규모로 이루어짐에 따라 효소생산 균주의 개량방법, 배양방법, 제제화 방법 등의 연구가 본격적으로 시작되었다.

국내에서 생산되는 효소들로는 *Rhizopus* 기원의 glucoamylase, *Aspergillus* 기원의 α-amylase, protease, pectinase, *Trichoderma* 기원의 cellulase, *Bacillus* 유래의 protease, α-amylase, 의약용으로 serratiopeptidase와 streptokinase, urokinase가 생산되고 있으며, 수입효소를 대체하기 위하여 많은 연구가 이루어지고 있다.

3.3 효소의 응용

촉매로서 효소의 효율성은 비슷한 반응조건에서의 비효소적 화학반응에 비하여 $10^8 \sim 10^{14}$배나 된다. 기질에 대한 특이성이 있어 화학 촉매반응에 비하여 반응의 선택성이 매우 높은 장점이 있으므로 다양한 분야에서 사용된다.

1) 식품공업용 효소

녹말을 원료로 하여 포도당, 과당, 맥아당 등을 제조하는 전분당 공업에서 사용되는 효소는 식품공업용 효소시장의 약 60%를 차지한다. 제조공정은 액화, 당화, 이성화공정으로 구분할 수 있다. 이 때 사용되는 α-amylase, glucoamylase 등은 국내에서 생산된 효소를 이용하고 있으나, 내열성 α-amylase와 이성화효소 등은 수입에 의존하고 있다.

양조공업에서는 α-amylase, glucoamylase, glucanase, protease 등이 주로 사용되며 cellulase, pullulanase, pentosanase 등이 보조적으로 사용된다. 주정용 효소의 대부분은 조효소(crude enzyme)의 형태로 사용되며, 식품용 효소시장의 약 30%를 차지한다.

주스공업에서 pectinase, 육가공 산업에서 papain, bromelain, 중성 protease를 연화

제로 사용한다. 그리고 제빵에서 사용하는 amylase와 단백질 분해효소, 낙농업계의 우유 중의 lactose를 분해하여 감미료를 생산하는 β-galactosidase와 치즈제조에 사용하는 renin, 향미증진을 목적으로 하는 lipase 등이 있다.

유기산의 제조, 핵산계 조미료의 제조, phenylalanine 등의 아미노산 제조, 올리고당(oligosaccharides)의 제조, 스테비아 감미료의 쓴맛 제거와 각종 폐기물 처리에도 효소가 사용된다. 그러나 그 사용량은 전분당 공업에서 사용하는 효소에 비하여 매우 적다.

양조용 또는 녹말당 공업용으로 이용되는 효소에는 사상균 유래의 α-amylase, glucoamylase와 점도를 떨어뜨리기 위한 세균성 α-amylase 등이다. 여러 가지 아밀라제에 의한 효소작용 양식은 그림 14-2와 같다. 액화용으로 이용되는 α-amylase (α-1,4-glucan-glucohydrolase)의 생산균주는 다양하지만, 이 중에서 중요한 균주는 *Bacillus amyloliquefaciens, B. licheniformis* 및 *Aspergillus oryzae*이다.

당화용 효소에는 glucoamylase(α-1,4-glucan-glucohydrolase), β-amylase(α-1,4-glucan-maltohydrolase), pullulanase, isoamylase 등과 같은 1,6-glycoside-splitting enzymes 등이 있다. β-amylase의 생산균주로는 *Bacillus polymyxa, B. cereus, B. megaterium, Streptomyces* sp., *Pseudomonas* sp., *Rhizopus japonicus* 등이 알려져 있다.

Glucoamylase는 녹말의 비환원성 말단기에 작용하여 포도당 단위로 분해한다. 맥아당 단위로는 서서히 분해하지만 1,6-결합은 분해하지 못한다. 따라서 이 효소의 작용으로 최종산물로서 포도당, 맥아당, 한계 덱스트린(limit dextrin)이 생성된다. 생산균주로는 *Aspergillus niger, A. oryzae, A. awamori, Rhizopus niveus, R. delemar,*

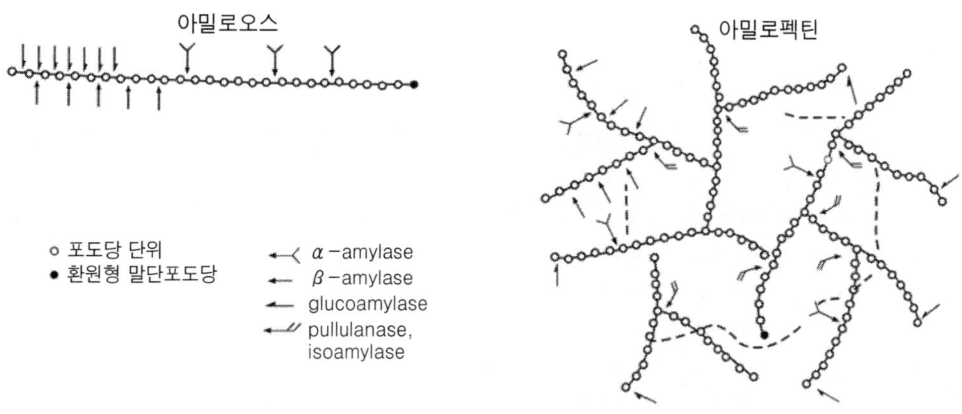

그림 14-2. 여러 가지 아밀라아제에 의한 효소작용 양식

R. formosaensis, R. japonicus 등이 있다. 이 효소의 생산은 *A. niger*와 *R. niveus* 변이주를 사용하여 액침배양 또는 유가배양(fed-batch culture)에 의해 이루어진다.

1,6-Glycoside 절단효소는 amylopectin의 측쇄(side chain)를 분해할 수 있는 효소로서 녹말의 가수분해율을 높일 수 있어 산업적으로 중요하다.

이러한 효소는 pullulanase와 isoamylase와 같이 amylopectin에 직접 작용하는 효소와 기질이 효소적인 변형이 된 후에 간접적으로 작용하는 효소로 구분할 수 있다. 이 효소의 생산균주로는 *Pulluaria pullulans, Aerobacter aerogenes, Bacillus polymyxa, Pseudomonas saccharophilla, P. amyloderamosa* 등이 있다.

포도당 이성화효소(glucose isomerase, D-glucose ketoisomerase)는 포도당을 과당으로 이성화시키는 효소이며, 이 반응은 가역반응으로 반응조건에 따라 차이가 난다. 이성화당은 설탕의 대체원료로서 기호음료 등 가공식품에 사용량이 급증하고 있다. 미국에서는 감미원의 30% 정도가 이성화당으로 소비되고 있으며, 국내에서도 점차 소비량이 늘어나고 있다.

옥수수녹말・타피오카녹말 등을 원료로 가수분해하여 포도당을 얻게 되며, 이를 기질로 하여 이성화반응을 시킨다. 효소는 고정화시켜 연속반응공정에 이용한다. 생산균주로는 *Bacillus coagulans, Streptomyces phaeochromogenes, S. olivaceus, S. olivochromogenes* 등이 많이 이용된다. 이밖에도 *Arthrobacter* sp., *Nocardia asteroides, N. dassonvillei, Brevibacterium imperiale, Micrococcus coagilis, Actinoplanes missouriensis, Microbispora coerula, Micromonospora coerula* 등이 있다.

2) 세제용 효소

세제에 사용되는 protease가 사람의 피부에 항원으로 작용한다는 보고가 20세기 중반에 발표된 이후 사용량이 급속히 감소하였다. 그러나 효소가 직접 피부에 닿지 않

표 14-11. 세제용 효소의 종류와 특성

종 류	균 주	반응조건	
		pH	온 도
• Protease	*Bacillus licheniformis*	알칼리	저온, 중온
	Bacillus amyloliquefacience		고온
• Amylase	*Bacillus licheniformis*	중성, 알칼리	고온
• Cellulase	*Humicola insolens*	중성	중온, 고온
• Lipase	*Humicola lanuginosa*	알칼리	중온, 고온
	Aspergillus oryzae	알칼리	

게 하는 기술과 화학세제로 인한 심각한 환경 오염문제가 대두되면서 1960년대 이후 alkaline protease를 이용한 효소세제의 상품화가 빠른 속도로 진행되었다. 1976년경에 amylase, 1984년경에 alkaline cellulase, 1989년에는 alkaline lipase를 세제에 사용하기 시작하였다. 세제용 효소에 사용되는 효소의 종류와 특성을 표 14-11에 정리하였다.

3) 의료용 효소

의료용 효소에는 혈전분해 효소제, 소화효소제, 소염효소제, 항종양 효소제, 진단용 효소 등으로 구분된다. 혈전용해제에는 TPA(tissue plasminogen activator)를 비롯하여 urokinase, eminase, streptokinase 등이 개발되어 있다. 'Activase' 또는 'Actilyase'라는 상품명으로 시판되는 TPA는 serine protease의 일종으로 미국에서 50% 이상의 시장을 점유하는 혈전용해제로서 부작용이 거의 없어 심근경색, 뇌경색, 말소혈관전증 등에 이용된다.

Urokinase는 사람의 오줌(尿)에서 추출한 것과 태아의 신장세포의 조직배양에서 얻어진 것(abbokinase)이 있다. 오줌에서 추출한 urokinase는 1964년 일본 녹십자에서 개발하였으며, 국내에서 생산되는 혈전용해제이다. Streptokinase는 미생물에서 얻어지기 때문에 약간의 부작용이 있으나 가격이 저렴하여 상당한 경쟁력을 가지고 있다. 이를 이용한 eminase는 anisoyl plasminogen streptokinase activator complex (APSAC)로서 새로이 개발된 혈전용해제이다.

소염효소제에는 일본과 국내의 시장을 주도하는 serratiopeptidase와 lysozyme, varidase 등이 개발되었다. 생체내의 활성산소를 무독화시키는 superoxide dismutase (SOD)에 대한 개발이 진행되고 있다. 소화효소제로는 미생물 기원의 takadiastase와 돼지 췌장에서 추출한 판크레아틴(pancreatin)이 있다. 판크레아틴에는 amylase, protease, lipase를 함유하고 있어서 소화제의 주류를 이루고 있다.

진단용 효소는 뇨당의 측정에 glucose oxidase를 사용한 것을 시작으로 혈중 콜레스테롤(cholesterol oxidase), 중성지방(lipase, glycerol dehydrogenase)의 측정용 효소가 개발된 이래 급속히 발전하였다. 효소의 반응 특이성과 기질 특이성으로 생체액을 물리화학적인 전처리 없이 단시간에 측정이 가능하기 때문에 임상용 진단효소 분야는 지속적으로 발전할 것이다.

4) 기타 공업용 효소

섬유산업에서는 *Trichoderma viride*의 cellulase를 이용하여 청바지의 indigo 색소를 마모시키는 biostoning 공정이 개발되어 기계의 처리능력을 20～30% 증가시켰다.

그리고 양모에 존재하는 불순물을 강산과 기계적인 마찰 대신에 효소로 제거하는 공정과 직물에서 보풀의 제거를 위하여 protease와 cellulase를 사용하는 공정도 개발되었다.

제지산업에서는 펄프의 불순물인 hemicellulose, lignin을 제거하기 위하여 xylanase, ligninase을 사용한다. 인쇄된 용지의 재생과정에서 비누 대신에 alkaline cellulase를 사용하여 잉크를 제거하는 효소 탈묵법이 개발되었다.

피혁공업에서는 가죽의 침지, 탈모, 탈지공정에 강산 대신에 protease와 lipase를 사용하는 공정이 개발되었다.

4. 식품 및 농업분야

세계인구는 2000년에 62억 명에서 지속적으로 증가할 것으로 예상되며, 식량수요도 계속 증가할 것이다. 지금까지는 식량증산을 위하여 경지면적의 확대, 화학비료와 농약의 사용, 다수확 품종의 재배 등의 방법을 사용하였다. 그러나 이용할 수 있는 경지면적의 한정, 화학비료와 농약의 환경 및 안전성 문제로 기존의 방법을 이용한 식량증산은 한계를 보이게 되었다. 이에 따라 농업분야에서도 새로운 품종을 효율적으로 개발하기 위하여 생물공학기술을 이용하게 되었다. 생물산업의 식품/농업분야에는 유전자변형 농산물(유전자 재조합 식품), 동물복제, 생물농약, 발효법으로 생성되는 식품소재 등의 분야가 있다.

4.1 유전자변형 농산물

1) 유전자변형 농산물의 현황

유전자변형 농산물(유전자 재조합 식품)은 1994년 미국 Calgene사가 잘 물러지지 않는 토마토(상품명 : Flavr Savr)를 상품화한 것을 시작으로 빠르게 상품화되었다. 이후에 Monsanto사가 개발한 제초제에 내성이 있는 콩(상품명 : Round-up Ready Soybean, RRS)과 Novatis(현재 Syngenta)의 병충해에 내성이 있는 옥수수가 상품화되었다.

제초제 내성, 병충해 저항성 등 여러 가지 유전자변형 농산물이 Monsanto, Syngenta, Aventis Crop Science, Agrevo, Calgen, Plant Genetic Systems 등의 회사에서 상품화되고 있다. OECD 보고자료에 의하면 2000년까지 미국, 캐나다 등 선진국은 15가지 작물 71종에 대한 유전자변형 농산물의 개발이 이루어져 상품화 과정의 안전성 검정을 완료하였다(표 14-12, 표 14-13).

유전자변형 농산물의 재배면적은 세계적으로 1996년 170만 ha에서 2000년에 4,650만 ha로 20배 이상 증가하였다. 2008년을 기준으로 세계적으로는 25개 국가에

표 14-12. 미국에서 승인된 유전자변형 농산물

작 물	특 성	개발회사 및 승인년도
토마토	연화지연	Calgene(1994), Zeneca Plant Science(1994)
	숙성도 향상	Monsanto(1994), DNA Plant Technology(1994)
	숙성변형, 해충내성	Agritpe(1996), Calgene(1998)
대 두	제초제 내성	Monsanto(1994), Agrevo(1998)
	올레인산 고함량	Dupont(1997)
면 화	제초제 내성	Calgene(1994), Monsanto(1995)
	해충내성	Monsanto(1995), Ciba-Geigy(1995) Northrup King(1996)
	제초제(Glyphosate) /해충내성	Monsanto(1996), Calgene(1998)
	Sulfonylurea 내성	Dupont(1996)
옥수수	제초제 내성	Agrevo(1995), Monsanto(1998, 2000)
	숫식물 불임	Plant Genetic System NV(1996) Pioneer Hi-Bred(1998), Aventis(2000)
	해충내성	Novatis(1995), Monsanto(1996) Dekalb Genetics(1997)
	해충/제초제 내성	Novatis(1996), Monsanto(1996), Agreve(1998) Pioneer Hi-Bred(1996)
카놀라	제초제 내성	Monsanto(1995), Agreve(1995, 1997) Rhone-Poulenc Ag(1999)
	리놀레산 고함량	Calgene(1995)
	Phytaseed	BASF(1999)
감 자	해충내성	Monsanto(1994, 1996)
	해충, 바이러스내성	Monsanto(1998)
쌀	제초제(Glufosinate) 내성	Aventis(2000)
호 박	바이러스 내성	Asglow Seed(1994), Seminis Seeds(1997)
사탕무	제초제 내성	Monsanto/Novatis(1998), Agrevo(1998)
멜 론	숙성변형	Agritope(1999)
유 채	숫식물 불임/수정 회복	Plant Genetic System NV(1996)
파파야	바이러스 내성	Univ. Hawaii/Cornell Univ.(1997)
아 마	Sulfonylurea 내성	Univ. Saskatchewan(1998)

(식품의약품안전청)

표 14-13. 국가별로 개발된 유전자변형 농산물 현황(2000년)

국가	작물	종류
미 국	10 작물(옥수수, 대두, 면화, 유채, 감자, 벼, 호박, 파파야, 사탕무, 토마토)	44종
캐나다	4 작물(옥수수, 유채, 밀, 아마)	19종
호 주	1 작물(카네이션)	2종
네덜란드	2 작물(치커리, 면화)	2종
영 국	1 작물(유채)	1종
일 본	1 작물(유채)	2종
프랑스	1 작물(담배)	1종

표 14-14. 주요 국가의 유전자변형 농산물 재배면적 추이(단위: 100만 ha)

국가	연도		
	1998	2000	2008
미 국	20.5	30.2	62.5
아르헨티나	4.3	8.8	21
브라질	-	3.6	15.8
캐나다	2.8	3.0	7.6
중 국	<0.1	0.5	3.8
호 주	0.1	0.2	0.2
남아프리카공화국	<0.1	0.2	1.8
기 타	<0.1	<0.1	12.3
합 계	27.7	46.5	125

서 유전자변형 농산물을 재배하고 있으며, 미국이 전체의 약 50%인 6,250만 ha에서 재배하였고, 그 다음으로 아르헨티나가 2,100만 ha로 전체의 17%를 차지하였다(표 14-14).

2000년 재배된 유전자변형 농산물의 재배면적 중 73% 이상이 제초제 내성 유전자가 도입된 대두, 옥수수, 면화 등이었다. 해충내성 유전자가 도입된 작물이 22%, 제초제와 해충내성 유전자가 동시에 도입된 작물이 5%이었다. 재배되고 있는 유전자변형 농산물의 대부분이 제초제 내성 유전자와 해충내성 유전자 두 종류에 한정되어 있으나, 앞으로는 새로운 기능성 물질 생산 유전자, 수량증가 유전자 등 다양한 종류의 유전자를 도입한 작물이 재배될 것이다. 2000년 재배된 유전자변형 작물 중에는 대두가 전체 재배면적의 57%, 옥수수 25%, 면화 12%, 유채 6%를 차지하였다.

2) 유전자변형 농산물의 개발 방향

유전자변형 농산물은 제초제, 각종 병에 대한 저항성, 해충 저항성 등의 농민의 편의나 수량증대를 위한 영농 개선형의 제1세대, 품질 및 영양성분의 증가와 같은 제2세대, 그리고 단백질, 항체 및 효소 등의 유용물질을 생산하는 고부가가치의 제3세대 유전자변형 농산물의 개발로 진행될 것이다. 상품화된 제1세대 유전자변형 농산물에 도입되어 있는 유전자는 에너지 절약형 재배와 병해충에 대한 내성관련 유전자들이다. 유전자변형 농산물의 개발방향을 요약하면 다음과 같다.

(1) 비선택성 제초제에 대한 내성 유전자를 도입시킨 농산물

비선택성 제초제는 광합성을 하는 모든 식물의 엽록체에서 광합성을 저해하여 식물을 죽일 수 있는 것이다. 이런 제초제는 광합성을 하지 않는 인간이나 동물에는 거의 영향이 없는 것이 확인되어 작물재배에 널리 쓰이는 농약이다. 현재 3종 이상의 제초제에 대한 내성유전자가 벼, 대두, 옥수수, 목화, 유채, 담배, 감자 등에 사용되고 있다. 이들 작물을 재배한 농지에는 제초제 내성작물만 생존하므로 잡초제거가 효과적이다. 일반작물의 경우 여러 가지 제초제를 사용해야 하지만, 제초제 내성작물에는 한 가지만 사용한다는 장점이 있으나 장기적으로 주변 환경생태계에 악영향을 미칠 수도 있다.

(2) 병해충에 대한 저항성 유전자를 도입시킨 작물

화학농약이 사람과 가축에 독성을 나타내므로 이를 대체하기 위하여 병해충을 죽일 수 있는 미생물을 미생물 농약으로 사용하여 왔다. 이 중에서 가장 널리 알려진 것은 *Bacillus thuringiensis*(BT)의 포자에서 만들어 내는 결정성 단백질의 유전자로 BT 유전자이다. 이 유전자로부터 만들어진 단백질은 곤충의 장 속에서 분해되면 독성이 발현되어 곤충을 죽이는 특성이 있다.

곤충은 사람이나 가축과는 다르게 장내의 pH가 염기성이므로 독성 부위는 곤충 체내에서만 나타난다. 특히 BT균의 종류에 따라 독성을 나타내는 곤충이 다른 특이성이 높고, 사람과 가축에 대한 독성은 매우 적다. 그러나 사람이 섭취했을 때 알레르기에 대한 염려가 크다. 바이러스에 대한 내성은 바이러스 유전자를 이용하는 방법, 식물의 바이러스 내성 유전자, 핵산 분해기작을 이용하는 방법, 바이러스가 식물체 내에서 이동하는 데 필요한 단백질의 유전자나 체내 증식에 필요한 유전자의 발현을 억제하는 방법 등이 이용되고 있다.

(3) 품질개선이나 영양분 증가를 위한 유전자를 도입한 작물

제2세대 유전자변형 농산물에는 최종 소비자의 요구를 반영하여 물러지는 것을 방지하여 저장성을 높인 토마토, 올레인산 함량이 높아진 대두, 단맛이 증가된 수박이나 딸기, 필수아미노산 함량을 높인 벼, 알레르기 단백질을 제거한 벼 등이 상업화되었거나 연구되고 있다.

(4) 식물을 이용한 백신, 효소 등의 생산

제3세대 유전자변형 농작물은 식물을 이용하여 백신, 효소 등을 생산하려는 것으로서 감자, 바나나 등이 대상으로 연구가 이루어지고 있다.

4.2 동물복제

포유류에서 생식세포(수정란)를 이용한 복제는 1983년 McGrath와 Solter에 의한 생쥐복제가 처음이며, 1997년 복제양 Dolly가 체세포 복제기술에 의하여 최초로 탄생되었다. 이후 각국에서 생쥐·소·돼지 등의 복제가 이어졌으며, 국내에서도 1999년 복제젖소와 복제한우가 탄생하였다.

포유동물에서 정상적인 개체발생은 암수 생식세포의 수정에 의해서만 가능한 것으로 알려져 있었다. 그러나 20세기 후반 세포융합, 또는 세포 직접주입에 의한 체세포 핵이식기술이 발전되면서 복제동물의 연구와 생산이 본격화되고 있다. 동물의 체세포를 이용한 복제기술은 동물의 여러 조직으로부터 세포주의 확립 및 분화세포의 이용이 가능하고, 세포배양을 통하여 공여세포핵의 무한한 공급이 가능하다. 따라서 기존의 수정란을 포함한 생식세포를 이용한 복제기술에 비하여 효율성이 우수한 장점이 있다. 이러한 체세포 복제기술을 이용하여 앞으로 10년 이내에 실용화 될 수 있는 응용분야에 대한 상세한 내용은「제6장 유전공학의 응용」부분을 참고바란다.

4.3 생물농약

농약은 병해충 및 잡초로부터 작물을 보호하고 알맞은 수량을 수확하는 데 반드시 필요한 농업자재이다. 농약은 의약품과는 달리 개방된 생태계에 살포된다. 따라서 환경 내에서 이동하여 자연계를 순환하는 과정 중에 농약자체 뿐만 아니라 그 대사산물이 정도의 차이는 있으나 생태계에 영향을 미치게 된다.

인체독성이나 생태계에 영향이 적은 저독성의 농약이 사용되고 있으나, 안전성과

생태계에 미치는 영향에 대한 관심이 높아짐에 따라 생물농약이 점차 주목받고 있다. 생물농약은 원래 자연계에 존재하고 있던 생물들을 농약으로 활용하기 때문에 환경조화형이며 생태계에 미치는 영향이 적다. 그리고 독성에 대한 안전성도 높으며, 방제할 때에 특이성을 보이는 표적 이외에는 전혀 피해를 주지 않는다. 반복 사용하여도 약제 저항성이 유발되지 않고, 화학농약에 의하여 유발된 약제 저항성에도 효과적이다.

연구개발비는 화학농약의 약 1/10 정도라는 장점을 가지고 있다. 단점으로는 '방제표적이 대부분 한정되어 있어 광범위하게 사용할 수 없으며, 약효의 발현속도가 화학농약에 비하여 늦고, 제품을 생산하는 데 대량 증식과 제제화에 어려움이 있으며, 장기보존이 어렵다'는 문제가 있다.

생물농약의 예로서 1987년에는 인삼 뿌리썩음병을 방제하기 위하여 바이코나를, 그리고 1994년에는 고추역병 방제용 AC-1을 개발하는 등 여러 종류의 길항미생물들이 개발되어 소개되었다. 2000년 6월에 미생물농약의 등록기준과 방법이 고시되어 토양미생물 제제들 중에서 살균, 살충효과가 인정되는 제품들도 미생물 농약의 범주에 들어가도록 제도가 마련되었다.

외국의 경우 생물농약은 농작물의 병해충 및 잡초를 방제하기 위하여 자연환경에서 분리 채집된 병원균, 기주저항성 미생물, 천연물 농약 및 천적을 제품화한 것이다. 1960년대에는 잎벌레류를 바이러스로, 나방류는 독소생성세균인 *Bacillus thuringiensis*를 이용하여 방제에 성공하였다. 1991년도에는 식물저항성 유도 미생물을 종자처리제로 개발하여 유도저항성을 유발시켜 식물병의 발생을 억제하는 수준에 도달하였다. 유전자 재조합 기법으로 이 독소를 작물 내에서 생산할 수 있는 해충내성 작물 육종연구도 실용화되었다.

농약으로도 방제할 수 없는 뿌리혹병인 근두암종병을 방제할 수 있는 세균(*Agrobacterium radiobacter*)을 이용한 살균제와 묘입고병을 방제할 수 있는 세균제가 개발되었다. 곰팡이를 이용한 미생물 농약은 제초제로 쓰이고 있으며, 이들 곰팡이는 잡초에 질병을 일으키는 미생물을 역이용한 제품이다.

해충의 질병을 일으키는 바이러스를 이용한 살충성 바이러스제가 사용되고 있으며, 특히 산림용 해충방제에 활용되고 있다. 세계적으로 상품화된 것을 보면 크게 미생물, 페로몬을 포함한 생화학농약, 식물농약, 천적 등으로 구분하여 1백45종의 생물농약이 시판되고 있다. 약효가 우수하고 사용량이 많았던 농약의 일부 문제점으로 볼 때 저독성이며, 안전한 미생물 농약은 '환경생태계에 영향을 주지 않는 점, 안전하고 깨끗한 농산물의 생산과 소비자의 요구, 저렴한 개발비' 등의 장점으로 앞으로 지속적으로 상업화될 것이다.

4.4 식품소재

1) 핵 산

핵산관련 물질인 inosine 5′-monophosphate(IMP)와 guanosine 5′-monophosphate (GMP)는 정미성(呈味性)을 가지고 있어서 글루탐산(glutamate)과 함께 향미 증진제로서 한국과 일본에서 널리 사용되고 있다. IMP의 정미성이 1913년 일본 Kodama에 의해 참치의 맛에 대한 연구로 밝혀졌으며, 1959년 일본 Kuninaka에 의해 표고버섯의 정미성 물질이 GMP로 알려지면서 핵산의 생산에 관한 연구가 시작되었다.

초기의 핵산생산은 어육 추출물로부터 시작되었으며, 대량생산은 효모에서 추출한 RNA를 가수분해하여 IMP와 GMP를 얻었다. 1960년대 초부터 발효법에 의하여 생산되기 시작되었으며, 주요 생산국은 한국과 일본이다. 핵산류의 제조방법은 RNA분해법과 발효법으로 구분할 수 있으나, 식품용 향미증진제로 사용되는 IMP와 GMP는 발효법으로 생산된다.

RNA분해법은 효모에서 추출된 RNA를 주로 핵산 가수분해효소인 nuclease와 AMP deaminase로 분해하여 제조하는 방법이다. RNA 생산에 사용될 수 있는 효모는 *Candida, Pichia, Saccharomyces* 속 균주이지만, 산업적으로는 *Candida utilis, C. tropicalis* 등이 사용된다. 배양된 효모로부터 염류용액에서 RNA를 추출하여 효소적인 방법으로 가수분해, 또는 알칼리 가수분해 후 인산화하면 GMP, IMP, AMP, CMP, UMP가 혼합물로 생성되는데 활성탄, 이온교환수지 등을 사용하여 GMP와 IMP를 분리한다. 널리 사용되는 발효법은 주로 *Brevibacterium* 속 또는 *Bacillus* 속의 박테리아를 배양하는 발효법과 효소전환법을 혼용하는 방법으로 높은 수율로 생산되고 있다.

(1) IMP의 제조

산업적인 IMP의 생산에는 발효에 의해 inosine을 생산한 후 화학적으로 인산화하는 방법과 직접발효법이 있다. 직접발효법에 의한 IMP의 생산이 가장 바람직하다. inosine의 생산균주로는 adenine 요구주의 특성을 갖는 *Bacillus subtilis, Brevibacterium ammoniagenes* 등이 있으나, *Brevibacterium ammoniagenes*가 생산균주로 이용된다. 핵산분해효소의 약화, 중간산물에 의한 생합성효소의 제어 해제, 막투과성의 문제점 극복 등 꾸준한 균주개량을 통하여 생성농도가 60 g/*l* 정도이다.

(2) GMP의 제조

직접 발효에 의한 GMP의 생산은 수율과 생산성이 매우 낮아 사용되지 않는다. 산업적으로 사용되는 GMP의 생산방법은 두 가지로 나눌 수 있다. *Bacillus subtilis, Bacillus megaterium, Brevibacterium flavum* 등의 균주를 이용한 발효법은 5-amino-4-imidazolecarboxamide ribose(AICAR) 또는 guanosine을 생산한 후 몇 단계의 화학합성 과정이나 효소반응을 거쳐 GMP를 생산한다.

보통 AICAR로부터 guanosine으로의 수율은 80%, guanosine에서 GMP까지의 수율은 90% 정도이다. 국내에서 주로 사용하는 방법으로 직법발효법으로 xanthosine 5′-monophosphate(XMP)를 생산한 후 효소적으로 GMP로 전환하는 방법이다. 발효법과 효소전환법이 혼용된 이 공정은 GMP의 생산농도와 수율이 높다. 5′-XMP의 발효생산과 GMP로의 효소전환에 사용되는 균주는 *Brevibacterium* 속 균주다. 먼저 발효법으로 XMP를 생산한 후 XMP aminase 활성이 높은 균주를 이용한 첫 단계 효소전환으로 GMP를 얻는다. XMP의 전환에 사용되는 효소는 정제효소가 아닌 배양된 균체를 그대로 이용한다.

XMP aminase에 의해 촉매되는 이 반응은 ATP를 요구하며 glutamine 또는 NH_3로부터 아미노기를 전이한다. 여기에는 효소활성과 더불어 ATP 재생계의 효율이 중요하다. 균체 세포막의 XMP, GMP의 투과성을 높이기 위하여 alkyl dimethyl benzyl ammonium chloride(Benkol), polyoxyethylene stearylamine(POESA) 등의 계면활성제를 사용한다. 그림 14-3에서는 발효 및 효소전환 반응에 의한 5′-GMP의 생산단계를 나타내었다.

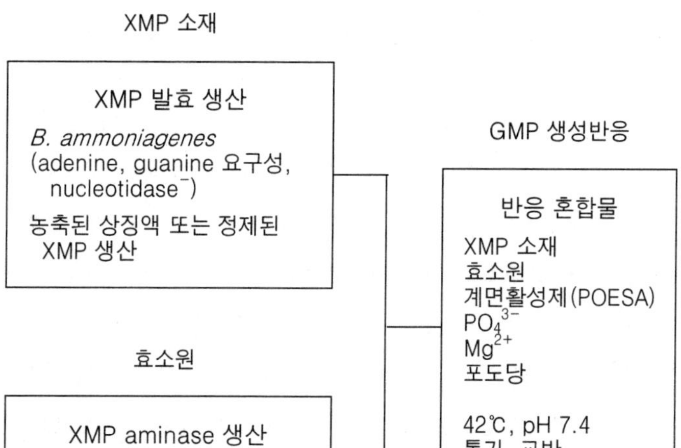

그림 14-3. 발효 및 효소전환 반응에 의한 5′-GMP의 생산

(3) ATP의 제조

Adenosine triphosphate(ATP)는 의약용이나 생화학용 시약으로 주로 쓰인다. ATP는 여러 가지 생화학 반응에서 에너지 공여체로 기능을 하기 때문에 관심이 높은 핵산계 물질이다. ATP는 동물조직으로부터 추출하거나, adenosine, AMP와 같은 전구물질을 효모의 ATP 재생계를 이용함으로써 인산화시키는 방법, adenine을 salvage 합성 경로를 통하여 ribose를 결합시킨 후 *Brevibacterium ammoniagenes*에 의한 효소적 인산화 등에 의하여 생산할 수 있다.

Adenosine이나 AMP를 이용한 공정은 이들 원료물질이 비싸기 때문에 경제성이 낮고, 세균의 salvage 합성계를 이용한 공정이 유리하다. Adenine을 출발물질로 *Brevibacterium ammoniagenes*의 salvage 합성계를 이용한 결과 2 g/*l*의 adenine으로부터 ATP 1.57 g/*l*, ADP 1.59 g/*l*, AMP 2.16g/*l*를 얻을 수 있었다. 또한, *Erwinia carotovora* 균주를 이용하여 adenine을 adenosine으로 전환시키고, *Saccharomyces cerevisiae*에 의한 인산화로 150 mM의 adenine에서 98 mM의 ATP를 얻어 mole비로는 약 65%의 수율을 보였다. 직접발효법으로 *B. ammoniagenes*를 이용한 ATP의 생산에서는 58.2 mg/*l*로 매우 낮은 생산성을 보였지만, 앞으로 균주개발과 배양방법이 개발된다면 산업적으로 유망한 방법이 될 것이다.

2) 당알코올

당알코올이란 '당류의 환원성 말단기에 수소를 첨가하여 aldehyde기나 ketone기가 alcohol기로 환원시켜 분자내 모든 산소가 hydroxyl기의 형태로 존재하게 만든 당류'로 산업적으로 널리 사용되는 것으로는 sorbitol, mannitol, maltitol, xylitol, erythritol 등이 있다.

당알코올은 일반적으로 열 및 산에 안정하고 가열할 때 갈변을 일으키지 않는 등의 물성적인 특징이 있다. 칼로리가 낮고, 발효성이 없어 충치예방에 도움을 주는 특징 이외에 물에 용해할 때에 강한 흡열작용으로 청량감을 주기 때문에 껌, 캔디, 빵, 음료 등 식품에 폭넓게 사용된다. 그리고 고침투성, 보습성, 단백질 변성방지 효과도 있어서 수산물 가공용, 의약용, 공업용으로도 이용된다.

당알코올의 제조방법은 고온·고압에서 수소를 첨가시켜 환원시키는 방법(그림 14-4)이 일반적이나 erythritol은 발효법으로 대량 생산된다. Xylitol은 화학적인 환원법과 발효법이 모두 사용되고 있다. 외국의 경우 sorbitol과 mannitol을 발효법으로 제조하려는 연구가 진행 중이지만, 국내에서는 이에 대한 연구는 부족한 실정이다.

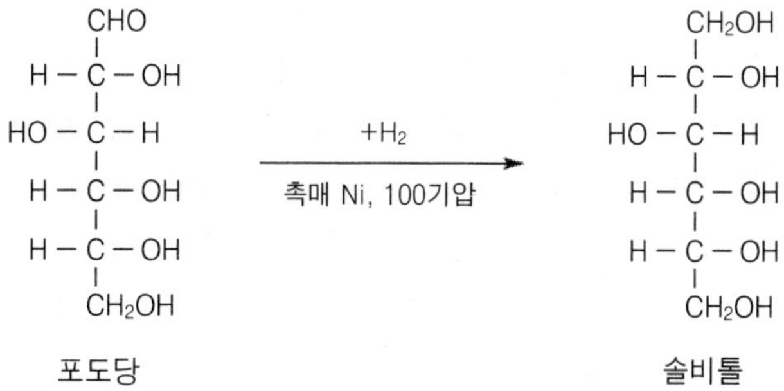

그림 14-4. 수소첨가반응에 의한 당알코올의 제조

(1) Xylitol의 생산

Xylitol은 여러 가지 과일과 채소에 소량 함유되어 있는 탄소수 5개의 당알코올이다. 충치의 원인균인 *Streptococcus mutans*의 정상적인 대사활동을 방해하여 충치발생을 억제하는 효과가 알려지면서 널리 사용되는 기능성 식품소재이다. Xylitol의 상업적인 제조방법은 식물 중의 xylan, hemicellulose를 분해하여 만든 xylose를 화학적인 수소첨가반응으로 환원시켜 제조한다. Xylose가 고가의 원료이며, 반응수율도 낮아 가격이 매우 높은 단점이 있다. 생물공학적인 방법으로 xylitol을 제조하는 연구가 오랫동안 진행되어 다양한 미생물들이 알려졌으며, 제조방법이 상용화되었다. *Candida parapsilosis, Candida tropicalis, Candida peltata, Candida mogii, Pichia stipitis, Pichia guilliermondii* 등의 효모를 사용하여 포도당을 xylitol로 전환시키는 직접 발효법, 또는 xylose를 xylitol로 전환시키는 효소법으로 xylitol을 제조할 수 있다.

Candida parapsilosis 변이주를 이용하여 300 g/*l*의 xylose로부터 242 g/*l*의 xylitol을 생산한 연구, *Pichia stipitis*의 xylitol dehydrogenase를 *Saccharomyces cerevisiae*에 cloning하여 xylitol의 제조에 사용한 연구, 옥수수 섬유질 분해물에 *Pichia guilliermondii*를 배양하여 xylitol을 생산하는 연구 등이 보고되었다.

(2) Erythritol의 생산

Erythritol은 버섯, 과일, 그리고 포도주, 청주, 간장 등의 발효식품에 소량 들어 있는 탄소수 4개의 당알코올로 xylitol과 유사한 특성이 있다. 1990년에 일본에서 처음으로 상업화된 기능성 신소재이다. Erythritol의 제조방법은 화학합성법과 발효법이 있으나, 합성법은 경제성이 없어 산업적으로 이용되지 않고 발효법에 의하여 생산된다.

발효법은 *Aureobasidium* sp., *Moniliella pollinis, Torula* sp., *Pichia* sp., *Candida magnoliae, Candida zeylanoides, Trigonopsis variabilis, Trichosporonoides* sp. 등의 균주를 배양하여 포도당을 erythritol로 전환시키는 직접발효법이다.

일본의 日研化學은 *Aureobasidium* sp. 균주를, 그리고 Cerestar는 *Moniliella pollinis*를 사용하여 erythritol을 생산한다. 배지에 약 400 g/*l*의 농도로 포도당을 사용하면 약 40∼50%의 수율로 erythritol이 생산된다. 국내에서도 새로운 생산균주와 발효기술을 포함한 제조법이 개발되었다.

5. 화학분야

5.1 유기산 공업

자연계의 존재하는 유기산의 종류는 60여 종이 알려져 있다. 산업화 초기에는 주로 식물체에서 추출하였으나, 미생물에 의한 발효법으로 생산공정이 확립되었다. 그러나 발효법은 비싼 원료공급의 한계성이 있으며, 공정·장치·관리 등이 복잡하고 공해

표 14-15. 발효법에 의한 주요 유기산의 생산

유기산	사용균주	탄소원	수율(%)
· Acetic acid	*Acetobacter aceti*	Ethanol	95
· Propionic acid	*Propionibacterium shermanii*	Glucose	69
· Pyruvic acid	*Pseudomonas aeruginosa*	Glucose	50
· Lactic acid	*Lactobacillus delbruckii*	Glucose	90
· Succinic acid	*Bacterium succinicum*	Malic acid	57
· Tartaric acid	*Gluconobacterium suboxydans*	Glucose	27
· Fumaric acid	*Rhizopus delemar*	Glucose	58
· Malic acid	*Lactobacillus brevis*	Glucose	100
· Itaconic acid	*Aspergillus terreus*	Glucose	60
· α-keto-Glutaric acid	*Candida hydrocarbofumarica*	n-paraffin	84
· Citric acid	*Aspergillus niger*	Sucrose	85
	Candida lypolytica	n-paraffin	140
· L(+)-Isocitric acid	*Candida brumptii*	Glucose	28
· Gluconic acid	*Aspergillus niger*	Glucose	95
· 2-keto-Gluconic acid	*Pseudomonas fluorescens*	Glucose	90
· D-Araboascorbic acid	*Penicillium notatum*	Glucose	45
· Kojic acid	*Aspergillus oryzae*	Glucose	50

문제 등으로 화학합성법에 의한 생산량이 많다. 미생물에 의해 생산되는 중요한 유기산의 종류는 표 14-15에서 보는 바와 같으며, 여기에서는 산업적 측면에서 중요한 몇 가지 유기산에 대하여 설명하였다.

1) 구연산

구연산(citric acid, 2-hydroxy-1,2,3-propanetricarboxylic acid)은 식품의 산미제(酸味劑)로 주로 이용된다. 처음에는 파인애플이나 감귤 등에서 추출하여 이용되어 왔으나, 수요량의 90% 이상을 발효법으로 생산하고 있다. 1990년 세계 수요는 약 45만 톤이며, 이 중에서 미국이 30% 정도를 차지한다. 용도별로는 식품가공 분야에 15%, 음료용으로 60% 이상을 사용하고 있으며, 의약용으로 10%, 나머지가 공업용이다. 구연산 발효공업의 발전과정은 표 14-16과 같으며, 공업적인 생산방법은 다음 3가지가 이용되고 있다.

(1) 고체배양법

일본의 테라이(寺井) 등이 개발한 방법으로서 중국, 태국, 인도네시아 등에서 소규모 이용되고 있다. 제조공정을 요약하면 그림 14-5와 같다. 생녹말박, 건조녹말, 탈지한 쌀겨 등을 단독으로 사용하거나 혼합 사용하며, 약간의 석회를 가하여 수분을 조

표 14-16. 구연산 발효공업의 발전과정

연도	관련자	기질 및 생산균	주요내용
1784	Scheele	-	레몬에서 최초로 발견
1860	영국	레몬	상업적인 생산 시작
1893	Wehmer. C	*Pen. glaucum*	Ca-oxalate생산에 부산물에서 발견
1913	Zahorsky, B.	*Sterigmatocystis*	구연산 발효에 대한 생산특허
1917	Currie, J.N.	*Asp. niger*	수율 60% 이상, 공업화에 공헌
1919	벨기에	-	산업적인 발효생산 성공
1928	체코	사탕무우 당밀	산업적 생산시작
1930	Amelung	-	심부배양법 시도
1935	Cahn, F.J.	-	반고체 배양법 연구
1938	Perquin, L.H.C	*Asp. niger*	액체배양에 의한 생산시작
1949	Schweiger, L.B.	포도당시럽	금속이온을 이온교환수지법으로 처리
1951	Perlman, D, 등	-	액체배양의 공업화 성공
1968	Tanaka, K. 등	n-paraffin	n-alkane계의 발효기질 연구
1980	Fukui, S.	n-paraffin, *Candida*	저해제첨가로 수율 향상

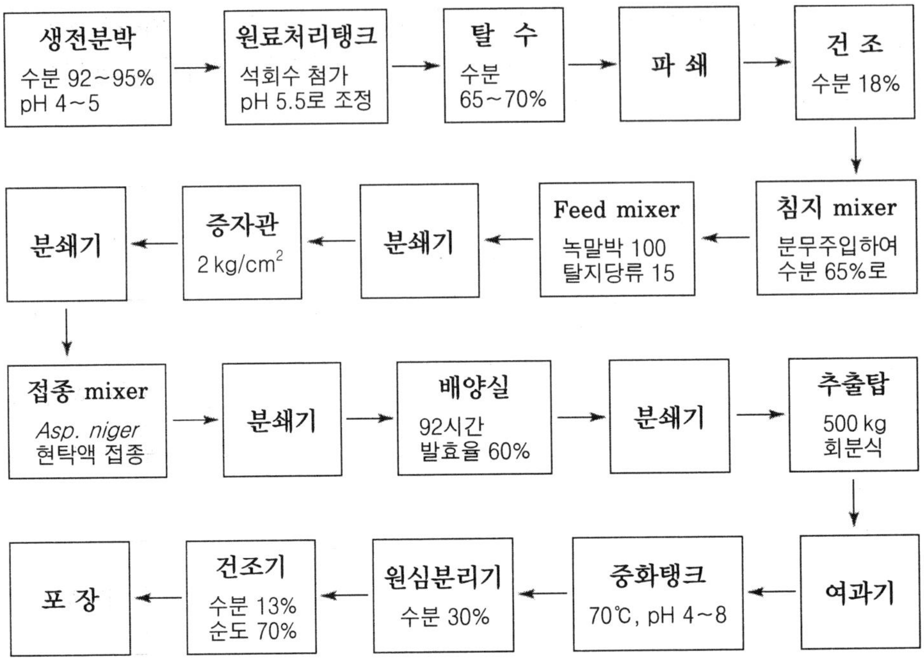

그림 14-5. 고체 발효법에 의한 구연산칼슘의 제조공정

절하여 증자한다. 여기에 별도로 밀기울 배지에 *Aspergillus niger*의 포자를 착생시켜 일주일 정도 배양한 종균을 접종한다.

접종이 끝난 후에는 일반적인 제국(製麴) 방법과 같이 상자에 10~12 kg씩 담아 선반식으로 된 30~40℃로 유지된 발효실에서 3~4일 간 발효시킨다. 출국 후 온수로 구연산을 추출한 후 80~90℃로 가열하여 단백질성 불순물을 응고시켜 침전시킨다. 냉각 후 원심분리하여 맑은 액에 $Ca(OH)_2$을 첨가하여 pH 6.0으로 조절한 다음 구연산칼슘으로 침전시킨다. 이를 온수로 씻고 탈수하여 구연산칼슘을 얻는다.

(2) 표면배양법

표면배양법(surface culture)은 독일에서 처음 개발되어 유럽지역에서 주로 이용하여 왔으며, 구연산 생산이 약 20%가 이 방법에 의해 생산되고 있다. 50%의 당 함량인 당밀을 물로 30%로 희석한 다음 황혈염, 인산염 등을 첨가하고 pH를 6.2로 조절하여 살균한다. 이를 당 함량 15%로 희석하여 200×200×12 cm의 통에 80 mm 깊이로 담는다.

발효실 선반에 일정한 간격으로 가지런히 놓고 *Aspergillus niger*의 포자를 뿌려 준다. 상대습도 50%, 30～32℃에서 10일 간 발효하면 발효액 중의 구연산 농도는 20% 내외로서, 수율은 사용한 당에 대하여 약 70%가 된다. 발효가 끝난 후 균체를 분리한 액은 수산화칼슘을 첨가하여 구연산칼슘으로 회수한다.

(3) 심부배양법

심부배양법(submerged culture)은 액내 배양법이라고도 한다. *Aspergillus niger*는 배양형태에 따라 pellet상과 pulp상으로 구분된다. Pulp상 균의 경우는 산소의 흡수가 좋고 증식이 빠르나, 발효액이 점성이 높아지므로 교반통기 발효조를 이용하며, pellet상 균의 경우는 탑형 발효조를 이용한다.

2) 초 산

식초의 주성분인 초산은 유기산 발효 중에서 가장 오래 되었으며, 그 이용량도 많다. 초산은 곡물이나 과일을 이용하거나 알코올 등을 원료로 하여 초산균에 의한 발효법으로 만든 초산과 acetaldehyde, ethylene, methanol 등을 이용하여 합성한 초산(glacial acetic acid), 목재 건류에서 얻어지는 초산(wood vinegar)이 있다.

초산발효균은 그람 음성균으로 호기성의 *Acetobacter aceti, A. pasteurianus, A. peroxidans*와 주로 알코올을 이용하여 발효하는 white vinegar용 균주로 *A. orleanense, A. schuezenbachii* 등이 있다. 식초의 발효법은 표면발효법(정치발효), 통기발효법(trickling method)과 심부발효법(액내발효법)이 있다. 주로 심부발효법을 이용하여 생산되며, 에탄올의 95% 이상이 초산으로 산화된다. 심부발효법에서 통기를 중단하면 초산균이 급격히 사멸하기 시작하며, 회복에 수일 간 걸리기 때문에 발효에 주의해야 한다.

3) 유 산

발효법으로 유산(L-lactic acid)이, 합성법으로는 D, L-형의 유산이 생산된다. 주로 생산비가 적게 드는 합성법에 의하여 많이 생산되고 있다. 유산을 생산하는 미생물 중에는 유산만을 생산하는 homo type과 유산 이외의 물질을 동시에 생산하는 hetero type이 있다. 일반적으로 *Lactobacillus acidophilus, L. bulgaricus, L. casei, Streptococcus, Pediococcus, Thermobacterium, Rhizopus*속 등의 미생물이 유산만을 생성하는 homo type에 해당하며, *Streptobacterium, Leuconostoc, Bifidobacterium*속 등의 미생물은 유산과 초산을 거의 같은 mole비로 생성하는 hetero type에 속한다.

유산발효의 탄소원으로는 녹말, 설탕, 당밀, 펄프폐액 등이 이용된다. 발효가 끝난 다음 $Ca(OH)_2$로 pH 10으로 조정하여 80～90℃에서 1시간 정도 반응시킨 후 여과하여 유산칼슘을 얻는다. 유산칼슘에서 유산을 회수하는 방법으로는 칼슘염법, ester법, 용매추출법, 직접증류법 등이 이용된다.

4) 사과산

일본의 Tanabe사가 고정화 균체와 생물반응기를 이용한 연속생산공정으로 실용화하였다. Fumarase 활성이 강한 *Brevibacterium ammoniagenes*를 배양하여 succinic dehydrogenase를 불활성화시키고 세포막의 투과성을 높인 다음 polyacrylamide gel로 고정화시킨 고정화 균체를 이용하는 방법이다. 기질인 푸말산나트륨(Na-fumarate)용액을 고정화 균체가 충진된 생물반응기에 통과시키면 약 70%의 전환율로 사과산(L-malic acid)을 연속적으로 얻을 수 있다. 고정화 균체의 수명은 6개월 정도이다.

5) 주석산

포도주의 부산물로부터 제조하는 방법과 무수 말레인산으로부터 제조하는 방법이 있다. 전자는 원료에 함유된 주석산(tartaric acid)을 주석산 칼슘으로 변환시켜 회수한 다음 구연산에서와 같은 비슷한 방법으로 정제한다.

6) 유기산의 용도

유기산은 음료공업을 비롯한 식품공업에 많이 이용되고 있을 뿐만 아니라 의약용 또는 공업용 등으로 널리 이용되고 있다. 주요 유기산의 용도는 표 14-17에 요약하였다. 구연산은 식품용으로 주로 이용되는데 비하여 푸말산(fumarate)은 공업용으로 많이 이용된다. Itaconic acid는 불포화결합을 가진 염기성 산으로 반응성이 좋고, 중합성과 가소성이 우수한 특성이 있어 폴리에스텔수지 등의 원료로 주로 쓰이고 있다. α-Ketoglutaric acid는 대부분 공업용으로 쓰이며, 일부가 식품보존제로 사용된다.

유기산은 식음료 기호성과 식생활 패턴의 변화로 인스턴트식품과 음료의 다양화로 수요가 늘어났다. 그리고 의약품, 피부관리 등의 위생제제 재료로 개발되고 있으며, 합성수지 및 도료 등의 공업용으로의 수요가 증가될 것으로 보인다.

5.2 아미노산 공업

발효법에 의해 생산하는 아미노산은 국내에서 글루타민산 나트륨(monosodium glutamate, MSG)을 시작으로 라이신, 페닐알라닌, 글루타민, 로이신, 트레오닌 등이 있다. 생물공학적 기술수준의 향상과 꾸준한 시장개척 노력에 따라 앞으로 이 외의

표 14-17. 각종 유기산의 용도

구분	식품용	의약용	공업용
구연산	과자 및 음료의 산미제 유지제품의 안정제 젤리제품의 응고 촉진제 채소통조림의 pH 조정제 치즈제조시의 유화 보조제	비타민 C의 안정제 제산제와 아스피린 제조 빈혈치료제 혈액응고 방지용 보존제	금속세정제 화장품제조
젖산	청량음료의 혼탁방지 반죽(제빵) 조정제 청주양조 촉진제 식품의 산미료 및 방부제	의약품의 pH 조정제 수술기 봉합사 제조	피혁공업
초산	식품의 산미제 식품의 pH 조정제 소스, 케찹, 마요네스의 조미제 육제품의 숙성 촉진제 식품의 보존제 피클(절임) 침지용	비타민, 호르몬, 항생물질의 제조 원료 백선균, 녹농균 치료제 피부세척, 수렴제	비닐, 플라스틱 접착제 라텍스, 페인트용제 사진필름 가소제, 착색제, 중화제 식물섬유 제지(투명지)
글루콘산	식품(음료)의 산미제 식품의 pH 조정제 합성청주 첨가제 대두단백질 응고제 제빵 첨가제	칼슘결핍 치료제 질소염기 함유 약품제조 소독제의 제조원료	시멘트 첨가제 유리병 등의 용기세척 Ca, 철분 제거용 보일러의 관석 방지제 원예에서의 엽면비료용
사과산	청량음료와 냉과의 산미제 마요네즈 등의 유화 안정제 식염대용의 무염장류에 이용 과즙의 갈변방지 synergist		양조(맥주) 촉진제 펙틴추출 조제
주석산	음료, 제과의 산미료 팽창제	약품제조	나염제 용매 사진필름
푸말산	산미조정 보정제 제빵, 제과시 팽창 보조제 청량음료, 쥬스첨가제 젤리, 냉과용 첨가제 유지식품의 산화 방지제	동물성장 촉진제	합성수지 원료 매염제(媒染劑) 제지의 sizing제 아미노산, 유기산(aspartic acid, malic acid)의 원료

아미노산도 생산될 것으로 보인다.

아미노산 공업의 효시는 1908년 일본에서 개발된 L-glutamate로서 초기에는 단백질의 가수분해에 의존하여 생산되어 왔으나, 1956년 일본 키노시타(木下)에 의해 *Micrococcus glutamicus*를 이용한 발효법이 개발되었다. 사료 첨가제로 사용되는 필수 아미노산인 D, L-methionine은 1948년 화학합성법으로 미국에서 개발되었고, L-lysine은 1969년 이후에 발효법으로 생산되기에 이르렀다.

2006년에 아미노산의 세계 생산량은 약 370만 톤으로 이 중 50% 정도가 사료용이다. 아미노산 중에서 최초로 개발되었고, 생산량이 제일 많은 glutamate는 주로 식품첨가물로 사용되며, 그 다음으로 생산량이 많은 methionine과 lysine은 사료용으로 이용된다. Threonine, tryptophan 역시 주요한 사료용 아미노산으로 생산량이 점차 증가되고 있다.

Phenylalanine, aspartic acid는 저칼로리 고감미료인 aspartame의 원료로 사용량이 확대되었다. 기타 아미노산들은 치료를 목적으로 한 주사제와 식이제 등 의약용으로 소량 사용된다. L-, DL-, D-형의 아미노산, 아미노산의 염, 유도체, keto 또는 hydroxy analog, peptide 합성용도로 개발된 아미노산 종류는 약 400여 종의 아미노산 유사체에 이른다.

1) 아미노산의 제조방법

아미노산의 제조방법은 화학합성법(chemical synthesis), 분해추출법(extraction), 발효법(fermentation), 효소전환법(enzymatic conversion) 등으로 크게 나누고 있다. 이들 방법들은 상호 경쟁관계에 있어 경제성을 고려하여 한 가지 방법 또는 몇 가지 제조방법을 병용하는 공정을 선택하게 된다.

(1) 화학합성법

화학합성법은 주로 탄화수소를 원료로 하여 합성하는 것으로, 제조공정이 간단하고 비용이 적게 드는 장점이 있다. 그러나 입체특이성에 대한 선택성이 없어 D, L-형이 동시에 합성되어 이들의 분리를 위하여 광학분할(resolution) 공정을 필요로 하게 되며, 효소적 분할공정이 많이 이용된다.

화학합성법으로 제조되고 있는 아미노산으로는 D, L-methionine, glycine 등이 있다. Lysine의 제조에도 cyclohexene을 원료로 화학적으로 중간체인 α-aminocaprolactam을 합성한 후 이를 다시 효소적으로 lysine으로 전환시킬 수 있다.

(2) 추출법

추출법은 단백질이 들어 있는 원료를 가수분해함으로써 목적하는 아미노산을 획득하는 방법으로, 20여 종의 아미노산 혼합물로부터 특정 아미노산을 분리하는 공정이 필요하다. 수율이 낮아 대량 생산에 알맞지 않다.

(3) 생물공학적 방법

아미노산의 생산에는 분자생물학, 유전공학, 생물공학 분야의 연구 개발에 따라 주로 효소적 전환법을 포함한 발효법 등 생물공학적인 방법이 이용되고 있다. 그 동안 균주개발 및 생물공학에 의한 발효공정 분야에 많은 발전이 있었다.

발효법은 탄수화물을 주원료로 하고 미생물의 생화학적 반응을 이용하여 특정 아미노산을 생산하는 방법이다. Glutamate, lysine, phenylalanine, arginine, glutamine, isoleucine, threonine, proline, histidine 등 많은 아미노산의 생산에 이용되고 있다. 효소법은 값싼 전구물질을 기질로 하여 배양균체 또는 분리효소를 이용한 효소반응으로부터 목적하는 아미노산을 얻는 방법이다. 유기산인 fumaric acid로부터 aspartic acid를 생산하는 것이 대표적인 예이다. 효소를 이용하는 새로운 공정에 대한 연구가 진행되었으며, 고정화 효소 및 여러 가지 효율적인 생물반응기들이 개발되고 있다.

(4) 재조합균주의 이용

미생물이나 효소를 이용하는 생물공학적 방법에서 중요한 것은 우수한 균주의 확보이다. 1980년대 이후 재조합 DNA(recombinant DNA)에 관한 연구가 활성화되면서 재조합 DNA를 이용한 아미노산 생산이 산업화되기에 이르렀다.

1992년 헝가리의 Agroferm사에서는 재조합 균주를 이용한 lysine의 생산을 시작하였다. Threonine, tryptophan, phenylalanine, arginine, proline, histidine 등의 아미노산 생산균주 개발에 적용하려는 시도들이 이루어졌다. 재조합 균주로는 아미노산 생산에 전통적으로 많이 사용되어온 *Brevibacterium* sp.와 *Corynebacterium* sp.가 주 대상이 되고 있다. 일본에서는 tryptophan 생산을 위하여 재조합 *E. coli*와 *Corynebacterium glutamicum* 균주를 개발하였으며, 이 재조합 균주를 이용한 사료용 tryptophan 생산을 허가받았다. 식품 및 순도를 높이 요구하는 의약용 아미노산 생산을 위해서는 재조합 균주의 안전성이 확보되어야 할 것이다.

(5) 국내의 제조법

국내에서의 아미노산 제조는 1956년 추출법에 의해 glutamate 제조가 최초이며, 1961년부터 발효법으로 glutamate 제조가 시작되었다. 1973년에는 lysine이, 그리고 1987년에는 phenylalanine이 발효법으로 대량 생산체제를 갖추었다. 발효법에 의해 국내에서 대량으로 생산되는 아미노산은 glutamic acid, lysine, phenylalanine, glutamine, threonine 등이다.

표 14-18. 아미노산 및 관련물질의 제조방법

아미노산	제조방법	아미노산	제조방법
· Glycine	C	Cysteine	Ex, F, E, C
· Alanine	Ex, F, E, C	Cystine	Ex, C
· Valine	Ex, F, E, C	Tyrosine	Ex, F, C
· Leucine	Ex, F, C	Proline	Ex, F, C
· Isoleucine	Ex, F	Hydroxyproline	Ex
· Serine	Ex, F, C	Histidine	Ex, F, C
· Threonine	Ex, F, C	Tryptophan	F, E, C
· Lysine	E, F, C	Carnosine	Ex, F
· Arginine	Ex, F	Citrulline	F
· Aspartic acid	Ex, E, C	L-DOPA	F, E, C
· Asparagine	Ex, C	Homoserine	F
· Glutamic acid	Ex, F	Norleucine	C
· Methionine	E, C	Ornithine	F, C
· Phenylalanine	Ex, F, E, C	Thyroxine	Ex, C
· Glutamine	F, C	Taurine	Ex, C

Ex : 추출법, F : 발효법, E : 효소합성법, C : 화학합성법

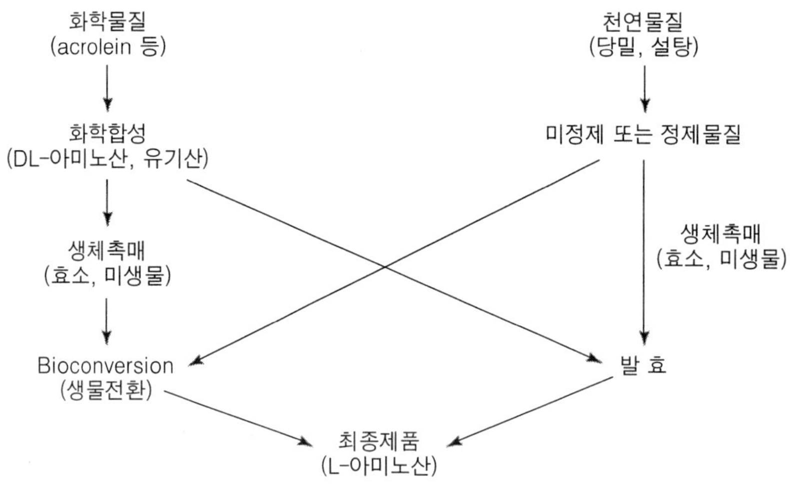

그림 14-6. 생물학적 방법에 의한 아미노산의 제조방법

Cysteine 및 cysteine 유도체가 소량으로 화학합성법에 의해 생산되고 있다. 1998년에는 대상㈜에 의해 개발하여 생산해 온 lysine 제조기술 및 설비가 독일의 BASF사에 매각된 바 있다. 표 14-18에서는 아미노산 및 관련물질의 제조방법을, 그림 14-

6에서는 생물학적 방법에 의한 아미노산의 제조방법을 나타내었다.

2) 글루타민산 나트륨

글루타민산 나트륨(monosodium glutamate, MSG)은 처음에는 밀단백질인 글루텐을 염산으로 가수분해하여 제조하였다. 1956년 일본의 교와발효(協和醱酵)에서 발효법에 의한 대량생산이 성공하면서 이후 발효법으로 전환하게 되었다. 국내에서는 여러 업체가 생산하다가 발효법으로 전환한 미원계와 미풍계로 통합 조정되어 생산하고 있으며, 1972년 ㈜미원(현, 대상㈜)이 인도네시아에 국내 최초로 제조기술을 수출을 하였다. 글루타민산 나트륨 생산기술에 대한 발전과정을 요약하면 표 14-19에서 보는 바와 같다.

1960년대에는 포도당, 당밀을 탄소원으로 하는 발효조건의 최적화, 글루타민산의 축적원리에 대한 구명, 세포막 투과성 조절에 관한 연구가 이루어졌으며, 탄소원으로 n-파라핀 등 석유원료를 사용하는 방안이 강구되었다. 이 때 발효법에 의한 생산은 45～50시간 발효에 50～60 g/l 수준이었다.

1970년대는 글루타민산 발효의 생화학적 기작(mechanism) 및 조절기구의 해명과 더불어 다양한 변이주가 개발되었다. Oleic acid, glycerol 또는 adenine 영양요구주, 페니실린 내성주, biotin에 영향을 받지 않는 균주 등을 개발하여 과량의 biotin이 존재하는 당밀을 이용하여 글루타민산 발효수율을 향상시켰다.

당밀 속에 함유한 발효저해인자를 제거하기 위한 당밀 정제공정의 채택과 무균배양을 위한 원료의 살균용 열교환기의 설치, 무균적 산소공급 장치의 설치, 자동제어 시스템의 도입, 미량성분에 대한 분석기술의 확립, 발효조 내의 교반 및 냉각장치의 개선, 발효조의 대형화 등으로 35～40시간 발효에 글루타민산을 70～80 g/l 수준으로 향상시켰다.

표 14-19. 글루타민산 나트륨 생산기술의 발전과정

구 분	1950년대	1960년대	1970년대	1980년대
· 원 료	단백질	녹말당, 당밀	당밀	원당, 당밀
· 제조방법	산 가수분해법	발효법	발효법	발효법
· 발효생산성	-	50～60 g/L	70～90 g/L	110～130 g/L
· 발효시간	-	45～50시간	35～40시간	30～35시간
· 설 비	수동식	기계화	반자동식	자동식
· 기술개발	장치, scale-up	발효조건 최적화 축적원리 규명	변이주 개발 대사조절기구 확립	유전자조작 균주개량 세포막 투과성

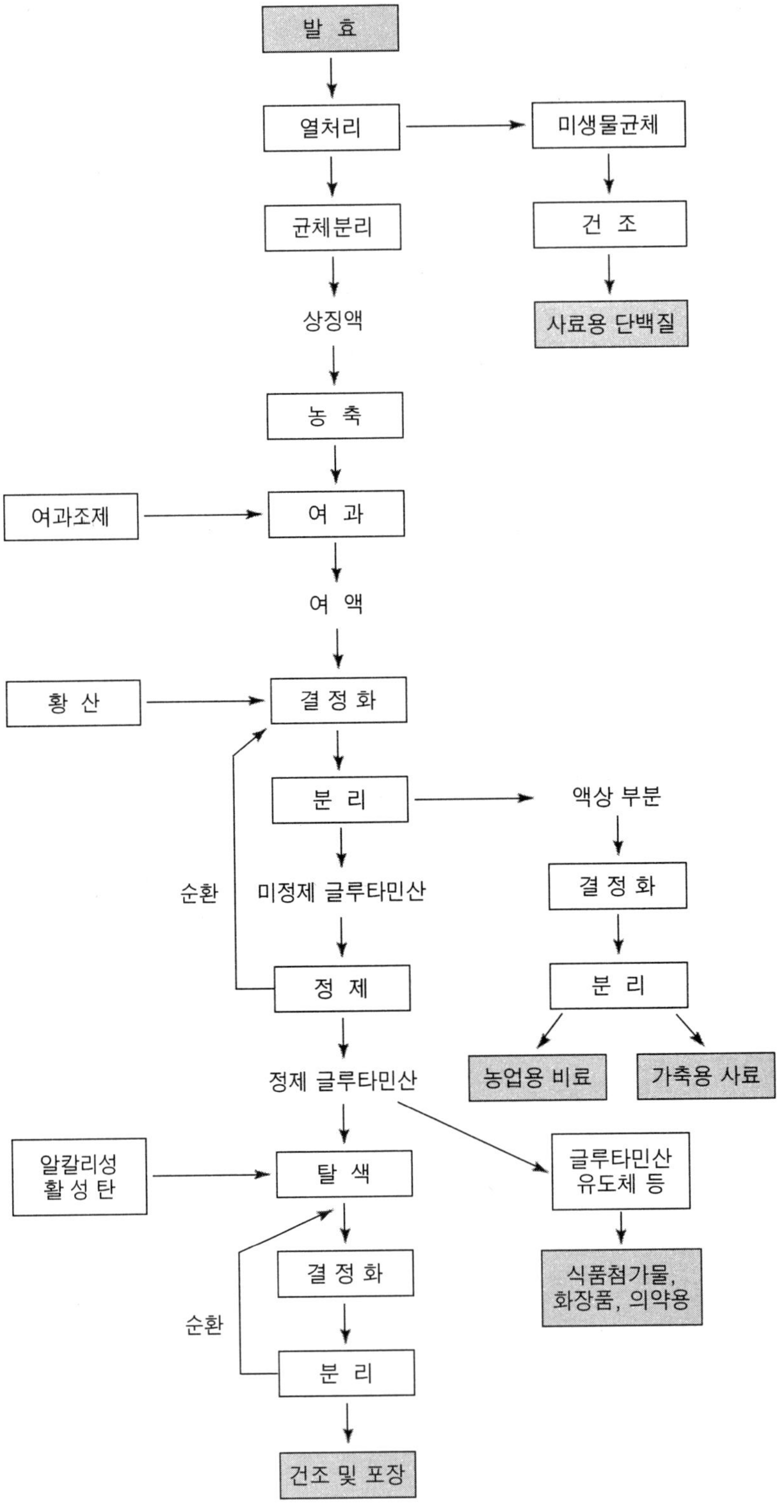

그림 14-7. L-glutamic acid의 제조 및 부산물 처리공정

1980년대에 들어서서 재조합 DNA 기술을 이용한 유전자 수준의 균주개량 연구가 시도되었다. 글루타민산의 분비 메카니즘에 염색체 이외의 다른 DNA가 관여한다는 사실과 균체 내에 plasmid 존재 확인 및 host-vector system의 개발, 형질도입계의 확립 등 균주 자체의 개량에 많은 연구가 시도되었다.

발효기술 분야에서도 1970년대 개발된 페니실린 처리법에 비하여 세포막 투과성을 개선하여 biotin이 풍부한 당밀을 원료로 사용할 수 있도록 하였다. 그리고 페니실린 대신에 계면활성제 사용에 의한 막투과성을 높임으로써 생산성을 향상시켰다. 30~35시간 발효에 120~130 g/l 수준으로 대당수율(對糖收率)을 60% 이상으로 높임으로써 발효기술의 발전 계기를 마련하였다.

회수 및 정제공정에서도 많은 발전을 가져왔다. 발효액의 농축공정에서는 다중효용관 열교환기(multiple effects heat exchanger)로 전환하였다. 조결정(粗結晶)을 얻는데도 냉동기에 의한 결정 석출시간의 단축과 양호한 결정체를 얻게 되었다. 그리고 superdecanter 설치로 분리효율을 높이고, 회수수율을 향상시켰다. 또한 입상 활성탄 시스템의 도입으로 분말활성탄과 규조토의 사용에서 문제되었던 부산물의 처리 및 수율 저하를 해결하였을 뿐만 아니라 탈색공정의 효율성을 증대시켰다.

이 외에도 연속식 결정관의 도입으로 입도를 균일하게 하고 효율성을 높였고, 건조공정에서도 flash dryer로 대체하여 효율적인 대량 생산체제를 갖추어 국제경쟁력을 확보하였다. 그림 14-7에서는 대표적인 L-글루타민산과 부산물의 제조공정을 나타내었다.

3) 라이신

라이신(lysine)은 필수아미노산의 하나로 가축사료의 영양강화제로 이용된다. 사람에게는 성장발육 부진, 체중감소 등 아미노산 수액제 또는 영양보충제로 이용된다. 글루타민산 나트륨 생산기술의 개발과 더불어 발전해 온 아미노산 공업의 하나로서 1958년 교와발효(協和醱酵)에서, 그리고 1965년부터는 아지노모도(味の素)에서 발효법에 의한 생산이 이루어졌다. 국내에서는 1974년부터 미원에서 개발하여 130 g/l 정도의 발효성적으로 생산하다 1998년 독일의 BASF에 매각하였다. 제일제당에서도 1989년 인도네시아에 라이신 공장을 건설하였다.

4) 페닐알라닌

페닐알라닌(phenylalanine)은 방향족 아미노산으로 영양제 또는 아미노산 수액제로 사용된다. 그러나 1968년 미국의 Searle사에 의하여 페닐알라닌과 aspartic acid를 원료로 하는 펩티드 감미료인 아스파탐이 개발되면서 수요가 급증하였다.

페닐알라닌의 제조는 합성법, 효소법, 발효법이 있으나 발효법이 주를 이루고 있다. 일본이 세계 공급량의 대부분을 차지하고 있다. 국내에서는 1985년 제일제당이, 그리고 1987년 미원이 대장균을 이용한 페닐알라닌 제조법을 확립하여 수출하고 있다. 페닐알라닌의 수요는 아스파탐 제조원료로 대부분 이용되고 있으며, 균주개량과 발효기술의 향상에 따라 50 g/l 정도의 생산성을 나타내고 있다.

5) 글루타민

글루타민(glutamine)은 중성아미노산으로 소화성 궤양치료제, 뇌기능 부활제, 저능아의 지능 개선제, 간질 치료제, 알코올 중독치료제 등으로 이용된다. 일본의 교와발효(協和醱酵)와 아지노모도(味の素) 등에서 세균을 이용한 발효법으로 생산한다. 국내에서는 1990년부터 미원의 자체기술에 의해 생산하고 있다. 그림 14-8에서는 *Corynebacterium glutamicum* 변이주에 의한 L-glutamine의 발효생산 과정중 균체량, 잔당과 글루타민 함량의 변화를 나타내었다.

아미노산 공업은 수요 증가에 따라 다양한 종류의 아미노산이 발효생산될 것으로 기대된다. 이에 대한 기술개발로서는 다음과 같은 분야에 관심을 가지고 있다.

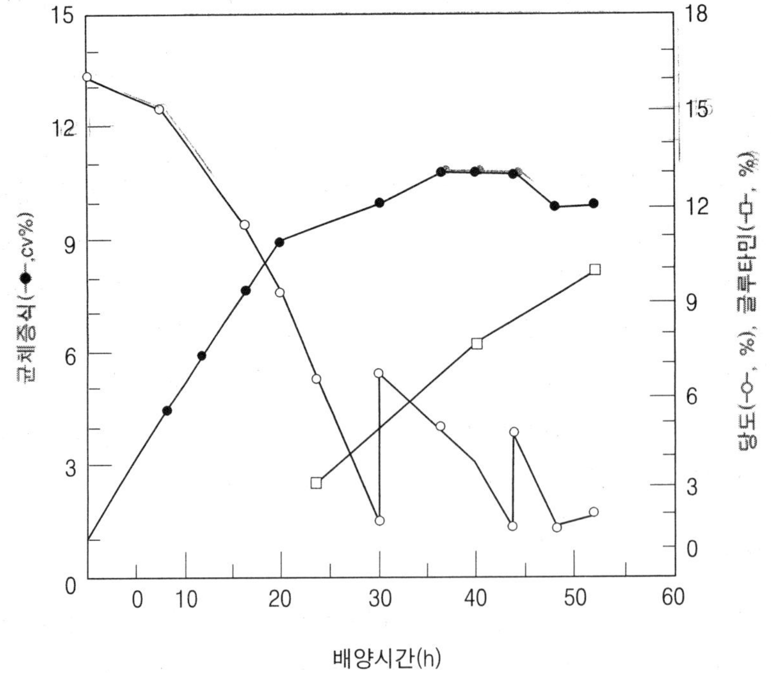

그림 14-8. *Corynebacterium glutamicum* 변이주에 의한 L-glutamine 생산

① 발효 중에 냉각수 사용을 줄이기 위한 내열성 균주의 개발
② 아미노산 생산수율 향상을 위한 유전공학적 기술도입과 균주육종
③ 세포막 투과성에 관한 메카니즘 구명과 응용
④ 발효시간의 단축, 용존산소 공급을 개선하기 위한 발효장치 개선
⑤ 신속한 공정관리를 위한 bioassay 방법의 개발
⑥ 회수 및 정제공정 개선을 위한 막분리기술 확립, 고정화 효소 또는 균체에 의한 연속공정의 개발
⑦ 화학적 또는 효소적 반응에 의한 다양한 아미노산 유도체의 생산

참고문헌

1. 김충섭, 서항원, 생물산업, 6(1), 31(1993)
2. 임억규, 생물산업, 5(2), 60(1992)
3. 윤종원, 서승현, 전영중, 생물산업, 10(1), 37(1997)
4. 한국미생물학회, 미생물과 산업, 13(3)(1987)
5. 한국산업미생물학회, 한국산업미생물학회 20년사, 미생물산업과 국가발전(1993)
6. 황우석, Biochemistry News, 19(1), 12(1999)
7. 한용만, 이경광, Biochemistry News, 19(1), 16(1999)
8. 김영찬, 식품세계, 36, 2001년 4월호
9. 박선희, 식품세계, 42, 2001년 4월호
10. 이부영, 식품세계, 51, 2001년 4월호
11. 김길용, 월간식품, 102, 2001년 4월호
12. 식품의약품안전청, 유전자 재조합 식품의 올바른 이해 (1998)
13. Crueger, W. and A. Crueger, Biotechnologie-Lehrbuch der angewandten Mikrobiologie, Oldenbourg Verlag(1989)
14. Stanbury, P.E., A. Whitaker and S.J. Hall, Principles of Fermentation Technology(2nd ed.), Pergamon Press(1995)
15. Hodgson, J., Bulk Amino Acid Fermentation: Technology and Commodity Trading, *Bio/Technology*, 12, 152～155(1994)
16. Leuchtenberger W., Plocker, U., Herstellung von Aminosauren mit Hilfe biotechnologischer Methoden, *Chem. Ing. Tech.,* 60, 16～23(1988)
17. 조미료의 제조기술과 지식, ㈜미원(1983)

18. Fujio, T., A. Furuya, 5'-クアニル酸の生產, 發酵と工業 42, 570～580 (1984)

19. Fujio, T., A. Maruyama, K. Sugiyama, A. Furuya, 實用的なATP再生系の構築と Nucleotide類生產への応用, 日本農藝化學會誌 66, 1457～1465 (1992)

찾 아 보 기

ㅇ

ㅎ

Index

R

S

T

U

V

생물공학 (개정판)

2012년 7월 30일 개정판 1쇄 발행
2019년 1월 25일 개정판 2쇄 발행

저 자 : 고정삼 · 고영환 · 김진현
오남순 · 인만진 · 채희정
펴낸이 : 천승배
펴낸곳 : 도서출판 유한문화사

주소 : 경기도 고양시 덕양구 지도로124번길 8-35
전화 : 2668-2055~6
팩스 : 2668-2565
http://www.yuhansa.com
E-mail : yuhansa@hanmail.net
등록 : 제 5-31호. 1979. 3. 6.

값 25,000 원

ISBN : 978-89-7722-119-2 93470